21世纪高等教育土木工程系列教材
安徽省省级规划教材

混凝土结构基本原理

主　编　马芹永
副主编　吴金荣　杨美良　雷庆关
参　编　翁维素　安静波　李　玉

机 械 工 业 出 版 社

本书为高等院校土木工程专业的专业基础课教材。本书内容主要包括绪论，混凝土结构材料的物理力学性能，混凝土结构设计的基本原则，素混凝土结构构件设计，受弯构件正截面承载力、斜截面承载力，受压、受拉构件的截面承载力，受扭构件扭曲截面承载力，钢筋混凝土构件的变形、裂缝及混凝土结构的耐久性，预应力混凝土结构构件设计，混凝土结构按《公路钢筋混凝土及预应力混凝土桥涵设计规范》的设计原理，装配式混凝土结构简介。本书是根据 GB 50068—2018《建筑结构可靠性设计统一标准》GB 50010—2010《混凝土结构设计规范》（2015 年版）和 JTG 3362—2018《公路钢筋混凝土及预应力混凝土桥涵设计规范》而编写的，为突出应用，本书有详细的设计步骤以及相当数量的计算例题、思考题和习题。

本书可作为高等院校土木工程、智能建造、道路桥梁与渡河工程、建筑学、工程管理、工程造价等专业的教材，也可供从事混凝土结构设计、施工、科研及管理的人员参考。

图书在版编目（CIP）数据

混凝土结构基本原理/马芹永主编. —北京：机械工业出版社，2020.7（2024.8 重印）

21 世纪高等教育土木工程系列教材　安徽省省级规划教材

ISBN 978-7-111-65720-0

Ⅰ.①混…　Ⅱ.①马…　Ⅲ.①混凝土结构-高等学校-教材　Ⅳ.①TU37

中国版本图书馆 CIP 数据核字（2020）第 090821 号

机械工业出版社（北京市百万庄大街 22 号　邮政编码 100037）
策划编辑：马军平　责任编辑：马军平
责任校对：潘　蕊　封面设计：张　静
责任印制：常天培
固安县铭成印刷有限公司印刷
2024 年 8 月第 1 版第 2 次印刷
184mm×260mm · 21.25 印张 · 593 千字
标准书号：ISBN 978-7-111-65720-0
定价：59.00 元

电话服务
客服电话：010-88361066
010-88379833
010-68326294

网络服务
机　工　官　网：www.cmpbook.com
机　工　官　博：weibo.com/cmp1952
金　　书　　网：www.golden-book.com
机工教育服务网：www.cmpedu.com

前 言

本书是根据 GB 50068—2018《建筑结构可靠性设计统一标准》、GB 50010—2010《混凝土结构设计规范》（2015 年版）和 JTG 3362—2018《公路钢筋混凝土及预应力混凝土桥涵设计规范》，在《混凝土结构基本原理 第 2 版》基础上新编而成的，增加了防连续倒塌设计原则、结构分析、素混凝土结构构件设计和深受弯构件斜截面受剪承载力计算等内容，并对主要术语与符号，受弯构件的正截面受弯承载力、斜截面承载力，受压构件的截面承载力，受扭构件的扭曲截面受扭承载力，混凝土结构的耐久性及混凝土结构按《公路钢筋混凝土及预应力混凝土桥涵设计规范》的设计原理等内容进行了修订。《混凝土结构基本原理 第 2 版》于 2018 年被列为安徽省省级规划教材。本书内容符合高等学校土木工程专业指导委员会编写的《高等学校土木工程专业本科教育培养目标和培养方案及课程教学大纲》关于“混凝土结构基本原理”课程的基本要求。为突出应用，本书有详细的设计步骤以及相当数量的计算例题、思考题和习题。

本书由安徽理工大学马芹永教授任主编，安徽理工大学吴金荣教授、长沙理工大学杨美良教授、安徽建筑大学雷庆关教授任副主编，河南城建学院李玉教授、河北建筑工程学院翁维素教授、合肥学院安静波教授参与编写。具体分工为马芹永编写第 1 章、第 3 章、第 5 章、第 8 章、第 9 章及附录 1，吴金荣编写主要术语与符号、第 4 章、第 13 章，雷庆关编写第 2 章、第 11 章，翁维素编写第 6 章，李玉编写第 7 章，安静波编写第 10 章，杨美良编写第 12 章及附录 2。全书由马芹永、吴金荣统稿。

编写过程中参考了国内近年来正式出版的有关混凝土结构的规范、教材等，在此向有关作者谨表感谢。由于编者的水平有限，书中难免存在不妥之处，欢迎批评指正。

编　者

目 录

主要术语与符号

1.《混凝土结构设计规范》的术语

(1) 混凝土结构(concrete structure) 以混凝土为主制成的结构，包括素混凝土结构、钢筋混凝土结构和预应力混凝土结构等。

(2) 素混凝土结构(plain concrete structure) 无筋或不配置受力钢筋的混凝土结构。

(3) 普通钢筋(steel Bar) 用于混凝土结构构件中的各种非预应力筋的总称。

(4) 预应力筋(prestressing tendon and/or bar) 用于混凝土结构构件中施加预应力的钢丝、钢绞线和预应力螺纹钢筋等的总称。

(5) 钢筋混凝土结构(reinforced concrete structure) 配置受力普通钢筋的混凝土结构。

(6) 预应力混凝土结构(prestressed concrete structure) 配置受力的预应力筋，通过张拉或其他方法建立预加应力的混凝土结构。

(7) 现浇混凝土结构(cast-in-situ concrete structure) 在现场原位支模并整体浇筑而成的混凝土结构。

(8) 装配式混凝土结构(precast concrete structure) 由预制混凝土构件或部件装配、连接而成的混凝土结构。

(9) 装配整体式混凝土结构(assembled monolithic concrete structure) 由预制混凝土构件或部件通过钢筋、连接件或施加预应力加以连接，并在连接部位浇筑混凝土而形成整体受力的混凝土结构。

(10) 叠合式构件(composite member) 由预制混凝土构件(或既有混凝土结构构件)和后浇混凝土组成，以两阶段成型的整体受力结构构件。

(11) 深受弯构件(deep flexural member) 跨高比小于5的受弯构件。

(12) 深梁(deep beam) 跨高比小于2的简支单跨梁或跨高比小于2.5的多跨连续梁。

(13) 先张法预应力混凝土结构(pretensioned prestressed concrete structure) 在台座上张拉预应力筋后浇筑混凝土，并通过放张预应力筋由粘结传递而建立预应力的混凝土结构。

(14) 后张法预应力混凝土结构(post-tensioned prestressed concrete structure) 浇筑混凝土并达到规定强度后，通过张拉预应力筋并在结构上锚固而建立预应力的混凝土结构。

(15) 无粘结预应力混凝土结构(unbonded prestressed concrete structure) 配置与混凝土之间可保持相对滑动的无粘结预应力筋的后张法预应力混凝土结构。

(16) 有粘结预应力混凝土结构(bonded prestressed concrete structure) 通过灌浆或与混凝土直接接触使预应力筋与混凝土之间相互粘结而建立预应力的混凝土结构。

(17) 结构缝(structural joint) 根据结构设计需求而采取的分割混凝土结构间隔的总称。

(18) 混凝土保护层(concrete cover) 结构构件中钢筋外边缘至构件表面范围用于保护钢筋的混凝土，简称保护层。

（19）锚固长度（anchorage length） 受力钢筋依靠其表面与混凝土的粘结作用或端部构造的挤压作用而达到设计承受应力所需的长度。

（20）钢筋连接（splice of reinforcement） 通过绑扎搭接、机械连接、焊接等方法实现钢筋之间内力传递的构造形式。

（21）配筋率（ratio of reinforcement） 混凝土构件中配置的钢筋面积（或体积）与规定的混凝土截面面积（或体积）的比值。

（22）剪跨比（ratio of shear span to effective depth） 截面弯矩与剪力和有效高度乘积的比值。

（23）横向钢筋（transverse reinforcement） 垂直于纵向受力钢筋的箍筋或间接钢筋。

2.《混凝土结构设计规范》的符号

（1）材料性能

E_c——混凝土的弹性模量；

E_s——钢筋的弹性模量；

C30——立方体抗压强度标准值为 $30N/mm^2$ 的混凝土强度等级；

HRB500——强度级别为 500MPa 的普通热轧带肋钢筋；

HRBF400——强度级别为 400MPa 的细晶粒热轧带肋钢筋；

RRB400——强度级别为 400MPa 的余热处理带肋钢筋；

HPB300——强度级别为 300MPa 的热轧光圆钢筋；

HRB400E——强度级别为 400MPa 且有较高抗震性能的普通热轧带肋钢筋；

f_{ck}、f_c——混凝土轴心抗压强度标准值、设计值；

f_{tk}、f_t——混凝土轴心抗拉强度标准值、设计值；

f_{yk}、f_{pyk}——普通钢筋、预应力筋屈服强度标准值；

f_{stk}、f_{ptk}——普通钢筋、预应力筋极限强度标准值；

f_y、f'_y——普通钢筋抗拉、抗压强度设计值；

f_{py}、f'_{py}——预应力筋抗拉、抗压强度设计值；

f_{yv}——横向钢筋的抗拉强度设计值；

δ_{gt}——钢筋最大力下的总伸长率，也称均匀伸长率。

（2）作用和作用效应

N——轴向力设计值；

N_k、N_q——按荷载标准组合、准永久组合计算的轴向力值；

N_{u0}——构件的截面轴心受压或轴心受拉承载力设计值；

N_{p0}——预应力构件混凝土法向预应力等于零时的预加力；

M——弯矩设计值；

M_k、M_q——按荷载标准组合、准永久组合计算的弯矩值；

M_u——构件的正截面受弯承载力设计值；

M_{cr}——受弯构件的正截面开裂弯矩值；

T——扭矩设计值；

V——剪力设计值；

F_l——局部荷载设计值或集中反力设计值；

σ_s、σ_p——正截面承载力计算中纵向钢筋、预应力筋的应力；

σ_{pe}——预应力筋的有效预应力；

σ_l、σ'_l——受拉区、受压区预应力筋在相应阶段的预应力损失值；

τ——混凝土的剪应力；

w_{max}——按荷载准永久组合或标准组合，并考虑长期作用影响的计算最大裂缝宽度。

(3) 几何参数

b——矩形截面宽度，T形、I形截面的腹板宽度；

c——混凝土保护层厚度；

d——钢筋的公称直径（简称直径）或圆形截面的直径；

h——截面高度；

h_0——截面有效高度；

l_{ab}、l_a——纵向受拉钢筋的基本锚固长度、锚固长度；

l_0——计算跨度或计算长度；

s——沿构件轴线方向上横向钢筋的间距、螺旋筋的间距或箍筋的间距；

x——混凝土受压区高度；

A——构件截面面积；

A_s、A'_s——受拉区、受压区纵向普通钢筋的截面面积；

A_p、A'_p——受拉区、受压区纵向预应力筋的截面面积；

A_l——混凝土局部受压面积；

A_{cor}——箍筋、螺旋筋或钢筋网所围的混凝土核心截面面积；

B——受弯构件的截面刚度；

I——截面惯性矩；

W——截面受拉边缘的弹性抵抗矩；

W_t——截面受扭塑性抵抗矩。

(4) 计算系数及其他

α_E——钢筋弹性模量与混凝土弹性模量的比值；

γ——混凝土构件的截面抵抗矩塑性影响系数；

λ——计算截面的剪跨比，即 $M/(Vh_0)$；

ρ——纵向受力钢筋的配筋率；

ρ_v——间接钢筋或箍筋的体积配筋率；

ϕ——表示钢筋直径的符号，ϕ20 表示直径为 20mm 的钢筋。

3. “公路钢筋混凝土及预应力混凝土桥涵设计规范”的术语

(1) 极限状态（limit states） 结构整体或者结构一部分达到不能满足设计规定的某一功能要求的特定状态，此特定状态为该功能的极限状态。

(2) 设计状况（design situation） 结构从形成过程到使用全过程，代表一定时段内相应条件下所受影响的一组设定的设计条件，作为结构不超越有关极限状态的依据。

(3) 材料强度标准值（characteristic value of material strength） 结构构件设计时采用的材料强度的基本代表值，由标准试件按规定的标准试验方法经数理统计以具有 95%保证率的分位值确定。

(4) 材料强度设计值（design value of material strength） 材料强度标准值除以抗力（材料）分项系数后的值。

(5) 安全等级（safety class） 为使桥涵具有合理的安全性，根据桥涵结构破坏所产生后果的严重程度而划分的设计等级。

(6) 结构重要性系数（coefficient for importance of a structure） 对不同设计安全等级的结构，为使其具有规定的可靠度而对作用组合效应设计值的调整系数。

(7) 几何参数标准值（nominal value of geometrical parameter） 结构或构件设计时采用的几何参数的基本代表值，其值可按设计文件规定值确定。

（8）承载力设计值（design value of ultimate bearing capacity） 结构或构件按承载能力极限状态设计时，用材料强度设计值计算的结构或构件极限承载能力。

（9）开裂弯矩（cracking moment） 构件出现裂缝时的理论临界弯矩。

（10）分项系数（partial safety factor） 用概率极限状态设计法设计时，为保证所设计的结构具有规定的可靠度，在设计表达式中采用的系数，分为作用分项系数和抗力（材料）分项系数。

（11）施工荷载（site load） 按短暂状况设计时，施工阶段施加在结构或构件上的临时荷载，包括结构自重、附着在结构和构件上的模板、材料、机具及人员等荷载。

4.《公路钢筋混凝土及预应力混凝土桥涵设计规范》的符号

（1）材料性能有关符号

f_{cu}——边长为150mm的混凝土立方体抗压强度；

f_{ck}、f_{cd}——混凝土轴心抗压强度标准值、设计值；

f_{tk}、f_{td}——混凝土轴心抗拉强度标准值、设计值；

f'_{ck}、f'_{tk}——短暂状况施工阶段的混凝土轴心抗压、抗拉强度标准值；

f_{sk}、f_{sd}——普通钢筋抗拉强度标准值、设计值；

f_{pk}、f_{pd}——预应力筋抗拉强度标准值、设计值；

f'_{sd}、f'_{pd}——普通钢筋、预应力筋抗压强度设计值；

G_c——混凝土剪切模量；

E_p——预应力筋的弹性模量；

F_{ld}——集中反力或局部压力设计值。

（2）作用和作用效应有关符号

M_d——弯矩设计值；

M_s、M_l——按作用频遇组合、准永久组合计算的弯矩值；

M_k——按作用标准值进行组合计算的弯矩值；

M_{cr}——受弯构件正截面的开裂弯矩值；

M_{1Gd}——组合式受弯构件第一阶段结构自重产生的弯矩设计值；

M_{2Gd}——组合式受弯构件第二阶段结构自重产生的弯矩设计值；

M_{1Qd}——组合式受弯构件第一阶段结构附加的其他荷载产生的弯矩设计值；

M_{2Qd}——组合式受弯构件第二阶段结构的可变作用组合产生的弯矩设计值；

N_d——轴向力设计值；

N_p——后张法构件预应力筋和普通钢筋的合力；

N_{p0}——构件混凝土法向应力等于零时预应力筋和普通钢筋的合力；

V_d——剪力设计值；

V_{cs}——构件斜截面内混凝土和箍筋共同的抗剪承载力设计值；

V_{sb}——与构件斜截面相交的普通弯起钢筋抗剪承载力设计值；

V_{pd}——与构件斜截面相交的预应力弯起钢筋抗剪承载力设计值；

σ_s、σ_p——正截面承载力计算中纵向普通钢筋、预应力筋的应力或应力增量；

σ_{p0}、σ'_{p0}——截面受拉区、受压区纵向预应力筋合力点处混凝土法向应力等于零时预应力筋的应力；

σ_{pc}——由预加力产生的混凝土法向预压应力；

σ_{pe}、σ'_{pe}——截面受拉区、受压区纵向预应力筋的有效预应力；

σ_{st}、σ_{lt}——在作用频遇组合、准永久组合下，构件抗裂边缘混凝土的法向拉应力；

σ_{tp}、σ_{cp}——构件混凝土中的主拉应力、主压应力；

σ_{ss}——由作用频遇组合产生的开裂截面纵向受拉钢筋的应力；

σ_{con}、σ'_{con}——构件受拉区、受压区预应力筋张拉控制应力对后张法构件为梁体内锚下应力；

σ_l、σ'_l——构件受拉区、受压区预应力筋相应阶段的预应力损失；

τ——构件混凝土的剪应力；

σ_{pt}——由预加应力产生的混凝土法向拉应力；

σ_{kc}、σ_{kt}——由作用标准值产生的混凝土法向压应力、拉应力；

σ_{cc}——构件开裂截面按使用阶段计算的混凝土法向压应力；

W_{fk}——计算的受弯构件最大裂缝宽度。

（3）几何参数有关符号

a、a'——构件受拉区、受压区普通钢筋和预应力筋合力点至截面近边的距离；

a_s、a_p——构件受拉区普通钢筋合力点、预应力筋合力点至受拉区边缘的距离；

a'_s、a'_p——构件受压区普通钢筋合力点、预应力筋合力点至受压区边缘的距离；

h_f、h'_f——T 形或 I 形截面受拉区、受压区的翼缘厚度；

d——钢筋公称直径；

r——圆形截面半径；

e_s、e_p——轴向力作用点至受拉区纵向普通钢筋合力点、预应力筋合力点的距离；

e'_s、e'_p——轴向力作用点至受压区纵向普通钢筋合力点、预应力筋合力点的距离；

e_{p0}、e_{pn}——预应力筋与普通钢筋的合力对换算截面、净截面重心轴的偏心距；

l_0——受压构件的计算长度；

l——受弯构件的计算跨径或受压构件节点间的长度；

l_n——受弯构件的净跨径；

s_v、s_p——箍筋竖向预应力筋的间距；

z——内力臂，即纵向受拉钢筋合力点至混凝土受压区合力点之间的距离；

A——构件毛截面面积；

A_s、A'_s——构件受拉区纵向普通钢筋的截面面积，或圆形截面构件全部纵向普通钢筋的截面面积、受压区纵向普通钢筋的截面面积；

A_p、A'_p——构件受拉区、受压区纵向预应力筋的截面面积；

A_{sb}、A_{pb}——同一弯起平面内普通弯起钢筋、预应力弯起钢筋的截面面积；

A_{sv}——同一截面内箍筋各肢的总截面面积；

A_{cor}——钢筋网、螺旋筋或箍筋范围以内的混凝土核心面积；

A_l、A_{ln}——混凝土局部受压面积、局部受压净面积；

A_{cr}——开裂截面换算截面面积；

W——毛截面受拉边缘的弹性抵抗矩；

S_0、S_n——换算截面、净截面计算纤维以上（或以下）部分面积对截面重心轴的面积矩；

I——毛截面惯性矩；

I_{cr}——开裂截面换算截面惯性矩；

B——开裂构件等效截面的抗弯刚度；

B_0——全截面换算截面的抗弯刚度；

B_{cr}——开裂截面换算截面的抗弯刚度。

（4）计算系数及其他有关符号

γ_0——桥涵结构的重要性系数；

φ——轴心受压构件稳定系数；

η——偏心受压构件轴向力偏心矩增大系数；

β_a——箱形截面抗扭承载力计算时有效壁厚折减系数；

β_t——剪扭构件混凝土抗扭承载力降低系数；

β_{cor}——配置间接钢筋时局部承压承载力提高系数；

γ——受拉区混凝土塑性影响系数；

η_θ——构件挠度长期增长系数；

α_{Es}、α_{Ep}——普通钢筋弹性模量、预应力筋弹性模量与混凝土弹性模量的比值；

ρ_{sv}——箍筋配筋率。

第1章 绪　论

1.1 混凝土结构的一般概念

1.1.1 混凝土结构的定义与分类

以混凝土为主制成的结构称为混凝土结构，包括素混凝土结构、钢筋混凝土结构、型钢混凝土结构、钢管混凝土结构和预应力混凝土结构等。素混凝土结构是无筋或不配置受力钢筋的混凝土结构。配置受力普通钢筋的混凝土结构称为钢筋混凝土结构。型钢混凝土结构又称为钢骨混凝土结构，它是指用型钢或用钢板焊成的钢骨架作为配筋的混凝土结构。钢管混凝土结构是指在钢管内浇捣混凝土做成的结构。配置受力的预应力筋，通过张拉或其他方法建立预加应力的混凝土结构称为预应力混凝土结构。

1.1.2 配筋的作用与要求

钢筋混凝土由钢筋和混凝土两种不同材料组成。在钢筋混凝土结构中，利用混凝土的抗压能力较强而抗拉能力很弱，钢筋的抗拉能力很强的特点，由混凝土主要承受压力，钢筋主要承受拉力，两者共同工作，以满足工程结构的使用要求。

图 1-1a、b 分别表示素混凝土简支梁和钢筋混凝土简支梁的受力和破坏形态。图 1-1a 所示混凝土强度等级为 C20 的简支梁，跨中作用一个集中荷载 F，对其进行破坏性试验。试验结果表明，

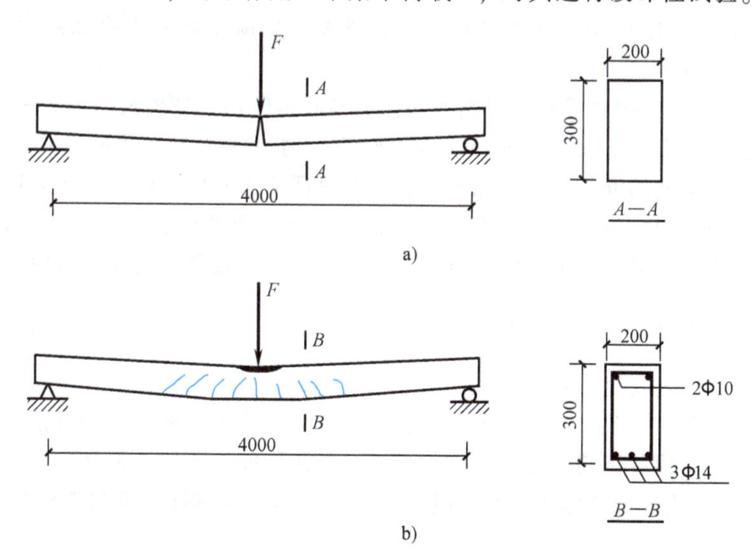

图 1-1　素混凝土简支梁与钢筋混凝土简支梁的破坏情况对比

当荷载较小时，截面上的应变如同弹性材料一样，沿截面高度呈直线分布；当荷载增大使截面受拉区边缘纤维拉应变达到混凝土抗拉极限应变时，该处的混凝土被拉裂，裂缝沿截面高度方向迅速扩展，试件随即发生断裂破坏。这种破坏是突然发生的。尽管混凝土的抗压强度比其抗拉强度高几倍或十几倍，但得不到充分利用。因为该梁的破坏是由混凝土的抗拉强度控制，破坏荷载值很小，只有 8kN 左右。所以对素混凝土梁，由于混凝土的抗拉性能很差，在荷载作用下，梁的跨中附近截面边缘的混凝土一旦开裂，梁就突然断裂，破坏前变形很小，没有预兆，属于脆性破坏类型。为了改变这种情况，在受拉一侧区域内配置适量的钢筋构成钢筋混凝土梁（见图 1-1b）。在该梁的受拉区布置三根直径为 14mm 的 HPB300 级钢筋（记作 3 Φ 14），并在受压区布置两根直径为 10mm 的架立钢筋和适量的箍筋，再进行同样的荷载试验。钢筋主要承受梁中和轴以下受拉区的拉力，混凝土主要承受中和轴以上受压区的压力。由于钢筋的抗拉能力和混凝土的抗压能力都很强，即使受拉区的混凝土开裂后梁还能继续承受相当大的荷载，直到受拉钢筋达到屈服强度；以后，荷载再略有增加，受压区混凝土被压碎，梁才破坏。试件破坏前，变形和裂缝都发展得很充分，呈现出明显的破坏预兆，属于延性破坏类型。虽然试件中纵向受力钢筋的截面面积只占整个截面面积的 1%左右，但破坏荷载却可以提高到 36kN 左右。因此，在混凝土结构中适当的位置配置适量的钢筋，就能使结构的承载能力和变形能力有很大提高，同时钢筋与混凝土两种材料的强度也都能得到较充分的利用并节约了材料。

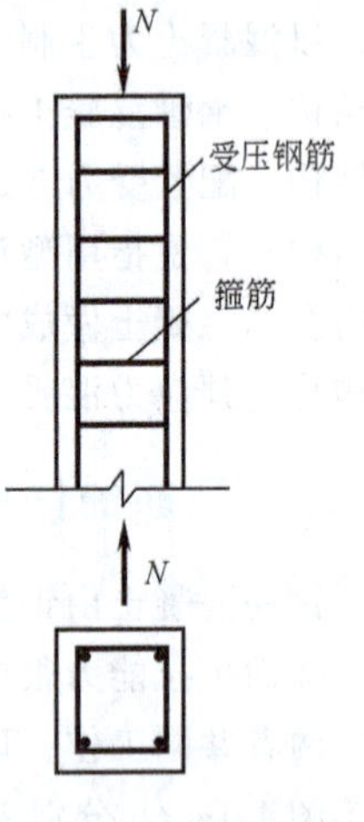

图 1-2 所示的轴心受压柱，如果在混凝土中配置受压钢筋和箍筋，协助混凝土承受压力，也同样可提高柱的承载力，改善柱的受力性能。由于钢筋的抗压强度比混凝土的高，所以柱子的截面尺寸可以小些。另外，配置钢筋还能改善受压构件破坏时的脆性，并可以承受偶然因素产生的拉力。

图 1-2　钢筋混凝土柱

钢筋和混凝土是物理、力学性能不相同的两种材料，它们可以相互结合共同工作的主要原因是：

1）混凝土结硬后，能与钢筋牢固地粘结在一起，相互传递内力。粘结力是这两种性质不同的材料能够共同工作的基础。

2）由于钢筋和混凝土两种材料的温度线膨胀系数十分接近（钢为 $1.2\times10^{-5}/℃$；混凝土为 $1.0\times10^{-5}\sim1.5\times10^{-5}/℃$），钢筋与混凝土之间不会因温度变化引起较大的相对变形而造成粘结破坏。

3）钢筋埋置于混凝土中，混凝土对钢筋起保护和固定作用，使钢筋不容易锈蚀，且使其受压时不易失稳，在遭受火灾时不致因钢筋很快软化而使结构整体破坏。因此，在混凝土结构中，钢筋表面必须留有一定厚度的混凝土作为保护层，这是保证两者共同工作的必要措施。

在设计和施工中，钢筋的端部要留有一定的锚固长度，有的还要做成弯钩，以保证可靠地锚固，防止钢筋受力后被拔出或产生较大的滑移；钢筋的布置和数量应由计算和构造要求确定。

1.1.3　钢筋混凝土结构的优缺点

钢筋混凝土结构的主要优点：

1）合理用材。钢筋混凝土结构合理地发挥了钢筋和混凝土两种材料的性能，与钢结构相比，混凝土结构中用混凝土代替钢筋受压，合理发挥了材料的性能，节约了钢材。

2）整体性。整浇或装配整体式钢筋混凝土结构有很好的整体性，有利于抗震、抵抗振动和爆炸冲击波。

3）耐久性。密实的混凝土有较高的强度，同时由于钢筋被混凝土包裹，不易锈蚀，不需要经常维修，所以钢筋混凝土结构的耐久性比较好。

4）可模性。根据需要，可以较容易地浇筑成各种形状和尺寸的钢筋混凝土结构。

5）耐火性。混凝土包裹在钢筋外面，火灾时钢筋不会很快达到软化温度而导致结构整体破坏。与裸露的木结构、钢结构相比，其耐火性要好。

6）取材容易。混凝土所用的砂、石一般易于就地取材。另外，还可有效利用矿渣、粉煤灰等工业废料。

钢筋混凝土结构的主要缺点：

1）自重大。钢筋混凝土的重度为24~25kN/m³，比砌体和木材的都大。尽管钢筋混凝土的重度比钢材的小，但其结构的截面尺寸比钢结构的大，因而其自重远远超过相同跨度或高度的钢结构。

2）抗裂性差。如前所述，混凝土的抗拉强度非常低，因此，普通钢筋混凝土结构经常带裂缝工作。尽管裂缝的存在并不一定意味着结构发生破坏，但是它影响结构的耐久性和美观。当裂缝数量较多和开展较宽时，还将给人造成不安全感。对一些不允许出现裂缝或对裂缝宽度有严格限制的结构，要满足这些要求就需要提高工程造价。

3）钢筋混凝土结构的隔热隔声性能也较差。

针对上述缺点，可采用轻质高强混凝土及预应力混凝土来减轻自重，改善钢筋混凝土结构的抗裂性能。

1.2 混凝土结构的组成

混凝土结构是由不同混凝土结构构件组合而成的结构体系。这些结构构件主要由板、梁、柱、墙和基础等组成。

以钢筋混凝土结构的多层房屋为例，如图1-3所示，其中的主要结构构件为：

1）钢筋混凝土楼板，主要承担楼板面的荷载和楼板的自重。

2）钢筋混凝土楼梯，主要承担楼梯面的荷载和楼梯段的自重。

3）钢筋混凝土梁，主要承担楼板传来的荷载及梁的自重。

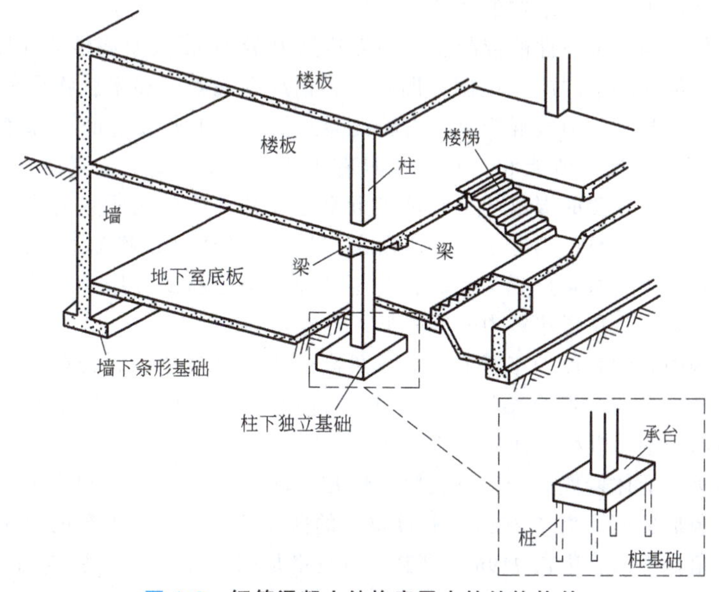

图1-3 钢筋混凝土结构房屋中的结构构件

4）钢筋混凝土柱，主要承担梁或板传来的荷载及柱的自重。

5）钢筋混凝土墙，主要承担楼板、梁、楼梯传来的荷载，墙体的自重及土的侧向压力。

6）钢筋混凝土墙下基础（条形基础或桩基础），主要承担墙传来的荷载，并将其传给地基。

7）钢筋混凝土柱下基础（独立基础或桩基础），主要承担柱传来的荷载并将其传给地基。

1.3 混凝土结构的发展与应用概况

混凝土结构是随着水泥和钢铁工业的发展而发展起来的。1824年，英国约瑟夫·阿斯匹丁（Joseph Aspdin）发明了波特兰水泥并取得了专利。1850年，法国的蓝波特（L. Lambot）制成了铁丝网水泥砂浆的小船。1861年法国的约瑟夫·莫尼埃（Joseph Monier）获得了制造钢筋混凝土板、管道和拱桥等的专利。与钢、木和砌体结构相比，混凝土结构在物理力学性能及材料来源等方面有许多优点，因此其发展速度很快。混凝土结构的发展可大致划分为四个阶段。

1850—1920年为第一阶段。这一时期钢筋和混凝土的强度都很低，仅能建造一些小型的梁、板、柱、基础等构件，钢筋混凝土本身的计算理论尚未建立，按弹性理论进行结构设计。1920—1950年为第二阶段。这一时期已建成各种空间结构，发明了预应力混凝土并应用于实际工程，开始按破损阶段进行构件截面设计。1950—1980年为第三阶段。由于材料强度的提高，混凝土单层房屋和桥梁结构的跨度不断增大，混凝土结构高层建筑的高度已达262m，混凝土的应用范围进一步扩大。各种现代化施工方法普遍采用，同时广泛采用预制构件，结构构件设计已过渡到按极限状态的设计方法。从1980年起，混凝土结构的发展进入第四阶段，尤其是随着建设速度的加快，对材料性能和施工技术提出了更高要求，出现了装配式钢筋混凝土结构、泵送商品混凝土等工业化生产技术。高强混凝土和高强钢筋的发展、计算机的采用和先进施工机械设备的发明，建造了一大批超高层建筑、大跨度桥梁、特长跨海隧道、高耸结构等大型工程，成为现代土木工程的标志。在设计计算理论方面，已发展到以概率理论为基础的极限状态设计法，非线性有限元分析方法的广泛应用，推动了混凝土强度理论和本构关系的深入研究。GB 50010—2010《混凝土结构设计规范》（2015年版）积累了半个世纪以来丰富的工程实践经验和最新的科研成果，把我国混凝土结构设计方法提高到了当前的国际水平。新型混凝土材料及其复合结构形式的出现，不断地提出了新的课题，并促进了混凝土结构的发展。

随着高强度钢筋、高强度高性能混凝土（强度达到$100N/mm^2$）及高性能外加剂和混合材料的研制使用，高强高性能混凝土的应用范围不断扩大，钢纤维混凝土和聚合物混凝土的研究和应用有了很大发展。轻质混凝土、加气混凝土、陶粒混凝土及利用工业废渣的“绿色混凝土”等不但改善了混凝土的性能，而且对节能和保护环境具有重要的意义。此外，防射线、耐磨、耐腐蚀、防渗透、保温等满足特殊需要的混凝土，智能型混凝土及其结构也在研究之中。混凝土结构的应用范围不断地扩大，从工业与民用建筑、交通设施、水利水电建筑和基础工程扩大到了近海工程、海底建筑、地下建筑、核电站安全壳等领域，甚至已开始构思和试验用于月面建筑。随着轻质高强材料的使用，在大跨度、高层建筑中的混凝土结构越来越多。

现代混凝土结构中有代表性的工程有：世界最高的建筑是阿拉伯联合酋长国的哈利法塔，高828m，为钢筋混凝土与钢结构组合结构。我国目前最高的建筑是上海中心大厦，高632m，为钢-混凝土组合结构；最高的钢筋混凝土建筑是广州的中天广场，80层，高389.9m。全部为轻质混凝土结构的最高建筑是美国的休斯敦贝壳广场大厦，52层，高217.6m。跨度最大的建筑为美国底特律的韦恩县体育馆，圆形平面，直径266m。跨度最大的薄壳结构是法国巴黎的国家工业与技术陈列大厅屋顶，采用三角形平面，边长219m。最高的电视塔是东京天空树，高634m，铁骨钢筋混凝土结构。世界上跨度最大的混凝土拱桥是四川万县长江大桥，为劲性骨架钢管混凝土上承式拱桥，主跨420m。我国跨度最大的拱桥是重庆的朝天门长江大桥，为钢桁架结构，主跨达552m。我国最大的铁路拱桥是广深港高铁广深段的骝岗涌大桥，160m的主跨采用预应力混凝土连续梁与钢管拱组合结构。上海杨浦大桥为斜拉桥，主跨为602m，其桥塔和桥面均为混凝土结构。世界上最高的重力坝是瑞士狄克桑斯大坝，坝高285m，坝顶宽15m，坝底宽225m，坝长695m。长江三峡水利枢纽工程的大坝高186m，坝体混凝土用量达1527万m^3，是世界上最大的水利工程。

港珠澳大桥是一座连接香港、珠海和澳门的桥隧工程，桥隧全长55km，其中主桥29.6km、香港口岸至珠澳口岸41.6km；桥面为双向六车道高速公路，设计速度100km/h。大桥使用寿命长达120年，比目前世界上的跨海大桥普遍的设计使用寿命再提高20年，成为世界桥梁建设新的标杆。港珠澳大桥可抵御8级地震、16级台风、30万t撞击及珠江口300年一遇的洪潮。

1.4　学习本课程要注意的问题

混凝土结构基本原理课程主要介绍各种混凝土基本构件的受力性能、截面设计计算方法和构造等混凝土结构的基本理论。学习本课程时，需注意以下问题。

(1) 突出重点，并注意难点的学习　本课程的内容多、符号多、计算公式多、构造规定也多，学习时要遵循教学大纲的要求，贯彻“少而精”的原则，突出重点内容的学习。例如，第5章是重点内容，是后续各章学习的基础。

(2) 加强实验教学环节并注意扩大知识面　混凝土结构的基本理论相当于钢筋混凝土及预应力混凝土的材料力学，它是以实验为基础的，因此除课堂学习以外，要加强实验教学环节，认真进行简支梁正截面受弯承载力、简支梁斜截面受剪承载力、偏心受压短柱正截面受压承载力的实验。

(3) 构件和结构设计是一个综合性问题　设计过程包括结构方案、构件选型、材料选择、配筋构造、施工方案等，同时要考虑安全、适用和经济合理。设计中许多数据可能有多种选择方案，因此设计结果不是唯一的。最终设计结果应经过各种方案的比较，综合考虑使用、材料、造价、施工等各项指标的可行性，才能确定较为合适的一个设计结果。

(4) 混凝土结构工程的建设，必须依照国家颁布的法规进行　设计人员必须遵照各种结构类型的设计规范或规程进行设计。各种设计规范或规程是具有约束性和立法性的文件，其目的是使工程结构的设计在符合国家经济政策的条件下，做到安全、适用、经济，保证质量。注意在学习中，有关基本理论的应用最终都要落实到规范的具体规定。在学习过程中逐步熟悉和正确运用我国颁布的一些设计规范和设计规程。如GB 50010—2010《混凝土结构设计规范》（2015年版）、GB 50068—2018《建筑结构可靠性设计统一标准》、GB 50009—2012《建筑结构荷载规范》和JTG 3362—2018《公路钢筋混凝土及预应力混凝土桥涵设计规范》等。以下简称GB 50010—2010《混凝土结构设计规范》（2015年版）为《混凝土结构设计规范》，JTG 3362—2018《公路钢筋混凝土及预应力混凝土桥涵设计规范》为《公路桥规》。设计工作是一项创造性工作，一方面在混凝土结构设计工作中必须按照规范进行，另一方面只有深刻理解规范的理论依据，才能更好地应用规范，充分发挥设计者的主动性和创造性。混凝土结构是一门比较年轻和迅速发展的学科，许多计算方法和构造措施还不一定尽善尽美。也正因为如此，各国每隔一段时间都要对其结构设计标准或规范进行修订，使之更加完善合理。因此设计工作也不应被规范束缚，在经过各方面的可靠性论证后，应积极采用先进的理论和技术。

思　考　题

1-1　什么是混凝土结构？

1-2 什么是素混凝土结构？
1-3 什么是钢筋混凝土结构？
1-4 什么是型钢混凝土结构？
1-5 什么是预应力混凝土结构？
1-6 在素混凝土结构中配置一定形式和数量的钢筋以后，结构的性能将发生什么样的变化？
1-7 简述混凝土结构发展及应用。
1-8 钢筋和混凝土共同工作的原因是什么？
1-9 钢筋混凝土结构有哪些优点和缺点？
1-10 学习本课程要注意哪些问题？

第2章 混凝土结构材料的物理力学性能

钢筋和混凝土的物理力学性能及共同工作特性直接影响混凝土结构和构件的性能，也是混凝土结构计算理论和设计方法的基础。本章讲述钢筋和混凝土的主要物理力学性能及混凝土与钢筋之间的粘结。

2.1 钢筋的物理力学性能

2.1.1 钢筋的品种和级别

混凝土结构中使用的钢筋有柔性钢筋和劲性钢筋两类。一般所称的钢筋即为柔性钢筋，劲性钢筋是指用于混凝土中的型钢（角钢、槽钢、工字钢等）。本书主要介绍配置柔性钢筋的混凝土结构。柔性钢筋包括钢筋和钢丝。

用于钢筋混凝土结构的国产普通钢筋可使用热轧钢筋。用于预应力混凝土结构的国产预应力筋可使用预应力钢丝、钢绞线和预应力螺纹钢筋，如图 2-1 所示。

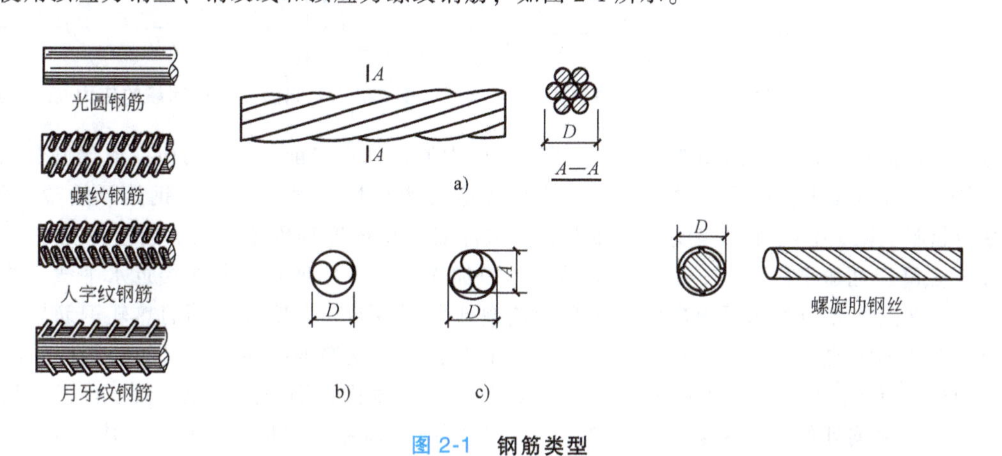

图 2-1 **钢筋类型**

D—公称直径 *A*—3 股钢绞线量测尺寸钢绞线

(1) 热轧钢筋 热轧钢筋由低碳钢、普通低合金钢或细晶粒钢在高温状态下轧制而成。分为一级（HPB300），二级（HRB335），三级（HRB400、HRBF400、RRB400），四级（HRB500、HRBF500）四个等级，分别用符号Φ，Φ、Φ、$Φ^F$、$Φ^R$，Φ、$Φ^F$表示，一级、二级钢筋直径为 6～14mm，三级、四级钢筋直径为 6～50mm，详见附表 1-1。HPB300 为光面钢筋，其余为变形钢筋。GB/T 1499.2—2018 在《钢筋混凝土用钢 第 2 部分：热轧带肋钢筋》中除了上述等级钢筋外，还有 HRB400E、HRBF400E、HRB500E、HRBF500E、HRB600（E 是地震的英文首字母）。

(2) 钢丝（中强度预应力钢丝和消除应力钢丝） 中强度预应力钢丝的抗拉强度标准值为

800~1270MPa，外形有光面（Φ^{PM}）和螺旋肋（Φ^{HM}）两种。消除应力钢丝的抗拉强度标准值为1470~1860MPa，分为光面钢丝和螺旋肋钢丝。光面钢丝（Φ^{P}）是将钢筋拉拔后，校直，经中温回火消除应力并稳定化处理而成。螺旋肋钢丝（Φ^{H}）是以普通低碳钢或低合金钢热轧的圆盘条为母材，经冷轧减径后在其表面冷轧成两面或三面有月牙肋的钢丝。

(3) 钢绞线（Φ^{S}） 由多根高强钢丝扭结而成，其抗拉强度标准值为1570~1960MPa。按其股数可分为3股、7股两类。

(4) 预应力螺纹钢筋（Φ^{T}） 又称精轧螺纹粗钢筋，其抗拉强度标准值为980~1230MPa，是用于预应力混凝土结构的大直径高强钢筋。这种钢筋在轧制时沿钢筋纵向全部轧有规律性的螺纹肋条，可用螺纹套筒连接和螺母锚固，不需要再加工螺纹，也不需要焊接。

2.1.2 钢筋的强度与变形性能

钢筋的强度和变形性能可以用拉伸试验得到的应力-应变曲线来说明。根据钢筋拉伸试验的应力-应变关系曲线的特点不同，可分为有明显屈服强度钢筋（如热轧钢筋等）（见图2-2）和无明显屈服强度钢筋（如消除应力钢丝、中强度预应力钢丝和钢绞线等）（见图2-3）。

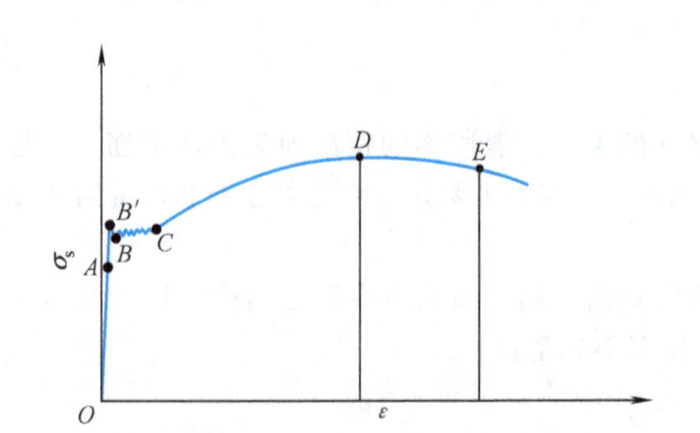

图2-2 有明显屈服点钢筋的应力-应变曲线

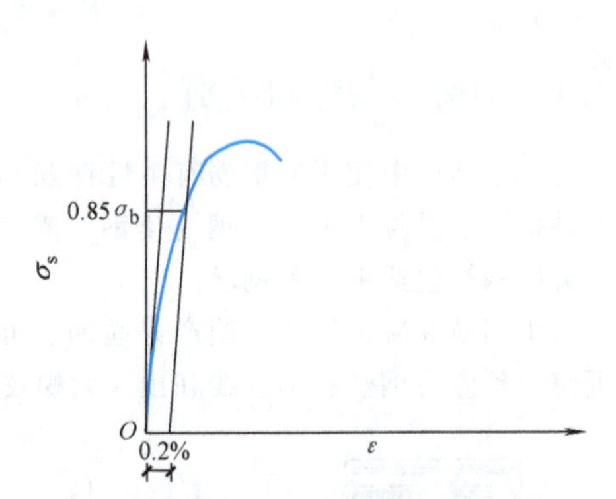

图2-3 无明显屈服点钢筋的应力-应变曲线

对有明显流幅的钢筋，从图2-2中可以看到，应力值在A点以前，应力与应变成比例变化，与A点对应的应力称为比例极限。过A点后，应变较应力增长快，到达B'点后钢筋开始塑性流动，B'点称为屈服上限，它与加载速度、截面形式、试件表面粗糙度等因素有关。通常B'点是不稳定的。待B'点降至屈服下限B点，这时应力基本不增加而应变急剧增长，曲线接近水平线。曲线延伸至C点，B点到C点的水平距离的大小称为流幅或屈服台阶。有明显流幅的热轧钢筋屈服强度是按屈服下限确定的。过C点以后，应力又继续上升，说明钢筋的抗拉能力又有所提高。随着曲线上升到最高点D，相应的应力称为钢筋的极限强度，CD段称为钢筋的强化阶段。试验表明，过了D点，试件薄弱处的截面将会突然显著缩小，发生局部颈缩，变形迅速增加，应力随之下降，达到E点时试件被拉断。

由于构件中钢筋的应力到达屈服强度后会产生很大的塑性变形，使钢筋混凝土构件出现很大的变形和过宽的裂缝，以致不能使用，所以有明显流幅的钢筋在计算承载力时以屈服强度作为钢筋强度限值。

对没有明显流幅或屈服强度的预应力钢丝和钢绞线，《混凝土结构设计规范》中规定在构件承载力设计时，取拉伸极限强度（抗拉强度）σ_b的85%作为条件屈服强度，如图2-3所示。

钢筋除了要有足够的强度外，还应具有一定的塑性变形能力。通常用伸长率和冷弯性能两个指标衡量钢筋的塑性。

钢筋的断后伸长率习惯上称为伸长率，是指钢筋拉断后的伸长值与原长的比。伸长率越大，塑性越好。

$$\delta=\frac{l-l_0}{l_0}\times 100\% \tag{2-1}$$

式中　l_0——试件拉抻前的标距长度，一般可取 $l_0=5d$ 或 $l_0=10d$（d 为钢筋直径），相应的断后伸长率表示为 δ_5 或 δ_{10}；对预应力筋也有取 $l_0=100\text{mm}$ 的，断后伸长率表示为 δ_{100}；

l——钢筋包含缩颈区的量测标距拉断后的长度。

钢筋在达到最大应力 σ_b 时的变形包括塑性残余变形 ε_r 和弹性变形 ε_e 两部分，最大力下的总伸长率（又称均匀伸长率）为

$$\delta_{gt}=\left(\frac{l-l_0}{l_0}+\frac{\sigma_b}{E_s}\right)\times 100\% \tag{2-2}$$

式中　l_0——试验前的原始标距（不包含缩颈区）；

l——试验后量测标记之间的距离；

σ_b——钢筋的最大拉应力（极限抗拉强度）；

E_s——钢筋的弹性模量。

钢筋最大力下的总伸长率既能反映钢筋的残余变形，又能反映钢筋的弹性变形，量测结果受原始标距 l_0 的影响较小，也不易产生人为误差，因此《混凝土结构设计规范》采用 δ_{gt} 来统一评定钢筋的塑性性能。δ_{gt} 的数值见附表 1-6。

冷弯性能是指将直径为 d 的钢筋围绕直径为 D 的弯芯弯曲到规定的角度 α（90°或 180°），如图 2-4 所示，无裂纹断裂及起层现象，则表示合格。弯芯的直径 D 越小，弯转角 α 越大，说明钢筋的塑性越好。

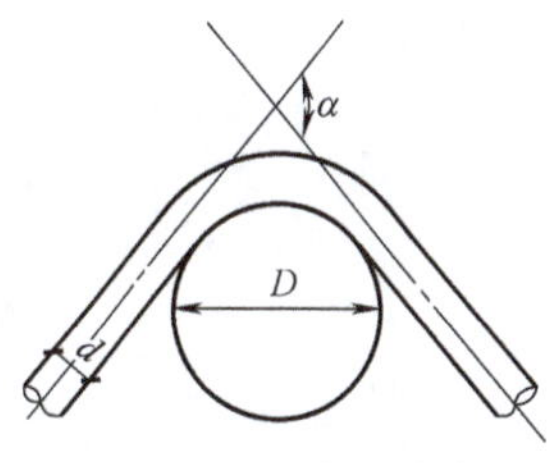

图 2-4　钢筋的冷弯

2.1.3　钢筋应力-应变关系的数学模型

1. 描述完全弹塑性的双直线模型

双直线模型适用于流幅较长的低强度钢筋。模型将钢筋的应力-应变曲线简化为图 2-5a 所示的两段直线，不计屈服强度的上限和由于应变硬化而增加的应力。图中 OB 段为完全弹性阶段，B 点为屈服下限，相应的应力及应变为 f_y 和 ε_y，OB 段的斜率即为弹性模量 E_s。BC 为完全塑性阶段，C 点为应力强化的起点，对应的应变为 $\varepsilon_{s,h}$，过 C 点后，即认为钢筋变形过大不能正常使用。双直线模型的数学表达式如下：

当 $\varepsilon_s \leqslant \varepsilon_y$ 时

$$\sigma_s=E_s\varepsilon_s \quad \left(E_s=\frac{f_y}{\varepsilon_y}\right) \tag{2-3}$$

当 $\varepsilon_y<\varepsilon_s\leqslant\varepsilon_{s,h}$ 时

$$\sigma_s=f_y \tag{2-4}$$

2. 描述完全弹塑性加硬化的三折线模型

三折线模型适用于流幅较短的软钢，可以描述屈服后立即发生应变硬化（应力强化）的钢筋，正确地估计高出屈服应变后的应力。如图 2-5b 所示，图中 OB 和 BC 直线段分别为完全弹性和塑性阶段。C 点为硬化的起点，CD 为硬化阶段。到达 D 点时即认为钢筋破坏，受拉应力达到极限值 $f_{s,u}$，相应的应变为 $\varepsilon_{s,u}$。三折线模型的数学表达形式如下：

当 $\varepsilon_s\leqslant\varepsilon_y$，$\varepsilon_y<\varepsilon_s\leqslant\varepsilon_{s,h}$ 时，表达式同式（2-3）和式（2-4）；当 $\varepsilon_{s,h}<\varepsilon_s\leqslant\varepsilon_{s,u}$ 时，

$$\sigma_s=f_y+(\varepsilon_s-\varepsilon_{s,h})\tan\theta' \tag{2-5}$$

式中

$$\tan\theta'=E_s'=0.01E_s \tag{2-6}$$

3. 描述弹塑性的双斜线模型

双斜线模型适用了没有明显流幅的高强钢筋或钢丝。如图 2-5c 所示，B 点对应强度为条件屈

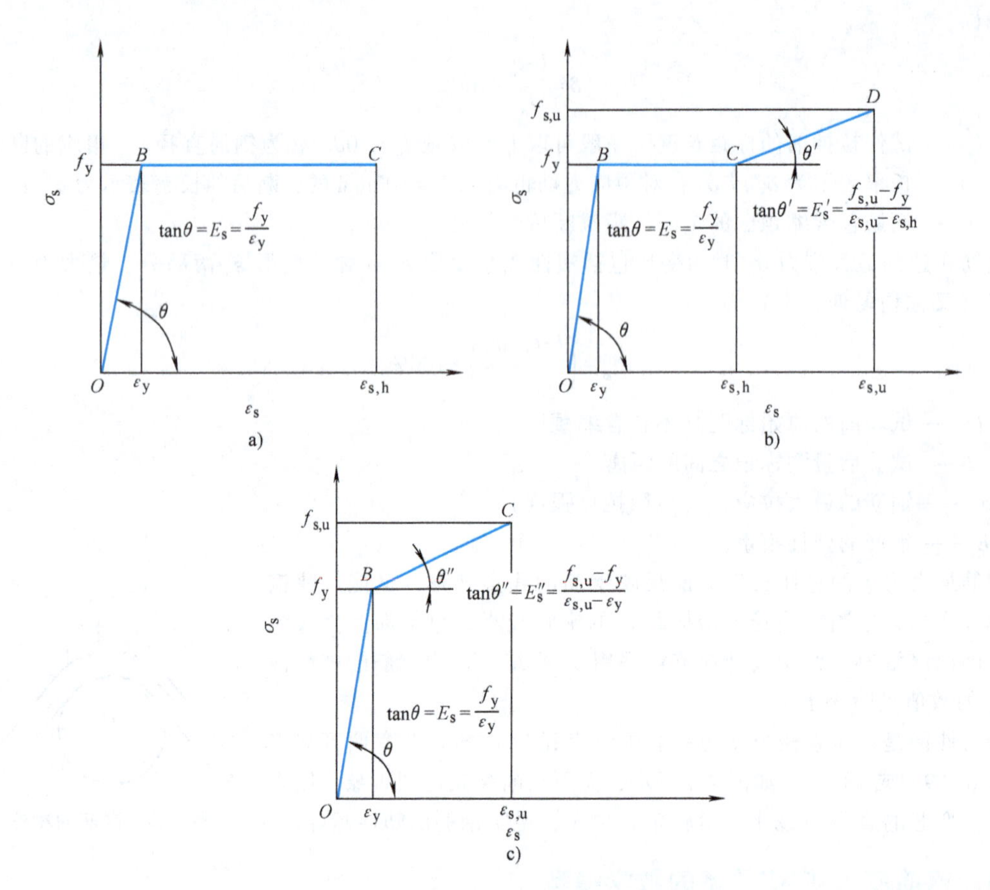

图 2-5 钢筋应力-应变曲线的数学模型

a）双直线 b）三折线 c）双斜线

服强度，C 点的应力达到极限值 $f_{s,u}$，相应的应变为 $\varepsilon_{s,u}$。双斜线模型的数学表达形式如下：

当 $\varepsilon_s \leqslant \varepsilon_y$ 时 $$\sigma_s=E_s\varepsilon_s \quad \left(E_s=\frac{f_y}{\varepsilon_y}\right) \tag{2-7}$$

当 $\varepsilon_y<\varepsilon_s\leqslant\varepsilon_{s,u}$ 时 $$\sigma_s=f_y+(\varepsilon_s-\varepsilon_y)\tan\theta'' \tag{2-8}$$

式中 $$\tan\theta''=E''_s=\frac{f_{s,u}-f_y}{\varepsilon_{s,u}-\varepsilon_y}$$

2.1.4 冷加工钢筋的性能

冷加工钢筋是由热轧钢筋和盘条经冷拉、冷拔、冷轧、冷扭加工后而成。冷加工的目的是提高钢筋的强度，节约钢材。但经冷加工后，钢筋的伸长率降低。由于近年来我国强度高、性能好的钢筋（钢丝、钢绞线等）已可充分供应市场，故《混凝土结构设计规范》未列入冷加工钢筋。冷加工钢筋的品种很多，使用时应根据专门规程使用。下面主要介绍钢筋的冷拉和冷拔。

1. 冷拉

冷拉是在常温下将钢筋拉到超过钢筋屈服强度的某一应力值，以提高钢筋的抗拉强度，达到节约钢材的目的。从图 2-6 可见，当钢筋拉到超过原屈服强度的 k 点时，卸去全部拉力至零，将产生残余变形“$0l$”；如果立即重新加载，加载曲线实际上与卸载曲线重合，即应力-应变曲线将沿 lkd 进行，说明钢筋屈服强度已提高到 k 点强度，但没有明显的屈服台阶；如果不是立刻重新加载，而是经过一段时间再加载，则应力-应变曲线将沿 $lk'd'$进行，这时屈服强度提高到 k'点强度，这一现象称为冷拉时效。从图 2-6 可见，经过冷拉时效的钢筋，虽然提高了强度，但伸长率和塑性均降低了。

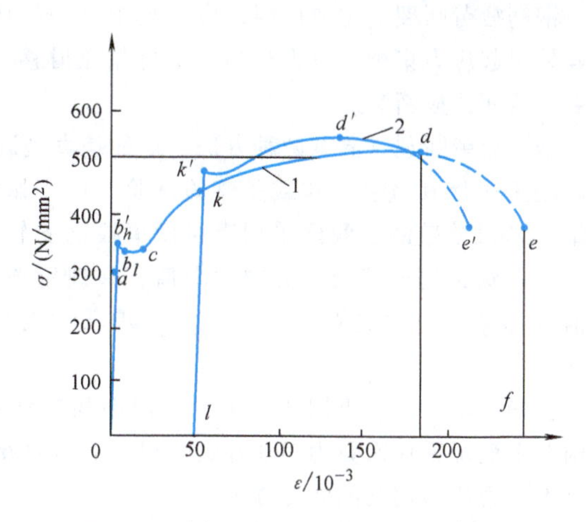

图 2-6　冷拉钢筋时应力-应变关系曲线

1—冷拉硬化（lkd）　2—冷拉时效（$lk'd'$）

时效硬化和温度有很大关系。例如，常温时 HPB300 钢筋时效硬化需 20d，若温度为 100℃时，仅需 2h。但若继续加温，则有可能得到相反的效果。例如，当加温至 450℃时，其强度反而降低，而塑性性能却有所增加；当加温至 700℃时，钢材恢复到冷拉前的力学性能，这种现象称为软化。为了避免在焊接时因高温而使钢筋软化，对焊接的冷拉钢筋应先焊接后再进行冷拉。

控制钢筋冷拉质量的主要参数是冷拉应力和冷拉（伸长）率，即 k 点的应力和应变值。冷拉分双控和单控。张拉时对冷拉应力和冷拉率都进行控制的称为双控；如果仅控制冷拉率，则称为单控。

2. 冷拔

冷拔是将Φ 6~Φ 8 的钢筋，拉过比它本身直径还小的硬质合金模上的锥形孔（见图 2-7），使它产生塑性变形，拔成直径较小的钢丝，以提高其强度的冷加工方法。图 2-8 表示Φ 6 钢筋经过三次冷拔后，拔成$Φ^b5$、$Φ^b4$、$Φ^b3$ 钢筋的应力-应变曲线。从图 2-8 可知，冷拔后钢筋的强度得到了较大的提高，但塑性却有较大的降低。经过冷拔加工的低碳钢丝，需逐盘检验，分为甲、乙两级，甲级用作预应力筋，乙级用作非预应力筋。

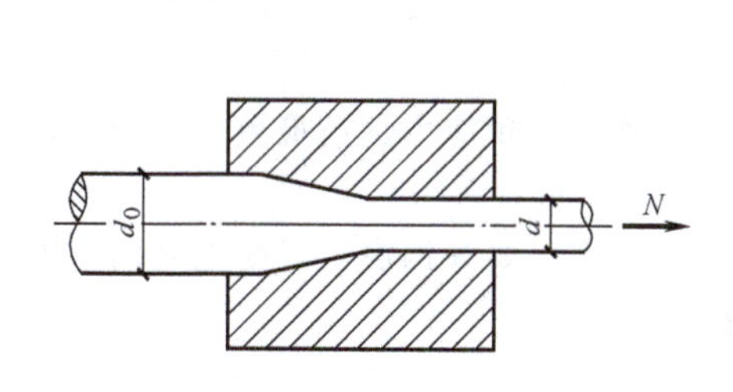

图 2-7　钢筋的冷拔

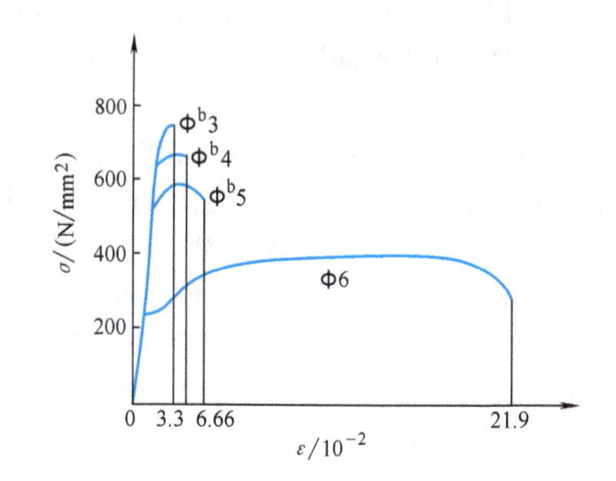

图 2-8　冷拔钢筋时应力-应变关系曲线

冷拉只能提高钢筋的抗拉强度；冷拔可同时提高抗拉和抗压强度。

2.1.5　钢筋的疲劳性能

钢筋的疲劳是指钢筋在承受重复、周期性的动荷载作用下，经过一定次数后突然脆性断裂的现象。吊车梁、桥面板、轨枕等承受重复荷载的钢筋混凝土构件在正常使用期间会由于疲劳发生破坏。钢筋的疲劳强度与一次循环应力中最大和最小应力的差值（应力幅度）有关。钢筋的疲劳强度是指在某一规定应力幅度内，经受一定次数的循环荷载后发生疲劳破坏的最大应力值。

钢筋疲劳断裂的主要原因是应力集中。一般认为，由于钢筋内部和外部的缺陷，在这些薄弱处容易引起应力集中。应力过高，钢材晶粒滑移，产生疲劳裂纹，应力重复作用次数增加，裂纹扩展，从而造成断裂。

钢筋疲劳断裂试验有两种方法：一种是直接进行单根原状钢筋轴拉试验；另一种是将钢筋埋入混凝土中使其重复受拉或受弯的试验。由于影响钢筋疲劳强度的因素很多，钢筋疲劳强度试验结果是很分散的。我国采用直接做单根钢筋轴拉试验的方法。《混凝土结构设计规范》规定了不同等级钢筋的疲劳应力幅度限值，并规定该值与截面同一纤维上钢筋最小应力与最大应力比值（即疲劳应力比值）$\rho^{f}=\sigma^{f}_{min}/\sigma^{f}_{max}$ 有关，对预应力钢筋，当 $\rho^{f}\geqslant 0.9$ 时，可不进行疲劳强度验算。

在确定钢筋混凝土构件在正常使用期间的疲劳应力幅度限值时，需要确定循环荷载的次数。我国要求满足循环次数为200万次，即对不同的疲劳应力比值满足循环次数为200万次条件下的钢筋最大应力值为钢筋的疲劳强度。

钢筋的疲劳强度与疲劳应力幅有关，其他影响因素还有最小应力值的大小、钢筋外表面几何尺寸和形状、钢筋的直径、钢筋的强度、钢筋的加工及使用环境、加载的频率等。

由于承受重复性荷载的作用，钢筋的疲劳强度低于其在静荷载作用下的极限强度。原状钢筋的疲劳强度最低。埋置在混凝土中的钢筋的疲劳断裂通常发生在纯弯段内裂缝截面附近，疲劳强度稍高。

2.1.6 混凝土结构对钢筋的要求

1）钢筋的强度。钢筋强度是指钢筋的屈服强度和极限强度。钢筋的屈服强度是设计计算时的主要依据（对无明显流幅的钢筋，取其条件屈服强度）。采用高强度钢筋可以节约钢材，取得较好的经济效果。改变钢材的化学成分，生产新的钢种，可以提高钢筋的强度。

2）钢筋的塑性。要求钢材有一定的塑性是为了使钢筋在断裂前有足够的变形，能给出钢筋混凝土结构构件将要破坏的预兆，同时要保证钢筋冷弯的要求，通过试验检验钢材承受弯曲变形的能力以间接反映钢筋的塑性性能。钢筋的伸长率和冷弯性能是施工单位验收钢筋是否合格的主要指标。

3）钢筋的焊接性。焊接性是评定钢筋焊接后的接头性能的指标。焊接性好，即要求在一定的工艺条件下钢筋焊接后不产生裂纹及过大的变形。

4）钢筋的耐火性。热轧钢筋的耐火性能最好，冷轧钢筋次之，预应力钢筋最差。结构设计时应注意混凝土保护层厚度满足对构件耐火极限的要求。

5）钢筋与混凝土的粘结力。为了保证钢筋与混凝土共同工作，要求钢筋与混凝土之间必须有足够的粘结力。钢筋表面的形状是影响粘结力的重要因素。

6）寒冷地区，防止钢筋低温冷脆导致破坏。

2.2 混凝土的物理力学性能

2.2.1 混凝土的强度

虽然实际工程中的混凝土构件和结构一般处于复合应力状态，但是单向应力状态下混凝土的强度是复合应力状态下强度的基础和重要参数。

混凝土的强度与水泥强度等级、水胶比有很大关系，骨料的性质、混凝土的配合比、混凝土成型方法、硬化时的环境条件及混凝土的龄期等也不同程度地影响混凝土的强度。试件的大小和形状、试验方法和加载速率也影响混凝土强度的试验结果。

1. 混凝土的立方体抗压强度和强度等级

立方体试件的强度比较稳定，所以我国把立方体强度值作为混凝土强度的基本指标，并把立方体抗压强度作为评定混凝土强度等级的标准。《混凝土结构设计规范》规定，边长为 150mm 的立方体为标准试件，标准立方体试件在（20±3）℃的温度和相对湿度 90%以上的潮湿空气中养护 28d 或设计规定龄期，按照标准试验方法测得的具有 95%保证率的抗压强度作为混凝土的立方体抗压强度，用符号 C 表示，单位为 N/mm^2。

混凝土强度等级应按立方体抗压强度标准值确定，用 $f_{cu,k}$ 表示。《混凝土结构设计规范》规定的混凝土强度等级有 C15、C20、C25、C30、C35、C40、C45、C50、C55、C60、C65、C70、C75 和 C80，共 14 个等级。其中，C50～C80 属高强度混凝土范畴。

《混凝土结构设计规范》规定，素混凝土结构的混凝土强度等级不应低于 C15；钢筋混凝土结构的混凝土强度等级不应低于 C20；当采用强度等级 400MPa 及以上的钢筋时，混凝土强度等级不应低于 C25。预应力混凝土结构的混凝土强度等级不宜低于 C40，且不应低于 C30；承受重复荷载的钢筋混凝土构件，混凝土强度等级不应低于 C30。

试验方法对混凝土的立方体抗压强度有较大影响。试件在试验机上单向受压时，竖向缩短，横向扩张，由于混凝土与压力机垫板弹性模量与横向变形系数不同，压力机垫板的横向变形明显小于混凝土的横向变形，所以垫板通过接触面上的摩擦力约束混凝土试块的横向变形，就像在试件上下端各加了一个套箍，致使混凝土破坏时形成两个对顶的角锥形破坏面，抗压强度比没有约束的情况要高。如果在试件上下表面涂一些润滑剂，这时试件与压力机垫板间的摩擦力大大减小，其横向变形几乎不受约束，受压时没有“套箍”作用的影响，试件将沿着平行于力的作用方向产生几条裂缝而破坏，测得的抗压强度就低。图 2-9a、b 所示是两种混凝土立方体试块的破坏情况。我国规定的标准试验方法是不涂润滑剂的。

加载速度对混凝土的立方体强度也有影响，加载速度越快，测得的强度越高。通常规定加载速度为每秒 0.15～0.25N/mm^2。

混凝土立方体的强度还与成型后的龄期有关。如图 2-10 所示，混凝土立方体的抗压强度 f_{cu} 随着成型后混凝土龄期的增加而逐渐增长，增长速度开始较快，后来逐渐缓慢，强度增长过程往往要延续几年，在潮湿环境中往往延续更长。

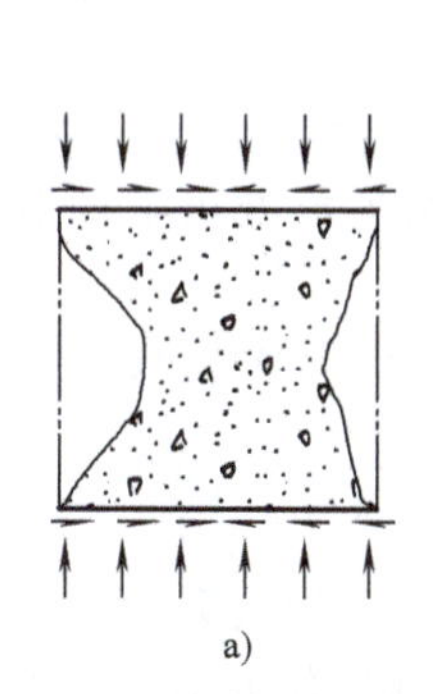

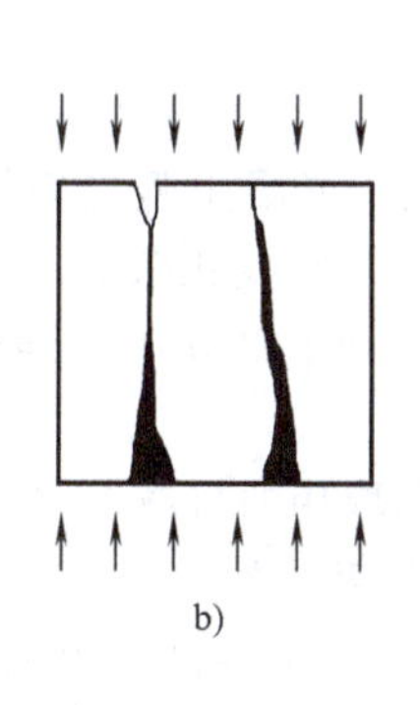

图 2-9 混凝土立方体试块的破坏特征

a）不涂润滑剂 b）涂润滑剂

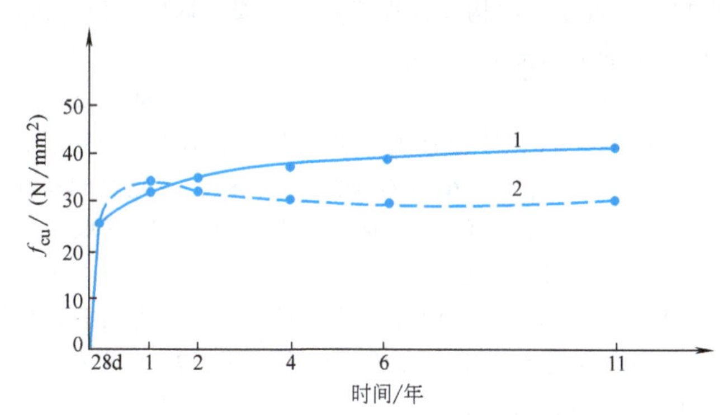

图 2-10 混凝土立方体的抗压强度随混凝土龄期的变化

1—在潮湿环境下 2—在干燥环境下

立方体抗压强度试验，不能代表混凝土在实际构件中的受压状态，只是用来在同一标准条件下比较混凝土强度水平和品质的标准。

2. 混凝土的轴心抗压强度

混凝土的抗压强度与试件形状有关，一般实际工程中的受压构件不是立方体而是棱柱体，即构件的高度要比截面的宽度或长度大。因此，采用棱柱体比立方体能更好地反映混凝土结构实际抗压能力。用混凝土棱柱体试件测得的抗压强度称为轴心抗压强度。

我国《普通混凝土力学性能试验方法》规定以150mm×150mm×300mm的棱柱体作为混凝土轴心抗压强度试验的标准试件。棱柱体试件与立方体试件的制作条件相同，试件上下表面不涂润滑剂。由于棱柱体试件的高度越大，试验机压板与试件之间摩擦力对试件高度中部的横向变形的约束影响越小，所以棱柱体试件的抗压强度都比立方体的小，并且棱柱体试件高宽比越大，强度越小。但是，当高宽比达到一定值后，这种影响就不明显了。在确定棱柱体试件尺寸时，一方面要考虑到试件具有足够的高度以不受试验机压板与试件承压面间摩擦力的影响，在试件的中间区段形成纯压状态；另一方面要考虑到避免试件过高，在破坏前产生较大的附加偏心而降低压缩极限强度（抗压强度）f_c。根据资料，一般认为试件的高宽比为2~3时，可以基本消除上述两种因素的影响。

《混凝土结构设计规范》规定以上述棱柱体试件试验测得的具有95%保证率的抗压强度为混凝土轴心抗压强度标准值，用f_{ck}表示。

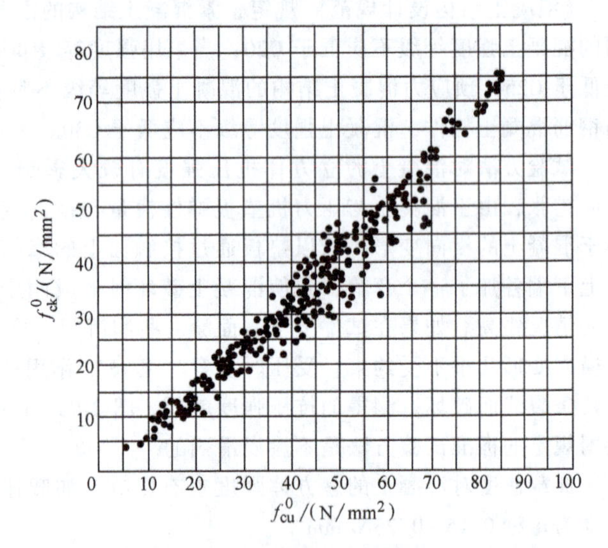

图2-11 混凝土棱柱体与立方体抗压强度的关系

图2-11是我国所做的混凝土棱柱体与立方体抗压强度对比试验的结果。由图可以看出，试验值f_c^0与f_{cu}^0的统计平均值大致成一条直线，它们的比值为0.70~0.92，强度大的比值大些。这里，上标"0"表示试验时观察到的值。

考虑到实际结构构件制作、养护和受力情况，实际构件强度与试件强度之间存在差异，《混凝土结构设计规范》基于安全取偏低值。棱柱体轴心抗压强度标准值与立方体抗压强度标准值的关系按下式确定

$$f_{ck}=0.88\alpha_{c1}\alpha_{c2}f_{cu,k} \tag{2-9}$$

式中 α_{c1}——棱柱体轴心抗压强度与立方体抗压强度之比，混凝土强度等级为C50及以下的取$\alpha_{c1}=0.76$，C80取$\alpha_{c1}=0.82$，在此之间按线性规律变化取值；

α_{c2}——混凝土的脆性折减系数，C40及以下取$\alpha_{c2}=1.00$，C80取$\alpha_{c2}=0.87$，中间按线性规律变化取值；

0.88——考虑实际构件与试件混凝土强度之间的差异而取用的折减系数。

国外常采用混凝土圆柱体试件来确定混凝土轴心抗压强度。如美国、日本和欧洲混凝土协会（CEB）是采用直径6in（152mm）、高12in（305mm）的圆柱体标准试件的抗压强度作为轴心抗压强度的指标，记作f_c'。对C60以下的混凝土，圆柱体抗压强度f_c'和立方体抗压强度标准值$f_{cu,k}$的关系可按下式折算

$$f_c'=0.79f_{cu,k} \tag{2-10}$$

当$f_{cu,k}$超过60N/mm²后，随着抗压强度提高，f_c'与$f_{cu,k}$的比值［即式（2-10）中的系数］要提高。

3. 混凝土的轴心抗拉强度

混凝土的轴心抗拉强度也是混凝土的基本力学指标之一，可间接衡量混凝土的冲切强度等其他力学性能。混凝土的轴心抗拉强度可以采用直接轴心受拉的试验方法来测定，如图 2-12 所示。轴心受拉试验的试件尺寸为 100mm×100mm×500mm，两端各埋入一根Φ 16 的变形钢筋，钢筋埋深为 150mm，并置于试件的轴线上。试验时用试验机夹头夹住两端外伸的钢筋施加拉力，破坏时试件在没有钢筋的中部截面被拉断，试件被拉断时的总拉力除以其截面面积，即为混凝土的轴心抗拉强度，记为f_t^s，轴心抗拉强度平均值用$f_{t,m}$表示。但是，由于混凝土内部的不均匀性，加之安装试件的偏差等原因，准确地测定抗拉强度是很困难的。所以，国内外也常用图 2-13 所示的圆柱体或立方体的劈裂试验来间接地测定混凝土的轴心抗拉强度。根据弹性理论，劈裂抗拉强度$f_{t,s}$可按下式计算

$$\begin{cases} f_{t,s}=\dfrac{2F}{\pi dl} \\ f_{t,s}=\dfrac{2F}{\pi a^2} \end{cases} \tag{2-11}$$

式中　F——破坏荷载；

d——圆柱体直径；

l——圆柱体长度；

a——立方体边长。

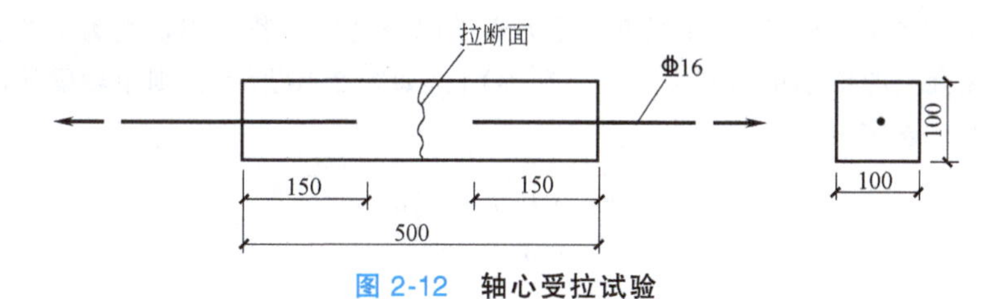

图 2-12　轴心受拉试验

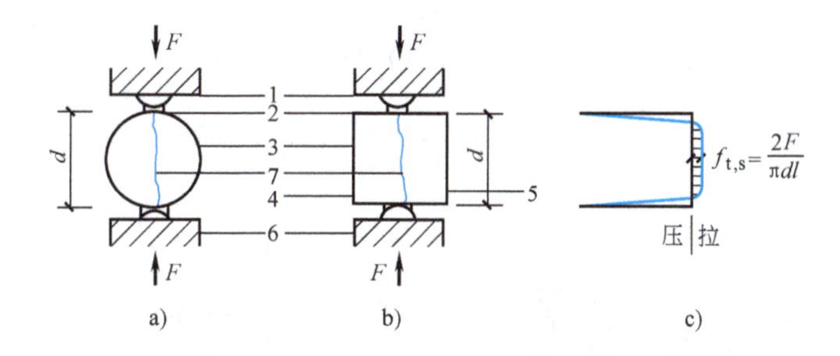

图 2-13　混凝土劈裂试验

a）用圆柱体进行劈裂试验　b）用立方体进行劈裂试验　c）劈裂面中水平应力分布

1—压力机上压板　2—弧形垫条及垫层各一条　3—试件

4—浇模顶面　5—浇模底面　6—压力机下垫板　7—试件破裂线

试验表明，劈裂抗拉强度略大于直接受拉时的抗拉强度，劈拉试件的大小对试验结果也有一定影响。

图 2-14 所示是混凝土轴心抗拉强度试验的结果。由图可以看出，轴心抗拉强度只有立方体抗压强度的 1/20~1/10，混凝土强度等级越高，这个比值越小。考虑到构件与试件的差别、尺寸效应、加载速度等因素的影响，《混凝土结构设计规范》考虑了从普通强度混凝土到高强度混凝土的

变化规律，取轴心抗拉强度标准值 f_{tk} 与立方体抗压强度标准值 $f_{cu,k}$ 的关系为

$$f_{tk}=0.88\times0.395f_{cu,k}^{0.55}(1-1.645\delta)^{0.45}\alpha_{c2} \tag{2-12}$$

式中　δ——变异系数；

0.88 的意义和 α_{c2} 的取值与式（2-9）中的相同。

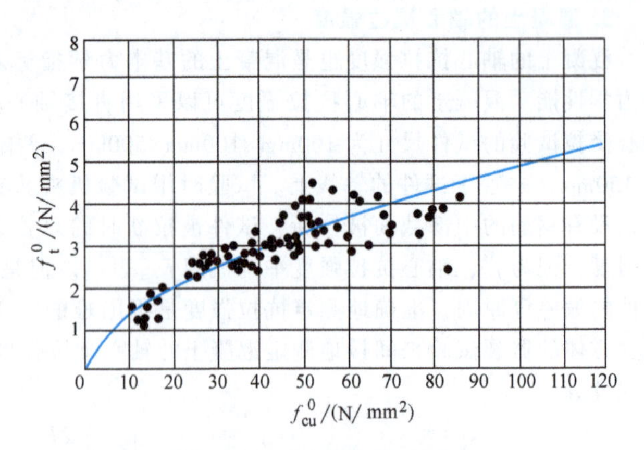

图 2-14　混凝土轴心抗拉强度与立方体抗压强度的关系

2.2.2　混凝土的变形

1. 单轴受压应力-应变关系

混凝土单轴受压时的应力-应变关系曲线常采用棱柱体试件来测定。当在普通试验机上采用等应力速度加载，到达混凝土轴心抗压强度 f_c 时，试验机中积聚的弹性应变能大于试件所能吸收的应变能，会导致试件产生突然的脆性破坏，试验只能测得应力-应变曲线的上升段。采用等应变速度加载，或在试件旁附设高弹性元件与试件一同受压，以吸收试验机内积聚的应变能，可以测得应力-应变曲线的下降段。典型的混凝土单轴受压应力-应变全曲线如图 2-15 所示。

混凝土应力-应变全曲线反映了混凝土受压力学性能全过程。若采用量纲为 1 的坐标 $x=\varepsilon/\varepsilon_{c,r}$，$y=\sigma/f_{c,r}$ [$f_{c,r}$ 为混凝土的单轴抗压强度（f_{ck}，f_c 等）]，如图 2-16 所示，则单轴受压时混凝土应力-应变全曲线可按下式确定

$$\sigma=(1-d_c)E_c\varepsilon \tag{2-13}$$

$$d_c=\begin{cases}1-\dfrac{\rho_c n}{n-1+x^n} & x\leqslant 1\\[2ex] 1-\dfrac{\rho_c}{\alpha_c(x-1)^2+x} & x>1\end{cases} \tag{2-14}$$

$$\rho_c=\frac{f_{c,r}}{E_c\varepsilon_{c,r}} \tag{2-15}$$

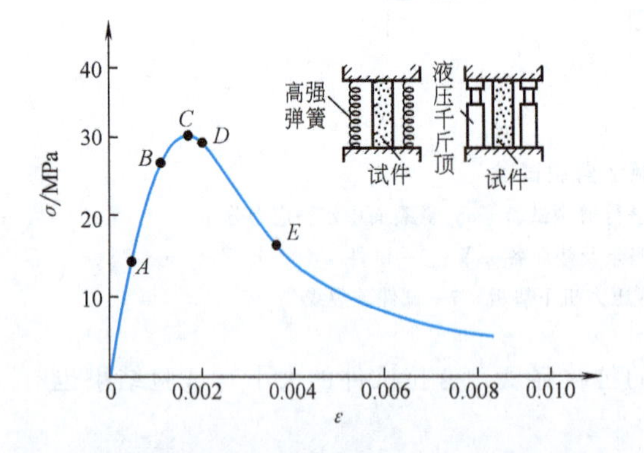

图 2-15　典型的混凝土单轴受压应力-应变全曲线

A—比例极限　B—临界点

C—峰值点　D—拐点　E—收敛点

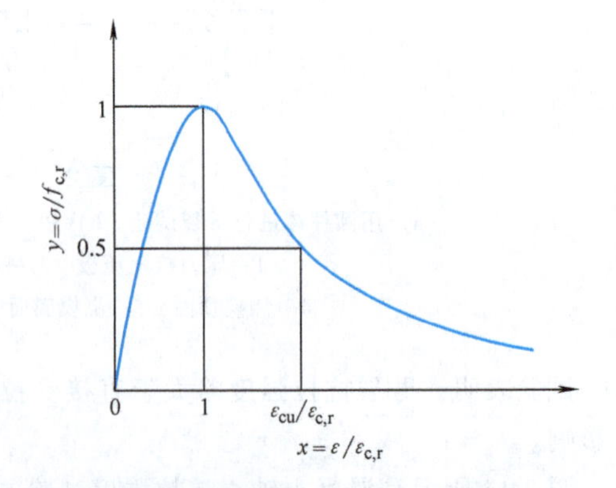

图 2-16　量纲为 1 的混凝土单轴受压应力-应变关系

$$n=\frac{E_c\varepsilon_{c,r}}{E_c\varepsilon_{c,r}-f_{c,r}},\quad x=\frac{\varepsilon}{\varepsilon_{c,r}} \tag{2-16}$$

式中 α_c——混凝土单轴受压应力-应变曲线下降段参数值，按表2-1取用；

$f_{c,r}$——混凝土单轴抗压强度代表值，其值可根据实际结构分析的需要分别取f_c、f_{ck}或f_{cm}；

$\varepsilon_{c,r}$——与单轴抗压强度$f_{c,r}$相应的混凝土峰值压应变，按表2-1取用；

E_c——混凝土的弹性模量；

d_c——混凝土单轴受压损伤演化系数。

表2-1 混凝土单轴受压应力-应变曲线的参数值

$f_{c,r}/(\mathrm{N/mm^2})$	20	25	30	35	40	45	50	55	60	65	70	75	80
$\varepsilon_{c,r}/10^{-6}$	1470	1560	1640	1720	1790	1850	1920	1980	2030	2080	2130	2190	2240
α_c	0.74	1.06	1.36	1.65	1.94	2.21	2.48	2.74	3.00	3.25	3.50	3.75	3.99
$\varepsilon_{cu}/\varepsilon_{c,r}$	3.0	2.6	2.3	2.1	2.0	1.9	1.9	1.8	1.8	1.7	1.7	1.7	1.6

注：ε_{cu}为应力-应变曲线下降段应力等于$0.5f_{c,r}$时的混凝土压应变。

影响混凝土应力-应变曲线的因素很多，如混凝土的强度，组成材料的性质、配合比，龄期，试验方法及箍筋约束等。试验表明，混凝土的强度对其应力-应变曲线有一定的影响。如图2-17所示，在上升段，混凝土强度的影响较小；随着混凝土强度的增大，则应力峰值点处的应变也稍大些。在下降段，混凝土强度有较大的影响，混凝土强度越高，下降段的坡度越陡，即应力下降相同幅度时变形越小，延性越差。在高强混凝土中，砂浆与骨料的粘结很强，密实性好，微裂缝少，最后的破坏往往是骨料破坏，破坏时脆性显著。另外，混凝土受压应力-应变曲线的形状与加载速度也有着密切的关系。

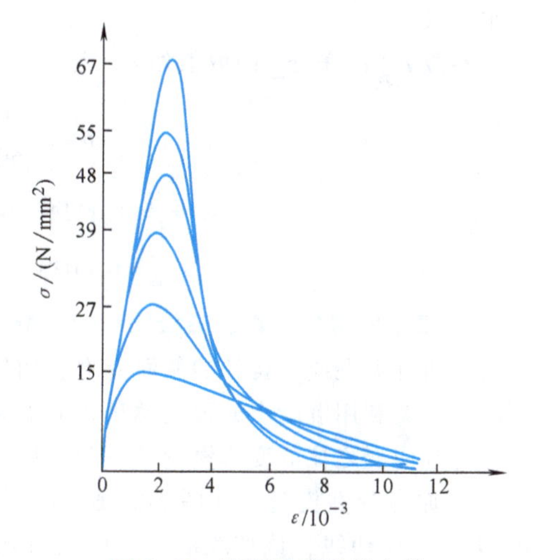

图2-17 不同强度混凝土的受压应力-应变曲线

2. 混凝土单轴受压应力-应变曲线的数学模型

常见的描述混凝土单轴向受压应力-应变曲线的数学模型如下：

(1) 美国采用E. Hognestad建议的模型 如图2-18所示，该模型的上升段为二次抛物线，下降段为斜直线。

上升段
$$\sigma=f_c\left[\frac{2\varepsilon}{\varepsilon_0}-\left(\frac{\varepsilon}{\varepsilon_0}\right)^2\right]\qquad 0\leqslant\varepsilon\leqslant\varepsilon_0 \tag{2-17}$$

下降段
$$\sigma=f_c\left(1-0.15\frac{\varepsilon-\varepsilon_0}{\varepsilon_u-\varepsilon_0}\right)\qquad \varepsilon_0<\varepsilon\leqslant\varepsilon_{cu} \tag{2-18}$$

在式(2-17)、式(2-18)中，峰值应变$\varepsilon_0=0.002$，极限压应变$\varepsilon_{cu}=0.0038$。

(2) 德国采用Rüsch建议的模型 如图2-19所示，上升段也采用二次抛物线，下降段则采用水平直线。

上升段
$$\sigma=f_c\left[\frac{2\varepsilon}{\varepsilon_0}-\left(\frac{\varepsilon}{\varepsilon_0}\right)^2\right]\qquad 0\leqslant\varepsilon\leqslant\varepsilon_0 \tag{2-19}$$

下降段
$$\sigma=f_c\qquad \varepsilon_0<\varepsilon\leqslant\varepsilon_{cu} \tag{2-20}$$

在式(2-19)、式(2-20)中，峰值应变$\varepsilon_0=0.002$，极限压应变$\varepsilon_{cu}=0.0035$。

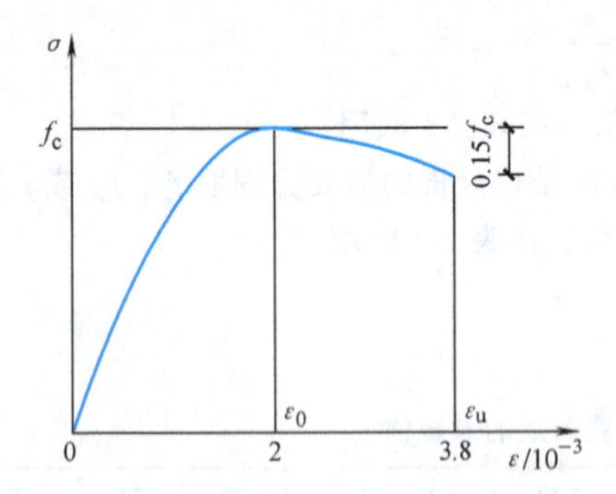

图 2-18　E. Hognestad 混凝土应力-应变曲线

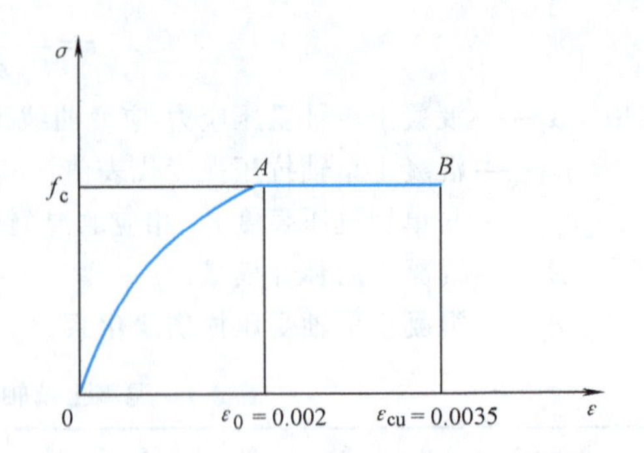

图 2-19　Rüsch 混凝土应力-应变曲线

（3）《混凝土结构设计规范》采用的模型　如图 2-20 所示，该模型形式较简单，上升段也采用二次抛物线，下降段也采用水平直线。

上升段
$$\sigma_c=f_c\left[1-\left(1-\frac{\varepsilon_c}{\varepsilon_0}\right)^n\right] \quad \varepsilon_c\leqslant\varepsilon_0 \tag{2-21}$$

水平段
$$\sigma_c=f_c \quad \varepsilon_0<\varepsilon_c\leqslant\varepsilon_{cu} \tag{2-22}$$

式中，参数 n、ε_0 和 ε_{cu} 的取值如下

$$n=2-\frac{1}{60}(f_{cu,k}-50)\leqslant 2.0 \tag{2-23}$$

$$\varepsilon_0=0.002+0.5(f_{cu,k}-50)\times10^{-5}\geqslant 0.002 \tag{2-24}$$

$$\varepsilon_{cu}=0.0033-(f_{cu,k}-50)\times10^{-5}\leqslant 0.0033 \tag{2-25}$$

3. 混凝土的弹性模量、泊松比和剪切模量

在分析计算混凝土构件的截面应力、构件变形及预应力混凝土构件中的预压应力和预应力损失等时，需要利用混凝土的弹性模量。由于混凝土的应力-应变关系为非线性，故在不同的应力阶段，应力与应变之比的变形模量是一个变数。混凝土的变形模量有三种表示方法。

（1）原点弹性模量　如图 2-21 所示，混凝土棱柱体受压时，在应力-应变曲线的原点（图中的 O 点）作切线，该切线的斜率即为混凝土的原点弹性模量，称为初始弹性模量，以 E_c 表示，即

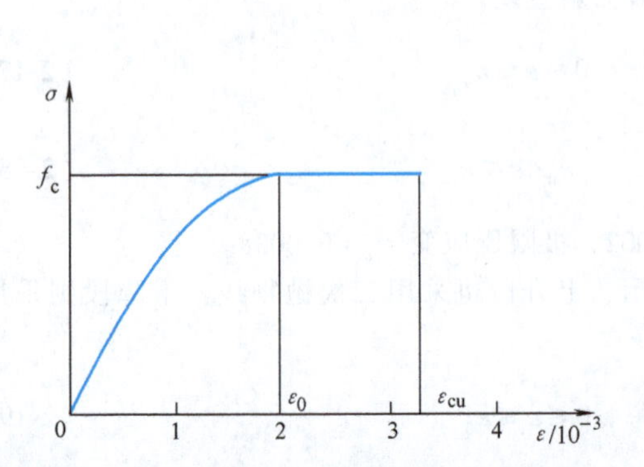

图 2-20　《混凝土结构设计规范》采用的混凝土应力-应变曲线

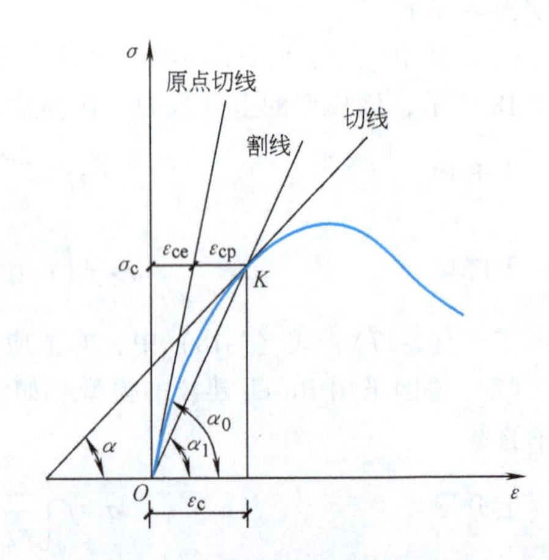

图 2-21　混凝土的弹性模量、变形模量和切线模量

$$E_c = \tan\alpha_0 = \frac{\sigma_c}{\varepsilon_{ce}} \tag{2-26}$$

式中　α_0——混凝土应力-应变曲线在原点处的切线与横坐标的夹角。

当混凝土进入塑性阶段后，初始的弹性模量已不能反映此时的应力-应变性质，因此，有时用变形模量或切线模量来表示这时的应力-应变关系。

（2）变形模量　如图 2-21 所示，连接混凝土应力-应变曲线的原点 O 及曲线上任一点 K 作一割线，K 点的混凝土应力为 σ_c，则该割线（OK）的斜率即为变形模量，也称为割线模量或弹塑性模量，以 E_c'表示，即

$$E_c' = \tan\alpha_1 = \frac{\sigma_c}{\varepsilon_c} \tag{2-27}$$

可以看出，混凝土的变形模量是个变值，它随应力的大小而不同。

（3）切线模量　如图 2-21 所示，在混凝土应力-应变曲线上某一应力 σ_c 处作一切线，该切线的斜率即为相应于应力 σ_c 时的切线模量，以 E_c''表示，即

$$E_c'' = \tan\alpha = \frac{d\sigma_c}{d\varepsilon_c} \tag{2-28}$$

可以看出，混凝土的切线模量是一个变值，它随着混凝土的应力增大而减小。

如图 2-21 所示，在某一应力 σ_c 作用下，混凝土应变 ε_c 可认为是由弹性应变 ε_{ce} 和塑性应变 ε_{cp} 两部分组成。于是混凝土的变形模量与弹性模量的关系为

$$E_c' = \frac{\sigma_c}{\varepsilon_c} = \frac{\varepsilon_{ce}}{\varepsilon_c} \times \frac{\sigma_c}{\varepsilon_{ce}} = vE_c \tag{2-29}$$

式中　v——弹性特征系数，即 $v=\varepsilon_{ce}/\varepsilon_c$。

弹性特征系数 v 与应力值有关。当 $\sigma_c=0.5f_c$ 时，$v=0.8\sim0.9$；当 $\sigma_c=0.9f_c$ 时，$v=0.4\sim0.8$。一般情况下混凝土的强度越高，v 值越大。

目前，各国对弹性模量的试验方法尚无统一的标准。显然，要在混凝土一次加载的应力-应变曲线上作原点的切线，以求得 α_0 的准确值是不容易的（因为试验结果很不稳定）。我国《混凝土结构设计规范》规定的弹性模量确定方法是：对标准尺寸 150mm×150mm×300mm 的棱柱体试件，先加载至 $\sigma_c=0.5f_c$，然后卸载至零，再重复加载、卸载 5~10 次。由于混凝土不是弹性材料，每次卸载至应力为零时，存在残余变形，随着加载次数增加，应力-应变曲线渐趋稳定并基本上趋于直线。该直线的斜率即定为混凝土的弹性模量。试验结果表明，按上述方法测得的弹性模量比按应力-应变曲线原点切线斜率确定的弹性模量要略低一些。

根据试验结果，《混凝土结构设计规范》规定，混凝土受压弹性模量按下式计算

$$E_c = \frac{10^5}{2.2+\dfrac{34.7}{f_{cu,k}}} \tag{2-30}$$

式中，E_c 和 $f_{cu,k}$ 的单位为 N/mm^2。

需要注意的是：混凝土不是弹性材料，所以不能用已知的混凝土应变乘以规范中所给的弹性模量值去求混凝土的应力。只有当混凝土应力很低时，它的弹性模量与变形模量值才近似相等。

（4）混凝土的泊松比 ν_c　泊松比是指在一次短期加载（受压）试件的横向应变与纵向应变之比。当压应力较小时，ν_c 为 0.15~0.18，接近破坏时较大。《混凝土结构设计规范》取 $\nu_c=0.2$。

（5）混凝土的剪变模量 G_c　$G_c=\dfrac{E_c}{2(1+\nu_c)}$，《混凝土结构设计规范》规定，混凝土的剪变模量 $G_c=0.4E_c$。

4. 混凝土轴向受拉时的应力-应变关系

由于测试混凝土受拉时的应力-应变关系曲线比较困难，所以试验资料较少。图 2-22 所示是采用电液伺服试验机控制应变速度，测出的混凝土轴心受拉应力-应变曲线。曲线形状与受压时相似，具有上升段和下降段。试验测试表明，在试件加载的初期，变形与应力呈线性增长，至峰值应力的 40%~50%达比例极限，加载至峰值应力的 76%~83%时，曲线出现临界点（即裂缝不稳定扩展的起点），到达峰值应力时对应的应变只有 $(75\sim115)\times10^{-6}$。曲线下降段的坡度随混凝土强度的提高而更陡峭。量纲为 1 的混凝土单轴受拉应力-应变曲线如图 2-23 所示。混凝土的受拉弹性模量与受压弹性模量值基本相同。

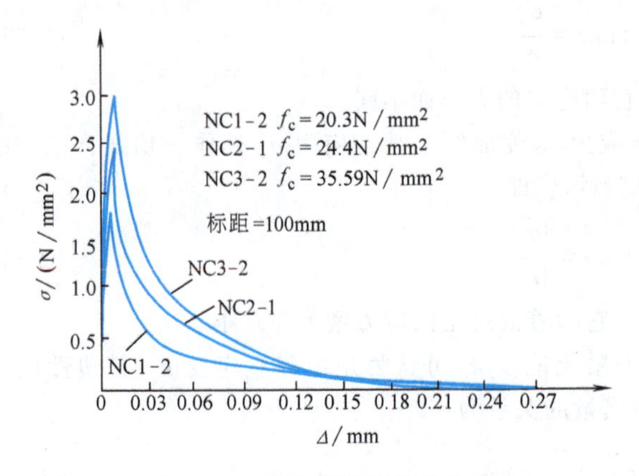

图 2-22 不同强度混凝土拉伸应力-应变曲线

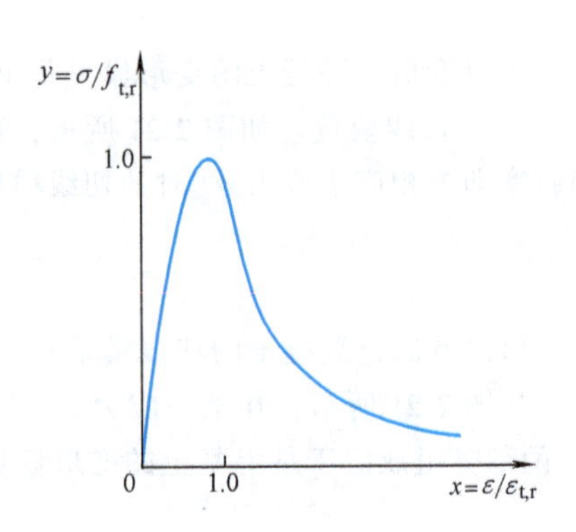

图 2-23 量纲为 1 的混凝土单轴受拉应力-应变关系

混凝土单轴受拉的应力-应变曲线方程可按下式确定

$$\sigma=(1-d_t)E_c\varepsilon \tag{2-31}$$

$$d_t=\begin{cases}1-\rho_t(1.2-0.2x^5) & x\leqslant1\\ 1-\dfrac{\rho_t}{\alpha_t(x-1)^{1.7}+x} & x>1\end{cases} \tag{2-32}$$

$$x=\frac{\varepsilon}{\varepsilon_{t,r}} \tag{2-33}$$

$$\rho_t=\frac{f_{t,r}}{E_c\varepsilon_{t,r}} \tag{2-34}$$

式中 d_t——混凝土单轴受拉损伤演化系数；

$f_{t,r}$——混凝土的单轴抗拉强度代表值，其值可根据实际结构分析需要分别取 f_t、f_{tk} 或 f_{tm}；

α_t——混凝土单轴受拉应力-应变曲线下降段的参数值，按表 2-2 取用；

$\varepsilon_{t,r}$——与单轴抗拉强度代表值 $f_{t,r}$ 相应的混凝土峰值拉应变，按表 2-2 取用。

表 2-2 混凝土单轴受拉应力-应变曲线的参数值

$f_{t,r}$/(N/mm²)	1.0	1.5	2.0	2.5	3.0	3.5	4.0
$\varepsilon_{t,r}/10^{-6}$	65	81	95	107	118	128	137
α_t	0.31	0.70	1.25	1.95	2.81	3.82	5.00

2.2.3 复合应力下混凝土的受力性能

实际结构中，混凝土结构构件很少处于单向受力状态，更多的是处于双向或三向受力状态。

例如，框架梁、柱既受到轴向力作用，又受到弯矩和剪力的作用。节点区混凝土受力状态一般更为复杂。

1. 双轴应力强度

在两个互相垂直的平面上，作用着法向应力 σ_1 和 σ_2，第三个平面上应力为零（$\sigma_3=0$）的情况下，混凝土强度的变化曲线如图 2-24 所示，其强度变化规律的特点如下：

1）当双向受压时（图 2-24 中的第三象限），一向的强度随另一向压应力的增加而增加，当横向应力与轴向应力之比为 0.5 时，其强度比单向抗压强度增加 25%左右。而在两向压应力相等的情况下，其强度仅增加 16%左右。最大受压强度发生在两个压应力之比为 0.3~0.6，为（1.25~1.60）f_c。双轴受压状态下混凝土的应力-应变关系与单轴受压曲线相似，但峰值压应变超过单轴受压时的峰值压应变。

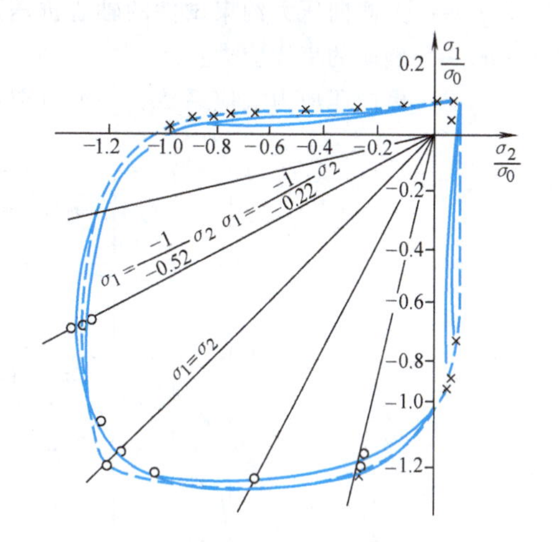

图 2-24 混凝土在双轴应力状态的破坏包络图

2）当双向受拉时（图 2-24 中的第一象限），不论应力比多大，一向的抗拉强度基本上与另一向拉应力的大小无关，即其抗拉强度和单轴抗拉强度接近。

3）当一向受拉、一向受压时（图 2-24 中的第二、四象限），混凝土的抗压强度几乎随另一向拉应力的增加而线性降低，即任意应力比情况下的压、拉强度均低于相应单轴受力时的强度。

2. 压（拉）剪复合受力强度

在构件受剪或受扭时常遇到剪应力 τ 和正应力 σ 共同作用下的复合受力情况。图 2-25 所示为混凝土在 τ 和 σ 共同作用下的复合受力强度关系。由图 2-25 可见，混凝土的抗剪强度随拉应力的增加而减小，随压应力的增大而增大；当压应力在 $0.6f_c$ 左右时，抗剪强度达到最大；压应力继续增大，则由于内裂缝发展明显，抗剪强度将随压应力的增大而减小。

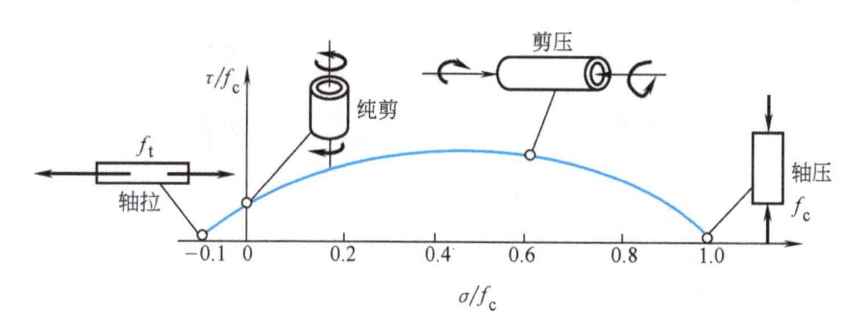

图 2-25 混凝土压（拉）剪复合受力强度

3. 三轴应力状态及三向受压强度

三轴应力状态有多种组合，实际工程遇到较多的螺旋箍筋柱和钢管混凝土柱中的混凝土为三向受压状态。混凝土三向受压时，由于变形受到相互间有利的制约，形成约束混凝土。混凝土一向抗压强度随另外两向压应力的增加而增加，并且混凝土的极限压应变也大大增加。

三向受压试验一般采用圆柱体在等侧压条件下进行，如图 2-26 所示。由于侧向压应力 σ_2 限制了横向变形，混凝土微裂缝的发展受到约束，其纵向压应力 σ_1 随侧向压应力 σ_2 的增加而增大（见图 2-26b）。根据圆柱体试件周围侧向加液压的试验结果，三向受压时混凝土的轴心抗压强度 f'_{cc} 与侧向压应力 σ_2 经验关系为

$$f'_{cc}=f'_c+k\sigma_2 \tag{2-35}$$

式中 f'_{cc}——有侧向压力约束试件的轴心抗压强度；

f'_c——无侧向压力约束试件的轴心抗压强度；

σ_2——侧向约束压应力；

k——侧向压应力效应系数，一般可取 $k=4.0$。

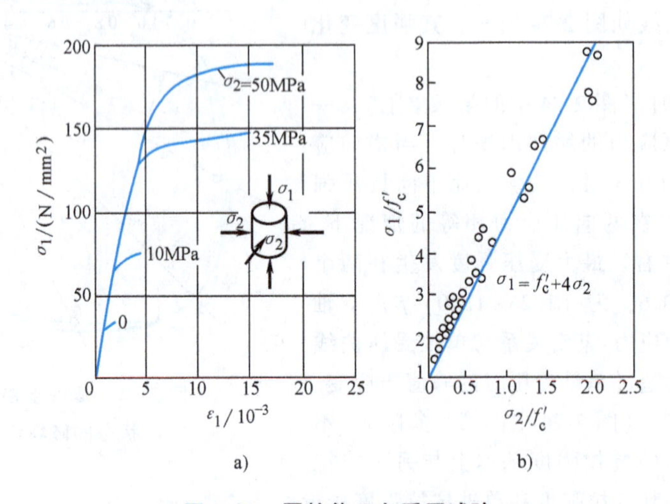

图 2-26 圆柱体三向受压试验

a）三向受压 σ_1-ε_1 关系　b）σ_1 与 σ_2 的关系

工程上可以通过设置密排螺旋筋或箍筋来约束混凝土，改善钢筋混凝土结构的受力性能。在混凝土轴向压力很小时，螺旋筋或箍筋几乎不受力，此时混凝土基本上不受约束，当混凝土应力达到临界应力时，混凝土内部裂缝引起体积膨胀使螺旋筋或箍筋受拉，从而使螺旋筋或箍筋约束混凝土，形成与液压约束相似的条件，使混凝土的应力-应变性能得到改善（见图 2-27）。

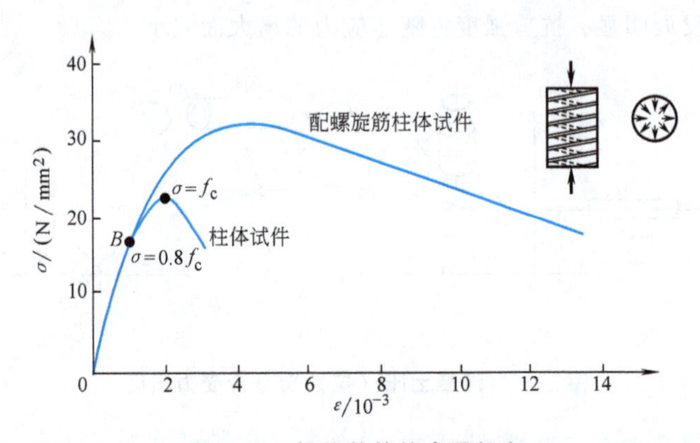

图 2-27 螺旋箍筋约束混凝土

4. 局部受压强度

图 2-28 所示为混凝土局部试验，其局部受压区域内的混凝土基本上处于三轴受压状态。试验表明，局部受压强度 f_{cl} 与均匀（轴心）受压强度 f_c 的关系为

$$f_{cl}=\beta_l f_c=\sqrt{\frac{A_b}{A_l}}f_c \tag{2-36}$$

式中 A_l——混凝土局部受压面积；

A_b——影响局部受压强度的计算底面积，按与 A_l 同心、对称、有效的原则确定；

β_l——局部受压时的混凝土强度提高系数。

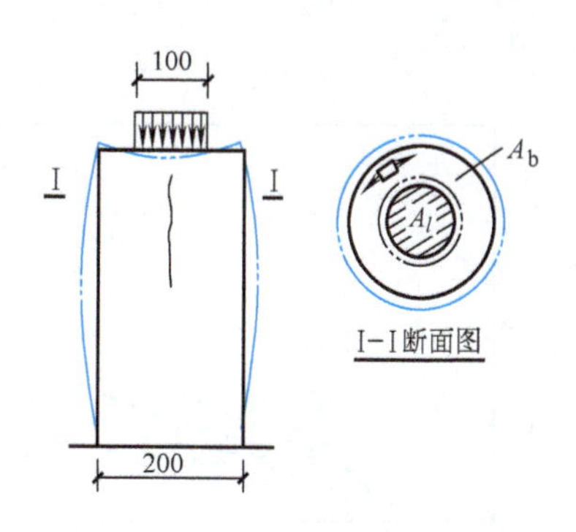

图 2-28　局部受压试件

2.2.4　混凝土的徐变

结构或材料承受的荷载或应力不变，应变或变形随时间增长的现象称为徐变。混凝土的徐变特性主要与时间参数有关。混凝土的典型徐变曲线如图 2-29 所示。

可以看出，当棱柱体试件加载的应力达到 $0.5f_c$ 时，其加载瞬间产生的应变为瞬时应变 ε_{ela}。若保持荷载不变，随着加载作用时间的增加，应变也将继续增长，这就是混凝土的徐变 ε_{cr}。一般，徐变开始增长较快，以后逐渐减慢，经过较长时间后就逐渐趋于稳定。徐变应变值为瞬时应变的 1~4 倍，如图 2-29 所示，两年（24 个月）后卸载，试件瞬时恢复的一部分应变称为瞬时恢复应变 ε'_{ela}，其值比加载时的瞬时变形略小。当长期荷载完全卸除后，会发现混凝土并不处于静止状态，而经过一个徐变的恢复过程（约为 20d），卸载后的徐变恢复变形称为弹性后效 ε''_{ela}，其绝对值仅为徐变变形的 1/12 左右。在试件中还有绝大部分应变是不可恢复的，成为残余应变 ε'_{cr}。

试验表明，混凝土的徐变与混凝土的应力大小有着密切的关系。应力越大，徐变也越大，随着混凝土应力的增加，混凝土徐变将发生不同的情况。如图 2-30 所示，当混凝土应力较小时（如小于 $0.5f_c$），徐变与应力成正比，曲线接近等间距分布，这种情况称为线性徐变。在线性徐变的情况下，加载初期徐变增长较快，6 个月时，一般已完成徐变的大部分，后期徐变增长逐渐减小，一年以后趋于稳定，一般认为 3 年左右徐变基本终止。当混凝土应力较大时（如大于 $0.5f_c$），徐变变形与应力不成正比，徐变变形比应力增长要快，称为非线性徐变。在非线性徐变范围内，当加载应力过高时，徐变变形急剧增加不再收敛，呈非稳定徐变的现象（见图 2-31）。由此说明，在高应力的作用下可能造成混凝土的破坏。所以，一般取混凝土应力等于（0.75~0.8）f_c 作为混凝土的长期极限强度。混凝土构件在使用期间，应当避免经常处于不变的高应力状态。

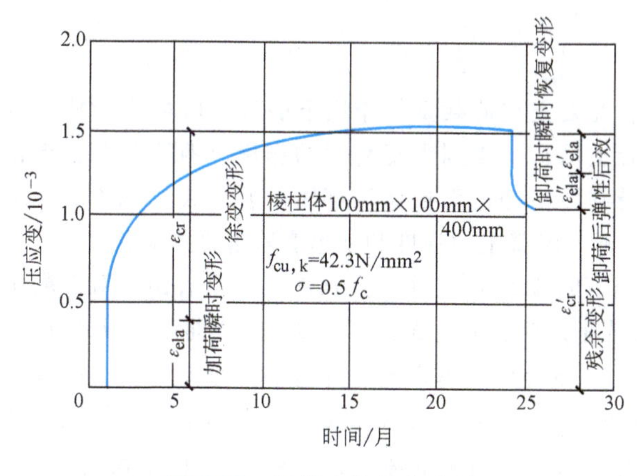

图 2-29　混凝土的徐变曲线

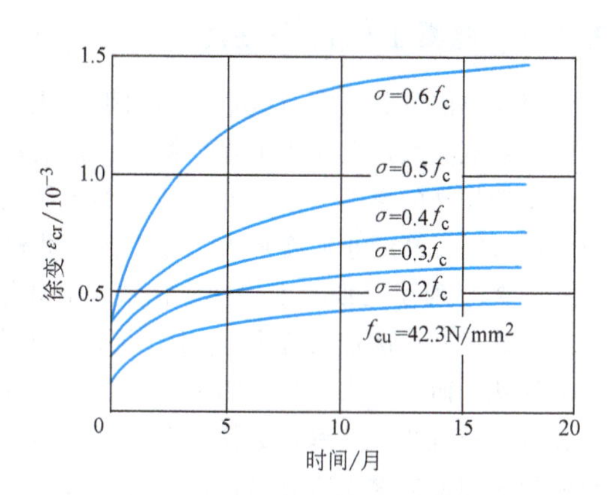

图 2-30　压应力与徐变的关系

试验还表明，混凝土的龄期及组成成分对徐变也有较大影响。加载时混凝土的龄期越早，徐变越大。水泥用量越多，徐变越大；水胶比越大，徐变也越大。如图 2-32 所示，骨料弹性性质也明显地影响徐变值。一般，骨料越坚硬，弹性模量越高，混凝土的徐变越小。

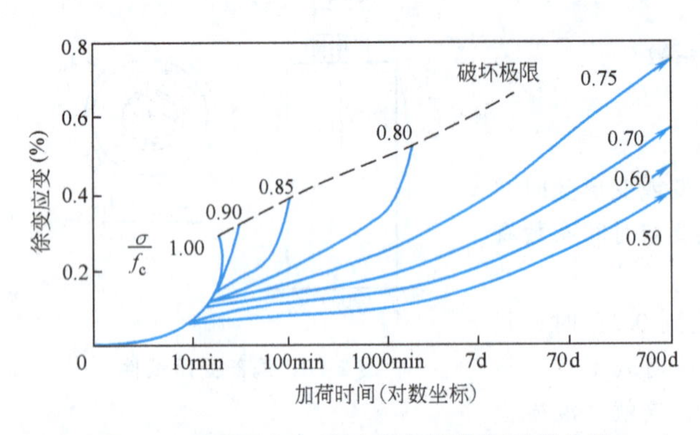

图 2-31　**不同应力/强度比值的徐变时间曲线**

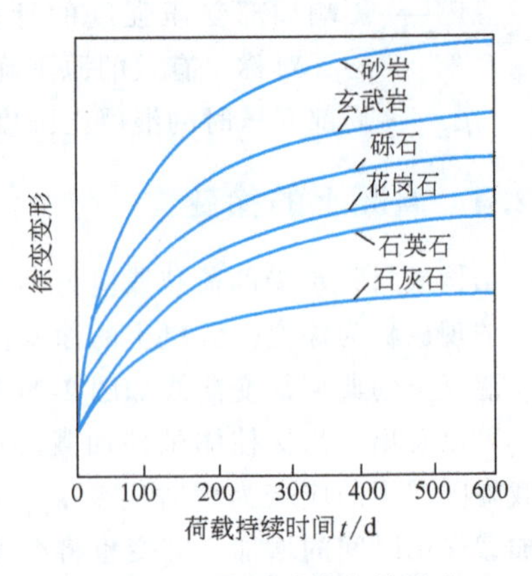

图 2-32　**骨料对徐变的影响**

混凝土的制作方法、养护条件，特别是养护时的温度和湿度对徐变也有重要影响。养护时温度高、湿度大，水泥水化作用充分，徐变越小。而受到荷载作用后所处的环境温度越高、湿度越低，则徐变越大。构件的形状、尺寸也会影响徐变值，大尺寸试件内部失水受到限制，徐变减小。钢筋的存在等对徐变也有影响。

徐变对混凝土结构和构件的工作性能有很大影响。混凝土的徐变会使构件的变形增加，在钢筋混凝土截面中引起应力重分布，在预应力混凝土结构中会造成预应力损失。

影响混凝土徐变的因素很多，通常认为混凝土产生徐变的原因主要可归结为三个方面：内在因素、环境影响和应力因素。内在因素是指混凝土的组成和配比，环境影响包括养护和使用条件。在应力不大的情况下，混凝土凝结硬化后，骨料之间的水泥浆的一部分变为完全弹性结晶体，另一部分是充填在晶体间的凝胶体，它具有黏性流动的性质。当施加荷载时，在加载的瞬间结晶体与凝胶体共同承受荷载。其后，随着时间的推移，凝胶体由于黏性流动而逐渐卸载，此时晶体承受了更多的外力并产生弹性变形。在这个过程中，从水泥凝胶体向水泥结晶体应力重新分布，从而使混凝土徐变变形增加。在应力较大的情况下，混凝土内部微裂缝在荷载长期作用下不断发展和增加，也将导致混凝土变形的增加。

2.2.5　混凝土的疲劳性能

混凝土的疲劳是在荷载重复作用下产生的。混凝土在荷载重复作用下引起的破坏称为疲劳破坏。疲劳现象大量存在于工程结构中，钢筋混凝土吊车梁受到重复荷载的作用，钢筋混凝土道桥受到车辆振动的影响，港口海岸的混凝土结构受到波浪冲击而损伤等都属于疲劳破坏现象。疲劳破坏的特征是裂缝小而变形大，在重复荷载作用下，混凝土的强度和变形有着重要的变化。

图 2-33 所示是混凝土棱柱体在重复荷载作用下的应力-应变曲线。从图中可以看出，对混凝土棱柱体试件，一次加载应力 σ_1 小于混凝土疲劳强度 f_c^f 时，其加载卸载应力-应变曲线 OAB 形成了一个环状。而在多次加载、卸载作用下，应力-应变环会越来越密合，经过多次重复，这个曲线就密合成一条直线。如果再选择一个较高的加载应力 σ_2，但 σ_2 仍小于混凝土疲劳强度 f_c^f 时，其加卸载的规律同前，多次重复后形成密合直线。如果选择一个高于混凝土疲劳强度 f_c^f 的加载应力 σ_3，开始，混凝土应力-应变曲线凸向应力轴，在重复荷载过程中逐渐变成直线，再经过多次重复加卸载后，其应力-应变曲线由凸向应力轴而逐渐凸向应变轴，以致加卸载不能形成封闭环，这标志着混凝土内部微裂缝的发展加剧趋近破坏。随着重复荷载次数的增加，应力-应变曲线倾角不断减小，至荷载重复到某一定次数时，混凝土试件会因严重开裂或变形过大而导致破坏。

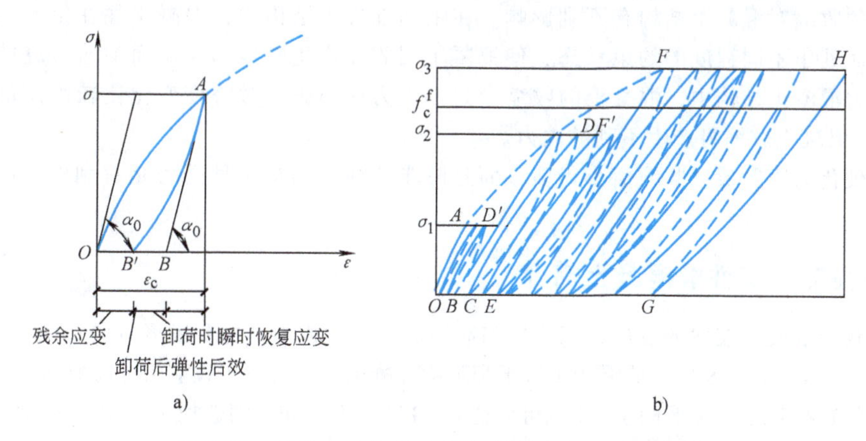

图 2-33　混凝土在重复荷载作用下的应力-应变曲线

混凝土的疲劳强度用疲劳试验测定。疲劳试验采用 100mm×100mm×300mm 或 150mm×150mm×450mm 的棱柱体，把能使棱柱体试件承受 200 万次或以上循环荷载而发生破坏的压应力值称为混凝土的疲劳抗压强度。

施加荷载时的应力大小是影响应力-应变曲线不同的发展和变化的关键因素，即混凝土的疲劳强度与重复作用时应力变化的幅度有关。在相同的重复次数下，疲劳强度随着疲劳应力比值的增大而增大。疲劳应力比值 ρ_c^f 按下式计算

$$\rho_c^f=\frac{\sigma_{c,min}^f}{\sigma_{c,max}^f} \tag{2-37}$$

式中　$\sigma_{c,min}^f$、$\sigma_{c,max}^f$——构件疲劳验算时，截面同一纤维上的混凝土最小应力及最大应力。

2.2.6　混凝土的收缩、膨胀

混凝土在空气中凝结硬化时体积减小的现象称为收缩，在水中或处于饱和湿度情况下，结硬时体积增大的现象称为膨胀。通常，收缩值比膨胀值大很多。

图 2-34 所示为混凝土的收缩、膨胀变形与时间的关系。可以看到，混凝土的收缩随时间而增大，在结硬初期收缩变形发展较快，两年左右渐趋稳定。混凝土收缩变形的试验结果非常分散，其值可达（2～5）$\times10^{-4}$，一般取常数 3×10^{-4}。在钢筋混凝土构件中，混凝土的收缩变形受到约束，将其值取为素混凝土收缩值的一半，即 1.5×10^{-4}。

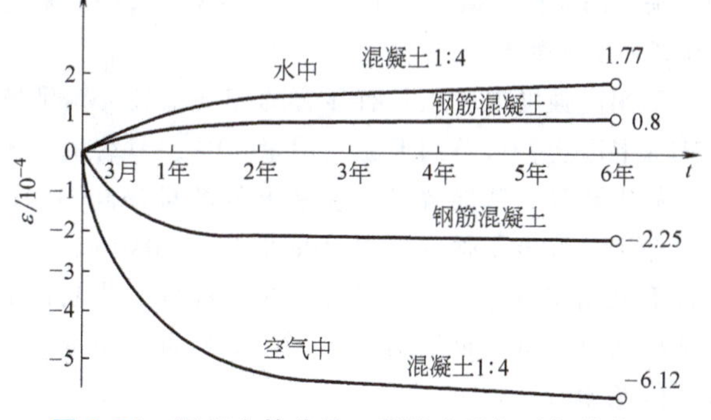

图 2-34　混凝土的收缩、膨胀变形与时间的关系

混凝土收缩主要是由于干燥失水和碳化作用引起的。混凝土收缩量与混凝土的组成有密切的关系。水泥用量越多，水胶比越大，收缩越大；骨料越坚实（弹性模量较大），更能限制水泥浆的收缩；骨料粒径越大，越能抵抗砂浆的收缩，而且在同一稠度条件下，混凝土用水量越少，混凝土的收缩越小。

由于干燥失水引起混凝土收缩，所以养护方法、存放及使用环境的温湿度条件是影响混凝土收缩的重要因素。在高温下湿养时，水泥水化作用加快，使可供蒸发的自由水分较少，从而使收缩减小；使用环境温度越高，相对湿度越小，其收缩越大。

混凝土的收缩对混凝土结构有不利影响。在钢筋混凝土结构中，混凝土往往由于钢筋或相邻部件的牵制而处于不同程度的约束状态，使混凝土因收缩产生拉应力，从而加速裂缝的出现和开展。在预应力混凝土结构中，混凝土的收缩导致预应力的损失。对跨度变化比较敏感的超静定结构（如拱），混凝土收缩将产生不利的内力。

混凝土硬化的膨胀值比收缩值小得多，而且膨胀往往对结构构件受力是有利的，所以一般不考虑膨胀。

2.2.7 高强度、高性能混凝土简介

近年来随着混凝土技术的发展，高强度与高性能混凝土成为其主要发展方向。

根据一般规定，C50及以上的混凝土属于高强度混凝土。目前在实验室已可以配制1000MPa以上的混凝土，在工程实践中混凝土的强度也可以达到C100以上。如美国芝加哥71层、高295m的South Wacher大厦，底层用了C95的混凝土。如果采用钢结构，其总高将增加25m。美国纽约的高层和超高层建筑过去为钢结构一统天下，近年来也开始采用高强度混凝土结构。马来西亚吉隆坡市的双塔大厦高450m，底层采用C80高强混凝土。德国法兰克福高115m的Japan Center用了C110的高强混凝土。在美国房屋建筑中混凝土的强度最高达到C120。加拿大多伦多1975年建造的43层银行，1978年建造的56层大楼，都用了高强度混凝土。日本也采用高强度混凝土建造了30多幢高层住宅及80MPa的预应力高强度混凝土桩、桁架、管、电杆等。在桥梁结构中，高强度混凝土的应用也很普遍。连接日本本州与四国的明石海峡大桥的桥墩与基础全部采用高性能混凝土。此外，国外还采用高强度混凝土建造了高达594m的电视塔，直径为82m的贮罐，跨度达330m的预应力混凝土桥梁。我国在高强度及高性能混凝土方面的研究及应用也取得了可喜的成绩。近年来，国内在一些超高层建筑中应用了高强度混凝土，如高322m的广州中天大厦，高238m的青岛中银大厦，高118m的深圳鸿昌大厦，高420.5m的上海金茂大厦，高200m的广州国际大厦屋顶直升飞机停机坪（用C60泵送混凝土）。沈阳和广州有的高层建筑的混凝土强度等级达到C80。上海、北京、广州已可供应C80商品混凝土。虽然这些工程的混凝土强度等级目前还不是实际设计所需要的，但可以反映这些工程的技术水平。我国在铁路与公路桥梁中采用高强度混凝土的工程也是比较多的，如跨长602m的上海杨浦大桥、跨长452m的汕头海湾大桥、拱跨达420m的万县长江大桥均采用了C60高强度混凝土，三门峡黄河公路桥采用C70高强度混凝土。

采用高强度混凝土具有显著的经济意义。据俄罗斯介绍，用60MPa的高强度混凝土代替30~40MPa混凝土，可节约混凝土用量40%，节约钢材39%左右，降低钢材造价20%~35%。采用高强度混凝土还具有节能效果。混凝土强度每提高10MPa，每立方米混凝土可节约标准煤13kg。有的资料介绍，混凝土强度由40MPa提高到80MPa，由于结构截面减小，可使混凝土体积缩小1/3，结构自重又相应减轻。如采用目前的材料与工艺制得的100MPa高强度混凝土，并采用预应力结构，则结构的自重可与钢结构相当。日本的资料也介绍，预应力高强度混凝土铁路桥与钢桥相比，可节约能源40%~60%。

混凝土的强度并不是越高越好，随着混凝土的强度提高，混凝土的脆性增加，耐火性降低。所以近年又提出了高性能混凝土（High Performance Concrete），简称HPC。按照美国混凝土学会（ACI）的提法：高性能混凝土是须满足特定性能和匀质性的混凝土，仅采用通常的材料和普通的拌和、浇筑与养护方式，不可能成功地生产高性能混凝土。所谓高性能是指易浇捣而不离析，高长期力学性能、高早期强度、高韧性与高体积稳定性，或在严酷环境下的耐久性等。简言之，高性能混凝土不仅需要高强度，而且需要一定的耐久性，还要易于施工。可将高性能混凝土视为以耐久性和可持续发展为基本要求并适合工业化生产施工的混凝土。所以高强度混凝土可以是高性能混凝土，但高性能混凝土是不是一定要高强度，这一点目前还没有形成共识。混凝土的耐久性

问题日益受到人们的重视，过去认为混凝土是一种耐久性较好的材料。但实践证明，混凝土在露天环境下并不总是耐久的。近年来许多工业发达的国家，如日本、美国、法国、加拿大、挪威等，面临着一些基础设施老化问题，需要耗用大量资金进行修补或更新，而这些设施多是混凝土结构。我国现在也存在众多建筑设施老化的问题。采用高性能混凝土更新原有陈旧的混凝土结构具有显著的经济性。人们对混凝土耐久性的需求与人类日益关心的可持续发展最为密切相关。因为混凝土是用量最大的建筑材料，必须将它的生产和使用放到保护环境和可持续发展的高度加以考虑。所以高性能混凝土受到人们的高度重视。这种混凝土可为基础设施工程提供 100~200 年甚至更长的寿命，更适合工业化和自动化生产，适合环境保护和开发海洋的需要。实际上需要很高强度的混凝土工程并不是很多，就我国目前的情况而言，研究开发强度在 C60 左右的高性能混凝土具有更普遍的意义。

2.3　混凝土与钢筋的粘结

2.3.1　粘结的两个问题

钢筋和混凝土这两种材料能够结合在一起共同工作，除了两者具有相近的线膨胀系数外，更主要的是混凝土硬化后，沿着钢筋长度方向，钢筋与混凝土之间产生了良好的粘结。钢筋端部与混凝土的粘结称为锚固。为了保证钢筋不被从混凝土中拔出或压出，要求钢筋有良好的锚固能力。粘结和锚固是钢筋和混凝土形成整体、共同工作的基础。

钢筋混凝土受力后会沿钢筋和混凝土接触面上产生剪应力，通常把这种剪应力称为粘结应力。若构件中的钢筋和混凝土之间既不粘结，钢筋端部也不加锚具，在荷载作用下，钢筋与混凝土就不能共同受力。

钢筋端部加弯钩、弯折，或在锚固区贴焊短钢筋、贴焊角钢等，可以提高锚固能力。光圆钢筋末端均需设置弯钩。

粘结作用可以用图 2-35 所示的钢筋和其周围混凝土之间产生的粘结应力来说明。根据受力性质的不同，钢筋与混凝土之间的粘结应力可分为裂缝间的局部粘结应力（局部粘结）和钢筋端部的锚固粘结应力（锚固粘结）两种。

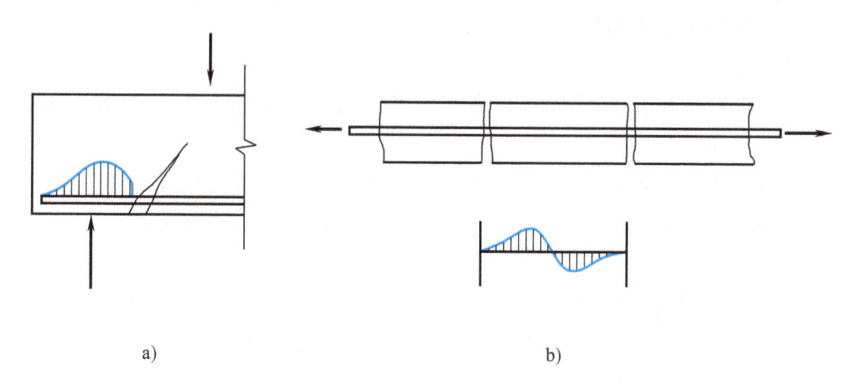

图 2-35　钢筋和混凝土之间的两种粘结

a）锚固粘结　b）局部粘结

1）裂缝间的局部粘结应力（局部粘结）。它是在相邻两个开裂截面之间产生的，钢筋应力的变化受到粘结应力的影响，粘结应力使相邻两个裂缝之间混凝土参与受拉。局部粘结应力的丧失会影响构件刚度的降低和裂缝的开展。

2）钢筋端部的锚固粘结应力（锚固粘结）。钢筋伸进支座或在连续梁承担负弯矩的上部钢筋在跨中截断时需要延伸一段长度，即锚固长度。要使钢筋承受所需的拉力，就要求受拉钢筋有足够的锚固长度以积累足够的粘结力，否则，将发生锚固破坏。

2.3.2 粘结力的组成及其影响因素

1. 粘结力的组成

光圆钢筋与变形钢筋具有不同的粘结机理。光圆钢筋与混凝土的粘结作用主要由三部分组成：

（1）钢筋与混凝土接触面上的化学吸附作用力（胶结力） 这种吸附作用力来自浇筑时水泥浆体对钢筋表面氧化层的渗透，以及水化过程中水泥晶体的生长和硬化。这种吸附作用力一般很小，仅在受力阶段的局部无滑移区域起作用。当接触面发生相对滑移时，该力即消失。

（2）混凝土收缩握裹钢筋而产生摩擦力 摩擦力是由于混凝土凝固时收缩，对钢筋产生垂直于摩擦面的压应力。这种压应力越大，接触面的粗糙程度越大，摩擦力就越大。

（3）钢筋表面凹凸不平与混凝土之间产生的机械咬合作用力（咬合力） 对于光圆钢筋，这种咬合力来自表面的粗糙不平。

变形钢筋与混凝土之间有机械咬合作用，改变了钢筋与混凝土间相互作用的方式，显著提高了粘结强度。对于变形钢筋，咬合力是由于变形钢筋肋间嵌入混凝土而产生的。虽然也存在胶结力和摩擦力，但变形钢筋的粘结主要来自钢筋表面凸出的肋与混凝土的机械咬合作用。变形钢筋的横肋对混凝土的挤压如同一个楔，会产生很大的机械咬合力，从而提高了变形钢筋的粘结能力（见图 2-36）。

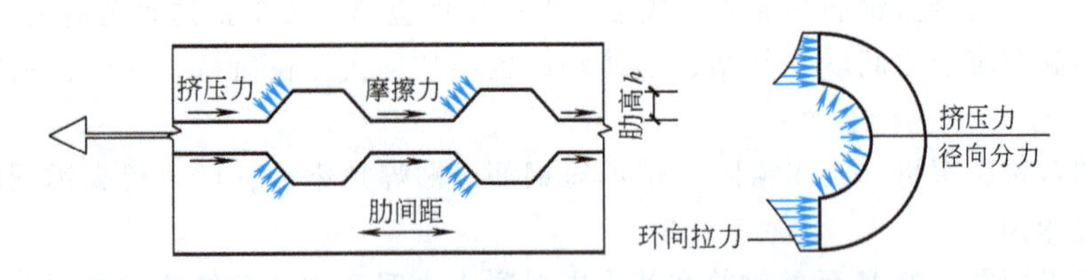

图 2-36 变形钢筋和混凝土之间的机械咬合作用

光圆钢筋和变形钢筋的粘结机理的主要差别是，光圆钢筋粘结力主要来自胶结力和摩擦力，而变形钢筋的粘结力主要来自机械咬合力作用。

2. 影响粘结力的因素

影响粘结力的因素有很多，主要有钢筋表面形状、混凝土强度、浇筑位置、保护层厚度、钢筋净距、横向配筋和侧向压应力等。

变形钢筋的粘结力比光圆钢筋大。试验表明，变形钢筋的粘结力比光圆钢筋高出 2~3 倍。因而变形钢筋所需的锚固长度比光圆钢筋短。试验还表明，月牙纹钢筋的粘结力比螺纹钢筋的粘结力低 10%~15%。

粘结力与浇筑混凝土时钢筋所处的位置有明显的关系。对于混凝土浇筑深度超过 300mm 以上的顶部水平钢筋，其底面的混凝土由于水分、气泡的逸出和泌水下沉，与钢筋之间形成了空隙层，从而削弱了钢筋与混凝土之间的粘结作用。

混凝土保护层和钢筋间距对于粘结力也有重要的影响。对于高强度的变形钢筋，当混凝土保护层太薄时，外围混凝土将可能发生径向劈裂而使粘结力降低；当钢筋净距太小时，将可能出现水平劈裂而使整个保护层崩落，从而使粘结力显著降低。

横向配筋（如梁中箍筋）可以延缓径向劈裂裂缝的发展和限制劈裂裂缝的宽度，从而可以提高粘结力。因此，在较大直径钢筋的锚固或搭接长度范围内，以及当一层并列的钢筋根数较多时，均应设置一定数量的附加箍筋，以防止混凝土保护层的劈裂崩落。

当钢筋的锚固区作用有侧向压应力时，粘结力将会提高。

2.3.3　保证可靠粘结的构造措施

1. 保证粘结的构造措施

《混凝土结构设计规范》采用不进行粘结计算，用构造措施来保证混凝土与钢筋粘结的方法。

保证粘结的构造措施有如下几个方面：

1）对不同等级的混凝土和钢筋，要保证最小搭接长度和锚固长度。

2）为了保证混凝土与钢筋之间有足够的粘结，必须满足钢筋最小间距和混凝土保护层最小厚度的要求。

3）在钢筋的搭接接头范围内应加密箍筋。

4）为了保证足够的粘结，在钢筋端部应设置弯钩。

此外，在浇筑大、深度混凝土时，为防止在钢筋底面出现沉淀收缩和泌水，形成疏松空隙层，削弱粘结，对高度较大的混凝土构件应分层浇筑或进行二次浇捣。

钢筋表面粗糙度影响摩擦力，从而影响钢筋的粘结强度。轻度锈蚀的钢筋，其粘结强度比新轧制的无锈钢筋要高，比除锈处理的钢筋更高。所以，一般除重锈钢筋外，可不必除锈。

2. 基本锚固长度

钢筋受拉会产生向外的膨胀力，这个膨胀力导致拉力传送到构件表面。为了保证钢筋与混凝土之间有可靠的粘结，钢筋必须有一定的锚固长度。钢筋的基本锚固长度取决于钢筋强度及混凝土强度，并与钢筋的外形有关。为了充分利用钢筋的抗拉强度，《混凝土结构设计规范》规定纵向受拉钢筋的基本锚固长度的计算公式为

$$l_{ab}=\alpha\frac{f_y}{f_t}d \tag{2-38}$$

式中　l_{ab}——受拉钢筋的基本锚固长度；

f_y——普通钢筋的抗拉强度设计值；

f_t——混凝土轴心抗拉强度设计值，当混凝土强度等级高于 C60 时，按 C60 取值；

d——锚固钢筋的直径；

α——锚固钢筋的外形系数，按表 2-3 取用。

表 2-3　锚固钢筋的外形系数

钢筋类型	光圆钢筋	带肋钢筋	螺旋肋钢丝	三股钢绞线	七股钢绞线
α	0.16	0.14	0.13	0.16	0.17

注：光圆钢筋末端应做 180°弯钩，弯后平直段长度不应小于 $3d$，但用作受压钢筋时可不做弯钩。

受拉钢筋的锚固长度应根据锚固条件按式（2-39）计算，且不应小于 200mm。

$$l_a=\zeta_a l_{ab} \tag{2-39}$$

式中　l_a——受拉钢筋的锚固长度；

ζ_a——锚固长度修正系数，按规范取用，当多于一项时，可按连乘计算，但不应小于 0.6，对预应力筋，可取 1.0。

3. 钢筋的搭接

钢筋长度不够时，或需要采用施工缝或后浇带等构造措施时，钢筋就需要搭接。搭接是指将两根钢筋的端头在一定长度内并放，并采用适当的连接将一根钢筋的力传给另一根钢筋。力的传递可以通过各种连接接头实现。由于钢筋通过连接接头传力总不如整体钢筋，所以钢筋搭接的原

则是：接头应设置在受力较小处，同一根受力钢筋上宜少设接头；在结构的重要构件和关键传力部位，纵向受力钢筋不宜设置连接接头。机械连接接头能产生较牢固的连接力，所以应优先采用机械连接。受拉钢筋绑扎搭接接头的搭接长度 l_l 按式（2-40）计算，且不应小于300mm。

$$l_l=\zeta_l l_a \tag{2-40}$$

式中 ζ_l——纵向受拉钢筋搭接长度修正系数，应根据位于同一连接区段内钢筋搭接接头面积百分率确定，详见表2-4。当纵向搭接钢筋接头面积百分率为表的中间值时，修正系数可按内插取值。

对于构件中的纵向受压钢筋，当采用搭接连接时，其受压搭接长度不应小于纵向受拉钢筋搭接长度的70%，且不应小于200mm；同时，还应满足相应的构造要求，以保证力的传递。

表2-4 纵向受拉钢筋搭接长度修正系数

纵向搭接钢筋接头面积百分率(%)	≤25	50	100
ζ_l	1.2	1.4	1.6

思考题

2-1 软钢和硬钢的应力-应变曲线有何不同？两者的强度取值有何不同？了解钢筋的应力-应变曲线的数学模型。

2-2 我国建筑结构用钢筋的品种有哪些？

2-3 钢筋冷加工的方法有哪几种？冷拉和冷拔后钢筋的力学性能有何变化？

2-4 钢筋混凝土结构对钢筋的性能有哪些要求？

2-5 混凝土立方体抗压强度 $f_{cu,k}$、轴心抗压强度 f_{ck} 和抗拉强度 f_{tk} 是如何确定的？为什么 f_{ck} 低于 $f_{cu,k}$？f_{tk} 与 $f_{cu,k}$ 有何关系？f_{ck} 与 $f_{cu,k}$ 有何关系？

2-6 混凝土的强度等级根据什么确定的？我国《混凝土结构设计规范》规定的混凝土强度等级有哪些？

2-7 单向受力状态下，混凝土的强度与哪些因素有关？混凝土轴心受压应力-应变曲线有何特点？

2-8 常用的表示混凝土应力-应变关系的数学模型有哪几种？

2-9 混凝土的变形模量和弹性模量是怎么样确定的？

2-10 什么是混凝土疲劳破坏？疲劳破坏时应力-应变曲线有何特点？

2-11 什么是混凝土的徐变？徐变对混凝土构件有何影响？通常认为影响徐变的主要因素有哪些？如何减少徐变？

2-12 混凝土收缩对钢筋混凝土构件有何影响？收缩与哪些因素有关？如何减少收缩？

2-13 什么是钢筋和混凝土之间的粘结力？粘结力的组成有哪些？影响钢筋和混凝土粘结力的主要因素有哪些？为保证钢筋和混凝土之间有足够的粘结力，要采取哪些措施？

混凝土结构设计的基本原则 第3章

3.1 混凝土结构设计理论的发展

最早的钢筋混凝土结构设计理论是采用以弹性理论为基础的允许应力计算法。这种方法要求在规定的标准荷载作用下，按弹性理论计算的应力不大于规定的允许应力。允许应力由材料强度除以安全系数求得，安全系数则根据经验和主观判断来确定。由于钢筋混凝土并不是一种弹性材料，而是有着明显的塑性性能，因此，这种以弹性理论为基础的计算方法不能如实地反映构件截面的应力状态。20世纪30年代出现了考虑钢筋混凝土塑性性能的破坏阶段计算方法。这种方法以考虑了材料塑性性能的结构构件承载力为基础，要求按材料平均强度计算的承载力必须大于最大荷载产生的内力。最大荷载由规定的标准荷载乘以单一的安全系数而得出，安全系数仍是根据经验和主观判断来确定。20世纪50年代提出了极限状态计算法。极限状态计算法是破坏阶段计算法的发展，它规定了结构的极限状态，并把单一安全系数改为三个分项系数，即荷载系数、材料系数和工作条件系数，故又称为“三系数法”。三系数法把不同的材料和不同的荷载用不同的系数区别开来，使不同的构件具有比较一致的可靠度，部分荷载系数和材料系数是根据统计资料用概率的方法确定的。BJG 21—1966《钢筋混凝土结构设计规范》即采用这一方法，TJ 10—1974《钢筋混凝土结构设计规范》也是采用极限状态计算法，但在承载力计算中采用了半经验、半统计的单一安全系数。

在总结我国的试验研究、工程实践经验和学习国外科技成果的基础上，GB 50068—2018《建筑结构可靠性设计统一标准》采用了以概率论为基础、以分项系数表达的极限状态设计方法，使我国的建筑结构设计基本原则更趋合理。目前，国际上将概率方法按精确程度不同分为三个水准：半概率法、近似概率法、全概率法。

(1) 水准Ⅰ——半概率法　对影响结构可靠度的某些参数，如荷载值和材料强度值等，用数理统计进行分析，并与工程经验相结合，引入某些经验系数。该法对结构的可靠度还不能做出定量的估计。TJ 10—1974《钢筋混凝土结构设计规范》基本上属于此法。

(2) 水准Ⅱ——近似概率法　将结构抗力和荷载效应作为随机变量，按给定的概率分布估算失效概率或可靠指标，在分析中采用平均值和标准差两个统计参数，且对设计表达式进行线性化处理，也称为“一次二阶矩法”，它实质上是一种实用的近似概率计算法。为了便于应用，在具体计算时采用分项系数表达的极限状态设计表达式，各分项系数根据可靠度分析确定。《混凝土结构设计规范》采用的就是近似概率法。

(3) 水准Ⅲ——全概率法　该方法是完全基于概率论的设计法。

3.2 极限状态

3.2.1 结构上的作用及结构抗力

结构上的作用是指能使结构产生内力、应力、变形、裂缝等作用效应的各种原因的总称，按作用形态的不同分直接作用和间接作用两种。直接作用是指施加在结构上的集中力或分布力，习惯上称为荷载。混凝土的收缩、温度变化、基础的差异沉降、地震等引起结构外加变形和约束变形的原因称为间接作用。间接作用不仅与外界因素有关，还与结构本身的特性有关。例如，地震对结构物的作用，不仅与地震加速度有关，还与结构自身的动力特性有关。

按作用的时间长短和性质，作用可分为三类：

（1）永久作用　在设计使用年限内始终存在且其量值变化与平均值相比可以忽略不计的作用；或其变化是单调的并趋于某个限值的作用。例如，结构的自重、土压力、预应力等。

（2）可变作用　在设计使用年限内其量值随时间变化，且其变化与平均值相比不可忽略不计的作用，如楼面活荷载、屋面活荷载和积灰荷载、吊车荷载、风荷载、雪荷载等。

（3）偶然作用　在设计使用年限内不一定出现，而一旦出现其量值很大，且持续期很短的作用，如爆炸力、撞击力等。

GBJ 50009—2012《建筑结构荷载规范》规定，对不同荷载应采用不同的代表值。对永久荷载应采用标准值作为代表值。对可变荷载应根据设计要求采用标准值、组合值、频遇值或准永久值作为代表值。对偶然荷载应按建筑结构使用的特点确定其代表值。

作用效应是指作用引起的结构或结构构件的内力、变形和裂缝等，当为直接作用（即荷载）时，其效应也称为荷载效应，通常用 S 表示。结构抗力是指结构或结构构件承受作用效应的能力，如结构构件的承载力、刚度和抗裂度等，用 R 表示。它主要与结构构件的材料性能（强度、变形模量）、几何参数（构件尺寸等）和计算模式的精确性（抗力计算所采用的基本假设和计算公式不够精确）等有关。

结构的极限状态可以用极限状态函数来表达。承载能力极限状态函数可表示为

$$Z=R-S \tag{3-1}$$

根据概率统计理论，设 S、R 都是随机变量，则 Z 也是随机变量。根据 S、R 的取值不同，Z 值可能出现三种情况，当 $Z=R-S>0$ 时，结构处于可靠状态；当 $Z=R-S=0$ 时，结构达到极限状态；当 $Z=R-S<0$ 时，结构处于失效（破坏）状态。$Z=R-S=0$ 成立时，结构处于极限状态的分界限。超过这一界限，结构就不能满足设计规定的某一功能要求。

3.2.2　结构的功能要求

1. 结构的安全等级

建筑物的重要程度是根据其用途决定的。例如，设计一个大型体育馆和设计一个普通仓库，因为大型体育馆一旦发生破坏引起的生命财产损失要比普通仓库大得多，所以对安全度的要求也不同，建筑结构设计时应按不同的安全等级进行设计。建筑结构设计时，应根据结构破坏可能产生的后果（危及人的生命、造成经济损失、对社会或环境产生影响等）的严重性，采用不同的安全等级。建筑结构安全等级的划分应符合表 3-1 的要求。对人员比较集中、使用频繁的影剧院、体育馆等，安全等级宜按一级设计。对特殊的建筑物，其设计安全等级可视具体情况确定。建筑物中梁、柱等各类构件的安全等级一般应与整个建筑物的安全等级相同，对部分特殊的构件可根据其重要程度作适当调整，但不得低于三级。

2. 结构的设计使用年限

结构的设计使用年限是指设计规定的结构或结构构件不需进行大修即可按预定目的使用的年限。结构的设计使用年限按《建筑结构可靠性设计统一标准》确定，就总体而言，桥梁应比房屋的设计使用年限长，大坝的设计使用年限更长。结构的设计使用年限应按表 3-2 采用。

表 3-1 建筑结构的安全等级

安全等级	破坏后果	示例
一级	很严重：对人的生命、经济、社会或环境影响很大	大型的公共建筑等重要结构
二级	严重：对人的生命、经济、社会或环境影响较大	普通的住宅和办公楼等一般结构
三级	不严重：对人的生命、经济、社会或环境影响较小	小型的或临时性储存建筑等次要结构

表 3-2 建筑结构的设计使用年限

类 别	设计使用年限(年)	类 别
1	5	临时性建筑结构
2	25	易于替换的结构构件
3	50	普通房屋和构筑物
4	100	标志性建筑和特别重要的建筑结构

应注意的是，结构的设计使用年限虽与其使用寿命有联系，但不等同。超过设计使用年限的结构并不是不能使用，而是指它的可靠度降低了。

3. 建筑结构的功能

根据我国《建筑结构可靠性设计统一标准》，结构在规定的设计使用年限内以规定的可靠度满足下列功能要求：

1）能承受在施工和使用期间可能出现的各种作用。

2）具有良好的使用性能。

3）具有足够的耐久性能。

4）当发生火灾时，在规定的时间内可保持足够的承载力。

5）当发生爆炸、撞击、人为错误等偶然事件时，结构能保持必要的整体稳固性，不出现与起因不相称的破坏后果，防止出现结构的连续倒塌。

上述 1）、4）、5）属于结构的安全性，结构应能承受正常施工和正常使用时可能出现的各种荷载和变形，在偶然事件（如地震、爆炸等）发生时和发生后保持必需的整体稳定性，不致发生倒塌。纽约世界贸易中心双子大厦遭恐怖分子飞机撞击，产生爆炸、燃烧而最终导致整体倒塌，是一个非常典型的事例。第 2）项关系到结构的适用性，如不产生影响使用的过大变形或振幅，不发生足以让使用者不安的过宽的裂缝等。第 3）项为结构的耐久性，如结构在正常维护条件下在设计规定的年限内混凝土不发生严重风化、腐蚀、脱落，钢筋不发生锈蚀等。安全性、适用性和耐久性总称为结构的可靠性。

3.2.3 结构功能的极限状态

整个结构或结构的一部分超过某一特定状态就不能满足设计指定的某一功能要求，如构件即将开裂、倾覆、滑移、压屈、失稳等。也就是，能完成预定的各项功能时，结构处于有效状态；反之，则处于失效状态。有效状态和失效状态的分界称为极限状态，是结构开始失效的标志。

混凝土结构的极限状态设计应包括：

（1）承载能力极限状态　结构或结构构件达到最大承载力、出现疲劳破坏、发生不适于继续承载的变形或因结构局部破坏而引发的连续倒塌，称为承载能力极限状态。当结构构件或连接因超过材料强度而破坏，或因疲劳而破坏，或因过度变形而不适于继续承载；结构或结构构件丧失稳定；整个结构或其中一部分作为刚体失去平衡；结构因局部破坏而发生连续倒塌；地基丧失承载力而破坏；结构转变为机动体系时，结构或构件就超过了承载能力极限状态。超过承载能力极限状态后，结构或结构构件就不能满足安全性的要求。

承载能力极限状态计算包括结构构件应进行承载力（包括失稳）计算；直接承受重复荷载的构件应进行疲劳验算；有抗震设防要求时，应进行抗震承载力计算；必要时尚应进行结构的倾覆、滑移、漂浮验算；对于可能遭受偶然作用，且倒塌可能引起严重后果的重要结构，宜进行防连续倒塌设计。

（2）正常使用极限状态　结构或结构构件达到正常使用的某项规定限值称为正常使用极限状态。当结构或结构构件出现影响正常使用或外观的变形、局部损坏、振动或其他特定状态时，可认为结构或结构构件超过了正常使用极限状态。超过了正常使用极限状态，结构或结构构件就不能保证适用性的功能要求。

混凝土结构构件应根据其使用功能及外观要求，进行正常使用极限状态的验算。其内容包括对需要控制变形的构件，应进行变形验算；对不允许出现裂缝的构件，应进行混凝土拉应力验算；对允许出现裂缝的构件，应进行受力裂缝宽度验算；对舒适度有要求的楼盖结构，应进行竖向自振频率验算。

结构或构件按承载能力极限状态进行计算后，还应该按正常使用极限状态进行验算。

（3）耐久性极限状态　结构或结构构件达到耐久性能的某种规定的状态称为耐久性极限状态。当结构或结构构件出现影响承载能力和正常使用的材料性能劣化，影响耐久性能的裂缝、变形、缺口、外观、材料削弱等，以及影响耐久性能的特定状态时，可以认为结构或结构构件超过了耐久性极限状态。

3.3　结构的可靠度、可靠指标和目标可靠指标

结构的安全性、适用性和耐久性总称为结构的可靠性，也就是结构在规定的时间内、在规定的条件下完成预定功能的能力。结构的可靠度是结构在规定的时间内、在规定的条件下完成预定功能的概率，即结构可靠度是结构可靠性的概率度量。规定的时间是指结构的设计使用年限，所有的统计分析均以该时间区间为准。规定的条件是指正常设计、正常施工、正常使用和维护的条件，不包括人为过失的影响，人为过失应通过其他措施予以避免。

结构的可靠度用可靠概率 p_s 描述。可靠概率 $p_s=1-p_f$，p_f 为失效概率。这里用荷载效应与结构抗力之间的关系来说明失效概率 p_f 的计算方法。设构件的荷载效应 S、抗力 R 都是服从正态分布的随机变量，且两者为线性关系。S、R 的平均值分别为 μ_S、μ_R，标准差分别为 σ_R、σ_S，荷载效应为 S 和抗力为 R 的概率密度曲线如图 3-1 所示。按照结构设计的要求，显然 μ_R 应该大于 μ_S。从图中的概率密度曲线可以看到，在多数情况下构件的抗力 R 大于荷载效应 S。但是，由于离散性，在 S、R 的概率密度曲线的重叠区（阴影部分）仍有可能出现构件的抗力 R 小于荷载效应 S 的情况。重叠区的大小与 μ_S、μ_R 以及 σ_R、σ_S 有关。μ_R 比 μ_S 大的越多（μ_R 远离 μ_S），或者 σ_R 和 σ_S 越小（曲线高而窄），都会使重叠的范围减少。所以，重叠区的大小反映了抗力 R 和荷载效应 S 之间的概率关系，即结构的失效概率。重叠的范围越小，结构的失效概率越低。从结构安全的角度可知，提高结构构件的抗力（如提高承载能力），减小抗力 R 和荷载效应 S 的离散程度（如减小不定因素的影响），可以提高结构构件的可靠程度。所以，加大平均值之差 $\mu_R-\mu_S$，减小标准差 σ_R 和 σ_S，均可以使失效概率降低。

令 $Z=R-S$，则功能函数 Z 也是服从正态分布的随机变量。图 3-2 表示 Z 的概率密度分布曲线。结构的失效概率 p_f 可直接通过 $Z<0$ 的概率来表达，即

$$p_f=P(Z<0)=\int_{-\infty}^{0}f(Z)\,\mathrm{d}Z=\int_{-\infty}^{0}\frac{1}{\sigma_Z\sqrt{2\pi}}\exp\left[-\frac{1}{2}\left(\frac{Z-\mu_Z}{\sigma_Z}\right)^2\right]\mathrm{d}Z \tag{3-2}$$

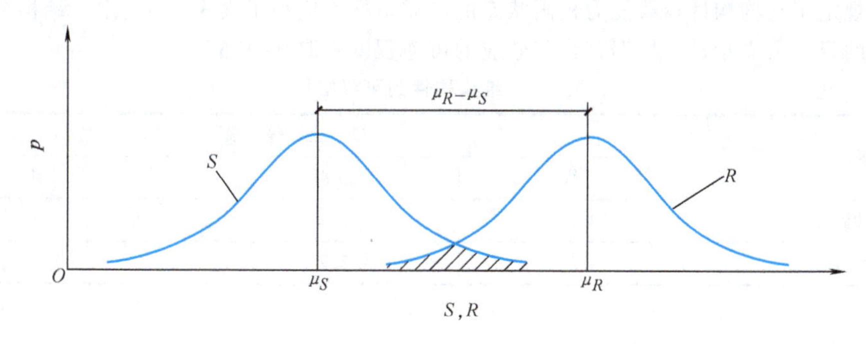

图 3-1　*R*、*S* 的概率密度曲线

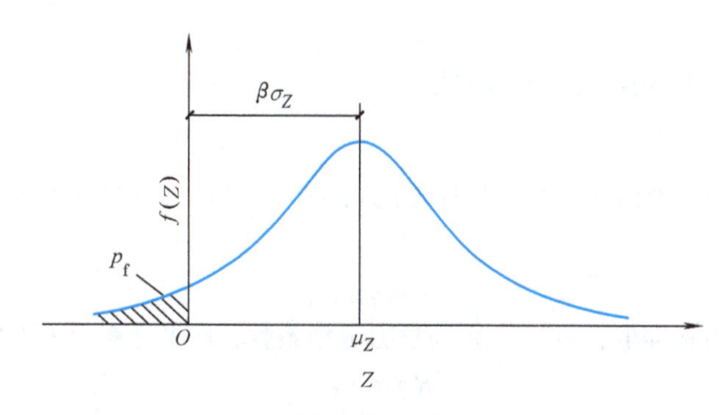

图 3-2　可靠指标与失效概率的关系

用失效概率度量结构可靠性具有明确的物理意义，能较好地反映问题的实质。但 p_f 的计算比较复杂，因而国际标准和我国标准目前都采用可靠指标 β 来度量结构的可靠性。

从图 3-2 可以看到，取

$$\mu_Z=\beta\sigma_Z \tag{3-3}$$

则

$$\beta=\frac{\mu_Z}{\sigma_Z}=\frac{\mu_R-\mu_S}{\sqrt{\sigma_R^2+\sigma_S^2}} \tag{3-4}$$

可以看出 β 大，则失效概率小。所以，β 和失效概率一样可作为衡量结构可靠度的一个指标，称为可靠指标。β 与失效概率 p_f 之间有一一对应关系。现将部分特殊值的关系列于表 3-3。由式（3-4）可知，在随机变量 *R*、*S* 服从正态分布时，只要知道 μ_S、μ_R、σ_R、σ_S 就可以求出目标可靠指标［β］。

表 3-3　目标可靠指标［β］及相应的失效概率 p_f 的关系

[β]	p_f	[β]	p_f	[β]	p_f
1.0	1.59×10^{-1}	2.7	3.47×10^{-3}	3.7	1.08×10^{-4}
1.5	6.68×10^{-2}	3.0	1.35×10^{-3}	4.0	3.17×10^{-5}
2.0	2.28×10^{-2}	3.2	6.87×10^{-4}	4.2	1.33×10^{-5}
2.5	6.21×10^{-3}	3.5	2.33×10^{-4}	4.5	3.40×10^{-6}

结构按承载能力极限状态设计时，要保证其完成预定功能的概率不低于某一允许的水平，应对不同情况下的目标可靠指标［β］值做出规定。结构和结构构件的破坏类型分为延性破坏和脆性破坏两类。延性破坏有明显的预兆，可及时采取补救措施，所以目标可靠指标可定得稍低些。脆性破坏常常是突发性破坏，破坏前没有明显的预兆，所以目标可靠指标就应该定得高一些。《建筑结构可靠性设计统一标准》根据结构的安全等级和破坏类型，在对代表性的构件进行可靠度分析

的基础上，规定了结构构件承载能力极限状态的可靠指标不应小于表3-4的规定。结构构件正常使用极限状态的目标可靠指标，根据其作用效应的可逆程度宜取0~1.5。

表3-4 结构构件的可靠指标

破坏类型	安全等级		
	一级	二级	三级
延性破坏	3.7	3.2	2.7
脆性破坏	4.2	3.7	3.2

3.4 极限状态设计表达式

3.4.1 承载能力极限状态设计表达式

1. 基本表达式

令 S_k 为荷载效应的标准值（下标k指标准值），γ_S（≥1）为荷载分项系数，两者乘积为荷载效应的设计值，即

$$S=\gamma_S S_k \tag{3-5}$$

同样，令 R_k 为结构抗力标准值，γ_R（>1）为抗力分项系数，两者之商为抗力的设计值，即

$$R=R_k/\gamma_R \tag{3-6}$$

$$R=R\ (f_c,\ f_s,\ \alpha_k,\ \cdots)$$

式中 f_c，f_s——混凝土、钢筋的强度设计值；

α_k——几何参数的标准值，当几何参数的变异性对结构性能有明显的不利影响时，应增减一个附加值。

为了充分考虑材料的离散性和施工中不可避免的偏差带来的不利影响，再将材料强度标准值除以一个大于1的系数，即得材料强度设计值，相应的系数称为材料的分项系数，即

$$f_c=f_{ck}/\gamma_c,\ f_s=f_{sk}/\gamma_s \tag{3-7}$$

确定钢筋和混凝土材料分项系数时，对于具有统计资料的材料，按目标可靠指标［β］通过可靠度分析确定。通常先通过对钢筋混凝土轴心受拉构件进行可靠度分析（此时构件承载力仅与钢筋有关，属延性破坏，取［β］=3.2），求得钢筋的材料分项系数 γ_s，再根据已经确定的 γ_s，通过对钢筋混凝土轴心受压构件进行可靠度分析（此时属于脆性破坏，取［β］=3.7），求出混凝土的材料分项系数 γ_c。根据这一原则确定的混凝土材料分项系数 $\gamma_c=1.4$；延性较好的热轧钢筋的 $\gamma_s=1.10$；高强度500MPa钢筋的 $\gamma_s=1.15$；预应力筋 γ_s 一般取不小于1.20；对传统的预应力钢丝、钢绞线，$\gamma_s=1.2$；对中强度预应力钢丝和螺纹钢筋，按上述原则计算并考虑工程经验适当调整。

此外，考虑到结构安全等级的差异，其目标可靠指标应作相应的提高或降低，故引入结构重要性系数 γ_0，则有

$$\gamma_0 S\leqslant R \tag{3-8}$$

式中 γ_0——结构重要性系数，在持久设计状况和短暂设计状况下，安全等级为一级的结构构件不应小于1.1，安全等级为二级的结构构件不应小于1.0，安全等级为三级的结构构件不应小于0.9，地震设计状况下构件应取1.0。

式（3-8）是极限状态设计的基本表达式。

2. 荷载效应组合的设计值

对持久设计状况和短暂设计状况，应采用作用的基本组合，并应符合下列规定：

1）基本组合的效应设计值按下式中最不利值确定：

$$S_d = S\left(\sum_{i\geqslant 1}\gamma_{Gi}G_{ik} + \gamma_P P + \gamma_{Q1}\gamma_{L1}Q_{1k} + \sum_{j>1}\gamma_{Qj}\psi_{cj}\gamma_{Lj}Q_{jk}\right) \tag{3-9}$$

式中 $S(\cdot)$——作用组合的效应函数；

G_{ik}——第 i 个永久作用的标准值；

P——预应力作用的有关代表值；

Q_{1k}——第 1 个可变作用的标准值；

Q_{jk}——第 j 个可变作用的标准值；

γ_{Gi}——第 i 个永久作用的分项系数；

γ_P——预应力作用的分项系数；

γ_{Q1}、γ_{Qj}——第 1、j 个可变作用的分项系数；

γ_{L1}、γ_{Lj}——第 1 个、第 j 个考虑结构设计使用年限的荷载调整系数，当设计使用年限分别为 5 年、50 年、100 年时，分别取为 0.9、1.0、1.1；

ψ_{cj}——第 i 个可变作用的组合值系数。

各种作用的分项系数见表 3-5。

表 3-5 建筑结构的作用分项系数

作用分项系数	适用情况	
	当作用效应对承载力不利时	当作用效应对承载力有利时
γ_G	1.3	≤1.0
γ_P	1.3	≤1.0
γ_Q	1.5	0

2）当作用与作用效应按线性关系考虑时，基本组合的效应设计值按下式中最不利值计算：

$$S_d = \sum_{i\geqslant 1}\gamma_{Gi}S_{Gik} + \gamma_P S_P + \gamma_{Q1}\gamma_{L1}S_{Q1k} + \sum_{j>1}\gamma_{Qj}\psi_{cj}Y_{Lj}S_{Qjk} \tag{3-10}$$

式中 S_{Gik}——第 i 个永久作用标准值的效应；

S_P——预应力作用有关代表值的效应；

S_{Q1k}、S_{Qjk}——第 1 个、j 个可变作用标准值的效应。

对偶然设计状况，应采用作用的偶然组合，并应符合下列规定：

1）偶然组合的效应设计值按下式确定：

$$S_d = S\left[\sum_{i\geqslant 1}G_{ik} + P + A_d + (\psi_{f1}\text{或}\psi_{q1})Q_{ik} + \sum_{j>1}\psi_{qj}Q_{jk}\right] \tag{3-11}$$

式中 A_d——偶然作用的设计值；

ψ_{f1}——第 1 个可变作用的频遇值系数；

ψ_{q1}、ψ_{qj}——第 1 个、第 j 个可变作用的准永久值系数。

2）当作用与作用效应按线性关系考虑时，偶然组合的效应设计值按下式计算：

$$S_d = \sum_{i\geqslant 1}S_{Gik} + S_P + S_{Ad} + (\psi_{f1}\text{或}\psi_{q1})S_{Q1k} + \sum_{j>1}\psi_{qj}S_{Qjk} \tag{3-12}$$

式中 S_{Ad}——偶然作用设计值的效应。

对地震设计状况，应采用作用的地震组合。地震组合的效应设计值应符合现行 GB 50011《建筑抗震设计规范》的规定。

3.4.2 正常使用极限状态设计表达式

按正常使用极限状态设计时，应验算结构构件的变形、抗裂度或裂缝宽度。由于结构构件达到或超过正常使用极限状态时的危害程度不如承载力不足引起结构破坏时大，故对其可靠度的要求可适当降低。因此，结构或结构构件按正常使用极限状态设计时，应符合下列规定：

$$S_{\mathrm{d}} \leqslant C \tag{3-13}$$

式中　C——设计对变形、裂缝等规定的相应限值；

S_{d}——作用组合的效应设计值。

1. 荷载效应组合

按正常使用极限状态设计时，宜根据不同情况采用作用的标准组合、频遇组合或准永久组合，并应按下列规定计算：

（1）标准组合　标准组合的效应设计值按下式确定

$$S_{\mathrm{d}} = S\left(\sum_{i \geqslant 1} G_{i\mathrm{k}} + P + Q_{1\mathrm{k}} + \sum_{j>1} \psi_{\mathrm{c}j} Q_{j\mathrm{k}}\right) \tag{3-14}$$

当作用与作用效应按线性关系考虑时，标准组合的效应设计值按下式计算

$$S_{\mathrm{d}} = \sum_{i \geqslant 1} S_{G i\mathrm{k}} + S_{\mathrm{P}} + S_{Q1\mathrm{k}} + \sum_{j>1} \psi_{\mathrm{c}j} S_{Qj\mathrm{k}} \tag{3-15}$$

（2）频遇组合　频遇组合的效应设计值按下式确定

$$S_{\mathrm{d}} = S\left(\sum_{i \geqslant 1} G_{i\mathrm{k}} + P + \psi_{\mathrm{f}1} Q_{1\mathrm{k}} + \sum_{j>1} \psi_{\mathrm{c}j} Q_{j\mathrm{k}}\right) \tag{3-16}$$

当作用与作用效应按线性关系考虑时，频遇组合的效应设计值按下式计算

$$S_{\mathrm{d}} = \sum_{i \geqslant 1} S_{G i\mathrm{k}} + S_{\mathrm{P}} + \psi_{\mathrm{f}1} S_{Q1\mathrm{k}} + \sum_{j>1} \psi_{\mathrm{c}j} S_{Qj\mathrm{k}} \tag{3-17}$$

（3）准永久组合　准永久组合的效应设计值按下式确定

$$S_{\mathrm{d}} = S\left(\sum_{i \geqslant 1} G_{i\mathrm{k}} + P + \sum_{j \geqslant 1} \psi_{\mathrm{q}j} Q_{j\mathrm{k}}\right) \tag{3-18}$$

当作用与作用效应按线性关系考虑时，准永久组合的效应设计值按下式计算

$$S_{\mathrm{d}} = \sum_{i \geqslant 1} S_{G i\mathrm{k}} + S_{\mathrm{P}} + \sum_{j \geqslant 1} \psi_{\mathrm{q}j} S_{Qj\mathrm{k}} \tag{3-19}$$

对正常使用极限状态，材料性能的分项系数，除各种材料的结构设计标准有专门规定外，应取1.0。

2. 验算内容

正常使用极限状态的验算内容有：变形验算和裂缝控制验算（抗裂验算和裂缝宽度验算）。

（1）变形验算　根据使用要求需控制变形的构件，应进行变形验算。对于钢筋混凝土受弯构件，按荷载效应的准永久组合，并考虑荷载长期作用影响计算的最大挠度 Δ 不应超过挠度限值 Δ_{lim} 见附表1-15。

（2）裂缝控制验算　结构构件设计时，应根据所处环境和使用要求，选用相应的裂缝控制等级，在直接作用下，裂缝控制等级分为三级，其要求分别如下：

1）一级——严格要求不出现裂缝的构件。按荷载标准组合计算时，构件受拉边缘混凝土不应产生拉应力。

2）二级——一般要求不出现裂缝的构件。按荷载标准组合计算时，构件受拉边缘混凝土拉应力不应大于混凝土抗拉强度的标准值。

3）三级——允许出现裂缝的构件。对钢筋混凝土构件，按荷载准永久组合并考虑长期作用影响计算时，构件的最大裂缝宽度不应超过最大裂缝宽度限值（见附表1-17）。对预应力混凝土构件，按荷载标准组合并考虑长期作用影响计算时，构件的最大裂缝宽度不应超过最大裂缝宽度限值；对二 a 类环境的预应力混凝土构件，尚应按荷载准永久组合计算，且构件受拉边缘混凝土的拉应力不应大于混凝土的抗拉强度标准值。

3.5 防连续倒塌设计原则

结构在遭遇灾害作用后因局部破坏导致连续性倒塌或大范围的破坏现象，称为连续倒塌。房屋结构在遭受偶然作用时，如发生连续倒塌，将造成人员伤亡和财产损失，是对安全的最大威胁。总结结构构件倒塌和未倒塌的规律，采取针对性的措施加强结构的整体稳固性，就可以提高结构的抗灾性能，减少结构连续倒塌的可能性。

混凝土结构防连续倒塌是提高结构综合抗灾能力的重要内容。结构防连续倒塌设计的目标是在特定类型的偶然作用发生时或发生后，结构能够承受这种作用，或当结构体系发生局部垮塌时，依靠剩余结构体系仍能继续承载，避免发生与作用不相匹配的大范围破坏或连续倒塌。无法抗拒的地质灾害破坏作用不包括在防连续倒塌设计的范围内。

结构防连续倒塌设计涉及作用回避、作用宣泄、障碍防护等问题，《混凝土结构设计规范》仅提出混凝土结构防连续倒塌的设计基本原则和概念设计的要求。

3.5.1 防连续倒塌设计的基本原则

混凝土结构防连续倒塌设计宜符合下列要求：

1）采取减小偶然作用效应的措施。

2）采取使重要构件及关键传力部位避免直接遭受偶然作用的措施。

3）在结构容易遭受偶然作用影响的区域增加冗余约束，布置备用的传力途径。

4）增强疏散通道，避难空间等重要结构构件及关键传力部位的承载力和变形性能。

5）配置贯通水平、竖向构件的钢筋，并与周边构件可靠地锚固。

6）设置结构缝，控制可能发生连续倒塌的范围。

结构防连续倒塌设计的难度和代价很大，一般结构只需进行防连续倒塌的概念设计，以定性设计的方法增强结构的整体稳固性，控制发生连续倒塌和大范围破坏。当结构发生局部破坏时，如不引发大范围倒塌，即认为结构具有整体稳定性。结构和材料的延性、传力途径的多重性以及超静定结构体系，均能加强结构的整体稳定性。

3.5.2 防连续倒塌设计的方法

重要结构的防连续倒塌设计可采用下列方法：

（1）局部加强法　提高可能遭受偶然作用而发生局部破坏的竖向重要构件和关键传力部位的安全储备，也可直接考虑偶然作用进行设计。这种按特定的局部破坏状态的作用组合进行构件设计，是保证结构整体稳定性的有效措施之一。

（2）拉结构件法　在结构局部竖向构件失效的条件下，可根据具体情况分别按梁-拉结模型、悬索-拉结模型和悬臂-拉结模型进行承载力验算，维持结构的整体稳固性。当偶然事件产生特大作用时，按作用的偶然组合进行设计以保持结构体系完整无缺往往代价太高，有时甚至不现实。此时拉结构件法设计允许爆炸或撞击造成结构局部破坏，在某个竖向构件失效后，使其影响范围仅限于局部。按新的结构简图采用梁、悬索、悬臂的拉结模型继续承载受力，按整个结构不发生连续倒塌的原则进行设计，从而避免结构的整体垮塌。

（3）拆除构件法　按一定规则拆除结构的主要受力构件，验算剩余结构体系的极限承载力；也可采用倒塌全过程分析进行设计。

倒塌可能引起严重后果的安全等级为一级的可能遭受偶然作用的重要结构，以及为抵御灾害作用而必须增强抗灾能力的重要结构，宜进行防连续倒塌的设计。由于灾害和偶然作用的发生概率极小，且真正实现“防连续倒塌”的代价太大，应由业主根据实际情况确定是否进行防连续倒塌设计。实际工程的防连续倒塌设计应根据具体条件进行适当的选择。

3.5.3 防连续倒塌的验算

1）当进行偶然作用下结构防连续倒塌的验算时，作用宜考虑结构相应部位倒塌冲击引起的动力系数。

2）在抗力函数的计算中，混凝土强度取强度标准值f_{ck}；普通钢筋强度取极限强度标准值f_{stk}，预应力筋强度取极限强度标准值f_{ptk}并考虑锚具的影响。

3）宜考虑偶然作用下结构倒塌对结构几何参数的影响。

4）必要时尚应考虑材料性能在动力作用下的强化和脆性，并取相应的强度特征值。

3.6 结构分析

3.6.1 结构分析的基本原则

混凝土结构应进行整体作用效应分析，结构中的重要部位、形状突变部位及内力和变形有异常变化的部位，如较大孔洞周围、节点及其附近、支座和集中荷载附近等，必要时尚应进行更详细的局部分析。对结构的两种极限状态进行结构分析时，应取用相应的作用组合。

结构在不同的阶段，如施工期、检修期和使用期，预制构件的制作、运输和安装阶段等，以及遭遇偶然作用的情况下，都可能出现多种不利的受力状况，应分别进行结构分析，并确定其最不利的作用组合。同时，结构可能遭遇火灾、飓风、爆炸、撞击等偶然作用时，尚应按国家现行有关标准的要求进行相应的结构分析。

结构分析应以结构的实际工作状况和受力条件为依据。结构分析的结果应有相应的构造措施加以保证，如固定端和刚节点的承受弯矩能力和对变形的限制；塑性铰充分转动的能力；适筋截面的配筋率或受压区相对高度的限制等。同时，结构分析应符合下列要求：

1）满足力学平衡条件。

2）在不同程度上符合变形协调条件，包括节点和边界的约束条件。

3）采用合理的材料本构关系或构件单元的受力-变形关系。

3.6.2 结构分析模型

1. 结构分析模型应符合的要求

1）结构分析采用的计算简图、几何尺寸、计算参数、边界条件、结构材料性能指标以及构造措施等应符合实际工作状况。

2）结构上可能的作用及其组合、初始应力和变形状况等，应符合结构的实际状况。

3）结构分析中所采用的各种近似假定和简化，应有理论、试验依据或经工程实践验证；计算结果的精度应符合工程设计的要求。

2. 简化结构分析模型

混凝土结构宜按空间体系进行结构整体分析，并宜考虑结构单元的弯曲、轴向、剪切和扭转等变形对结构内力的影响。当进行简化分析时，应符合下列规定：

1）体形规则的空间结构，可沿柱列或墙轴线分解为不同方向的平面结构分别进行分析，但应考虑平面结构的空间协同工作。

2）构件的轴向、剪切和扭转变形对结构内力分析影响不大时，可不予考虑。

3. 确定计算简图

混凝土结构的计算简图宜按下列方法确定：

1）梁、柱、杆等一维构件的轴线宜取为截面几何中心的连线，墙、板等二维构件的中轴面宜取为截面中心线组成的平面或曲面。

2）现浇结构和装配整体式结构的梁柱节点、柱与基础连接处等可作为刚接；非整体浇筑的次梁两端及板跨两端可近似作为铰接。

3）梁、柱等杆件的计算跨度或计算高度可按其两端支承长度的中心距或净距确定，并应根据支承节点的连接刚度或支承反力的位置加以修正。

4）梁、柱等杆件间连接部分的刚度远大于杆件中间截面的刚度时，在计算模型中可作为刚域处理。

进行结构整体分析时，对于现浇结构或装配整体式结构，可假定楼盖在其自身平面内为无限刚性。当楼盖开有较大洞口或其局部会产生明显的平面内变形时，在结构分析中应考虑其影响。对现浇楼盖和装配整体式楼盖，宜考虑楼板作为翼缘对梁刚度和承载力的影响。

梁受压区有效翼缘计算宽度可按表 3-6 所列情况的最小值取用；也可采用梁刚度增大系数法近似考虑，刚度增大系数应根据梁有效翼缘尺寸与梁截面尺寸的相对比例确定。

表 3-6　受弯构件受压区有效翼缘计算宽度 b_f'

情况		T 形、I 形截面		倒 L 形截面
		肋形梁（板）	独立梁	肋形梁（板）
1	按计算跨度 l_0 考虑	$l_0/3$	$l_0/3$	$l_0/6$
2	按梁（肋）净距 s_n 考虑	$b+s_n$	—	$b+s_n/2$
3	按翼缘高度 h_f' 考虑	$b+12h_f'$	b	$b+5h_f'$

注：1. 表中 b 为梁的腹板厚度。

2. 肋形梁在梁跨内设有间距小于纵肋间距的横肋时，可不考虑表中情况 3 的规定。

3. 加腋的 T 形、I 形和倒 L 形截面，当受压区加腋的高度 h_f 不小于 h_f' 且加腋的长度 b_h 不大于 $3h_h$ 时，其翼缘计算宽度可按表中情况 3 的规定分别增加 $2b_h$（T 形、I 形截面）和 b_h（倒 L 形截面）。

4. 独立梁受压区的翼缘板在荷载作用下经验算沿纵肋方向可能产生裂缝时，其计算宽度应取腹板宽度 b。

当地基与结构的相互作用对结构的内力和变形有显著影响时，结构分析中宜考虑地基与结构相互作用的影响。

3.6.3　结构分析方法

根据结构类型、材料性能和受力特点等选择结构分析方法。

1. 弹性分析方法

弹性分析方法是最基本和最成熟的结构分析方法，也是其他分析方法的基础和特例，适用于分析一般结构。大部分混凝土结构的设计均基于此法。

弹性分析方法可用于正常使用极限状态和承载能力极限状态作用效应的分析，宜采用结构力学或弹性力学等分析方法。体形规则的结构，可根据作用的种类和特性，采用适当的简化分析方法。

结构构件的刚度可按下列原则确定：

1）混凝土的弹性模量可按附表 1-11 采用。

2）截面惯性矩可按匀质的混凝土全截面计算。

3）端部加腋的杆件，应考虑其截面变化对结构分析的影响。

4）不同受力状态下构件的截面刚度，宜考虑混凝土开裂、徐变等因素的影响予以折减。

当结构的二阶效应可能使作用效应显著增大时，在结构分析中应考虑二阶效应的不利影响。

混凝土结构的重力二阶效应可采用有限元分析法或相应的简化方法进行计算。当采用有限元分析方法时，宜考虑混凝土构件开裂对构件刚度的影响。

当边界支承位移对双向板的内力及变形有较大影响时，在分析中宜考虑边界支承竖向变形及扭转等的影响。

2. 塑性内力重分布分析方法

考虑塑性内力重分布的分析方法可用于超静定混凝土结构设计。该方法具有充分发挥结构潜力，节约材料，简化设计和方便施工等优点，但抗弯能力较低部位的变形和裂缝可能相应增大。

混凝土连续梁和连续单向板，可采用塑性内力重分布方法进行分析。对于直接承受动力荷载的构件，以及要求不出现裂缝或处于三 a、三 b 类环境情况下的结构，不应采用考虑塑性内力重分布的分析方法。

重力荷载作用下的框架、框架-剪力墙结构中的现浇梁以及双向板等，经弹性分析求得内力后，可对支座或节点弯矩进行适度调幅，并确定相应的跨中弯矩。

钢筋混凝土梁支座或节点边缘截面的负弯矩调幅幅度不宜大于 25%；弯矩调整后的梁端截面相对受压区高度不应超过 0.35，且不宜小于 0.10。钢筋混凝土板的负弯矩调幅幅度不宜大于 20%。预应力混凝土梁的弯矩调幅幅度不宜超过 20%。

对属于协调扭转的混凝土结构构件，受相邻构件约束的支承梁的扭矩宜考虑内力重分布的影响。考虑内力重分布后的支承梁，应按弯剪扭构件进行承载力计算。

按考虑塑性内力重分布分析方法设计的结构和构件，应选用符合要求的钢筋，并应满足正常使用极限状态要求且采取有效的构造措施。

3. 弹塑性分析方法

弹塑性分析方法以钢筋混凝土的实际力学性能为依据，引入相应的本构关系后，可进行结构受力全过程分析，而且可以较好地解决各种体形和受力复杂结构的分析问题。但这种方法比较复杂，计算工作量大，各种非线性本构关系尚不够完善和统一，且要有成熟、稳定的软件提供帮助，至今应用范围仍然有限，主要用于重要、受力复杂的结构分析和罕遇地震作用下的结构分析。

结构的弹塑性分析宜遵循下列原则：应预先设定结构的形状，尺寸、边界条件、材料性能和配筋等；材料的性能指标宜取平均值，并宜通过试验分析或规范确定；宜考虑结构几何非线性的不利影响；分析结果用于承载力设计时，宜考虑抗力模型不定性系数对结构的抗力进行适当调整。

混凝土结构的弹塑性分析，可根据实际情况采用静力或动力分析方法。结构的基本构件计算模型宜按下列原则确定：

1）梁、柱、杆等杆系构件可简化为一维单元，宜采用纤维束模型或塑性铰模型。

2）墙、板等构件可简化为二维单元，宜要用膜单元、板单元或壳单元。

3）复杂的混凝土结构、大体积混凝土结构、结构的节点或局部区域需做精细分析时，宜采用三维块体单元。

构件、截面或各种计算单元的受力-变形本构关系宜符合实际受力情况。某些变形较大的构件或节点进行局部精细分析时，宜考虑钢筋与混凝土间的粘结-滑移本构关系。钢筋、混凝土材料的本构关系宜通过试验分析确定，或根据相关规范采用。

4. 塑性极限分析方法

塑性极限分析方法又称塑性分析法或极限平衡法，主要用于周边有梁或墙支承的双向板设计。对不承受多次重复荷载作用的混凝土结构，当有足够的塑性变形能力时，可采用塑性极限理论的分析方法进行结构的承载力计算，同时应满足正常使用的要求。

整体结构的塑性极限分析计算应符合下列规定：

1）对可预测结构破坏机制的情况，结构的极限承载力可根据设定的结构塑性屈服机制，采用塑性极限理论进行分析。

2）对难以预测结构破坏机制的情况，结构的极限承载力可采用静力或动力弹塑性分析方法确定。

3）对直接承受偶然作用的结构构件或部位，应根据偶然作用的动力特征考虑其动力效应的影响。

承受均布荷载的周边支承的双向矩形板，可采用塑性铰线法或条带法等塑性极限分析方法进行承载能力极限状态的分析与设计。

5. 间接作用分析方法

当混凝土的收缩、徐变以及温度变化等间接作用在结构中产生的作用效应可能危及结构的安全或正常使用时，宜进行间接作用效应的分析，并应采取相应的构造措施和施工措施。

混凝土结构进行间接作用效应的分析，可采用弹塑性分析方法；也可考虑裂缝和徐变对构件刚度的影响，按弹性方法进行近似分析。

结构或其他部分的体形不规则和受力状态复杂，又无恰当的简化分析方法时，可采用试验分析的方法，如剪力墙及其孔洞周围、框架和桁架的主要节点、构件的疲劳、受力状态复杂的水坝等。

思　考　题

3-1　什么是结构上的作用？荷载属于哪种作用？作用效应与荷载效应有什么区别？

3-2　什么是结构抗力？影响结构抗力的主要因素有哪些？

3-3　什么是材料强度标准值和材料强度设计值？

3-4　什么是失效概率？什么是可靠指标？两者有何联系？

3-5　说明承载能力极限状态设计表达式中各符号的意义，并分析该表达式是如何保证结构的可靠度？

3-6　结构的极限状态分为几类？其含义各是什么？

3-7　什么是结构的可靠度，建筑结构应该满足哪些功能要求？结构的设计工作寿命如何确定？结构超过其设计工作寿命是否意味着不能再使用？为什么？

3-8　对正常使用极限状态验算，为什么要区分作用的标准组合和作用的准永久组合？如何考虑作用的标准组合和作用的准永久组合？

3-9　简述混凝土结构防连续倒塌设计的基本原则。

3-10　混凝土结构防连续倒塌设计方法主要有哪些？

3-11　简述结构分析的基本原则。

3-12　结构分析模型应满足哪些要求？

3-13　结构分析的方法主要有哪些？

第4章 素混凝土结构构件设计

素混凝土构件主要用于受压构件。素混凝土受弯构件仅允许用于卧置在地基上以及不承受活荷载的情况。

素混凝土结构构件应进行正截面承载力计算，对承受局部荷载的部位尚应进行局部受压承载力计算。

4.1 素混凝土受弯构件承载力计算

素混凝土受弯构件的受弯承载力应符合下列规定：

1）对称于弯矩作用平面的截面

$$M \leqslant \gamma f_{ct} W \tag{4-1}$$

2）矩形截面

$$M \leqslant \frac{\gamma f_{ct} b h^2}{6} \tag{4-2}$$

式中 M——弯矩设计值；

f_{ct}——素混凝土的轴心抗拉强度设计值，按附表1-10规定的混凝土轴心抗拉强度设计值乘以系数0.55取用；

γ——截面抵抗矩塑性影响系数；

W——截面受拉边缘的弹性抵抗矩；

b、h——截面宽度、高度。

4.2 素混凝土受压构件承载力计算

素混凝土受压构件，当按受压承载力计算时，不考虑受拉区混凝土的工作，并假定受压区的法向应力图形为矩形，其应力值取素混凝土的轴心抗压强度设计值，此时，轴向力作用点与受压区混凝土合力点相重合。

1）对称于弯矩作用平面的受压承载力

$$N \leqslant \varphi f_{cc} A_c' \tag{4-3}$$

受压区高度 x 应按下列条件确定 $e_c = e_0$ (4-4)

轴向力作用点至截面重心的距离 e_0 应满足的条件是 $e_0 \leqslant 0.9 y_0'$ (4-5)

2）矩形截面（见图4-1）

$$N \leqslant \varphi f_{cc} b (h - 2e_0) \tag{4-6}$$

式中 N——轴向压力设计值；

φ——素混凝土构件的稳定系数，按表4-1采用；

f_{cc}——素混凝土的轴心抗压强度设计值，按附表 1-10 规定的混凝土轴心抗压强度设计值 f_c 值乘以系数 0.85 取用；

A_c'——混凝土受压区的面积；

e_c——受压区混凝土的合力点至截面重心的距离；

y_0'——截面重心至受压区边缘的距离。

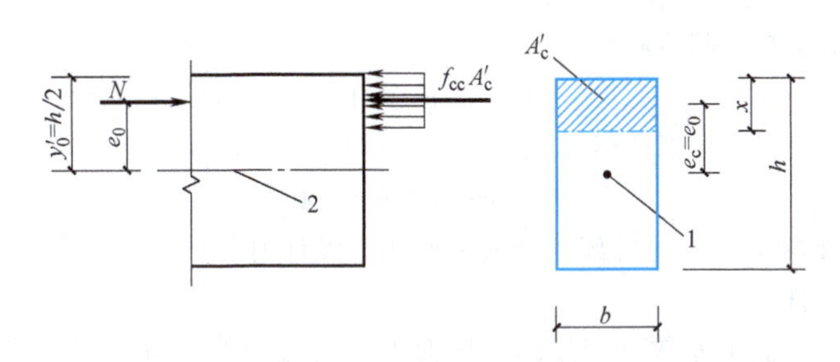

图 4-1　矩形截面的素混凝土受压构件受压承载力计算简图

1—重心　2—重心线

表 4-1　素混凝土构件的稳定系数

l_0/b	<4	4	6	8	10	12	14	16	18	20	22	24	26	28	30
l_0/i	<14	14	21	28	35	42	49	56	63	70	76	83	90	97	104
φ	1.00	0.98	0.96	0.91	0.86	0.82	0.77	0.72	0.68	0.63	0.59	0.55	0.51	0.47	0.44

注：在计算 l_0/b 时，b 的取值：对于偏心受压构件，取弯矩作用平面的截面高度；对轴心受压构件，取截面短边尺寸。

对不允许开裂的素混凝土受压构件（如处于液体压力下的受压构件、女儿墙等），当 e_0 不小于 $0.45y_0'$时，其受压承载力应按下列公式计算：

1）对称于弯矩作用平面的截面

$$N \leqslant \varphi \frac{\gamma f_{ct} A}{\dfrac{e_0 A}{W}-1} \tag{4-7}$$

2）矩形截面

$$N \leqslant \varphi \frac{\gamma f_{ct} bh}{\dfrac{6e_0}{h}-1} \tag{4-8}$$

式中　γ——截面抵抗矩塑性影响系数，$\gamma=\left(0.7+\dfrac{120}{h}\right)\gamma_m$，$\gamma_m$ 为混凝土构件的截面抵抗矩塑性影响系数基本值，可按正截面应变保持平面的假定，并取受拉区混凝土应力图形为梯形、受拉边缘混凝土极限拉应变为 $2f_{tk}/E_c$ 来确定，常用截面形状的 γ_m 值可按附表 1-21 取用；

h——截面高度，当 $h<400\text{mm}$ 时，取 $h=400\text{mm}$，当 $h>1600\text{mm}$ 时，取 $h=1600\text{mm}$，对圆形、环形截面，取 $h=2r$，此处 r 为圆形截面半径或环形截面的外环半径；

A——截面面积。

当按式（4-3）或式（4-6）计算时，对 e_0 不小于 $0.45y_0'$的受压构件，应在混凝土受拉区配置构造钢筋，且其配筋率不应少于构件截面面积的 0.05%。但当符合式（4-7）或式（4-8）的条件时，可不配置此项构造钢筋。

素混凝土偏心受压构件，除应计算弯矩作用平面的受压承载力外，尚应按轴心受压构件验算垂直于弯矩作用平面的受压承载力。此时，不考虑弯矩作用，但应考虑稳定系数 φ 的影响。

4.3 素混凝土构件局部受压承载力计算

素混凝土构件的局部受压承载力应符合下列规定：

1）局部受压面上仅有局部荷载作用

$$F_l \leqslant \omega \beta_l f_{cc} A_l \tag{4-9}$$

2）局部受压面上尚有非局部荷载作用

$$F_l \leqslant \omega \beta_l (f_{cc} - \sigma) A_l \tag{4-10}$$

式中 F_l——局部受压面上作用的局部荷载或局部压力设计值；

A_l——局部受压面积；

ω——荷载分布的影响系数，当局部受压面上的荷载为均匀分布时，取 $\omega=1$，当局部荷载为非均匀分布时（如梁、过梁等的端部支承面），取 $\omega=0.75$；

σ——非局部荷载设计值产生的混凝土压应力；

β_l——混凝土局部受压时的强度提高系数，$\beta_l=\sqrt{\dfrac{A_b}{A_l}}$，$A_b$ 为局部受压的计算底面积，可由局部受压面积与计算底面积按同心、对称的原则确定。

4.4 素混凝土构件的构造要求

素混凝土墙和柱的计算长度 l_0 可按下列规定采用：两端支承在刚性的横向结构上时，取 $l_0=H$；具有弹性移动支座时，取 $l_0=(1.25\sim1.50)H$；对自由独立的墙和柱，取 $l_0=2H$。此处 H 为墙或柱的高度，以层高计。

素混凝土结构伸缩缝的最大间距，可按表 4-2 规定采用。整片的素混凝土墙壁式结构，其伸缩缝宜做成贯通式，将基础断开。

表 4-2 素混凝土结构伸缩缝最大间距 （单位：m）

结构类型	室内或土中	露天
装配式结构	40	30
现浇结构(配有构造钢筋)	30	20
现浇结构(未配构造钢筋)	20	10

素混凝土结构在结构截面尺寸急剧变化处、墙壁高度变化处（在不小于 1m 范围内配置）、混凝土墙壁中洞口周围应配置局部构造钢筋。在配置局部构造钢筋后，伸缩缝的间距仍应按表 4-2 中未配构造钢筋的现浇结构采用。

思考题

4-1 素混凝土受弯构件如何进行受弯承载力计算？

4-2 对不允许开裂的素混凝土受压构件如何进行受压承载力计算？

4-3 素混凝土构件如何进行局部受压承载力计算？

4-4 素混凝土构件应满足哪些构造要求？

第5章 受弯构件正截面承载力

5.1 概述

受弯构件是指截面上通常有弯矩和剪力共同作用而轴力可以忽略不计的构件，如图5-1所示。梁和板是典型的受弯构件。它们是土木工程中数量最多、使用面最广的一类构件。梁和板的区别在于：梁的截面高度大于其宽度，而板的截面高度远小于其宽度。

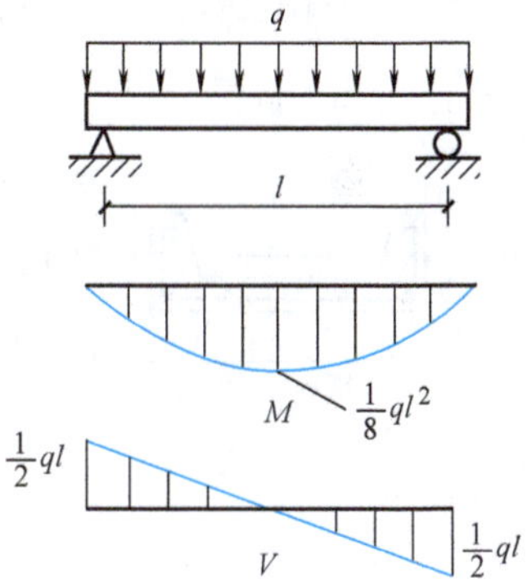

受弯构件在荷载等因素的作用下，可能发生两种主要破坏：一种是沿弯矩最大的截面破坏，如图5-2a所示，另一种是沿剪力最大或弯矩和剪力都较大的截面破坏，如图5-2b所示。当受弯构件沿弯矩最大的截面破坏时，破坏截面与构件的轴线垂直，称为沿正截面破坏；当受弯构件沿剪力最大或弯矩和剪力都较大的截面破坏时，破坏截面与构件的轴线斜交，称为沿斜截面破坏。

图5-1 受弯构件示意

进行受弯构件设计时，既要保证构件不得沿正截面发生破坏，又要保证构件不得沿斜截面发生破坏，因此要进行正截面承载能力和斜截面承载能力计算。本章只讨论受弯构件的正截面承载能力计算。

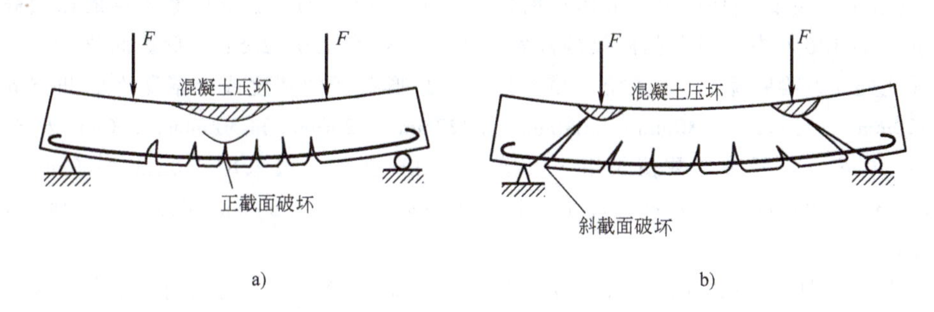

图5-2 受弯构件的破坏形式

结构和构件要满足承载能力极限状态和正常使用极限状态的要求。梁、板正截面受弯承载力计算就是从满足承载能力极限状态出发的，即要求满足

$$M \leqslant M_u \tag{5-1}$$

式中 M——受弯构件正截面的弯矩设计值，它是由结构上的作用所产生的弯矩设计值；

M_u——受弯构件正截面受弯承载力的设计值，它是由正截面上材料所具有的抗力，这里的下标u是指极限值。

5.2 梁、板的一般构造

5.2.1 截面形状与尺寸

1. 截面形状

梁、板常用矩形、T形、I形、环形、倒L形梁、槽形板、空心板和倒L形梁等对称和不对称截面，如图5-3所示。

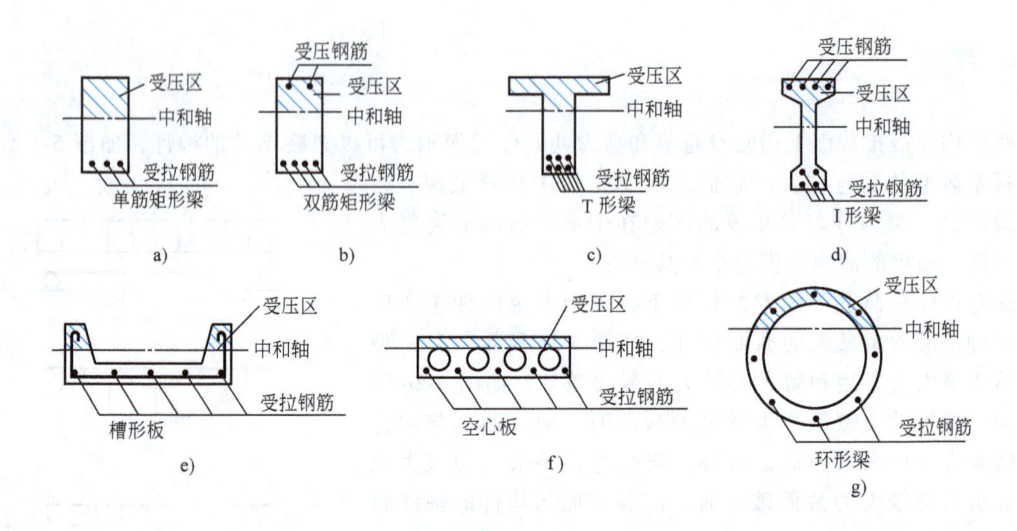

图5-3 常用梁、板截面形状

2. 梁、板的截面尺寸

1）独立的简支梁的截面高度与其跨度的比值可为1/12左右，独立的悬臂梁的截面高度与其跨度的比值可为1/6左右。矩形截面梁的高宽比h/b一般取2.0~2.5；T形截面梁的h/b一般取2.5~4.0（此处b为梁肋宽）。为了统一模板尺寸，矩形截面的宽度或T形截面的肋宽b一般取100mm、120mm、150mm、（180mm）、200mm、（220mm）、250mm和300mm，300mm及300mm以上的级差为50mm；括号中的数值仅用于木模。梁的高度h一般采用250mm、300mm、350mm、750mm、800mm、900mm、1000mm等尺寸；小于800mm的级差为50mm，800mm及800mm以上的级差为100mm。

2）现浇板的宽度一般较大，设计时可取单位宽度（b=1000mm）进行计算。其厚度除应满足各项功能要求外，还应满足表5-1的要求。

板的保护层厚度一般取15mm，所以计算板的配筋时，一般可取板的有效高度$h_0=h-20\text{mm}$，但对露天或室内潮湿环境下的板，当采用C25及C30时，板的保护层宜加厚10mm，可取板的有效高度$h_0=h-30\text{mm}$。

5.2.2 材料选择与一般构造

1. 混凝土强度等级

梁、板常用的混凝土强度等级是C25、C30、C40。

表 5-1　现浇钢筋混凝土板的最小厚度

板的类别		最小厚度/mm
单向板	屋面板	60
	民用建筑楼板	60
	工业建筑楼板	70
	行车道下的楼板	80
双向板		80
密肋楼盖	面板	50
	肋高	250
悬臂板（根部）	悬臂长度不大于 500mm	60
	悬臂长度 1200mm	100
无梁楼板		150
现浇空心楼盖		200

2. 钢筋强度等级及常用直径

（1）梁的钢筋强度等级和常用直径

1）梁内纵向受力钢筋。梁中纵向受力钢筋可采用 HRB400、HRB500、HRBF400、HRBF500 钢筋，根数不得少于 2 根。梁内受力钢筋的直径宜尽可能相同，当采用两种不同的直径时，两直径之差至少应为 2mm，以便在施工时容易用肉眼识别，但相差也不宜超过 6mm。当梁高为 300mm 及以上时，纵向受力钢筋的直径不应小于 10mm；当梁高小于 300mm 时，纵向受力钢筋的直径不应小于 8mm。

为了固定箍筋并与钢筋连成骨架，在梁的受压区内应设置架立钢筋。架立钢筋的直径与梁的跨度 l 有关。当 $l>6$m 时，架立钢筋的直径不宜小于 12mm；当 $l=4\sim6$m 时，不宜小于 10mm，当 $l<4$m 时，不宜小于 8mm。简支梁架立钢筋一般伸至梁端；当考虑其受力时，架立钢筋两端在支座内应有足够的锚固长度。当梁的腹板高度大于或等于 450mm 时，在梁的两个侧面应沿高度配置纵向构造钢筋，每侧纵向构造钢筋（不包括梁上、下部的受力钢筋及架立钢筋）的间距不宜大于 200mm，截面面积不应小于腹板截面面积的 0.1%，但当梁宽较大时可以适当放松。

2）梁的箍筋宜采用 HRB400、HRBF400、HRB335、HPB300、HRB500、HRBF500 钢筋，常用直径是 6mm、8mm 和 10mm。

（2）板的钢筋强度等级及常用直径

1）板的受力钢筋。受力钢筋常用 HPB300、HRB335、HRB400、HRBF400、RRB400、HRB500、HRBF500 钢筋。当板厚 $h\leqslant150$mm 时，受力钢筋的间距不宜大于 200mm；当板厚 $h>150$mm 时，不宜大于 1.5h，且不宜大于 250mm，如图 5-4 所示。

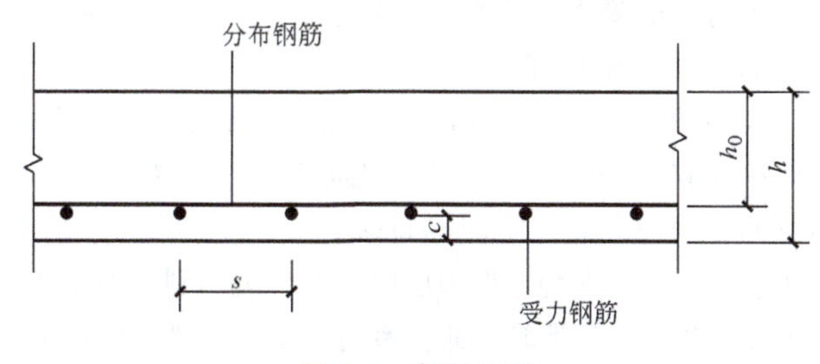

图 5-4　板的配筋

2）板的分布钢筋。当按单向板设计时，除沿受力方向布置受力钢筋外，还应在垂直于受力方向布置分布钢筋。分布钢筋宜采用 HPB300 和 HRB335 钢筋。分布钢筋与受力钢筋绑扎或焊接在一起，形成钢筋骨架。分布钢筋的作用是：将板面的荷载更均匀地传递给受力钢筋，施工过程中固定受力钢筋的位置，以及抵抗温度和混凝土的收缩应力等。分布钢筋单位宽度上的配筋不宜小于单位宽度上的受力钢筋的 15%，且配筋率不宜小于 0.15%；分布钢筋直径不宜小于 6mm，间距不宜大于 250mm；当集中荷载较大时，分布钢筋的配筋面积尚应增加，且间距不宜大于 200mm。当有实践经验或可靠措施时，预制单向板的分布钢筋可不受此限制。

3. 纵向钢筋在梁、板截面内的布置要求

为了便于浇筑混凝土以保证钢筋周围混凝土的密实性，纵筋的净间距应满足图 5-5 所示的要求。

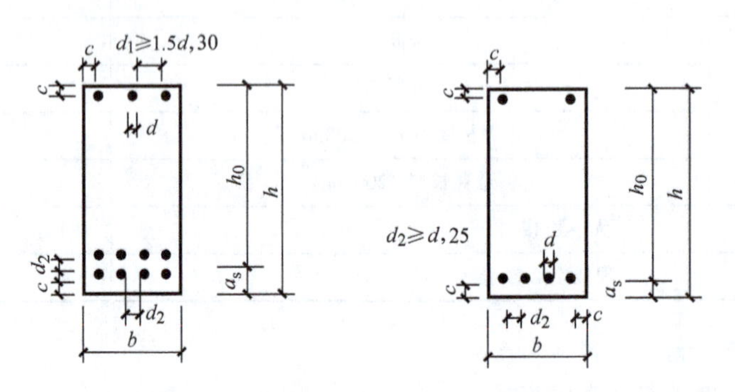

图 5-5　净距、保护层及有效高度

1）下部钢筋水平方向的净间距不应小于钢筋直径和 25mm；上部钢筋水平方向的净间距则不应小于 1.5 倍钢筋直径和 30mm。

2）各层钢筋之间的净间距不应小于钢筋直径和 25mm。

为了满足这些要求，梁的纵向受力钢筋有时须放置成两层，甚至还有多于两层的。上、下钢筋应对齐，不能错列，以方便混凝土的浇捣。

当梁的下部钢筋多于两层时，从第三层起，钢筋的中距应比下面两层的中距增大一倍。

板内纵向受力钢筋应与分布钢筋相垂直，并放在外侧，如图 5-4 所示。

4. 纵向受拉钢筋的配筋率

设正截面上所有纵向受拉钢筋的合力点至截面受拉边缘的竖向距离为 a_s，则合力点至截面受压区边缘的竖向距离 $h_0=h-a_s$。这里，h 是截面高度，h_0 为截面的有效高度，称 bh_0 为截面的有效面积，b 是截面宽度。

纵向受拉钢筋的总截面面积用 A_s 表示，单位为 mm^2。纵向受拉钢筋总截面面积 A_s 与正截面的有效面积 bh_0 的比值，称为纵向受拉钢筋的配筋百分率，用 ρ 表示，用百分数来计量，即

$$\rho=\frac{A_s}{bh_0}\times 100\% \tag{5-2}$$

纵向受拉钢筋的配筋率 ρ 在一定程度上标志了正截面上纵向受拉钢筋与混凝土之间的面积比率，它是对梁的受力性能有很大影响的一个重要指标。

5. 混凝土保护层厚度

结构构件中最外层钢筋的外边缘至混凝土表面的距离，称为混凝土保护层厚度，用 c 表示。混凝土保护层有三个作用：①保护纵向钢筋不被锈蚀；②在火灾等情况下，使钢筋的温度上升缓慢；③使纵向钢筋与混凝土有较好的粘结。

梁、板、柱的混凝土保护层厚度与环境类别和混凝土强度等级有关（见附录附表 1-18）。由该表知，当环境类别为一类时，即在室内环境下，梁的最小混凝土保护层厚度是 20mm，板的最小混凝土保护层厚度是 15mm。此外，纵向受力钢筋的混凝土保护层最小厚度尚不应小于钢筋的公称直径。

5.3　受弯构件正截面受弯的受力全过程

5.3.1　适筋梁的试验研究

图 5-6 所示为一混凝土设计强度等级为 C25 的钢筋混凝土简支梁。为消除剪力对正截面受弯的影响，采用两点对称加载方式，使两个对称集中力之间的截面，在忽略自重的情况下，只受纯弯矩而无剪力，称为纯弯区段。在长度为 $l_0/3$ 的纯弯区段布置仪表，以观察加载后梁的受力全过程。

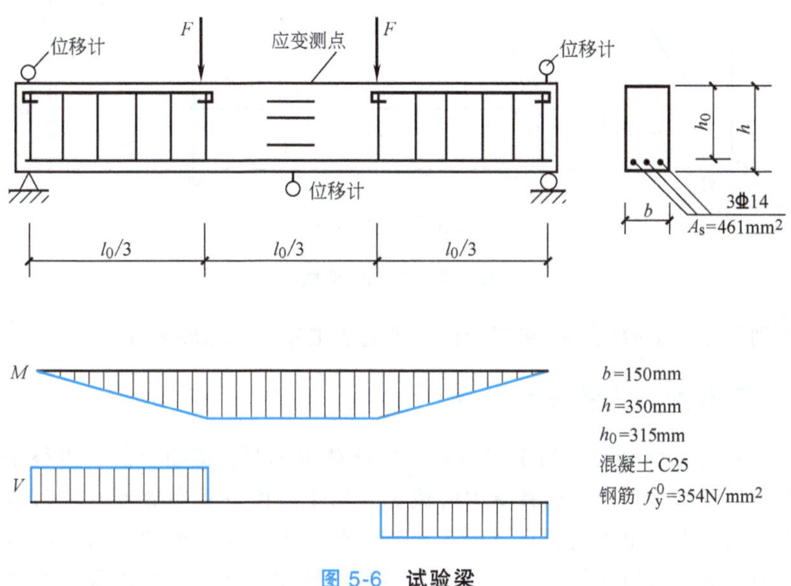

图 5-6　试验梁

荷载是逐级施加的，由零开始直至梁正截面受弯破坏。下面分析加载过程中钢筋混凝土受弯构件正截面受力的全过程。

在纯弯段内，沿梁高两侧布置测点，用仪表测量梁的纵向变形。为此，在浇筑混凝土前，在梁跨中附近的钢筋表面粘贴应变片，用以测量钢筋的应变。在跨中和支座处分别安装百（千）分表以测量跨中的挠度 f（也有采用挠度计测量挠度的），有时还要安装倾角仪以测量梁的转角。

图 5-7 所示为中国建筑科学研究院做钢筋混凝土试验梁的弯矩与截面曲率关系曲线实测结果。图中纵坐标为梁跨中截面的弯矩实验值 M^0，横坐标为梁跨中截面曲率实验值 φ^0。

实验表明，当弯矩较小时，截面上的应力和应变也很小，混凝土和钢筋都处于弹性工作阶段。受压区和受拉区的混凝土应力图形按直线变化，截面曲率或梁的跨中挠度与弯矩的关系接近直线变化，如图 5-7 中的 OC 所示。这时的工作特点是梁尚未出现裂缝，称为第Ⅰ阶段。当弯矩超过开裂弯矩实验值 M_{cr}^0 后，混凝土开裂，且以后一段时间内将不断出现新的裂缝，随着裂缝的出现与不断开展，挠度的增长速度较开裂前快。这时的工作特点是梁带有裂缝，称为第Ⅱ阶段。如图 5-7 所示，在纵坐标为 M_{cr}^0 处，M^0-φ^0 关系曲线上出现了第一个明显转折点 C。第Ⅱ阶段中，钢筋的应力将随着荷载的增加而增加，当受拉钢筋即将到达屈服强度时，标志着第Ⅱ阶段的终结。M^0-φ^0 关系曲线上出现了第二个明显转折点 y。截面进入第Ⅲ工作阶段，此时的弯矩为 M_y^0，称为屈服弯矩实验值。钢筋一屈服，应变迅速增大，裂缝急剧开展，挠度和截面曲率骤增。随着荷载继续增大，受压区混凝土被压碎，正截面失去受弯承载力，梁破坏。此时的弯矩称为极限弯矩实验值或正截面受弯承载力的实验值 M_u^0。可见，M^0-φ^0 关系曲线上有两个明显的转折点 C 和 y，故适筋梁正截面

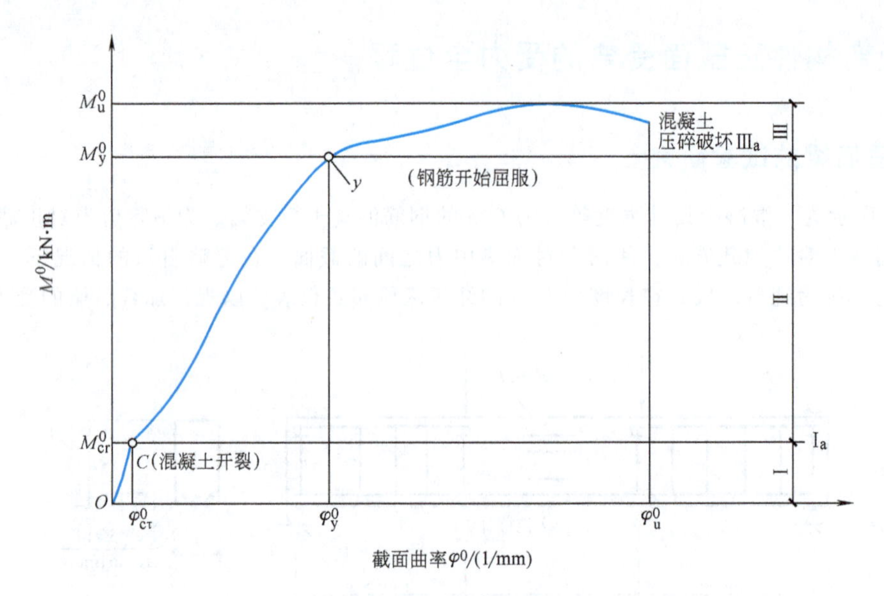

图 5-7　M^0-φ^0 曲线

受弯的全过程可划分为三个阶段——未裂阶段、带裂缝工作阶段和破坏阶段。

5.3.2　适筋梁正截面受力的三个阶段

（1）第Ⅰ阶段——截面开裂前的未裂阶段　当荷载很小时，截面上的内力很小，应力与应变成正比，截面的应力分布为直线，这种受力阶段称为第Ⅰ阶段（见图 5-8a）。当荷载不断增大时，截面上的内力也不断增大，由于受拉区混凝土出现塑性变形，受拉区的应力图形呈曲线。当荷载增大到某一数值时，受拉区边缘的混凝土可达其实际的抗拉强度和抗拉极限应变值。截面处在开裂前的临界状态，这种受力状态称为第Ⅰ$_a$阶段（见图 5-8b）。

（2）第Ⅱ阶段——带裂缝工作阶段　Ⅰ$_a$阶段可作为受弯构件抗裂度的计算依据。截面受力达Ⅰ$_a$阶段后，荷载只要稍许增加，截面立即开裂，截面上应力发生重分布，裂缝处混凝土不再承受

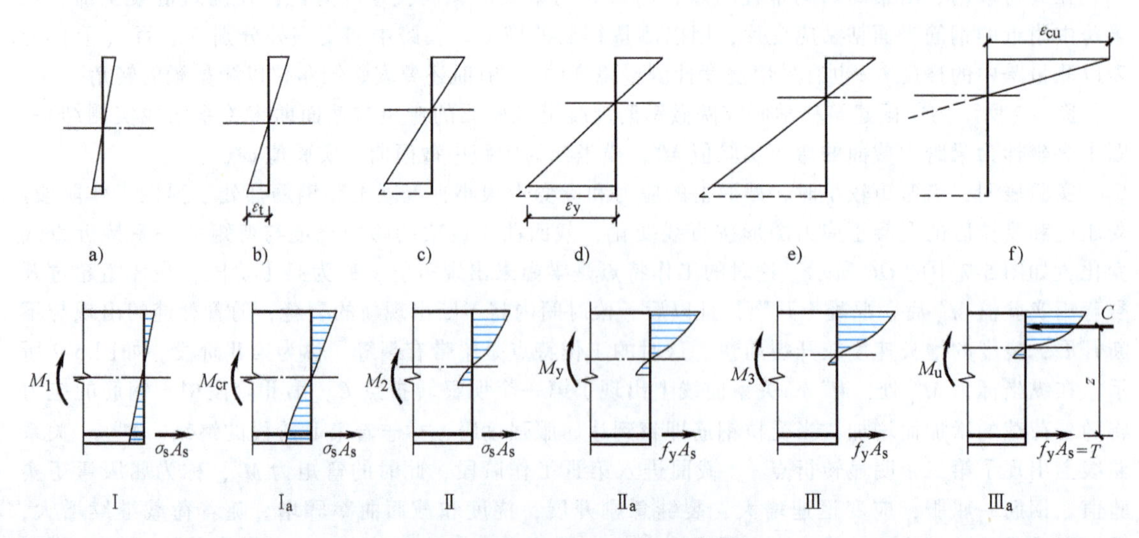

图 5-8　梁在各受力阶段的应力-应变

C—受力区的合力　T—受拉区合力

拉应力，钢筋的拉应力突然增大，受压区混凝土出现明显的塑性变形，应力图形呈曲线，这种受力阶段称为第Ⅱ阶段（见图 5-8c）。荷载继续增加，裂缝进一步开展，钢筋和混凝土的应力不断增大。当荷载增加到某一数值时，受拉区纵向受力钢筋开始屈服，钢筋应力达到其屈服强度，这种特定的受力状态称为$Ⅱ_a$阶段（见图 5-8d）。

（3）第Ⅲ阶段——破坏阶段　受拉区纵向受力钢筋屈服后，截面的承载力无明显增加，但塑性变形急速发展，裂缝迅速开展，并向受压延伸，受压区面积减小，受压区混凝土压应力迅速增大，这是截面受力的第Ⅲ阶段（见图 5-8e）。在荷载几乎保持不变的情况下，裂缝进一步急剧开展，受压区混凝土出现纵向裂缝，混凝土被完全压碎，截面发生破坏，这种特定的受力状态称为第$Ⅲ_a$阶段（见图 5-8f）。

试验同时表明，从开始加载到构件破坏的整个受力过程中，变形前的平面在变形后仍保持平面。

进行受弯构件截面受力工作阶段的分析，不但可以了解截面受力的全过程，而且为裂缝、变形及承载力的计算提供了依据。截面抗裂验算是建立在第$Ⅰ_a$阶段的基础之上，构件使用阶段的变形和裂缝宽度验算是建立在第Ⅱ阶段的基础之上的，截面的承载力计算则是建立在第$Ⅲ_a$阶段的基础之上的。

表 5-2 简要地列出了适筋梁正截面受弯三个受力阶段的主要特点。

表 5-2　适筋梁正截面受弯三个受力阶段的主要特点

受力阶段			第Ⅰ阶段	第Ⅱ阶段	第Ⅲ阶段
主要特点	习称		未裂阶段	带裂缝工作阶段	破坏阶段
	外观特征		没有裂缝，挠度很小	有裂缝，挠度还不明显	钢筋屈服，裂缝宽，挠度大
	弯矩-截面曲率		大致成直线	曲线	接近水平的曲线
	混凝土的应力图形	受压区	直线	受压区高度减小，混凝土压应力图形为上升段的曲线，应力峰值在受压区边缘	受压区高度进一步减小，混凝土压应力图形为较丰满的曲线；后期为有上升段与下降段的曲线，应力峰值不在受压区边缘而在边缘的内侧
		受拉区	前期为直线，后期为有上升段的曲线，应力峰值不在受拉区边缘	大部分退出工作	绝大部分退出工作
	纵向受拉钢筋应力		$\sigma_s \leqslant 20\sim30\text{kN/mm}^2$	$20\sim30\text{kN/mm}^2<\sigma_s<f_y$	$\sigma_s=f_y$
	与设计计算的联系		$Ⅰ_a$阶段用于抗裂验算	Ⅱ阶段用于裂缝宽度及变形验算	$Ⅲ_a$阶段用于正截面受弯承载力计算

5.3.3　正截面受弯的三种破坏形态

实验表明，由于纵向受拉钢筋配筋率 ρ 的不同，受弯构件正截面受弯破坏形态有适筋破坏、超筋破坏和少筋破坏三种，如图 5-9 所示。这三种破坏形态的 M^0-φ^0 曲线如图 5-10 所示。与这三种破坏形态相对应的梁称为适筋梁、超筋梁和少筋梁。

（1）适筋破坏形态　当 $\rho_{min}h/h_0\leqslant\rho\leqslant\rho_b$ 时发生适筋破坏形态，ρ_{min}、ρ_b 分别为纵向受拉钢筋的最小配筋率、界限配筋率。适筋梁的破坏特点：构件的破坏首先是受拉区纵向受力钢筋屈服，然后受压区混凝土被压碎，钢筋和混凝土的强度都得到充分利用。适筋破坏在构件破坏前有明显的塑性变形和裂缝预兆，破坏不是突然发生的，呈塑性性质，如图 5-9a 所示，属于延性破坏类型。

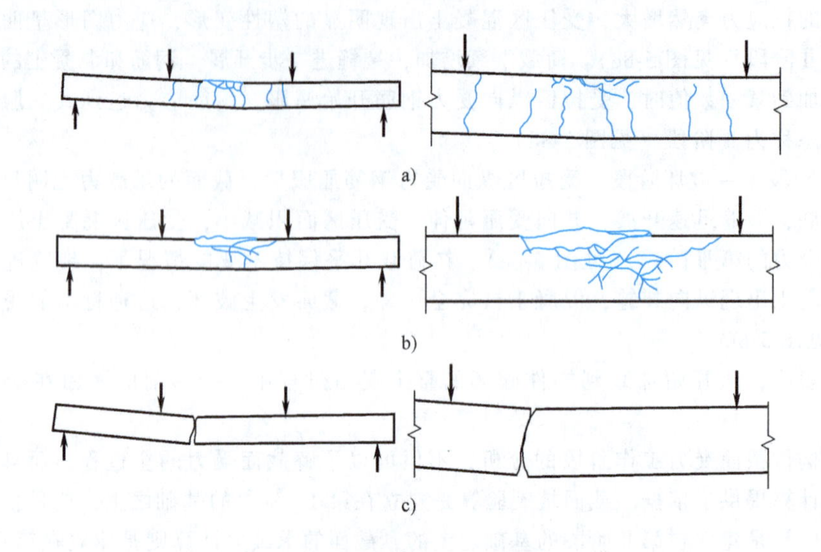

图 5-9　不同配筋率构件的破坏形态

a）适筋破坏　b）超筋破坏　c）少筋破坏

（2）超筋破坏形态　当 $\rho>\rho_b$ 时发生超筋破坏形态，其特点是混凝土受压区先压碎，纵向受拉钢筋不屈服。在受压区边缘纤维应变达到混凝土受弯极限压应变值时，钢筋应力尚小于屈服强度，但此时梁已经破坏。试验表明，钢筋在梁破坏前仍处于弹性工作阶段，裂缝开展不宽，延伸不高，梁的挠度也不大。它在没有明显预兆的情况下由于受压区混凝土被压碎而突然破坏，故属于脆性破坏类型。超筋梁虽配置过多的受拉钢筋，但由于梁破坏时其应力低于屈服强度，不能充分发挥作用，造成钢材的浪费。这不仅不经济，且破坏前没有预兆，故设计中不允许采用超筋梁。

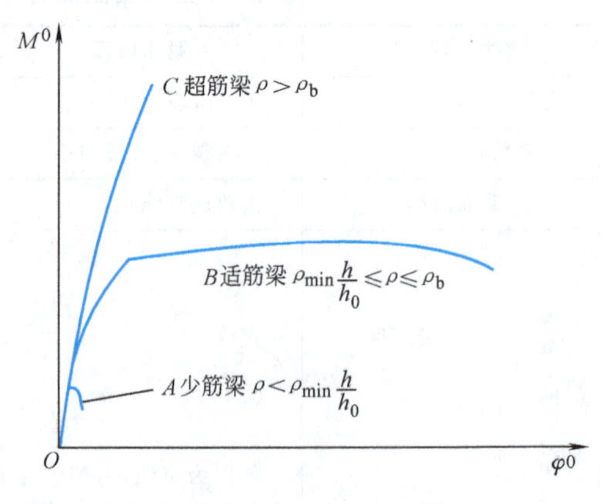

图 5-10　M^0-φ^0 曲线

（3）少筋破坏形态　当 $\rho<\rho_{min}h/h_0$ 时发生少筋破坏形态，构件不但承载能力很低，而且只要受拉区混凝土一开裂，裂缝就急速开展，裂缝截面处的拉力全部由钢筋承受，钢筋由于突然增大的应力而屈服，构件立即发生破坏（见图 5-9c）。从单纯满足承载力需要出发，少筋梁的截面尺寸过大，故不经济；同时，它的承载力取决于混凝土的抗拉强度，属于脆性破坏类型。

比较适筋梁和超筋梁的破坏，可以发现两者的差异：前者破坏始自受拉钢筋；后者则始自受压区混凝土。显然，总会有一个界限配筋率 ρ_b，使钢筋应力到达屈服强度的时，受压区边缘纤维应变也恰好达到混凝土受弯时的极限压应变值，这种破坏形态称为“界限破坏”，即适筋梁与超筋梁的界限。这个特定的配筋率 ρ_b 实质上就限制了适筋梁的最大配筋率。故当截面的实际配筋率 $\rho<\rho_b$ 时，破坏始自钢筋的屈服；$\rho>\rho_b$ 时，破坏始自受压区混凝土的压碎；$\rho=\rho_b$ 时，受拉钢筋应力到达屈服强度时，受压区混凝土也被压碎，从而使截面破坏。界限破坏也属于延性破坏类型，所以界限配筋的梁也属于适筋梁的范围。可见，梁的配筋率应满足 $\rho_{min}h/h_0\leqslant\rho\leqslant\rho_b$ 的要求。

5.4　正截面受弯承载力计算的基本假定及应用

5.4.1　正截面承载力计算的基本假定

《混凝土结构设计规范》规定，正截面承载力应按下列基本假定进行计算：

1）截面应变保持平面。截面应变保持平面是指在荷载作用下，梁的变形规律符合“平均应变平截面假定”，简称平截面假定。国内外大量实验表明，矩形、T 形、I 形及环形截面的钢筋混凝土构件受力以后，截面各点的混凝土和钢筋纵向应变沿截面的高度方向呈直线变化。虽然就单个截面而言，此假定不一定成立，但在一定长度范围内还是正确的。该假定说明了在一定标距内，即跨越若干条裂缝后，钢筋和混凝土的变形是协调的。同时平截面假定也是简化计算的一种手段。

2）不考虑混凝土的抗拉强度。忽略中和轴以下混凝土的抗拉作用，主要是因为混凝土的抗拉强度很小，且其合力作用点离中和轴较近，抗弯力矩的力臂也很小。

3）混凝土受压的应力与应变关系按下列规定取用

当 $\varepsilon_c \leqslant \varepsilon_0$ 时

$$\sigma_c = f_c\left[1-\left(1-\frac{\varepsilon_c}{\varepsilon_0}\right)^n\right] \tag{5-3}$$

当 $\varepsilon_0 < \varepsilon_c \leqslant \varepsilon_{cu}$ 时

$$\sigma_c = f_c \tag{5-4}$$

$$n = 2-\frac{1}{60}(f_{cu,k}-50) \tag{5-5}$$

$$\begin{aligned} \varepsilon_0 &= 0.002+0.5(f_{cu,k}-50)\times10^{-5} \\ \varepsilon_{cu} &= 0.0033-(f_{cu,k}-50)\times10^{-5} \end{aligned} \tag{5-6}$$

式中　σ_c——混凝土压应变为 ε_c 时的混凝土压应力；

f_c——混凝土轴心抗压强度设计值；

ε_0——混凝土压应力达到 f_c 时的混凝土压应变，当计算的 ε_0 值小于 0.002 时，应取为 0.002；

ε_{cu}——正截面的混凝土极限压应变，当处于非均匀受压且计算的 ε_{cu} 值大于 0.0033 时，取为 0.0033，当处于轴心受压时取为 ε_0；

$f_{cu,k}$——混凝土立方体抗压强度标准值；

n——系数，当计算的 n 值大于 2.0 时，取为 2.0。

n、ε_0、ε_{cu} 的取值见表 5-3。

表 5-3　混凝土应力-应变曲线参数

$f_{cu,k}$	≤C50	C60	C70	C80
n	2.000	1.833	1.667	1.500
ε_0	0.002	0.00205	0.00210	0.00215
ε_{cu}	0.0033	0.0032	0.0031	0.0030

由表 5-3 可见，当混凝土的强度等级小于或等于 C50 时，n、ε_0、ε_{cu} 均为定值。当混凝土的强度等级大于 C50 时，随着混凝土强度等级的提高，ε_0 的值不断增大，而 ε_{cu} 值却逐渐减小，即图 5-11 中的水平区段逐渐缩短，材料的脆性加大。

4）纵向受拉钢筋的极限拉应变取为 0.01。

5）纵向钢筋的应力取钢筋应变与其弹性模量的乘积，但其值应符合式（5-7）的要求。

$$-f_y' \leqslant \sigma_{si} \leqslant f_y \tag{5-7}$$

式中　σ_{si}——第 i 层纵向普通钢筋应力，正值代表拉应力，负值代表压应力；

f_y、f_y'——纵向普通钢筋的抗拉、抗压强度设计值。

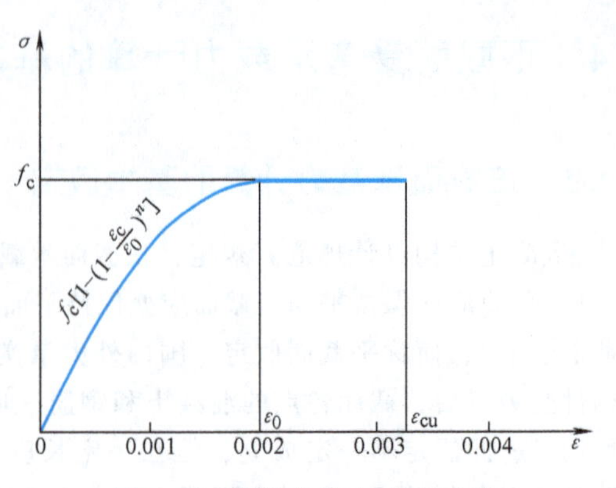

图 5-11　混凝土应力-应变曲线

5.4.2　等效矩形应力图

《混凝土结构设计规范》规定，受弯构件正截面承载力计算时，受压区混凝土的应力图形可简化为等效的矩形应力图。

矩形应力图的受压区高度 x 可取截面应变保持平面的假定所确定的中和轴高度乘以系数 β_1。当混凝土强度等级不超过 C50 时，β_1 取为 0.8；当混凝土强度等级为 C80 时，β_1 取为 0.74；其间按线性内插法确定。矩形应力图的应力值取为混凝土轴心抗压强度设计值 f_c 乘以系数 α_1。当混凝土强度等级不超过 C50 时，α_1 取为 1.0；当混凝土强度等级为 C80 时，α_1 取为 0.94；其间按线性内插法确定。

图 5-12a 所示为一单筋矩形截面适筋梁的应力图形，其受压区混凝土的压应力图形符合图 5-11 所示的曲线，此图形可称为理论应力图形。当混凝土强度等级为 C50 及以下时，截面受压区边缘达到了混凝土的极限压应变值 $\varepsilon_{cu}=0.0033$。当截面承载力达到受弯承载力设计值 M_u 时，合力 C 和作用位置 y_c 仅与混凝土应力-应变曲线形状及受压区高度 x_c 有关，而在 M_u 的计算中也仅需知道 C 的大小和作用位置 y_c 就足够了。

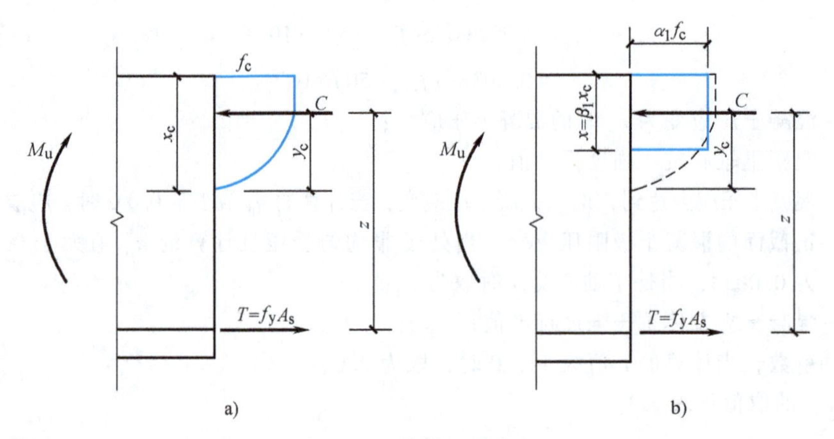

图 5-12　等效矩形应力

等效矩形应力图形代换受压区混凝土的理论应力图形，如图 5-12b 所示，两个图形的等效条件是：

1）等效矩形应力图的合力应等于曲线应力图的合力。

2）两图形中受压区合力 C 的作用点不变。

从图 5-12 可以看出，等效矩形应力图由量纲为 1 的参数 α_1、β_1 所确定，它们的大小仅与混凝土应力-应变曲线有关，称为等效矩形应力图形系数。其中，α_1 是等效矩形应力图形的应力值与混凝土轴心抗压强度 f_c 的比值；β_1 是混凝土受压区高度 x 与中和轴高度 x_c 的比值。α_1 和 β_1 的取值见表 5-4。

表 5-4　混凝土受压区等效矩形应力图系数

$f_{cu,k}$	≤C50	C55	C60	C65	C70	C75	C80
α_1	1.0	0.99	0.98	0.97	0.96	0.95	0.94
β_1	0.8	0.79	0.78	0.77	0.76	0.75	0.74

5.4.3　基本方程

采用等效矩形应力图，受弯承载力设计值的计算公式可写成

$$\sum N=0,\quad \alpha_1 f_c bx=f_y A_s \tag{5-8}$$

$$\sum M=0,\quad M_u=\alpha_1 f_c bx\left(h_0-\frac{x}{2}\right) \tag{5-9}$$

等效矩形应力图受压区高度 x 与截面有效高度 h_0 的比值记为 $\xi=x/h_0$，称为相对受压区高度，则式（5-8）、式（5-9）可写为

$$\alpha_1 f_c b\xi h_0=f_y A_s \tag{5-10}$$

$$M_u=\alpha_1 f_c bh_0^2\xi(1-0.5\xi) \tag{5-11}$$

由配筋率定义可知 $\rho=\dfrac{A_s}{bh_0}$，从式（5-10）可得，$\xi=\dfrac{f_y A_s}{\alpha_1 f_c bh_0}=\rho\dfrac{f_y}{\alpha_1 f_c}$

相对受压区高度 ξ 不仅反映了钢筋与混凝土的面积比，也反映了钢筋与混凝土的材料强度比，是反映构件中两种材料配比本质的参数。

这里补充说一下 ξ 的物理意义：①由 $\xi=x/h_0$ 知，ξ 称为相对受压区高度；②由 $\xi=\rho\dfrac{f_y}{\alpha_1 f_c}$知，$\xi$ 与纵向受拉钢筋配筋率 ρ 相比，不仅考虑了纵向受拉钢筋截面面积 A_s 与混凝土有效面积 bh_0 的比值，也考虑了两种材料力学性能指标的比值，能更全面地反映纵向受拉钢筋与混凝土有效面积的匹配关系，因此又称 ξ 为配筋系数。由于纵向受拉钢筋配筋率 ρ 比较直观，故通常还用 ρ 作为纵向受拉钢筋与混凝土两种材料匹配的标志。

5.4.4　界限相对受压区高度及最大配筋率

由前文可知，适筋梁与超筋梁的界限破坏为在受拉纵向钢筋屈服时，混凝土受压边缘纤维也达到其极限压应变 ε_{cu}。如图 5-13 所示，设钢筋开始屈服时的应变为 ε_y，则

$$\varepsilon_y=\frac{f_y}{E_s} \tag{5-12}$$

式中　E_s——钢筋的弹性模量。

设界限破坏时中和轴高度为 x_{cb}，则有

$$\frac{x_{cb}}{h_0}=\frac{\varepsilon_{cu}}{\varepsilon_{cu}+\varepsilon_y} \tag{5-13}$$

把 $x_b=\beta_1 x_{cb}$ 代入式（5-13），得

$$\frac{x_b}{\beta_1 h_0}=\frac{\varepsilon_{cu}}{\varepsilon_{cu}+\varepsilon_y} \tag{5-14}$$

设 $\xi_b=\dfrac{x_b}{h_0}$，称为界限相对受压区高度，则

$$\xi_b=\frac{\beta_1}{1+\dfrac{f_y}{E_s\varepsilon_{cu}}} \tag{5-15}$$

式中　h_0——截面有效高度；

x_b——界限受压区高度；

f_y——纵向钢筋的抗拉强度设计值；

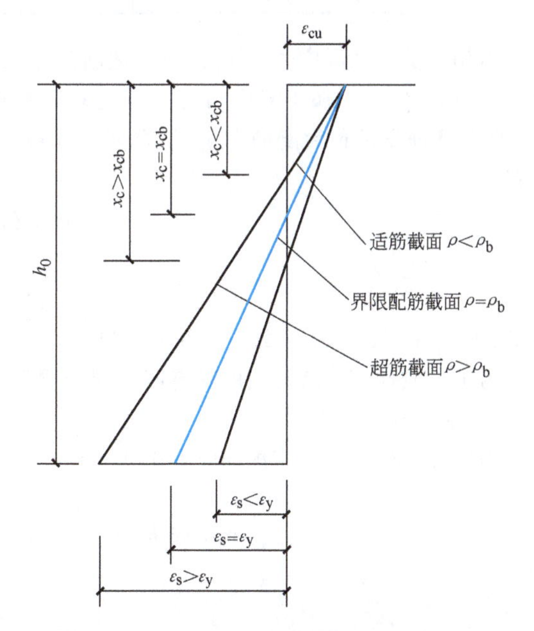

图 5-13　适筋梁、超筋梁、界限配筋梁破坏时的正截面平均应变

ε_{cu}——非均匀受压时混凝土极限压应变值，按式（5-6）计算，混凝土强度等级不大于 C50 时，$\varepsilon_{cu}=0.0033$。

对于碳素钢丝、钢绞线、热处理钢筋及冷轧带肋钢筋等无明显屈服强度的钢筋，取对应于残余应变为 0.2%时的应力 $\sigma_{0.2}$ 作为条件屈服强度，并以此作为这类钢筋的抗拉强度设计值。对应于条件屈服强度 $\sigma_{0.2}$ 时的钢筋应变为（见图 5-14）

$$\varepsilon_s=0.002+\varepsilon_y=0.002+\frac{f_y}{E_s} \tag{5-16}$$

式中 f_y——无明显屈服强度钢筋的抗拉强度设计值；

E_s——无明显屈服强度钢筋的弹性模量。

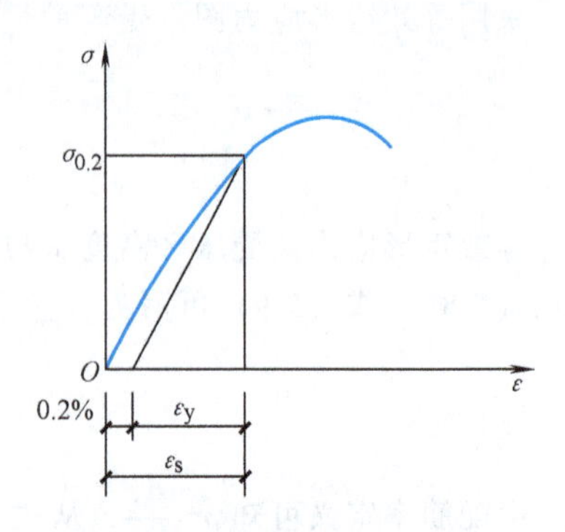

图 5-14 无明显屈服点钢筋应力-应变曲线

根据截面平面变形等假设，将推导式（5-15）时的 ε_y 用式（5-16）的 ε_s 代替，可以求得无明显屈服强度钢筋配筋的受弯构件相对界限受压区高度 ξ_b 的计算公式为

$$\xi_b=\frac{\beta_1}{1+\dfrac{0.002}{\varepsilon_{cu}}+\dfrac{f_y}{E_s\varepsilon_{cu}}} \tag{5-17}$$

为方便使用，部分计算中常用的 ξ_b 值见表 5-5。

表 5-5 界限相对受压区高度 ξ_b 取值

$f_{cu,k}$		≤C50	C60	C70	C80
钢筋级别	HPB300	0.576	0.556	0.537	0.518
	HRB335	0.550	0.531	0.512	0.493
	HRB400、HRBF400、RRB400	0.518	0.499	0.481	0.463
	HRB500、HRBF500	0.482	0.464	0.447	0.429

当相对受压区高度 $\xi<\xi_b$ 时，属于适筋破坏或少筋破坏；当相对受压区高度 $\xi>\xi_b$ 时，属于超筋破坏；当 $\xi=\xi_b$ 时，属于界限情况，与此对应的纵向受拉钢筋的配筋率，称为界限配筋率，记作 ρ_b，即为适筋梁的最大配筋率 ρ_{max}，此时考虑截面上力的平衡条件，在式（5-8）中，以 x_b 代替 x，则有

$$\alpha_1 f_c b x_b=f_y A_s$$

故

$$\rho_b=\frac{A_s}{bh_0}=\alpha_1\xi_b\frac{f_c}{f_y} \tag{5-18}$$

这里，x_{cb}、x_b、ρ_b、ξ_b 中的下标 b 表示界限。

为了方便计算，将常用的具有明显屈服强度钢筋配筋的普通钢筋混凝土受弯构件的最大配筋率 ρ_b 列在表 5-6 中。

当构件按最大配筋率配筋时，由式（5-9）可以求出适筋受弯构件所能承受的最大弯矩为

$$M_{u,max}=\alpha_1 f_c b\xi_b h_0\left(h_0-\frac{\xi_b h_0}{2}\right)=\xi_b\left(1-\frac{\xi_b}{2}\right)bh_0^2\alpha_1 f_c=\alpha_{sb}bh_0^2\alpha_1 f_c \tag{5-19}$$

$$\alpha_{sb}=\xi_b\left(1-\frac{\xi_b}{2}\right) \tag{5-20}$$

式中 α_{sb}——截面最大的抵抗矩系数。

表 5-6　受弯构件的截面最大配筋率 ρ_b　　（单位：%）

混凝土的强度等级		C20	C25	C30	C35	C40	C45	C50	C55	C60	C65	C70	C75	C80
钢筋级别	HPB300	2.05	2.54	3.05	3.56	4.07	4.50	4.93	5.25	5.55	5.84	6.07	6.28	6.47
	HRB335	1.76	2.18	2.62	3.07	3.51	3.89	4.24	4.52	4.77	5.01	5.21	5.38	5.55
	HRB400、HRBF400、RRB400	1.38	1.71	2.06	2.40	2.74	3.05	3.32	3.53	3.74	3.92	4.08	4.21	4.34
	HRB500、HRBF500	1.06	1.32	1.58	1.85	2.12	2.34	2.56	2.72	2.87	3.02	3.14	3.23	3.33

对于具有明显屈服强度钢筋配筋的受弯构件，其截面最大的抵抗矩系数见表 5-7。

表 5-7　受弯构件截面最大的抵抗矩系数

混凝土的强度等级		≤C50	C55	C60	C65	C70	C75	C80
钢筋级别	HPB300	0.410	0.406	0.401	0.397	0.393	0.389	0.384
	HRB335	0.399	0.395	0.390	0.386	0.381	0.376	0.371
	HRB400、HRBF400、RRB400	0.384	0.379	0.374	0.370	0.365	0.361	0.356
	HRB500、HRBF500	0.366	0.361	0.356	0.351	0.347	0.342	0.337

由上面的讨论可知，为了防止将构件设计成超筋构件，用 $\xi \leqslant \xi_b$，$\rho \leqslant \rho_b = \rho_{max}$ 或 $\alpha_s \leqslant \alpha_{sb}$ 进行控制，三者是等效的。

5.4.5　最小配筋率

少筋破坏的特点是一裂就坏，所以从理论上讲，纵向受拉钢筋的最小配筋率 ρ_{min} 应是这样确定的：按Ⅲ$_a$ 阶段计算钢筋混凝土受弯构件正截面受弯承载力与按Ⅰ$_a$ 阶段计算的素混凝土受弯构件正截面受弯承载力两者相等。但是考虑到混凝土抗拉强度的离散性，以及收缩等因素的影响，所以实用上的最小配筋率 ρ_{min} 往往是根据传统经验得出的。为了防止梁一裂即坏，适筋梁的配筋率应大于 ρ_{min}。《混凝土结构设计规范》对最小配筋率有如下规定：

1）受弯构件、偏心受拉、轴心受拉构件，其一侧纵向受拉钢筋的配筋率不应小于 0.2% 和 45 $\frac{f_t}{f_y}$（%）中的较大值。

2）卧置于地基上的混凝土板，其受拉钢筋的最小配筋率可适当降低，但不应小于 0.15%。

不同混凝土强度等级及不同钢筋级别的最小配筋率见表 5-8。

表 5-8　受弯构件的最小配筋率　　（单位：%）

混凝土强度等级		C15	C20	C25	C30	C35	C40	C45	C50	C55	C60	C65	C70	C75	C80
钢筋级别	HPB300	0.200	0.200	0.212	0.238	0.262	0.285	0.300	0.315	0.327	0.340	0.348	0.357	0.363	0.370
	HRB335	0.200	0.200	0.200	0.215	0.236	0.257	0.270	0.284	0.294	0.306	0.314	0.321	0.327	0.333
	HRB400、HRBF400、RRB400	0.200	0.200	0.200	0.200	0.200	0.214	0.225	0.236	0.245	0.255	0.261	0.268	0.273	0.278
	HRB500、HRBF500	0.200	0.200	0.200	0.200	0.200	0.200	0.200	0.200	0.203	0.211	0.216	0.221	0.226	0.230

5.5 单筋矩形截面受弯构件的正截面受弯承载力计算

矩形截面通常分为单筋矩形截面和双筋矩形截面两种形式。只在截面的受拉区配有纵向受力钢筋的矩形截面，称为单筋矩形截面（见图 5-15）。在截面的受拉区和受压区均配有纵向受力钢筋的矩形截面，称为双筋矩形截面。需要说明的是，为了构造上的原因（如为了形成钢筋骨架），梁的受压区通常也需要配置纵向钢筋，这种纵向钢筋称为架立钢筋。架立钢筋与受力钢筋的区别是：架立钢筋是根据构造要求设置，通常直径较细、根数较少；受力钢筋则是根据受力要求按计算设置，通常直径较粗、根数较多。受压区配有架立钢筋的截面，不属于双筋截面。

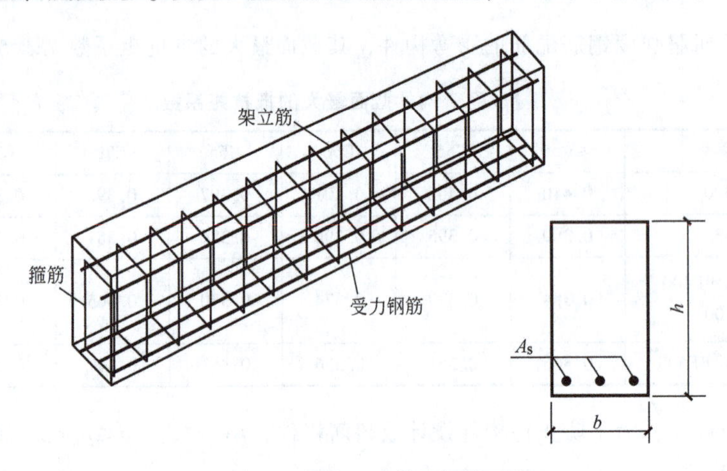

图 5-15 单筋矩形截面梁的配筋

5.5.1 基本公式及适用条件

1. 基本公式

单筋矩形截面受弯构件的正截面受弯承载力计算简图如图 5-16 所示。

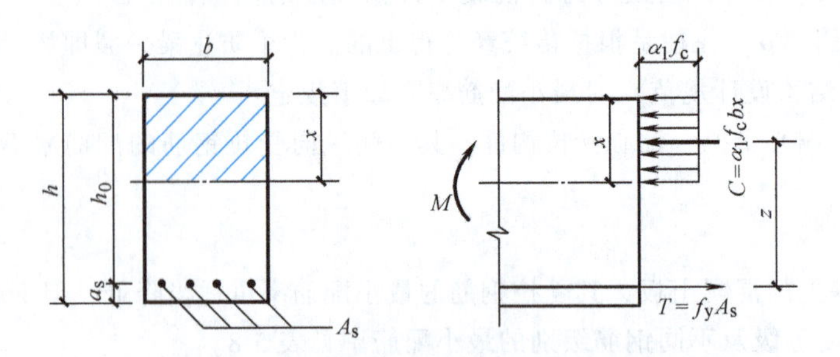

图 5-16 单筋矩形截面受弯构件正截面受弯承载力计算简图

由力的平衡条件，得

$$\alpha_1 f_c bx = f_y A_s \tag{5-21}$$

由力矩平衡条件，得

$$M \leqslant f_y A_s \left(h_0 - \frac{x}{2}\right) \tag{5-22}$$

或

$$M \leqslant \alpha_1 f_c bx \left(h_0 - \frac{x}{2}\right) \tag{5-23}$$

2. 适用条件

基本公式是根据适筋梁的受力情况得出的，因此为了避免超筋梁和少筋梁的出现，在应用基本公式时必须符合适筋梁的配筋率界限，即必须满足下列适用条件：

1）为防止超筋破坏，应满足

$$\xi \leqslant \xi_b \tag{5-24a}$$

或

$$\rho \leqslant \rho_b = \alpha_1 \xi_b \frac{f_c}{f_y} \tag{5-24b}$$

或

$$x \leqslant \xi_b h_0 \tag{5-24c}$$

2）为防止少筋破坏，应满足

$$\rho \geqslant \rho_{min} h/h_0 \tag{5-25}$$

采用 $\rho_{min}h/h_0$，是由于配筋率 ρ 是以 bh_0 为基准，而最小配筋率 ρ_{min} 是以 bh 为基准的。

适用条件 1）是为了防止超筋破坏，因此单筋矩形截面的最大受弯承载力

$$M_{u,max} = \alpha_1 f_c bh_0^2 \xi_b (1-0.5\xi_b) \tag{5-26}$$

式（5-24a）和式（5-24b）代表同一含义，只是从不同的角度表达而已。只有满足式（5-25）及式（5-24a）或式（5-24b），才能保证构件破坏时纵向受力钢筋首先屈服。

由式（5-22）及式（5-23）可知，当弯矩设计值 M 确定以后，就可以设计出不同截面尺寸的梁。当配筋率 ρ 取得小些，梁截面就要大些；当 ρ 大些，梁截面就可小些。为了保证总造价低廉，必须根据钢材、水泥、砂石等材料价格及施工费用（包括模板费用）确定出不同 ρ 值时的造价，从中可以得出一个理论上最经济的配筋率。但根据我国生产实践经验，当 ρ 波动在最经济配筋率附近时，对总造价的影响较小。因此，没有必要去求得理论上最经济的配筋率。

按照我国经验，钢筋混凝土板的经济配筋率为 0.3%~0.8%；单筋矩形梁的经济配筋率为 0.6%~1.5%。

5.5.2 截面承载力计算的两类问题

在受弯构件设计中，通常会遇见下列两类问题：一类是截面选择问题，即假定构件的截面尺寸、混凝土的强度等级、钢筋的强度等级及构件上作用的荷载或截面上的内力等都是已知的，或某种因素虽然暂时未知，但可根据实际情况和设计经验假定，要求计算受拉区纵向受力钢筋所需的面积，并且根据构造要求，选择钢筋的根数和直径。另一类是承载能力校核问题，即构件的尺寸、混凝土的强度等级、钢筋的级别、数量和配筋方式等都已确定，要求计算截面是否能够承受某一已知的荷载或内力设计值。

1. 截面设计

截面设计时，应令正截面弯矩设计值 M 与截面受弯承载力设计值 M_u 相等，即 $M=M_u$。常遇到下列情形：已知 M、混凝土强度等级及钢筋强度等级、构件截面尺寸 b 及 h，求所需的受拉钢筋截面面积 A_s。

这时，根据环境类别及混凝土强度等级，由附录 1 附表 1-18 查得混凝土保护层最小厚度，再假定 a_s，得 h_0，并按混凝土强度等级确定 α_1，解二次联立方程式，然后验算适用条件 1)，即要求满足 $\xi \leqslant \xi_b$。若 $\xi > \xi_b$，需加大截面，或提高混凝土强度等级，或改用双筋矩形截面。若 $\xi \leqslant \xi_b$，则计算继续进行，按所求得的 A_s 选择钢筋。所选用的钢筋截面面积与计算所得 A_s 值，两者相差 ±5%，并检查实际的值与假定的 a_s 是否大致相符，如果相差太大，则需重新计算。最后应该以实际采用的钢筋截面面积来验算适用条件 2)，即要求满足 $\rho \geqslant \rho_{min} h/h_0$。如果不满足，则纵向受拉钢筋应按 $\rho_{min} h/h_0$ 配置。

在正截面受弯承载力设计中，钢筋直径、数量和排列等是未知的，因此纵向受拉钢筋合力点

到截面受拉边缘的距离 a_s 往往需要预先估计。当环境类别为一类时（即室内环境）一般取：梁内一层钢筋时，$a_s=35\text{mm}$；梁内两层钢筋时，$a_s=60\sim65\text{mm}$；对于板，$a_s=20\text{mm}$。

【例 5-1】 某矩形截面钢筋混凝土简支梁，计算跨度 $l_0=6.0\text{m}$，板传来的永久荷载及梁的自重标准值为 $g_k=15.6\text{kN/m}$，板传来的楼面活荷载标准值 $q_k=10.7\text{kN/m}$，梁的截面尺寸为 250mm×500mm（见图 5-17），混凝土的强度等级为 C25，钢筋为 HRB400，环境类别为一类，结构安全等级为二级。试求纵向受力钢筋所需面积。

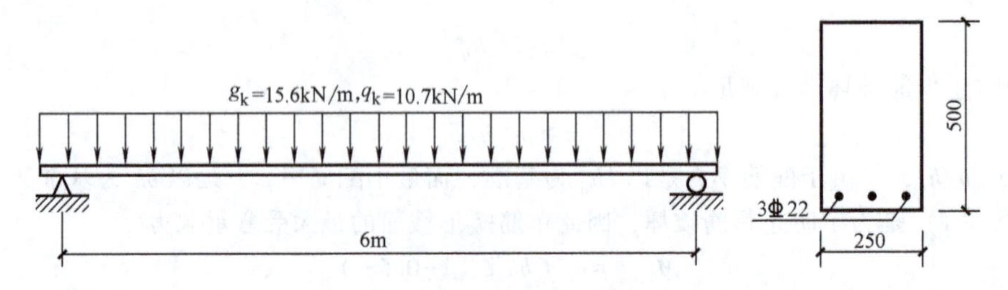

图 5-17 例题 5-1 图

【解】 (1) 求最大弯矩设计值 按可变荷载控制考虑，查表 3-5，永久荷载的分项系数为 1.3，楼面活荷载的分项系数为 1.5，结构的重要性系数为 1.0，因此，梁跨中截面的最大弯矩设计值为

$$
\begin{aligned}
M &= \gamma_0(\gamma_G M_{Gk}+\gamma_Q M_{Qk}) \\
&= 1.0\times\left(1.3\times\frac{1}{8}\times15.6\times36+1.5\times\frac{1}{8}\times10.7\times36\right)\text{kN}\cdot\text{m} \\
&= 163.485\text{kN}\cdot\text{m}
\end{aligned}
$$

按永久荷载控制考虑，取 $\gamma_G=1.0$，$\gamma_Q=0$，则跨中截面的最大弯矩设计值为

$$
\begin{aligned}
M &= 1.0\times1.0\times\frac{1}{8}\times15.6\times36\text{kN}\cdot\text{m} \\
&= 70.2\text{kN}\cdot\text{m}
\end{aligned}
$$

故梁跨中截面最大弯矩设计值为 $163.485\text{kN}\cdot\text{m}$。

(2) 求所需纵向受力钢筋截面面积 由附表 1-10 得 $f_c=11.9\text{N/mm}^2$，$f_t=1.27\text{N/mm}^2$，$\alpha_1=1.0$，由附录 1 附表 1-3 得 $f_y=360\text{N/mm}^2$。

先假定受力钢筋按一排布置，则 $h_0=500\text{mm}-35\text{mm}=465\text{mm}$

$$\alpha_1 f_c bx=f_y A_s$$

$$M_u=\alpha_1 f_c bx\left(h_0-\frac{x}{2}\right)$$

$$x=h_0\left(1-\sqrt{1-\frac{2M}{\alpha_1 f_c bh_0^2}}\right)$$

$$A_s=\frac{\alpha_1 f_c xb}{f_y}$$

联立求解上述两式，得 $x=133.5\text{mm}$，由表 5-5 查得 $\xi_b=0.518$，相对受压区高度为 $\xi=\dfrac{x}{h_0}=\dfrac{133.5}{465}=0.287<\xi_b$；$A_s=1103\text{mm}$。故选用 3 Φ 22，$A_s=1140\text{mm}^2$。

(3) 验算适用条件 配筋率为 $\rho=\dfrac{A_s}{bh_0}=\dfrac{1140}{250\times465}=0.981\%>\rho_{\min}h/h_0=45\dfrac{f_t}{f_y}h/h_0=45\times\dfrac{1.27}{360}\times\dfrac{500}{465}=$

0.171%，同时 $\rho>0.2\%$，$\xi=0.287<\xi_b$，因此，两项适用条件均能满足。

2. 截面复核

已知：M、b、h、A_s、混凝土强度等级及钢筋强度等级，求 M_u。

先由 $\rho=\dfrac{A_s}{bh_0}$计算 $\xi=\rho\dfrac{f_y}{\alpha_1 f_c}$，如果满足 $\xi<\xi_b$ 及 $\rho\geqslant\rho_{min}h/h_0$ 两个适用条件，则按式（5-22）或式（5-23）求出

$$M_u=f_yA_sh_0(1-0.5\xi)$$

或

$$M_u=\alpha_1 f_c bh_0^2\xi(1-0.5\xi)$$

当 $M_u\geqslant M$ 时，认为截面受弯承载力满足要求，否则为不安全。当 M_u 大于 M 过多时，该截面设计不经济。

若 $\xi>\xi_b$，取 $\xi=\xi_b$，则

$$M_u=\alpha_1 f_c bh_0^2\xi_b(1-0.5\xi_b)$$

【例 5-2】 某一预制钢筋混凝土板，计算跨长 $l_0=2000$mm，板宽 500mm，板厚 80mm，混凝土的强度等级为 C25，受拉区配有 4 根直径为 8mm 的 HPB300 钢筋。当使用荷载及板自重在跨中产生的弯矩最大设计值为 $M=1$kN·m 时，试验算该截面的承载力是否足够？

【解】 （1）求 x　由附表 1-10 得 $f_c=11.9\text{N/mm}^2$，$f_t=1.27\text{N/mm}^2$，$\alpha_1=1.0$，由附表 1-3 得 $f_y=270\text{N/mm}^2$。设箍筋直径为 6mm，则

$h_0=h-c-d_v-d/2=80\text{mm}-15\text{mm}-6\text{mm}-8\text{mm}/2=55\text{mm}$，$A_s=201\text{mm}^2$

受压区计算高度为

$$x=\frac{f_yA_s}{\alpha_1 f_c b}=\frac{270\times201}{1.0\times11.9\times500}\text{mm}=9.121\text{mm}<\xi_b h_0$$
$$=0.576\times55\text{mm}=31.68\text{mm}$$

（2）求 M_u

$$M_u=\alpha_1 f_c bx\left(h_0-\frac{x}{2}\right)=1.0\times11.9\times500\times9.121\times\left(55-\frac{9.121}{2}\right)\text{N}\cdot\text{mm}$$
$$=2737349.1\text{N}\cdot\text{mm}$$

（3）判别　$M_u>M=1000000\text{N}\cdot\text{mm}$，说明截面承载力足够。

5.5.3　正截面受弯承载力的计算系数与计算方法

应用基本公式进行截面设计时，一般需求解二次方程式，计算过程比较麻烦，为了简化计算，可根据基本公式给出一些计算系数，从而使计算过程得到简化。

取计算系数

$$\alpha_s=\frac{M}{\alpha_1 f_c bh_0^2} \tag{5-27}$$

$$\alpha_s=\xi(1-0.5\xi),\quad \gamma_s=1-0.5\xi \tag{5-28}$$

令 $M=M_u$，解联立方程式（5-21）与式（5-22）或式（5-21）与式（5-23），可得

$$\xi=1-\sqrt{1-2\alpha_s} \tag{5-29}$$

$$\gamma_s=\frac{1+\sqrt{1-2\alpha_s}}{2} \tag{5-30}$$

$$\alpha_1 f_c bh_0\xi=f_yA_s \tag{5-31}$$

$$M\leqslant M_u=\alpha_1 f_c\alpha_s bh_0^2=f_yA_s\gamma_s h_0 \tag{5-32}$$

因此，当按式（5-27）求出 α_s 值后，就可由式（5-29）、式（5-30）求得 ξ、γ_s 值，再利用基本公式及适用条件，使正截面受弯承载力的计算得到解决。

γ_s 称为内力矩的力臂系数，α_s 称为截面抵抗矩系数。配筋率 ρ 越大，γ_s 越小，而 α_s 越大。

下面按截面设计及截面复核两种情况，分别说明利用计算系数进行计算的具体步骤。

1. 截面设计

已知弯矩设计值 M、混凝土强度等级和钢筋级别、构件截面尺寸 b 及 h 等，要求确定所需的受拉钢筋截面面积 A_s。主要计算步骤如下：

1）根据材料强度等级查出其强度设计值 f_y、f_c 及系数 α_1。

2）计算截面有效高度 $h_0=h-a_s$。通常假定布置一排钢筋计算 h_0，如果 M 较大，也可假定钢筋布置为两排。

3）按下式计算所需的截面抵抗矩系数 α_s

$$\alpha_s=\frac{M}{\alpha_1 f_c b h_0^2} \tag{5-33}$$

4）将 α_s 值代入式（5-29）或式（5-30）计算相应的 ξ 值或 γ_s 值。如果 $\xi>\xi_b$，则须加大截面高度 h 重新进行计算。当然，加大截面宽度 b 或提高混凝土强度等级也可降低 ξ 值，但效果较差。

5）将 ξ 值或 γ_s 值分别代入式（5-31）或式（5-32）计算所需的钢筋面积 A_s，即

$$A_s=\frac{\alpha_1 f_c b\xi h_0}{f_y} \tag{5-34}$$

或

$$A_s=\frac{M}{f_y\gamma_s h_0} \tag{5-35}$$

6）按 A_s 值选用钢筋直径及根数，并在梁截面内布置，以检验实配钢筋排数是否与原假设相符。

7）检查适筋梁的配筋率 $\rho\geqslant\rho_{min}h/h_0$ 是否满足。

在截面设计过程中，当其他条件已知或已选定后，有时也可按经济配筋率选取 ρ 值，并由此确定 h_0 及 A_s。这时可按下述步骤进行计算：

1）查出其强度设计值 f_y、f_c 及系数 α_1。

2）按所选取的 ρ 值计算相应的 ξ 值

$$\xi=\rho\frac{f_y}{\alpha_1 f_c} \tag{5-36}$$

3）根据 ξ 值由式（5-29）或式（5-30）计算相应的 α_s 值或 γ_s 值。

4）根据式（5-37）或式（5-38）计算截面的有效高度 h_0，并取整。

$$h_0=\sqrt{\frac{M}{\alpha_s b\alpha_1 f_c}} \tag{5-37}$$

$$h_0=\sqrt{\frac{M}{\rho\gamma_s b f_y}} \tag{5-38}$$

5）计算所需的钢筋面积 A_s，即

$$A_s=\rho b h_0 \text{或} A_s=\frac{M}{f_y\gamma_s h_0}$$

6）按 A_s 值选用钢筋直径及根数，并在梁截面内布置，最后由 h_0 值及钢筋排数确定梁的截面

高度 h。

【例 5-3】 已知矩形梁截面尺寸 $b \times h = 250\text{mm} \times 500\text{mm}$；环境类别为一级，弯矩设计值 $M = 148\text{kN} \cdot \text{m}$，混凝土强度等级为 C25，钢筋采用 HRB400。求所需的纵向受拉钢筋截面面积。

【解】 1）由钢筋和混凝土等级，查附表 1-3、附表 1-10 得，$f_y = 360\text{N/mm}^2$，$f_c = 11.9\text{N/mm}^2$，$f_t = 1.27\text{N/mm}^2$，由表 5-4 知 $\alpha_1 = 1.0$，$\beta_1 = 0.8$，由表 5-5 知 $\xi_b = 0.518$。

2）由附表 1-18 知，环境类别为一类，梁的混凝土保护层最小厚度为 20mm，设 $a_s = 35\text{mm}$，则 $h_0 = (500-35)\ \text{mm} = 465\text{mm}$。

3）$\alpha_s = \dfrac{M}{\alpha_1 f_c b h_0^2} = \dfrac{148 \times 10^6}{1.0 \times 11.9 \times 250 \times 465^2} = 0.23$

4）由式（5-29）、式（5-30）得，$\xi = 1 - \sqrt{1 - 2\alpha_s} = 0.265 < \xi_b = 0.518$（满足），则

$$\gamma_s = 0.5 \times (1 + \sqrt{1 - 2\alpha_s}) = 0.867$$

5）$A_s = \dfrac{M}{f_y \gamma_s h_0} = \dfrac{148 \times 10^6}{360 \times 0.867 \times 465}\text{mm}^2 = 1020\text{mm}^2$

6）选用 4 Φ 18，$A_s = 1017\text{mm}^2$，（选用钢筋时应满足有关间距、直径及根数等的构造要求），如图 5-18 所示。

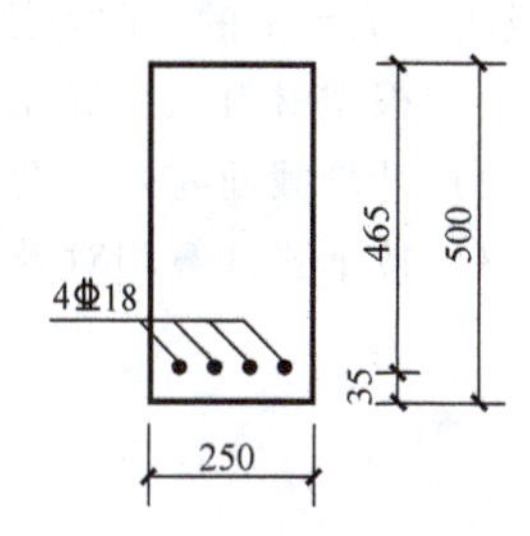

图 5-18　例 5-3 截面配筋

7）验算适用条件：

① $\xi < \xi_b$ 已满足。

② $\rho = \dfrac{1017}{250 \times 465} = 0.748\% > \rho_{min} h/h_0 = 45\dfrac{f_t}{f_y} h/h_0 = 45 \times \dfrac{1.27}{360} \times \dfrac{500}{465} = 0.171\%$，同时 $\rho > 0.2\%$，满足要求。

注意，验算适用条件时，要用实际采用的纵向受拉钢筋截面面积。

【例 5-4】 已知弯矩设计值 $M = 260\text{kN} \cdot \text{m}$，混凝土强度等级为 C60，钢筋为 HRB400，环境类别为一类。求梁截面尺寸 $b \times h$ 及所需的纵向受拉钢筋截面面积 A_s。

【解】 由附表 1-3、附表 1-10 得 $f_y = 360\text{N/mm}^2$，$f_c = 27.5\text{N/mm}^2$，$f_t = 2.04\text{N/mm}^2$。由表 5-4 知 $\alpha_1 = 0.98$，$\beta_1 = 0.78$。假定 $\rho = 0.01$ 及 $b = 250\text{mm}$，则

$$\xi = \rho \frac{f_y}{\alpha_1 f_c} = 0.01 \times \frac{360}{0.98 \times 27.5} = 0.134$$

令 $M = M_u$，则由式 $M = \alpha_1 f_c bx\ (h_0 - 0.5x) = \alpha_1 f_c b h_0^2 \xi\ (1 - 0.5\xi)$，可得

$$h_0 = \sqrt{\frac{M}{\alpha_1 f_c b \xi (1 - 0.5\xi)}}$$

$$= \sqrt{\frac{260 \times 10^6}{0.98 \times 27.5 \times 250 \times 0.134 \times (1 - 0.5 \times 0.134)}}\text{mm} = 556\text{mm}$$

由附表 1-18 知，环境类别为一类，梁的混凝土保护层最小厚度为 20mm，取 $a_s = 35\text{mm}$，$h = h_0 + a_s = (556+35)\ \text{mm} = 591\text{mm}$，实际取 $h = 600\text{mm}$，$h_0 = (600-35)\ \text{mm} = 565\text{mm}$

$$\alpha_s = \frac{M}{\alpha_1 f_c b h_0^2} = \frac{260 \times 10^6}{0.98 \times 27.5 \times 250 \times 565^2} = 0.121$$

$$\xi = 1 - \sqrt{1 - 2\alpha_s} = 0.129$$

$$\gamma_s = 0.5 \times (1 + \sqrt{1 - 2\alpha_s}) = 0.935$$

$$A_s=\frac{M}{f_y\gamma_s h_0}=\frac{260\times10^6}{360\times0.935\times565}\text{mm}^2=1367\text{mm}^2$$

选配 3 ⌀ 25，$A_s=1473\text{mm}^2$，如图 5-19 所示。

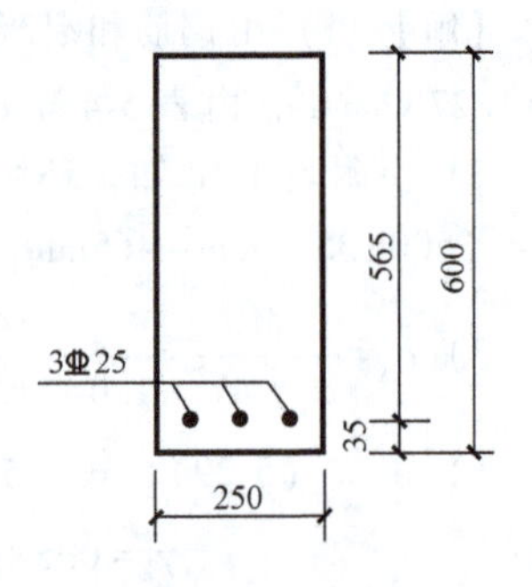

图 5-19　例 5-4 梁截面配筋

验算适用条件：

1）查表 5-6 知 $\xi_b=0.499$，故 $\xi_b=0.499>\xi=0.129$，满足要求。

2）$\rho=\frac{1473}{250\times565}=1.04\%>\rho_{\min}h/h_0=45\frac{f_t}{f_y}h/h_0=45\times\frac{2.04}{360}\times\frac{600}{565}=$ 0.271%，且 ρ 值大于 0.2%，满足要求。

2. 截面复核

已知材料强度等级、构件截面尺寸及纵向受拉钢筋面积 A_s，求该截面所能承担的极限弯矩 M_u。主要计算步骤如下：

1）根据材料强度等级查出其强度设计值 f_y、f_c 及系数 α_1。

2）计算截面有效高度 $h_0=h-a_s$。

3）按下式计算相对受压区高度 ξ

$$\xi=\rho\frac{f_y}{\alpha_1 f_c}$$

4）校核 $\rho=\frac{A_s}{bh_0}>\rho_{\min}h/h_0=45\frac{f_t}{f_y}\frac{h}{h_0}$，同时 ρ 值也大于 0.2%；$\xi=\rho\frac{f_y}{\alpha_1 f_c}<\xi_b$。

5）按求得的 ξ 值计算相应的 α_s 值或 γ_s 值。

6）按下式计算截面所能负担的极限弯矩 M_u

$$M_u=f_yA_sh_0\gamma_s$$

或

$$M_u=\alpha_1 f_c\alpha_s bh_0^2$$

【例 5-5】 已知梁的截面尺寸为 $b\times h=250\text{mm}\times500\text{mm}$；纵向受拉钢筋为 4 根直径为 18mm 的 HRB400 钢筋，$A_s=1017\text{mm}^2$；混凝土强度等级为 C40；承受的弯矩 $M=106\text{kN}\cdot\text{m}$；环境类别为一类。验算此梁截面是否安全。

【解】 由附表 1-3，附表 1-10 知，$f_y=360\text{N/mm}^2$，$f_c=19.1\text{N/mm}^2$，$f_t=1.71\text{N/mm}^2$。由附表 1-18 知，环境类别为一类的混凝土保护层最小厚度为 20mm，故取 $a_s=35\text{mm}$，$h_0=(500-35)\text{mm}=465\text{mm}$。

$\rho=\frac{A_s}{bh_0}=\frac{1017}{250\times465}=0.875\%>\rho_{\min}h/h_0=45\frac{f_t}{f_y}h/h_0=45\times\frac{1.71}{360}\times\frac{500}{465}=0.171\%$，同时 ρ 值也大于 0.2%。

则 $\xi=\rho\frac{f_y}{\alpha_1 f_c}=0.00875\times\frac{360}{1.0\times19.1}=0.165<\xi_b=0.518$（满足适用条件）

$\alpha_s=\xi(1-0.5\xi)=0.165\times(1-0.5\times0.165)=0.151$

$M_u=\alpha_1 f_c bh_0^2\xi(1-0.5\xi)=1.0\times19.1\times250\times465^2\times0.151\text{N}\cdot\text{mm}$
$=155.904\text{kN}\cdot\text{m}>M=106\text{kN}\cdot\text{m}$（安全）

5.5.4　计算程序框图

单筋矩形截面受弯构件的截面设计和承载力校核可以用图 5-20 的计算程序框图表示，按照这个框图编写相应的计算程序，从而使计算工作大大简化。

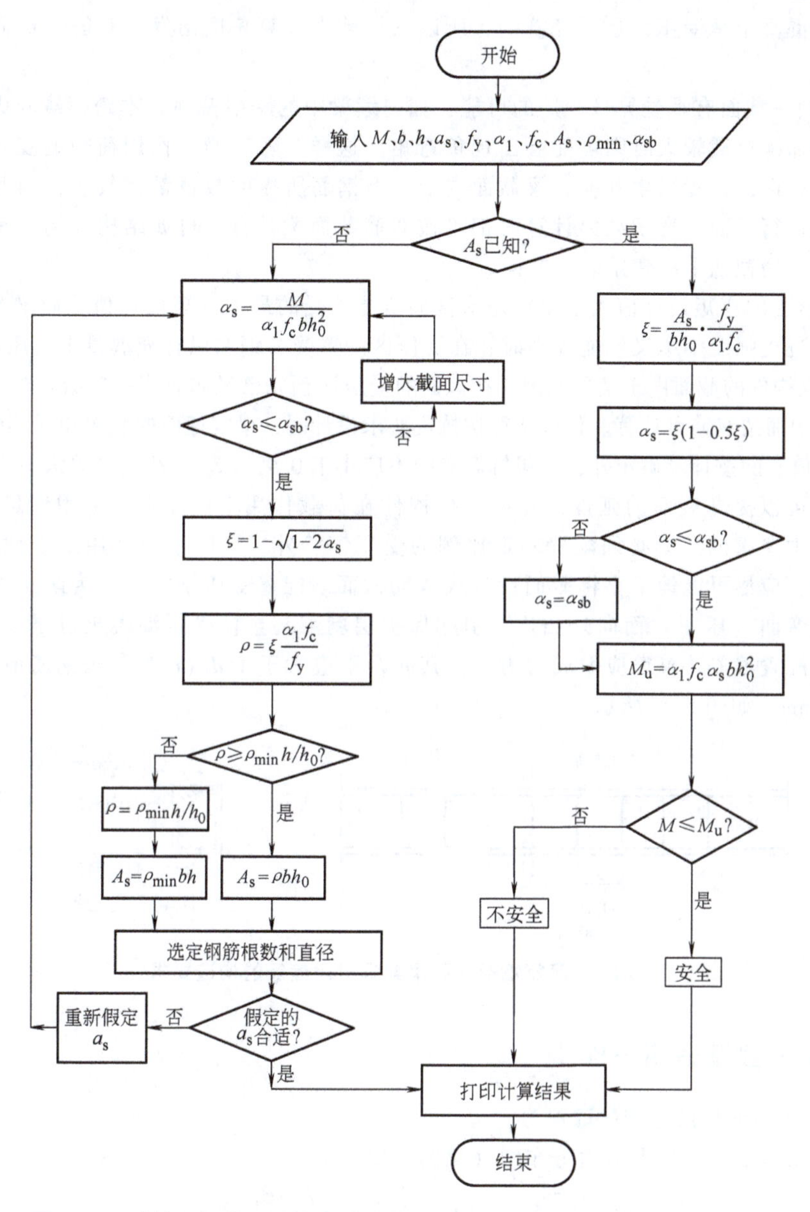

图 5-20　单筋矩形截面受弯构件的截面设计和承载力校核的计算程序框图

5.6　双筋矩形截面受弯构件的正截面受弯承载力计算

5.6.1　概述

单筋矩形截面梁通常是在正截面的受拉区配置纵向受拉钢筋，在受压区配置纵向架立筋，再用箍筋把它们一起绑扎成钢筋骨架。其中，受压区的纵向架立钢筋虽然受压，但对正截面受弯承载力的贡献很小，所以只在构造上起架立钢筋的作用，在计算中是不考虑的。如果在受压区配置的纵向受压钢筋数量比较多，不仅起架立钢筋的作用，而且在正截面受弯承载力的计算中必须考虑这种钢筋的受压作用，则这样配筋的截面称为双筋截面。然而在正截面受弯构件中，采用纵向受压钢筋协助混凝土承受压力是不经济的，所以从承载力计算角度出发，双筋矩形截面只适用于以下情况：

1）梁的同一截面有承受异号弯矩的可能，如连续梁中的跨中截面，本跨荷载较大时则发生正弯矩，而当相邻跨荷载较大时则可能会出现负弯矩。这样，随着梁上作用荷载的变化，梁跨中截面受拉区与受压区的位置发生互换，梁截面内上、下钢筋所需的数量都比较多，因此在对正弯矩或负弯矩分别进行截面受弯承载力计算时都可按双筋截面梁计算。再如结构或构件承受地震等交变荷载的作用，使截面上的弯矩改变方向。

2）截面承受的弯矩设计值大于单筋矩形截面所能承受的最大弯矩设计值，而梁截面尺寸增加受到限制，混凝土强度等级又不能提高时，在受压区配置受力钢筋以补充混凝土受压能力的不足。

3）结构或构件的截面由于某种原因，在截面的受压区预先已经布置了一定数量的受力钢筋，宜考虑其受压作用而按双筋梁计算。如框架梁按抗震要求设计时，梁端截面的底部和顶部纵向受力钢筋截面面积的比值，除按计算确定外，一级抗震等级不应小于0.5，二、三级抗震等级不应小于0.3。

受压钢筋可以提高截面的延性，并可减少构件在荷载作用下的变形，但用钢量较大。因此，除在抗震结构中要求框架梁必须配置一定比例的受压钢筋外，一般来说采用双筋截面不经济的。为了节约钢材，应尽可能地不要将截面设计成双筋截面。配置受压钢筋后，为防止纵向受压钢筋可能发生纵向弯曲（压屈）而向外凸出，引起保护层剥落甚至使受压混凝土过早发生脆性破坏，应按规范规定配置箍筋。箍筋应做成封闭式，其间距不应大于 $15d$（d 为受压钢筋最小直径），并不应大于400mm，如图5-21所示。

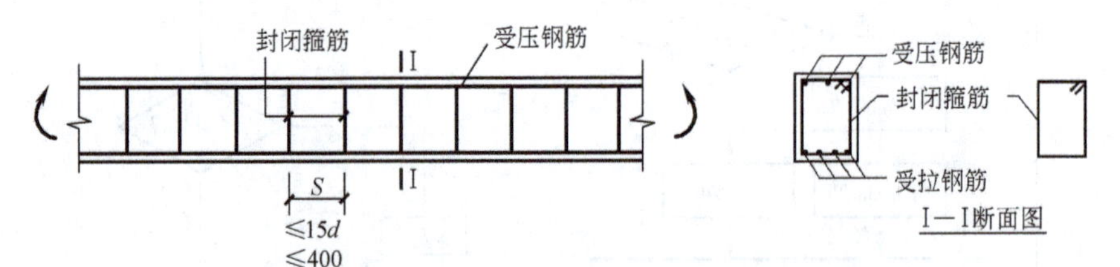

图 5-21 双筋矩形截面梁配置封闭箍筋的构造要求

5.6.2 基本公式及适用条件

1. 纵向受压钢筋抗压强度的取值为 f_y'

根据双筋梁截面的应变及应力分布图（见图5-22）有

$$\varepsilon_s' = \frac{x_c - a_s'}{x_c}\varepsilon_{cu} = \left(1 - \frac{a_s'}{x/\beta_1}\right)\varepsilon_{cu} = \left(1 - \frac{\beta_1 a_s'}{x}\right)\varepsilon_{cu} \tag{5-39}$$

若取 $x = 2a_s'$，则由平截面假定可得受压钢筋的压应变值

$$\varepsilon_s' = \left(1 - \frac{a_s'\beta_1}{2a_s'}\right)\varepsilon_{cu} = (1 - 0.5\beta_1)\varepsilon_{cu}$$

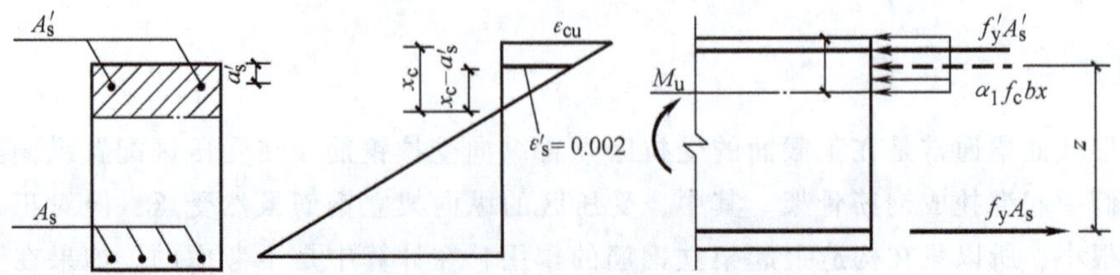

图 5-22 双筋梁截面的应变及应力分布

当取 $\varepsilon_{cu}=0.0033$，$\beta_1=0.8$，得 $\varepsilon_s'=0.0020$。

相应钢筋应力 $\sigma_s'=E_s\varepsilon_s'=(2.0\sim2.1)\times10^5\times0.0020\text{N/mm}^2=400\sim420\text{N/mm}^2$；

由于构件混凝土受到箍筋的约束，实际极限压应变大，其相应的压应力 σ_s' 已达到抗压强度设计值 f_y'，故纵向受压钢筋的抗压强度采用 f_y' 的先决条件是

$$x\geqslant 2a_s' \text{或} z\leqslant h_0-a_s' \tag{5-40}$$

其含义为受压钢筋位置不低于矩形受压应力图形的重心。当不满足式（5-40）时，则表明受压钢筋的位置离中和轴太近，受压钢筋的应变 ε_s' 太小，以致其应力达不到抗压强度设计值 f_y'。

2. 基本公式及适用条件

双筋矩形截面受弯构件正截面受弯的截面计算图形如图 5-23a 所示。

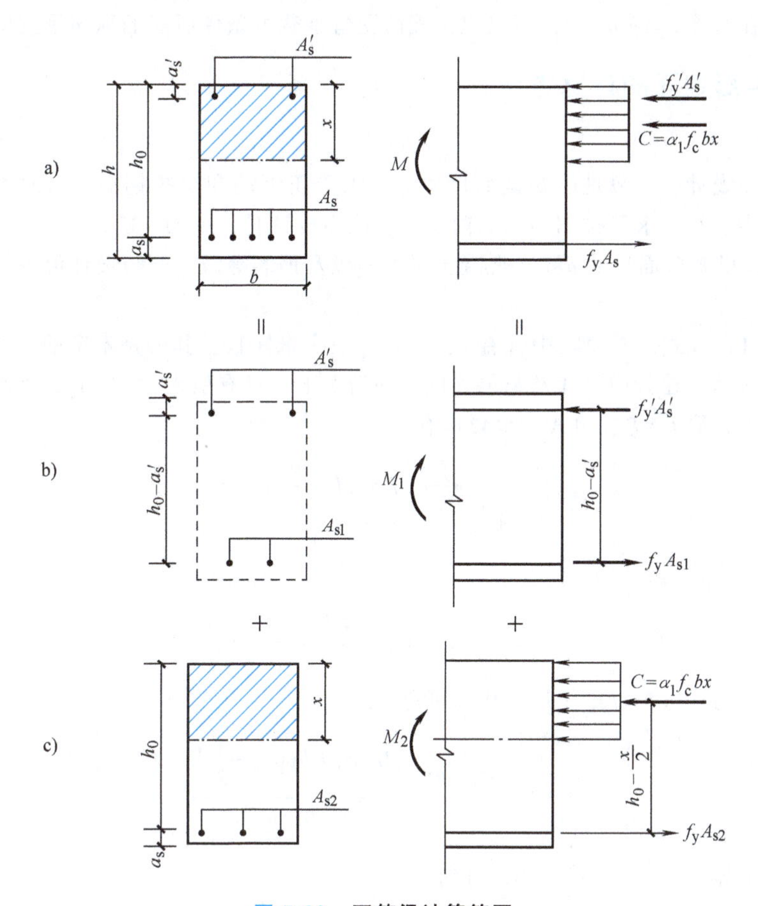

图 5-23　双筋梁计算简图

由力的平衡条件可得

$$\alpha_1 f_c bx+f_y'A_s'=f_yA_s \tag{5-41}$$

由对受拉钢筋合力点取矩的力矩平衡条件，可得

$$M=M_1+M_2\leqslant\alpha_1 f_c bx\left(h_0-\frac{x}{2}\right)+f_y'A_s'(h_0-a_s') \tag{5-42}$$

应用以上两式时，必须满足下列适用条件

$$x\leqslant\xi_b h_0 \tag{5-43}$$

$$x\geqslant 2a_s' \tag{5-44}$$

对于双筋截面，一般不需验算受拉钢筋是否大于最小配筋率的条件，因为双筋截面中的纵向

受拉钢筋面积通常较多，一般都能够满足最小配筋率要求。

满足式（5-43），可防止受压区混凝土在受拉区纵向受力钢筋屈服前压碎。满足式（5-44），可防止受压区纵向受力钢筋在构件破坏时达不到抗压强度设计值。因为当 $x<2a'_s$ 时，受压钢筋的应变 ε'_s 很小，受压钢筋不可能屈服。当不满足式（5-44）时，受压钢筋的应力达不到 f'_y 而成为未知数，这时可近似地取 $x=2a'_s$，并将各力对受压钢筋的合力作用点取矩得

$$M=f_yA_s(h_0-a'_s) \tag{5-45}$$

用式（5-45）可以直接确定纵向受拉钢筋的截面面积 A_s，这样有可能使求得的 A_s 比不考虑受压的存在而按单筋矩形截面计算的 A_s 还小，这时应按单筋截面的计算结果配筋。

若由构造要求或按正常使用极限状态计算要求配置的纵向受拉钢筋截面面积大于正截面受弯承载力要求，则在验算 $x\leqslant\xi_bh_0$ 时，可仅取正截面受弯承载力条件所需的纵向受拉钢筋面积。

5.6.3 双筋矩形截面的计算方法

1. 截面设计

双筋梁的截面设计，一般是已知截面尺寸等，求受压钢筋和受拉钢筋。有时因构造要求，受压钢筋截面面积为已知，求受拉钢筋。如前所述，截面设计时，令 $M=M_u$。

（1）情况1　已知截面尺寸 $b\times h$，混凝土强度等级及钢筋等级，弯矩设计值 M，求受压钢筋 A'_s 和受拉钢筋 A_s。

由于式（5-41）及式（5-42）中含有 x、A'_s、A_s 三个未知数，其解是不定的，故尚需补充一个条件才能求解。显然，在截面尺寸及材料强度已知情况下，只有引入（A'_s+A_s）之和最小为其最优解。在一般情况下，取 $f_y=f'_y$，由式（5-42）有

$$A'_s=\frac{M-\alpha_1f_cbx\left(h_0-\dfrac{x}{2}\right)}{f'_y(h_0-a'_s)} \tag{5-46}$$

由式（5-41），令 $f_y=f'_y$，可得

$$A_s=A'_s+\frac{\alpha_1f_cbx}{f_y} \tag{5-47}$$

由式（5-46）与式（5-47）相加，化简可得

$$A_s+A'_s=\frac{\alpha_1f_cbx}{f_y}+2\frac{M-\alpha_1f_cbx\left(h_0-\dfrac{x}{2}\right)}{f'_y(h_0-a'_s)}$$

将上式对 x 求导，令 $\dfrac{\mathrm{d}(A_s+A'_s)}{\mathrm{d}x}=0$，得到

$$\frac{x}{h_0}=\xi=\frac{1}{2}\left(1+\frac{a'_s}{h_0}\right) \tag{5-48}$$

为满足适用条件，当 $\xi>\xi_b$ 时应取 $\xi=\xi_b$；对于 HRB335、HRB400、HRBF400、RRB400 钢筋及常用的 a'_s/h_0 值的情况下，当 $\xi=0.5(1+a'_s/h_0)\geqslant\xi_b$，实用上可直接取 $\xi=\xi_b$。对于 HPB300 钢筋，在混凝土强度等级小于 C50 时，可取 $\xi=0.576$ 计算。此时，若仍取 $\xi=\xi_b$，则钢筋用量略有增加。

当取 $\xi=\xi_b$ 时，令 $M=M_u$，由式（5-46）得

$$A'_s=\frac{M-\alpha_1f_cbx_b\left(h_0-\dfrac{x_b}{2}\right)}{f'_y(h_0-a'_s)}=\frac{M-\alpha_1f_cbh_0^2\xi_b(1-0.5\xi_b)}{f'_y(h_0-a'_s)} \tag{5-49}$$

由式（5-41）可得

$$A_s = A_s'\frac{f_y'}{f_y} + \xi_b\frac{\alpha_1 f_c bh_0}{f_y} \tag{5-50}$$

式（5-50）中取 $f_y' \neq f_y$，求得通式（在工程实践中一般多为 $f_y' = f_y$）。

综上所述，情况1的设计计算步骤为：

1）根据材料强度等级查出其强度设计值 f_y、f_c 及系数 α_1。

2）计算截面有效高度 $h_0 = h - a_s$，通常假定布置两排钢筋计算 h_0。

3）计算 $\alpha_s = \dfrac{M}{\alpha_1 f_c bh_0^2}$，$\xi = 1-\sqrt{1-2\alpha_s}$。若 $\xi<\xi_b$，按单筋矩形截面梁进行设计；若 $\xi>\xi_b$，就说明如果设计成单筋矩形截面，将会出现 $x>\xi_b h_0$ 的超筋情况。若不能加大截面尺寸，又不能提高混凝土强度等级，则应设计成双筋矩形截面。

4）按双筋矩形截面设计，令 $\xi = \xi_b$，计算出 $M_2 = \alpha_1 f_c bh_0^2\xi_b(1-0.5\xi_b)$，$A_{s2} = \dfrac{\alpha_1 f_c b\xi_b h_0}{f_y}$。

5）计算受压钢筋截面面积 $A_s' = \dfrac{M-M_2}{f_y'(h_0-a_s')} = \dfrac{M-\alpha_1 f_c b\xi_b h_0^2(1-0.5\xi_b)}{f_y'(h_0-a_s')}$。

6）计算受拉钢筋截面面积 $A_s = A_s'\dfrac{f_y'}{f_y} + \xi_b\dfrac{\alpha_1 f_c bh_0}{f_y}$。

7）按 A_s、A_s' 值选用钢筋直径及根数，并在梁截面内布置，以检验实配钢筋排数是否与原假设相符。

【例5-6】 已知梁的截面尺寸为 $b\times h = 250\text{mm}\times500\text{mm}$，混凝土强度等级为C40，钢筋采用HRB400，截面弯矩设计值 $M = 400\text{kN}\cdot\text{m}$。环境类别为一类。求所需受压和受拉钢筋截面面积 A_s、A_s'。

【解】 查附表1-3、附表1-10得，$f_y = f_y' = 360\text{N/mm}^2$，$f_c = 19.1\text{N/mm}^2$，$\alpha_1 = 1.0$，$\beta_1 = 0.8$。假定受拉钢筋布置两排，设 $a_s = 60\text{mm}$，则 $h_0 = h - a_s = (500-60)\text{mm} = 440\text{mm}$

$$\alpha_s = \frac{M}{\alpha_1 f_c bh_0^2} = \frac{400\times10^6}{1\times19.1\times250\times440^2} = 0.433$$

$$\xi = 1-\sqrt{1-2\alpha_s} = 0.634 > \xi_b = 0.518$$

这就说明，如果设计成单筋矩形截面，将会出现 $x>\xi_b h_0$ 的超筋情况。假设不加大截面尺寸，又不提高混凝土强度等级，按双筋矩形截面进行设计。

取 $\xi = \xi_b$，则

$$M_2 = \alpha_1 f_c bh_0^2\xi_b(1-0.5\xi_b)$$

$$= 1.0\times19.1\times250\times440^2\times0.518\times(1-0.5\times0.518)\text{N}\cdot\text{mm} = 354.84\text{kN}\cdot\text{m}$$

$$A_s' = \frac{M-M_2}{f_y'(h_0-a_s')} = \frac{400\times10^6-354.84\times10^6}{360\times(440-35)}\text{mm}^2 = 309.7\text{mm}^2$$

由式（5-50）得

$$A_s = \xi_b\frac{\alpha_1 f_c bh_0}{f_y} + A_s'\frac{f_y'}{f_y}$$

$$= 0.518\times\frac{1.0\times19.1\times250\times440}{360}\text{mm}^2 + 309.7\times\frac{360}{360}\text{mm}^2 = 3333\text{mm}^2$$

受拉钢筋选用7⏀25的钢筋，$A_s = 3436\text{mm}^2$。受压钢筋选用2⏀14的钢筋，$A_s' = 308\text{mm}^2$。

（2）情况2 已知截面尺寸 $b\times h$、混凝土强度等级、钢筋等级、弯矩设计值 M 及受压钢筋 A_s'，求受拉钢筋 A_s。

由于 A_s' 已知，所以只有充分利用 A_s' 才能使内力臂最大，从而算出的 A_s 才会最小。在式（5-41）及式（5-42）中，仅 x 及 A_s 为未知数，故可直接联立求解。如图 5-23 所示，将 M 分解为两部分，即

$$M=M_1+M_2 \tag{5-51}$$

其中

$$M_1=f_y'A_s'(h_0-a_s') \tag{5-52}$$

$$M_2=M-M_1=\alpha_1 f_c bx\left(h_0-\frac{x}{2}\right) \tag{5-53}$$

显然，M_2 相当于单筋矩形截面梁，可直接用式（5-53）求出 x；当 $x\leqslant\xi_b h_0$ 时，由式（5-22）或式（5-23）求出 A_{s2}。

$$A_{s2}=\frac{\alpha_1 f_c bx}{f_y}=\frac{M_2}{f_y\left(h_0-\dfrac{x}{2}\right)} \tag{5-54}$$

而

$$A_{s1}=\frac{f_y'}{f_y}A_s'$$

最后可得

$$A_s=A_{s1}+A_{s2}=\frac{f_y'}{f_y}A_s'+\frac{\alpha_1 f_c bx}{f_y} \tag{5-55}$$

在求 A_{s2} 时，注意 $\xi>\xi_b$ 或 $x<2a_s'$情况：

1）若 $\xi>\xi_b$，表明原有的 A_s' 不足，可按 A_s' 未知的情况 1 计算。

2）若求得的 $x<2a_s'$ 时，即表明 A_s' 不能到达其抗压强度设计值，因此，基本公式中 $\sigma_s'\neq f_y'$，故需要求出 σ_s'。但这样计算比较烦琐，通常可近似认为此时内力臂为（h_0-a_s'），即假设混凝土压应力合力 C 也作用在受压钢筋合力点处，这样对内力臂计算的误差较小的，因而对求解 A_s 的误差也很小，即

$$A_s=\frac{M}{f_y(h_0-a_s')} \tag{5-56}$$

综上所述，情况 2 的设计计算步骤为：

1）根据材料强度等级查出其强度设计值 f_y、f_c 及系数 α_1。

2）计算截面有效高度 $h_0=h-a_s$，通常假定布置两排钢筋计算 h_0。

3）计算 $M_1=f_y'A_s'(h_0-a_s')$，$M_2=M-M_1$。

4）计算 $\alpha_s=\dfrac{M_2}{\alpha_1 f_c bh_0^2}$，$\xi=1-\sqrt{1-2\alpha_s}$，$x=\xi h_0$。

5）若 $\xi_b h_0\geqslant x\geqslant 2a_s'$，则 $A_s=A_s'\dfrac{f_y'}{f_y}+\dfrac{\alpha_1 f_c bx}{f_y}$；若 $x<2a_s'$，则 $A_s=\dfrac{M}{f_y(h_0-a_s')}$；若 $x>\xi_b h_0$ 时，则说明给定的受压钢筋面积 A_s' 太少，按情况 1 进行设计计算。

6）按 A_s、A_s' 值选用钢筋直径及根数，并在梁截面内布置，以检验实配钢筋排数是否与原假设相符。

【例 5-7】 已知条件同［例 5-6］，但在受压区已配置 3 ⌀ 18 钢筋，$A_s'=763\text{mm}^2$。求受拉钢筋 A_s。

【解】 $M_1=f_y'A_s'(h_0-a_s')=360\times763\times(440-35)\text{N}\cdot\text{mm}=111.2\times10^6\text{N}\cdot\text{mm}$

则 $M_2=M-M_1=(400\times10^6-111.2\times10^6)\text{N}\cdot\text{mm}=288.8\times10^6\text{N}\cdot\text{mm}$

已知 M_2 后，就按单筋矩形截面求 A_{s2}。设 $a_s=60\text{mm}$，$h_0=(500-60)\text{mm}=440\text{mm}$。

$$\alpha_s=\frac{M_2}{\alpha_1 f_c bh_0^2}=\frac{288.8\times10^6}{1.0\times19.1\times250\times440^2}=0.312$$

$\xi=1-\sqrt{1-2\alpha_s}=1-\sqrt{1-2\times0.312}=0.387<\xi_b=0.518$（满足要求）

$x=\xi h_0=0.387\times440\text{mm}=170.3\text{mm}>2a_s'=70\text{mm}$（满足要求）

$\gamma_s = 0.5(1+\sqrt{1-2\alpha_s}) = 0.5\times(1+\sqrt{1-2\times0.312}) = 0.807$

$$A_{s2} = \frac{M_2}{f_y\gamma_s h_0} = \frac{288.8\times10^6}{360\times0.807\times440}\text{mm}^2 = 2259\text{mm}^2$$

最后得 $A_s = A_{s2}+A_{s1} = (2259+763)\text{mm}^2 = 3022\text{mm}^2$。选用 8 Φ 22 的钢筋，$A_s = 3041\text{mm}^2$。

2. 截面复核

已知截面尺寸 $b\times h$，混凝土强度等级及钢筋等级；受拉钢筋 A_s 及受压钢筋 A'_s。求正截面受弯承载力 M_u。

由式（5-41）求 x，$x = \dfrac{f_y A_s - f'_y A'_s}{\alpha_1 f_c b}$

1）若 $\xi_b h_0 \geq x \geq 2a'_s$，利用式 $M_u = \alpha_1 f_c bx\left(h_0 - \dfrac{x}{2}\right) + f'_y A'_s(h_0 - a'_s)$ 求 M_u。

2）若 $x<2a'_s$，利用式 $M_u = f_y A_s(h_0 - a'_s)$ 求 M_u。

3）若 $x>\xi_b h_0$，取 $x=\xi_b h_0$ 利用下式求 M_u，这时说明双筋梁的破坏始自受压区。

$$\begin{aligned} M_u &= \alpha_1 f_c b\xi_b h_0\left(h_0 - \frac{\xi_b h_0}{2}\right) + f'_y A'_s(h_0 - a'_s) \\ &= f'_y A'_s(h_0 - a'_s) + \alpha_{sb} b h_0^2 \alpha_1 f_c \end{aligned}$$

M_u 求出后，将 M_u 与截面的弯矩设计值 M 相比较，如果 $M\leq M_u$，则截面承载力足够，截面工作可靠；反之，如果 $M>M_u$，则截面承载力不足，可采用加大截面尺寸或选用强度等级更高的混凝土和钢筋等措施来解决。

【例 5-8】 已知混凝土强度等级为 C30；钢筋采用 HRB400；环境类别为二 a 类，梁截面尺寸为 200mm×400mm；受拉钢筋为 3 Φ 22 的钢筋，$A_s = 1140\text{mm}^2$；受压钢筋为 2 Φ 14 的钢筋，$A'_s = 308\text{mm}^2$；要求承受的弯矩设计值 $M = 85\text{kN}\cdot\text{m}$。验算此截面是否安全。

【解】 由附表 1-3、附表 1-10 可知，$f_y = f'_y = 360\text{N/mm}^2$，$f_c = 14.3\text{N/mm}^2$。由附表 1-18 知，混凝土保护层最小厚度为 25mm，采用直径 8mm 箍筋，故 $a_s = (25+8+22/2)\text{mm} = 44\text{mm}$，$h_0 = (400-44)\text{mm} = 356\text{mm}$。

由式 $\alpha_1 f_c bx + f'_y A'_s = f_y A_s$ 得

$$\begin{aligned} x &= \frac{f_y A_s - f'_y A'_s}{\alpha_1 f_c b} = \frac{360\times1140 - 360\times308}{1.0\times14.3\times200}\text{mm} \\ &= 105\text{mm} < \xi_b h_0 = 0.518\times356\text{mm} = 184.4\text{mm} \\ x &> 2a'_s = 2\times\left(25+8+\frac{14}{2}\right)\text{mm} = 80\text{mm} \end{aligned}$$

代入式（5-42），有

$$\begin{aligned} M_u &= \alpha_1 f_c bx\left(h_0 - \frac{x}{2}\right) + f'_y A'_s(h_0 - a'_s) \\ &= 1.0\times14.3\times200\times105\times\left(356 - \frac{105}{2}\right)\text{N}\cdot\text{mm} + 360\times308\times(356-40)\text{N}\cdot\text{mm} \\ &= 126.18\times10^6\text{N}\cdot\text{mm} > 85\times10^6\text{N}\cdot\text{mm}(\text{安全}) \end{aligned}$$

【例 5-9】 已知混凝土强度等级为 C30；钢筋采用 HRB400；环境类别为一类，梁截面尺寸为 200mm×400mm；采用对称配筋，受拉钢筋、受压钢筋均为 2 Φ 20 的钢筋，$A_s = 628\text{mm}^2$。计算此梁所能承受的极限弯矩。

【解】 由附表 1-3、附表 1-10 查得，$f_y = f'_y = 360\text{N/mm}^2$，$f_c = 14.3\text{N/mm}^2$。由附表 1-18 知，混

凝土保护层最小厚度为20mm，采用直径8mm的箍筋，故 $a_s=(20+8+20/2)\text{mm}=38\text{mm}$，$h_0=(400-38)\text{mm}=362\text{mm}$。

由式 $\alpha_1 f_c bx+f'_y A'_s=f_y A_s$，得

$$x=\frac{f_y A_s-f'_y A'_s}{\alpha_1 f_c b}=\frac{360\times628-360\times628}{1.0\times14.3\times200}=0$$

$x<2a'_s$，取 $x=2a'_s$，利用式 $M_u=f_y A_s(h_0-a'_s)$ 求 M_u，即

$$M_u=f_y A_s(h_0-a'_s)=360\times628\times(362-38)\text{N}\cdot\text{mm}=73.25\text{kN}\cdot\text{m}$$

上述计算方法在理论上是不妥的。因为 $x=0$ 说明没有受压区，这对于受弯构件来说，就不能保持截面的平衡。实际上，当 $x<2a'_s$ 时，受压钢筋 A'_s 的应力并未达到其抗压强度设计值 f'_y，σ'_s 一定小于 f'_y，所以公式中 $\sigma'_s A'_s<f_y A_s$，从而使计算所得的 x 并不等于零。因此，截面中仍然有受压区存在，并可近似按 $M_u=f_y A_s(h_0-a'_s)$ 计算 M_u。所以，当受弯构件截面采用对称配筋，即 $A'_s=A_s$，且抗拉、抗压强度设计值相等时，则受压钢筋应力 σ'_s 值肯定达不到 f'_y，截面中仍然有受压区存在。

5.6.4 计算程序框图

上述计算过程可用图5-24表示，按照此框图编写计算机程序，可使计算工作大大简化。

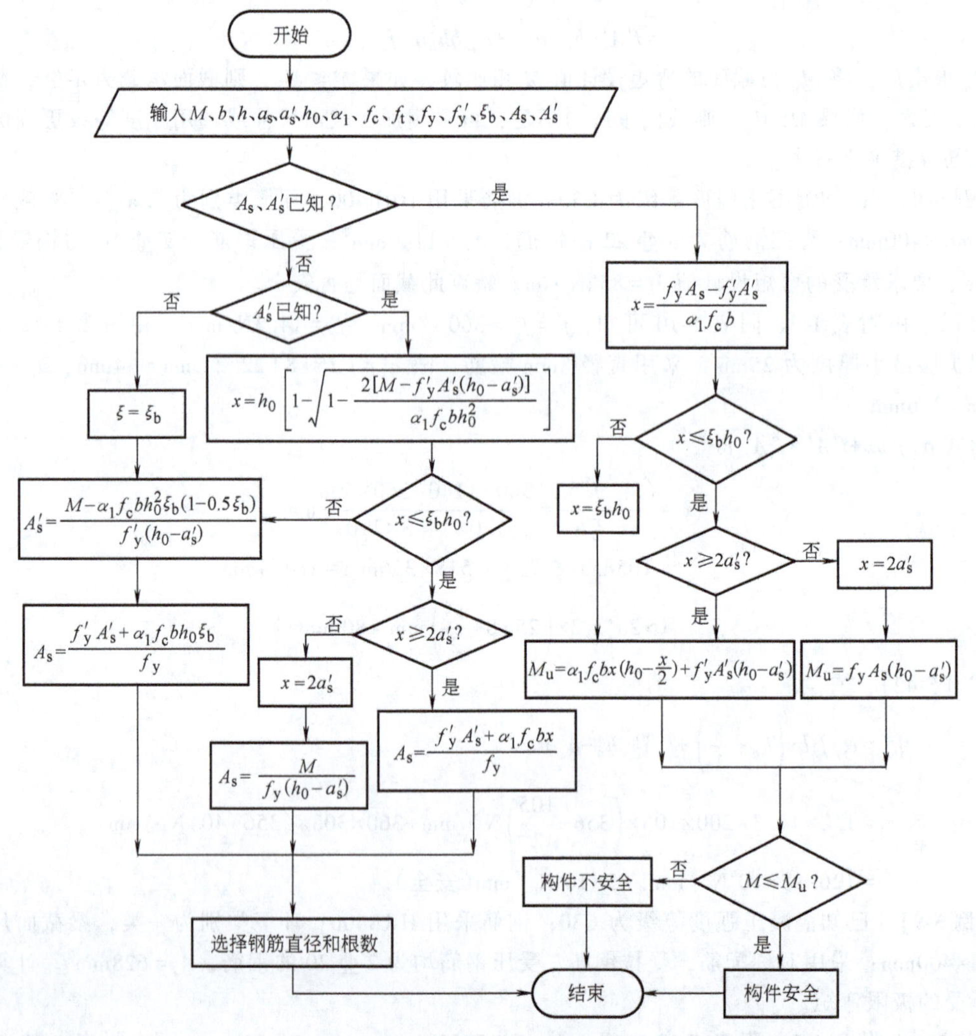

图5-24 双筋矩形截面受弯构件正截面承载力计算程序框图

5.7　T 形截面受弯构件的正截面受弯承载力计算

5.7.1　概述

在矩形截面受弯构件的承载力计算中，没有考虑混凝土的抗拉强度。其实受弯构件在破坏时，大部分受拉区混凝土早已退出工作，因此，对于尺寸较大的矩形截面构件，可将受拉区两侧混凝土挖去（见图 5-25a）。只要把原有的纵向受拉钢筋集中布置在梁肋中，截面的承载力计算值与原有矩形截面基本相同，这样做不仅可以节省混凝土，还可减轻自重。在图 5-25a 中，T 形截面的伸出部分称为翼缘，其宽度为 b_f'，高度为 h_f'，中间部分称为梁肋或腹板，肋宽为 b，高为 h。有时为了需要，也采用翼缘在受拉区的倒 T 形截面或工字形截面。由于不考虑受拉区翼缘混凝土受力，工字形截面按 T 形截面计算。所以 T 形截面梁由梁肋（$b \times h$）及挑出翼缘（$b_f'-b$）$\times h_f'$ 两部分所组成。

T 形截面梁在工程中应用广泛。如在现浇肋梁楼盖中，楼板与梁浇筑在一起形成 T 形截面梁。在预制构件中，有时由于构造的要求做成独立的 T 形梁，如 T 形檩条及 T 形吊车梁等。箱形、I 形（便于布置纵向受拉钢筋）等截面在承载力计算时，均可按 T 形截面考虑。但若翼缘在梁的受拉区，即图 5-25b 所示的倒 T 形截面梁，当受拉区的混凝土开裂以后，翼缘对承载力就不再起作用了。对于这种梁应按肋宽为 b 的矩形截面计算受弯承载力。又如对于现浇楼盖的连续梁，如图 5-26 所示，由于支座处承受负弯矩，梁截面下部受压，因此支座处按肋宽为 b 的矩形截面计算，跨中截面则按 T 形截面计算。

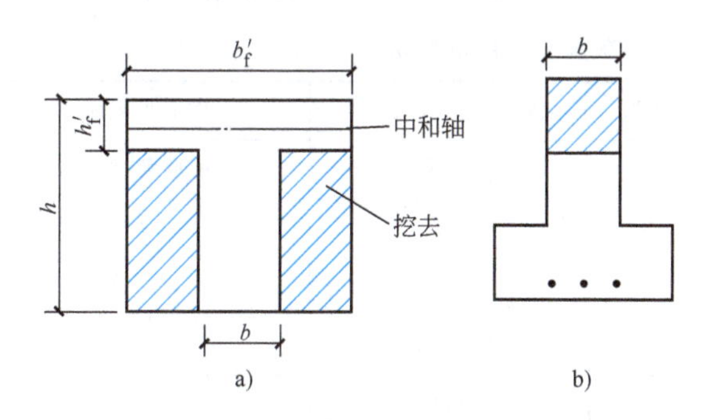

图 5-25　T 形截面与倒 T 形截面
a）T 形截面　b）倒 T 形截面

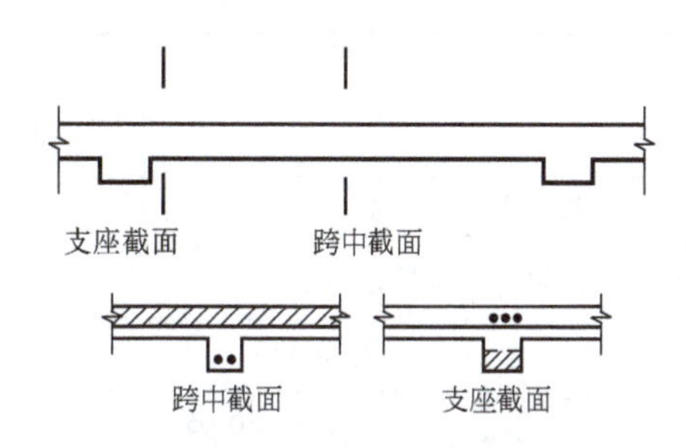

图 5-26　连续梁跨中与支座截面

理论上，T 形截面翼缘宽度 b_f' 越大，截面受力性能越好。因为在弯矩 M 作用下，b_f' 越大则受压区高度 x 越小，内力臂增大，因而可减小受拉钢筋截面面积。但试验与理论研究证明，T 形截面梁受力后，T 形截面受弯构件翼缘的纵向压应力沿翼缘宽度方向分布不均匀，离肋部越远压应力越小，如图 5-27a 所示。因此，对翼缘计算宽度 b_f' 应加以限制。在工程中，对于现浇 T 形截面梁，即肋形梁（见图 5-26），翼缘有时很宽，考虑到远离梁肋处的压应力很小，故在设计中把翼缘限制在一定范围内，称为翼缘的计算宽度 b_f'，并假定在 b_f' 范围内压应力是均匀分布的（见图 5-27b）。对于图 5-28 所示的预制 T 形截面梁，即独立梁，设计时应使其实际翼缘宽度不超过 b_f'。表 5-9 中列有《混凝土结构设计规范》规定的翼缘计算宽度 b_f'，计算 T 形梁翼缘宽度 b_f' 时应取表中有关各项中的最小值。

5.7.2　基本公式及适用条件

T 形截面受弯构件按受压区的高度不同进行分类，具体为按中和轴位置不同，分为两种类型：

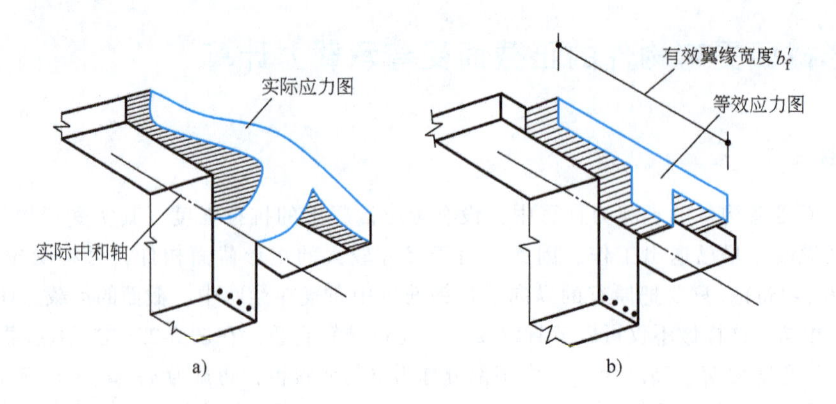

图 5-27　T 形截面梁受压区实际应力和计算应力

1）第一类 T 形截面，中和轴在翼缘内，即 $x \leqslant h_f'$。

2）第二类 T 形截面，中和轴在梁肋内，即 $x > h_f'$。

两类 T 形截面的判别：当中和轴通过翼缘底面，即 $x = h_f'$ 时（见图 5-29）为两类 T 形截面的界限情况，首先分析 $x = h_f'$ 的特殊情况。

由力的平衡条件可得

$$\alpha_1 f_c b_f' h_f' = f_y A_s \tag{5-57}$$

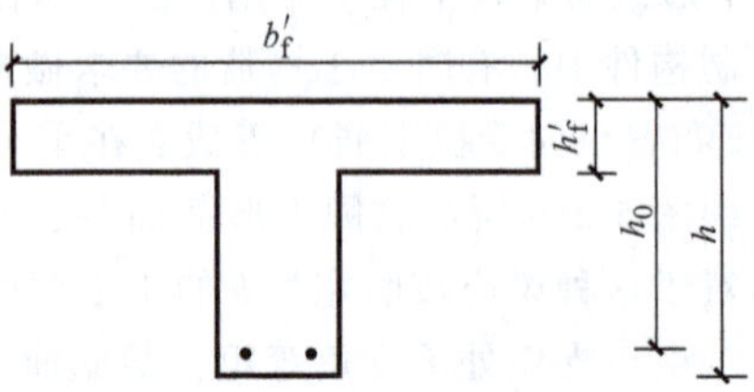

图 5-28　独立的 T 形截面梁的翼缘宽度

表 5-9　受弯构件受压区有效翼缘计算宽度 b_f'

情况			T 形、I 形截面		倒 L 形截面
			肋形梁（板）	独立梁	肋形梁（板）
1	按计算跨度 l_0 考虑		$l_0/3$	$l_0/3$	$l_0/6$
2	按梁（肋）净距 s_n 考虑		$b+s_n$	—	$b+s_n/2$
3	按翼缘高度 h_f' 考虑	$h_f'/h_0 \geqslant 0.1$	—	$b+12h_f'$	—
		$0.1 > h_f'/h_0 \geqslant 0.05$	$b+12h_f'$	$b+6h_f'$	$b+5h_f'$
		$h_f'/h_0 < 0.05$	$b+12h_f'$	b	$b+5h_f'$

注：1. 表中 b 为梁的腹板宽度。

2. 肋形梁在梁跨内设有间距小于纵肋间距的横肋时，可不考虑表中情况 3 的规定。

3. 加腋的 T 形、I 形和倒 L 形截面，当受压区加腋的高度 $h_h \geqslant h_f'$ 且加腋的宽度 $b_h \leqslant 3h_h$ 时，其翼缘计算宽度可按表中情况 3 规定分别增加 $2b_h$（T 形、I 形截面）和 b_n（倒 L 形截面）。

4. 独立梁受压区的翼缘板在荷载作用下经验算沿纵肋方向可能产生裂缝时，其计算宽度应取腹板宽度 b。

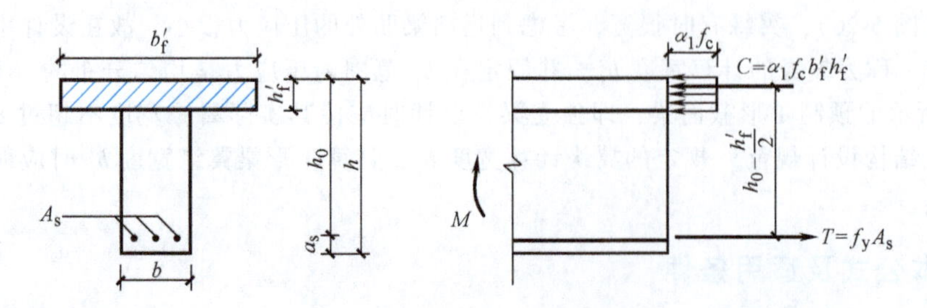

图 5-29　$x=h_f'$ 时的 T 形梁

由力矩平衡条件可得

$$M=\alpha_1 f_c b_f' h_f'\left(h_0-\frac{h_f'}{2}\right) \tag{5-58}$$

式中　b_f'——T 形截面受弯构件受压区的翼缘宽度；

h_f'——T 形截面受弯构件受压区的翼缘高度。

式（5-57）、式（5-58）为两类 T 形截面界限情况所承受的最大内力。

显然，若

$$f_y A_s \leqslant \alpha_1 f_c b_f' h_f' \tag{5-59}$$

或

$$M\leqslant \alpha_1 f_c b_f' h_f'\left(h_0-\frac{h_f'}{2}\right) \tag{5-60}$$

此时中和轴在翼缘内，即 $x\leqslant h_f'$，故属于第一类 T 形截面。

若

$$f_y A_s > \alpha_1 f_c b_f' h_f' \tag{5-61}$$

或

$$M>\alpha_1 f_c b_f' h_f'\left(h_0-\frac{h_f'}{2}\right) \tag{5-62}$$

此时中和轴必在肋内，即 $x>h_f'$，故属于第二类 T 形截面。

式（5-60）或式（5-62）适用于设计题的鉴别（此时 A_s 未知），而式（5-59）或式（5-61）适用于复核题的鉴别（此时 A_s 已知）。

1. 第一类 T 形截面基本公式及适用条件

在计算截面的正截面承载力时，不考虑受拉区混凝土参加受力。由图 5-30 可见，这种类型与梁宽为 b_f' 的矩形截面梁完全相同。这是因为受压区面积仍为矩形，而受拉区形状与承载力计算无关。故计算相当于宽度 b_f' 的矩形截面，可用 b_f' 代替 b 按矩形截面的公式计算

$$\alpha_1 f_c b_f' x=f_y A_s \tag{5-63}$$

$$M\leqslant \alpha_1 f_c b_f' x\left(h_0-\frac{x}{2}\right) \tag{5-64}$$

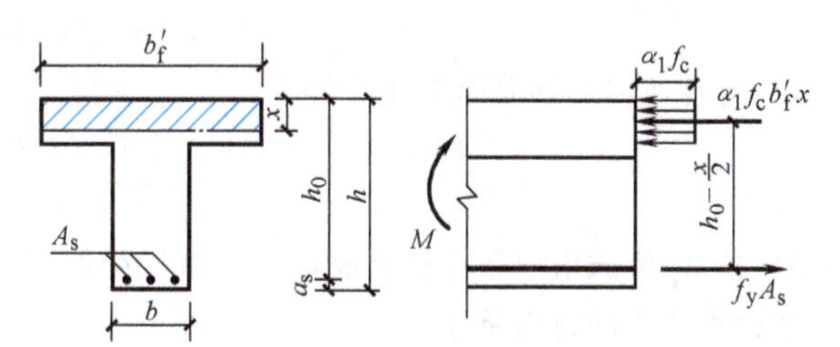

图 5-30　第一类 T 形截面梁的计算简图

适用条件：

1）$x\leqslant \xi_b h_0$，因为 $\xi=x/h_0\leqslant h_f'/h_0$，一般 $\frac{h_f'}{h_0}$ 较小，故通常均可满足 $\xi\leqslant\xi_b$ 的条件，不必验算。

2）$\rho\geqslant\rho_{min}h/h_0$，必须注意，此处 ρ 是对梁肋部计算的，即 $\rho=\frac{A_s}{bh_0}$ 而不是相对于 $b_f' h_0$ 的配筋率。如前所述，在理论上 ρ_{min} 是根据素混凝土梁的受弯承载力与同样截面钢筋混凝土梁受弯承载力（III_a 时）相等的条件得出的，而 T 形截面素混凝土梁（肋宽 b，梁高为 h）的受弯承载力比矩形截面素混凝土梁（$b\times h$）的提高不多，为简化计算并考虑以往设计经验，此处 ρ_{min} 仍按矩形截面（$b\times h$）采用。

2. 第二类 T 形截面基本公式及适用条件

由力的平衡可得

$$\alpha_1 f_c(b_f'-b)h_f'+\alpha_1 f_c bx=f_y A_s \tag{5-65}$$

由力矩平衡条件可得

$$M\leqslant \alpha_1 f_c(b_f'-b)h_f'\left(h_0-\frac{h_f'}{2}\right)+\alpha_1 f_c bx\left(h_0-\frac{x}{2}\right) \tag{5-66}$$

适用条件：

1）$x \leqslant \xi_b h_0$，这和单筋矩形截面受弯构件一样，是为了保证破坏时始自受拉钢筋的屈服。

2）$\rho \geqslant \rho_{min} h/h_0$，一般均能满足，可不验算。

5.7.3　T形截面的计算方法

1. 截面设计

已知材料的强度等级、截面尺寸及弯矩设计值 M，求所需受拉钢筋截面面积 A_s。首先应根据已知条件，利用式（5-60）、式（5-62）判断T形截面的类型，然后根据不同类型的T形梁进行截面设计。

（1）第一类T形截面　应满足下列鉴别条件

令
$$M=M_u$$

$$M \leqslant \alpha_1 f_c b_f' h_f' \left(h_0-\frac{h_f'}{2}\right) \tag{5-67}$$

则其截面设计的计算方法与 $b_f' \times h$ 的单筋矩形梁完全相同。其有关公式和计算步骤如下：

1）根据材料强度等级查出其强度设计值 f_y、f_c 及系数 α_1。

2）计算截面有效高度 $h_0=h-a_s$，通常假定布置两排钢筋计算 h_0。

3）按下式计算所需的截面抵抗矩系数 α_s

$$\alpha_s=\frac{M}{\alpha_1 f_c b_f' h_0^2}$$

$$\xi=1-\sqrt{1-2\alpha_s}$$

4）计算所需的钢筋面积 A_s，即

$$A_s=\frac{\alpha_1 f_c b_f' \xi h_0}{f_y}$$

5）按 A_s 值选用钢筋直径及根数，并在梁截面内布置，以检验实配钢筋排数是否与原假设相符，并验算公式的适用条件。

（2）第二类T形截面　应满足下列鉴别条件

令
$$M=M_u$$

$$M>\alpha_1 f_c b_f' h_f' \left(h_0-\frac{h_f'}{2}\right) \tag{5-68}$$

取
$$M=M_1+M_2$$

其中
$$M_1=\alpha_1 f_c (b_f'-b) h_f' \left(h_0-\frac{h_f'}{2}\right) \tag{5-69}$$

$$M_2=\alpha_1 f_c b x \left(h_0-\frac{x}{2}\right) \tag{5-70}$$

由图5-31可知，平衡翼缘挑出部分的混凝土压力所需的受拉钢筋截面面积 A_{s1}，为

$$A_{s1}=\frac{\alpha_1 f_c (b_f'-b) h_f'}{f_y} \tag{5-71}$$

又由 $M_2=M-M_1=\alpha_1 f_c b h_0^2 \xi$（$1-0.5\xi$），可按单筋矩形梁的计算方法，求得 A_{s2}。

$$\alpha_s=\frac{M-\alpha_1 f_c (b_f'-b) h_f' \left(h_0-\dfrac{h_f'}{2}\right)}{\alpha_1 f_c b h_0^2}$$

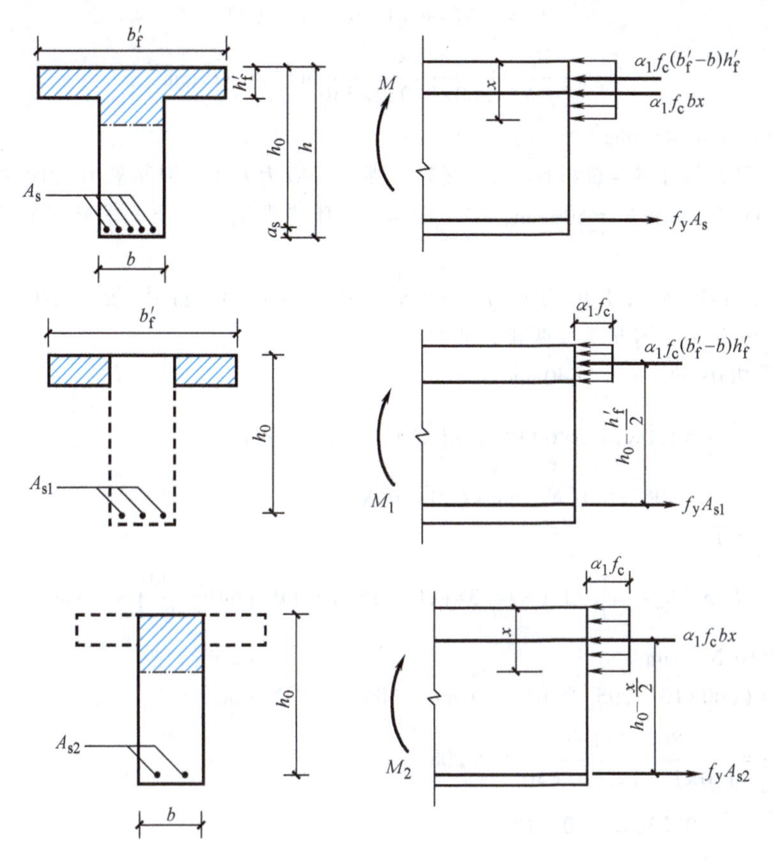

图 5-31 第二类 T 形截面梁

$$\xi=1-\sqrt{1-2\alpha_s}$$

$$A_{s2}=\frac{\alpha_1 f_c b\xi h_0}{f_y}$$

$$A_s=A_{s1}+A_{s2}=\frac{\alpha_1 f_c(b_f'-b)h_f'}{f_y}+\frac{\alpha_1 f_c b\xi h_0}{f_y} \tag{5-72}$$

验算 $x\leqslant\xi_b h_0$。

【例 5-10】 已知一 T 形截面梁，弯矩设计值 $M=440\text{kN}\cdot\text{m}$，梁的截面尺寸为 $b\times h=200\text{mm}\times600\text{mm}$，$b_f'=1000\text{mm}$，$h_f'=90\text{mm}$；混凝土强度等级为 C25，钢筋采用 HRB400，环境类别为一类。求受拉钢筋截面面积 A_s。

【解】 由附表 1-3、附表 1-10 查得 $f_y=f_y'=360\text{N/mm}^2$，$f_c=11.9\text{N/mm}^2$，$\alpha_1=1.0$，$\beta_1=0.8$。

鉴别类型：因弯矩较大，截面梁肋宽度 b 较窄，预计受拉钢筋需排成两排，故取

$$h_0=h-a_s=(600-60)\text{mm}=540\text{mm}$$

$\alpha_1 f_c b_f' h_f'\left(h_0-\frac{h_f'}{2}\right)=1.0\times11.9\times1000\times90\times\left(540-\frac{90}{2}\right)\text{N}\cdot\text{mm}=530.1\times10^6\ \text{N}\cdot\text{mm}>440\times10^6\text{N}\cdot\text{mm}$，属于第一类的 T 形梁。以 b_f' 代替 b，按 $b_f'\times h$ 矩形截面梁进行计算，可得

$$\alpha_s=\frac{M}{\alpha_1 f_c b_f' h_0^2}=\frac{440\times10^6}{1.0\times11.9\times1000\times540^2}=0.127$$

$$\xi=1-\sqrt{1-2\alpha_s}=0.136<\xi_b=0.518$$

$$\gamma_s = 0.5(1+\sqrt{1-2\alpha_s}) = 0.932$$

$$A_s = \frac{M}{f_y\gamma_s h_0} = \frac{440\times10^6}{360\times0.932\times540}\text{mm}^2 = 2429\text{mm}^2$$

选用 4 ⌀ 28，$A_s = 2463\text{mm}^2$。

【例 5-11】 已知弯矩 $M = 600\text{kN}\cdot\text{m}$，混凝土强度等级为 C30，钢筋采用 HRB400，梁的截面尺寸为$b\times h = 250\text{mm}\times700\text{mm}$，$b'_f = 600\text{mm}$，$h'_f = 100\text{mm}$；环境类别为一类。求所需的受拉钢筋截面面积 A_s。

【解】 查附表 1-3、附表 1-10 得 $f_y = f'_y = 360\text{N/mm}^2$，$f_c = 14.3\text{N/mm}^2$，$\alpha_1 = 1.0$，$\beta_1 = 0.8$。

鉴别类型：假设受拉钢筋排成两排，故取

$h_0 = h - a_s =$ （700−60） mm = 640mm

$$\alpha_1 f_c b'_f h'_f\left(h_0 - \frac{h'_f}{2}\right) = 1.0\times14.3\times600\times100\times\left(640-\frac{100}{2}\right)\text{N}\cdot\text{mm}$$

$$= 506.2\times10^6\text{N}\cdot\text{mm} < 600\times10^6\text{N}\cdot\text{mm}$$

属于第二类 T 形截面。

$$M_1 = \alpha_1 f_c(b'_f - b)h'_f\left(h_0-\frac{h'_f}{2}\right) = 1.0\times14.3\times(600-250)\times100\times\left(640-\frac{100}{2}\right)\text{N}\cdot\text{mm}$$

$$= 295.3\times10^6\text{N}\cdot\text{mm}$$

$$M_2 = M - M_1 = (600\times10^6 - 295.3\times10^6)\text{N}\cdot\text{mm} = 304.7\times10^6\text{N}\cdot\text{mm}$$

$$\alpha_s = \frac{M_2}{\alpha_1 f_c b h_0^2} = \frac{304.7\times10^6}{1.0\times14.3\times250\times640^2} = 0.208$$

$$\xi = 1-\sqrt{1-2\alpha_s} = 0.236 < \xi_b = 0.518$$

$$\gamma_s = 0.5(1+\sqrt{1-2\alpha_s}) = 0.882$$

$$A_{s2} = \frac{M_2}{f_y\gamma_s h_0} = \frac{304.7\times10^6}{360\times0.882\times640}\text{mm}^2 = 1499\text{mm}^2$$

$$A_{s1} = \frac{\alpha_1 f_c(b'_f-b)h'_f}{f_y} = \frac{1.0\times14.3\times(600-250)\times100}{360}\text{mm}^2 = 1390\text{mm}^2$$

$$A_s = A_{s1} + A_{s2} = (1499+1390)\text{mm}^2 = 2889\text{mm}^2$$

选配 6 ⌀ 25，$A_s = 2945\text{mm}^2$。

2. 截面复核

已知材料强度等级、构件截面尺寸及受拉钢筋面积 A_s 等，求该截面所能承担的极限弯矩 M_u，或将 M_u 与弯矩设计值 M 比较，以验算梁是否安全。

主要计算步骤如下：

首先应根据已知条件，利用式（5-59）、式（5-61）判断 T 形截面的类型。

(1) 第一类 T 形截面　当满足式（5-59）时，可按 $b'_f\times h$ 矩形梁的计算方法求 M_u。

(2) 第二类 T 形截面　当满足式（5-61）时，可按以下步骤计算：

由式（5-65），即 $\alpha_1 f_c$（$b'_f - b$）$h'_f + \alpha_1 f_c bx = f_y A_s$ 求出 x

$$x = \frac{f_y A_s - \alpha_1 f_c(b'_f-b)h'_f}{\alpha_1 f_c b}$$

若 $x\leqslant\xi_b h_0$，则

$$M_u = \alpha_1 f_c(b'_f-b)h'_f\left(h_0-\frac{h'_f}{2}\right) + \alpha_1 f_c bx\left(h_0-\frac{x}{2}\right)$$

若 $x>\xi_b h_0$，取 $x=x_b=\xi_b h_0$，则

$$M_u=\alpha_1 f_c(b_f'-b)h_f'\left(h_0-\frac{h_f'}{2}\right)+\alpha_1 f_c b x_b\left(h_0-\frac{x_b}{2}\right)$$

根据第二类 T 形截面梁的分解原理计算步骤如下：

1）计算 A_{s1}

$$A_{s1}=\frac{\alpha_1 f_c(b_f'-b)h_f'}{f_y} \tag{5-73}$$

2）计算

$$A_{s2}=A_s-A_{s1} \tag{5-74}$$

3）由 $\rho_2=\dfrac{A_{s2}}{bh_0}$计算 $\xi=\rho_2\dfrac{f_y}{\alpha_1 f_c}$，算出 $\alpha_s=\xi(1-0.5\xi)$，并验算 $\xi\leqslant\xi_b$。

4）

$$M_1=f_y A_{s1}\left(h_0-\frac{h_f'}{2}\right) \tag{5-75}$$

$$M_2=\alpha_s\alpha_1 f_c bh_0^2 \tag{5-76}$$

5）最后可得

$$M_u=M_1+M_2 \tag{5-77}$$

6）验算 $M_u\geqslant M$

【例 5-12】 已知一 T 形截面梁的截面尺寸 $h=700\text{mm}$，$b=300\text{mm}$，$h_f'=120\text{mm}$，$b_f'=600\text{mm}$，截面配有 HRB400 受拉钢筋 8 ⌀22（$A_s=3041\text{mm}^2$），混凝土强度等级为 C30，梁截面的最大弯矩设计值 $M=650\text{kN}\cdot\text{m}$。试校核该梁是否安全？

【解】（1）已知条件　查附表 1-3、附表 1-10 得，HRB400 钢筋，$f_y=360\text{N/mm}^2$，$\alpha_1=1.0$，$f_c=14.3\text{N/mm}^2$。$\xi_b=0.518$，$a_s=60\text{mm}$，$h_0=700\text{mm}-60\text{mm}=640\text{mm}$

（2）判别截面类型

$$f_y A_s=360\times3041\text{N}=1094760\text{N}$$

$$\alpha_1 f_c b_f' h_f'=1.0\times14.3\times600\times120\text{N}=1029600\text{N}$$

$f_y A_s>\alpha_1 f_c b_f' h_f'$，属第二类 T 形截面梁。

（3）计算 x

$$x=\frac{f_y A_s-\alpha_1 f_c(b_f'-b)h_f'}{\alpha_1 f_c b}=\frac{360\times3041-1.0\times14.3\times(600-300)\times120}{1.0\times14.3\times300}\text{mm}=135.2\text{mm}$$

$$x<\xi_b h_0=0.518\times640\text{mm}=331.5\text{mm}$$

（4）计算极限弯矩

$$\begin{aligned}M_u&=\alpha_1 f_c(b_f'-b)h_f'\left(h_0-\frac{h_f'}{2}\right)+\alpha_1 f_c bx\left(h_0-\frac{x}{2}\right)\\&=1.0\times14.3\times(600-300)\times120\times\left(640-\frac{120}{2}\right)\text{N}\cdot\text{mm}+\\&\quad 1.0\times14.3\times300\times135.2\times\left(640-\frac{135.2}{2}\right)\text{N}\cdot\text{mm}\\&=630.6\times10^6\text{N}\cdot\text{mm}<650\times10^6\text{N}\cdot\text{mm}\end{aligned}$$

计算结果表明，该 T 形截面不安全。

5.7.4　计算程序框图

上述计算过程可用图 5-32 表示，按照这个框图编写计算机程序，可使计算工作大大简化。

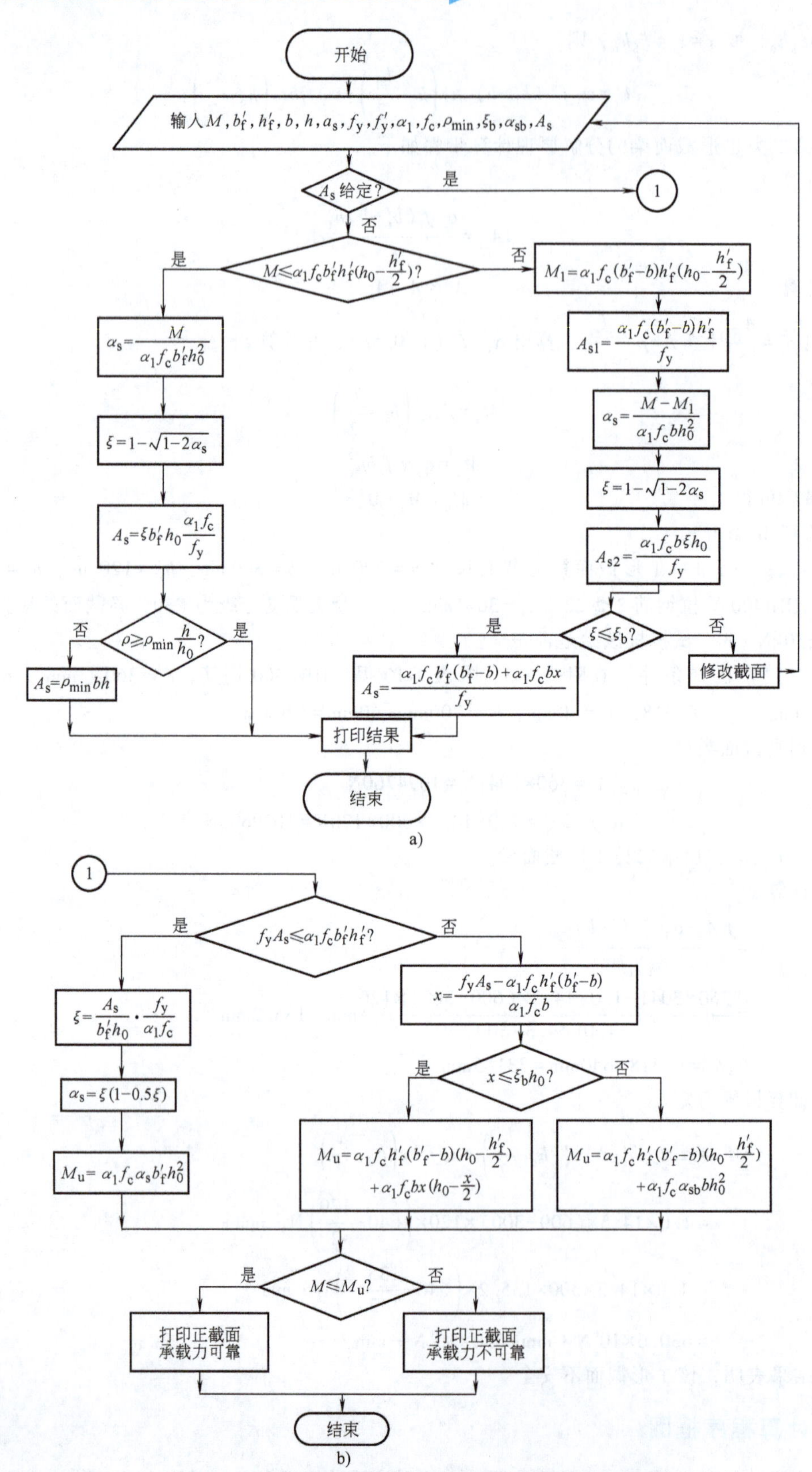

图 5-32 T形截面受弯构件正截面承载力计算程序框图

5.8　深受弯构件的正截面承载力计算

钢筋混凝土受弯构件根据其跨度与高度之比（简称跨高比）的不同，可以分为三种类型：浅梁，$l_0/h>5$；短梁，$l_0/h=2(2.5)\sim5$；深梁，$l_0/h\leqslant2$（简支单跨梁），$l_0/h<2.5$（多跨连续梁）。其中，h 为梁截面高度；l_0 为梁的计算跨度，可取 l_c 和 $1.15l_n$ 两者中较小值，l_c 为支座中心线之间的距离，l_n 为梁的净跨。

浅梁在实际工程中应用较多，可称为一般受弯构件。短梁和深梁又称为深受弯构件。深受弯构件具有巨大的承载力，因而不仅广泛应用于建筑工程中，也普遍应用于水工、港工、铁路、公路、市政等其他土木工程领域，如双肢柱肩梁、框支剪力墙、剪力墙连梁、梁板式筏形基础反梁、箱形基础箱梁、高层建筑转换层大梁、浅仓侧板、矿井井架大梁及高桩码头横梁等，如图 5-33 所示。

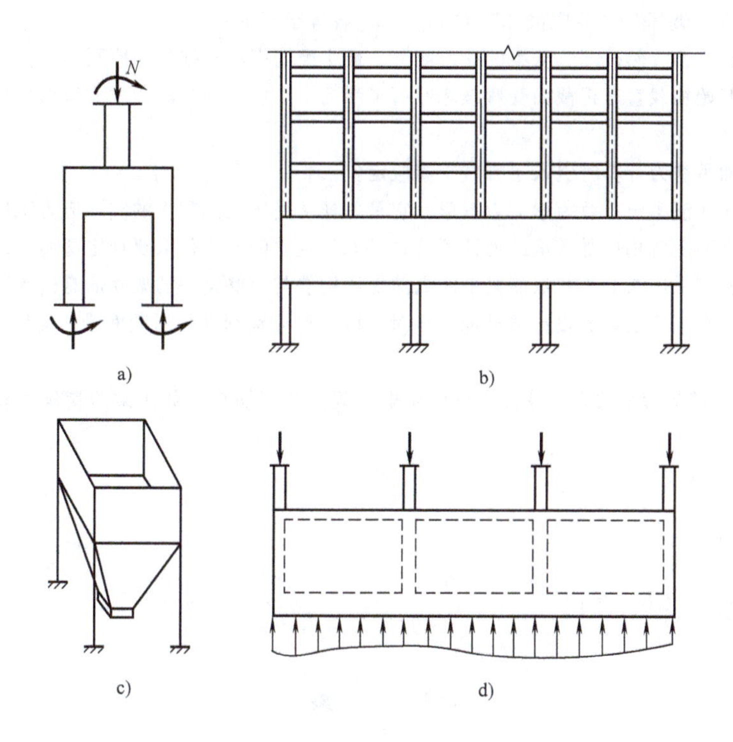

图 5-33　深受弯构件工程应用举例

简支深梁的内力计算与一般梁相同，但连续深梁的内力值及沿跨长的分布规律与一般连续梁不同，其跨中正弯矩比一般连续梁的偏大，而支座负弯矩却偏小，且随跨高比和跨数而变化。这样在工程设计中，连续深梁的内力应由二维弹性分析确定，且不宜考虑内力重分布，具体计算方法可采用弹性有限元或其他方法。

根据钢筋混凝土深梁和一般混凝土受弯构件正截面受力性能的不同特点，考虑相对受压区高度 ξ 和跨高比 l_0/h 这两个影响其承载能力的主要因素，《混凝土结构设计规范》给出了深受弯构件正截面受弯承载力计算公式

$$M\leqslant f_yA_sz \tag{5-78}$$

$$z=\alpha_d(h_0-0.5x)\ ,\ \alpha_d=0.80+0.04\frac{l_0}{h} \tag{5-79}$$

当 $l_0<h$ 时，取内力臂 $z=0.6l_0$。

式中 α_d——深受弯构件内力臂修正系数；

x——截面受压区高度，当 x 小于 $0.2h_0$ 时，取 $x=0.2h_0$；

h_0——截面有效高度 $(h-a_s)$，其中 h 为截面高度，当 $l_0/h\leqslant2.0$ 时，跨中截面 a_s 取 $0.1h$，支座截面 a_s 取 $0.2h$，当 $l_0/h>2.0$ 时，a_s 按受拉区纵向钢筋截面重心至受拉边缘的实际距离取用。

思考题

5-1 混凝土弯曲受压时的极限压应变 ε_{cu} 一般取多少？

5-2 什么叫“界限破坏”？“界限破坏”时 ε_{cu} 和 ε_s 各等于多少？

5-3 少筋梁为什么会突然破坏？从梁的受弯而言，最小配筋率应根据什么原则确定？

5-4 适筋梁从开始加载直至正截面受弯破坏经历了哪几个阶段？各阶段的主要特点是什么？与计算有何联系？

5-5 进行正截面承载力计算时引入了哪些基本假定？

5-6 什么是受压区混凝土等效矩形应力图形？它是怎样从受压区混凝土的实际应力图形得来的？

5-7 单筋矩形截面受弯构件受弯承载力计算公式是如何建立的？为什么要规定适用条件？

5-8 在什么情况下采用双筋梁？双筋梁中的纵向受压钢筋与单筋梁中的架立筋有何区别？

5-9 在进行 T 形截面梁的截面设计或截面复核时，应如何分别判别 T 形截面梁的类型？其判别式是根据什么原理确定的？

5-10 T 形截面梁的受弯承载力计算公式与单筋矩形截面及双筋矩形截面梁的受弯承载力计算公式有何异同点？

5-11 简述什么是深受弯构件？

5-12 推导公式 $\rho=\xi\frac{\alpha_1 f_c}{f_y}$。

5-13 推导公式 $\frac{x}{h_0}=\frac{1}{2}\left(1+\frac{a'_s}{h_0}\right)$。

习题

5-1 已知梁截面弯矩设计值 $M=90\text{kN}\cdot\text{m}$，混凝土强度等级为 C30，钢筋采用 HRB400，梁的高度和宽度分别为 500mm、200mm，环境类别为一类。试求所需纵向钢筋截面面积 A_s。

5-2 已知梁的截面尺寸 $b\times h=200\text{mm}\times450\text{mm}$，混凝土强度等级为 C30，配有四根直径为 16mm 的 HRB400 钢筋，环境类别为一类。若承受弯矩设计值 $M=70\text{kN}\cdot\text{m}$，试验算此梁正截面承载力是否安全。

5-3 已知一双筋矩形截面梁，梁的尺寸 $b\times h=200\text{mm}\times500\text{mm}$，采用的混凝土强度等级为 C25，钢筋为 HRB400，截面设计弯矩 $M=210\text{kN}\cdot\text{m}$，环境类别为一类。试求纵向受拉钢筋和受压钢筋的截面面积。

5-4 已知条件同习题 5-3，但在受压区已配置了 HPB300 钢筋 2 Φ 20，$A'_s=628\text{mm}^2$。求纵向受拉钢筋截面面积 A_s。

5-5 已知梁的截面尺寸 $b\times h=200\text{mm}\times400\text{mm}$，混凝土强度等级为 C30，配有两根直径为 16mm 的 HRB400 受压钢筋和三根直径为 25mm 的受拉钢筋，要求承受弯矩设计值 $M=100\text{kN}\cdot\text{m}$，环境类别为二 b 类。试验算此梁正截面承载力是否可靠。

5-6　已知一 T 形梁截面设计弯矩 $M=410\text{kN}\cdot\text{m}$，梁的尺寸 $b\times h=200\text{mm}\times600\text{mm}$，$b'_f=1000\text{mm}$，$h'_f=90\text{mm}$；混凝土强度等级为 C25，钢筋采用 HRB400，环境类别为一类。求受拉钢筋截面面积 A_s。

5-7　已知一 T 形梁截面设计弯矩 $M=650\text{kN}\cdot\text{m}$，梁的尺寸 $b\times h=300\text{mm}\times700\text{mm}$，$b'_f=600\text{mm}$，$h'_f=120\text{mm}$；混凝土强度等级为 C30，钢筋采用 HRB400，环境类别为一类。求受拉钢筋截面面积 A_s。

5-8　已知一 T 形截面梁截面尺寸为 $b\times h=300\text{mm}\times700\text{mm}$，$b'_f=600\text{mm}$，$h'_f=120\text{mm}$，截面配有 8 根直径为 22mm 的 HRB400 钢筋，$A_s=3041\text{mm}^2$，混凝土强度等级为 C30，环境类别为一类，梁截面的最大弯矩设计值 $M=600\text{kN}\cdot\text{m}$，校核该梁是否安全。

第6章 受弯构件斜截面承载力

6.1 概述

钢筋混凝土受弯构件在主要承受弯矩的区段内，会产生垂直裂缝，如果正截面受弯承载力不够，将沿垂直裂缝发生正截面受弯破坏。钢筋混凝土受弯构件在弯矩和剪力共同作用下，当正截面受弯承载力得到保证时，还有可能产生斜截面破坏。斜截面破坏包括斜截面受剪破坏和斜截面受弯破坏。因此，为了保证受弯构件的承载力，除了进行正截面受弯承载力计算外，还必须进行斜截面受剪承载力计算，同时斜截面受弯承载力是通过对纵向钢筋和箍筋的构造要求来保证的。

钢筋混凝土受弯构件是由两种不同材料组成的非均质体，因而材料力学公式不能完全适用于其在出现裂缝前的应力状态。但是当作用的荷载较小，构件内的应力也较小，其拉应力还未超过混凝土的抗拉强度，即处于裂缝出现以前的 I_a 阶段状态时，则构件与均质弹性体相似，应力-应变基本呈线性关系，此时其应力可近似按一般材料力学公式来进行分析。在计算时可将纵向钢筋截面按其重心处钢筋的拉应变与同一高度处混凝土纤维拉应变相等的原则，由胡克定律换算成等效的混凝土截面，得出一个换算截面，则截面上任意一点的正应力和剪应力分别按式（6-1）和式（6-2）计算，其应力分布如图 6-1 所示。

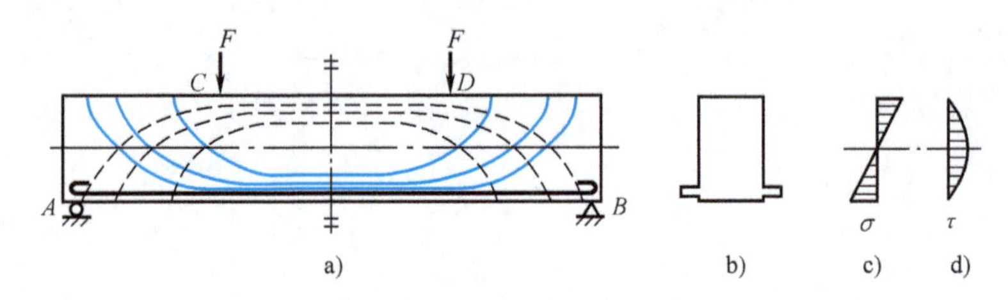

图 6-1 钢筋混凝土简支梁开裂前的应力状态

a）开裂前的主应力轨迹线 b）换算截面 c）正应力 σ 图 d）剪应力 τ 图

正应力
$$\sigma=\frac{My}{I_0} \tag{6-1}$$

剪应力
$$\tau=\frac{VS}{bI_0} \tag{6-2}$$

式中 I_0——换算截面惯性矩。

由于受弯构件纵向钢筋的配筋率一般不超过 2%，所以按换算截面面积计算所得的正应力和剪应力值与按素混凝土的截面计算所得的应力值相差不大。

根据材料力学原理，受弯构件正截面上任意一点在正应力 σ 和剪应力 τ 共同作用下，在该点所产生的主应力，可按下式计算

主拉应力
$$\sigma_{tp}=\frac{\sigma}{2}+\sqrt{\frac{\sigma^2}{4}+\tau^2} \tag{6-3}$$

主压应力
$$\sigma_{cp}=\frac{\sigma}{2}-\sqrt{\frac{\sigma^2}{4}+\tau^2} \tag{6-4}$$

主应力的作用方向与构件纵向轴线的夹角 α 可由下式求得

$$\tan 2\alpha=-\frac{2\tau}{\sigma} \tag{6-5}$$

在中和轴附近，正应力很小，剪应力大，主拉应力方向大致为 45°。当荷载增大，拉应变达到混凝土的极限拉应变时，混凝土开裂，沿主压应力迹线产生腹部的斜裂缝，称为腹剪斜裂缝。腹剪斜裂缝中间宽两头细，呈枣核形，常见于薄腹梁中，如图 6-2a 所示。另外，从主应力迹线图上可以看出，在剪弯区段截面的下边缘，主拉应力还是水平向的。所以，在这些区段仍可能首先出现一些较短的垂直裂缝，然后延伸成斜裂缝，向集中荷载作用点发展。这种由垂直裂缝延伸而成的斜裂缝，称为弯剪斜裂缝。这种裂缝上细下宽，是最常见的，如图 6-2b 所示。

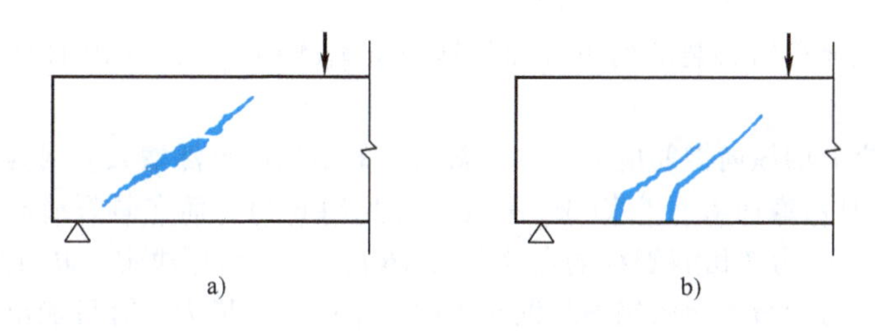

图 6-2　斜裂缝

a）腹剪斜裂缝　b）弯剪斜裂缝

为了防止梁沿斜裂缝破坏，应使梁具有一个合理的截面尺寸，并配置必要的箍筋（见图 6-3）。箍筋、纵向钢筋和架立钢筋绑扎（或焊）在一起，形成钢筋骨架，使各种钢筋得以在施工时维持正确的位置。当梁承受的剪力较大时，可再补充设置斜钢筋。斜钢筋一般由梁内的纵向钢筋弯起而形成，称为弯起钢筋，如图 6-3 所示。有时采用单独添置的斜钢筋。箍筋、弯起钢筋（或斜筋）统称为腹筋。仅配有纵向钢筋而无箍筋和弯起钢筋的梁，称为无腹筋梁。

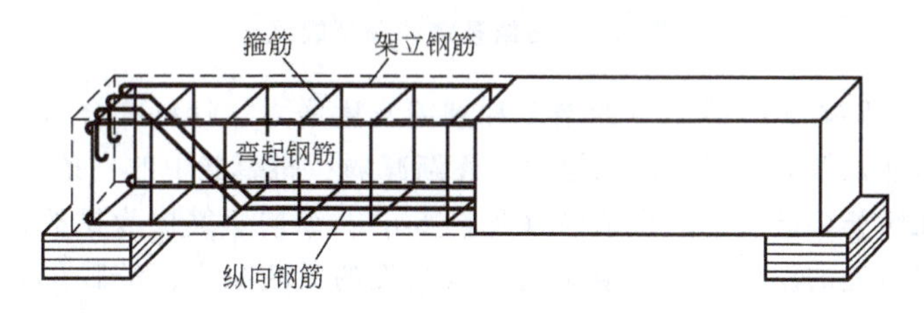

图 6-3　箍筋和弯起钢筋

6.2　受弯构件斜截面的受力特点与破坏形态

6.2.1　无腹筋梁斜截面的受力特点

无腹筋梁出现斜裂缝后，其应力状态发生了显著变化，这时已不可再将其视作为匀质弹性梁，截面上的应力也不能用一般的材料力学公式进行计算。现以图 6-4 中的斜裂缝 CB 为界取出隔离体，斜裂缝上端截面 AB 称为剪压区。

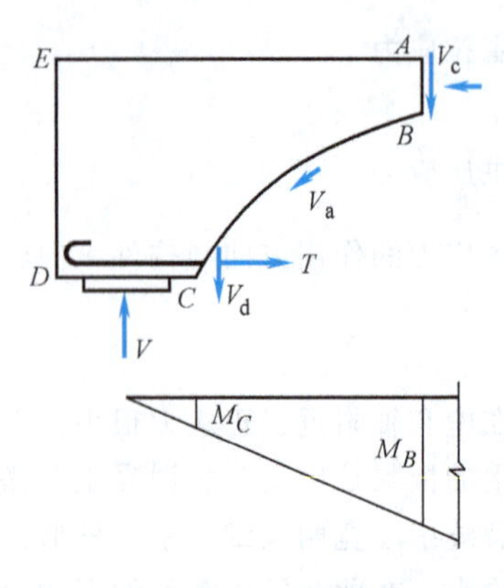

图 6-4 隔离体受力

在这个截离体上，剪力 V 是由以下抗力来平衡的：裂缝上端混凝土截面承受的剪力 V_c，纵向钢筋销栓作用传递的剪力 V_d，斜裂缝交界面骨料的咬合与摩擦作用传递的剪力 V_a。由于混凝土保护层厚度不大，难以阻止纵向钢筋在剪力作用下产生的剪切变形，故纵向钢筋连系斜裂缝两侧混凝土的销栓作用是很脆弱的；斜裂缝交界面上骨料的咬合作用及摩擦作用将随着斜裂缝的开展而逐渐减小。

由于斜裂缝的出现，梁在剪弯段内的应力状态将发生很大变化，主要表现在：

1）开裂前的剪力是由全截面承担的，开裂后则主要由剪压区混凝土承担，剪压区混凝土剪应力和压应力大大增加（随着荷载的增大，斜裂缝宽度增加，骨料咬合力也迅速减小），应力的分布规律不同于斜裂缝出现前的情形。

2）混凝土剪压区面积因斜裂缝的出现和发展而逐渐减小，剪压区内的混凝土压应力将大大增加。

3）与斜裂缝相交处的纵向钢筋应力，由于斜裂缝的出现而突然增大。因为该处的纵向钢筋拉力 T 在斜裂缝出现前是由截面 C 处弯矩 M_C 决定的（见图 6-4），而在斜裂缝出现后，根据力矩平衡的概念，纵向钢筋的拉力 T 由斜裂缝端点处截面 AB 的弯矩 M_B 所决定，M_B 比 M_C 要大很多。

4）纵向钢筋拉应力的增大导致钢筋与混凝土间粘结应力的增大，有可能出现沿纵向钢筋的粘结裂缝（见图 6-5a）或撕裂裂缝（见图 6-5b）。

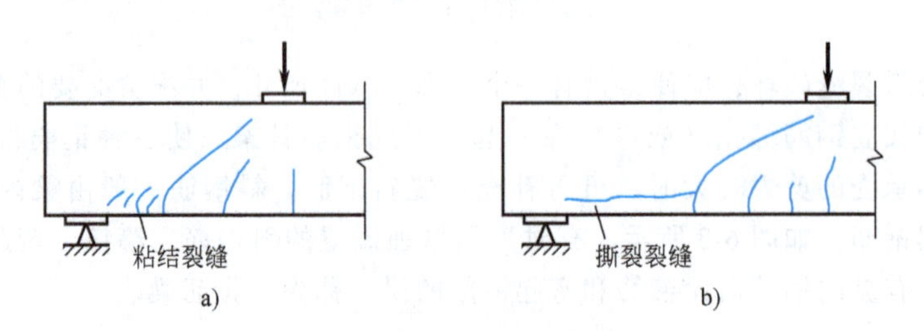

图 6-5 粘结裂缝和撕裂裂缝

当荷载继续增加，随着斜裂缝数量的增多和裂缝宽度增大，骨料咬合力下降；沿纵向钢筋的混凝土保护层也有可能被撕裂，钢筋的销栓力也逐渐减弱；斜裂缝中的一条发展成为主要斜裂缝，称为临界斜裂缝，无腹筋梁此时如同拱结构（见图 6-6），纵向钢筋成为拱的拉杆。一种较常见的破坏情形是：临界斜裂缝的发展导致混凝土剪压区高度的不断减小，最后在剪应力和压应力的共同作用下，梁因剪压区混凝土被压碎（拱顶破坏）而发生破坏。破坏时纵向钢筋拉应力往往低于其屈服强度。

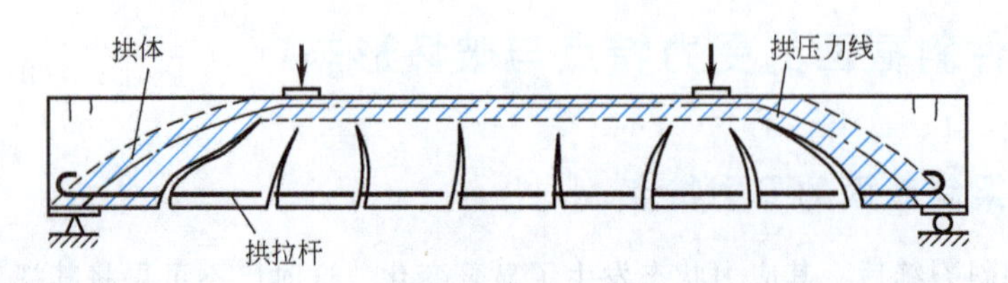

图 6-6 无腹筋梁的拱体受力机制

6.2.2 有腹筋梁斜截面受力分析

对于有腹筋梁，在荷载较小，斜裂缝出现之前，腹筋中的应力很小，腹筋作用不大，对斜裂缝出现荷载影响很小，其受力性能与无腹筋梁相近。然而，在斜裂缝出现后，有腹筋梁的受力性能与无腹筋梁相比，将有显著的不同。

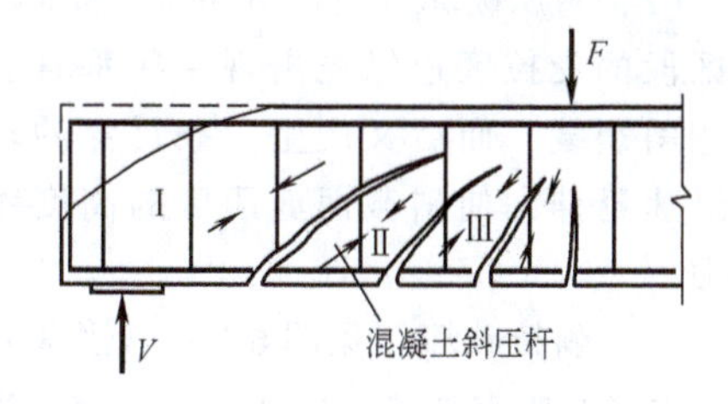

图 6-7 有腹筋梁的剪力传递

斜裂缝出现后，与斜裂缝相交的箍筋的应力增大，此时可将有腹筋梁比拟成一个平面桁架，如图 6-7 所示。其中箍筋可以将被斜裂缝分割的混凝土齿状块体（即混凝土斜压杆）连接在一起，从而可将梁中开裂后的混凝土块体 I 视为桁架的上弦，斜裂缝间的小齿块 Ⅱ、Ⅲ 视为桁架的斜压杆，纵向钢筋为受拉弦杆，箍筋及弯起钢筋为受拉腹杆。

由此可知，箍筋作为桁架受拉腹杆，传递小齿块 Ⅱ、Ⅲ 等传来的压力，相对地可以认为增加了受压区的高度，减轻了块体 I 斜裂缝顶端混凝土承担的压力，从而提高了梁的抗剪能力。

6.2.3 剪跨比

图 6-8 所示为一简支梁承载示意图。图中 a 是指离支座最近的那个集中力到支座的距离，称为剪跨。剪跨比 λ 是指截面弯矩与剪力和有效高度乘积的比值，对集中荷载作用下的简支梁，有

$$\lambda=\frac{M}{Vh_0}=\frac{a}{h_0} \tag{6-6}$$

式（6-6）表明，剪跨比 λ 实质上反映了截面上弯矩 M 与剪力 V 的相对值。

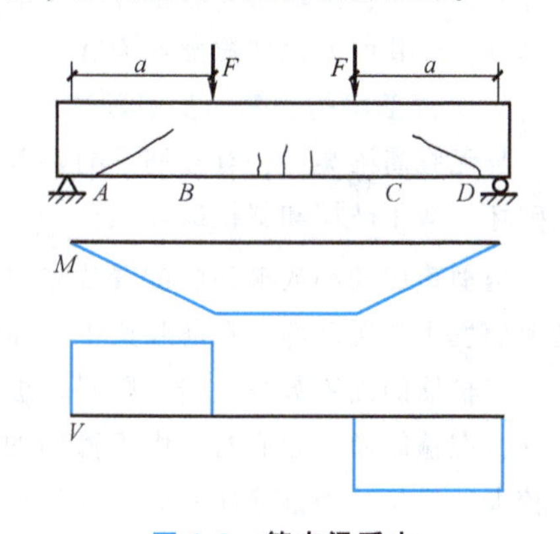

图 6-8 简支梁受力

由于剪压区混凝土截面上的正应力大致与弯矩 M 成正比，而剪应力大致与剪力 V 成正比，因此，剪跨比 λ 实质上反映了截面上正应力和剪应力的相对关系。由于正应力和剪应力决定了主应力的大小和方向，因而，它对梁的斜截面受剪破坏形态和斜截面受剪承载力有着极为重要的影响。

6.2.4 斜截面受剪的三种主要破坏形态

1. 无腹筋梁的斜截面受剪破坏形态

大量试验表明，无腹筋梁斜截面剪切破坏主要有三种破坏形态：

（1）斜压破坏（见图 6-9a） 当 $\lambda \leqslant 1$ 时，发生斜压破坏。这种破坏多数发生在剪力大而弯矩小的区段，以及梁腹板很薄的 T 形截面或 I 形截面梁内。破坏时，混凝土被腹剪斜裂缝分割成若干个斜向短柱而被压坏，破坏是突然发生的。

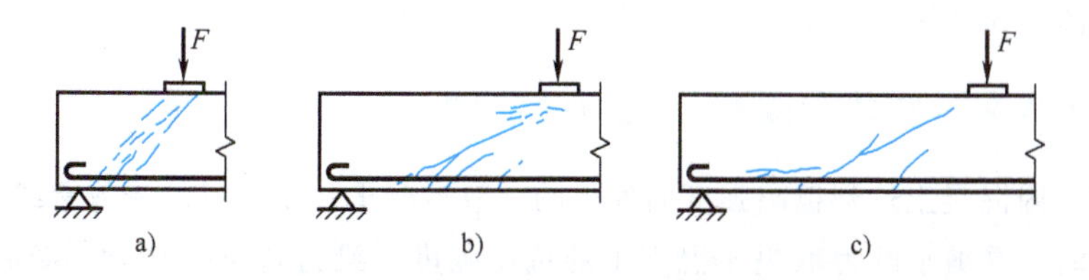

图 6-9 无腹筋梁的剪切破坏

a）斜压破坏 b）剪压破坏 c）斜拉破坏

(2) 剪压破坏（见图 6-9b） 当 $1<\lambda\leqslant 3$ 时，发生剪压破坏。其破坏的特征通常是，在剪弯区段的受拉区边缘先出现一些垂直裂缝，它们沿竖向延伸一小段长度后，就斜向延伸形成一些斜裂缝，而后又产生一条贯穿的较宽的主要斜裂缝，称为临界斜裂缝。临界斜裂缝出现后迅速延伸，使斜截面剪压区的高度缩小，最后导致剪压区的混凝土破坏，使斜截面丧失承载力。

(3) 斜拉破坏（见图 6-9c） 当 $\lambda>3$ 时，常发生这种破坏。其特点是当垂直裂缝一出现，就迅速向受压区斜向伸展，斜截面承载力随之丧失。破坏荷载与出现斜裂缝时的荷载很接近，破坏过程急骤，破坏前梁变形也小，具有很明显的脆性性质。

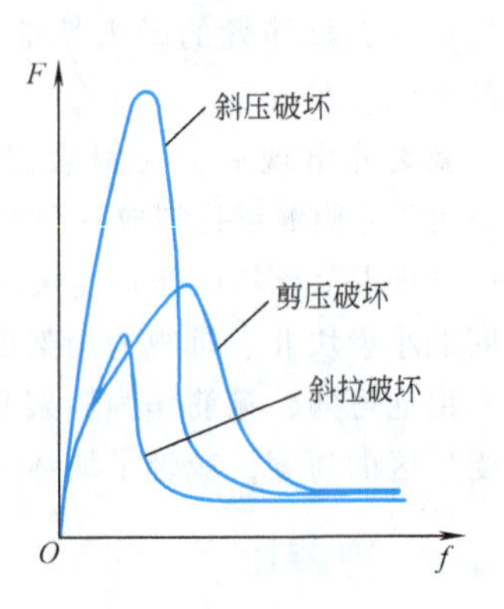

图 6-10 斜截面破坏的 *F-f* 曲线

图 6-10 所示为三种破坏形态的荷载-挠度（F-f）曲线图。从图中曲线可见，各种破坏形态的斜截面承载力各不相同，斜压破坏时最大，其次为剪压，斜拉最小。它们在达到峰值荷载时，跨中挠度都不大，破坏后荷载都会迅速下降，表明它们都属脆性破坏类型，而其中尤以斜拉破坏为甚。

2. 有腹筋梁的斜截面受剪破坏形态

与无腹筋梁类似，有腹筋梁的斜截面受剪破坏形态主要有斜压破坏、剪压破坏和斜拉破坏三种。

当剪跨比较小或箍筋的配置数量过多，则在箍筋尚未屈服时，斜裂缝间混凝土即因主压应力过大而发生斜压破坏。在薄腹梁中，即使剪跨比较大，也会发生斜压破坏。

当箍筋的配置数量适当，则斜裂缝出现后，原来由混凝土承受的拉力转由斜裂缝相交的箍筋承受，在箍筋尚未屈服时，由于箍筋的受力作用，延缓和限制了斜裂缝的开展和延伸，荷载尚能有较大的增长。当箍筋屈服后，其变形迅速增大，不再能有效地抑制斜裂缝的开展和延伸，最后斜裂缝上端的混凝土在剪压复合应力作用下，达到极限强度，发生剪压破坏。

当剪跨比较大，且箍筋配置的数量过少，当斜裂缝出现后，原来由混凝土承受的拉力转由箍筋承受，使箍筋很快达到屈服，不能限制斜裂缝的开展，此时梁的破坏形态与无腹筋梁相似，也将发生斜拉破坏。

6.3 影响受弯构件斜截面受剪承载力的主要因素

6.3.1 剪跨比对斜截面受剪承载力的影响

试验表明，对于承受集中荷载的梁，随着剪跨比的增大，受剪承载力下降（见图 6-11）。对于承受均布荷载作用的梁而言，构件跨度与截面高度之比（简称跨高比）l_0/h 是影响受剪承载力的主要因素。随着跨高比的增大，受剪承载力降低（见图 6-12）。

6.3.2 混凝土强度对斜截面受剪承载力的影响

斜截面破坏是因混凝土达到极限强度而发生的，故混凝土强度对梁的受剪承载力影响很大。

梁斜压破坏时，受剪承载力取决于混凝土的抗压强度。梁为斜拉破坏时，受剪承载力取决于混凝土的抗拉强度，而抗拉强度的增加较抗压强度来得缓慢，故混凝土强度的影响就略小。剪压破坏时，混凝土强度的影响则处于上述两者之间。

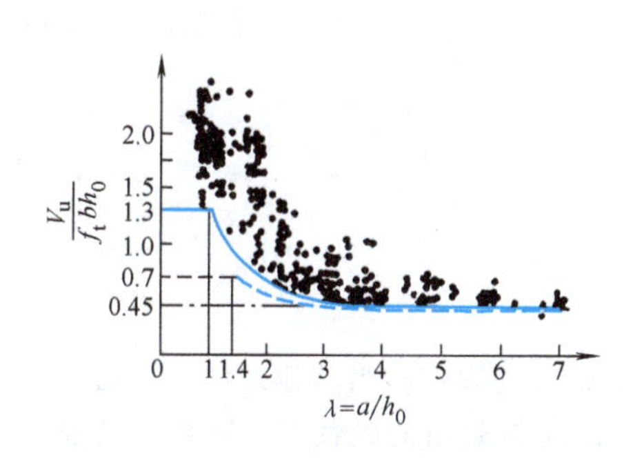

图 6-11　集中荷载作用下无腹筋梁的受剪承载力

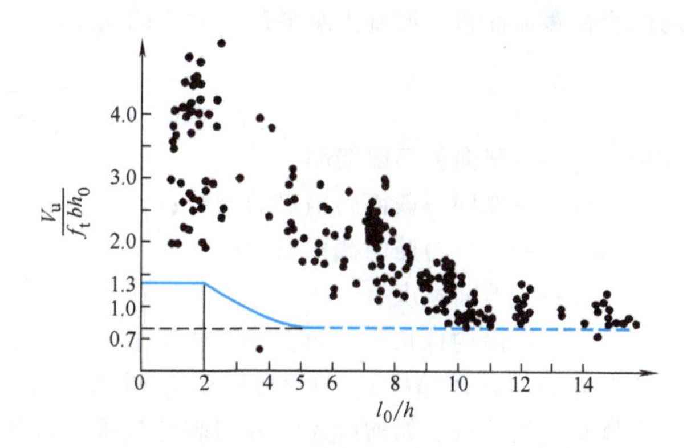

图 6-12　均布荷载作用下无腹筋梁的受剪承载力

6.3.3　纵向钢筋配筋率对斜截面受剪承载力的影响

试验表明，梁的受剪承载力随纵向钢筋配筋率 ρ 的增加而增大。一方面，因为纵向钢筋能抑制斜裂缝的开展和延伸，使斜裂缝上端的混凝土剪压区的面积较大，从而提高了剪压区混凝土承受的剪力 V_c。显然，纵向钢筋数量增加，这种抑制作用也增大。另一方面，纵向钢筋数量增加，其销栓作用随之增大，销栓作用所传递的剪力也相应增大。图 6-13 所示为纵向钢筋配筋率 ρ 对梁受剪承载力的影响，两者大体上成直线关系。随剪跨比的不同，ρ 的影响程度也不同，所以图 6-13 中各直线的斜率不同。剪跨比小时，纵向钢筋的销栓作用较强，ρ 对受剪承载力的影响较大；剪跨比较大时，纵向钢筋的销栓作用减弱，则 ρ 对受剪承载力的影响较小。

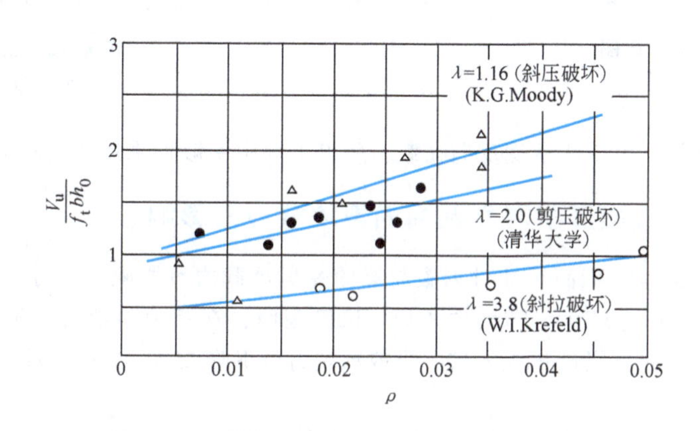

图 6-13　受剪承载力与纵向钢筋配筋率的关系

弯起钢筋传力较为集中，受力不均匀，有可能在弯起处引起混凝土产生劈裂裂缝，另外也增加了钢筋的施工难度。

6.3.4　配箍率和箍筋强度对斜截面受剪承载力的影响

有腹筋梁出现斜裂缝后，箍筋不仅直接承受相当部分的剪力，而且能有效地抑制斜裂缝的开展和延伸，对提高剪压区混凝土的抗剪能力和纵向钢筋的销栓作用有着积极的影响。试验表明，在配箍适当的范围内，梁的受剪承载力随配箍量的增多、箍筋强度的提高而有较大幅度的增长。

配箍量一般用箍筋的配筋率（又称配箍率）ρ_{sv} 表示，是指沿梁长在箍筋一个间距范围内，箍

筋的全部截面面积与混凝土水平截面面积的比值，如图 6-14 所示，即

$$\rho_{sv}=\frac{nA_{sv1}}{bs} \tag{6-7}$$

式中 ρ_{sv}——竖向箍筋配筋率；

n——在同一截面内箍筋的肢数；

A_{sv1}——单肢箍筋的截面面积；

b——截面宽度；

s——沿构件长度方向上箍筋的间距。

图 6-15 表示配箍率 ρ_{sv} 与箍筋强度 f_{yv} 的乘积对梁受剪承载力的影响。当其他条件相同时，两者大体呈线性关系。如前所述，剪切破坏属脆性破坏。为了提高斜截面的延性，不宜采用高强度钢筋作箍筋。

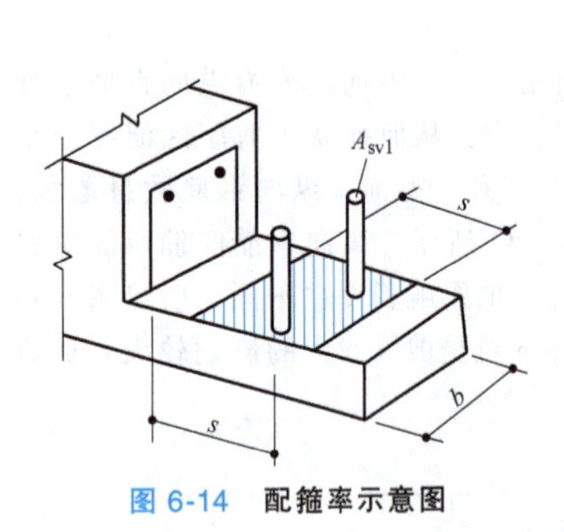

图 6-14　配箍率示意图

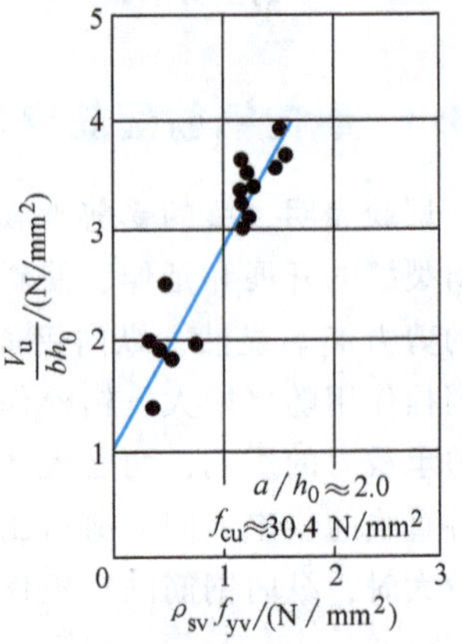

图 6-15　受剪承载力与箍筋强度和配筋率的关系

斜箍筋不便于绑扎，也不能承受反向荷载，所以工程中一般均采用垂直箍筋。

6.3.5　截面尺寸和截面形状对斜截面受剪承载力的影响

（1）截面尺寸的影响　截面尺寸对无腹筋梁的受剪承载力有影响，尺寸大的构件，破坏时的平均剪应力（$\tau=V/bh_0$）比尺寸小的构件要低。试验表明，在其他参数（混凝土强度、纵筋配筋率、剪跨比）保持不变时，梁高扩大 4 倍，受剪承载力可下降 25%～30%。对于有腹筋梁，截面尺寸的影响将减小。

（2）截面形状的影响　这主要是指 T 形截面梁，其翼缘大小对受剪承载力有一定影响。适当增加翼缘宽度，可使受剪承载力提高 25%，但翼缘过大，增大作用就趋于平缓。另外，增大梁宽也可提高受剪承载力。

6.4　斜截面受剪承载力的计算公式与适用范围

6.4.1　基本假定

如前所述，钢筋混凝土梁沿斜截面的主要破坏形态有斜压破坏、斜拉破坏和剪压破坏。在工程设计中，对于斜压破坏和斜拉破坏，一般是采取一定的构造措施予以避免。斜压破坏通常用控

制截面的最小尺寸来防止；斜拉破坏通常用满足箍筋的最小配箍率的构造要求来防止。由于发生剪压破坏时梁的受剪承载力变化幅度较大，故必须进行受剪承载力计算，使构件满足一定的斜截面受剪承载力，从而防止剪压破坏。《混凝土结构设计规范》的基本计算公式就是根据剪压破坏形态的受力特征而建立的。其基本假定如下：

1）梁的斜截面受剪承载力 V_u 由斜裂缝上剪压区混凝土的抗剪能力 V_c、与斜裂缝相交的箍筋的抗剪能力 V_{sv} 和与斜裂缝相交的弯起钢筋的抗剪能力 V_{sb} 三部分所组成（见图 6-16）。由平衡条件 $\sum Y=0$ 可得

$$V_u=V_c+V_{sv}+V_{sb} \tag{6-8}$$

如令 V_{cs} 为箍筋和混凝土共同承受的剪力，即

$$V_{cs}=V_c+V_{sv} \tag{6-9}$$

则

$$V_u=V_{cs}+V_{sb} \tag{6-10}$$

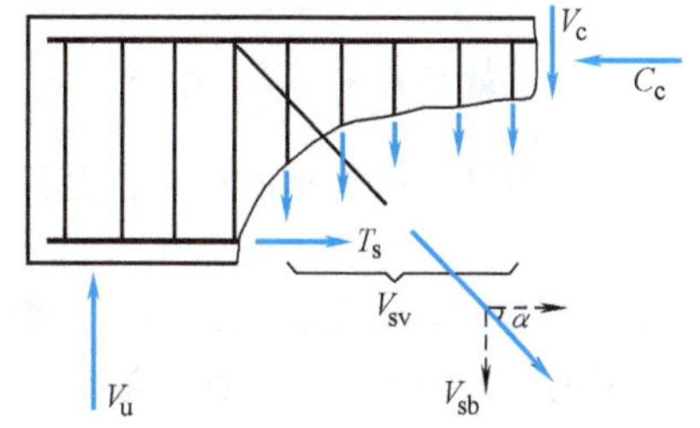

图 6-16　有腹筋梁斜截面破坏时的受力状态

2）梁剪压破坏时，与斜裂缝相交的箍筋和弯起钢筋的拉应力都达到其屈服强度。但要考虑拉应力可能不均匀的情况，特别是靠近剪压区的箍筋有可能达不到屈服强度。

6.4.2　斜截面受剪承载力的计算公式

1. 仅配箍筋时的斜截面受剪承载力计算

当仅配箍筋时，矩形、T 形和 I 形截面受弯构件的斜截面受剪承载力的计算公式为

$$V\leqslant V_{cs}=\alpha_{cv}f_t bh_0+f_{yv}\frac{A_{sv}}{s}h_0 \tag{6-11}$$

式中　V——构件斜截面上的最大剪力设计值；

V_{cs}——构件斜截面上混凝土和箍筋的受剪承载力设计值；

α_{cv}——斜截面混凝土受剪承载力系数，一般受弯构件取 0.7，集中荷载作用下（包括作用有多种荷载，其中集中荷载对支座截面或节点边缘所产生的剪力值占总剪力的 75%以上的情况）的独立梁 $\alpha_{cv}=\dfrac{1.75}{\lambda+1}$，$\lambda$ 为计算截面的剪跨比，可取 $\lambda=a/h_0$，当 $\lambda<1.5$ 时，取 $\lambda=1.5$，当 $\lambda>3$ 时，取 $\lambda=3$，a 取集中荷载作用点至支座截面或节点边缘的距离；

f_t——混凝土轴心抗拉强度设计值，按附表 1-10 取用；

f_{yv}——箍筋的抗拉强度设计值，按附表 1-3 取用；

A_{sv}——配置在同一截面内箍筋各肢的全部截面面积，即 $A_{sv}=nA_{sv1}$，其中 n 为在同一截面内箍筋的肢数，A_{sv1} 为单肢箍筋的截面面积；

s——沿构件长度方向的箍筋间距；

b——矩形截面的宽度，T 形或 I 形截面的腹板宽度；

h_0——构件截面的有效高度。

在上述公式中，对翼缘位于剪压区的 T 形截面而言，翼缘加大了剪压区混凝土的面积，因此提高了梁的受剪承载力。试验表明，对无腹筋梁可提高 20%左右。当翼缘加大到一定程度后，再加大翼缘截面，不能再提高梁的受剪承载力。有时梁腹板相对较窄处成为薄弱环节，剪切破坏发生在腹板上，其翼缘的大小对在腹板破坏时的承载力影响不大。因此，对 T 形和 I 形截面梁仍按肋宽为 b 的矩形截面梁的受剪承载力计算公式（6-11）来计算。

必须指出，由于配置箍筋后混凝土所能承受的剪力与无箍筋时所能承受的剪力是不同的，不

能把式（6-11）中的 $\alpha_{cv} f_t b h_0$ 看成是由混凝土承担的剪力，也不能把式（6-11）中的 $f_{yv}\frac{A_{sv}}{s}h_0$ 看成是由箍筋承担的剪力。由于箍筋限制了斜裂缝的开展，使剪压区面积增大，从而提高了混凝土承担的剪力，所以 $\alpha_{cv} f_t b h_0$ 是指无腹筋梁混凝土承担的剪力；对有箍筋的梁，混凝土承担的剪力还要增加一些，也就是在 $f_{yv}\frac{A_{sv}}{s}h_0$ 中有一小部分是属于混凝土的作用。采用 $V_{cs}=\alpha_{cv} f_t b h_0+f_{yv}\frac{A_{sv}}{s}h_0$ 来综合表达混凝土与箍筋所承担的剪力，是因为有腹筋梁的受剪承载力计算是以无腹筋梁的试验结果为基础的。

2. 配有箍筋和弯起钢筋时梁的斜截面受剪承载力计算

当梁的剪力较大时，可配置箍筋和弯起钢筋共同承受剪力设计值。弯起钢筋所承受的剪力值应等于弯起钢筋的承载力在垂直于梁纵轴方向的分力值。其斜截面承载力设计表达式为

$$V \leqslant V_{cs}+0.8 f_y A_{sb} \sin\alpha_s \tag{6-12}$$

式中 f_y——弯起钢筋的抗拉强度设计值；

A_{sb}——同一平面内的弯起钢筋的截面面积；

α_s——斜截面上弯起钢筋与构件纵轴线的夹角，一般取45°，当梁截面较高时，可取60°；

0.8——考虑到构件破坏时弯起钢筋达不到屈服强度时的应力不均匀系数。

3. 不配置箍筋和弯起钢筋的一般板类受弯构件的斜截面承载力计算

板类构件通常承受的荷载不大，剪力较小。因此，一般不必进行斜截面承载力的计算，也不配箍筋和弯起钢筋。但是，当板上承受荷载较大时，需要对其斜截面承载力进行计算。不配置箍筋和弯起钢筋的一般板类受弯构件，其斜截面的受剪承载力应符合下列规定

$$V \leqslant 0.7\beta_h f_t b h_0 \tag{6-13}$$

$$\beta_h=\left(\frac{800}{h_0}\right)^{\frac{1}{4}} \tag{6-14}$$

式中 β_h——截面高度影响系数，当 h_0 小于800mm时，取 h_0 等于800mm；当 h_0 大于2000mm时，取 h_0 等于2000mm。

6.4.3 计算公式的适用范围

梁的斜截面受剪承载力计算公式仅适用于剪压破坏情况，为了防止斜压破坏和斜拉破坏，还应规定其上、下限值。

1. 上限值——截面尺寸限制条件

当发生斜压破坏时，梁腹的混凝土被压碎、箍筋不屈服，其受剪承载力主要取决于构件的腹板宽度、梁截面高度及混凝土强度。因此，只要保证构件截面尺寸不太小，就可防止斜压破坏的发生，同时也是为了防止在使用阶段斜裂缝过宽。为此，《混凝土结构设计规范》规定了截面尺寸的限制条件：

当 $\frac{h_w}{b}\leqslant 4$ 时，应满足

$$V \leqslant 0.25\beta_c f_c b h_0 \tag{6-15}$$

当 $\frac{h_w}{b}\geqslant 6$ 时，应满足

$$V \leqslant 0.2\beta_c f_c b h_0 \tag{6-16}$$

当 $4<\frac{h_w}{b}<6$ 时，应满足

$$V \leqslant 0.025\left(14-\frac{h_w}{b}\right)\beta_c f_c b h_0 \tag{6-17}$$

式中　β_c——混凝土强度影响系数，当混凝土强度等级不超过 C50 时，取 $\beta_c=1.0$，当混凝土强度等级为 C80 时，取 $\beta_c=0.8$，其间按线性内插法确定；

h_w——截面的腹板高度，矩形截面取有效高度 h_0，T 形截面取有效高度减去翼缘高度，I 形截面取腹板净高。

对 T 形和 I 形截面的简支受弯构件，当有实践经验时，式（6-15）中的系数可改用 0.3；对受拉边倾斜的构件，当有实践经验时，其受剪截面的控制条件可适当放宽。

2. 下限值——箍筋最小配筋率和构造配箍条件

试验表明，在混凝土出现斜裂缝以前，斜截面上的应力主要由混凝土承担，当出现斜裂缝后，斜裂缝处的拉应力全部转移给箍筋，箍筋拉应力突然增大，如果箍筋配置过少，则箍筋不能承担原来由混凝土承担的拉力，斜裂缝一出现箍筋拉应力会立即达到屈服强度，甚至被拉断而导致斜拉脆性破坏。

为了避免因箍筋少筋的破坏，要求在梁内配置一定数量的箍筋，且箍筋的间距又不能过大，以保证每一道斜裂缝均能与箍筋相交，就可避免发生斜拉破坏。《混凝土结构设计规范》规定，箍筋最小配筋率为

$$\rho_{sv,min}=\frac{nA_{sv1}}{bs}=24\frac{f_t}{f_{yv}}\% \tag{6-18}$$

6.4.4　连续梁斜截面抗剪性能及受剪承载力计算

如图 6-17 所示，连续梁在剪跨区段内作用有正负两个方向的弯矩并有一个反弯点。梁在荷载作用下，在反弯点附近可能出现两条临界斜裂缝，分别指向中间支座和加载点。此时，在斜裂缝处由于混凝土开裂产生内力重分布而使纵向钢筋的拉应力增大很多。当纵向受拉钢筋自斜裂缝处延伸至反弯点时，从理论上讲该点处纵向钢筋的应力应很小，这样，在这一不长区段内的纵向钢筋拉力差，要通过钢筋和混凝土之间的粘结力将其传递到混凝土上去，由混凝土承受。而实际上由于这一区段钢筋内拉力差过大，从而引起粘结力的破坏，致使沿纵向钢筋与混凝土之间出现一批粘结裂缝。当粘结裂缝出现后引起纵向钢筋受拉区的延伸，使原先受压的钢筋区段也变成受拉，在截面上，只有中间的部分混凝土面积承受压力和剪力（见图 6-17c），这就使得其相应的压应力和剪应力增大，成为全梁最薄弱的环节，从而降低了梁的受剪承载力。降低的幅度同剪跨比的大小有关。当剪跨比较大时，临界斜裂缝一出现，梁就发生斜拉破坏，这时连续梁和简支梁受剪承载力相近。当剪跨比较小时发生剪压破坏，这是因为当临界裂缝出现后，随之发生粘结开裂裂缝，引起承载力降低。因此，就连续梁自身来说，剪跨比越小，粘结开裂裂缝发展越充分，受剪承载力降低越多。

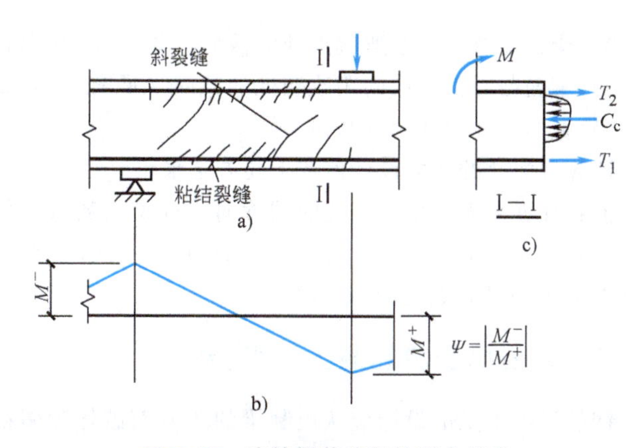

图 6-17　连续梁剪跨段的受力状态

a）裂缝图　b）弯矩图　c）分离体图

连续梁受剪承载力的计算方法，可与简支梁对比分析确定。当连续梁与对

比的简支梁的条件相同时，在集中荷载作用下，简支梁的剪跨比为 $\lambda=\frac{M}{Vh_0}$或 $\lambda=\frac{a}{h_0}$；而连续梁由于支座处有负弯矩，即在 M^- 与 M^+ 区段之间存在着反弯点，其剪跨比还与弯矩比（$\Psi=|M^-/M^+|$）值有关，若将连续梁的剪跨 a_1 比拟为简支梁的剪跨 a，则连续梁的剪跨比为 $\lambda=\frac{a_1}{h_0}=\frac{a}{(1+\Psi)h_0}$（见图 6-17b），其值要小于简支梁的剪跨比 $\lambda=\frac{a}{h_0}$值，即其受剪承载力计算值反而略高于简支梁的受剪承载力计算值。连续梁在均布荷载作用下，由于在 M^- 与 M^+ 区段之间存在着反弯点，同样，若将其与简支梁相比，则连续梁的跨高比要小于相应简支梁的跨高比，由于跨高比越小，梁的破坏承载力反而略有提高，即其受剪承载力同样也略高于相应简支梁在均布荷载作用下的受剪承载力。

为了简化计算，《混凝土结构设计规范》对连续梁的受剪承载力采用与简支梁受剪承载力计算公式相同的方法计算，即按式（6-11）计算。

6.5 斜截面受剪承载力计算方法

6.5.1 计算截面的位置

由于每个构件发生斜截面剪切破坏的位置受作用的荷载、构件的外形、支座条件、腹筋配置方法和数量等因素的影响而不同。斜截面破坏可能在多处发生。下列各个斜截面都应分别计算受剪承载力：

1）支座边缘处的截面（见图 6-18a、b 的截面 1—1）。

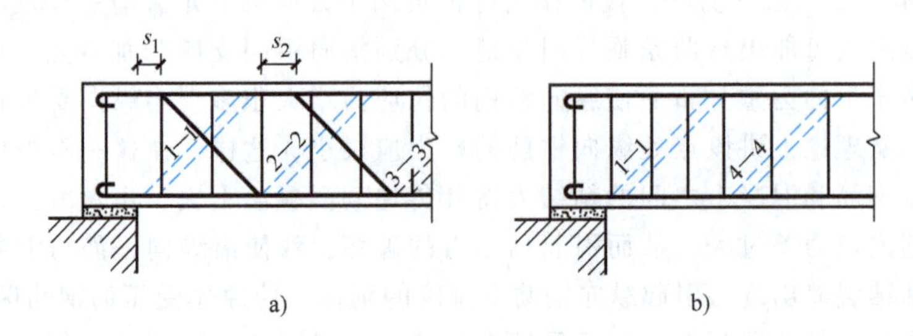

图 6-18 斜截面受剪承载力剪力设计值的计算位置

2）受拉区弯起钢筋弯起点处的截面（见图 6-18a 截面 2—2、3—3）。

3）箍筋截面面积或间距改变处的截面（见图 6-18b 的截面 4—4）。

4）截面尺寸改变处的截面。

计算截面处的剪力设计值按下述方法采用（见图 6-18）：计算支座边缘处的截面时，取该处的剪力值；计算箍筋数量改变处的截面时，取箍筋数量开始改变处的剪力值；计算第一排（对支座而言）弯起钢筋时，取支座边缘处的剪力值，计算以后每一排弯起钢筋时，取前一排（对支座而言）弯起钢筋弯起点处的剪力值。

6.5.2 斜截面受剪承载力计算步骤

钢筋混凝土梁的设计应从控制梁的正截面破坏和斜截面破坏两方面考虑。一般先进行正截面承载力设计，确定截面尺寸和纵向钢筋后，对上述各计算截面，根据剪力设计值 V 再进行斜截面受剪承载力的设计计算。斜截面受剪承载力的计算按下列步骤进行：

1）求内力，绘制剪力图。

2）按式（6-15）、式（6-16）和式（6-17）验算是否满足截面限制条件，以避免产生斜压破坏。如不满足，则应加大截面尺寸或提高混凝土的强度等级。

3）验算是否需要按计算配置腹筋。如果计算截面的剪力设计值满足下述要求，梁内可按构造要求配置腹筋，以箍筋的最小配筋率设置箍筋；否则，应按计算配置腹筋。

$$V \leqslant 0.7f_t bh_0 \text{或} V \leqslant \frac{1.75}{\lambda+1}f_t bh_0 \tag{6-19}$$

4）计算腹筋。对仅配置箍筋的梁，可按下式计算：

对矩形、T 形和 I 形截面的一般受弯构件

$$\frac{nA_{sv1}}{s} \geqslant \frac{V-0.7f_t bh_0}{f_{yv}h_0} \tag{6-20}$$

对集中荷载作用下的独立梁

$$\frac{nA_{sv1}}{s} \geqslant \frac{V-\dfrac{1.75}{\lambda+1}f_t bh_0}{f_{yv}h_0} \tag{6-21}$$

式（6-20）和式（6-21）中含有箍筋肢数 n、单肢箍筋截面面积 A_{sv1} 及箍筋间距 s 三个未知量，设计时一般先假定箍筋直径 d 和箍筋的肢数 n，然后计算箍筋的间距 s。在选择箍筋直径和间距时应符合《混凝土结构设计规范》规定的构造要求，以及满足最小配箍率的要求。

同时配置箍筋和弯起钢筋的梁，可以根据经验和构造要求配置箍筋，计算 V_{cs}，然后按式（6-22）计算弯起钢筋的面积。

$$A_{sb}=\frac{V-V_{cs}}{0.8f_y \sin\alpha_s} \tag{6-22}$$

也可以根据受弯承载力的要求，先选定弯起钢筋再按式（6-23）计算所需箍筋。

$$\frac{nA_{sv1}}{s} \geqslant \frac{V-0.7f_t bh_0-0.8f_y A_{sb}\sin\alpha_s}{f_{yv}h_0} \tag{6-23}$$

$$\frac{nA_{sv1}}{s} \geqslant \frac{V-\dfrac{1.75}{\lambda+1}f_t bh_0-0.8f_y A_{sb}\sin\alpha_s}{f_{yv}h_0} \tag{6-24}$$

然后验算弯起点的位置是否满足斜截面承载力的要求。

【例 6-1】 钢筋混凝土矩形截面简支梁如图 6-19 所示，截面尺寸 $b\times h=250\text{mm}\times600\text{mm}$，混凝土强度等级为 C25，纵向钢筋为 HRB400，箍筋为 HPB300，环境类别为一类，承受均布荷载设计值 $q=86\text{kN/m}$（包括自重），根据正截面受弯承载力计算配置的纵向钢筋为 4 ⌀ 25。试根据斜截面受剪承载力要求确定腹筋。

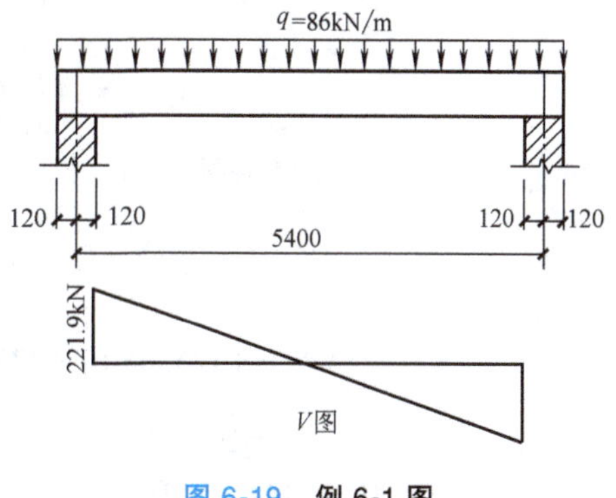

图 6-19　例 6-1 图

【解】（1）材料强度　$f_c=11.9\text{N/mm}^2$，$f_t=1.27\text{N/mm}^2$，$f_y=360\text{N/mm}^2$，$f_{yv}=270\text{N/mm}^2$。

（2）支座边缘截面剪力设计值

$$V=\frac{1}{2}\times86\times(5.4-0.24)\text{kN}=221.9\text{kN}$$

(3) 复核梁截面尺寸　C25 混凝土，$\beta_c=1.0$。

$$h_w=h_0=(600-35)\text{mm}=565\text{mm},\frac{h_w}{b}=\frac{565}{250}=2.26<4$$

$$0.25\beta_c f_c bh_0=0.25\times1.0\times11.9\times250\times565\text{N}=420.2\text{kN}>V=221.9\text{kN}$$

截面尺寸满足要求。

(4) 验算是否按构造配置腹筋

$$0.7f_t bh_0=0.7\times1.27\times250\times565\text{N}=125.6\text{kN}<V=221.9\text{kN}$$

故需按计算配置腹筋。

(5) 所需腹筋的计算

1) 只配箍筋，不配弯起钢筋。由 $V\leqslant0.7f_t bh_0+f_{yv}\frac{A_{sv}}{s}h_0$ 得

$$\frac{nA_{sv1}}{s}\geqslant\frac{221900-125600}{270\times565}\text{mm}=0.631\text{mm}$$

选用双肢箍筋Φ 8mm，则 $A_{sv1}=50.3\text{mm}^2$，可求得

$$s\leqslant\frac{2\times50.3}{0.631}\text{mm}=159\text{mm}$$

取 $s=150$mm，箍筋沿梁长均匀布置（见图 6-20a）。

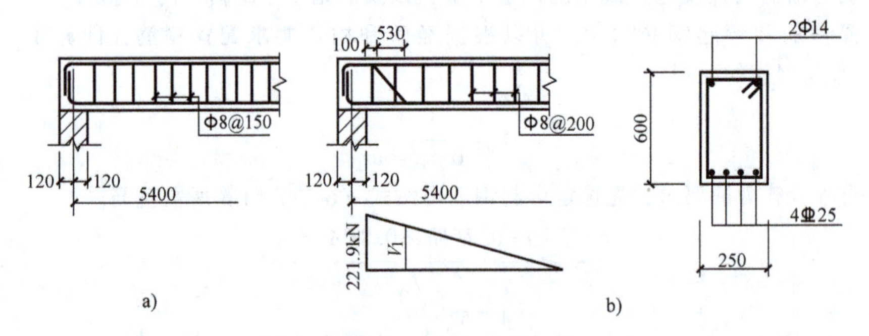

图 6-20　例 6-1 配筋

2) 既配箍筋又配弯起钢筋。根据构造要求，选Φ 8@ 200 双肢箍，则

$$\rho_{sv}=\frac{A_{sv}}{bs}=\frac{2\times50.3}{250\times200}=0.201\%$$

又

$$\rho_{sv,\min}=24\frac{f_t}{f_{yv}}\%=24\times\frac{1.27}{270}\%=0.113\%$$

因 $\rho_{sv}>\rho_{sv,\min}$，故按构造配置箍筋合理。

$$V_{cs}\leqslant0.7f_t bh_0+f_{yv}\frac{A_{sv}}{S}h_0$$

$$=\left(125.6\times10^3+270\times\frac{2\times50.3}{200}\times565\right)\text{N}$$

$$=202.3\text{kN}$$

由式（6-22）取 $\alpha=45°$，则有

$$A_{sb}=\frac{V-V_{cs}}{0.8f_y\sin\alpha_s}=\frac{221.9\times10^3-202.3\times10^3}{0.8\times360\times\sin45°}\text{mm}^2=96\text{mm}^2$$

选用 1 Φ 25 纵筋作弯起钢筋，如图 6-20b 所示，$A_{sb}=490.9\text{mm}^2$，满足要求。

验算是否需要第二批弯起钢筋：钢筋弯起点到支座边缘距离为 $(100+530)\text{mm}=630\text{mm}$，则第一排弯起钢筋弯起点处的剪力设计值

$$V_1=221.9\times\left(1-\frac{630}{2580}\right)\text{kN}=167.7\text{kN}<V_{cs}=202.3\text{kN}$$

故不需第二排弯起。

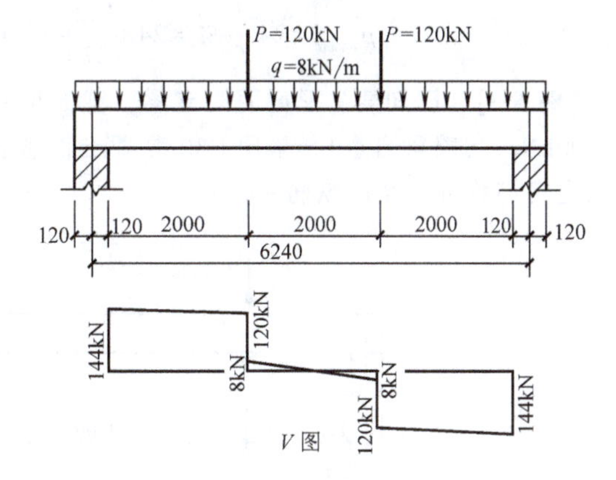

图 6-21　例 6-2 图

【例 6-2】 某钢筋混凝土矩形截面简支梁承受荷载设计值如图 6-21 所示。其中集中荷载 $P=120\text{kN}$，均布荷载 $q=8\text{kN/m}$（包括自重）。梁截面尺寸 $b\times h=250\text{mm}\times600\text{mm}$。配有纵筋 5 Φ 25，混凝土强度等级为 C25，箍筋为 HPB300 钢筋，环境类别为一类，试求所需用箍筋数量。

【解】（1）材料强度　$f_c=11.9\text{N/mm}^2$，$f_t=1.27\text{N/mm}^2$，$f_{yv}=270\text{N/mm}^2$。

（2）剪力设计值计算　由均布荷载在支座边缘处产生的剪力设计值为

$$V_q=\frac{1}{2}ql_n=\frac{1}{2}\times8\times6\text{kN}=24\text{kN}$$

由集中荷载在支座边缘处产生的剪力设计值 $V_P=120\text{kN}$

在支座处总剪力为 $V=V_q+V_P=(24+120)\text{kN}=144\text{kN}$

集中荷载在支座截面产生的剪力值与该截面总剪力值的百分比为 120/144=83.3%>75%，应按集中荷载作用的相应公式计算斜截面受剪承载力。

（3）复核截面尺寸　C25 混凝土 $\beta_c=1.0$。

$$\frac{h_0}{b}=\frac{540}{250}=2.16<4$$

$$0.25\beta_c f_c bh_0=0.25\times1.0\times11.9\times250\times540\text{N}=401.6\text{kN}>V=144\text{kN}$$

截面尺寸满足要求。

（4）验算是否需按计算配置腹筋　剪跨比 $\lambda=a/h_0=2/0.54=3.7>3$，取 $\lambda=3$，则

$$\frac{1.75}{\lambda+1}f_t bh_0=\frac{1.75}{3+1}\times1.27\times250\times540\text{N}=75\text{kN}<V=144\text{kN}$$

故应按计算配置腹筋。

（5）计算箍筋数量

$$\frac{A_{sv}}{s}\geqslant\frac{V-\dfrac{1.75}{\lambda+1}f_t bh_0}{f_{yv}h_0}=\frac{(144-75)\times1000}{270\times540}=0.473$$

选用双肢箍筋Φ 8，即 $n=2$，$A_{sv1}=50.3\text{mm}^2$，则

$$s\leqslant\frac{2\times50.3}{0.473}\text{mm}=213\text{mm}$$

取 $s=200\text{mm}$，箍筋沿梁长均匀布置。

（6）验算最小箍筋配筋率

$$\rho=\frac{A_{sv}}{bs}=\frac{nA_{sv1}}{bs}=\frac{2\times50.3}{250\times200}=0.20\%$$

最小箍筋配筋率

$$\rho_{sv,min}=24\frac{f_t}{f_{yv}}\%=24\times\frac{1.27}{270}\%=0.113\%<0.20\%\text{（满足要求）}$$

【例 6-3】 已知某 T 形截面简支梁，截面尺寸如图 6-22 所示，承受一集中荷载，其设计值为 $P=400\text{kN}$（忽略梁自重），采用 C30 混凝土，箍筋采用 HRB400，安全等级二级，环境类别一类。试确定箍筋数量（梁底纵筋一排）。

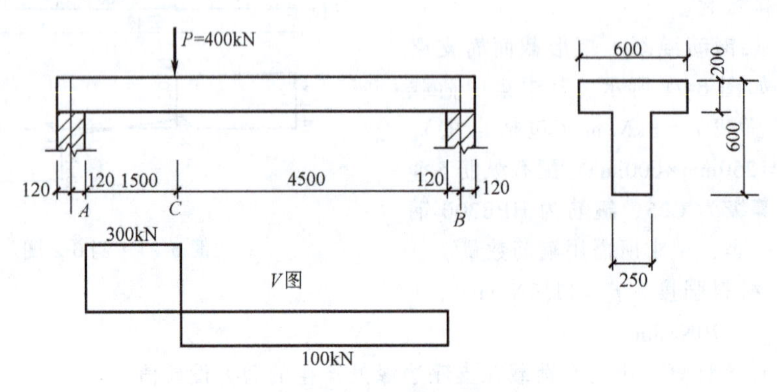

图 6-22 例 6-3 图

【解】（1）材料强度 $f_c=14.3\text{N/mm}^2$，$f_t=1.43\text{N/mm}^2$，$f_{yv}=360\text{N/mm}^2$。保护层厚度 $c=20\text{mm}$，取 $a_s=35\text{mm}$，$h_0=(600-35)\text{mm}=565\text{mm}$。

（2）验算梁截面尺寸 C25 混凝土 $\beta_c=1.0$。

$$h_w=h_0-h_f'=(565-200)\text{mm}=365\text{mm},\quad \frac{h_w}{b}=\frac{365}{250}=1.46<4$$

$$\begin{aligned}0.25\beta_c f_c bh_0&=0.25\times1.0\times14.3\times250\times565\text{N}\\&=504969\text{N}\approx505\text{kN}>V_{max}=300\text{kN}\end{aligned}$$

截面尺寸满足要求。

（3）AC 段的箍筋配置 验算是否按构造配箍。

$$\lambda=\frac{a}{h_0}=\frac{1500}{565}=2.65<3$$

$$\begin{aligned}\frac{1.75}{\lambda+1}f_t bh_0&=\frac{1.75}{2.65+1}\times1.43\times250\times565\text{N}=96843\text{N}\\&=96.8\text{kN}<V_{max}\end{aligned}$$

故应按计算配置箍筋。

$$\frac{nA_{sv1}}{s}\geqslant\frac{V-\dfrac{1.75}{\lambda+1}f_t bh_0}{f_{yv}h_0}=\frac{(300-96.8)\times1000}{360\times565}\text{mm}^2/\text{mm}=0.999\text{mm}^2/\text{mm}$$

选用双肢箍筋Φ10，即 $n=2$，$A_{sv1}=78.5\text{mm}^2$。将其代入上式得 $s\leqslant157\text{mm}$，取 $s=150\text{mm}$，则

$$\rho=\frac{A_{sv}}{bs}=\frac{nA_{sv1}}{bs}=\frac{2\times78.5}{250\times150}=0.42\%$$

最小箍筋配筋率

$$\rho_{sv,min}=24\frac{f_t}{f_{yv}}\%=24\times\frac{1.43}{360}\%=0.095\%<0.42\%\text{（满足要求）}$$

箍筋直径和间距均符合构造要求。

(4) CB 段的箍筋配置 验算是否按构造配箍。

$\lambda=\dfrac{a}{h_0}=\dfrac{4500}{565}=7.96>3$，取 $\lambda=3$，则

$$\frac{1.75}{\lambda+1}f_t bh_0=\frac{1.75}{3+1}\times1.43\times250\times565\text{N}=88370\text{N}=88.37\text{kN}<V_{max}$$

故应按计算配置箍筋。

$$\frac{nA_{sv1}}{s}\geqslant\frac{V-\dfrac{1.75}{\lambda+1}f_t bh_0}{f_{yv}h_0}=\frac{(100-88.37)\times1000}{360\times565}\text{mm}^2/\text{mm}=0.057\text{mm}^2/\text{mm}$$

选用双肢箍筋 ⏀8，即 $n=2$，$A_{sv1}=50.3\text{mm}^2$。将其代入上式得 $s\leqslant1765\text{mm}$，按构造要求取 $s=250\text{mm}$，则

$$\rho=\frac{A_{sv}}{bs}=\frac{nA_{sv1}}{bs}=\frac{2\times50.3}{250\times250}=0.161\%$$

最小箍筋配筋率

$$\rho_{sv,min}=24\frac{f_t}{f_{yv}}\%=24\times\frac{1.43}{360}\%=0.095\%<0.161\%\text{（满足要求）}$$

箍筋直径和间距均符合构造要求。

6.6 保证斜截面受弯承载力的构造措施

在剪力和弯矩共同作用下产生的斜裂缝，还会导致与其相交的纵向钢筋拉力增加，引起沿斜截面受弯承载力不足及锚固不足的破坏。因此，在设计中，除了保证梁的正截面受弯承载力和斜截面受剪承载力外，在考虑纵向钢筋的弯起、截断及锚固时，还需在构造上采取措施，保证梁的斜截面受弯承载力及钢筋的可靠锚固。

6.6.1 抵抗弯矩图的概念及绘制方法

以各截面实际纵向受拉钢筋所能承受的弯矩为纵坐标，以相应的截面位置为横坐标，所作出的弯矩图称为材料抵抗弯矩图，简称 M_u 图。当梁的截面尺寸、材料强度及钢筋截面面积确定后，其抵抗弯矩值可由下式确定

$$M_u=A_s f_y\left(h_0-\frac{f_y A_s}{2\alpha_1 f_c b}\right)\tag{6-25}$$

每根钢筋所抵抗的弯矩 M_{ui} 可近似地按该根钢筋的面积 A_{si} 与钢筋总面积 A_s 的比值乘以总抵抗弯矩 M_u 求得，即

$$M_{ui}=\frac{A_{si}}{A_s}M_u\tag{6-26}$$

图 6-23 所示为钢筋混凝土简支梁的配筋图，如果三根钢筋的两端都伸入支座，则 M_u 即为图 6-23 的 $abdc$。每根钢筋所能抵抗的弯矩 M_{ui} 如图 6-23 所示。

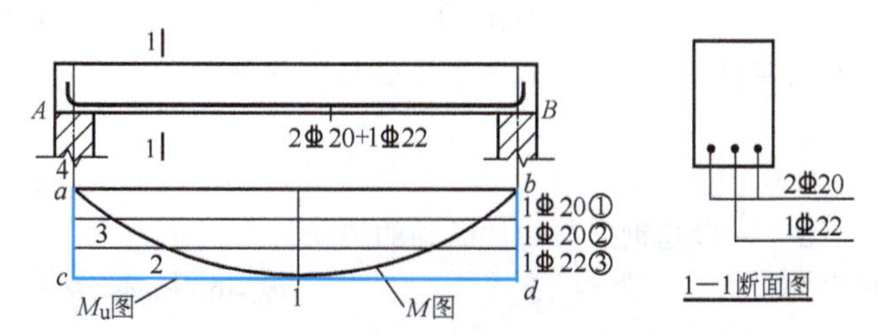

图 6-23 配通长直筋简支梁的材料抵抗弯矩图

在设计时，当所选定的纵向钢

筋沿梁长直通至两端放置时，因 A_s 值不变，则其抵抗弯矩图为一矩形 *acdb*。由图 6-23 中可以看出，钢筋如果直通设置，不仅对梁中任一正截面的抗弯能力均是安全的，而且构造简单；但除跨中最大弯矩的截面外，其他截面的钢筋强度没有被充分利用，这种设置方案是不经济的。为了节约钢材，较合理的设计方法是将部分纵向钢筋在抗弯不需要的截面弯起，用以承担剪力和支座负弯矩；此外，对连续梁中间支座处的上部钢筋，在其按计算不需要区段可进行合理的切断。这样，在保证梁内任一正截面和斜截面抗弯能力的前提下，如何来确定纵筋的弯起和切断的位置，就需要通过作抵抗弯矩图的方法来解决。

在图 6-23 中，1 截面处③号钢筋强度充分利用；2 截面处②号钢筋强度充分利用，3 截面处①号钢筋充分利用，而③号钢筋在 2 截面以外（向支座方向）就不再需要，②号钢筋在 3 截面以外也不再需要。因而，可以把 1、2、3 三个截面分别称为③、②、①号钢筋的充分利用截面，而把 2、3、4 三个截面分别称为③、②、①号钢筋的不需要截面。

纵向钢筋弯起时其抵抗弯矩 M_u 图的表示方法：在图 6-24 的配筋图中，D 点为弯起钢筋和梁纵轴的交点，E 点为其弯起点，从 D、E 两点作垂直投影与抵抗弯矩图的两条平行于基线 *ah* 的直线 *dg*、*ef* 相交，则连线 *abdefh* 表示②号钢筋弯起后的抵抗弯矩图。配筋图中 D 点表示梁斜截面受拉区与受压区近似的分界点，相应的抵抗弯矩图的倾斜连线 *ed* 表示随着钢筋的弯起，其相应的抵抗弯矩值在逐渐减小。

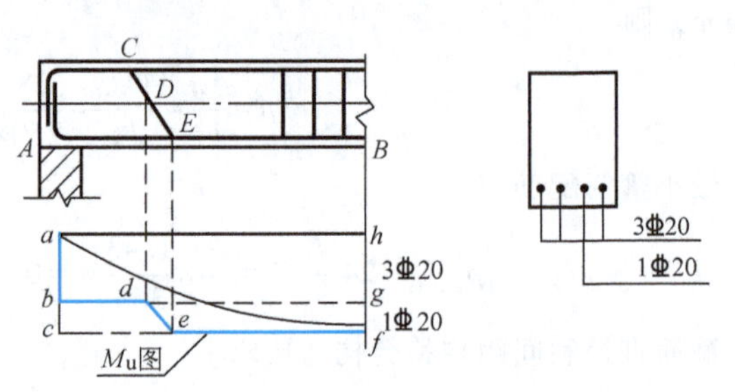

图 6-24　纵向钢筋的抵抗弯矩图

6.6.2 保证斜截面受弯承载力的构造要求

对于斜截面受弯承载力，一般不需计算而是通过下列方法加以保证，即通过构造要求，使其斜截面的受弯承载力不低于相应正截面受弯承载力。

1. 纵向钢筋的弯起

如图 6-25 所示，截面 A—A' 承受的弯矩为 M_A，按正截面受弯承载力需要配置的纵向钢筋截面面积为 A_s，在 D 处弯起一根（或一排）钢筋，其截面面积为 A_{sb}，则留下来的纵向钢筋截面面积 $A_{s1}=A_s-A_{sb}$。

由正截面 A—A' 的受弯承载力计算可得

$$M_A=f_yA_sz \tag{6-27}$$

如果出现斜裂缝 FG，则作用在斜截面上的弯矩仍为 M_A，而斜截面所能承担的弯矩 M_{uA} 为

$$M_{uA}=f_y(A_s-A_{sb})z+f_yA_{sb}z_{sb} \tag{6-28}$$

图 6-25　弯起钢筋对截面受弯承载力的作用

为了保证沿斜截面 FG 不发生破坏，必须 $M_{uA}\geqslant M_A$ 即

$$z_{sb}\geqslant z \tag{6-29}$$

$$z_{sb}=l_{AD}\sin\alpha+z\cos\alpha \tag{6-30}$$

式中　α——弯起钢筋与构件纵轴的夹角。

于是可得

$$l_{AD}\sin\alpha+z\cos\alpha\geqslant z \tag{6-31}$$

则

$$l_{AD}\geqslant\frac{1-\cos\alpha}{\sin\alpha}z \tag{6-32}$$

一般钢筋弯起角度为45°~60°，近似地取 $z=0.9h_0$，则可得 l_{AD} 为：当 $\alpha_s=45°$ 时，$l_{AD}\geqslant 0.373h_0$；当 $\alpha=60°$ 时，$l_{AD}\geqslant 0.52h_0$。为了方便起见，《混凝土结构设计规范》规定，弯起点与按计算充分利用该钢筋截面之间的距离不应小于 $0.5h_0$，也即弯起点应在该钢筋充分利用截面以外大于或等于 $0.5h_0$ 处。在连续梁中，把跨中承受正弯矩的纵向钢筋弯起，并把它作为承担支座弯矩的钢筋时也必须遵循这一规定。

因此，在截面设计中，对梁纵向钢筋的弯起必须满足三个要求：

1）满足斜截面受剪承载力的要求。

2）满足正截面受弯承载力的要求。设计时，必须使梁的抵抗弯矩图不小于相应的荷载计算弯矩图。

3）满足斜截面受弯承载力的要求，即当纵向钢筋弯起时，其弯起点与充分利用点之间的距离不得小于 $0.5h_0$；同时，弯起钢筋与梁纵轴线的交点应位于按计算不需要该钢筋的截面以外。

2. 纵向钢筋的截断

通常，对于梁底部承受正弯矩的钢筋，将计算上不需要的钢筋，可以弯起作为抗剪钢筋或作为承受支座负弯矩的钢筋，而不采用将钢筋截断的方式。但对于连续梁中支座附近承受负弯矩的钢筋，为了节约钢筋，往往采用截断的方式来减少纵向钢筋的数量。

从理论上讲，某一纵向钢筋在其不需要点（称为理论断点）处截断是可以的。但事实上，当在理论断点处切断钢筋后，相应于该处的混凝土拉应力会突增，有可能在切断处过早地出现斜裂缝，但该处未切断纵向钢筋的强度是被充分利用的，斜裂缝的出现，使斜裂缝顶端截面处承担的弯矩增大，未切断纵向钢筋的应力就有可能超过其抗拉强度，而造成梁的斜截面受弯破坏。

在设计时，为了避免发生上述斜截面受弯破坏，使每一根纵向受力钢筋在结构中发挥其承载力的作用，应从其“强度充分利用截面”外伸一定的长度 l_{d1}，依靠这段长度与混凝土的粘结锚固作用使钢筋维持足够的抗力。同时，当一根钢筋由于弯矩图变化，将不考虑其抗力而切断时，从按正截面承载力计算“不需要该钢筋的截面”也须外伸一定的长度 l_{d2}，作为受力钢筋应有的构造措施。在结构设计中，应将上述两个条件中确定的较长外伸长度作为纵向受力钢筋的实际延伸长度 l_d，作为其真正的切断点（见图6-26）。

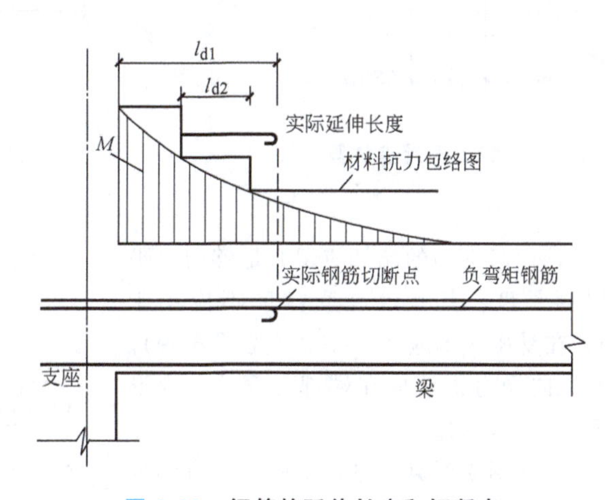

图6-26 钢筋的延伸长度和切断点

钢筋混凝土连续梁、框架梁支座截面的负弯矩纵向钢筋不宜在受拉区截断。如必须截断时，其延伸长度 l_d 可按表6-1中 l_{d1} 和 l_{d2} 中取外伸长度较长者确定。其中 l_{d1} 是从“充分利用该钢筋强度的截面”延伸出的长度；而 l_{d2} 是从“按正截面承载力计算不需要该钢筋的截面”延伸出的长度。

表6-1 负弯矩钢筋的延伸长度 l_d

截面条件	充分利用截面伸出长度 l_{d1}	计算不需要截面伸出长度 l_{d2}
$V\leqslant 0.7bh_0f_t$	$\geqslant 1.2l_a$	$\geqslant 20d$
$V>0.7bh_0f_t$	$\geqslant 1.2l_a+h_0$	$\geqslant 20d$ 及 h_0
若按上述情况确定的截断点仍位于负弯矩对应的受拉区内	$\geqslant 1.2l_a+1.7h_0$	$\geqslant 20d$ 及 $1.3h_0$

6.7 受弯构件中钢筋的构造要求

6.7.1 纵向受力钢筋弯起、截断和锚固的构造要求

1. 纵向受力钢筋弯起和截断的构造要求

纵向受力钢筋弯起时除必须满足正截面受弯承载力要求和满足斜截面受弯要求外，还应满足以下构造要求：

1）用于斜截面受剪的弯起钢筋，第一排弯起钢筋的上弯点与支座边缘的水平距离，以及相邻弯起钢筋之间弯起点到弯终点的距离，都不得大于箍筋的最大间距，其值见表6-4内$V>0.7f_tbh_0$一栏的规定，这样才能保证斜裂缝一定能与弯起钢筋相交。图6-26为了更好地发挥靠近梁端的第一根弯起钢筋的抗剪承载力，工程设计中要求该钢筋上弯点到支座边缘的距离不小于50mm。

2）弯起钢筋除由纵向受力钢筋弯起而成，还有一种是单独设置的抗剪弯起筋，这种钢筋应设置成鸭筋（见图6-27a），不能采用仅在受拉区有一小段水平长度的“浮筋”（见图6-28b），这是为了防止由于弯起钢筋在受拉区发生滑动而加剧斜裂缝的开展，甚至失去抗剪能力。

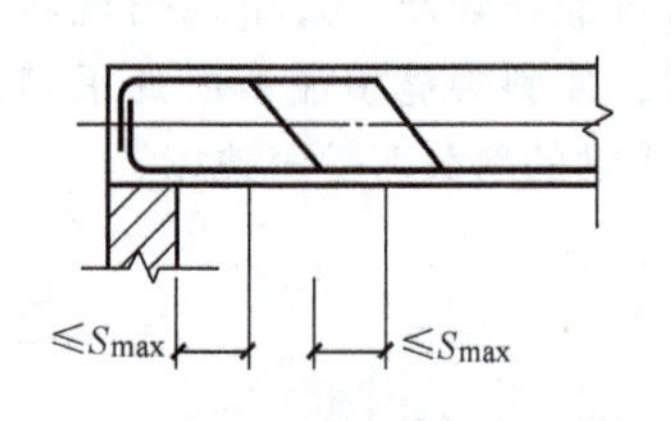

图6-27　弯终点位置

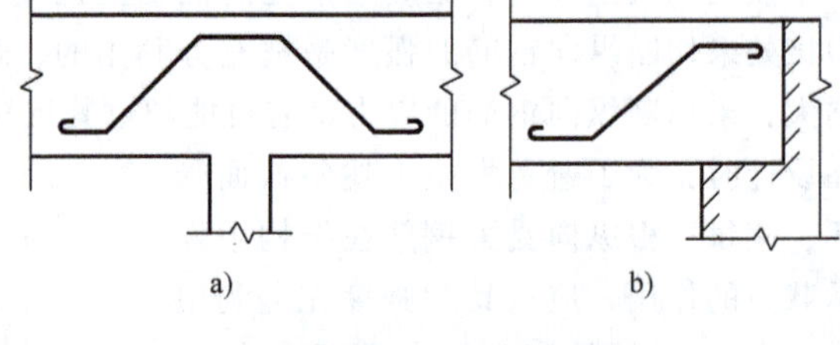

图6-28　鸭筋与浮筋

a）鸭筋　b）浮筋

3）弯起钢筋的端部应留有足够的水平段锚固长度，其长度在受拉区不应小于20d，在受压区不应小于10d（见图6-29）。光圆纵向受力钢筋应在端部做弯钩，变形钢筋可不做弯钩。

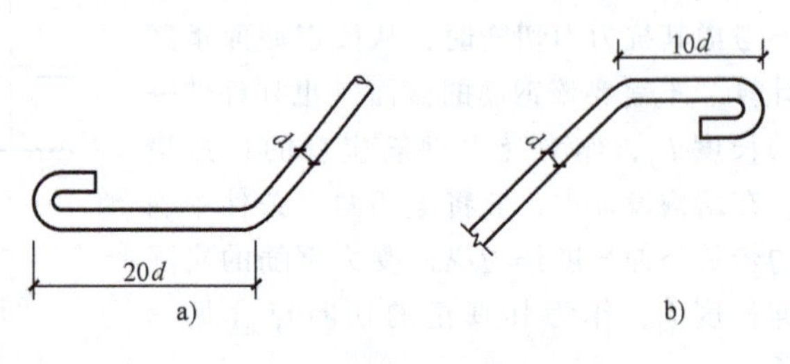

图6-29　弯起钢筋端部构造

a）受拉区　b）受压区

4）在钢筋混凝土悬臂梁中，应有不少于2根上部钢筋伸至悬臂梁外端，并向下弯折不小于12d；其余钢筋不应在梁的上部截断，而应按规范规定的弯起点位置向下弯折，并按规定锚固在梁的下边。

2. 纵向受力钢筋在支座处的锚固

（1）对于板端　采用分离式配筋的多跨板，板底钢筋宜全部伸入支座；支座负弯矩钢筋向跨内延伸的长度应根据负弯矩图确定，并满足钢筋锚固的要求。简支板或连续板下部纵向受力钢筋伸入支座的锚固长度不应小于5d，且宜伸过支座中心线。当连续板内温度、收缩应力较大时，伸入支座的长度宜适当增加。

（2）对于梁端　支座附近的剪力较大，在出现斜裂缝后，由于与斜裂缝相交的纵向受力钢筋应力会突然增大，若纵向受力钢筋伸入支座的锚固长度不够，将使纵向受力钢筋滑移，甚至被从

混凝土中拔出引起锚固破坏。

为了防止这种破坏，纵向受力钢筋伸入支座的长度和数量应该满足下列要求：

1）伸入梁支座范围内的纵向受力钢筋不应少于2根。

2）钢筋混凝土简支梁和连续梁简支端的下部纵向受力钢筋，从支座边缘算起伸入支座内的锚固长度 l_{as}（见图6-30）应满足表6-2的规定。

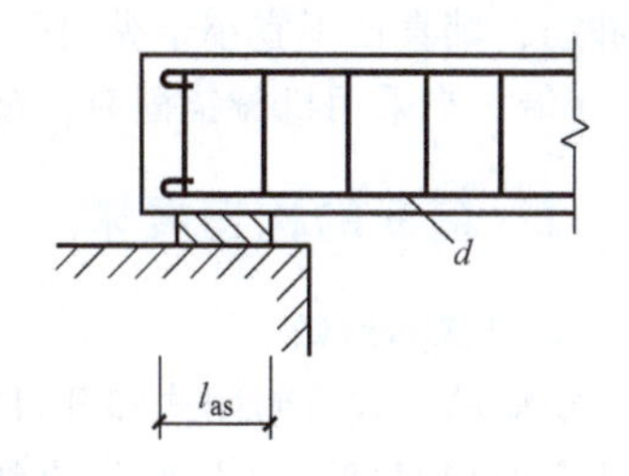

图6-30 纵向受力钢筋锚固长度

表6-2 简支梁纵向受力钢筋锚固长度 l_{as}

$V \leqslant 0.7f_tbh_0$	$V > 0.7f_tbh_0$
$\geqslant 5d$	带肋钢筋不小于12d，光圆钢筋不小于15d

如纵向受力钢筋伸入梁支座范围内的锚固长度不符合表6-2的规定，可采取弯钩或机械锚固措施，包括弯钩或锚固端头在内的锚固长度（投影长度）可取为基本锚固长度 l_{ab} 的60%。弯钩和机械锚固的形式和技术要求应符合表6-3、图6-31的规定。

表6-3 钢筋弯钩和机械锚固的形式和技术要求

锚固形式	技术要求	锚固形式	技术要求
90°弯钩	末端90°弯钩，弯钩内径4d，弯后直段长度12d	一侧贴焊锚筋	末端一侧贴焊长5d同直径钢筋
		两侧贴焊锚筋	末端两侧贴焊长3d同直径钢筋
135°弯钩	末端135°弯钩，弯钩内径4d，弯后直段长度5d	焊端锚板	末端与厚度d的锚板穿孔塞焊
		螺栓锚头	末端旋入螺栓锚头

注：1. 焊缝和螺纹长度应满足承载力要求。
2. 螺栓锚头和焊接锚板的承压净面积不应小于锚固钢筋截面积的4倍。
3. 螺栓锚头的规格应符合相关标准的要求。
4. 螺栓锚头和焊接锚板的钢筋净间距不宜小于4d，否则应考虑群锚效应的不利影响。
5. 截面角部的弯钩和一侧贴焊锚筋的布筋方向宜向截面内侧偏置。

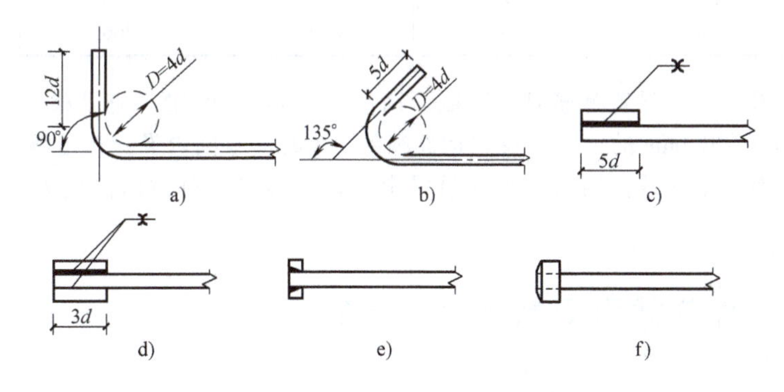

图6-31 钢筋弯钩和机械锚固的形式和技术要求

a）90°弯钩 b）135°弯钩 c）一侧贴焊锚筋 d）两侧贴焊锚筋 e）穿孔塞焊锚板 f）螺栓锚头

混凝土强度等级为C25及以下的简支梁和连续梁的简支端，当距支座边1.5h范围内作用有集中荷载，且 $V>0.7f_tbh_0$ 时，对带肋钢筋宜采取有效的锚固措施，或取锚固长度不小于15d，d为锚固钢筋的直径。

支承在砌体结构上的钢筋混凝土独立梁，在纵向受力钢筋的锚固长度范围内应配置不少于两根箍筋，其直径不宜小于纵向受力钢筋最大直径的 0.25 倍，间距不宜大于纵向受力钢筋最小直径的 10 倍。当采用机械锚固时，箍筋间距不宜大于纵向受力钢筋最小直径的 5 倍。

6.7.2 箍筋的构造要求

1. 形式和肢数

箍筋的形式有封闭式和开口式两种（见图 6-32）。当梁中配有按计算需要的纵向受压钢筋时，箍筋应做成封闭式，且弯钩直线段长度不应小于 $5d$（d 为箍筋直径）。开口箍不利于纵向钢筋的定位，且不能约束芯部混凝土，故除小过梁以外，一般构件不应采用开口箍。

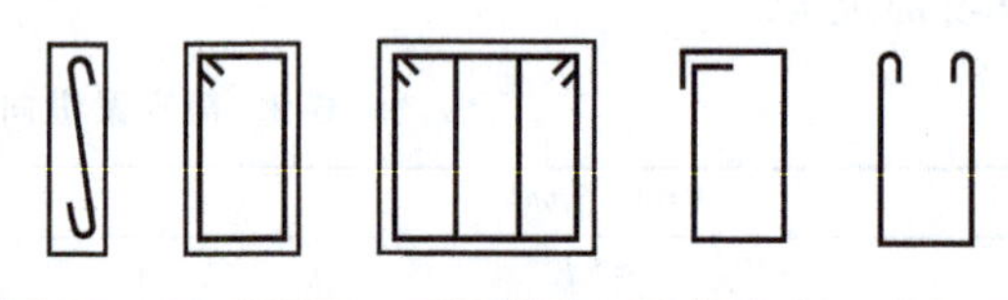

图 6-32 箍筋的形式和肢数

箍筋一般采用双肢箍，当梁的宽度 $b>400\text{mm}$ 且一层内的纵向受压钢筋多于 3 根，或当梁的宽度 $b\leqslant400\text{mm}$，但一层内的纵向受压钢筋多于 4 根时，应设置复合箍筋。

2. 直径

为了使箍筋与纵筋形成的钢筋骨架有一定的刚性，箍筋的直径不能太小。《混凝土结构设计规范》规定：梁的高度为 $h\leqslant800\text{mm}$ 时，箍筋直径不宜小于 6mm；$h>800\text{mm}$ 时，直径不宜小于 8mm。

当梁中配有计算需要的纵向受压钢筋时，箍筋直径尚不应小于 $d/4$（d 为受压钢筋的最大直径）。当 $V>0.7f_tbh_0$ 时，箍筋配箍率 ρ_{sv} 尚不应小于 $24f_t/f_{yv}\%$。

3. 间距

1）箍筋间距除应满足计算需要外，其最大间距应符合表 6-4 的规定。

2）当按计算配置纵向受压钢筋时，箍筋间距不应大于 $15d$（d 为纵向受压钢筋的最小直径）；同时不应大于 400mm。

3）当一层内的纵向受压钢筋多于 5 根且直径大于 18mm 时，箍筋间距不应大于 $10d$。

表 6-4 梁中箍筋的最大间距 （单位：mm）

梁高 h/mm	$V>0.7f_tbh_0$	$V\leqslant0.7f_tbh_0$	梁高 h/mm	$V>0.7f_tbh_0$	$V\leqslant0.7f_tbh_0$
$150<h\leqslant300$	150	200	$500<h\leqslant800$	250	350
$300<h\leqslant500$	200	300	$h>800$	300	400

此外，如按计算不需要设置箍筋时，对截面高度 $h>300\text{mm}$ 的梁，应沿梁全长设置构造箍筋；对于截面高度 $h=150\sim300\text{mm}$ 的梁，可仅在构件端部 1/4 跨度范围内设置构造箍筋。但当在构件中部 1/2 跨度范围内有集中荷载作用时，则应沿梁全长设置箍筋。对截面高度 $h<150\text{mm}$ 以下的梁，可不设置箍筋。

6.8 深受弯构件斜截面受剪承载力计算

6.8.1 深受弯构件斜截面受剪承载力计算公式

1）矩形、T 形和 I 形截面的深受弯构件，在均布荷载作用下，当配有竖向分布钢筋和水平分布钢筋时，其斜截面的受剪承载力应符合下列规定

$$V\leqslant0.7\frac{\left(8-\frac{l_0}{h}\right)}{3}f_tbh_0+\frac{\left(\frac{l_0}{h}-2\right)}{3}f_{yv}\frac{A_{sv}}{s_h}h_0+\frac{\left(5-\frac{l_0}{h}\right)}{6}f_{yh}\frac{A_{sh}}{s_v}h_0 \tag{6-33}$$

2）对集中荷载作用下的深受弯构件（包括作用有多种荷载，且其中集中荷载对支座截面所产生的剪力值占总剪力值的75%以上的情况），其斜截面的受剪承载力应符合下列规定

$$V \leqslant \frac{1.75}{\lambda+1} f_t b h_0 + \frac{\left(\frac{l_0}{h}-2\right)}{3} f_{yv} \frac{A_{sv}}{s_h} h_0 + \frac{\left(5-\frac{l_0}{h}\right)}{6} f_{yh} \frac{A_{sh}}{s_v} h_0 \tag{6-34}$$

式中 $\frac{l_0}{h}$——跨高比，当 $l_0/h<2$ 时，取2；

λ——计算剪跨比。

当 l_0/h 不大于2.0时，取 $\lambda=0.25$；当 l_0/h 大于2.0且小于5时，取 $\lambda=a/h_0$，其中 a 为集中荷载到深受弯构件支座的水平距离；λ 的上限值为（$0.92l_0/h-1.58$），下限值为（$0.42l_0/h-0.58$）。

3）受剪截面的限制条件

当 $h_w/b \leqslant 4$ 时

$$V \leqslant \frac{1}{60}\left(10+\frac{l_0}{h}\right) \beta_c f_c b h_0 \tag{6-35}$$

当 $h_w/b \geqslant 6$ 时

$$V \leqslant \frac{1}{60}\left(7+\frac{l_0}{h}\right) \beta_c f_c b h_0 \tag{6-36}$$

当 $4<h_w/b<6$ 时，按线性内插法取用。

当深梁受剪承载力不足时，应主要通过调整截面尺寸或提高混凝土强度等级来满足受剪承载力的要求。

一般要求不出现斜裂缝的钢筋混凝土深梁，当符合下列条件时，可不进行斜截面受剪承载力计算，但应按规定配置分布钢筋。

$$V_k \leqslant 0.5 f_{tk} b h_0 \tag{6-37}$$

式中 V_k——按荷载效应的标准组合计算的剪力值。

钢筋混凝土深梁在承受支座反力的作用部位及集中荷载作用部位，都有发生局部受压破坏的可能性，应进行局部受压承载力计算，必要时还应配置间接钢筋。

6.8.2 构造要求

1）深梁的截面宽度不应小于140mm。当 $l_0/h \geqslant 1$ 时，h/b 不宜大于25；当 $l_0/h<1$ 时，l_0/b 不宜大于25。深梁的混凝土强度等级不应低于C20。当深梁支承在钢筋混凝土柱上时，宜将柱伸至深梁顶。深梁顶部应与楼板等水平构件可靠连接。

2）钢筋混凝土深梁的纵向受拉钢筋宜采用较小的直径。单跨深梁和连续深梁的下部纵向钢筋宜均匀布置在梁下边缘以上 $0.2h$ 的范围内，如图6-33、图6-34所示。连续深梁中间支座截面的纵向受拉钢筋按图6-35规定的高度范围和配筋比例均匀布置在相应高度范围内。对 $l_0/h<1$ 的连续深梁，在中间支座底面以上（$0.2 \sim 0.6$）l_0 高度范围内的纵向受拉钢筋配筋率尚不宜小于0.5%。水平分布钢筋可用作支座部位的上部纵向受拉钢筋，不足部分可由附加水平钢筋补足，附加水平钢筋自支座向跨中延伸的长度不宜小于 $0.4l_0$，如图6-34所示。

3）深梁的下部纵向受拉钢筋应全部伸入支座，不应在跨中弯起或截断。在简支单跨深梁支座及连续深梁梁端的简支支座处，纵向受拉钢筋应沿水平方向弯折锚固（见图6-33），其锚固长度为受拉钢筋锚固长度 l_a 乘以系数1.1；当不能满足上述锚固长度要求时，应采取在钢筋上加焊锚固钢板或将钢筋末端焊成封闭式等有效的锚固措施。连续深梁的下部纵向受拉钢筋应全部伸过中间支座的中心线，其自支座边缘算起的锚固长度不应小于 l_a。

4）深梁应配置双排钢筋网，水平和竖向分布钢筋直径均不应小于8mm，间距不应大于

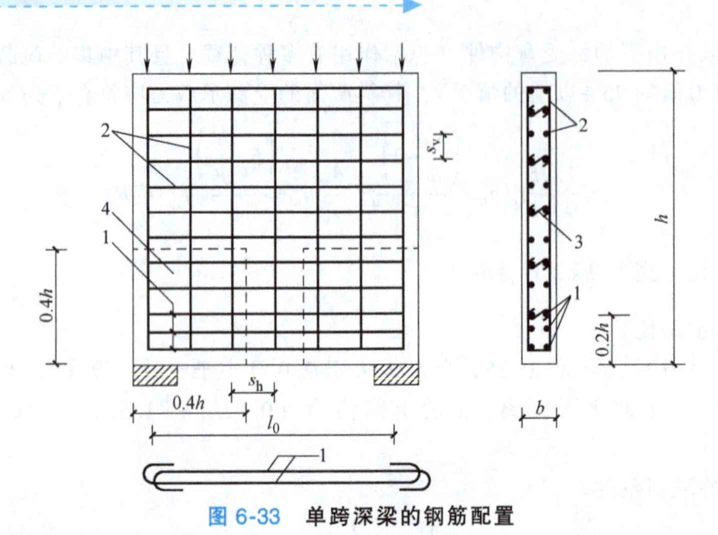

图 6-33 单跨深梁的钢筋配置

1—下部纵向受拉钢筋及弯折锚固 2—水平及竖向分布钢筋 3—拉筋 4—拉筋加密区

200mm。当沿深梁端部竖向边缘设柱时，水平分布钢筋应锚入柱内。在深梁上下边缘处，竖向分布钢筋宜做成封闭式。在深梁双排钢筋之间应设置拉筋，拉筋沿纵横两个方向的间距均不宜大于600mm，在支座区高度为 $0.4h$，宽度为从支座伸出 $0.4h$ 的范围内（见图 6-33 和图 6-34 中的虚线部分），尚应适当增加拉筋的数量。

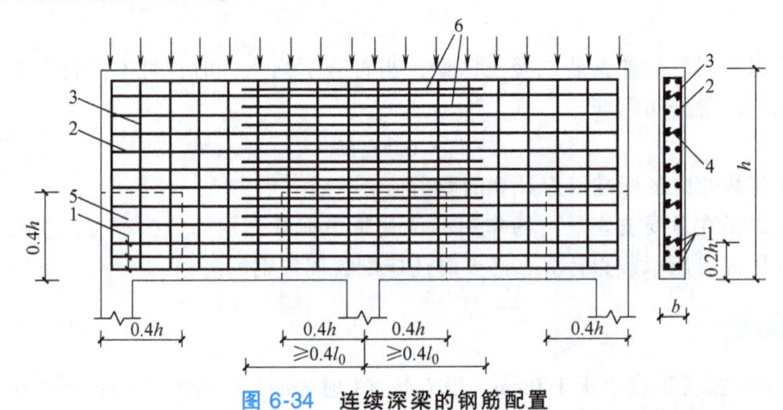

图 6-34 连续深梁的钢筋配置

1—下部纵向受拉钢筋 2—水平分布钢筋 3—竖向分布钢筋 4—拉筋

5—拉筋加密区 6—支座截面上部的附加水平钢筋

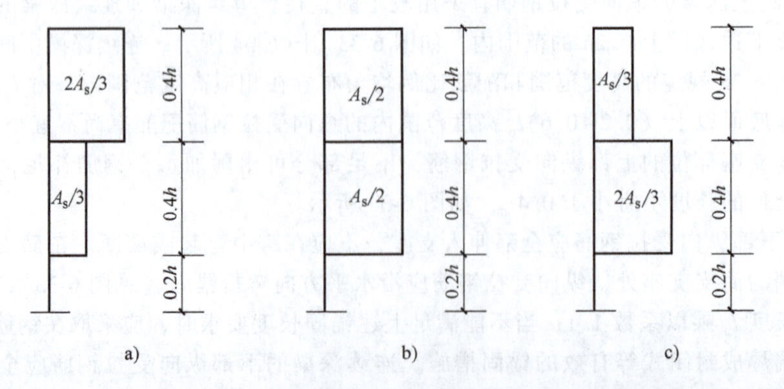

图 6-35 连续深梁中间支座截面纵向受拉钢筋在不同高度范围内的分配比例

a) $1.5<l_0/h\leqslant2.5$ b) $1<l_0/h\leqslant1.5$ c) $l_0/h\leqslant1$

5）当深梁全跨沿下边缘作用有均布荷载时，应沿梁全跨均匀布置附加竖向吊筋，吊筋间距不宜大于 200mm。当有集中荷载作用于深梁下部 3/4 高度范围内时，该集中荷载应全部由附加吊筋承受，吊筋应采用竖向吊筋或斜向吊筋。竖向吊筋的水平分布长度 s 应按下式确定（见图 6-36a）：

当 h_1 不大于 $h_b/2$ 时
$$s=b_b+h_b \tag{6-38}$$

当 h_1 大于 $h_b/2$ 时
$$s=b_b+2h_1 \tag{6-39}$$

式中　b_b——传递集中荷载构件的截面宽度；

h_b——传递集中荷载构件的截面高度；

h_1——从深梁下边缘到传递集中荷载构件底边的高度。

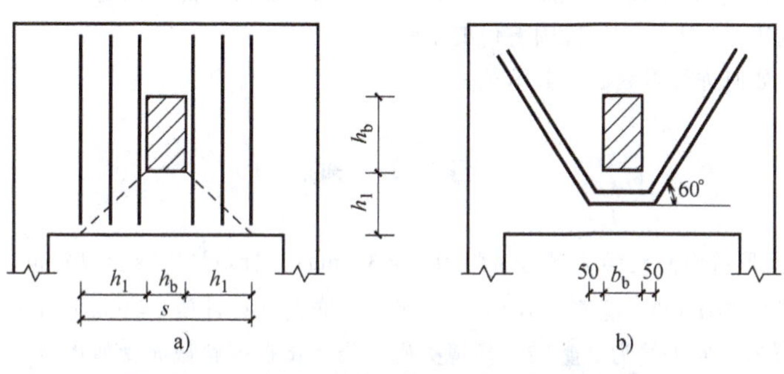

图 6-36　深梁承受集中荷载作用时的附加吊筋

a）竖向吊筋　b）斜向吊筋

竖向吊筋应沿梁两侧布置，并从梁底伸至梁顶，在梁顶和梁底应做成封闭式。

6）深梁的纵向受拉钢筋配筋率 $\rho=\dfrac{A_s}{bh}$、水平分布钢筋配筋率 $\rho_{sh}=\dfrac{A_{sh}}{bs_v}$（$s_v$ 为水平分布钢筋的间距）和竖向分布钢筋配筋率 $\rho_{sv}=\dfrac{A_{sv}}{bs_h}$（$s_h$ 为竖向分布钢筋的间距）不宜小于表 6-5 规定的数值。

表 6-5　深梁中钢筋的最小配筋百分率　（单位：%）

钢 筋 牌 号	纵向受拉钢筋	水平分布钢筋	竖向分布钢筋
HPB300	0. 25	0. 25	0. 20
HRB400、HRBF400、RRB400、HRB335	0. 20	0. 20	0. 15
HRB500、HRBF500	0. 15	0. 15	0. 10

注：当集中荷载作用于连续深梁上部 1/4 高度范围内且 l_0/h 大于 1.5 时，竖向分布钢筋最小配筋百分率应增加 0.05。

除深梁外的深受弯构件，其纵向受力钢筋、箍筋及纵向构造钢筋的构造规定与一般梁相同，但其截面下部 1/2 高度范围内和中间支座上部 1/2 高度范围内布置的纵向构造钢筋宜较一般梁适当加强。

思　考　题

6-1　在简支钢筋混凝土梁的支座附近为什么会出现斜裂缝？斜裂缝有哪几种？其特点如何？

6-2　斜截面破坏的主要形态有哪几种？其破坏特征如何？

6-3　有腹筋梁斜截面受剪承载力由哪几部分组成？影响有腹筋梁斜截面受剪承载力的主要因素有哪些？

6-4　何谓剪跨比？剪跨比对斜截面的破坏形态和受剪承载力有何影响？

6-5　有腹筋梁斜截面受剪承载力计算的基本原则是什么？对各种破坏形态是用什么方法来防止？

6-6　有腹筋梁斜截面受剪承载力计算公式是以何种破坏形态为依据建立的？为什么？

6-7　一般板类受弯构件的斜截面受剪承载力如何计算？计算公式中 β_h 的物理意义是什么？

6-8　受剪截面的限制条件的物理意义是什么？截面限制条件与腹板的高宽比（h_w/b）有何关系？

6-9　配箍率 ρ_{sv} 如何计算？它对斜截面受剪承载力有何影响？规定最小配箍率的目的是什么？

6-10　集中荷载下独立梁的斜截面受剪承载力计算与一般梁有何不同？为什么？

6-11　计算斜截面受剪承载力时，其计算截面应取哪几个？剪力设计值应如何取用？

6-12　限制箍筋和弯起钢筋的最大间距 s_{max} 的目的是什么？当满足 $s \leqslant s_{max}$ 的要求时，是否一定满足 $\rho_{sv} \geqslant \rho_{sv,min}$ 的要求？

6-13　何谓抵抗弯矩图（M_u 图）？其物理意义如何？怎样绘制抵抗弯矩图？

6-14　什么叫"鸭筋"？什么叫"浮筋"？"浮筋"为什么不能用作抗剪钢筋？

6-15　纵向受力钢筋在简支支座的锚固有何要求？

6-16　深受弯构件如何进行斜截面受剪承载力的计算？

习　题

6-1　钢筋混凝土矩形截面简支梁，梁的净跨为 $l_n = 3.56$m，截面尺寸 $b \times h = 200\text{mm} \times 500\text{mm}$，混凝土强度等级为 C25，纵向钢筋为 HRB400，箍筋为 HPB300，承受均布荷载设计值 $q = 96$kN/m（包括自重）。根据正截面受弯承载力计算配置的纵向钢筋为 3 ⌀ 22。环境类别一类。试根据斜截面受剪承载力要求确定腹筋。

6-2　钢筋混凝土矩形截面简支梁，两端支承在 240mm 厚的砖墙上，梁的净跨为 $l_n = 3.56$m，截面尺寸 $b \times h = 200\text{mm} \times 500\text{mm}$，混凝土强度等级为 C30，纵向钢筋为 HRB400，箍筋为 HPB300，承受永久均布荷载标准值 $g_k = 30$kN/m（包括自重），可变均布荷载标准值 $q_k = 55$kN/m，环境类别一类。试求：

1）所需纵向受拉钢筋。

2）不设弯起钢筋时的受剪箍筋。

3）利用纵向受拉纵筋为弯起钢筋时，求所需箍筋。

6-3　钢筋混凝土矩形截面独立梁，跨度为 4m，截面尺寸 $b \times h = 250\text{mm} \times 700\text{mm}$，距左支座 1.5m 处承受一集中荷载，其设计值为 700kN（包括自重），采用 C25 混凝土，纵向钢筋为 HRB400，箍筋为 HPB300，环境类别一类，试根据斜截面受剪承载力要求确定腹筋。

P=90kN
P
P
q=10kN/m
120
120
1500
1500
1500
1500
120
120

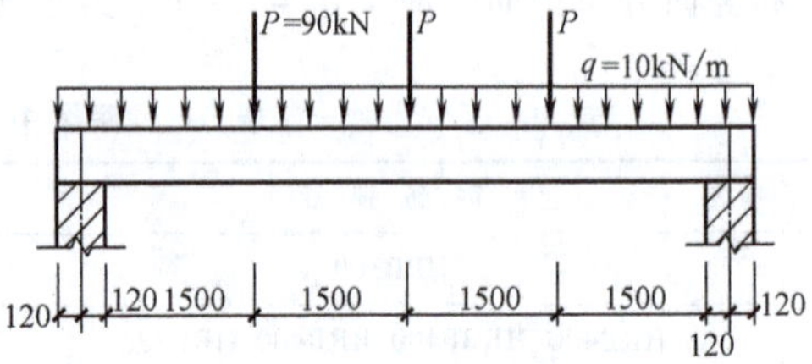

图 6-37　习题 6-4 图

6-4　钢筋混凝土矩形截面独立梁，荷载及跨度如图 6-37 所示，截面尺寸 $b \times h = 250\text{mm} \times 600\text{mm}$，混凝土强度等级为 C25，纵向钢筋为 HRB400，箍筋为 HPB300，环境类别一类，试根据斜截面受剪承载力要求确定腹筋。

6-5　钢筋混凝土矩形截面伸臂梁，支承在 240mm 厚的砖墙上，荷载及跨度如图 6-38 所示，截面尺寸 $b \times h = 250\text{mm} \times 600\text{mm}$，混凝土强度等级为 C25，纵向钢筋为 HRB400，箍筋为 HPB300，承受永久均布荷载标准值 $g_k = 25$kN/m（包括自重），可变均布荷载标准值 $q_k = 35$kN/m，环境类别一类。试设计该梁并画配筋图。

6-6　承受均布荷载钢筋混凝土矩形截面简支梁，梁的净跨为 $l_n = 5$m，截面尺寸 $b \times h = 200\text{mm} \times 500\text{mm}$，混凝土强度等级为 C20，纵向钢筋为 HRB400，箍筋为 HPB300，单排纵向受力钢筋，配置箍筋为⌀ 6@ 200，支座边缘计算截面配弯起钢筋 2 ⌀ 16，弯起角度 45°，弯起点距支座边缘距离为 480mm，环境类别一类。试根据斜截面受剪承载力要求确定该梁承受外荷载设计值。

g_k=25kN/m　q_k=35kN/m
120
120
6000
120
120
1620

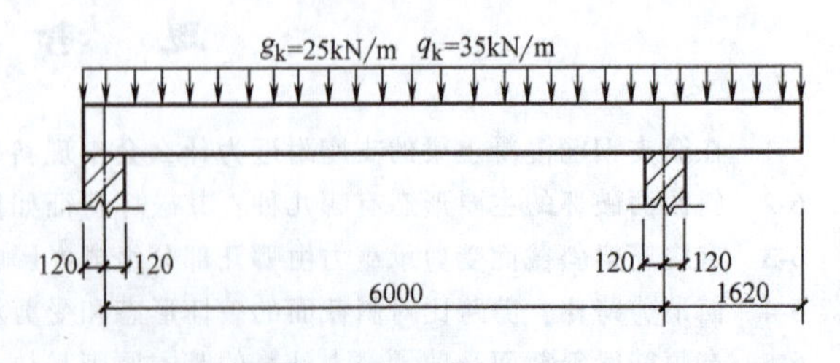

图 6-38　习题 6-5 图

第7章 受压构件截面承载力

受压构件是钢筋混凝土结构中最常见的构件之一。受压构件按其受力情况分为轴心受压构件和偏心受压构件，偏心受压构件又可分为单向偏心受压和双向偏心受压构件。当轴向压力的作用线与构件截面形心重合时为轴心受压构件；当轴向压力的作用线对构件截面的一个主轴有偏心距时为单向偏心受压构件；当轴向压力的作用线对构件截面的两个主轴都有偏心距时为双向偏心受压构件。

对于单一匀质材料的受压构件，构件截面的真实形心轴沿构件纵向与截面几何形心重合，当纵向压力的作用线与构件截面形心轴线重合时为轴心受压，不重合时为偏心受压。钢筋混凝土受压构件由两种材料组成，混凝土为非匀质材料，而钢筋还可以不对称布置，因此构件截面的真实形心轴沿构件纵向并不与截面几何形心重合，所以实际工程中，真正的轴心受压构件是不存在的。但是为了方便，忽略混凝土的不均匀性与不对称配筋的影响，近似地用轴向压力的作用点与截面几何形心的相对位置来划分受压构件的类型。在工程中，以恒荷载为主的多层建筑的内柱和屋架的受压腹杆等少数构件，常近似地按轴心受压构件进行设计，而框架结构柱、单层工业厂房柱、承受节间荷载的屋架上弦杆、拱等大量构件，一般按偏心受压构件进行设计（见图 7-1）。

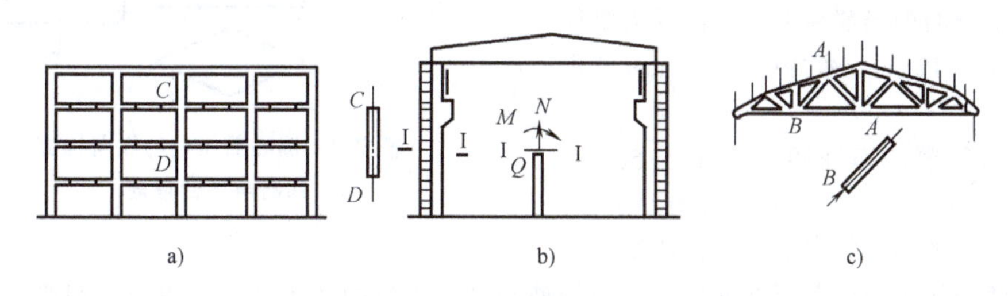

图 7-1　受压构件类型

a）框架结构房屋柱　b）单层厂房柱　c）屋架的受压腹杆

7.1　受压构件的一般构造要求

7.1.1　截面形式与尺寸

轴心受压构件截面一般采用方形或矩形，有时根据需要也采用圆形或多边形。偏心受压构件一般采用矩形截面，当截面尺寸较大时，为节约混凝土和减轻柱的自重，常常采用I形截面。

为充分利用材料强度，使受压构件承载力不致因长细比过大而降低，圆形柱的直径一般不宜小于350mm，直径在600mm以下时，宜取50mm的倍数，直径在600mm以上时，宜取100mm的倍数；方形柱的截面尺寸一般不宜小于250mm×250mm；矩形截面柱截面尺寸宜满足 $h \geqslant l_0/25$，$b \geqslant l_0/30$，当截面尺寸在800mm以下时，取50mm的倍数，在800mm以上时，取100mm的倍数；I形截面要求翼缘厚度不宜小于120mm，腹板厚度不宜小于100mm。

7.1.2 材料的选择

为充分发挥混凝土材料的抗压性能，减小构件的截面尺寸，节约钢筋，宜采用强度等级较高的混凝土，一般采用 C30、C35、C40，必要时可以采用强度等级更高的混凝土。

由于受到混凝土受压最大应变的限制，高强度的钢筋不能充分发挥作用，因此不宜采用，一般采用 HRB335、HRB400、HRBF400 和 RRB400 级。箍筋一般采用 HPB300、HRB335 钢筋，也可采用 HRB400、HRBF400、RRB400 钢筋。

7.1.3 纵向钢筋的构造要求

为提高受压构件的延性，纵向钢筋应满足最小配筋率的要求。全部纵向钢筋最小配筋率，对强度等级 300MPa、335MPa 的钢筋为 0.6%，对强度等级 400MPa 的钢筋为 0.55%，对强度等级 500MPa 的钢筋为 0.5%，且不宜超过 5%，以免造成浪费。同时，一侧钢筋的配筋率不应小于 0.2%。

轴心受压构件的纵向受力钢筋应沿截面的四周均匀布置。矩形截面时，钢筋根数不得少于 4 根；圆形截面时，不宜少于 8 根，不应少于 6 根，且宜沿周边均匀布置。偏心受压构件的纵向受力钢筋应布置在偏心方向截面的两边。当截面高度 $h \geqslant 600$mm 时，在侧面应设置直径不小于 10mm 的纵向构造钢筋，并相应设置复合箍筋或拉筋（见图 7-2）。

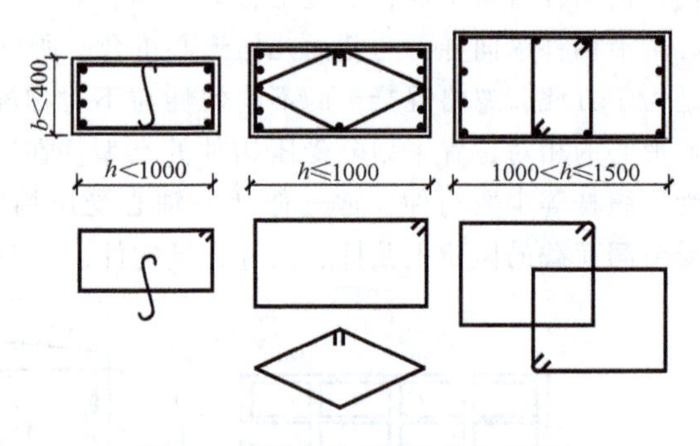

图 7-2 偏心受压柱的纵向构造钢筋与复合箍筋

纵向受力钢筋宜采用直径较大的钢筋，以增大钢筋骨架的刚度，减少施工时可能产生的纵向弯曲和受压时的局部屈曲。纵向受力钢筋的直径不宜小于 12mm，通常在 16~32mm 范围内选用。

纵向受力钢筋的净间距不应小于 50mm，且不宜大于 300mm；对于水平浇筑的预制柱，其净间距可按梁的有关规定取用。偏心受压构件垂直于弯矩作用平面的截面上的纵向受力钢筋和轴心受压构件各边的纵向受力钢筋，其中距不宜大于 300mm。

7.1.4 箍筋的构造要求

为了增大钢筋骨架的刚度，防止纵向钢筋压屈，柱中箍筋应做成封闭式。箍筋间距不应大于 400mm 及构件截面的短边尺寸，且不应大于 $15d$（d 为纵向钢筋的最小直径）。

箍筋直径不应小于 $d/4$（d 为纵向钢筋的最大直径），且不应小于 6mm。

当纵向钢筋配筋率超过 3%时，箍筋直径不应小于 8mm，间距不应大于 $10d$（d 为纵向受力钢筋的最小直径），且不应大于 200mm。箍筋末端应做成 135°弯钩，且弯钩末端平直段长度不应小于箍筋直径的 10 倍。

在配有螺旋式或焊接环式箍筋的柱中，如在正截面受压承载力计算中考虑间接钢筋的作用时，箍筋间距不应大于 80mm 及 $d_{cor}/5$，且不宜小于 40mm，d_{cor} 为按箍筋内表面确定的核心截面直径。

当柱短边尺寸大于 400mm 且各边纵向钢筋多于 3 根时，或当柱短边尺寸不大于 400mm 且各边纵向钢筋多于 4 根时，应设置复合箍筋，如图 7-3 所示。

I 形截面柱的翼缘厚度不宜小于 120mm，腹板厚度不宜小于 100mm。当腹板开孔时，宜在孔洞周边每边设置 2~3 根直径不小于 8mm 的补强钢筋，每个方向补强钢筋的截面面积不宜小于该方向被截断钢筋的截面面积。

对于截面形状复杂的构件，不应采用具有内折角的箍筋，避免产生向外的拉力，导致折角处混凝土破坏。可将复杂截面划分成若干简单截面，分别配置箍筋，如图 7-4 所示。

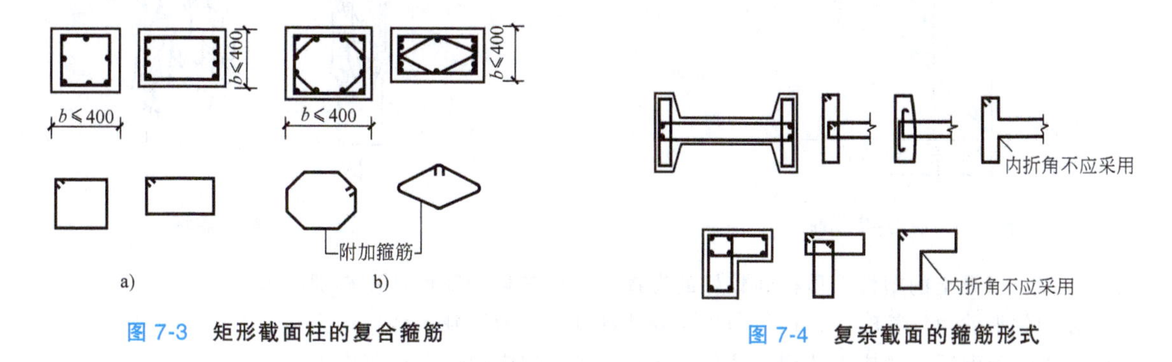

图 7-3　矩形截面柱的复合箍筋

图 7-4　复杂截面的箍筋形式

7.2　轴心受压构件正截面受压承载力计算

7.2.1　轴心受压普通箍筋柱的正截面受压承载力计算

应用最为广泛的轴心受压构件是普通箍筋柱，柱内配置纵向钢筋和普通箍筋，如图 7-5 所示。纵向钢筋可以提高柱的承载力，减小构件的截面尺寸，增大构件的延性和减小混凝土的徐变变形，防止因偶然因素导致的突然破坏。箍筋与纵向钢筋形成骨架，防止纵向钢筋受压后失稳外凸。

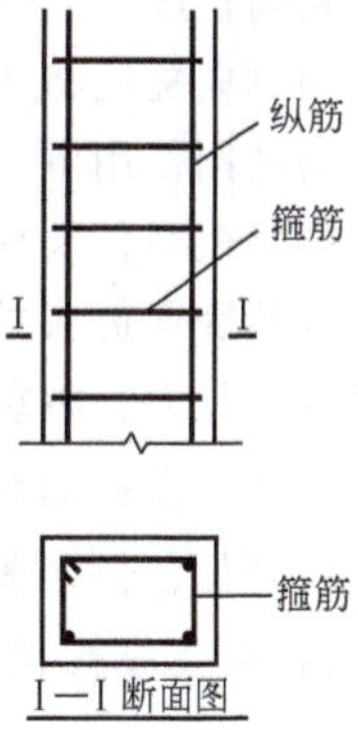

图 7-5　普通箍筋柱

1. 轴心受压柱的破坏形态及受力分析

轴心受压柱可以分为长柱和短柱，当柱的长细比满足以下条件时为短柱，否则为长柱。

矩形截面　　$l_0/b \leqslant 8$　　(7-1a)

圆形截面　　$l_0/d \leqslant 7$　　(7-1b)

任意截面　　$l_0/i \leqslant 28$　　(7-1c)

式中　l_0——柱的计算长度；

b——矩形截面的短边尺寸；

d——圆形截面的直径；

i——任意截面的最小回转半径 $i=\sqrt{I/A}$，I、A 分别为截面惯性矩、截面面积。

短柱在轴心荷载作用下，整个截面的应变基本上是均匀的。当荷载较小时，混凝土和钢筋都处于弹性阶段，柱子压缩变形的增加与荷载的增加成正比。混凝土和钢筋压应力的增加与荷载的增加也成正比。当荷载较大时，由于混凝土塑性变形的发展，压缩变形增加的速度快于荷载增长速度。纵向钢筋配筋率越小，这种现象就越明显。由于混凝土的变形模量随应力增大而变小，则在相同荷载增量下，钢筋的压应力比混凝土的压应力增长得快（见图 7-6）。随着荷载继续增加，柱中开始出现竖向细微裂缝，在临近破坏荷载时，柱四周出现明显的纵向裂缝，箍筋间的纵向钢筋发生压屈，向外凸出，混凝土被压碎而发生破坏（见图 7-7）。

试验表明，素混凝土棱柱体构件达到最大压应力时的压应变为 0.0015~0.002，而钢筋混凝土短柱达到应力峰值时的压应变一般为 0.0025~0.0035。其主要原因是纵向钢筋起到了调整混凝土应

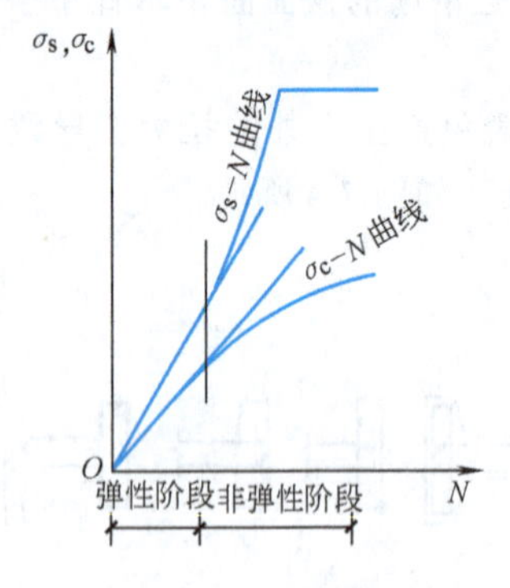

图 7-6　应力-荷载曲线

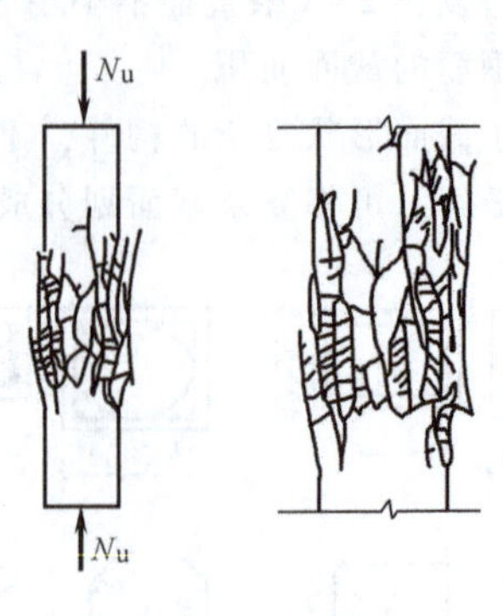

图 7-7　短柱破坏

力的作用，混凝土的塑性性质得到较好的发挥，受压破坏的脆性性质得到改善。

在构件承载力计算时，以构件的压应变达到0.002为控制条件，认为此时构件截面混凝土压应力达到棱柱体抗压强度f_c，相应的纵向钢筋应力$\sigma_s'=E_s\varepsilon_s'\approx2\times10^5\times0.002\text{N/mm}^2=400\text{N/mm}^2$，高强度钢筋的强度不能被充分利用。

配有纵向钢筋和普通箍筋的轴心受压短柱破坏时，截面处的应力如图7-8所示。

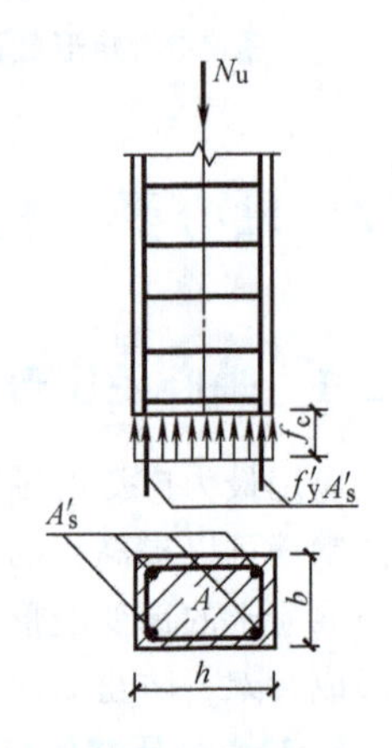

图 7-8　轴心受压短柱的截面应力

对于长细比较大的柱子，由于各种偶然因素造成的初始偏心距的影响是不可忽略的。柱子施加荷载以后，初始偏心距导致产生附加弯矩和相应的侧向挠度，而侧向挠度又增大了荷载的偏心距，随着荷载增加，附加弯矩和侧向挠度将不断增大。这种相互影响的结果是使长柱在轴向力和弯矩的共同作用下发生破坏。

试验表明，长柱的破坏荷载低于其他条件相同的短柱。长细比越大，各种偶然因素造成的初始偏心距越大，从而产生的附加弯矩和相应的侧向挠度也越大，承载能力降低就越多。若长细比过大，还会产生失稳破坏。此外，在长期荷载作用下，混凝土的徐变会进一步加大柱子的侧向挠度，导致长柱的承载力进一步降低，长期荷载在全部荷载中所占的比例越大，其承载力降低得越多。

《混凝土结构设计规范》采用稳定系数φ来表示长柱承载力的降低程度

$$\varphi=\frac{N_u^l}{N_u^s} \tag{7-2}$$

式中　N_u^l、N_u^s——长柱和短柱的承载力。

中国建筑科学研究院及一些国外的试验数据表明，稳定系数φ的大小主要和构件的长细比有关（见图7-9）。对于矩形截面，长细比为l_0/b（b为矩形截面的短边尺寸）。从图7-9可以看出，l_0/b越大，φ越小。$l_0/b<8$时，柱子的承载力没有降低，φ值可取为1。对于具有相同l_0/b值的柱，当混凝土强度等级和钢筋的种类以及配筋率不同时，φ值的大小还略有变化。将试验结果进行数理统计得到下列经验公式：

当$l_0/b=8\sim34$时
$$\varphi=1.177-0.021\frac{l_0}{b} \tag{7-3}$$

当$l_0/b=35\sim50$时
$$\varphi=0.87-0.012\frac{l_0}{b} \tag{7-4}$$

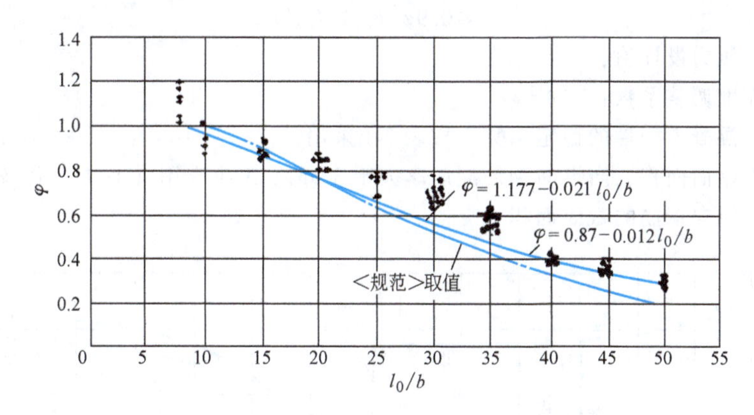

图 7-9 φ值的试验结果与规范取值

《混凝土结构设计规范》中，对于长细比 l_0/b 较大的构件，考虑到荷载初始偏心和长期荷载作用对结构承载力的不利影响较大，φ 的取值比按经验公式计算值略低一些，以保证安全；对于长细比 l_0/b 小于 20 的构件，考虑到过去的使用经验，φ 的取值略微抬高，具体取值见表 7-1。

表 7-1 钢筋混凝土轴心受压构件的稳定系数

$\frac{l_0}{b}$	$\frac{l_0}{d}$	$\frac{l_0}{i}$	φ	$\frac{l_0}{b}$	$\frac{l_0}{d}$	$\frac{l_0}{i}$	φ
≤8	≤7	≤28	1.0	30	26	104	0.52
10	8.5	35	0.98	32	28	111	0.48
12	10.5	42	0.95	34	29.5	118	0.44
14	12	48	0.92	36	31	125	0.40
16	14	55	0.87	38	33	132	0.36
18	15.5	62	0.81	40	34.5	139	0.32
20	17	69	0.75	42	36.5	146	0.29
22	19	76	0.70	44	38	153	0.26
24	21	83	0.65	46	40	160	0.23
26	22.5	90	0.60	48	41.5	167	0.21
28	24	97	0.56	50	43	174	0.19

注：表中 l_0 为构件计算长度；b 为矩形截面的短边尺寸；d 为圆形截面的直径；i 为截面的最小回转半径。

构件计算长度与构件两端支承情况有关。当两端铰支时，取 $l_0=l$（l 为构件的实际长度）；当两端固定时，取 $l_0=0.5l$；当一端固定，一端铰支时，取 $l_0=0.7l$；当一端固定，一端自由时，取 $l_0=2l$。实际结构构件的端部连接不像上述几种情况那样理想、明确，这样就很难确定 l_0。因此，《混凝土结构设计规范》对不同结构中柱的计算长度做了具体规定，计算时可以查用。

轴心受压构件在加载后荷载维持不变的情况下，由于混凝土徐变，混凝土的压应力随荷载作用时间的增加而逐渐变小，钢筋的压应力逐渐变大，开始变化较快，经过一定时间后趋于稳定。在荷载突然卸荷时，构件纵向压缩回弹。由于混凝土徐变变形大部分不可恢复，当卸载幅度较大时，钢筋的回弹量将大于混凝土的回弹量。当荷载为零时，会使柱中钢筋受压而混凝土受拉（见图 7-10）。若柱的配筋率过大就有可能将混凝土拉裂，当柱中纵向钢筋和混凝土粘结很强时，还会产生纵向裂缝，这种裂缝更为危险。为了防止这种情况出现，要求全部纵筋配筋率不宜超过 5%。

2. 承载力计算公式

根据轴心受压短柱破坏时的截面应力图形，考虑长柱对承载力的影响及可靠度调整等因素后，《混凝土结构设计规范》给出了轴心受压构件承载力计算公式

$$N \leqslant 0.9\varphi\ (f_c A + f_y' A_s') \tag{7-5}$$

式中　N——轴向压力设计值；

0.9——可靠度调整系数；

φ——钢筋混凝土构件的稳定系数，按表 7-1 采用；

A——构件截面面积，当纵向钢筋配筋率大于 3%时，A 应改用（$A-A_s'$）代替；

A_s'——全部纵向钢筋的截面面积。

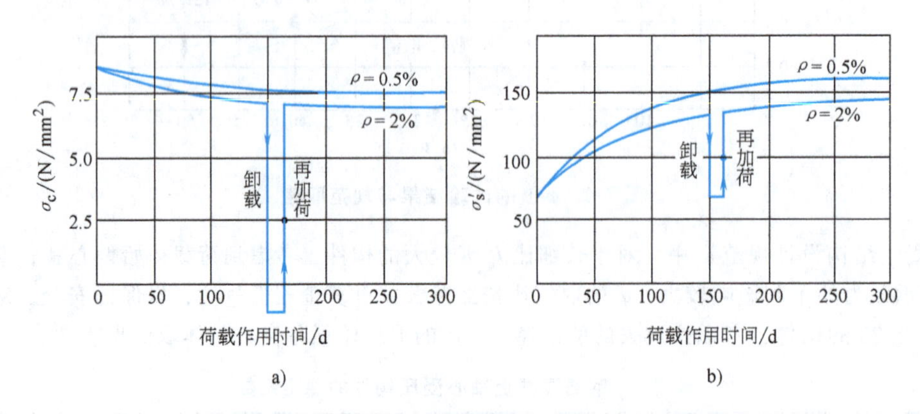

图 7-10　长期荷载作用下截面混凝土和钢筋的应力重分布

a）混凝土　b）钢筋

【例 7-1】　钢筋混凝土框架柱的截面尺寸为 400mm×400mm，承受轴向压力设计值 $N=2500\text{kN}$，柱的计算长度 $l_0=5.0\text{m}$，混凝土强度等级为 C30，钢筋采用 HRB400。要求确定纵向钢筋数量。

【解】　根据选用材料，查附表 1-3、附表 1-10 可知，$f_y'=360\text{N/mm}^2$，$f_c=14.3\text{N/mm}^2$。由 $l_0/b=5000/400=12.5$，查表 7-1 得 $\varphi=0.9425$。由式（7-5）得

$$A_s' = \frac{1}{f_y'}\left(\frac{N}{0.9\varphi} - f_c A\right)$$

$$= \frac{1}{360}\times\left(\frac{2500\times10^3}{0.9\times0.9425} - 14.3\times400\times400\right)\text{mm}^2 = 1831\text{mm}^2$$

配筋率 $\rho' = \dfrac{A_s'}{A} = \dfrac{1831}{400\times400} = 1.14\% > \rho'_{\min} = 0.6\%$，且 $\rho' < 3\%$

选用 4 根直径 16mm 和 4 根直径 18mm 的 HRB400 钢筋，$A_s'=1821\text{mm}^2$。直径为 18mm 的钢筋布置在截面四角，直径为 16mm 的钢筋布置在截面四边中部。截面一侧的配筋率为

$$\rho' = \frac{254.5\times2+201.1}{400\times400} = 0.444\% > 0.2\%\ \text{（满足要求）}$$

7.2.2　轴心受压螺旋式箍筋柱的正截面受压承载力计算

当普通箍筋柱承受很大轴心压力，且柱截面尺寸由于建筑上及使用上的要求受到限制，采用提高混凝土强度等级和增大配筋量也不能满足承载力要求时，可以考虑采用螺旋筋或焊接环筋，如图 7-11 所示。这种柱的形状一般为圆形或多边形。

在轴心压力作用下，混凝土的横向变形使螺旋筋或焊接环筋产生拉应力。当拉应力达到箍筋的屈服强度时，就不再能有效地约束混凝土的横向变形，混凝土的抗压强度也就不能再提高，这时构件破坏。构件的混凝土保护层在螺旋筋或焊接环筋受到较大拉应力时发生开裂，故在计算构

件承载力时不考虑该部分混凝土的抗压能力。

根据上述分析可知，螺旋箍筋或焊接环筋（也可称为间接钢筋）所包围的核心截面混凝土处于三轴受压状态。其轴心抗压强度可采用下式计算

$$f=f_c+\beta\sigma_r \tag{7-6}$$

式中　f——被约束混凝土的轴心抗压强度；

β——系数，一般取 4；

σ_r——当间接钢筋的应力达到屈服强度时，柱核心区混凝土受到的径向压应力值。

在间接钢筋间距 s 范围内，利用 σ_r 的合力与钢筋的拉力平衡（见图 7-12）可得

$$\sigma_r=\frac{2f_{yv}A_{ss1}}{sd_{cor}}=\frac{2f_{yv}A_{ss1}d_{cor}\pi}{4\dfrac{\pi d_{cor}^2}{4}s}=\frac{f_{yv}A_{sso}}{2A_{cor}} \tag{7-7}$$

式中　d_{cor}——构件的核心截面直径，取间接钢筋内表面之间的距离；

A_{cor}——构件的核心截面面积，取间接钢筋内表面范围内的混凝土截面面积；

f_{yv}——间接钢筋的抗拉强度设计值；

s——间接钢筋沿构件轴线方向的间距；

A_{ss1}——螺旋式或焊接环式单根间接钢筋的截面面积；

A_{sso}——螺旋式或焊接环式间接钢筋的换算截面面积，按下式计算

$$A_{sso}=\frac{\pi d_{cor}A_{ss1}}{s} \tag{7-8}$$

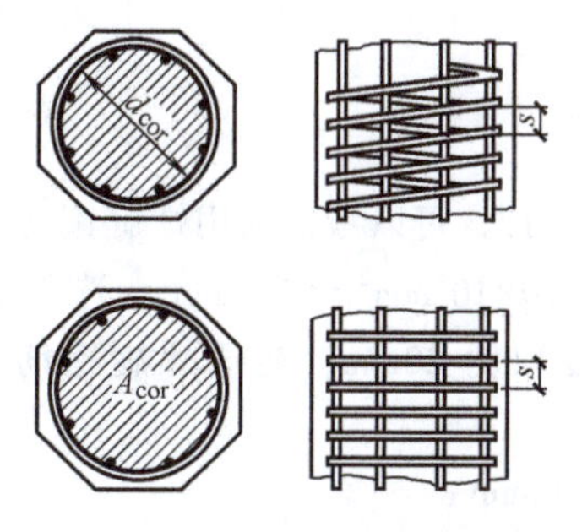

图 7-11　螺旋筋和焊接环筋

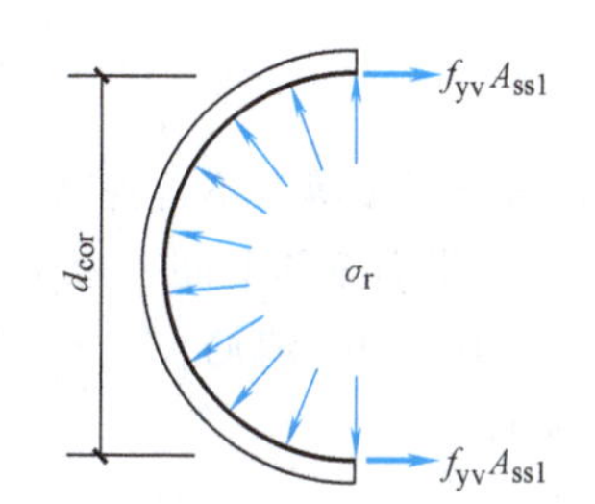

图 7-12　混凝土的径向压力

根据力的平衡条件，得

$$N_u=(f_c+\beta\sigma_r)A_{cor}+f'_yA'_s$$

故

$$N_u=f_cA_{cor}+\frac{\beta}{2}f_{yv}A_{sso}+f'_yA'_s \tag{7-9}$$

取 $\beta=4\alpha$，代入式（7-9），同时考虑可靠度调整系数 0.9 以后，《混凝土结构设计规范》规定螺旋式或焊接环式间接钢筋柱的承载力计算公式为

$$N\leqslant N_u=0.9(f_cA_{cor}+2\alpha f_{yv}A_{sso}+f'_yA'_s) \tag{7-10}$$

式中　α——间接钢筋对混凝土约束的折减系数，当混凝土强度等级不大于 C50 时，取 $\alpha=1.0$；当混凝土强度等级为 C80 时，取 $\alpha=0.85$；当混凝土强度等级在 C50 与 C80 之间时，按线性内插法确定。

从承载力计算公式建立过程中可以看出，箍筋起到了充分约束混凝土的作用，这种作用只有在箍筋具有足够的数量及混凝土压应力比较均匀时才能实现。因此，该计算公式的应用必须满足一定的条件。《混凝土结构设计规范》规定，凡属下列情况之一者，不考虑间接钢筋的影响而按式

(7-5) 计算构件的承载力：

1) 当 $l_0/d>12$ 时，因构件长细比较大，有可能因纵向弯曲在螺旋筋尚未屈服时构件已经破坏。

2) 当按式 (7-10) 计算的受压承载力小于按式 (7-5) 计算的受压承载力时。

3) 当间接钢筋换算截面面积 A_{sso} 小于纵向普通钢筋全部截面面积的 25%时，可以认为间接钢筋配置太少，间接钢筋对核心混凝土的约束作用不明显。

4) 为了防止间接钢筋外面的混凝土保护层过早脱落，按式 (7-10) 算得的构件受压承载力不应大于按式 (7-5) 算得的构件受压承载力的 1.5 倍。

螺旋箍筋的间距 S 不应大于 $d_{cor}/5$，且不大于 80mm，同时为方便施工，S 也不应小于 40mm。

【例 7-2】 某商住楼底层门厅采用现浇钢筋混凝土柱，承受轴向压力设计值 $N=4800\text{kN}$，计算长度 $l_0=5.0\text{m}$，混凝土强度等级为 C30，纵向钢筋采用 HRB400，箍筋采用 HRB335。建筑要求柱截面为圆形，直径为 $d=450\text{mm}$。要求进行柱的受压承载力计算。

【解】 先按普通箍筋柱计算。混凝土 $f_c=14.3\text{N/mm}^2$，纵向钢筋 $f'_y=360\text{N/mm}^2$，箍筋 $f_{yv}=300\text{N/mm}^2$

1) 计算稳定系数 φ。$l_0/d=5000/450=11.11$，查表 7-1 得 $\varphi=0.938$。

2) 求纵向钢筋 A'_s。圆形混凝土柱截面面积 $A=\pi d^2/4=(3.14\times450^2/4)\text{mm}^2=15.90\times10^4\text{mm}^2$

由式 (7-5) 得

$$A'_s=\frac{1}{f'_y}\left(\frac{N}{0.9\varphi}-f_cA\right)$$
$$=\frac{1}{360}\times\left(\frac{4800\times10^3}{0.9\times0.938}-14.3\times15.90\times10^4\right)\text{mm}^2=9478\text{mm}^2$$

3) 核算配筋率

$$\rho'=\frac{A'_s}{A}=\frac{9478}{15.90\times10^4}=5.96\%$$

若混凝土强度等级不再提高，显然配筋率太高。由于 $l_0/d<12$，可以考虑采用螺旋箍筋柱。

4) 假定纵向钢筋配筋率为 $\rho'=4\%$，则 $A'_s=\rho'A=0.04\times15.90\times10^4\text{mm}^2=6360\text{mm}^2$。选用 14 根直径 25mm 的 HRB400 钢筋，$A'_s=6873\text{mm}^2$。混凝土保护层厚度取为 20mm，初选螺旋箍筋直径为 10mm，则得

$$d_{cor}=(d-30\times2)\text{mm}=(450-60)\text{mm}=390\text{mm}$$
$$A_{cor}=\frac{1}{4}\pi d_{cor}^2=\frac{1}{4}\times3.14\times390^2\text{mm}^2=11.94\times10^4\text{mm}^2$$

5) 计算螺旋筋的换算截面面积。混凝土强度等级小于等于 C50，$\alpha=1.0$，由式 (7-10) 可得

$$A_{sso}=\frac{\frac{N}{0.9}-(f_cA_{cor}+f'_yA'_s)}{2\alpha f_{yv}}$$
$$=\frac{\frac{4800\times10^3}{0.9}-(14.3\times11.94\times10^4+360\times6873)}{2\times1.0\times300}\text{mm}^2=1919\text{mm}^2$$

$$A_{sso}>0.25A'_s=0.25\times6873\text{mm}^2=1718\text{mm}^2\text{（满足构造要求）}$$

6) 单肢螺旋筋面积 $A_{ss1}=78.5\text{mm}^2$。螺旋筋的间距可由式 (7-8) 得

$$s=\frac{\pi d_{cor}A_{ss1}}{A_{sso}}=\left(3.14\times390\times\frac{78.5}{1919}\right)\text{mm}=50.1\text{mm}$$

取 $s=45\text{mm}$，满足构造要求。

7) 根据配置的螺旋筋计算间接配筋柱轴向压力承载能力

$$A_{ss0}=\frac{\pi d_{cor}A_{ss1}}{s}=\frac{3.14\times390\times78.5}{45}\text{mm}^2=2136\text{mm}^2$$

$$\begin{aligned}N_u&=0.9(f_cA_{cor}+2\alpha f_{yv}A_{ss0}+f'_yA'_s)\\&=0.9\times(14.3\times11.94\times10^4+2\times1.0\times300\times2136+360\times6873)\ \text{N}\\&=4917\text{kN}\end{aligned}$$

由式（7-5）得

$$\begin{aligned}N_u&=0.9\varphi\ (f_cA+f'_yA'_s)\\&=0.9\times0.938\times[14.3\times(15.90\times10^4-6873)+360\times6873]\text{N}\\&=3925\text{kN}\end{aligned}$$

核算 4917kN<1.5×3925kN=5888kN，满足保护层不脱落的要求。

7.3　偏心受压构件正截面的受力过程与破坏形态

当构件截面上作用有偏心的轴向压力或同时作用有轴向压力和弯矩时，称为偏心受压构件。若轴向压力作用点仅对构件截面的一个主轴有偏心距，称为单向偏心受压构件；对构件截面的两个主轴都有偏心距时，称为双向偏心受压构件。

偏心受压构件的纵向钢筋分别集中布置于弯矩作用方向截面的两端，离纵向力较近一侧配置的钢筋用 A'_s表示，一般称为受压钢筋；离纵向力较远一侧配置的钢筋用 A_s 表示，一般称为受拉钢筋。

试验表明，钢筋混凝土偏心受压构件根据纵向压力偏心距大小不同以及截面配筋数量不同，构件截面会出现受拉破坏形态或受压破坏形态。

7.3.1　受拉破坏形态

受拉破坏又称为大偏心受压破坏，当纵向压力 N 的相对偏心距 e_0/h_0 较大，且受拉钢筋 A_s 配置的数量不太多时发生。此时，截面靠近纵向力一侧受压，另一侧受拉。当纵向压力 N 增大到一定数值时，首先在受拉区出现水平裂缝，随着纵向压力加大，水平裂缝不断扩展，形成一条或几条主裂缝。破坏前受拉钢筋的应力达到屈服强度，主裂缝宽度增大，深度逐渐向受压区方向延伸，中和轴上升，使混凝土受压区高度减小，压应变增大。最后，当受压区边缘混凝土的压应变达到极限值时出现纵向裂缝，混凝土压碎而构件破坏。此时，纵向受压钢筋也能达到屈服强度。

受拉破坏形态的主要特征是破坏始于受拉区，受拉钢筋先达到屈服强度，而后受压区混凝土被压碎。这种破坏形态与适筋梁破坏形态相似，属于延性破坏。构件破坏时的截面应力和破坏形态，如图 7-13 所示。

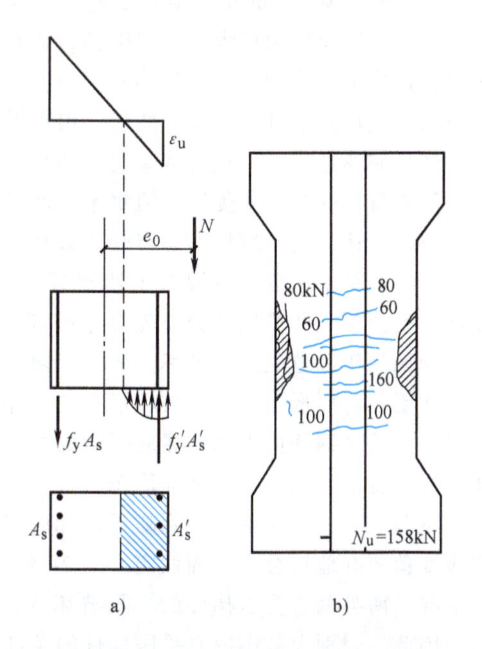

图 7-13　受拉破坏时截面应力和破坏形态

a）截面应力　b）受拉破坏形态

7.3.2　受压破坏形态

受压破坏又称小偏心受压破坏。当出现以下两种情况时发生受压破坏。

1）纵向压力 N 的相对偏心距 e_0/h_0 较小时，构件全截面受压或大部分截面受压，如图 7-14 所示。一般情况下，截面破坏从靠近纵向压力 N 一侧受压区边缘混凝土达到极限应变值开始的，此时，该侧的受压钢筋应力一般均能达到屈服强度。而离纵向力 N 较远一侧的钢筋，可能受拉也可能受压，但都达不到屈服强度。若相对偏心距更小，出现截面的实际形心和构件的几何中心不重合或靠近纵向压力 N 一侧较另一侧配置钢筋很多时，也会出现离纵向压力 N 较远一侧混凝土先压坏的情况。

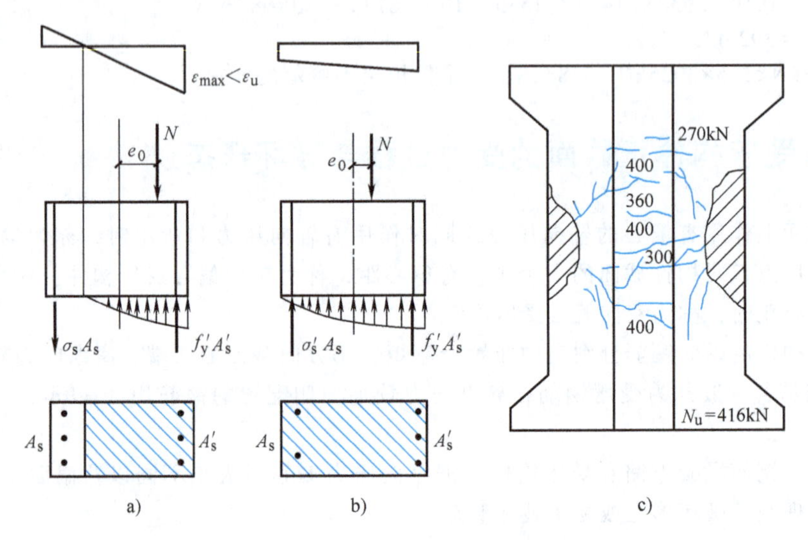

图 7-14　受压破坏时的截面应力和破坏形态

a)、b）截面应力　c）受压破坏形态

2）纵向压力 N 的相对偏心距 e_0/h_0 虽然较大，但受拉钢筋 A_s 数量过多，致使受拉钢筋始终不能屈服。当纵向压力加大到一定数值，会出现与受拉破坏相同的情况，在截面受拉边缘出现水平裂缝，但水平裂缝的开展与延伸不显著，不会形成明显的主裂缝。受压区边缘混凝土的压应变增长较快，破坏时达到极限压应变值，出现纵向裂缝。压碎区段较长，破坏较突然，无明显预兆。

受压破坏形态的特点是混凝土先压碎，压应力较大一侧的钢筋能达到抗压屈服强度，另一侧的钢筋不管是受拉或是受压，但都不会屈服。这种破坏属于脆性破坏类型。

综上所述，受拉破坏形态与受压破坏形态都属于材料发生了破坏，它们的相同之处是截面的最终破坏都是受压区边缘混凝土达到其极限压应变值而被压碎；不同之处在于截面破坏的起因，即截面受拉部分和受压部分谁先发生破坏。前者是受拉钢筋先屈服而后受压混凝土被压碎，后者是截面的受压部分先发生破坏。所以，两者的根本区别在于破坏时受拉钢筋是否达到屈服强度。

在受拉破坏形态和受压破坏形态之间存在着一种界限破坏形态，称为“界限破坏”，其主要特征是：在受拉钢筋应力达到屈服强度的同时，受压区混凝土被压碎。“界限破坏”形态具有受拉破坏的形态特征，属于受拉破坏形态。

试验表明，从加载开始到临近破坏的过程中，采用较大测量标距测得的偏心受压构件截面平均应变值较好地符合平截面假定。图 7-15 表示了两个偏心受压构件的截面平均应变沿截面高度变化情况。两类偏心受压构件的界限破坏特征与受弯构件中适筋梁和超筋梁的界限破坏特征完全相同，因此，判别大、小偏心受压构件的条件与判别适筋、超筋破坏的条件相同，即当 $\xi\leqslant\xi_b$ 时，为大偏心受压；当 $\xi>\xi_b$ 时，为小偏心受压。

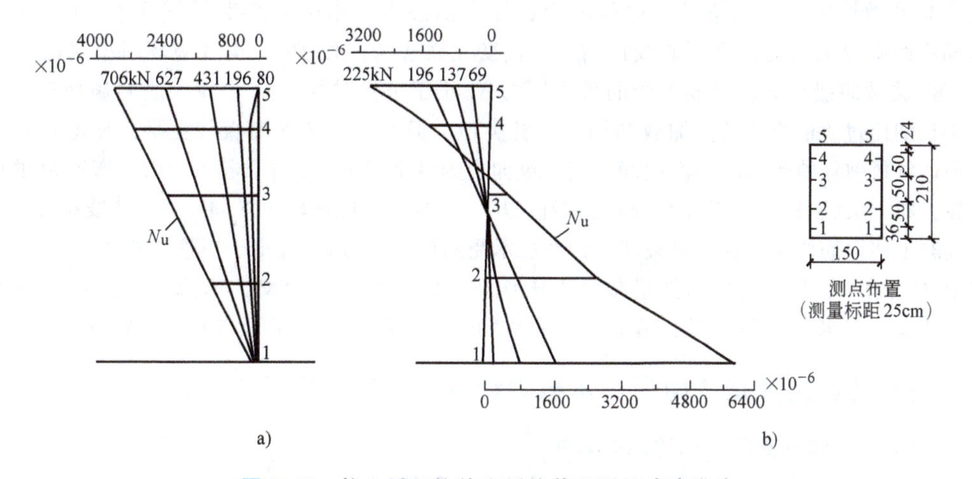

图 7-15　偏心受压构件实测的截面平均应变分布

a) 受压破坏情况 $e_0/h_0=0.24$　b) 受拉破坏情况 $e_0/h_0=0.68$

7.4　偏心受压构件的纵向弯曲影响

7.4.1　二阶弯矩对偏心受压构件正截面受压承载力的影响

试验表明，偏心受压的钢筋混凝土柱会产生纵向弯曲。对于长细比较小的柱，即所谓的“短柱”，所产生的纵向弯曲很小，在设计时可以忽略不计。对于长细比较大的柱，其纵向弯曲较大，从而使柱产生二阶弯矩，降低柱的承载能力，设计中必须予以考虑。

图 7-16 描述了三个截面尺寸、材料、配筋、纵向压力的初始偏心距等其他条件完全相同，仅长细比不同的柱从加载直到破坏时的示意图。图中的曲线 $ABCD$ 表示钢筋混凝土偏心受压构件截面材料破坏时的承载力 M 与 N 之间的关系。

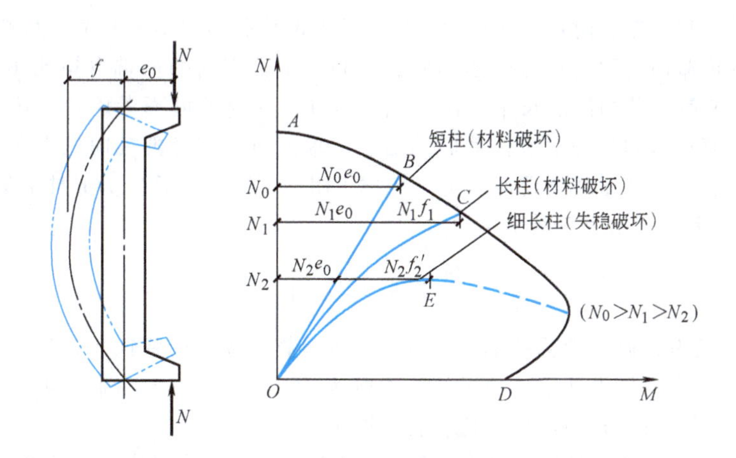

图 7-16　不同长细比柱从加载到破坏的 N-M 曲线

对于短柱，由于柱的纵向弯曲很小，忽略不计，可以认为偏心距从加载到破坏始终不变，即 $e_0=M/N$ 为常数，M 与 N 成比例增加，其变化轨迹为直线 OB。构件的破坏属“材料破坏”。

对于长细比较大的长柱，当荷载加大到一定数值时，M 与 N 不再成比例增加，其变化轨迹偏离直线，M 的增长快于 N 的增长，这是由于长柱在偏心压力作用下产生了不可忽略的纵向弯曲，截面的偏心距随纵向力的加大而非线性增大，其变化轨迹为线段 OC。构件破坏时，仍能与材料破坏的 N_u-M_u 关系曲线相交，但能承受的最大压力 N_1 小于短柱时的 N_0，也属“材料破坏”。

对于长细比过大的细长柱，加载初期与长柱类似，但变化轨迹偏离直线更早，M 增长的速度更快，在到达材料破坏的 N_u-M_u 关系曲线之前，纵向力的微小增量 ΔN 可引起不收敛的弯矩 M 的增加而导致破坏，即“失稳破坏”。其变化轨迹为线段 OE，不能与材料破坏的 N_u-M_u 关系曲线相交，构件破坏时，混凝土和钢筋均未达到材料破坏。构件能承受的最大压力 N_2 远小于短柱时的 N_0。

以上情况表明，偏心受压构件正截面受压承载力随着长细比的增大而降低，产生这一现象的原因是，当构件的长细比较大时，偏心受压构件的纵向弯曲引起了不可忽略的二阶弯矩。

7.4.2 偏心受压构件正截面受压承载力计算中对二阶弯矩影响的考虑

1. 结构工程中偏心受压构件的二阶弯矩

结构工程中偏心受压构件的二阶弯矩，通常由两种情况引起。

(1) 纵向弯曲引起的二阶弯矩　对于无侧移框架结构，二阶弯矩是纵向压力在它引起的挠曲变形上产生的附加弯矩，附加弯矩的大小取决于挠曲变形的大小，挠曲变形最大处截面产生最大二阶弯矩。该截面的位置取决于杆件两端弯矩的大小和方向。

当杆件两端作用有大小相等、能使杆件同侧受拉的弯矩时，挠曲变形最大处截面出现在杆件的中间，由于杆件的一阶弯矩呈平直线分布，所以该截面为一阶弯矩增加最多的截面，是构件的最危险截面，称为临界截面。

当杆件两端作用有大小不等、能使杆件同侧受拉的弯矩时，挠曲变形最大处截面出现在靠近杆端弯矩较大一端的某个位置，由于杆件的一阶弯矩呈同侧斜直线分布，所以该截面一阶弯矩的增加较多，但比两端作用有大小相等、能使杆件同侧受拉的弯矩要小。

当杆件两端作用有大小相等或不等、能使杆件异侧受拉的弯矩时，挠曲变形最大处截面也出现在靠近杆端弯矩较大一端的某个位置，由于杆件的一阶弯矩呈异侧斜直线分布，所以该截面一阶弯矩的增加很少，该截面的一阶弯矩、二阶弯矩之和与杆端弯矩相差很小。

(2) 结构侧移引起的二阶弯矩　对于有侧移框架结构，二阶弯矩主要是指结构上部荷载在侧移的框架中产生的附加弯矩，附加弯矩的大小取决于上部荷载的大小及框架层间侧移的大小。

弯矩作用平面内截面对称的偏心受压构件，当同一主轴方向的杆端弯矩比 M_1/M_2 不大于 0.9 且轴压比不大于 0.9 时，若构件的长细比满足式（7-11）的要求可不考虑轴向压力在该方向挠曲杆件中产生的附加弯矩影响；否则应按截面的两个主轴方向分别考虑轴向压力在挠曲杆件中产生的附加弯矩影响，即偏心受压柱的设计弯矩（考虑了附加弯矩影响后）为原柱端最大弯矩 M_2 乘以偏心距调节系数 C_m 和弯矩增大系数 η_{ns}。

$$\frac{l_0}{i} \leqslant 34-12\left(\frac{M_1}{M_2}\right) \tag{7-11}$$

式中　M_1、M_2——已考虑侧移影响的偏心受压构件两端截面按结构弹性分析确定的对同一主轴的组合弯矩设计值，绝对值较大端为 M_2，绝对值较小端为 M_1，当构件按单曲率弯曲时，M_1/M_2 取正值，否则取负值；

l_0——构件的计算长度，可近似取偏心受压构件相应主轴方向上下支撑点之间的距离；

i——偏心方向的截面回转半径。

2. 偏心距调节系数 C_m

对于弯矩作用平面内截面对称的偏心受压构件，同一主轴方向两端的杆端弯矩大多不相同，但也存在单曲率弯曲（M_1/M_2 为正）时二者大小接近的情况，即 $M_1/M_2>0.9$，此时，该柱在柱两端相同方向、几乎相同大小的弯矩作用下将产生最大的偏心距，使该柱处于最不利的受力状态。因此，在这种情况下，需考虑偏心距调节系数，其计算公式为

$$C_m = 0.7 + 0.3\frac{M_1}{M_2} \geqslant 0.7 \tag{7-12}$$

3. 弯矩增大系数 η_{ns}

弯矩增大系数是考虑侧向挠度的影响，如图 7-16 所示，考虑柱侧向挠度 f 后，柱中截面弯矩可表示为

$$M = N(e_0 + f) = N\frac{e_0 + f}{e_0}e_0 = N\eta_{ns}e_0$$

式中 $\eta_{ns} = \frac{e_0 + f}{e_0} = 1 + \frac{f}{e_0}$，称为弯矩增大系数。

以两端铰接柱为例，试验表明，两端铰接柱的挠曲线很接近正弦曲线 $y = f\sin\frac{\pi x}{l_0}$；柱截面的曲率为 $\varphi \approx |y''| = f\frac{\pi^2}{l_0^2}\sin\frac{\pi x}{l_0}$，在柱中部控制截面处$\left(x = \frac{l_0}{2}\right)$，$\varphi = f\frac{\pi^2}{l_0^2} \approx 10\frac{f}{l_0^2}$，则可得

$$f = \varphi\frac{l_0^2}{10}$$

式中 f——柱中截面的侧向挠度；

l_0——柱的计算长度。

将 f 的表达式代入 η_{ns} 的表达式，则有

$$\eta_{ns} = 1 + \frac{\varphi l_0^2}{10e_0}$$

由平截面假定可知

$$\varphi = \frac{\varepsilon_c + \varepsilon_s}{h_0}$$

在界限破坏时有

$$\varepsilon_c = \varepsilon_{cu},\quad \varepsilon_s = \frac{f_y}{E_s}$$

则界限破坏时的曲率为

$$\varphi_b = \frac{\varepsilon_{cu} + \frac{f_y}{E_s}}{h_0}$$

由于偏心受压构件实际破坏形态和界限破坏有一定的差别，应对 φ_b 进行修正，令

$$\varphi = \varphi_b\zeta_c = \frac{\varepsilon_{cu} + \frac{f_y}{E_s}}{h_0}\zeta_c$$

式中 ζ_c——偏心受压构件截面曲率 φ 的修正系数。

试验表明，在大偏心受压破坏时，实测曲率 φ 与 φ_b 相差不大；在小偏心受压破坏时，曲率 φ 随偏心距的减小而降低。《混凝土结构设计规范》规定，对大偏心受压构件，取 $\zeta_c = 1$；对小偏心受压构件，用 N 的大小来反映偏心距的影响。

在界限破坏时，对常用的 HPB300、HRB335、HRB400、HRB500 钢筋和 C50 及以下等级的混

凝土，界限受压区高度为

$$x_b=\xi_b h_0=(0.491\sim0.576)h_0$$

若取 $h_0\approx0.9h$，则 $x_b=(0.442\sim0.518)h$，近似取 $x_b=0.5h$，则界限破坏时的轴力可近似取为

$$N_b=f_c b x_b=0.5f_c bh=0.5f_c A$$

即截面纵筋的拉力和压力基本平衡，其中 A 为构件截面面积。由此可得到 ζ_c 的表达式为

$$\zeta_c=\frac{N_b}{N}=\frac{0.5f_c A}{N} \tag{7-13}$$

当 $N<N_b$ 时，截面发生大偏心受压破坏，取 $\zeta_c=1$；当 $N>N_b$ 时，截面发生小偏心受压破坏，取 $\zeta_c<1$。

在荷载长期作用下，混凝土的徐变将使构件的截面曲率和侧向挠度增大，考虑徐变的影响，取 $1.25\varepsilon_{cu}=1.25\times0.0033=0.004125$，$h/h_0=1.1$，即钢筋强度采用400MPa和500MPa的平均值 $f_y=450\text{MPa}$，考虑附加偏心距后以（$M_2/N+e_a$）代替 e_0，代入下式

$$\eta_{ns}=1+\frac{\varphi l_0^2}{10e_0}=1+\frac{\varepsilon_{cu}+\frac{f_y}{E_s}}{h_0}\zeta_c\frac{l_0^2}{10e_0}$$

可得弯矩增大系数 η_{ns} 的计算公式

$$\eta_{ns}=1+\frac{1}{\frac{1300\left(\frac{M_2}{N}+e_a\right)}{h_0}}\left(\frac{l_0}{h}\right)^2\zeta_c \tag{7-14}$$

式中 ζ_c——截面曲率修正系数，当计算值大于1.0时，取1.0；

N——与弯矩设计值 M_2 相应的轴向压力设计值。

4. 控制截面设计弯矩的计算

除排架结构柱外，其他偏心受压构件考虑轴向压力在挠曲杆件中产生的二阶效应后，控制截面的弯矩设计值应按下列公式计算

$$M=C_m\eta_{ns}M_2 \tag{7-15}$$

另外，尚应考虑结构侧移对二阶弯矩分布规律的影响。《混凝土结构设计规范》通过计算长度 l_0 的取值来考虑这种影响，对常用的排架结构柱和框架结构柱的计算长度 l_0 的取值，作了较详细的规定，设计时可以查找。

7.5 矩形截面偏心受压构件正截面承载力计算的基本公式

7.5.1 大偏心受压构件

对于大偏心受压构件，纵向受力钢筋 A_s 的应力取抗拉强度设计值 f_y，纵向受压钢筋 A_s' 的应力一般也能达到抗压强度设计值 f_y'，采用与受弯构件相同的处理方法，把受压区混凝土曲线压应力图用等效矩形图形替代，其应力值取为 $\alpha_1 f_c$，截面受压区高度取为 x。截面应力计算图形如图7-17所示。

1. 基本公式

由力的平衡条件及各力对受拉钢筋取矩的力矩平衡条件，可以得到以下两个基本公式

$$N\leqslant\alpha_1 f_c bx+f_y'A_s'-f_yA_s \tag{7-16}$$

$$Ne \leqslant \alpha_1 f_c bx\left(h_0-\frac{x}{2}\right)+f'_y A'_s(h_0-a'_s) \tag{7-17}$$

$$e=e_i+\frac{h}{2}-a_s \tag{7-18}$$

式中　e——轴向压力作用点至纵向受拉钢筋 A_s 合力点的距离。

2. 适用条件

1）为了保证构件破坏时受拉区钢筋应力先达到屈服强度，要求

$$x \leqslant x_b \tag{7-19}$$

式中　x_b——界限破坏时受压区计算高度，$x_b=\xi_b h_0$，ξ_b 同受弯构件。

2）为了保证构件破坏时受压钢筋应力也能达到抗压屈服强度，要求满足

$$x \geqslant 2a'_s \tag{7-20}$$

式中　a'_s——纵向受压钢筋合力点至受压区边缘的距离。

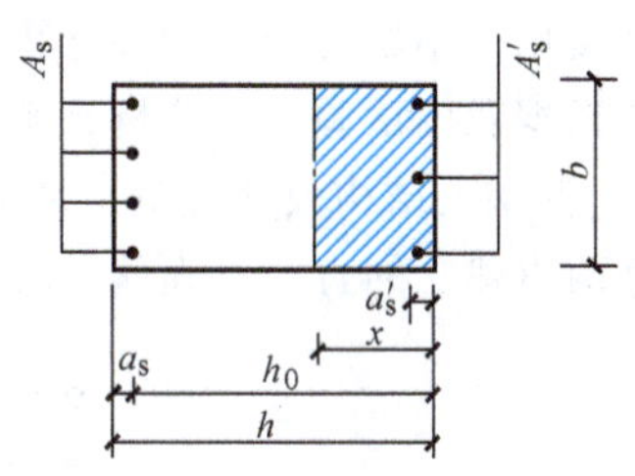

图 7-17　矩形截面大偏心受压构件截面应力计算图形

若计算中出现 $x<2a'_s$ 的情况，说明破坏时纵向受压钢筋的应力没有达到抗压强度设计值 f'_y，此时可近似取 $x=2a'_s$，并对受压钢筋 A'_s 的合力点取矩得

$$Ne'=f_y A_s(h_0-a'_s) \tag{7-21}$$

式中　e'——轴向压力作用点至受压区纵向钢筋 A'_s 合力点的距离。

7.5.2　小偏心受压构件

小偏心受压破坏时，受压区混凝土被压碎，受压钢筋 A'_s 的应力达到屈服强度，而另一侧钢筋 A_s 受拉或受压，但都不屈服，所以 A_s 的应力用 σ_s 表示。受压区混凝土曲线压应力图形仍用等效矩形应力图形来替代。截面应力计算图形如图 7-18 所示。

1. 基本公式

根据力的平衡条件及力矩平衡条件可得

$$N \leqslant \alpha_1 f_c bx+f'_y A'_s-\sigma_s A_s \tag{7-22}$$

$$Ne \leqslant \alpha_1 f_c bx\left(h_0-\frac{x}{2}\right)+f'_y A'_s(h_0-a'_s) \tag{7-23}$$

或

$$Ne' \leqslant \alpha_1 f_c bx\left(\frac{x}{2}-a'_s\right)-\sigma_s A_s\ (h_0-a'_s) \tag{7-24}$$

式中　x——受压区计算高度，当 $x>h$ 时，取 $x=h$；

e、e'——轴向力作用点至受拉钢筋 A_s 合力点和受压钢筋 A'_s 合力点之间的距离；

σ_s——钢筋 A_s 的应力值，根据截面应变平截面假定，可近似按式（7-27）计算。

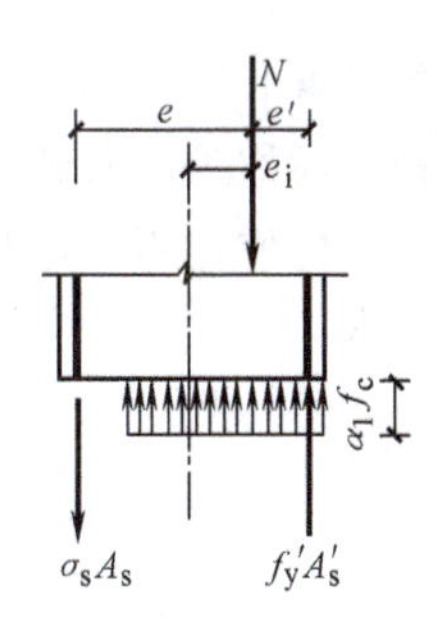

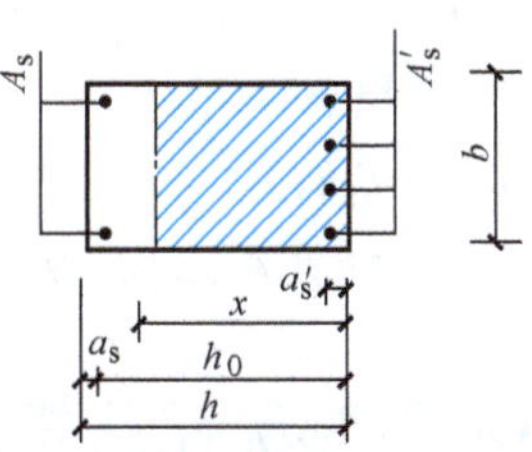

图 7-18　矩形截面小偏心受压构件截面应力计算图形

$$e=e_i+\frac{h}{2}-a_s \tag{7-25}$$

$$e'=\frac{h}{2}-e_i-a'_s \tag{7-26}$$

$$\sigma_s=\frac{\xi-\beta_1}{\xi_b-\beta_1}f_y \tag{7-27}$$

式中　ξ、ξ_b——相对受压区计算高度和相对界限受压区计算高度。

当 σ_s 的计算值为正号时，表示 A_s 受拉，为负号时表示 A_s 受压，且应符合下式要求

$$-f'_y \leqslant \sigma_s \leqslant f_y \tag{7-28}$$

下面介绍式（7-27）的建立过程，根据平截面假定，截面应变关系图如图 7-19 所示。由比例关系可以得到

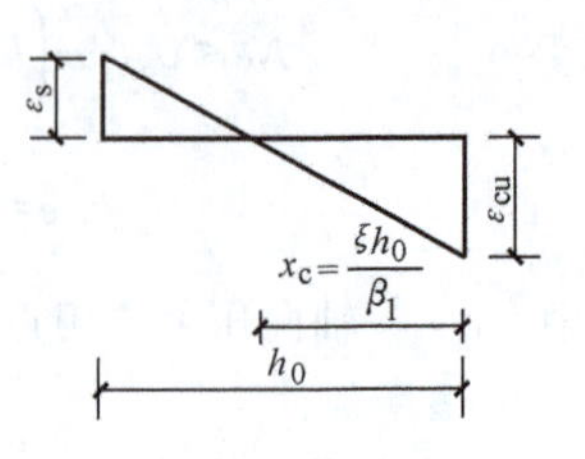

图 7-19　截面应变关系

$$\sigma_s = E_s\varepsilon_{cu}\left(\frac{\beta_1}{\xi}-1\right) = E_s\varepsilon_{cu}\left(\frac{\beta_1 h_0}{x}-1\right) \tag{7-29}$$

若直接用于小偏心受压构件计算，就必须解 x 的三次方程，给手算带来困难。

根据我国试验资料分析，实测钢筋 A_s 的应力 σ_s 与 ξ 接近直线关系，如图 7-20 所示。为计算方便，《混凝土结构设计规范》取 σ_s 与 ξ 之间为直线关系：当 $\xi=\xi_b$ 时，$\sigma_s=f_y$；当 $\xi=\beta_1$ 时，$\sigma_s=0$。以这两点建立的直线方程就是式（7-27）。

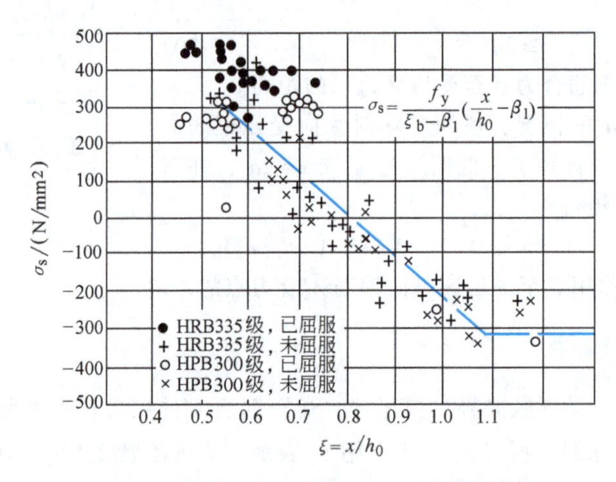

图 7-20　纵向钢筋 A_s 的应力 σ_s 与 ξ 之间的关系

当相对偏心距很小且 A'_s 比 A_s 大得较多时，也可能发生离轴向力较远一侧混凝土先压碎的破坏，这种破坏称为反向破坏。为了防止这种反向破坏的发生，《混凝土结构设计规范》规定，对于小偏心受压构件，当 $N>f_c bh$ 时，除应按式（7-22）、式（7-23）或式（7-24）进行计算外，还应满足下式要求

$$N\left[\frac{h}{2}-a'_s-(e_0-e_a)\right] \leqslant \alpha_1 f_c bh\left(h'_0-\frac{h}{2}\right)+f'_y A_s(h'_0-a_s) \tag{7-30}$$

式中　h'_0——纵向受压钢筋合力点至截面远边的距离，$h'_0=h-a'_s$。

2. 适用条件

1）$x>\xi_b h_0$。

2）$x\leqslant h$；若 $x>h$，取 $x=h$ 进行计算。

7.6　不对称配筋矩形截面偏心受压构件正截面承载力计算

偏心受压构件正截面受压承载力的计算与受弯构件正截面受弯承载力计算一样，分为截面设计和截面复核两类问题。

7.6.1　截面设计

进行受压构件截面设计时，应首先判别偏心类型。如果根据大、小偏心的界限条件 $\xi=\xi_b$ 来判别，则需要计算出混凝土相对受压区高度 ξ，而 ξ 值又取决于钢筋截面面积大小，在钢筋截面面积确定之前无法求出，因此必须另外寻求一种间接判别方法。根据经验，对于常用材料，通常取 $e_i=0.3h_0$ 作为大、小偏心受压的界限，当 $e_i>0.3h_0$ 时，可先按大偏心受压情况计算；当 $e_i\leqslant 0.3h_0$ 时，则先按小偏心受压情况计算。然后应用有关计算公式求出钢筋截面面积，再根据钢筋截面面积计算 ξ，看是否与初步判别一致，不一致时改变判别重新计算。

1. 大偏心受压构件的计算

大偏心受压构件截面设计有以下两种情况：

1）已知：构件截面尺寸 $b\times h$，混凝土的强度等级，钢筋种类，轴向力设计值 N 及弯矩设计值 M，构件的计算长度 l_0，求钢筋截面面积 A_s 及 A'_s。

令 $N=N_u$，$M=N_ue_0$，由式（7-16）、式（7-17）可以看出，此时共有 x、A_s、A'_s三个未知数，而只有两个方程，以总配筋量（$A_s+A'_s$）最小为补充条件，取 $x=\xi_bh_0$，代入式（7-17），解出 A'_s

$$A'_s=\frac{Ne-\alpha_1f_cbh_0^2\xi_b(1-0.5\xi_b)}{f'_y(h_0-a'_s)} \tag{7-31}$$

将求得的 A'_s及 $x=\xi_bh_0$ 代入式（7-16），得

$$A_s=\frac{\alpha_1f_cb\xi_bh_0-N}{f_y}+\frac{f'_y}{f_y}A'_s \tag{7-32}$$

如果 $A'_s<\rho_{min}bh$ 且数值相差较多，则取 $A'_s=\rho_{min}bh$，按第二种情况（已知 A'_s求 A_s）计算 A_s。

2）已知：构件截面尺寸 $b\times h$，混凝土的强度等级，钢筋种类，轴向力设计值 N 及弯矩设计值 M，构件的计算长度 l_0 及受压钢筋截面面积 A'_s，求受拉钢筋截面面积 A_s。

令 $N=N_u$，$M=N_ue_0$，由式（7-17）、式（7-18）可以看出，此时只有 ξ、A_s 两个未知数，可以利用计算公式直接求解。先计算 α_s

$$\alpha_s=\frac{Ne-f'_yA'_s(h_0-a'_s)}{\alpha_1f_cbh_0^2} \tag{7-33}$$

然后计算 ξ，$\xi=1-\sqrt{1-2\alpha_s}$。

若$\frac{2a'_s}{h_0}\leqslant\xi\leqslant\xi_b$，则由式（7-16）得

$$A_s=\frac{\alpha_1f_cb\xi h_0+f'_yA'_s-N}{f_y} \tag{7-34}$$

若 $\xi>\xi_b$，说明受压钢筋数量不足，应增大 A'_s后按第一种情况计算或加大构件截面尺寸后重新计算。

若 $\xi<\frac{2a'_s}{h_0}$，则仿照双筋梁的计算方法，对受压钢筋 A'_s合力点取矩，计算出 A_s

$$A_s=\frac{N\left(e_i-\frac{h}{2}+a'\right)}{f_y(h_0-a'_s)} \tag{7-35}$$

另外，再按 $A'_s=0$，利用式（7-17）、式（7-16）计算出 A_s，与式（7-35）的计算结果进行比较，取其较小配筋值。

以上大偏心受压两种情况，按弯矩作用平面计算承载力之后，均应按轴心受压验算垂直于弯

矩作用平面的受压承载力。若不满足要求，应重新进行截面设计。

2. 小偏心受压构件

小偏心受压构件截面设计时，共有 x、A_s 和 A'_s 三个未知数，而计算公式只有两个独立方程，如果仍以（$A_s+A'_s$）总量最小为补充条件来确定 ξ，则计算过程非常复杂。实用中可采用如下办法：

小偏心受压应满足 $\xi>\xi_b$ 及 $-f'_y\leqslant\sigma_s\leqslant f_y$ 的条件。当纵向受力筋 A_s 的应力 σ_s 达到受压屈服强度且钢筋的受压屈服强度与受拉屈服强度相等时，根据式（7-27）可以计算出相对受压区计算高度

$$\xi_{cy}=2\beta_1-\xi_b \tag{7-36}$$

1）当 $\xi_b<\xi<\xi_{cy}$ 时，不论 A_s 配置的数量大小，一般都不会屈服；为了使钢筋用量最少，按最小配筋率进行配置，即 $A_s=\rho_{min}bh$。然后，利用式（7-24）、式（7-27）求得 ξ 和 σ_s。若 $\sigma_s<0$，取 $A_s=\rho'_{min}bh$，利用式（7-24）重新计算 ξ。若满足 $\xi_b<\xi<\xi_{cy}$，则按式（7-23）计算 A'_s。

2）当 $\xi\leqslant\xi_b$ 时，按大偏心受压构件计算。

3）当 $\dfrac{h}{h_0}>\xi>\xi_{cy}$ 时，取 $\sigma_s=-f'_y$，$\xi=\xi_{cy}$，利用式（7-24）、式（7-23）计算 A_s 和 A'_s，且使 $A'_s\geqslant 0.002bh$，否则取 $A'_s=0.002bh$。

4）当 $\xi>\dfrac{h}{h_0}$ 时，取 $\sigma_s=-f'_y$，$x=h$，利用式（7-24）、式（7-23）计算 A_s 和 A'_s，且使 $A'_s\geqslant 0.002bh$，否则取 $A'_s=0.002bh$。

对于 3）和 4）两种情况，均应再按式（7-30）进行反向破坏承载力计算。

7.6.2 承载力复核

在实际工程中有时需要对偏心受压构件进行承载力复核，此时截面尺寸 $b\times h$、构件的计算长度 l_0、截面配筋 A_s 和 A'_s、截面上作用的轴向压力设计值 N、弯矩设计值 M（或截面的偏心距 e_0）、混凝土强度等级和钢筋种类均为已知，要求判别构件截面是否能够满足承载力的要求或计算截面能够承受的弯矩设计值 M。

1. 弯矩作用平面的承载力复核

（1）已知截面偏心距 e_0，求轴向力设计值 N　由于截面配筋已知，将截面全部内力对 N 的作用点取矩，可以求出截面混凝土受压区高度 x。当 $x\leqslant x_b$ 时，为大偏心受压，将 x 及已知数据代入式（7-16）即可求出轴向力设计值 N。当 $x>x_b$ 时，为小偏心受压，将已知数据代入式（7-22）、式（7-23）、式（7-27）联立求解，即可求出轴向力设计值 N。

（2）已知轴向力设计值 N，求弯矩设计值 M　先将已知配筋和 ξ_b 代入式（7-16）计算界限情况下受压承载力 N_{ub}。当 $N\leqslant N_{ub}$ 时，为大偏心受压，可按式（7-16）计算 x，再将 x 和由式（7-14）求得的 η_{ns} 代入式（7-17）求出 e_0，则得弯矩设计值 $M=Ne_0$。当 $N>N_{ub}$ 时，为小偏心受压，可按式（7-22）、式（7-27）计算 x，再将 x 和 η_{ns} 代入式（7-23）求出 e_0，然后计算弯矩设计值 $M=Ne_0$。

2. 垂直于弯矩作用平面的承载力复核

不论是哪一种偏心受压，垂直于弯矩作用平面的承载力复核，均按轴心受压构件进行。计算 φ 值时，取 b 作为截面高度。

【例 7-3】 钢筋混凝土偏心受压柱，截面尺寸 $b\times h=300\text{mm}\times400\text{mm}$，计算长度 $l_0=3.6\text{m}$。承受轴向压力设计值 $N=300\text{kN}$，柱端较大弯矩设计值 $M_2=168\text{kN}\cdot\text{m}$。混凝土强度等级 C30，钢筋采用 HRB400。$a_s=a'_s=40\text{mm}$。求钢筋截面面积 A'_s 和 A_s（按两端弯矩相等 $M_1/M_2=1$ 的框架柱考虑）。

【解】 由附表 1-3、附表 1-10 得 $f_y=f'_y=360\text{N/mm}^2$，$f_c=14.3\text{N/mm}^2$。

有效高度 $h_0=h-a_s=(400-40)\text{mm}=360\text{mm}$

（1）计算框架柱设计弯矩 M

由于 $M_1/M_2=1$，$i=\sqrt{I/A}=h/\sqrt{12}=\frac{400}{\sqrt{12}}\text{mm}=115.5\text{mm}$

则 $l_0/i=3600/115.5=31.2>34-12(M_1/M_2)=34-12\times1=22$

因此需要考虑附加弯矩的影响。

$$\zeta_c=\frac{0.5f_cA}{N}=\frac{0.5\times14.3\times300\times400}{300\times10^3}=2.86>1\quad 取\ \zeta_c=1$$

$$C_m=0.7+0.3\frac{M_1}{M_2}=0.7+0.3\times1=1$$

$$e_a=\frac{h}{30}=\frac{400}{30}\text{mm}=13.3\text{mm}<20\text{mm}，取\ e_a=20\text{mm}$$

$$\eta_{ns}=1+\frac{1}{1300\dfrac{\left(\dfrac{M_2}{N}+e_a\right)}{h_0}}\left(\frac{l_0}{h}\right)^2\zeta_c$$

$$=1+\frac{1}{1300\dfrac{\left(\dfrac{168\times10^6}{300\times10^3}+20\right)}{360}}\times\left(\frac{3600}{400}\right)^2\times1$$

$$=1.039$$

柱设计弯矩 $M=C_m\eta_{ns}M_2=1\times1.039\times168\text{kN}\cdot\text{m}=175\text{kN}\cdot\text{m}$

（2）判断偏压类型

$$e_0=\frac{M}{N}=\frac{175\times10^6}{300\times10^3}\text{mm}=583\text{mm}$$

$$e_i=e_0+e_a=(583+20)\ \text{mm}=603\text{mm}$$

由于 $e_i=603\text{mm}>0.3h_0=0.3\times360\text{mm}=108\text{mm}$，故按大偏心受压计算。

（3）计算 A_s 和 A_s'

$$e=e_i+\frac{h}{2}-a_s=\left(603+\frac{400}{2}-40\right)\text{mm}=763\text{mm}$$

$$A_s'=\frac{Ne-\alpha_1f_cbh_0^2\xi_b(1-0.5\xi_b)}{f_y'(h_0-a_s')}$$

$$=\frac{300\times10^3\times763-1\times14.3\times300\times360^2\times0.518\times(1-0.5\times0.518)}{360\times(360-40)}\text{mm}^2$$

$$=134\text{mm}^2<\rho_{min}'bh=0.002\times300\times400\text{mm}^2=240\text{mm}^2$$

取 $A_s'=240\text{mm}^2$，按 A_s' 是已知的情况计算 A_s。

$$\alpha_s=\frac{Ne-f_y'A_s'(h_0-a_s')}{\alpha_1f_cbh_0^2}$$

$$=\frac{300\times10^3\times763-360\times240\times(360-40)}{1\times14.3\times300\times360^2}=0.362$$

$$\xi=1-\sqrt{1-2\alpha_s}=1-\sqrt{1-2\times0.362}=0.475<\xi_b=0.518\ （满足要求）$$

$$A_s=\frac{\alpha_1 f_c b h_0 \xi+f'_y A'_s-N}{f_y}$$

$$=\frac{1\times14.3\times300\times360\times0.475+360\times240-300\times10^3}{360}\text{mm}^2$$

$$=1444\text{mm}^2$$

(4) 选筋

受压钢筋选用2⌀14，$A'_s=308\text{mm}^2$

受拉钢筋选用2⌀22+2⌀20，$A_s=(760+628)\text{mm}^2=1388\text{mm}^2$

总配筋率 $\rho=\dfrac{A_s+A'_s}{A}=\dfrac{1388+308}{300\times400}=1.41\%>0.6\%$ 且 $<5\%$

单侧配筋率 $\rho=\dfrac{A'_s}{A}=\dfrac{308}{300\times400}=0.257\%>0.2\%$ （满足要求）

(5) 垂直于弯矩作用平面内承载力复核

由 $l_0/b=3600/300=12$ 得，$\varphi=0.95$

则 $N_u=0.9\varphi(f_c A+f'_y A'_s+f_y A_s)$

$=0.9\times0.95\times(14.3\times300\times400+360\times308+360\times1388)\text{N}$

$=1989\text{kN}>N=300\text{kN}$（满足要求）

【例 7-4】 已知构件截面尺寸 $b=500\text{mm}$，$h=700\text{mm}$，$a_s=a'_s=40\text{mm}$，混凝土强度等级为C40，钢筋为HRB400，A_s 选用6⌀25（$A_s=2945\text{mm}^2$），A'_s选用4⌀25（$A'_s=1964\text{mm}^2$）。构件的计算长度 $l_0=12.6\text{m}$。柱两端弯矩相等，轴向力的偏心距 $e_0=450\text{mm}$（已考虑弯矩增大系数和偏心距调节系数）。求截面能承受的轴向力设计值 N。

【解】 查附表1-3、附表1-10得 $f_y=f'_y=360\text{N/mm}^2$，$f_c=19.1\text{N/mm}^2$。$\xi_b=0.518$

有效高度 $h_0=h-a_s=(700-40)\text{mm}=660\text{mm}$

(1) 判断偏压类型

$$e_a=\frac{h}{30}=\frac{700}{30}\text{mm}=23\text{mm}>20\text{mm}，取\ e_a=23\text{mm}$$

$$e_i=e_0+e_a=(450+23)\text{mm}=473\text{mm}>0.3h_0=198\text{mm}$$

故为大偏心受压构件。

$$e=e_i+\frac{h}{2}-a_s=\left(473+\frac{700}{2}-40\right)\text{mm}=783\text{mm}$$

$$e'=e_i-\frac{h}{2}+a'_s=\left(473-\frac{700}{2}+40\right)\text{mm}=163\text{mm}$$

(2) 计算 N 　由图7-17，对 N 点取矩得

$$\alpha_1 f_c bx\left(e_i-\frac{h}{2}+\frac{x}{2}\right)=f_y A_s e-f'_y A'_s e'$$

代入数据，得

$$1\times19.1\times500\times x\times\left(473-350+\frac{x}{2}\right)=360\times2945\times783-360\times1964\times163$$

解得　$x=283\text{mm}$

$$2a'_s=80\text{mm}<x=283\text{mm}<\xi_b h_0=0.518\times660\text{mm}=342\text{mm}$$

因此该截面能承受的轴向力设计值为

$$N=\alpha_1 f_c bx+f'_y A'_s-f_y A_s$$

$$=(1\times19.1\times500\times283+360\times1964-360\times2945)\text{N}$$
$$=2349\text{kN}$$

【例 7-5】 已知 $N=1500\text{kN}$，$b=400\text{mm}$，$h=600\text{mm}$，$a_s=a_s'=40\text{mm}$，混凝土强度等级为 C40，钢筋为 HRB400，A_s 选用 4 Φ 20（$A_s=1256\text{mm}^2$），A_s'选用 4 Φ 22（$A_s'=1520\text{mm}^2$）。构件的计算长度 $l_0=4.0\text{m}$。求柱端能承受的弯矩设计值 M_2（按两端弯矩相等考虑）。

【解】 查附表 1-3、附表 1-10 得 $f_y=f_y'=360\text{N/mm}^2$，$f_c=19.1\text{N/mm}^2$。$\xi_b=0.518$

有效高度 $h_0=h-a_s=(600-40)\text{mm}=560\text{mm}$

(1) 判断偏压类型

$$N_{ub}=\alpha_1 f_c b h_0 \xi_b+f_y'A_s'-f_yA_s$$
$$=(1\times19.1\times400\times560\times0.518+360\times1520-360\times1256)\text{N}$$
$$=2311\text{kN}>N=1500\text{kN}$$

故为大偏心受压构件。

(2) 计算受压区高度 x

$$x=\frac{N-f_y'A_s'+f_yA_s}{\alpha_1 f_c b}=\frac{1500\times10^3-360\times1520+360\times1256}{1\times19.1\times400}\text{mm}$$
$$=184\text{mm}<\xi_b h_0=0.518\times560\text{mm}=290\text{mm}$$

同时 $x>2a_s'=80\text{mm}$

(3) 计算 e_0

$$e=\frac{\alpha_1 f_c bx\left(h_0-\dfrac{x}{2}\right)+f_y'A_s'(h_0-a_s')}{N}$$
$$=\frac{1\times19.1\times400\times184\times\left(560-\dfrac{184}{2}\right)+360\times1520\times(560-40)}{1500\times10^3}\text{mm}$$
$$=628\text{mm}$$

$$e_a=\left(20,\ \frac{h}{30}\right)_{\max}=20\text{mm}$$

由 $e=e_i+\dfrac{h}{2}-a_s$ 和 $e_i=e_0+e_a$ 得

$$e_0=e-\frac{h}{2}+a_s-e_a=(628-300+40-20)\text{mm}=348\text{mm}$$

(4) 计算 M_2

$$M=Ne_0=1500\times348\times10^{-3}\text{kN}\cdot\text{m}=522\text{kN}\cdot\text{m}$$

偏心距调节系数 $$C_m=0.7+0.3\frac{M_1}{M_2}=1$$

由 $M=C_m\eta_{ns}M_2$ 得

$$\frac{M}{M_2}=C_m\eta_{ns}=\eta_{ns}=1+\frac{1}{\dfrac{1300\left(\dfrac{M_2}{N}+e_a\right)}{h_0}}\left(\frac{l_0}{h}\right)^2\zeta_c$$

对于大偏心受压构件，取 $\zeta_c=1$，将数据代入上式可解得

$$M_2=267\text{kN}\cdot\text{m}$$

【例 7-6】 钢筋混凝土偏心受压柱，截面尺寸 $b\times h=400\text{mm}\times600\text{mm}$，计算长度 $l_0=3.6\text{m}$。承受轴向压力设计值 $N=4800\text{kN}$，柱端较大弯矩设计值 $M_2=16.8\text{kN}\cdot\text{m}$。混凝土强度等级 C35，钢筋采用 HRB400，$a_s=a_s'=40\text{mm}$。求钢筋截面面积 A_s'和 A_s（按两端弯矩相等 $M_1=M_2$ 的框架柱考虑）。

【解】 由附表 1-3、附表 1-10 得 $f_y=f_y'=360\text{N/mm}^2$，$f_c=16.7\text{N/mm}^2$。

有效高度 $h_0=h-a_s=(600-40)\text{mm}=560\text{mm}$

（1）判断偏压类型

由于 $M_1/M_2=1$，$i=\dfrac{h}{\sqrt{12}}=\dfrac{400}{\sqrt{12}}\text{mm}=115.5\text{mm}$

则 $l_0/i=3600/115.5=31.2>34-12\dfrac{M_1}{M_2}=22$

因此需要考虑附加弯矩的影响。

$$\zeta_c=\frac{0.5f_cA}{N}=\frac{0.5\times16.7\times400\times600}{4800\times10^3}=0.418$$

$$C_m=0.7+0.3\frac{M_1}{M_2}=0.7+0.3\times1=1$$

$$e_a=\frac{h}{30}=\frac{600}{30}\text{mm}=20\text{mm}$$

$$\eta_{ns}=1+\frac{1}{1300\dfrac{\left(\dfrac{M_2}{N}+e_a\right)}{h_0}}\left(\frac{l_0}{h}\right)^2\zeta_c$$

$$=1+\frac{1}{1300\times\dfrac{\left(\dfrac{16.8\times10^6}{4800\times10^3}+20\right)}{560}}\times\left(\frac{3600}{600}\right)^2\times0.418$$

$$=1.276$$

框架柱设计弯矩 $M=C_m\eta_{ns}M_2=1\times1.276\times16.8\text{kN}\cdot\text{m}=21.4\text{kN}\cdot\text{m}$

$$e_0=\frac{M}{N}=\frac{21.4\times10^6}{4800\times10^3}\text{mm}=4.5\text{mm}$$

$$e_i=e_0+e_a=(4.5+20)\text{mm}=24.5\text{mm}$$

$$e_i=24.5\text{mm}<0.3h_0=0.3\times560\text{mm}=168\text{mm}$$

故为小偏心受压构件。

$$e=e_i+\frac{h}{2}-a_s=(24.5+300-40)\text{mm}=284.5\text{mm}$$

$$e'=\frac{h}{2}-a_s'-e_i=(300-40-24.5)\text{mm}=235.5\text{mm}$$

（2）计算 A_s'和 A_s。取 $\beta_1=0.8$ 和 $A_s=\rho_{min}bh=0.002\times400\times600\text{mm}=480\text{mm}^2$。将式（7-27）代入式（7-24）得

$$\xi=1.161>\xi_{cy}=2\times0.8-0.518=1.082$$

且 $$\xi>\frac{h}{h_0}=\frac{600}{560}=1.07$$

取 $\sigma_s=-f_y$，$x=h$，代入式（7-23）、式（7-22）得

$$A'_s=\frac{Ne-\alpha_1 f_c bh(h_0-0.5h)}{f'_y(h_0-a'_s)}$$

$$=\frac{4800\times10^3\times284.5-1.0\times16.7\times400\times600\times(560-0.5\times600)}{360\times(560-40)}\text{mm}^2$$

$$=1728\text{mm}^2$$

$$A_s=\frac{N-\alpha_1 f_c bh-f'_y A'_s}{f_y}$$

$$=\frac{4800\times10^3-1.0\times16.7\times400\times600-360\times1728}{360}\text{mm}^2$$

$$=472\text{mm}^2$$

为了防止发生反向破坏，利用式（7-30）验算 A_s

$$A_s=\frac{N[0.5h-a'_s-(e_0-e_a)]-\alpha_1 f_c bh\left(h'_0-\dfrac{h}{2}\right)}{f'_y(h_0-a_s)}$$

$$=\frac{4800\times10^3\times[0.5\times600-40-(4.5-20)]-1.0\times16.7\times400\times600\times(560-0.5\times600)}{360\times(560-40)}\text{mm}^2$$

$$=1497\text{mm}^2$$

配筋选用：A'_s选用 3 Φ 18+3 Φ 20（$A'_s=1705\text{mm}^2$），A_s 选用 5 Φ 22（$A_s=1520\text{mm}^2$）。

（3）进行垂直于弯矩作用平面承载力验算。由于 $l_0/b=3600/400=9$，查表 7-1 得 $\varphi=0.99$。由式（7-5）得

$$N_u=0.9\varphi[f_c bh+f'_y(A'_s+A_s)]$$
$$=0.9\times0.99\times[16.7\times400\times600+360\times(1705+1520)]\text{N}$$
$$=4606\text{kN}<N=4800\text{kN}。$$

将 A_s 改选用 3 Φ 25+3 Φ 22（$A_s=2613\text{mm}^2$）后，$N_u=4826\text{kN}$，安全。

【例 7-7】 已知构件截面尺寸 $b=300\text{mm}$，$h=500\text{mm}$，$a_s=a'_s=40\text{mm}$，混凝土强度等级为 C30，钢筋为 HRB400，A_s 选用 2 Φ 20（$A_s=628\text{mm}^2$），A'_s选用 3 Φ 20（$A'_s=942\text{mm}^2$）。构件的计算长度 $l_0=6\text{m}$。轴向力的偏心距 $e_0=80\text{mm}$（已考虑弯矩增大系数和偏心距调节系数）。若柱两端弯矩相等，求截面能承受的轴向力设计值 N。

【解】 由附表 1-3、附表 1-10 查得 $f_y=f'_y=360\text{N/mm}^2$，$f_c=14.3\text{N/mm}^2$。

（1）判别偏压类型

$$e_0=80\text{mm}，e_a=500/30\text{mm}=16.7\text{mm}<20\text{mm}，取 e_a=20\text{mm}。$$

$$e_i=e_0+e_a=(80+20)\text{mm}=100\text{mm}<0.3h_0=0.3\times460\text{mm}=138\text{mm}$$

故为小偏心受压构件。

$$e=e_i+\frac{h}{2}-a_s=(100+250-40)\text{mm}=310\text{mm}$$

（2）求轴向力设计值 N　将已知数据代入式（7-22）、式（7-23）及式（7-27）得

$$N=1.0\times14.3\times360\times460\xi+360\times942-\frac{\xi-0.8}{0.55-0.8}\times360\times628$$

$$347.2N=1.0\times14.3\times300\times460^2\xi(1-0.5\xi)+360\times942\times(460-40)$$

求解方程得 $\xi=0.685$，因为 $\xi_b=0.518<\xi<\xi_{cy}=1.05$，代入式（7-22）得

$$N = 1.0\times14.3\times300\times460\times0.685\text{N}+360\times942\text{N}-\frac{0.685-0.8}{0.518-0.8}\times360\times628\text{N}$$

$$= 1599\times10^3\text{N} = 1599\text{kN}$$

(3) 垂直于弯矩作用平面的承载力验算　由于 $l_0/b = 6000/300 = 20$，查表 7-1 得 $\varphi = 0.75$。由式 (7-5) 得

$$N_u = 0.9\varphi[f_c bh+f'_y(A'_s+A_s)]$$
$$= 0.9\times0.75\times[14.3\times300\times500+360\times(942+628)]\text{N}$$
$$= 1829385\text{N} = 1829\text{kN}$$

比较计算结果可知该柱能够承受的轴向力设计值为 1599kN。

7.7 对称配筋矩形截面偏心受压构件正截面承载力计算

对称配筋就是截面两侧配置相同数量和相同种类的钢筋，即 $A_s=A'_s$，$f_y=f'_y$。在实际工程中，偏心受压构件在不同内力组合下，承受两个相反方向的弯矩，当其数值相差不大或相差较大但按对称配筋设计求得的纵向钢筋总量增加不多时，宜采用对称配筋。对称配筋的设计和施工比较简便，且在装配吊装时不会出错，因此，对称配筋应用更为广泛。

7.7.1 构件截面大、小偏心受压的判别

不论大、小偏心受压构件都可以先按大偏心受压考虑，利用式 (7-16) 直接计算出 x，然后通过比较 x 和 $\xi_b h_0$ 来确定构件偏心受压类型。当 $x\leq\xi_b h_0$ 时，为大偏心受压；当 $x>\xi_b h_0$ 时，为小偏心受压。

但是，这种判别有时会出现“失真”现象，当轴向压力的偏心距很小甚至接近轴心受压，应该属于小偏心受压。然而，在截面尺寸较大而轴向压力数值又较小时，就会判为大偏心受压，即出现 $e_i<0.3h_0$ 而 $x<\xi_b h_0$ 的情况。其原因是截面尺寸过大，没有达到承载力极限状态。此时，无论用大偏心受压或小偏心受压公式计算，所得配筋均由最小配筋率控制。

7.7.2 截面设计

1. 大偏心受压构件

将 $A_s=A'_s$，$f_y=f'_y$ 代入式 (7-16)，令 $N=N_u$，得

$$x=\frac{N}{\alpha_1 f_c b} \tag{7-37}$$

判定为大偏心受压构件时，将 x 代入式 (7-17)，可以求得

$$A_s=A'_s=\frac{Ne-\alpha_1 f_c bx\left(h_0-\frac{x}{2}\right)}{f'_y(h_0-a'_s)} \tag{7-38}$$

如果 $x<2a'_s$，可按不对称配筋计算方法计算出 A_s，然后取 $A'_s=A_s$。

2. 小偏心受压构件

当根据式 (7-16) 计算的 x 判定为小偏心受压构件时，按小偏心受压构件的计算公式进行计算。将已知条件代入下式计算 ξ，然后计算 σ_s。

$$\xi=\frac{N-\xi_b\alpha_1 f_c bh_0}{\frac{Ne-0.43\alpha_1 f_c bh_0^2}{(\beta_1-\xi_b)(h_0-a'_s)}+\alpha_1 f_c bh_0}+\xi_b \tag{7-39}$$

1）如果 $-f'_y \leq \sigma_s < f_y$，且 $\xi \leq \dfrac{h}{h_0}$，将 ξ 代入式（7-23）计算 A'_s，取 $A_s = A'_s$。

2）如果 $\sigma_s < -f_y$，且 $\xi \leq \dfrac{h}{h_0}$，取 $\sigma_s = -f'_y$，代入式（7-22）和式（7-23）后方程变为

$$N \leq \alpha_1 f_c b h_0 \xi + 2f'_y A'_s \tag{7-40}$$

$$Ne \leq \alpha_1 f_c b h_0^2 \xi\left(1-\frac{\xi}{2}\right) + f'_y A'_s(h_0 - a'_s) \tag{7-41}$$

两式联立求解可得 ξ、A'_s。

3）如果 $\sigma_s < -f_y$，且 $\xi > \dfrac{h}{h_0}$，取 $\sigma_s = -f'_y$，$\xi = \dfrac{h}{h_0}$，代入式（7-22）和式（7-23）后方程变为

$$N \leq \alpha_1 f_c b h + 2f'_y A'_s \tag{7-42}$$

$$Ne \leq \alpha_1 f_c b h\left(h_0 - \frac{h}{2}\right) + f'_y A'_s(h_0 - a'_s) \tag{7-43}$$

由两式各解一个 A'_s，取其较大值。

4）如果 $-f_y \leq \sigma_s < 0$，且 $\xi > \dfrac{h}{h_0}$，取 $\xi = \dfrac{h}{h_0}$，代入式（7-22）和式（7-23）后方程变成

$$N \leq \alpha_1 f_c b h + f'_y A'_s - \sigma_s A'_s \tag{7-44}$$

$$Ne \leq \alpha_1 f_c b h\left(h_0 - \frac{h}{2}\right) + f'_y A'_s(h_0 - a'_s) \tag{7-45}$$

由两式求解得到 A'_s、σ_s，如果仍满足 $-f_y \leq \sigma_s < 0$，则所求得的 A'_s 有效。

同不对称配筋一样，最后还应验算垂直于弯矩作用平面的受压承载力是否满足要求。

7.7.3　截面复核

按照不对称配筋的截面复核方法进行。复核时取 $A_s = A'_s$，$f_y = f'_y$。

【例 7-8】 钢筋混凝土偏心受压柱，承受轴向压力设计值 $N = 2300\text{kN}$，弯矩设计值 $M_1 = M_2 = 550\text{kN}\cdot\text{m}$，截面尺寸为 $b = 500\text{mm}$，$h = 650\text{mm}$，$a_s = a'_s = 40\text{mm}$，柱的计算长度 $l_0 = 4.8\text{m}$，采用 C35 混凝土和 HRB400 钢筋。要求进行截面对称配筋设计。

【解】 查附表 1-3、附表 1-10 可知 $f_y = f'_y = 360\text{N/mm}^2$，$f_c = 16.7\text{N/mm}^2$。

（1）计算弯矩增大系数

$h_0 = h - a_s = (650-40)\text{mm} = 610\text{mm}$　$\dfrac{h}{30} = \dfrac{650}{30}\text{mm} = 22\text{mm} > 20\text{mm}$，取 $e_a = 22\text{mm}$。

由于 $M_1/M_2 = 1$，$i = \dfrac{h}{\sqrt{12}} = \dfrac{650}{\sqrt{12}}\text{mm} = 187.6\text{mm}$

则 $l_0/i = 4800/187.6 = 25.6 > 34 - 12\dfrac{M_1}{M_2} = 22$

因此需要考虑附加弯矩的影响。

$$\zeta_c = \frac{0.5f_c A}{N} = \frac{0.5\times16.7\times500\times650}{2300\times10^3} = 1.18 > 1\text{，取 }\zeta_c = 1$$

$$C_m = 0.7 + 0.3\frac{M_1}{M_2} = 1$$

$$\eta_{ns}=1+\frac{1}{1300\dfrac{\left(\dfrac{M_2}{N}+e_a\right)}{h_0}}\left(\frac{l_0}{h}\right)^2\zeta_c$$

$$=1+\frac{1}{1300\times\dfrac{\left(\dfrac{550\times10^6}{2300\times10^3}+22\right)}{610}}\times\left(\frac{4800}{650}\right)^2\times1$$

$$=1.098$$

设计弯矩 $M=C_m\eta_{ns}M_2=1\times1.098\times550\text{kN}\cdot\text{m}=604\text{kN}\cdot\text{m}$

$$e_0=\frac{M}{N}=\frac{604\times10^6}{2300\times10^3}\text{mm}=263\text{mm}$$

$$e_i=e_0+e_a=(263+22)\ \text{mm}=285\text{mm}$$

(2) 判别偏心类型　由式（7-37）得

$$x=\frac{N}{\alpha_1 f_c b}=\frac{2300\times10^3}{1.0\times16.7\times500}\text{mm}=275\text{mm}$$

$$2a_s'=2\times40\text{mm}=80\text{mm}<x<\xi_b h_0=0.518\times610\text{mm}=316\text{mm}$$

故该柱属于大偏心受压，且 x 为真实值。

$$e=e_i+\frac{h}{2}-a_s=(285+325-40)\text{mm}=570\text{mm}$$

(3) 计算钢筋面积　将 x 代入式（7-38）得

$$A_s=A_s'=\frac{Ne-\alpha_1 f_c bx\left(h_0-\dfrac{x}{2}\right)}{f_y'(h_0-a_s')}$$

$$=\frac{2300\times10^3\times570-1.0\times16.7\times500\times275\times\left(610-\dfrac{275}{2}\right)}{360\times(610-40)}\text{mm}^2$$

$$=1102\text{mm}^2$$

$$A_s'>\rho_{min}'bh=0.002\times500\times650\text{mm}^2=650\text{mm}^2$$

选 2 ⌀ 18+2 ⌀ 20（$A_s=A_s'=1137\text{mm}^2$）。

(4) 验算垂直于弯矩作用平面的受压承载力　$l_0/b=4800/500=9.6$，查表 7-1 得 $\varphi=0.984$。

$$N_u=0.9\varphi(f_cA+2f_y'A_s')$$
$$=0.9\times0.984\times(16.7\times500\times650+2\times360\times1137)\text{N}$$
$$=5532\text{kN}>N=2300\text{kN}\ （满足要求）$$

【例 7-9】 钢筋混凝土偏心受压柱，承受轴向压力设计值 $N=3600\text{kN}$，弯矩设计值 $M_1=M_2=540\text{kN}\cdot\text{m}$，截面尺寸为 $b=500\text{mm}$，$h=600\text{mm}$，$a_s=a_s'=40\text{mm}$，柱的计算长度 $l_0=4.2\text{m}$，采用 C35 混凝土和 HRB400 钢筋，要求进行截面对称配筋设计。

【解】 查附表 1-3、附表 1-10 可知 $f_y=f_y'=360\text{N/mm}^2$，$f_c=16.7\text{N/mm}^2$。

(1) 计算弯矩增大系数

$h_0=h-a_s=(600-40)\text{mm}=560\text{mm}$　$\dfrac{h}{30}=\dfrac{600}{30}\text{mm}=20\text{mm}$，取 $e_a=20\text{mm}$。

由于 $M_1/M_2=1$，$i=\dfrac{h}{\sqrt{12}}=\dfrac{600}{\sqrt{12}}\text{mm}=173.2\text{mm}$

则 $l_0/i=4200/173.2=24.2>34-12\dfrac{M_1}{M_2}=22$

因此需要考虑附加弯矩的影响。

$$\zeta_c=\frac{0.5f_cA}{N}=\frac{0.5\times16.7\times500\times600}{3600\times10^3}=0.696$$

$$\frac{l_0}{h}=7$$

$$\eta_{ns}=1+\frac{1}{1300\dfrac{\left(\dfrac{M_2}{N}+e_a\right)}{h_0}}\left(\frac{l_0}{h}\right)^2\zeta_c=1+\frac{1}{1300\times\dfrac{\left(\dfrac{540\times10^6}{3600\times10^3}+20\right)}{560}}\times7^2\times0.696=1.086$$

$$M=C_m\eta_{ns}M_2=1\times1.086\times540\text{kN}\cdot\text{m}=586\text{kN}\cdot\text{m}$$

$$e_0=\frac{M}{N}=\frac{586\times10^6}{3600\times10^3}\text{mm}=163\text{mm}$$

$$e_i=e_0+e_a=(163+20)\text{mm}=183\text{mm}$$

$$e=e_i+\frac{h}{2}-a_s=\left(183+\frac{600}{2}-40\right)\text{mm}=443\text{mm}$$

（2）判别偏心类型　由式（7-37）得

$$x=\frac{N}{\alpha_1f_cb}=\frac{3600\times10^3}{1.0\times16.7\times500}\text{mm}=431\text{mm}>\xi_bh_0=0.518\times560\text{mm}=290\text{mm}$$

故该柱属于小偏心受压。

（3）计算钢筋面积　按矩形截面对称配筋小偏心受压构件的近似计算式（7-39）重新计算 ξ

$$\xi=\frac{N-\xi_b\alpha_1f_cbh_0}{\dfrac{Ne-0.43\alpha_1f_cbh_0^2}{(\beta_1-\xi_b)(h_0-a_s')}+\alpha_1f_cbh_0}+\xi_b$$

$$=\frac{3600\times10^3-0.518\times1.0\times16.7\times500\times560}{\dfrac{3600\times10^3\times443-0.43\times1.0\times16.7\times500\times560^2}{(0.8-0.518)(560-40)}+1.0\times16.7\times500\times560}+0.518$$

$$=0.668$$

$$\sigma_s=\frac{\xi-\beta_1}{\xi_b-\beta_1}f_y=\frac{0.668-0.8}{0.518-0.8}\times360\text{N/mm}^2=169\text{N/mm}^2$$

故 $-f_y<\sigma_s<f_y$，将 ξ 代入式（7-23）得

$$A_s=A_s'=\frac{Ne-\alpha_1f_cbh_0^2\xi(1-0.5\xi)}{f_y'(h_0-a_s')}$$

$$=\frac{3600\times10^3\times443-1.0\times16.7\times500\times560^2\times0.668(1-0.5\times0.668)}{360\times(560-40)}\text{mm}^2$$

$$=2296\text{mm}^2$$

$$A_s'>\rho'_{min}bh=0.002\times500\times600\text{mm}^2=600\text{mm}^2$$

选 5 Φ 25（$A_s'=2454\text{mm}^2$）。

（4）验算垂直于弯矩作用平面的受压承载力　$l_0/b=4200/500=8.4$，查表 7-1 得 $\varphi=0.996$，则

$$N_u=0.9\varphi[f_cA+f_y'(A_s'+A_s)]$$
$$=0.9\times0.996\times(16.7\times500\times600+360\times2\times2454)\text{kN}$$

$=6075\text{kN}>N=3600\text{kN}$（满足要求）

7.8 对称配筋I形截面偏心受压构件正截面承载力计算

当柱截面尺寸较大时，为了节省混凝土，减轻自重，往往采用*I*形截面。*I*形截面一般都采用对称配筋。*I*形截面偏心受压构件的受力性能、破坏形态及计算原理与矩形偏心受压构件相同，仅由于截面形状不同而使计算公式稍有差别。

7.8.1 大偏心受压

对于I形截面大偏心受压构件，中和轴的位置可能在受压翼缘内，也可能进入腹板，如图7-21所示。

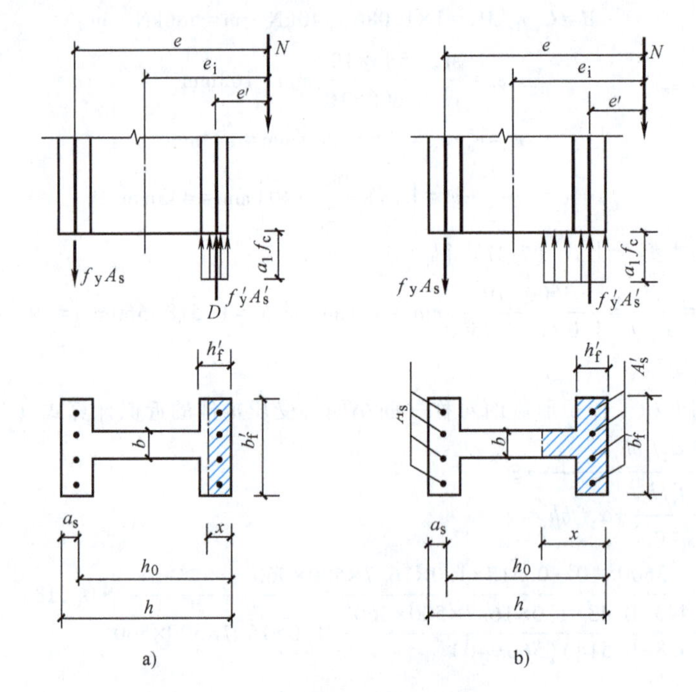

图7-21　I形截面大偏心受压计算

1. 计算公式

1）当$x \leqslant h'_f$时，如图7-21a所示，由平衡条件可得

$$N \leqslant \alpha_1 f_c b'_f x + f'_y A'_s - f_y A_s \tag{7-46}$$

$$Ne \leqslant \alpha_1 f_c b'_f x\left(h_0 - \frac{x}{2}\right) + f'_y A'_s(h_0 - a'_s) \tag{7-47}$$

2）当$h'_f < x \leqslant \xi_b h_0$时，如图7-21b所示，同样由平衡条件可得

$$N \leqslant \alpha_1 f_c bx + \alpha_1 f_c(b'_f - b)h'_f \tag{7-48}$$

$$Ne \leqslant \alpha_1 f_c bx\left(h_0 - \frac{x}{2}\right) + \alpha_1 f_c(b'_f - b)h'_f\left(h_0 - \frac{h'_f}{2}\right) + f'_y A'_s(h_0 - a'_s) \tag{7-49}$$

式中　b'_f——受压翼缘的计算宽度；

h'_f——受压翼缘的计算高度。

2. 适用条件

为了保证上述计算公式成立，必须满足以下条件

$$x \leqslant \xi_b h_0,\ x \geqslant 2a'_s$$

3. 计算方法

将 I 形截面假想为宽度为 b'_f的矩形截面，利用式（7-46）求出截面受压区高度 x

$$x=\frac{N}{\alpha_1 f_c b'_f}$$

根据 x 值的不同，分为三种情况。

1）当 $2a'_s \leqslant x \leqslant h'_f$时，$x$ 值真实有效，代入式（7-47）可求出 A'_s，取 $A_s=A'_s$。

2）当 $x>h'_f$时，x 值应利用式（7-48）重新计算，然后代入式（7-49）可求出 A'_s，取 $A_s=A'_s$。

3）当 $x<2a'_s$时，取 $x=2a'_s$，用下式计算配筋

$$A'_s=A_s=\frac{N\left(e_i-\frac{h}{2}+a'_s\right)}{f_y(h_0-a'_s)} \tag{7-50}$$

另外，不考虑受压钢筋作用，按不对称配筋计算出 A_s，与式（7-50）计算结果比较，取小值后再进行对称配筋。

7.8.2　小偏心受压

对于 I 形截面小偏心受压构件，中和轴的位置也有两种情况：在腹板内或在离纵向力较远一侧的翼缘内，如图 7-22 所示。

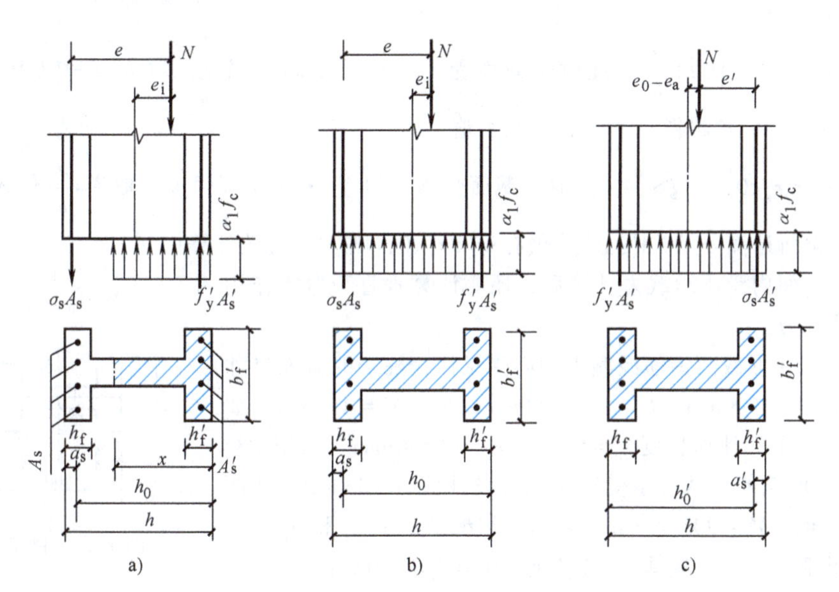

图 7-22　I 形截面小偏心受压计算

1. 计算公式

1）当 $\xi_b h_0<x \leqslant h-h_f$ 时

$$N \leqslant \alpha_1 f_c b h_0 \xi+\alpha_1 f_c(b'_f-b)h'_f+f'_y A'_s-\sigma_s A_s \tag{7-51}$$

$$Ne \leqslant \alpha_1 f_c b h_0^2 \xi(1-0.5\xi)+\alpha_1 f_c(b'_f-b)h'_f\left(h_0-\frac{h'_f}{2}\right)+f'_y A'_s(h_0-a'_s) \tag{7-52}$$

2）当 $h-h_f<x\leqslant h$ 时

$$N\leqslant\alpha_1 f_c bh_0\xi+\alpha_1 f_c(b_f'-b)h_f'+\alpha_1 f_c(b_f-b)[\xi h_0-(h-h_f)]+f_y'A_s'-\sigma_s A_s \tag{7-53}$$

$$Ne\leqslant\alpha_1 f_c bh_0^2\xi(1-0.5\xi)+\alpha_1 f_c(b_f'-b)h_f'\left(h_0-\frac{h_f'}{2}\right)+$$
$$\alpha_1 f_c(b_f-b)[\xi h_0-(h-h_f)]\left[h_f-a_s-\frac{\xi h_0-(h-h_f)}{2}\right]+f_y'A_s'(h_0-a_s') \tag{7-54}$$

式中 σ_s 仍按式（7-27）计算。

对于小偏心受压构件，尚应满足下式要求

$$N\left[\frac{h}{2}-a_s'-(e_0-e_a)\right]\leqslant$$
$$\alpha_1 f_c\left[bh\left(h_0'-\frac{h}{2}\right)+(b_f-b)h_f\left(h_0'-\frac{h_f}{2}\right)+(b_f'-b)h_f'\left(\frac{h_f'}{2}-a_s'\right)\right]+f_y'A_s'(h_0'-a_s) \tag{7-55}$$

式中　h_0'——钢筋 A_s'合力点至离纵向力 N 较远一侧边缘的距离，$h_0'=h-a_s'$。

2. 适用条件

$$\xi>\xi_b$$

3. 计算方法

1）如果$-f_y'\leqslant\sigma_s<f_y$，且$\dfrac{h-h_f}{h_0}<\xi\leqslant\dfrac{h}{h_0}$，将 σ_s 代入式（7-53）求出 A_s'。

2）如果 $\sigma_s<-f_y'$，且$\dfrac{h-h_f}{h_0}<\xi\leqslant\dfrac{h}{h_0}$，取 $\sigma_s=-f_y'$，代入式（7-53）后与式（7-54）联立重新计算 ξ，求出 A_s'。

3）如果 $\sigma_s<-f_y'$，且 $\xi>\dfrac{h}{h_0}$，此时全截面受压，A_s 已达屈服强度。取 $\sigma_s=-f_y'$及 $\xi=\dfrac{h}{h_0}$代入式（7-53）和式（7-54）各解得一个 A_s'，取其大值。

4）如果$-f_y'<\sigma_s<0$，且 $\xi>\dfrac{h}{h_0}$，此时全截面受压，但 A_s 未达屈服强度。取 $\xi=\dfrac{h}{h_0}$代入式（7-53）和式（7-54）重新计算 σ_s 和 A_s'，倘若仍有$-f_y'<\sigma_s<0$，则 A_s'为有效计算值。

弯矩作用平面内受压承载力计算后，还要计算垂直于弯矩作用平面的受压承载力。

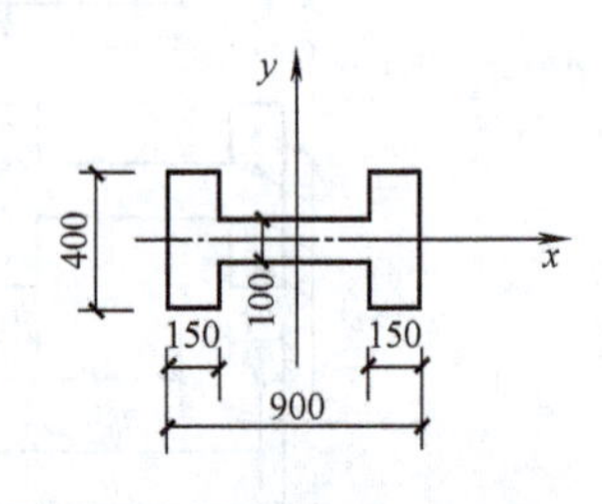

图 7-23　例 7-10 图

【例 7-10】 I 形截面钢筋混凝土偏心受压柱，柱子的截面尺寸为 $b=100\text{mm}$，$h=900\text{mm}$，$b_f=b_f'=400\text{mm}$，$h_f=h_f'=150\text{mm}$，如图 7-23 所示。柱子的计算长度 $l_0=5.6\text{m}$，$a_s=a_s'=40\text{mm}$。采用 C35 混凝土，HRB400 钢筋。截面承受轴向压力设计值 $N=860\text{kN}$，柱两端弯矩设计值 $M_1=M_2=900\text{kN}\cdot\text{m}$。采用对称配筋。求 A_s 和 A_s'。

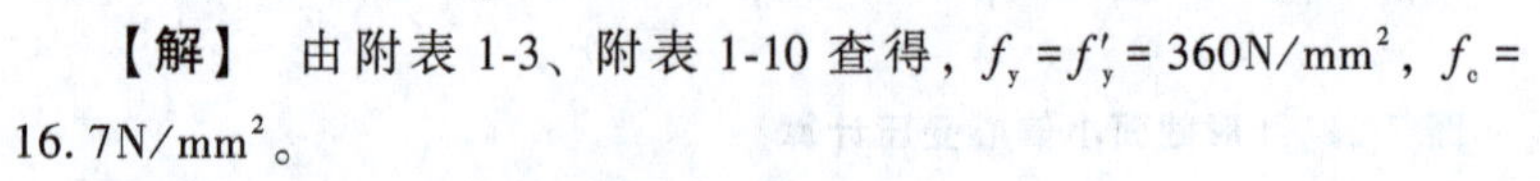

【解】 由附表 1-3、附表 1-10 查得，$f_y=f_y'=360\text{N/mm}^2$，$f_c=16.7\text{N/mm}^2$。

（1）计算 η_{ns}、e

$$h_0=h-a_s=(900-40)\text{mm}=860\text{mm}$$

$$A=bh+2(b_f-b)h_f=100\times900\text{mm}^2+2\times(400-100)\times150\text{mm}^2$$
$$=18\times10^4\text{mm}^2$$

因为 $M_1/M_2=1$，所以要考虑附加弯矩的影响。

$$\zeta_c=\frac{0.5f_cA}{N}=\frac{0.5\times16.7\times18\times10^4}{860\times10^3}=1.75>1,\ 取\ \zeta_c=1$$

$$e_a=\max\left\{\frac{h}{30},20\right\}=\max\{30\text{mm},20\text{mm}\}=30\text{mm}$$

$$\eta_{ns}=1+\frac{1}{1300\left(\frac{M_2}{N}+e_a\right)/h_0}\left(\frac{l_0}{h}\right)^2\zeta_c=1+\frac{1}{1300\times\left(\frac{900\times10^6}{860\times10^3}+30\right)/860}\times\left(\frac{5600}{900}\right)^2\times1=1.024$$

$$C_m=0.7+0.3\frac{M_1}{M_2}=1$$

$$M=C_m\eta_{ns}M_2=1\times1.024\times900\text{kN}\cdot\text{m}=922\text{kN}\cdot\text{m}$$

$$e_0=\frac{M}{N}=\frac{922\times10^6}{860\times10^3}\text{mm}=1072\text{mm},$$

$$e_i=e_0+e_a=(1072+30)\text{mm}=1102\text{mm}$$

$$e=e_i+\frac{h}{2}-a_s=1102\text{mm}+\frac{900}{2}\text{mm}-40\text{mm}=1512\text{mm}$$

(2) 判别偏心受压类型，计算 A_s 和 A_s'　先假定中和轴在受压翼缘内，按式（7-46）可以计算出受压区高度

$$x=\frac{N}{\alpha_1f_cb_f'}=\frac{860\times10^3}{1.0\times16.7\times400}\text{mm}=129\text{mm}<h_f'=150\text{mm}$$

且

$$x>2a_s'=2\times40\text{mm}=80\text{mm}$$

柱子为大偏心受压构件，受压区在受压翼缘内，将 x 代入式（7-47）得

$$A_s=A_s'=\frac{Ne-\alpha_1f_cb_f'x\left(h_0-\frac{x}{2}\right)}{f_y'(h_0-a_s')}$$

$$=\frac{860\times10^3\times1512-1.0\times16.7\times400\times129\times\left(860-\frac{129}{2}\right)}{360\times(860-40)}\text{mm}^2$$

$$=2083\text{mm}^2>\rho_{\min}A=0.002\times18\times10^4\text{mm}^2=360\text{mm}^2$$

选用 2 Φ 25+3 Φ 22（$A_s=A_s'=2122\text{mm}^2$），截面总配筋率

$$\rho=\frac{A_s+A_s'}{A}=\frac{2122\times2}{18\times10^4}=0.0236>0.0055\ （满足要求）$$

(3) 验算垂直于弯矩作用平面的受压承载力

$$I_x=\frac{1}{12}(h-2h_f)b^3+2\times\frac{1}{12}h_fb_f^3$$

$$=\frac{1}{12}(900-2\times150)\times100^3\text{mm}^4+2\times\frac{1}{12}\times150\times400^3\text{mm}^4$$

$$=16.5\times10^8\text{mm}^4$$

$$i_x=\sqrt{\frac{I_x}{A}}=\sqrt{\frac{16.5\times10^8}{18\times10^4}}\text{mm}=95.7\text{mm}$$

$l_0/i_x=5600/95.7=58.5$，查表 7-1 得 $\varphi=0.84$，则

$$N_u=0.9\varphi(f_cA+2f_y'A_s')=0.9\times0.84\times(16.7\times18\times10^4+360\times2\times2122)\text{kN}$$

$$=3428\text{kN}>N=860\text{kN}\ （满足要求）$$

【例 7-11】 已知条件同［例 7-10］，截面承受轴向压力设计值 $N=2150\text{kN}$，柱两端弯矩设计值 $M_1=M_2=786\text{kN}\cdot\text{m}$，采用对称配筋。求 A_s 和 A_s'。

【解】 (1) 计算 e　因为 $M_1/M_2=1$，所以要考虑附加弯矩的影响。

$$\zeta_c=\frac{0.5f_cA}{N}=\frac{0.5\times16.7\times18\times10^4}{2150\times10^3}=0.699$$

$$\eta_{ns}=1+\frac{1}{1300\left(\dfrac{M_2}{N}+e_a\right)/h_0}\left(\frac{l_0}{h}\right)^2\zeta_c=1+\frac{1}{1300\times\left(\dfrac{786\times10^6}{2150\times10^3}+30\right)/860}\times\left(\frac{5600}{900}\right)^2\times0.699=1.045$$

$$M=C_m\eta_{ns}M_2=1\times1.045\times786\text{kN}\cdot\text{m}=821\text{kN}\cdot\text{m}$$

$$e_0=\frac{M}{N}=\frac{821\times10^6}{2150\times10^3}\text{mm}=382\text{mm},\quad e_i=e_0+e_a=(382+30)\text{mm}=412\text{mm}$$

$$e=e_i+\frac{h}{2}-a_s=\left(412+\frac{900}{2}-40\right)\text{mm}=822\text{mm}$$

(2) 判别偏心受压类型，计算 A_s 和 A_s'　先假定中和轴在受压翼缘内，按式（7-46）计算受压区高度

$$x=\frac{N}{\alpha_1f_cb_f'}=\frac{2150\times10^3}{1.0\times16.7\times400}\text{mm}=322\text{mm}>h_f'=150\text{mm}$$

受压区已经进入腹板，故按式（7-53）重新计算受压区高度

$$x=\frac{N-\alpha_1f_c(b_f'-b)h_f'}{\alpha_1f_cb_f'}=\frac{2150\times10^3-1.0\times16.7\times(400-100)\times150}{1.0\times16.7\times100}\text{mm}$$

$$=837\text{mm}>\xi_bh_0=0.518\times860\text{mm}=445\text{mm}$$

故柱子为小偏心受压构件，以上计算的 x 值为非真实值，可以利用 ξ 的近似计算公式进行计算。当构件截面为I形时，

$$\xi=\frac{N-\alpha_1f_c(b_f'-b)h_f'-\xi_b\alpha_1f_cbh_0}{\dfrac{Ne-\alpha_1f_c(b_f'-b)\left(h_0-\dfrac{h_f'}{2}\right)-0.43\alpha_1f_cbh_0^2}{(0.8-\xi_b)(h_0-a_s')}+\alpha_1f_cbh_0}+\xi_b$$

将数据代入，求得 $\xi=0.615$。$x=\xi h_0=0.615\times860\text{mm}=529\text{mm}$。将 x 代入式（7-49）得

$$A_s=A_s'=\frac{Ne-\alpha_1f_cbx\left(h_0-\dfrac{x}{2}\right)-\alpha_1f_c(b_f'-b)h_f'\left(h_0-\dfrac{h_f'}{2}\right)}{f_y'(h_0-a_s')}$$

$$=\frac{2150\times10^3\times822-1.0\times16.7\times100\times529\times\left(860-\dfrac{529}{2}\right)}{360\times(860-40)}\text{mm}^2-\frac{1.0\times16.7\times(400-100)\times150\times(860-150/2)}{360\times(860-40)}\text{mm}^2$$

$$=2206\text{mm}^2>\rho_{min}A=360\text{mm}^2$$

选用 2 ⏀ 25+3 ⏀ 22（$A_s=A_s'=2122\text{mm}^2$），截面总配筋率

$$\rho=\frac{A_s+A_s'}{A}=\frac{2122\times2}{18\times10^4}=0.0236>0.0055\ \text{（满足要求）}$$

(3) 验算垂直于弯矩作用平面的受压承载力

$$N_u = 0.9\varphi(f_c A + 2f'_y A'_s) = 0.9\times0.84\times(16.7\times18\times10^4 + 360\times2122\times2)\text{N}$$
$$= 3428\text{kN} > N = 1400\text{kN}\ \text{(满足要求)}$$

7.9　正截面承载力 N-M 相关曲线及其应用

对于给定截面尺寸、材料强度等级和配筋的偏心受压构件，达到正截面承载力极限状态时，正截面受压承载力设计值 N 和正截面受弯承载力设计值 M 是相互关联的。图 7-24 是西南交通大学所做的一组偏心受压试件，在不同偏心距作用下所测得的承载力 N-M 相关曲线。试验表明：小偏心受压时，正截面受弯承载力随着轴向力的增大而减小；大偏心受压时，正截面受弯承载力随着轴向力的增大而增加。在界限破坏时，正截面受弯承载力达到最大值。偏心受压构件可以在无数组不同的 N 和 M 组合下达到承载力极限状态，当轴向力 N 给定时，M 就是唯一的。

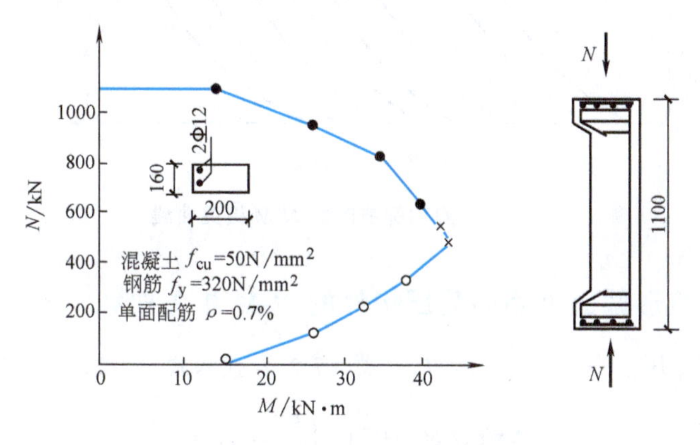

图 7-24　试验得到的 N-M 相关曲线

7.9.1　对称配筋矩形截面大偏心受压构件的 N-M 相关曲线

将 N、$A_s = A'_s$、$f_y = f'_y$ 代入式（7-16）得 $N = \alpha_1 f_c bx$，则

$$x = \frac{N}{\alpha_1 f_c b}$$

将上式及式（7-18）代入式（7-17）得

$$N\left(e_i + \frac{h}{2} - a_s\right) = \alpha_1 f_c b \frac{N}{\alpha_1 f_c b}\left(h_0 - \frac{N}{2\alpha_1 f_c b}\right) + f'_y A'_s (h_0 - a'_s) \tag{7-56}$$

整理后得

$$Ne_i = -\frac{N^2}{2\alpha_1 f_c b} + \frac{Nh}{2} + f'_y A'_s (h_0 - a'_s) \tag{7-57}$$

由于 $Ne_i = M$，故

$$M = -\frac{N^2}{2\alpha_1 f_c b} + \frac{Nh}{2} + f'_y A'_s (h_0 - a'_s) \tag{7-58}$$

式（7-58）为矩形截面大偏心受压构件对称配筋时的 N-M 相关曲线方程。M 为 N 的二次函数，M 随着 N 增大而增大，如图 7-25 中水平虚线以下曲线所示。

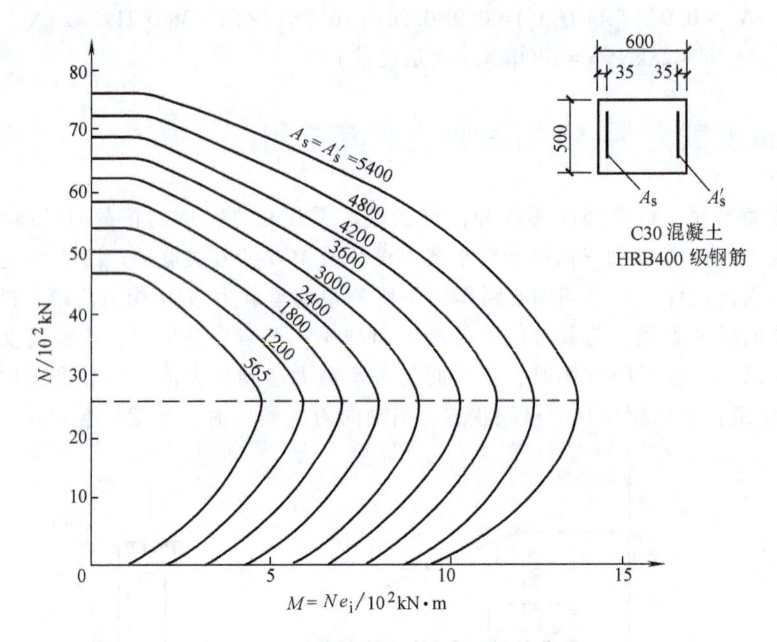

图 7-25 对称配筋时的 *N-M* 相关曲线

7.9.2 对称配筋矩形截面小偏心受压构件的 *N-M* 相关曲线

假定截面为局部受压，将 N、σ_s、$x=\xi h_0$、式（7-27）代入式（7-22）和式（7-23）得

$$N=\alpha_1 f_c bh_0\xi+f_y'A_s'-\left(\frac{\xi-\beta_1}{\xi_b-\beta_1}\right)f_yA_s \tag{7-59}$$

$$Ne=\alpha_1 f_c bh_0^2\xi(1-0.5\xi)+f_y'A_s'(h_0-a_s') \tag{7-60}$$

将 $A_s=A_s'$，$f_y=f_y'$代入式（7-59）整理后得

$$N=\frac{\alpha_1 f_c bh_0(\xi_b-\beta_1)+f_y'A_s'}{\xi_b-\beta_1}\xi-\left(\frac{\xi_b}{\xi_b-\beta_1}\right)f_y'A_s' \tag{7-61}$$

由式（7-61）解得

$$\xi=\frac{-\beta_1+\xi_b}{\alpha_1 f_c bh_0(\beta_1-\xi_b)+f_y'A_s'}N-\frac{\xi_b f_y'A_s'}{\alpha_1 f_c bh_0(\beta_1-\xi_b)+f_y'A_s'} \tag{7-62}$$

令 $\lambda_1=\dfrac{-\beta_1+\xi_b}{\alpha_1 f_c bh_0(\beta_1-\xi_b)+f_y'A_s'}$，$\lambda_2=\dfrac{-\xi_b f_y'A_s'}{\alpha_1 f_c bh_0(\beta_1-\xi_b)+f_y'A_s'}$则

$$\xi=\lambda_1 N+\lambda_2$$

将上式及式（7-18）代入式（7-60）得

$$N\left(e_i+\frac{h}{2}-a_s\right)=\alpha_1 f_c bh_0^2(\lambda_1 N+\lambda_2)\left(1-\frac{\lambda_1 N+\lambda_2}{2}\right)+f_y'A_s'(h_0-a_s') \tag{7-63}$$

整理后并注意到 $Ne_i=M$，可以得到

$$M=\alpha_1 f_c bh_0^2[(\lambda_1 N+\lambda_2)-0.5(\lambda_1 N+\lambda_2)^2]-\left(\frac{h}{2}-a_s\right)N+f_y'A_s'(h_0-a_s') \tag{7-64}$$

式（7-64）为矩形截面小偏心受压构件对称配筋条件下的 *N-M* 的相关方程。可以看出，*M* 也是 *N* 的二次函数，*M* 随着 *N* 的增大而减小，如图 7-25 中水平虚线以上的曲线所示。

7.9.3　N-M 相关曲线的特点和应用

N-M 相关曲线反映了钢筋混凝土偏心受压构件在压力和弯矩共同作用下正截面压弯承载力的规律，由此曲线可以看出以下特点：

1）N-M 相关曲线上的任意一点代表构件截面处于承载能力极限状态时的一种内力组合。若一组内力位于曲线内侧，说明截面尚未达到承载力极限状态，是安全的；若位于曲线外侧，则说明截面承载力不足。

2）当弯矩 M 为零时，成为轴心受压构件，轴向承载力 N 达到最大值；当 N 为零时，成为纯受弯构件，M 没有达到最大值；界限破坏时，M 达到最大值。

3）小偏心受压时，N 随 M 增大而减小；大偏心受压时，N 随 M 增大而增大。

4）如果截面尺寸和材料强度保持不变，N-M 相关曲线随着配筋率的增加向外侧扩大。

5）对于对称配筋截面，界限破坏时的轴向承载力几乎与配筋率无关，而受弯承载力随配筋率的增大而增大。

应用 N-M 相关方程，可以对一些特定的截面尺寸、特定的混凝土强度等级和特定的钢筋类别的偏心受压构件，通过计算机预先绘制出一系列图表，设计时可直接查用，节省计算工作量。图 7-25 为截面尺寸 $b \times h = 500\text{mm} \times 600\text{mm}$、混凝土强度等级 C30、钢筋 HRB400 级、采用对称配筋条件下绘制的矩形截面偏心受压构件正截面承载力计算图表。设计时，先计算 e_i 和 η_{ns} 值，然后根据 N 和 Ne_i 值便可查出所需的钢筋截面面积。

7.10　双向偏心受压构件正截面承载力计算

前面所述偏心受压构件是指在截面的一个主轴方向作用有偏心压力的情况。在实际工程中，经常会遇到双向偏心受压构件，如框架结构的角柱、地震作用下的边柱和支承水塔的空间框架的支柱等。双向偏心受压构件是指轴力 N 在截面的两个主轴方向都有偏心距，或同时承受轴向压力及两个方向弯矩的作用。

试验结果表明，双向偏心受压构件正截面的破坏形态与单向偏心受压构件正截面的破坏形态相似，也可分为大偏心受压和小偏心受压。因此，单向偏心受压构件正截面承载力计算时所采用的基本假定也可应用于双向偏心受压构件正截面承载力的计算。

单向偏心受压构件正截面承载力计算中，由于截面对称于弯矩作用平面，中和轴与弯矩作用平面垂直，故受压区混凝土面积和内力臂容易确定。而双向偏心受压构件正截面承载力计算时，因其中和轴不与主轴截面相垂直，是倾斜的，与主轴有一个 ψ 值的夹角，如图 7-26 所示，截面的

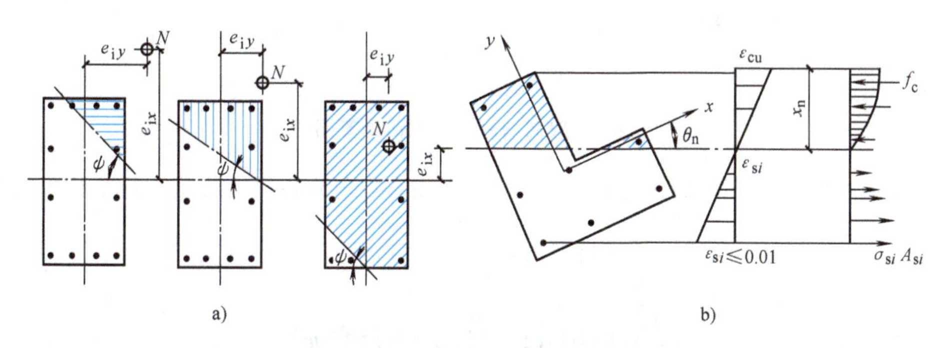

图 7-26　双向偏压截面受压区形状（变色部分为受压区面积）

a）矩形截面　b）L 形截面

混凝土受压区形状会呈现为三角形、梯形或多边形。同时，钢筋的应力也不均匀，有的钢筋应力可达到屈服强度，有的钢筋则应力较小，距中和轴越近，应力越小。

双向偏心受压构件计算时，仍假定截面应变符合平截面假定，受压区边缘的极限应变值仍取 $\varepsilon_u=0.0033$，受压区应力分布仍近似简化成等效矩形应力图形。

目前世界各国规范都采用近似的简化方法来计算双向偏心受压构件的正截面承载力，既便于手算，又可满足工程需要的精度。《混凝土结构设计规范》采用弹性允许应力方法推导的计算公式来计算正截面承载力。

1. 基本计算方法

以矩形截面为例介绍双向偏心受压构件正截面承载力计算的一般公式。

(1) 坐标变换　矩形截面的尺寸为 $b\times h$，截面主轴为 x-y 轴（见图 7-27），中和轴与 x 轴的夹角为 ψ。为了使几何关系直观，进行坐标变换。将受压区的最高点 O 定义为新坐标 x'-y'的原点，x' 轴平行于中和轴。由坐标变换得到

$$x'=-x\cos\psi+y\sin\psi+\frac{b}{2}\cos\psi-\frac{h}{2}\sin\psi$$

$$y'=-x\sin\psi-y\cos\psi+\frac{b}{2}\sin\psi+\frac{h}{2}\cos\psi$$

(2) 混凝土单元、钢筋单元的应变　将截面划分为有限多个混凝土单元、纵向钢筋单元（见图 7-27），并近似取单元内的应变和应力为均匀分布，其合力点在单元重心处。不考虑受拉区混凝土的作用，把受压区混凝土划分为 m 个单元，用 A_{cj}、σ_{cj} 和 ε_{cj}（$j=1\sim m$）分别表示第 j 单元的面积、应力和应变。把每根钢筋作为一个单元，共有 n 个单元，其应变和应力分别用 ε_{si} 和 σ_{si}（$i=1\sim n$）表示。

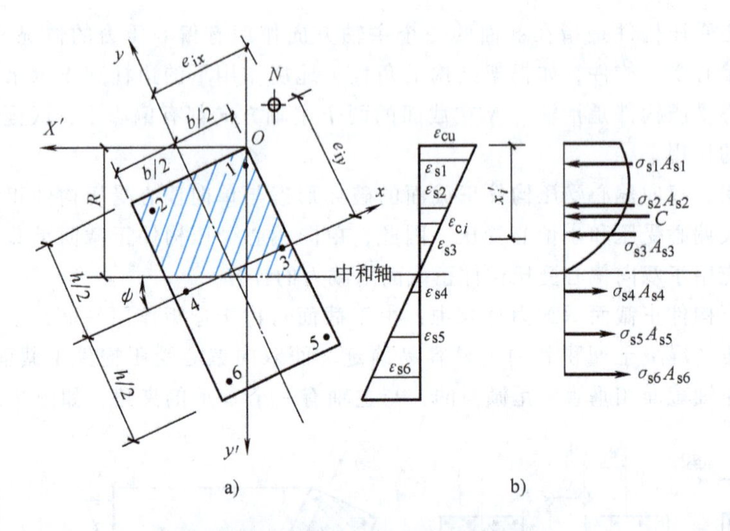

图 7-27　双向偏心受压截面计算图形

取 $\varepsilon_{cu}=0.0033$，根据平截面假定和应变的几何关系可以得到各根钢筋和各混凝土单元的应变

$$\varepsilon_{si}=0.0033\left(1-\frac{y'_{si}}{R}\right)\qquad(i=1\sim n)$$

$$\varepsilon_{cj}=0.0033\left(1-\frac{y'_{cj}}{R}\right)\qquad(j=1\sim m)$$

将各根钢筋和各混凝土单元的应变分别代入各自的应力-应变关系可以得到各根钢筋和各混凝

土单元应力 σ_{si} 和 σ_{cj}。

由平衡条件得

$$N_u = \sum_{j=1}^{m} A_{cj}\sigma_{cj} + \sum_{i=1}^{n} A_{si}\sigma_{si}$$

$$M_{uy} = \sum_{j=1}^{m} A_{cj}\sigma_{cj}x_{cj} + \sum_{i=1}^{n} A_{si}\sigma_{si}x_{si}$$

$$M_{ux} = \sum_{j=1}^{m} A_{cj}\sigma_{cj}y_{cj} + \sum_{i=1}^{n} A_{si}\sigma_{si}y_{si}$$

式中 N_u——偏心受压构件轴向受压承载力极限值，取正号；

M_{ux}、M_{uy}——偏心受压构件在 x、y 方向受弯承载力设计值；

σ_{si}——第 i 根钢筋的应力，受压为正，受拉为负，$i=1\sim n$；

A_{si}——第 i 根钢筋的面积；

x_{si}、y_{si}——第 i 根钢筋形心到截面形心轴 y 和 x 的距离，x_{si} 在 y 轴右侧及 y_{si} 在 x 轴上侧时取正号；

n——钢筋的根数；

σ_{cj}——第 j 个混凝土单元的应力；

A_{cj}——第 j 个混凝土单元的面积；

x_{cj}、y_{cj}——第 j 个混凝土单元形心到截面形心轴 y 和 x 的距离，x_{cj} 在 y 轴右侧及 y_{cj} 在 x 轴上侧时取正号；

m——混凝土单元个数。

双向偏心受压构件利用上式进行计算颇为烦琐，须借助计算机进行求解。对于常用的截面尺寸、不同配筋布置情况，可利用计算机计算并编制成图表手册，供设计时使用。

2. 近似计算公式

设材料在弹性阶段的允许应力为 [σ]，根据材料力学有关公式，截面轴心受压、单向偏心受压及双向偏心受压的承载力可分别用下列公式表示

$$\frac{N_{u0}}{A_0} = [\sigma] \tag{7-65}$$

$$N_{ux}\left(\frac{1}{A_0}+\frac{e_{ix}}{W_{0x}}\right) = [\sigma] \tag{7-66}$$

$$N_{uy}\left(\frac{1}{A_0}+\frac{e_{iy}}{W_{0y}}\right) = [\sigma] \tag{7-67}$$

$$N_u\left(\frac{1}{A_0}+\frac{e_{ix}}{W_{0x}}+\frac{e_{iy}}{W_{0y}}\right) = [\sigma] \tag{7-68}$$

式中 A_0、W_{0x}、W_{0y}——截面面积和绕 x、y 对称轴的换算截面抵抗矩。

在式（7-65）~式（7-68）中消去 [σ]、A_0、W_{0x}、W_{0y} 后可得

$$\frac{1}{N} = \frac{1}{N_{ux}}+\frac{1}{N_{uy}}-\frac{1}{N_{u0}} \tag{7-69}$$

式中 N_{u0}——构件截面轴心受压承载力设计值；

N_{ux}——轴向力作用于 x 轴并考虑相应的计算偏心距 e_{ix} 后，按全部纵向钢筋计算的偏心受压承载力设计值；

N_{uy}——轴向力作用于 y 轴并考虑相应的计算偏心距 e_{iy} 后，按全部纵向钢筋计算的偏心受压承载力设计值；

式（7-69）的计算结果与试验结果符合程度较好，但在具体计算中，求 N_{ux} 和 N_{uy} 比较复杂。因为位于中和轴上的钢筋应力为零，两边的钢筋分别受拉和受压，而中和轴的位置又与受拉钢筋和受压钢筋的数量有关，因此中和轴的位置需要经过试算才能得到。式（7-69）不便直接进行截面设计，只能用于截面复核。

7.11 偏心受压构件斜截面承载力计算

一般情况下，偏心受压构件的剪力值相对较小，可不进行斜截面的受剪承载力计算。但对于有较大水平力作用下的框架柱、有横向力作用的桁架上弦压杆，剪力影响相对较大，必须进行斜截面承载力计算。

试验表明，轴向压力对构件抗剪有利，轴向压力的存在能够阻滞斜裂缝的出现和开展，增加混凝土剪压区的高度，使剪压区的面积相对增大，提高了剪压区混凝土的抗剪能力。但是轴向压力对构件抗剪承载力的提高有一定限度。当构件的轴压比 $\frac{N}{f_c bh}$ 较小时，构件的抗剪能力随轴压比的增大而提高；当轴压比达到 0.3～0.5 时，抗剪承载力达到最大值。若再增大轴压力，构件的抗剪承载力反而降低，转变为带有斜裂缝的小偏心受压破坏，如图 7-28 所示。

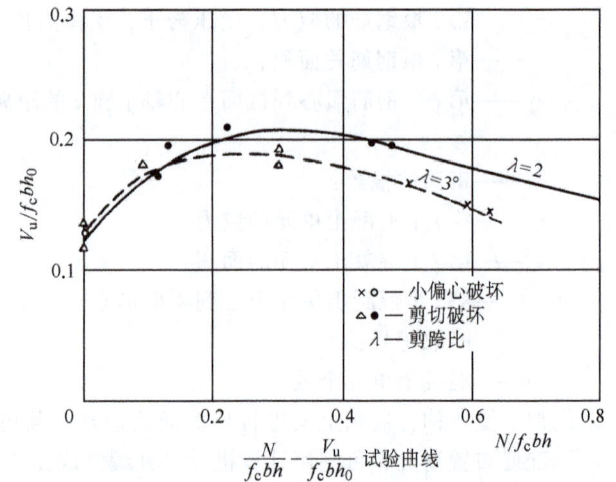

图 7-28 受剪承载力与轴向压力的关系

根据试验资料分析，对于矩形、T 形和 I 形截面偏心受压构件的受剪承载力，采用在受弯构件受剪承载力计算公式的基础上增加一项附加受剪承载力的办法来考虑轴向压力的有利影响，按下式进行计算

$$V \leq \frac{1.75}{\lambda+1} f_t bh_0 + f_{yv} \frac{A_{sv}}{s} h_0 + 0.07N \tag{7-70}$$

式中 λ——偏心受压构件计算截面的剪跨比；

N——与剪力设计值 V 相应的轴向压力设计值，当 $N>0.3f_cA$ 时，取 $N=0.3f_cA$（A 为构件的截面面积）。

运用式（7-70）计算时，λ 一般按以下原则取值：

1）对框架柱，取 $\lambda=M/Vh_0$；当框架柱的反弯点在层高范围内时，可取 $\lambda=H_n/(2h_0)$（M 为计算截面上与剪力设计值 V 相应的弯矩设计值，H_n 为柱的净高）。当 $\lambda<1$ 时，取 $\lambda=1$；当 $\lambda>3$ 时，取 $\lambda=3$。

2）对其他偏心受压构件，当承受均布荷载时，取 $\lambda=1.5$；当承受集中荷载时（包括作用有多种荷载，且集中荷载对支座截面或节点边缘所产生的剪力值占总剪力值的 75%以上的情况），取 $\lambda=a/h_0$（a 为集中荷载至支座或节点边缘的距离）。当 $\lambda<1.5$ 时，取 $\lambda=1.5$；当 $\lambda>3$ 时，取 $\lambda=3$。

若满足下述公式要求时，可不进行斜截面受剪承载力计算，而仅需根据构造要求配置箍筋。

$$V \leq \frac{1.75}{\lambda+1} f_t bh_0 + 0.07N \tag{7-71}$$

偏心受压构件的受剪截面尺寸尚应符合《混凝土结构设计规范》的有关规定。

思　考　题

7-1　轴心受压普通箍筋短柱的破坏形态与长柱有什么区别？

7-2　轴心受压普通箍筋柱与螺旋箍筋柱的正截面受压承载力计算方面有什么区别？

7-3　偏心受压短柱的两种破坏形态各在什么条件下出现？如何划分偏心受压构件的类型？

7-4　为什么要考虑附加偏心距 e_a？如何考虑？

7-5　偏心受压构件的二阶弯矩产生的原因是什么？二阶弯矩对构件的承载力有何影响？在进行承载力计算时如何考虑？

7-6　小偏心受压时，A_s 的应力如何确定？

7-7　试画出矩形截面大、小偏心受压破坏时截面应力计算图形，标注出钢筋和受压混凝土的应力值。

7-8　大偏心受压构件和双筋受弯构件的截面应力图形和计算公式有何异同？

7-9　如何计算矩形截面大偏心受压构件正截面承载力？

7-10　如何计算矩形截面小偏心受压构件正截面承载力？

7-11　对称配筋时如何区分大、小偏心受压破坏？

7-12　怎样进行对称配筋矩形截面偏心受压构件的正截面承载力计算？

7-13　偏心受压构件的 N-M 相关曲线是如何建立的？研究 N-M 相关曲线有何意义？

习　　题

7-1　某多层现浇钢筋混凝土框架结构，层高 $H=6\text{m}$，其内柱承受轴向压力设计值 $N=1800\text{kN}$，截面尺寸为 400mm×400mm，采用 C25 混凝土，HRB335 钢筋。试计算纵向钢筋截面面积。

7-2　已知圆形截面现浇钢筋混凝土柱，承受轴向压力设计值 $N=2800\text{kN}$，受使用条件限制，直径不能超过 400mm，计算长度 $l_0=4.0\text{m}$，混凝土采用 C25，纵向钢筋采用 HRB400，箍筋采用 HPB300。试设计该柱。

7-3　已知某钢筋混凝土偏心受压柱，承受轴向压力设计值 $N=560\text{kN}$，柱端弯矩设计值 $M_1=M_2=500\text{kN}\cdot\text{m}$，截面尺寸 $b=400\text{mm}$，$h=600\text{mm}$，$a_s=a_s'=40\text{mm}$，计算长度 $l_0=6.9\text{m}$，采用 C30 混凝土，HRB400 钢筋。试计算纵筋截面面积 A_s 和 A_s'。

7-4　已知某钢筋混凝土偏心受压柱，承受轴向压力设计值 $N=330\text{kN}$，柱端弯矩设计值 $M_1=M_2=180\text{kN}\cdot\text{m}$，截面尺寸 $b=300\text{mm}$，$h=400\text{mm}$，$a_s=a_s'=40\text{mm}$，计算长度 $l_0=3.6\text{m}$，采用 C25 混凝土，HRB400 钢筋。试计算纵筋截面面积 A_s 和 A_s'。

7-5　已知条件同习题 7-4，当受压区已配置有 4⌀16 的钢筋（$A_s'=804\text{mm}^2$）时，试计算 A_s。

7-6　已知某钢筋混凝土偏心受压柱，承受轴向压力设计值 $N=3200\text{kN}$，柱端弯矩设计值 $M_1=M_2=84\text{kN}\cdot\text{m}$，截面尺寸 $b=400\text{mm}$，$h=600\text{mm}$，$a_s=a_s'=40\text{mm}$，计算长度 $l_0=5.7\text{m}$，采用 C35 混凝土，HRB400 钢筋。试计算纵筋截面面积 A_s 和 A_s'。

7-7　钢筋混凝土偏心受压柱，截面尺寸 $b=400\text{mm}$，$h=600\text{mm}$，$a_s=a_s'=40\text{mm}$，计算长度 $l_0=4.8\text{m}$，采用 C30 混凝土，HRB400 钢筋。已配置纵向钢筋截面面积 $A_s=1017\text{mm}^2$ 和 $A_s'=615\text{mm}^2$。设轴力在截面长边方向产生的偏心距 $e_0=320\text{mm}$（已考虑弯矩增大系数和偏心距调节系数），求截面能够承受的偏心压力设计值。

7-8　钢筋混凝土偏心受压柱，承受轴向压力设计值 $N=2000\text{kN}$，柱端弯矩设计值 $M_1=M_2=540\text{kN}\cdot\text{m}$，截面尺寸 $b=450\text{mm}$，$h=600\text{mm}$，$a_s=a_s'=40\text{mm}$，计算长度 $l_0=4.5\text{m}$，采用 C35 混凝土，HRB400 钢筋。试按对称配筋计算纵向钢筋截面面积 A_s 和 A_s'。

7-9　钢筋混凝土 I 形截面偏心受压柱，承受轴向压力设计值 $N=640\text{kN}$，柱端弯矩设计值 $M_1=M_2=225\text{kN}\cdot\text{m}$，截面 $b=100\text{mm}$，$h=700\text{mm}$，$b_f=b_f'=350\text{mm}$，$h_f=h_f'=112\text{mm}$，$a_s=a_s'=40\text{mm}$，计算长度 $l_0=6.0\text{m}$，采用 C30 混凝土，HRB400 钢筋，对称配筋。试计算纵向钢筋截面面积。

第8章 受拉构件截面承载力

承受纵向拉力的结构构件称为受拉构件。受拉构件也可分为轴心受拉和偏心受拉两种类型。在实际工程中，理想的轴心受拉构件是不存在的，但为了简化计算，对于偏心因素影响较小的构件，可以近似按轴心受拉构件计算，如承受节点荷载的屋架或托架的受拉弦杆、腹杆，刚架、拱的拉杆，承受内压力的环形管壁及圆形贮液池的筒壁等。可按偏心受拉计算的构件有矩形水池的池壁、工业厂房双肢柱的受拉肢杆、受地震作用的框架边柱、承受节间荷载的屋架下弦拉杆等。

8.1 轴心受拉构件正截面受拉承载力计算

混凝土的抗拉强度很低，利用素混凝土抵抗拉力是不合理的。但对于钢筋混凝土受拉构件，在混凝土开裂退出工作后，裂缝截面的拉力由钢筋承受。钢筋周围的混凝土可以保护钢筋，节省维护费用，且抗拉刚度比钢拉杆大。对于不允许开裂的轴心受拉构件，应进行抗裂承载力的验算。

轴心受拉构件从开始加载到构件破坏，受力过程可分为三个受力阶段。从开始加载到混凝土开裂前为第Ⅰ阶段；从混凝土开裂后到受拉钢筋即将屈服为第Ⅱ阶段；从受拉钢筋开始屈服到全部受拉钢筋达到屈服为第Ⅲ阶段。在第Ⅲ阶段，混凝土裂缝开展很大，可以认为构件达到了破坏状态，此时构件的拉力全部由钢筋承担，故轴心受拉构件正截面承载力计算公式如下

$$N \leqslant f_y A_s \tag{8-1}$$

式中 N——受拉构件承受的轴心拉力设计值；

f_y——钢筋抗拉强度设计值；

A_s——受拉钢筋的截面面积。

8.2 偏心受拉构件正截面受拉承载力计算

偏心受拉构件按纵向拉力 N 的作用位置不同，可以分为两种情况：当纵向拉力 N 作用在钢筋 A_s 合力点和 A_s'合力点范围之外时，为大偏心受拉；当纵向拉力 N 作用在钢筋 A_s 合力点和 A_s'合力点范围之间时，为小偏心受拉。

构件的大、小偏心受拉可以按下列公式进行判别：当 $e_0=\dfrac{M}{N}>\dfrac{h}{2}-a_s$ 时，为大偏心受拉构件；当 $e_0=\dfrac{M}{N}\leqslant\dfrac{h}{2}-a_s$ 时，为小偏心受拉构件。

8.2.1 大偏心受拉构件正截面承载力计算

构件大偏心受拉破坏时，混凝土开裂后截面不会裂通，离纵向力较远一侧保留有受压区，否则截面对拉力 N 作用点取矩将不满足平衡条件。大偏心受拉构件的破坏特征与 A_s 的数量有关，当

A_s 数量适当时，受拉钢筋首先屈服，然后受压钢筋应力达到屈服强度，混凝土受压边缘达到极限应变而破坏，受压区混凝土强度达到 $\alpha_1 f_c$。设计时以这种破坏为计算依据。图 8-1 所示为大偏心受拉计算图形。

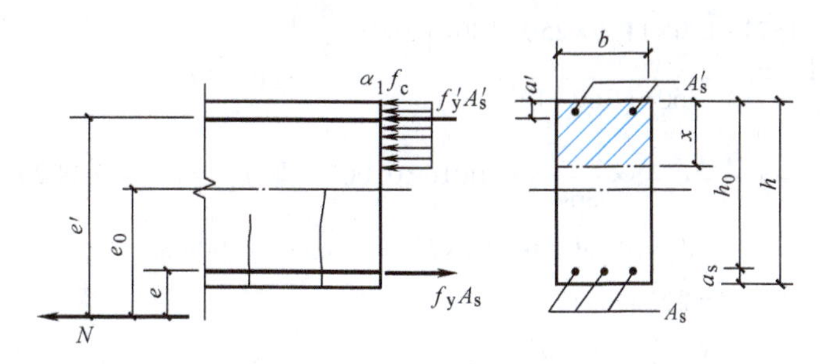

图 8-1　大偏心受拉计算图形

由截面平衡条件得基本公式

$$N \leqslant f_y A_s - f'_y A'_s - \alpha_1 f_c bx \tag{8-2}$$

$$Ne \leqslant \alpha_1 f_c bx\left(h_0 - \frac{x}{2}\right) + f'_y A'_s(h_0 - a'_s) \tag{8-3}$$

式中

$$e = e_0 - \frac{h}{2} + a_s \tag{8-4}$$

基本公式的适用条件是

$$x \leqslant \xi_b h_0,\ x \geqslant 2a'_s$$

设计时同大偏心受压构件一样，为了使钢筋总用量（$A_s + A'_s$）最少，取 $x = x_b = \xi_b h_0$ 代入式（8-3）和式（8-2）可得

$$A'_s = \frac{Ne - \alpha_1 f_c bx_b\left(h_0 - \frac{x_b}{2}\right)}{f'_y(h_0 - a'_s)} \tag{8-5}$$

$$A_s = \frac{\alpha_1 f_c bx_b + f'_y A'_s + N}{f_y} \tag{8-6}$$

对称配筋时，由于 $A_s = A'_s$，$f_y = f'_y$，代入式（8-2）后，求出的 x 必然为负值，属于 $x < 2a'_s$ 的情况。此时可以按偏心受压的类似情况进行处理，取 $x = 2a'_s$，对 A'_s 的合力点取矩得

$$Ne' \leqslant f_y A_s(h_0 - a'_s) \tag{8-7}$$

$$e' = e_0 + \frac{h}{2} - a'_s \tag{8-8}$$

利用式（8-7）计算出 A_s；然后再取 $A'_s = 0$ 计算出 A_s。最后按两种计算的较小值进行配筋。

【例 8-1】 钢筋混凝土偏心受拉构件，截面尺寸 $b \times h = 250\text{mm} \times 400\text{mm}$，$a_s = a'_s = 40\text{mm}$，承受轴向拉力设计值 $N = 26\text{kN}$，弯矩设计值 $M = 45\text{kN}\cdot\text{m}$，混凝土强度等级为 C25，钢筋为 HRB400。求钢筋截面面积 A'_s、A_s。

【解】 查附表 1-3、附表 1-10 可得，$f'_y = f_y = 360\text{N/mm}^2$，$f_c = 11.9\text{N/mm}^2$，$f_t = 1.27\text{N/mm}^2$。

$e_0 = \dfrac{M}{N} = \dfrac{45 \times 10^6}{26 \times 10^3}\text{mm} = 1731\text{mm} > \dfrac{h}{2} - a_s = 160\text{mm}$，属于大偏心受拉构件。

$e = e_0 - \dfrac{h}{2} + a_s = \left(1731 - \dfrac{400}{2} + 40\right)\text{mm} = 1571\text{mm}$；$x_b = \xi_b h_0 = 0.518 \times 360\text{mm} = 186\text{mm}$

代入式（8-5）得

$$A_s'=\frac{Ne-\alpha_1 f_c bx_b\left(h_0-\frac{x_b}{2}\right)}{f_y'(h_0-a_s')}$$

$$=\frac{26\times10^3\times1571-1.0\times11.9\times250\times186\times\left(360-\frac{186}{2}\right)}{360\times(360-40)}\text{mm}^2<0$$

$$0.45\frac{f_t}{f_y}=0.45\times\frac{1.27}{360}=0.0016<0.002\ （取\ \rho_{min}'=\rho_{min}=0.002）$$

$$A_s'=\rho_{min}'bh=0.002\times250\times400\text{mm}^2=200\text{mm}^2$$

受压钢筋选 2 ⏀ 12（$A_s'=226\text{mm}^2$）。

$$\alpha_s=\frac{Ne-f_y'A_s'(h_0-a_s')}{\alpha_1 f_c bh_0^2}$$

$$=\frac{26\times10^3\times1571-360\times226\times(360-40)}{1.0\times11.9\times250\times360^2}=0.038$$

$$\xi=1-\sqrt{1-2\alpha_s}=1-\sqrt{1-2\times0.038}$$

$$=0.039<\frac{2a_s'}{h_0}=2\times\frac{40}{360}=0.222$$

按 $x=2a_s'$ 计算

$$e'=e_0+\frac{h}{2}-a_s'=\left(1731+\frac{400}{2}-40\right)\text{mm}=1891\text{mm}$$

$$A_s=\frac{Ne'}{f_y(h_0-a_s')}=\frac{26\times10^3\times1891}{360\times(360-40)}\text{mm}^2=427\text{mm}^2>A_{s,min}=200\text{mm}^2$$

受拉钢筋选 3 ⏀ 14（$A_s=462\text{mm}^2$）

8.2.2 小偏心受拉构件正截面承载力计算

在小偏心拉力作用下，全截面均为拉应力，其中 A_s 一侧的拉应力较大。随着荷载增加，A_s 一侧的混凝土首先开裂，而且裂缝很快贯通整个截面，混凝土退出工作，拉力完全由钢筋承担，构件破坏时，A_s 及 A_s' 都达到屈服强度，截面受拉计算图形如图 8-2 所示。

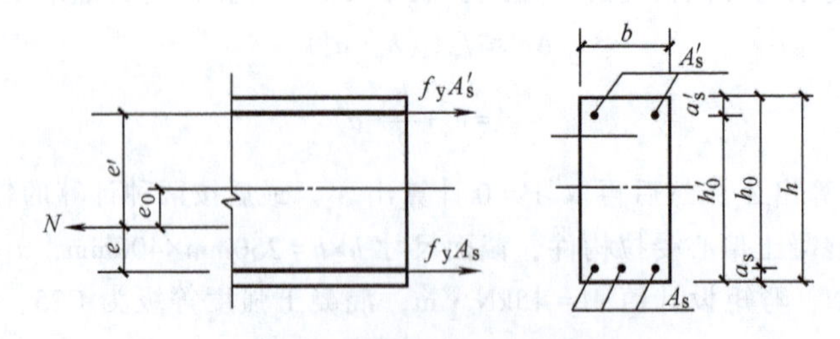

图 8-2 小偏心受拉计算图形

由截面平衡条件得到小偏心受拉构件的承载力计算公式

$$Ne\leqslant f_yA_s'(h_0-a_s') \tag{8-9}$$

$$Ne'\leqslant f_yA_s(h_0'-a_s) \tag{8-10}$$

式中

$$e=\frac{h}{2}-e_0-a_s \tag{8-11}$$

$$e' = e_0 + \frac{h}{2} - a'_s \tag{8-12}$$

对称配筋时，

$$A'_s = A_s = \frac{Ne'}{f_y(h'_0 - a_s)} \tag{8-13}$$

【例 8-2】 钢筋混凝土偏心受拉构件，截面尺寸 $b \times h = 250\text{mm} \times 400\text{mm}$，$a_s = a'_s = 40\text{mm}$，承受轴向拉力设计值 $N = 650\text{kN}$，弯矩设计值 $M = 74\text{kN} \cdot \text{m}$，混凝土强度等级为 C30，钢筋为 HRB400。求钢筋截面面积 A'_s、A_s。

【解】 查附表 1-3、附表 1-10 可得，$f'_y = f_y = 360\text{N/mm}^2$，$f_c = 14.3\text{N/mm}^2$，$f_t = 1.43\text{N/mm}^2$。

$e_0 = \frac{M}{N} = \frac{74 \times 10^6}{650 \times 10^3}\text{mm} = 114\text{mm} < \frac{h}{2} - a_s = 160\text{mm}$，属于小偏心受拉构件。

$$e = \frac{h}{2} - e_0 - a_s = \left(\frac{400}{2} - 114 - 40\right)\text{mm} = 46\text{mm}$$

$$e' = \frac{h}{2} + e_0 - a'_s = \left(\frac{400}{2} + 114 - 40\right)\text{mm} = 274\text{mm}$$

代入式（8-9）、式（8-10）得

$$A'_s = \frac{Ne}{f_y(h_0 - a'_s)} = \frac{650 \times 10^3 \times 46}{360 \times (360 - 40)}\text{mm}^2 = 260\text{mm}^2$$

$$A_s = \frac{Ne'}{f_y(h'_0 - a_s)} = \frac{650 \times 10^3 \times 274}{360 \times (360 - 40)}\text{mm}^2 = 1546\text{mm}^2$$

$$0.45\frac{f_t}{f_y} = 0.45 \times \frac{1.43}{360} = 0.0018 < 0.002（取 \rho'_{min} = \rho_{min} = 0.002）$$

$$A'_{s,min} = A_{s,min} = \rho_{min}bh = 0.002 \times 250 \times 400 = 200\text{mm}^2$$

A_s、A'_s均满足最小配筋率要求。A'_s选 2 ⌀ 14（$A'_s = 308\text{mm}^2$）。A_s 选 4 ⌀ 22（$A_s = 1520\text{mm}^2$）。

8.3 偏心受拉构件斜截面受剪承载力计算

一般偏心受拉构件，在承受弯矩和轴向拉力作用的同时，还存在着剪应力的作用，因此，需要进行斜截面承载力计算。

试验表明，轴向拉力会使偏心受拉构件的斜裂缝的宽度比受弯构件大，剪压区高度减小，抗剪能力明显降低。但构件内箍筋的抗剪能力基本上不受轴向拉力的影响。

通过对试验资料分析，偏心受拉构件的斜截面受剪承载力按下式计算

$$V \leq \frac{1.75}{\lambda + 1.0}f_t bh_0 + f_{yv}\frac{A_{sv}}{s}h_0 - 0.2N \tag{8-14}$$

式中　N——轴向拉力设计值；

λ——计算截面剪跨比，按式（7-75）规定取值。

若式（8-14）右端计算值小于 $f_{yv}\frac{A_{sv}}{s}h_0$ 时，取等于 $f_{yv}\frac{A_{sv}}{s}h_0$，且 $f_{yv}\frac{A_{sv}}{s}h_0$ 不得小于 $0.36f_t bh_0$。

思　考　题

8-1　实际工程中，哪些受拉构件可以按轴心受拉构件计算，哪些受拉构件可以按偏心受拉构件计算？

8-2　大、小偏心受拉构件的破坏特征有什么不同？如何划分大、小偏心受拉构件？

8-3 偏心受拉构件的破坏形态是否只与力的作用位置有关？是否与钢筋用量有关？

8-4 轴向拉力对偏心受拉构件的斜截面承载力有何影响？是否影响箍筋部分的斜截面承载力？

8-5 比较双筋梁、不对称配筋的大偏心受压构件及大偏心受拉构件正截面承载力计算的异同。

习 题

8-1 已知某钢筋混凝土受拉构件，承受轴向拉力设计值 $N=500\text{kN}$，弯矩设计值 $M=450\text{kN}\cdot\text{m}$，构件截面尺寸为 $b=250\text{mm}$，$h=450\text{mm}$，$a_s=a_s'=40\text{mm}$，采用 C30 混凝土，HRB400 钢筋。求所需纵向钢筋面积。

8-2 已知某钢筋混凝土受拉构件，承受轴向拉力设计值 $N=300\text{kN}$，弯矩设计值 $M=45\text{kN}\cdot\text{m}$，构件截面尺寸为 $b=250\text{mm}$，$h=400\text{mm}$，$a_s=a_s'=40\text{mm}$，采用 C30 混凝土，HRB400 钢筋。求所需纵向钢筋面积。

第9章 受扭构件扭曲截面承载力

在构件截面中有扭矩作用的构件，习惯上都叫作受扭构件。在实际工程中，单独受扭作用的纯扭构件很少见，一般都是扭转和弯曲同时发生的复合受扭构件。图 9-1 所示是几种常见的受扭构件。一般来说，起重机梁、雨篷梁、平面曲梁或折梁以及与其他整浇的现浇框架边梁、螺旋楼梯等都是复合受扭构件。

受扭构件按照产生扭矩的不同分为两类。如图 9-1a 所示，构件承受的扭矩是由静力平衡条件确定的称为平衡扭转。图 9-1b 中，边框架主梁的扭矩是由次梁在其支承点处的转动所引起，扭矩的大小由边框架主梁扭转角的变形协调条件所决定，这种扭转称为协调扭转或约束扭转。边框架主梁或次梁开裂，会使主梁的抗扭刚度和次梁的抗弯刚度发生相对变化，主梁的扭矩随着发生变化。

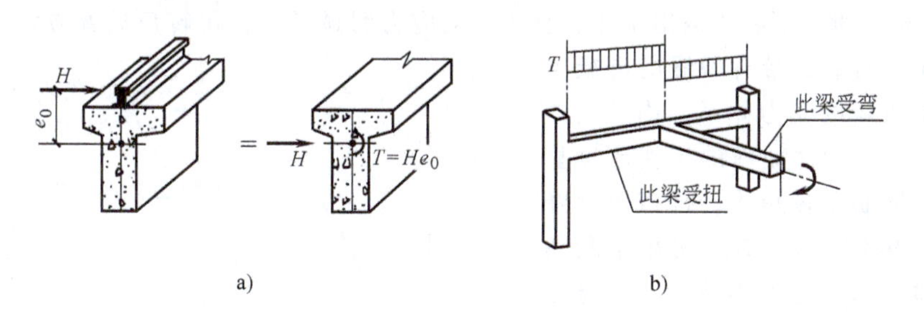

图 9-1 受扭构件示例

a）平衡扭转 b）协调扭转

9.1 纯扭构件的试验研究

9.1.1 裂缝出现前的性能

钢筋混凝土构件受扭矩作用时，由材料力学公式可知：构件的正截面上仅有剪应力作用，截面形心处剪应力值等于零，截面边缘处剪应力值较大，其中长边中点处剪应力值最大。在裂缝出现以前，构件的受力性能大体符合圣维南弹性扭转理论。如图 9-2 所示，在扭矩较小时，其扭矩-扭转角曲线为直线，扭转刚度与弹性理论的计算值十分接近，纵向钢筋和箍筋的应力都很小。随着扭矩的增大，混凝土的塑性性能逐渐显现，扭矩-扭转角（T-θ）曲线偏离弹性理论直线。当扭矩接近开裂扭矩时，偏离程度加大。

9.1.2 裂缝出现后的性能

试验表明：当构件截面的主拉应力大于混凝土的抗拉强度时，出现与构件轴线呈 45°的斜裂缝。初始裂缝一般发生在最大剪应力处，即截面长边中点。此后，这条初始裂缝逐渐向两端延伸至短边截面，形成螺旋状裂缝并相继出现许多新的螺旋状裂缝，如图 9-3 所示。

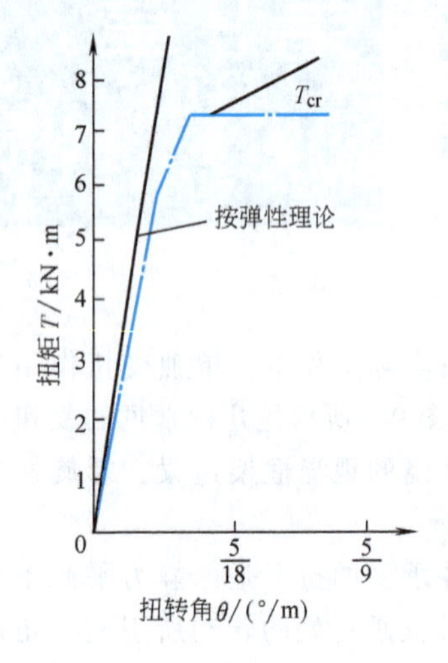

图 9-2　钢筋混凝土矩形截面纯扭构件 T-θ 曲线

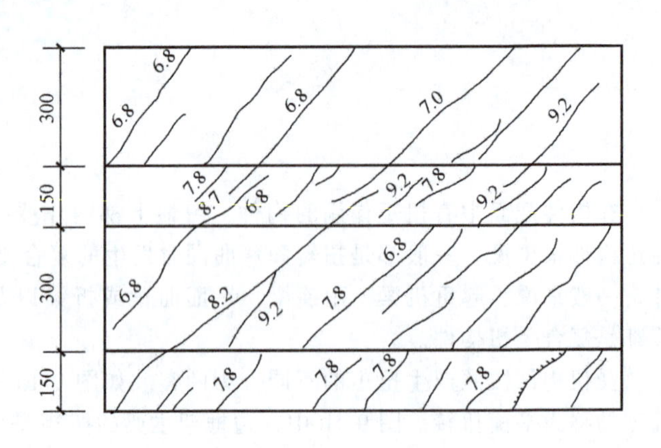

图 9-3　钢筋混凝土纯扭构件破坏展开图

裂缝出现时，部分混凝土退出工作，受扭钢筋应力明显增加，扭转角显著增大。原有的截面受力平衡状态被打破，带有裂缝的混凝土和受扭钢筋组成新的受力体系，构成新的平衡状态。此时，构件截面的抗扭刚度显著降低，受扭钢筋用量越少，抗扭刚度降低越多，如图 9-4 所示。随着扭矩不断加大，混凝土和钢筋的应力不断增长，直至构件破坏。

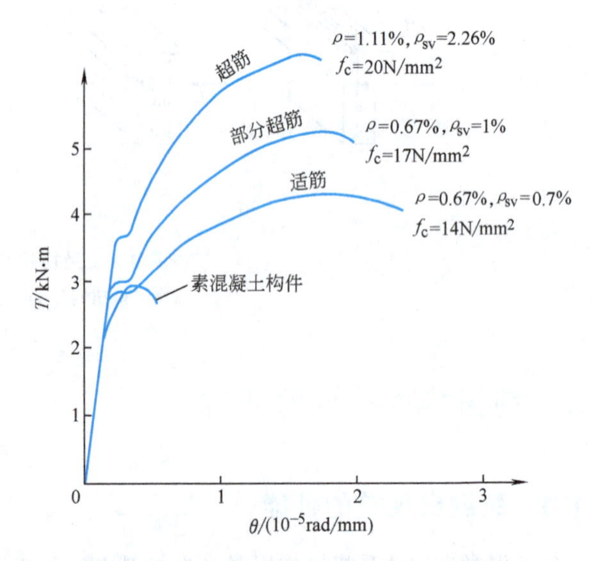

图 9-4　矩形截面纯扭构件实测 T-θ 曲线

试验还表明，受扭构件的破坏形态与受扭纵向钢筋和受扭箍筋的配筋率大小有关，大致可以分为少筋破坏、适筋破坏、部分超筋破坏和超筋破坏四类。

(1) 少筋破坏　当构件的抗扭纵向钢筋和抗扭箍筋配置数量均过少时，一旦裂缝出现，纵向钢筋和箍筋即达到屈服强度而且可能进入强化阶段，甚至拉断，构件立即发生破坏，其破坏特征类似于受弯构件的少筋梁破坏，属于脆性破坏，在设计中应予以避免。

(2) 适筋破坏　当构件的抗扭纵向钢筋和抗扭箍筋配置数量适当时，裂缝出现后，纵向钢筋和箍筋的应力随着扭矩增大而不断增加，先达到屈服强度，而后混凝土被压碎，构件破坏，其破坏特征类似于受弯构件的适筋梁破坏，属于延性破坏，这种破坏形态作为构件抗扭设计的依据。

(3) 部分超筋破坏　当构件的抗扭纵向钢筋和抗扭箍筋配置数量比率相差较大时，构件发生破坏会出现抗扭纵向钢筋或抗扭箍筋屈服，哪种钢筋配筋率小，哪种钢筋屈服。破坏时具有一定的延性，但较适筋破坏时小。

(4) 超筋破坏 当构件的抗扭纵向钢筋和抗扭箍筋配置数量均过多时，裂缝出现后，纵向钢筋和箍筋的应力也随着扭矩增大而不断增加，由于数量较多，应力增长的速度较慢，到混凝土压碎时，纵向钢筋和箍筋都不会达到屈服。这种破坏类似于受弯构件的超筋梁，属于脆性破坏，在设计中应予以避免。

9.2 矩形截面纯扭构件的扭曲截面承载力计算

矩形截面是受扭构件最常用的截面形式。纯扭构件扭曲截面计算包括两个方面的内容：一为构件受扭的开裂扭矩计算；二为构件受扭的承载力计算。如果构件承受的扭矩大于开裂扭矩，应按计算配置受扭纵向钢筋和箍筋来满足承载力要求，同时还应满足受扭构造要求。否则，应按构造要求配置受扭纵向钢筋和箍筋。

9.2.1 开裂扭矩的计算

钢筋混凝土纯扭构件在裂缝出现以前，钢筋应力很小，对构件开裂扭矩影响不大，可以忽略钢筋的影响。

若混凝土为理想的弹性材料，在扭矩作用下，截面内将产生剪应力 τ。由材料力学可知，弹性材料矩形截面内剪应力的分布如图 9-5a 所示。

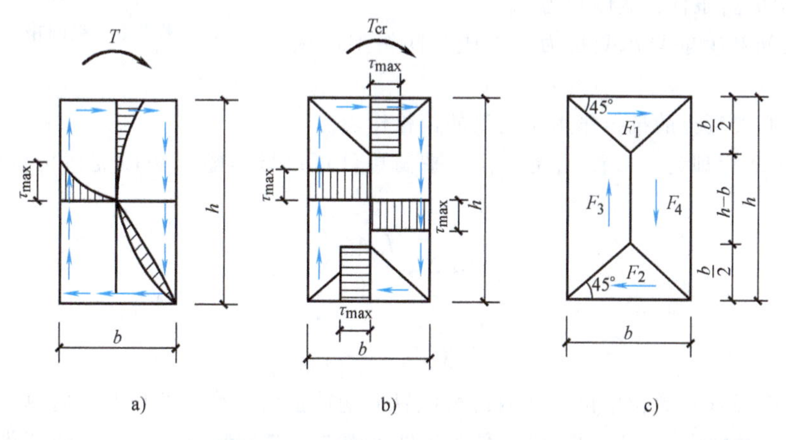

图 9-5 矩形截面扭转剪应力分布

截面上 τ_{max} 出现在截面长边的中点处，与该点剪应力作用相对应的主拉应力 σ_{tp} 和主压应力 σ_{cp} 分别与构件轴线成45°和135°，其值大小为 τ_{max}。当主拉应力达到混凝土抗拉强度 f_t 时，构件即将开裂，此时构件截面的扭矩为开裂扭矩 T_{cr}。

$$T_{cr}=f_t\alpha b^2 h \tag{9-1}$$

式中 α——与比值 h/b 有关的系数，当 $h/b=1\sim10$ 时，$\alpha=0.208\sim0.313$。

若混凝土为理想的弹塑性材料，则构件受扭承载力达到极限时，截面上各点的剪应力全部达到混凝土抗拉强度 f_t，如图 9-5b 所示。若把剪力分布近似划成图 9-5c 中的四个部分，并分块计算各个部分剪应力的合力和相应的力偶，可得截面的开裂扭矩为

$$T_{cr}=f_t\frac{b^2}{6}(3h-b)=f_tW_t \tag{9-2}$$

式中 W_t——截面受扭塑性抵抗矩，对于矩形截面，$W_t=\frac{b^2}{6}(3h-b)$，b 和 h 分别为矩形截面的短边

尺寸和长边尺寸。

实际上，混凝土是介于弹性材料和塑性材料之间的非理想弹塑性材料，因此，截面的开裂扭矩也介于式（9-1）、式（9-2）的计算值之间。为实用计算方便，对于钢筋混凝土纯扭构件的开裂扭矩，近似采用理想弹塑性材料的应力分布图形进行计算，但混凝土抗拉强度要适当降低。试验表明，对于低强度等级混凝土，降低系数为0.8；对于高强度等级混凝土，降低系数为0.7。

《混凝土结构设计规范》取混凝土抗拉强度降低系数为0.7。因此，开裂扭矩的计算公式为

$$T_{cr}=0.7f_tW_t \tag{9-3}$$

9.2.2 扭曲截面承载力计算

实验研究表明，矩形截面纯扭构件在裂缝充分发展且钢筋应力接近屈服强度时，截面核心混凝土部分退出工作，所以，实心截面的钢筋混凝土受扭构件可以比拟为一箱形截面构件，如图9-6所示。此时，具有螺旋形箱壁与抗扭纵向钢筋和箍筋共同组成空间桁架来抵抗扭矩，可以应用变角度空间桁架模型进行受扭承载力计算。

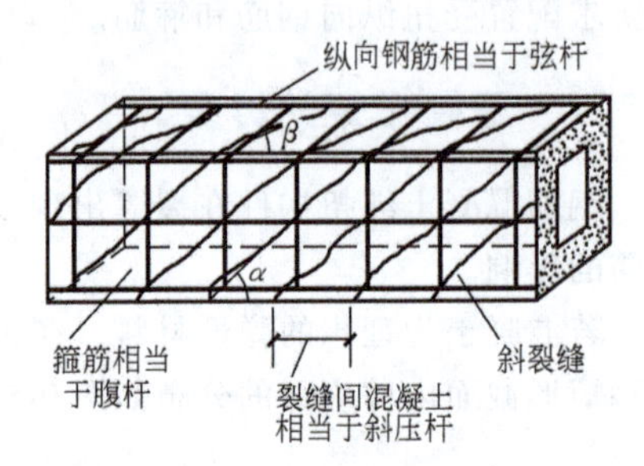

图9-6 空间桁架模型

变角度空间桁架模型的基本假定有：

1）混凝土只承受压力，具有螺旋形裂缝的混凝土箱壁构成空间桁架的斜压杆，其倾角为α。

2）纵向钢筋和箍筋只承受拉力，构成空间桁架的弦杆和腹杆。

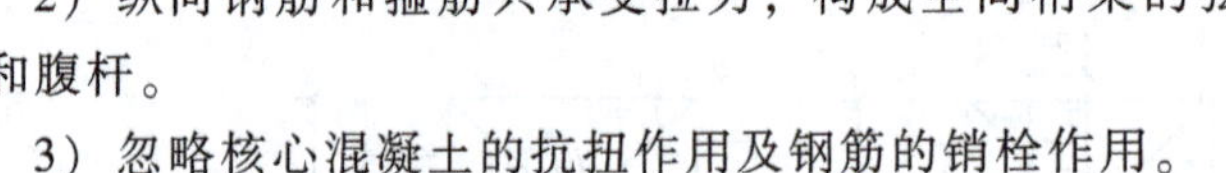

3）忽略核心混凝土的抗扭作用及钢筋的销栓作用。

根据弹性薄壁管理论，按照此模型，由平衡条件可以导出矩形截面纯扭构件的扭矩设计值T为

$$T\leqslant 2\sqrt{\zeta}\frac{f_{yv}A_{st1}}{s}A_{cor} \tag{9-4}$$

$$\zeta=\frac{f_yA_{stl}/u_{cor}}{f_{yv}A_{st1}/s}=\frac{f_yA_{stl}s}{f_{yv}A_{st1}u_{cor}} \tag{9-5}$$

式中 ζ——沿截面核心周长单位长度内的抗扭纵向钢筋强度与沿构件长度方向单位长度内的单侧抗扭箍筋强度之间的比值，受扭构件表面斜裂缝的倾角α随ζ值的变化而改变，故上述空间桁架模型称为变角度空间桁架模型，当$\zeta=1$时，为古典空间桁架模型；

A_{stl}——受扭计算中取对称布置的全部纵向普通钢筋截面面积；

A_{st1}——受扭计算中沿截面周边配置的箍筋单肢截面面积；

f_y、f_{yv}——受扭纵向钢筋和受扭箍筋的抗拉强度设计值；

s——受扭箍筋的间距；

u_{cor}——截面核心部分的周长，$u_{cor}=2(b_{cor}+h_{cor})$；

A_{cor}——截面核心部分的面积，$A_{cor}=b_{cor}h_{cor}$。

截面核心部分是指截面中受扭纵向钢筋外表面连线范围内部分。b_{cor}、h_{cor}分别为箍筋内表面范围内截面核心部分的短边、长边尺寸，如图9-7所示。

9.2.3 配筋计算的方法、步骤

式（9-4）是按理想化的空间桁架模型导出的计算公式，由于构件的实际受力机理比较复杂，因此，该式的计算结果与试验结果存在一定差异。根据试验资料统计分析，《混凝土结构设计规

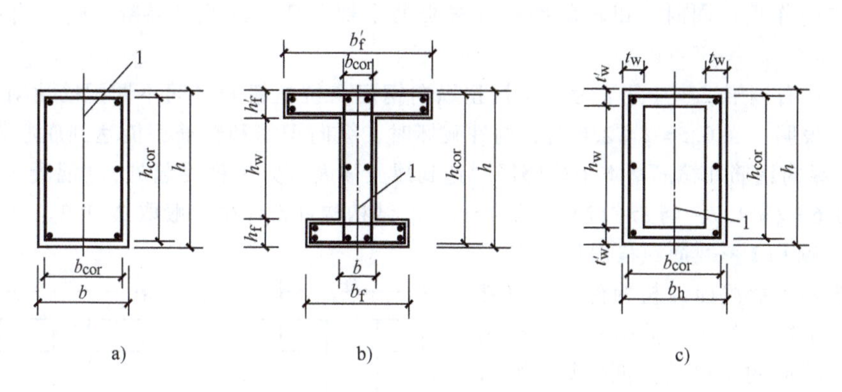

图 9-7　受扭构件截面

a）矩形截面　b）T 形、I 形截面　c）箱形截面（$t_w \leqslant t_w'$）

1—剪力、弯矩作用平面

范》规定，对于弯矩、剪力和扭矩共同作用下的受扭构件的扭曲截面承载力，在构件截面形式不同时，采用不同的计算方法。

1. 矩形截面纯扭构件

钢筋混凝土纯扭构件的受扭承载力 T 由混凝土的抗扭作用 T_c 和箍筋与纵向钢筋的抗扭作用 T_s 共同组成，即 $T=T_c+T_s$。其中，T_c 可以写成

$$T_c = \alpha_1 f_t W_t \tag{9-6}$$

T_s 可以用式(9-4)表示

$$T_s = \alpha_2 \sqrt{\zeta} \frac{f_{yv} A_{st1}}{s} A_{cor} \tag{9-7}$$

于是

$$T \leqslant \alpha_1 f_t W_t + \alpha_2 \sqrt{\zeta} \frac{f_{yv} A_{st1}}{s} A_{cor} \tag{9-8}$$

式（9-8）可以写成

$$\frac{T}{f_t W_t} \leqslant \alpha_1 + \alpha_2 \sqrt{\zeta} \frac{f_{yv} A_{st1}}{f_t W_t s} A_{cor} \tag{9-9}$$

对配置不同数量抗扭钢筋的钢筋混凝土纯扭构件进行受扭承载力试验，将试验结果标注在以$\frac{T}{f_t W_t}$为纵坐标、以$\sqrt{\zeta}\frac{f_{yv} A_{st1}}{f_t W_t s} A_{cor}$为横坐标的平面上，如图 9-8 所示。

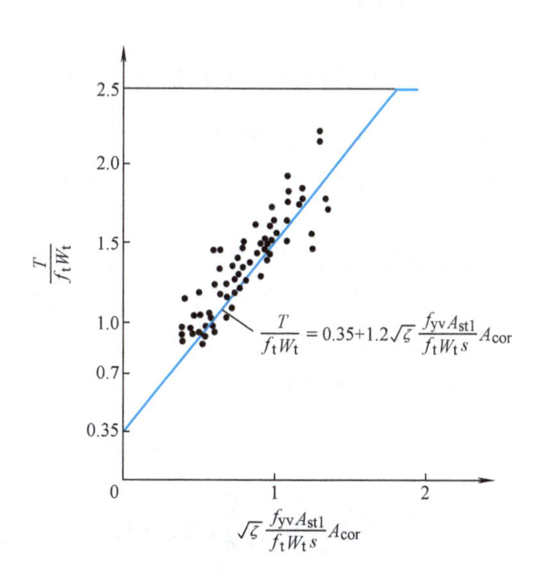

图 9-8　计算公式与实测值的比较

根据对试验结果的统计回归，考虑可靠指标 β 值的要求，得到系数 $\alpha_1 = 0.35$，$\alpha_2 = 1.2$。这样即可得到钢筋混凝土矩形截面纯扭构件受扭承载力应符合下列规定

$$T \leqslant 0.35 f_t W_t + 1.2\sqrt{\zeta} \frac{f_{yv} A_{st1}}{s} A_{cor} \tag{9-10}$$

式（9-10）右侧第一项表示开裂混凝土的抗扭能力，取开裂扭矩的 50%。因为钢筋混凝土纯扭构件开裂以后，抗扭钢筋对斜裂缝的开展有一定的限制作用，从而使开裂面混凝土骨

料之间存在咬合作用；同时，扭转斜裂缝并未贯通全部截面。因此，混凝土仍具有一定的抗扭能力。

式（9-10）右侧第二项中用ζ考虑了抗扭纵向钢筋与抗扭箍筋之间不同配筋比对受扭承载力的影响。试验表明：当$0.5\leqslant\zeta\leqslant2.0$时，构件破坏时，纵向钢筋和箍筋都能达到屈服强度；当$\zeta=1.2$左右时，纵向钢筋和箍筋基本上能够同时达到屈服强度。为了稳妥起见，《混凝土结构设计规范》规定：$0.6\leqslant\zeta\leqslant1.7$，当$\zeta>1.7$时，取$\zeta=1.7$。结构构件设计中一般取$\zeta=1.2$。

2. T形截面和I形截面纯扭构件

对于T形和I形截面纯扭构件，可将其截面划分为几个矩形截面（见图9-9），分别计算各个矩形截面的受扭塑性抵抗矩，然后将总扭矩按各个矩形截面受扭塑性抵抗矩的比例分配到各个矩形截面上，最后按式(9-10）分别进行受扭承载力计算。各个矩形截面的扭矩设计值可按下列规定计算

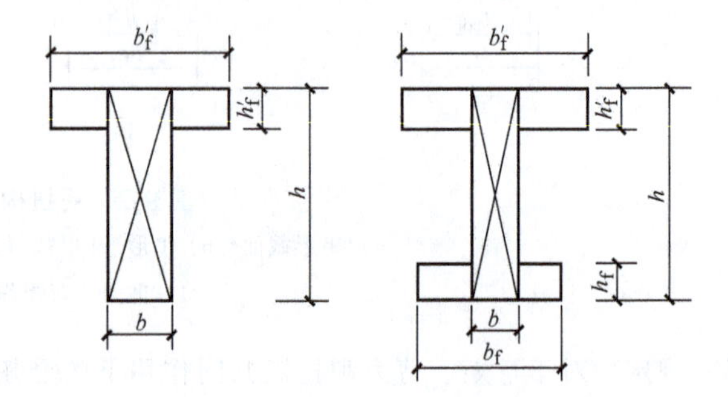

图9-9　T形、I形截面划分

腹板 $$T_{\mathrm{w}}=\frac{W_{\mathrm{tw}}}{W_{\mathrm{t}}}T \tag{9-11a}$$

受压翼缘 $$T'_{\mathrm{f}}=\frac{W'_{\mathrm{tf}}}{W_{\mathrm{t}}}T \tag{9-11b}$$

受拉翼缘 $$T_{\mathrm{f}}=\frac{W_{\mathrm{tf}}}{W_{\mathrm{t}}}T \tag{9-11c}$$

式中　T——构件截面所承受的扭矩设计值；

T_{w}——腹板所承受的扭矩设计值；

T'_{f}、T_{f}——受压翼缘、受拉翼缘所承受的扭矩设计值；

W_{tw}——腹板的受扭塑性抵抗矩，$W_{\mathrm{tw}}=\dfrac{b^2}{6}(3h-b)$；

W'_{tf}——受压翼缘的受扭塑性抵抗矩，$W'_{\mathrm{tf}}=\dfrac{h'^2_{\mathrm{f}}}{2}(b'_{\mathrm{f}}-b)$；

W_{tf}——受拉翼缘的受扭塑性抵抗矩，$W_{\mathrm{tf}}=\dfrac{h^2_{\mathrm{f}}}{2}(b_{\mathrm{f}}-b)$；

W_{t}——截面总的受扭塑性抵抗矩，$W_{\mathrm{t}}=W_{\mathrm{tw}}+W'_{\mathrm{tf}}+W_{\mathrm{tf}}$。

计算时取用的翼缘宽度尚应符合$b'_{\mathrm{f}}\leqslant b+6h'_{\mathrm{f}}$及$b_{\mathrm{f}}\leqslant b+6h_{\mathrm{f}}$的规定。

3. 箱形截面纯扭构件

试验及理论研究表明，箱形截面钢筋混凝土纯扭构件的扭曲截面承载力在箱壁具有一定厚度时（$t_{\mathrm{w}}\geqslant0.4b_{\mathrm{h}}$），与实心截面基本相同；当壁厚较薄时，小于实心截面。因此，对于箱形截面纯扭构件，其受扭承载力的计算公式与矩形截面计算公式相似，仅在混凝土抗扭项中考虑了与截面相对壁厚有关的折减系数α_{h}，即

$$T\leqslant0.35\alpha_{\mathrm{h}}f_{\mathrm{t}}W_{\mathrm{t}}+1.2\sqrt{\zeta}\frac{f_{\mathrm{yv}}A_{\mathrm{st1}}}{s}A_{\mathrm{cor}} \tag{9-12}$$

$$W_{\mathrm{t}}=\frac{b_{\mathrm{h}}^2}{6}(3h_{\mathrm{h}}-b_{\mathrm{h}})-\frac{(b_{\mathrm{h}}-2t_{\mathrm{w}})^2}{6}[3h_{\mathrm{w}}-(b_{\mathrm{h}}-2t_{\mathrm{w}})] \tag{9-13}$$

式中　W_{t}——箱形截面受扭塑性抵抗矩；

α_h——箱形截面壁厚影响系数，$\alpha_h = 2.5t_w/b_h$，当 $\alpha_h > 1$ 时，取 $\alpha_h = 1$；

b_h、h_h——箱形截面的短边尺寸、长边尺寸；

h_w——箱形截面的腹板净高；

t_w——箱形截面壁厚，其值不应小于 $b_h/7$。

按照式（9-12）进行箱形截面纯扭构件扭曲截面承载力计算时，ζ 值的计算和要求同矩形截面纯扭构件。

9.3　弯剪扭构件的承载力计算

9.3.1　试验研究与计算模型

处于弯矩、剪力和扭矩共同作用下的钢筋混凝土构件，其受力状态是非常复杂的，构件的荷载条件及构件的内在因素影响构件的破坏特征及其承载力。对于荷载条件，通常以扭弯比 ψ $\left(=\dfrac{T}{M}\right)$ 和扭剪比 χ $\left(=\dfrac{T}{Vb}\right)$ 表示。构件的内在因素是指构件的截面尺寸、配筋情况及材料强度。

试验表明：构件在适当的内在因素条件下，不同荷载条件会导致构件出现弯型破坏、扭型破坏或剪扭型破坏。

若构件的扭弯比 ψ 较小，裂缝首先在弯曲受拉底面出现，然后发展到两侧面。三个面上的螺旋形裂缝形成一个扭曲破坏面，而第四面即弯曲受压顶面无裂缝。构件破坏时与螺旋形裂缝相交的纵向钢筋及箍筋均受拉并达到屈服强度，构件顶部受压，形成图 9-10a 所示的弯型破坏。

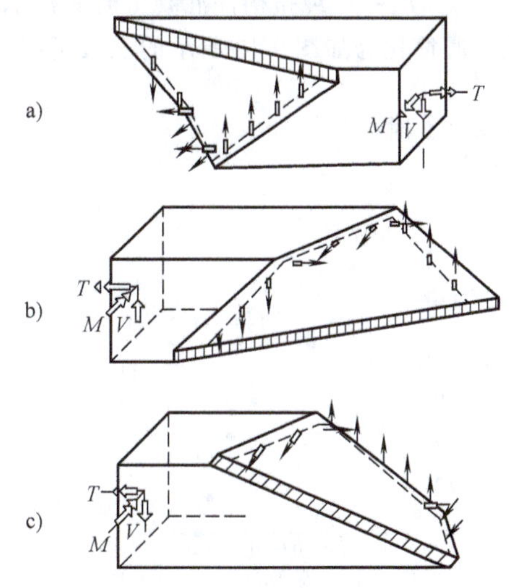

图 9-10　弯剪扭构件的破坏类型

a）弯型破坏　b）扭型破坏　c）剪扭型破坏

若构件的扭矩作用显著，即扭弯比 ψ 及扭剪比 χ 均较大，而构件顶部纵向钢筋少于底部纵向钢筋时，可能形成图 9-10b 所示的受压区在构件底部的扭型破坏。这种现象出现的原因是，虽然由于弯矩作用使顶部钢筋受压，但由于弯矩较小，从而压应力较小。又由于顶部纵向钢筋少于底部纵向钢筋，故扭矩产生的拉应力就有可能抵消弯矩产生的压应力并使顶部纵向钢筋先期达到屈服强度，最后促使构件底部受压而破坏。

若剪力和扭矩起控制作用，则裂缝首先在构件侧面出现（在这个侧面上，剪力和扭矩产生的主应力方向一致），然后向顶面和底面扩展，这三个面上的螺旋形裂缝构成扭曲破坏面，破坏时与螺旋形裂缝相交的纵筋和箍筋受拉并达到屈服强度，而受压区靠近另一侧面（在这个侧面上，剪力和扭矩产生的主应力方向相反），形成图 9-10c 所示的剪扭型破坏。

试验还表明，对于弯剪扭构件，构件的受扭承载力与其受弯、受剪承载力是相互影响的，即构件的受扭承载力随着同时作用的弯矩、剪力的大小而变化；同样构件的受弯、受剪承载力也随着同时作用的扭矩大小而发生变化。构件各种承载力相互影响的性质称为各承载力之间的相关性。

弯剪扭共同作用下钢筋混凝土构件扭曲截面的承载力计算主要有变角度空间桁架模型和斜弯理论（扭曲破坏面极限平衡理论）两种计算方法。

9.3.2 配筋计算的方法、步骤

由于构件弯、剪、扭承载力之间的相互影响非常复杂，要完全考虑它们之间的相关性，并采用统一的相关方程进行计算将难以实现。因此，《混凝土结构设计规范》对复合受扭构件的承载力计算采用了部分相关、部分叠加的计算方法，即在构件剪扭承载力计算时，仅考虑混凝土部分承载力之间的相关性，箍筋部分承载力直接叠加；在构件弯扭承载力计算时，不再考虑两者之间的相关性，分别按受弯、受扭单独计算抗弯纵向钢筋和抗扭纵向钢筋，配置在需要位置，对截面同一位置处的两种纵向钢筋，可将两者面积叠加后选择钢筋。

1. 剪扭构件的承载力

试验结果表明，当剪力与扭矩共同作用时，剪力的存在会使混凝土的抗扭承载力降低，而扭矩的存在也将使混凝土的抗剪承载力降低，两者之间的相关关系通过拟合大致符合 1/4 圆的规律，如图 9-11 所示，其表达式为

$$\left(\frac{V_c}{V_{co}}\right)^2+\left(\frac{T_c}{T_{co}}\right)^2=1 \tag{9-14}$$

式中 V_c、T_c——剪扭共同作用下的受剪及受扭承载力；

V_{co}——纯剪构件混凝土的受剪承载力，$V_{co}=0.7f_tbh_0$；

T_{co}——纯扭构件混凝土的受扭承载力，$T_{co}=0.35f_tW_t$。

将 1/4 圆简化为如图 9-12 所示的三段折线，则有

当$\frac{V_c}{V_{co}}\leqslant 0.5$时 $$\frac{T_c}{T_{co}}=1.0 \tag{9-15}$$

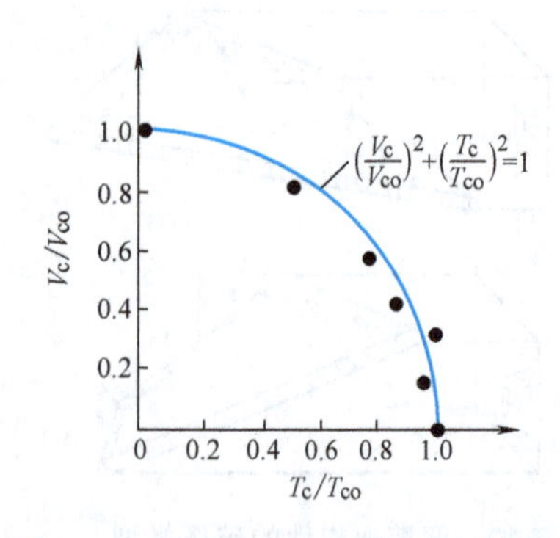

图 9-11 混凝土剪扭承载力相关关系

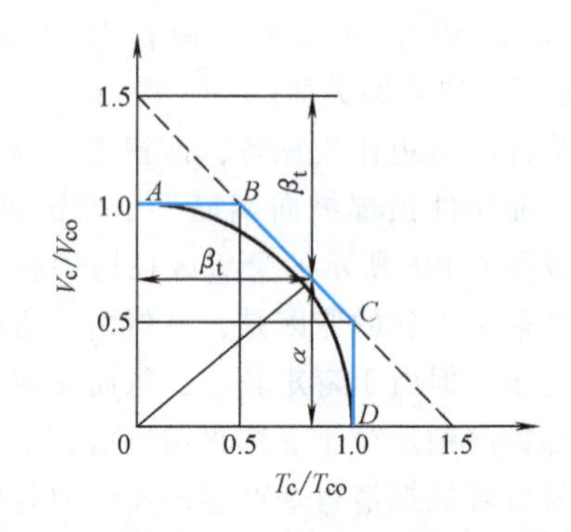

图 9-12 混凝土剪扭承载力相关的计算模式

当$\frac{T_c}{T_{co}}\leqslant 0.5$时 $$\frac{V_c}{V_{co}}=1.0 \tag{9-16}$$

当$\frac{V_c}{V_{co}}$、$\frac{T_c}{T_{co}}>0.5$时 $$\frac{V_c}{V_{co}}+\frac{T_c}{T_{co}}=1.5 \tag{9-17}$$

令$\frac{T_c}{T_{co}}=\beta_t$ 则有 $$\frac{V_c}{V_{co}}=1.5-\beta_t \tag{9-18}$$

因为 $$\frac{V_c/V_{co}}{T_c/T_{co}}=\frac{V_c}{T_c}\frac{0.35f_tW_t}{0.7f_tbh_0}=0.5\frac{V_c}{T_c}\frac{W_t}{bh_0}=0.5\frac{V}{T}\frac{W_t}{bh_0} \tag{9-19}$$

即 $\frac{V_c}{V_{co}}=0.5\beta_t\frac{V}{T}\frac{W_t}{bh_0}$，将其代入式（9-18）得

$$\beta_t = \frac{1.5}{1 + 0.5\dfrac{V}{T}\dfrac{W_t}{bh_0}} \tag{9-20}$$

式中 β_t——一般剪扭构件混凝土受扭承载力降低系数，当β_t小于0.5时，取0.5；当β_t大于1.0时，取1.0。

（1）矩形截面剪扭构件的截面受剪、受扭承载力

1）对于一般构件：

受剪承载力
$$V \leqslant 0.7(1.5-\beta_t)f_t bh_0 + f_{yv}\frac{A_{sv}}{s}h_0 \tag{9-21}$$

受扭承载力
$$T \leqslant 0.35\beta_t f_t W_t + 1.2\sqrt{\zeta}f_{yv}\frac{A_{st1}A_{cor}}{s} \tag{9-22}$$

2）对于集中荷载作用下（多种荷载作用，且其中集中荷载对支座截面或节点边缘产生的剪力值占总剪力值的75%以上的情况）的独立剪扭构件，受扭承载力仍按式（9-22）计算，受剪承载力改用下式计算

$$V \leqslant \frac{1.75}{\lambda + 1}(1.5 - \beta_t)f_t bh_0 + f_{yv}\frac{A_{sv}}{s}h_0 \tag{9-23}$$

此时，受扭承载力降低系数β_t按下式计算

$$\beta_t = \frac{1.5}{1 + 0.2(\lambda + 1)\dfrac{V}{T}\dfrac{W_t}{bh_0}} \tag{9-24}$$

式中 λ——计算截面的剪跨比；

β_t——集中荷载作用下剪扭构件混凝土受扭承载力降低系数，当β_t小于0.5时，取0.5，当β_t大于1.0时，取1.0。

（2）箱形截面剪扭构件的截面受剪、受扭承载力　箱形截面剪扭构件的受扭性能与矩形截面受扭构件相似，但应考虑相对壁厚的影响。

1）对于一般构件：

受剪承载力
$$V \leqslant 0.7(1.5 - \beta_t)f_t bh_0 + f_{yv}\frac{A_{sv}}{s}h_0 \tag{9-25}$$

受扭承载力
$$T \leqslant 0.35\alpha_h\beta_t f_t W_t + 1.2\sqrt{\zeta}f_{yv}\frac{A_{st1}A_{cor}}{s} \tag{9-26}$$

式中 α_h——箱形截面壁厚影响系数，按纯扭构件计算规定取用；

β_t——受扭承载力降低系数，按式（9-20）计算时以$\alpha_h W_t$代替W_t，截面宽度b取箱形截面两个侧壁总厚度。

2）对于集中荷载作用下（多种荷载作用，且其中集中荷载对支座截面或节点边缘产生的剪力值占总剪力值的75%以上）的独立剪扭构件，受扭承载力仍按式（9-26）计算，受剪承载力仍按式（9-23）计算，式中的β_t值应按式（9-24）计算，但式中的W_t应代之以$\alpha_h W_t$。

（3）T形和I形截面剪扭构件的受剪、受扭承载力

1）受剪承载力。T形和I形截面剪扭构件的受剪承载力可以按矩形截面的计算公式进行计算，但在计算中应以T_w、W_{tw}分别代替T、W_t。

2）受扭承载力。T形和I形截面剪扭构件的受扭承载力可以按纯扭构件的计算方法，将截面划分成几个矩形截面进行计算。其中腹板按矩形截面计算公式进行计算，但在计算中应以T_w、W_{tw}分别代替T、W_t；受压翼缘和受拉翼缘按矩形截面纯扭构件的规定进行计算，但在计算中应以T_f'、

T_f 和 W'_{tf}、W_{tf} 分别代替 T、W_t。

2. 弯剪扭构件配筋计算

矩形、T形、I形和箱形截面钢筋混凝土弯剪扭构件配筋计算的一般原则是：纵向钢筋截面面积应分别按受弯构件的正截面受弯承载力和剪扭构件的受扭承载力计算确定，并在相应的位置进行配置；箍筋截面面积应分别按剪扭构件的受剪承载力和受扭承载力相应位置进行配置。

《混凝土结构设计规范》规定：在弯矩、剪力和扭矩共同作用下的矩形、T形、I形和箱形截面的弯剪扭构件，可按下列规定进行承载力计算：

1）当 $V \leqslant 0.35f_t bh_0$ 或 $V \leqslant 0.875f_t bh_0/(\lambda+1)$ 时，可仅计算受弯构件的正截面受弯承载力和纯扭构件的受扭承载力。

2）当 $T \leqslant 0.175f_t W_t$ 或 $T \leqslant 0.175\alpha_h f_t W_t$ 时，可仅计算受弯构件的正截面受弯承载力和斜截面受剪承载力。

当已知弯剪扭构件的内力设计值，初步选定截面尺寸和材料强度等级后，按下列步骤进行配筋计算：

1）验算截面尺寸限制条件。为了保证弯剪扭构件在破坏时混凝土不首先被压碎，对 $h_w/b \leqslant 6$ 的矩形、T形、I形和 $h_w/t_w \leqslant 6$ 的箱形截面构件，其截面尺寸应符合下列要求：

当 h_w/b（或 h_w/t_w）$\leqslant 4$ 时
$$\frac{V}{bh_0}+\frac{T}{0.8W_t} \leqslant 0.25\beta_c f_c \tag{9-27}$$

当 h_w/b（或 h_w/t_w）$= 6$ 时
$$\frac{V}{bh_0}+\frac{T}{0.8W_t} \leqslant 0.2\beta_c f_c \tag{9-28}$$

当 $4<h_w/b$（或 h_w/t_w）<6 时，按线性内插法确定。

式中　T——扭矩设计值；

b——矩形截面的宽度，T形或I形截面取其腹板宽度，箱形截面取两侧壁总厚度 $2t_w$；

h_w——截面腹板高度，对矩形截面取有效高度，对T形截面取有效高度减去翼缘高度，对I形和箱形截面取腹板净高；

t_w——箱形截面壁厚，其值不应小于箱形截面宽度的1/7。

若不满足上述条件，一般应加大截面尺寸或提高混凝土强度等级。当 $h_w/b>6$ 或 $h_w/t_w>6$ 时，受扭构件的截面尺寸要求及扭曲截面承载力计算应符合专门规定。

2）验算是否应按计算配置剪扭钢筋。在弯矩、剪力和扭矩共同作用下，当矩形、T形、I形和箱形截面构件的截面尺寸符合下列要求时，可不进行截面剪扭承载力计算，但为了防止构件开裂后产生脆性破坏，必须按构造要求配置钢筋。

$$\frac{V}{bh_0}+\frac{T}{W_t} \leqslant 0.7f_t \tag{9-29}$$

或
$$\frac{V}{bh_0}+\frac{T}{W_t} \leqslant 0.7f_t+0.07\frac{N}{bh_0} \tag{9-30}$$

当 $N>0.3f_c A$ 时，取 $N=0.3f_c A$。

3）判别配筋计算是否可忽略剪力 V 或者扭矩 T。

4）计算箍筋数量。当不可忽略剪力 V 或者扭矩 T 时，分别计算受剪和受扭所需的单肢箍筋数量，将两者叠加得到单肢箍筋总用量，据此确定箍筋的直径和间距。箍筋的直径和间距必须符合构造要求。

5）计算纵向钢筋数量。抗弯纵向钢筋和抗扭纵向钢筋应分别计算，分别配置在相应位置，将相同位置的两种钢筋数量叠加得到该位置纵向钢筋总用量，然后确定钢筋的直径和根数。所配的纵向钢筋应满足构造要求。

9.4　受扭构件的构造要求

9.4.1　箍筋的构造要求

为防止构件发生少筋破坏，在受扭构件中，箍筋的配筋率应满足下列要求

$$\rho_{sv}=\frac{nA_{sv1}}{bs}\geqslant\rho_{sv,min}=28\frac{f_t}{f_{yv}}\% \tag{9-31}$$

在受扭构件中，箍筋在整个周长中均受拉力。因此，抗扭箍筋应做成封闭式且应沿截面周边布置。当采用复合箍筋时，位于截面内部的箍筋不应计入受扭所需的箍筋面积。受扭所需箍筋末端应做成 135°弯钩，弯钩端头平直段长度不应小于 $10d$（d 为箍筋直径）。

受扭箍筋的间距不应超过受弯构件抗剪要求的箍筋最大间距。在超静定结构中，考虑协调扭转而配置的箍筋，其间距不宜大于 $0.75b$（b 为矩形截面的宽度，T 形或 I 形截面腹板宽度，箱形截面的宽度）。

9.4.2　纵向钢筋的构造要求

在受扭构件中，为了防止发生少筋破坏，纵向钢筋的配筋率应满足下列要求

$$\rho_{tl}=\frac{A_{stl}}{bh}\geqslant\rho_{tl,min}=0.6\sqrt{\frac{T}{Vb}}\frac{f_t}{f_y} \tag{9-32}$$

当 $T/Vb>2.0$ 时，取 $T/Vb=2.0$。

式中　ρ_{tl}——受扭纵向钢筋的配筋率；

b——受剪截面宽度；

A_{stl}——沿截面周边布置的受扭纵向钢筋总截面面积。

受扭纵向钢筋必须设置在构件截面四角，并沿截面周边均匀对称布置，受扭纵向受力钢筋的间距不应大于 200mm 和截面短边长度 b。当支座边缘作用有较大扭矩时，受扭纵向钢筋在支座内的锚固长度要满足充分受拉要求。

【例 9-1】　某雨篷如图 9-13 所示，雨篷板上承受均布荷载设计值 $q=4.8\text{kN/m}$，板端沿板宽方向每米承受可变荷载设计值 $p=1.0\text{kN}$，雨篷梁截面尺寸 $b=360\text{mm}$，$h=240\text{mm}$，其净跨度 $l_n=1.8\text{m}$。经计算雨篷梁弯矩设计值 $M=25\text{kN}\cdot\text{m}$，剪力设计值 $V=46\text{kN}$。采用 C25 混凝土，HRB400 钢筋。试确定雨篷梁的配筋。

【解】　查附表 1-3、附表 1-10 可得，$f_t=1.27\text{N/mm}^2$，$f_y=360\text{N/mm}^2$，$f_c=11.9\text{N/mm}^2$。注意到受扭构件 b 与 h 的规定，可知受扭计算时，$b=240\text{mm}$，$h=360\text{mm}$。受剪计算时，$b=360\text{mm}$，$h=240\text{mm}$。

（1）计算雨篷梁的最大扭矩设计值　由板面荷载 q 和板端荷载 p 沿雨篷梁单位长度上产生的力偶分别如下

$$m_q=4800\times1.2\times\left(\frac{1.20+0.36}{2}\right)\text{N}\cdot\text{m/m}=4493\text{N}\cdot\text{m/m}$$

$$m_p=1000\times\left(1.2+\frac{0.36}{2}\right)\text{N}\cdot\text{m/m}=1380\text{N}\cdot\text{m/m}$$

作用在雨篷梁单位长度上的总力偶为

$$m=m_q+m_p=(4493+1380)\text{N}\cdot\text{m/m}=5873\text{N}\cdot\text{m/m}$$

雨篷梁支座截面边缘扭矩最大，其值为

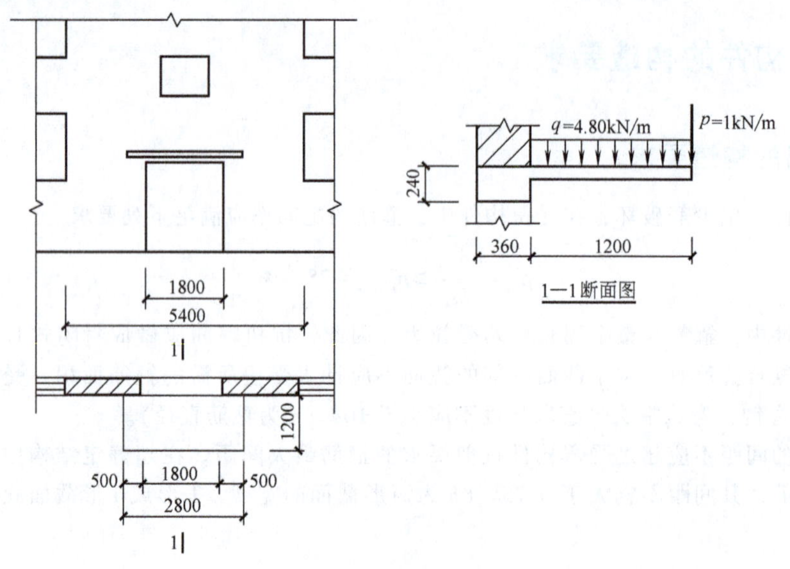

图 9-13 例 9-1 图

$$T=\frac{1}{2}ml_n=\frac{1}{2}\times5873\times1.8\text{N}\cdot\text{m}=5286\text{N}\cdot\text{m}=5286\times10^3\text{N}\cdot\text{mm}$$

（2）验算雨篷梁截面尺寸是否符合要求　雨篷梁截面受扭塑性抵抗矩

$$W_t=\frac{b^2}{6}(3h-b)=\frac{240^2}{6}\times(3\times360-240)\text{mm}^3=8064\times10^3\text{mm}^3$$

由式（9-27）得

$$\frac{V}{bh_0}+\frac{T}{0.8W_t}=\left(\frac{46\times10^3}{360\times205}+\frac{5286\times10^3}{0.8\times8064\times10^3}\right)\text{N/mm}^2=1.44\text{N/mm}^2$$
$$<0.25\beta_c f_c=0.25\times1.0\times11.9\text{N/mm}^2=2.98\text{N/mm}^2$$

截面尺寸满足要求。

（3）验算是否考虑剪力　因为

$$V=46\times10^3\text{N}>0.35f_tbh_0=0.35\times1.27\times360\times205\text{N}=32.8\times10^3\text{N}$$

不能忽略剪力的影响。

（4）验算是否考虑扭矩　因为

$$T=5286\times10^3\text{N}\cdot\text{mm}>0.175f_tW_t=0.175\times1.27\times8064\times10^3\text{N}\cdot\text{mm}$$
$$=1792\times10^3\text{N}\cdot\text{mm}$$

不能忽略扭矩影响。

（5）验算是否进行剪扭承载力计算　因为

$$\frac{V}{bh_0}+\frac{T}{W_t}=\left(\frac{46\times10^3}{360\times205}+\frac{5286\times10^3}{8064\times10^3}\right)\text{N/mm}^2=1.28\text{N/mm}^2$$
$$>0.7f_t=0.7\times1.27\text{N/mm}^2=0.89\text{N/mm}^2$$

需进行剪扭承载力计算

（6）计算箍筋数量　由式（9-20）得

$$\beta_t=\frac{1.5}{1+0.5\frac{V}{T}\frac{W_t}{bh_0}}=\frac{1.5}{1+0.5\times\frac{46\times10^3\times8064\times10^3}{5286\times10^3\times360\times205}}=1.02>1.0$$

故取 $\beta_t=1.0$。

由式（9-21）计算单肢受剪箍筋数量，即

$$V \leqslant 0.7 f_t b h_0 (1.5 - \beta_t) + f_{yv} \frac{n A_{sv1}}{s} h_0$$

$$46 \times 10^3 \leqslant 0.7 \times (1.5 - 1.0) \times 1.27 \times 360 \times 205 + 360 \times \frac{2 \times A_{sv1}}{s} \times 205$$

则
$$\frac{A_{sv1}}{s} \geqslant 0.089 \mathrm{mm}^2/\mathrm{mm}$$

由式（9-22）计算单肢受扭箍筋数量，即

$$T \leqslant 0.35 \beta_t f_t W_t + 1.2 \sqrt{\zeta} \frac{f_{yv} A_{st1} A_{cor}}{s}$$，其中 ζ 根据经验采用 1.2。

$$A_{cor} = b_{cor} h_{cor} = 190 \times 310 \mathrm{mm}^2 = 58900 \mathrm{mm}^2$$

$$5286 \times 10^3 \leqslant 0.35 \times 1.0 \times 1.27 \times 8064 \times 10^3 + 1.2 \times \sqrt{1.2} \times \frac{360 A_{st1} \times 58900}{s}$$

则
$$\frac{A_{st1}}{s} \geqslant 0.061 \mathrm{mm}^2/\mathrm{mm}$$

剪、扭箍筋总用量

$$\frac{A_{sv1}^*}{s} \geqslant \frac{A_{sv1}}{s} + \frac{A_{st1}}{s} = (0.089 + 0.061) \mathrm{mm}^2/\mathrm{mm} = 0.15 \mathrm{mm}^2/\mathrm{mm}$$

选用箍筋 Φ6，$A_{sv1}^* = 28.3 \mathrm{mm}^2$，箍筋间距为

$$s \leqslant \frac{28.3}{0.15} = 189 \mathrm{mm}$$

取 $s = 150 \mathrm{mm}$。

（7）验算箍筋配筋率

$$\rho_{sv} = \frac{n A_{sv1}}{bs} = \frac{2 \times 28.3}{360 \times 150} = 0.00105 > \rho_{sv,min} = 0.28 \frac{f_t}{f_{yv}} = 0.28 \times \frac{1.1}{360} = 0.086\%$$

满足要求。

（8）求受扭纵向钢筋数量　由式（9-5）得

$$A_{stl} = \frac{\zeta f_{yv} A_{st1} u_{cor}}{f_y s}$$

$$u_{cor} = 2(b_{cor} + h_{cor}) = 2 \times (310 + 190) \mathrm{mm} = 1000 \mathrm{mm}$$

$$A_{stl} = \frac{1.2 \times 360 \times 0.073 \times 1000}{360} \mathrm{mm}^2 = 88 \mathrm{mm}^2$$

（9）验算受扭纵向钢筋配筋率　由式（9-32）得

$$\rho_{tl} = \frac{A_{stl}}{bh} = \frac{88}{360 \times 240} = 0.001 < \rho_{tl,min}$$

$$\rho_{tl,min} = 0.6 \sqrt{\frac{T}{Vb}} \frac{f_t}{f_y} = 0.6 \times \sqrt{\frac{5286 \times 10^3}{46 \times 10^3 \times 240}} \times \frac{1.27}{360} = 0.146\%$$

不满足要求，故受扭纵向钢筋面积要增大，$A_{stl,min} = 0.146\% \times 360 \times 240 \mathrm{mm}^2 = 126 \mathrm{mm}^2$。

根据受扭纵筋间距要求，选用 6 Φ8，分上下两层配置。

$$A_{stl} = 302 \mathrm{mm}^2 > 126 \mathrm{mm}^2 \quad （满足要求）$$

（10）求受弯纵向钢筋截面面积　按正截面受弯承载力计算，雨篷梁跨中钢筋截面面积为 $A_s = 433 \mathrm{mm}^2$，计算从略。故梁下部钢筋面积为

$$A_s + \frac{A_{stl}}{2} = \left(433 + \frac{156}{2}\right) \mathrm{mm}^2 = 511 \mathrm{mm}^2$$

下部配筋选用 2 Φ 16+1 Φ 14，$A_s=556\text{mm}^2$；上部配筋选用 3 Φ 8，$A_s=151\text{mm}^2$。

思 考 题

9-1 在实际工程中哪些构件属于受扭构件？

9-2 平衡扭转与协调扭转是如何区分的？

9-3 钢筋混凝土矩形截面纯扭构件有哪几种破坏形态？各在什么条件下发生？

9-4 什么是配筋强度比？配筋强度比的范围为什么要加以限制？

9-5 矩形截面受扭塑性抵抗矩 W_t 是如何导出的？对 T 形和 I 形截面如何计算 W_t？

9-6 剪扭共同作用时，构件的剪扭承载力之间具有怎样的相关性？弯扭共同作用时，构件的弯扭承载力之间的相关性如何？《混凝土结构设计规范》是如何考虑这些相关性的？

9-7 简述受扭构件的计算步骤。

9-8 简述受扭构件中纵向钢筋和箍筋的配筋的构造要求。

9-9 简述弯剪扭构件配筋计算的一般原则。

习 题

9-1 有一钢筋混凝土梁，截面尺寸 $b=250\text{mm}$，$h=400\text{mm}$ 经内力计算，支座处截面承受扭矩设计值 $T=8\text{kN}\cdot\text{m}$，弯矩设计值 $M=48\text{kN}\cdot\text{m}$ 及剪力设计值 $V=50\text{kN}$。采用 C30 混凝土和 HRB400 钢筋，试计算截面配筋。

9-2 雨篷剖面如图 9-14 所示，雨篷板上承受均布荷载（已包括板自重）设计值 $q=3.6\text{kN/m}^2$，在雨篷自由端沿板宽方向每米承受可变荷载设计值 $P=1.0\text{kN}$，雨篷梁截面尺寸，$b=240\text{mm}$，$h=240\text{mm}$，计算跨度 2.4m。采用 C25 混凝土和 HRB400 钢筋。经计算已知雨篷梁弯矩设计值 $M=15\text{kN}\cdot\text{m}$，剪力设计值 $V=18\text{kN}$。试确定雨篷梁的配筋数量。

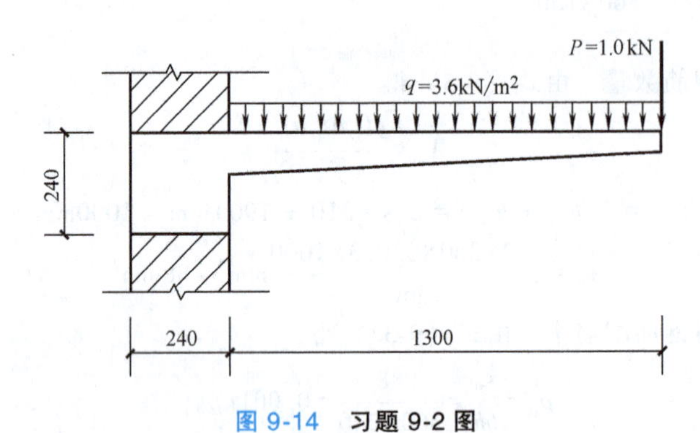

图 9-14 习题 9-2 图

第10章 钢筋混凝土构件的变形、裂缝及混凝土结构的耐久性

根据钢筋混凝土结构物的某些工作条件及使用要求，在钢筋混凝土结构设计中，除需要进行承载能力极限状态计算外，还应进行正常使用极限状态（即裂缝与变形）的验算，同时还应满足在正常使用下的耐久性的要求。

对结构构件进行变形验算和控制的目的是出于对结构的功能、非结构构件的损坏和外观的要求。结构构件产生过大的变形会损害甚至使构件完全丧失所应承担的使用功能，如吊车梁变形过大将使起重机轨道歪斜而影响起重机的正常运行；构件过度变形会引起非结构构件的破坏，如建筑物中脆性隔墙（如石膏板、灰砂砖等）的开裂和损坏很多是由于其支承构件的变形过大所致；构件出现明显下垂的挠度会给房屋的使用者带来不安全感。

随着高强度混凝土及高强钢筋（丝）的应用，构件截面尺寸进一步减小，控制钢筋混凝土结构变形的必要性增大。《混凝土结构设计规范》规定，受弯构件的最大挠度按荷载效应准永久组合计算，其计算值不应超过规定的允许值（附表1-15），确定受弯构件的允许挠度值时，应考虑结构的要求对结构构件和非结构构件的影响，以及人们感觉可接受程度等方面的问题。

对于普通钢筋混凝土构件，不出现裂缝是不经济的，一般的工业与民用建筑结构允许构件带裂缝工作。裂缝出现对结构构件的承载力影响不显著，但会影响有些结构的使用功能。如裂缝的存在会直接影响游泳池的使用功能，因此要控制裂缝的出现；裂缝过宽会影响建筑的外观，引起房屋使用者不安全感，因此裂缝最大宽度应有一定限值；垂直裂缝的出现虽然对钢筋的锈蚀无显著影响，但影响了裂缝截面混凝土的碳化时间，进而影响了结构构件的耐久性。

产生裂缝的因素很多，如荷载作用、施工养护不善、温度变化、基础不均匀沉降及钢筋锈蚀等。例如，在大块体混凝土凝结、硬化过程中所产生的水化热将导致混凝土体内部的温度升高，当块体内外部温差很大而形成较大的温度应力时，就会产生裂缝。当结构物外层混凝土干缩变形受到约束，也可能产生裂缝。本章所讨论的内容主要指由于荷载所产生的裂缝的控制问题。在使用阶段，钢筋混凝土构件往往是带裂缝工作的，特别是随着高强度钢筋的使用，钢筋的工作应力有较大的提高，裂缝宽度也随之按某种关系增大，对裂缝控制问题更应给予重视。

《混凝土结构设计规范》将钢筋混凝土结构构件裂缝控制等级划分为三级。

一级——严格要求不出现裂缝的构件，按荷载效应的标准组合进行计算时，构件受拉边缘混凝土不应产生拉应力。

二级——一般要求不出现裂缝的构件，按荷载效应的标准组合计算时，构件受拉边缘混凝土拉应力不应大于混凝土的抗拉强度标准值。

三级——允许出现裂缝的构件，钢筋混凝土构件按荷载准永久组合并考虑长期作用影响计算时，其最大裂缝宽度不应超过规定限值。预应力混凝土构件按荷载标准组合并考虑长期作用的影响计算时，其最大裂缝宽度不应超过规定限值；二 a 类环境的预应力混凝土构件尚应按荷载准永久组合计算，且其受拉边缘混凝土的拉应力不应大于混凝土的抗拉强度标准值。

考虑到正常使用极限状态设计属于校核验算性质，其相应目标可靠指标［β］值可以比承载力

极限状态的 [β] 小些，所以采用荷载效应及结构抗力标准值进行计算，同时考虑荷载的长期作用影响。

混凝土构件的截面延性是反映截面在破坏阶段的变形能力，是抗震性能的一个重要指标，要求混凝土构件的截面应具有一定的延性。

混凝土结构在外界环境和各种因素的作用影响下，存在承载力逐渐削弱和衰减的过程，经历一定年代后，甚至不能满足设计应有的功能而“失效”。在混凝土结构设计使用年限内，需要对混凝土结构根据使用环境类别进行耐久性的设计。

10.1 钢筋混凝土受弯构件的挠度验算

10.1.1 截面弯曲刚度的概念及《混凝土结构设计规范》给出的定义

由材料力学可知，弹性均质材料梁的挠曲线的微分方程为$\frac{d^2y}{dx^2}=-\frac{1}{r}=-\frac{M}{EI}$，$r$ 为截面曲率半径。解此方程可得计算梁的最大挠度的一般计算公式为

$$f=S\frac{Ml_0^2}{EI} \text{ 或 } f=S\phi l_0^2 \tag{10-1}$$

式中 f——梁的跨中最大挠度；

S——与荷载形式、支承条件有关的系数，如计算承受均布荷载的简支梁的跨中挠度时，$S=5/48$；

M——跨中最大弯矩；

l_0——梁的计算跨度；

EI——梁的截面弯曲刚度；

ϕ——截面曲率。

由 $EI=M/\phi$ 可以得到，截面弯曲刚度的物理意义是使截面产生单位转角所需施加的弯矩，它体现了截面抵抗弯曲变形的能力。

当截面尺寸与材料给定后，EI 为一常数，则挠度 f 与弯矩 M 或截面曲率 ϕ 与弯矩 M 成线性正比例关系，如图 10-1 中 OA 所示。上述力学概念对于钢筋混凝土受弯构件仍然适用。但钢筋混凝土是由两种材料组成的非均质的弹性材料，钢筋混凝土受弯构件的截面弯曲刚度在受弯过程中是变化的。

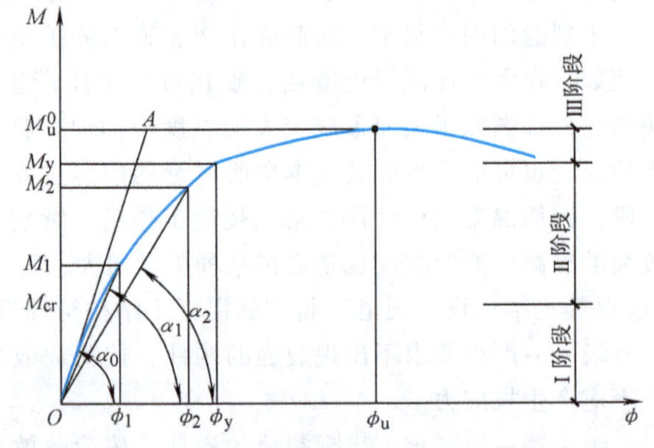

图 10-1 适筋梁 M-ϕ 关系曲线

从理论上讲，钢筋混凝土受弯截面的弯曲刚度应取 M-ϕ 曲线上相应点的切线斜率。由于混凝土截面经历了复杂的裂缝开展、弹塑性变化过程，这样计算弯曲刚度的难度很大，同时也不实用。《混凝土结构设计规范》采用简化方法得到截面弯曲刚度。

对要求不出现裂缝的构件，在裂缝出现之前 M-ϕ 曲线视为直线关系并与 OA 比较接近，截面弯曲刚度可以视为常数，近似取为 $0.85E_cI_0$，I_0 为换算截面惯性矩。

对允许出现裂缝的构件，钢筋混凝土受弯构件在正常使用阶段，其正截面承担的弯矩约为其

最大受弯承载力试验值 M_u^0 的 50%～70%，在按正常使用极限状态验算构件变形时，定义在 M-ϕ 曲线上 $0.5M_u^0$～$0.7M_u^0$ 区段内，任一点与坐标原点 O 连线的割线斜率为截面弯曲刚度，记为 B。$B=\tan\alpha=M/\phi$，$M=0.5M_u$～$0.7M_u$，截面弯曲刚度 B 随弯矩的增大而减小。

10.1.2　纵向受拉钢筋应变不均匀系数

钢筋混凝土构件的变形计算可以归结为受拉区存在裂缝情况下的截面刚度计算问题，为此需要了解裂缝开展过程对构件的应变和应力的影响。

1. 钢筋及混凝土的应变分布特征

简支钢筋混凝土试验梁承受两个对称的集中荷载，在两个集中荷载之间形成了弯矩相等的纯弯段。在出现裂缝以后，梁纯弯段各个截面的应变与裂缝的分布情况如图 10-2 所示。

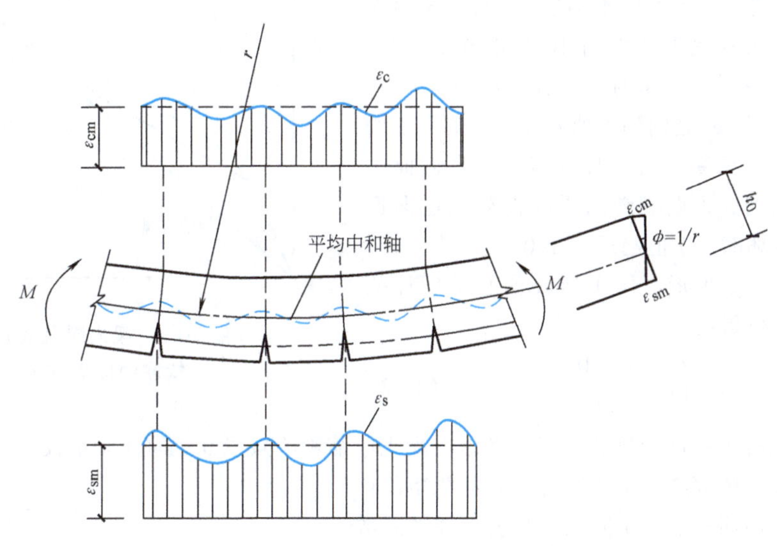

图 10-2　梁纯弯段内各截面应变及裂缝的分布

混凝土开裂以前，受压区边缘混凝土应变及受拉钢筋应变在纯弯段内沿梁长几乎平均分布。

当荷载增加，由于混凝土材料的非均质性，在抗拉能力最薄弱截面上首先出现第一批裂缝（一条或几条）。随 M 的增大，受拉区混凝土裂缝将陆续出现，直到裂缝间距趋于稳定以后，裂缝在纯弯段内近乎等距离分布。

裂缝稳定以后，钢筋应变沿梁长非均匀分布，呈波浪形变化，钢筋应变的峰值在开裂截面处，在裂缝中间处应变较小。

随 M 的增大，开裂截面钢筋的应力继续增大，由于裂缝处钢筋与混凝土之间的粘结力逐渐遭到破坏，使裂缝间的钢筋平均应变 ε_{sm} 与开裂截面钢筋应变 ε_s 的差值减小，混凝土参与受拉的程度减小。M 越大，ε_{sm} 越接近于开裂截面钢筋的应变 ε_s。

受压区边缘混凝土的应变 ε_c 也是非均匀分布的，开裂截面应变较大，裂缝之间应变较小，但其波动幅度比钢筋应变的波动幅度小得多。峰值应变与平均应变 ε_{cm} 差别不大。

由于裂缝的影响，混凝土截面中和轴在纯弯段内呈波浪形变化。裂缝截面处中和轴高度最小，在钢筋屈服之前，对于平均中和轴来说，可以认为沿截面高度平均截面的平均应变 ε_{sm}、ε_{cm} 符合平截面假设。

2. 纵向受拉钢筋应变不均匀系数 ψ 的表达式

纵向受拉钢筋应变不均匀系数反映了裂缝间受拉混凝土对纵向受拉钢筋应变的影响程度，ψ

小，影响程度大，即在正常使用阶段受拉区混凝土参加工作的程度大。裂缝间纵向受拉钢筋应变不均匀系数 ψ 可用受拉钢筋平均应变与裂缝截面受拉钢筋应变的比值来表示，即

$$\psi = \frac{\varepsilon_{sm}}{\varepsilon_s} \tag{10-2}$$

式中 ε_{sm}——纵向受拉钢筋重心处的平均拉应变；

ε_s——按荷载效应准永久组合计算的钢筋混凝土构件裂缝截面处纵向受拉钢筋重心处的拉应变。

ψ 值与混凝土强度、配筋率、钢筋与混凝土的粘结强度、构件的截面尺寸及裂缝截面钢筋应力等因素有关。图 10-3 给出了梁内裂缝截面处钢筋应变 ε_s、钢筋平均应变 ε_{sm} 及自由钢筋的应变与裂缝截面钢筋应力 σ_{sq} 间相互关系。由图 10-3 可知 $\varepsilon_{sm}<\varepsilon_s$，说明受拉混凝土是参加工作的。随着荷载增大，$\sigma_{sq}$ 值不断提高，ε_{sm} 与 ε_s 之间的差值减小，ψ 值逐渐增大，这表示混凝土承受拉力的程度减小，各截面中钢筋应力渐趋均匀，说明裂缝间受拉混凝土逐渐退出工作。临近破坏时，ψ 值趋近于 1.0。

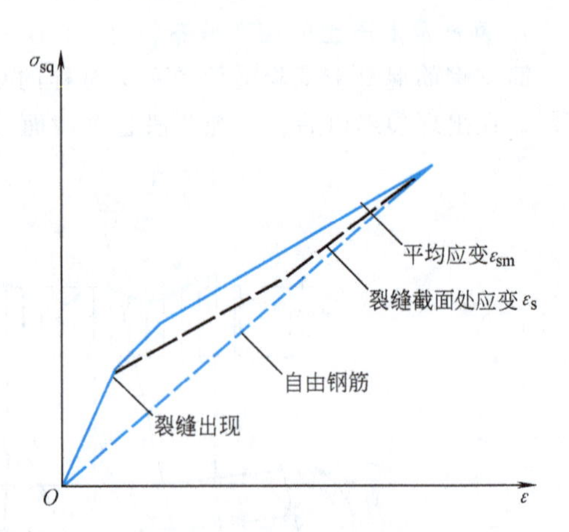

图 10-3 梁内裂缝截面处钢筋的应力-应变

根据国内矩形、T 形、倒 T 形及偏心受压柱的试验资料进行分析得出

$$\psi = 1.1\left(1 - \frac{0.8M_c}{M_q}\right) \tag{10-3}$$

式中 M_c——混凝土截面的抗裂弯矩，考虑混凝土收缩影响乘以 0.8 的降低系数；

M_q——按荷载效应准永久组合计算的弯矩值；

1.1——与钢筋和混凝土间粘结强度有关的系数。

M_q 可按图 10-4 的情形进行计算

$$M_q = A_s\sigma_{sq}\eta h_0 \tag{10-4}$$

$$\sigma_{sq} = \frac{M_q}{\eta A_s h_0} \tag{10-5}$$

$$\eta = 1 - \frac{0.4\sqrt{\alpha_E\rho}}{1 + 2\gamma'_f} \tag{10-6}$$

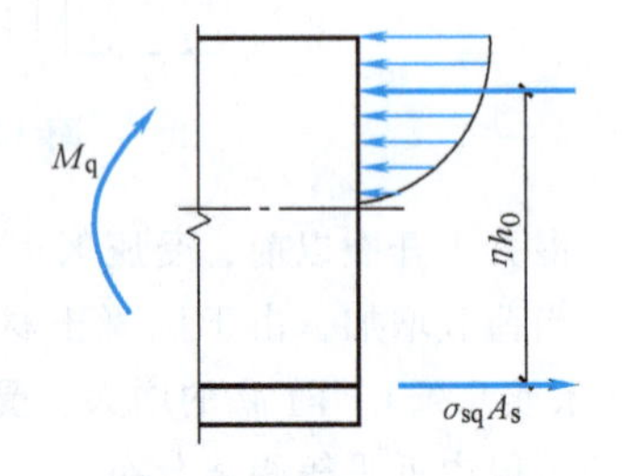

图 10-4 开裂截面的受力

式中 σ_{sq}——按荷载准永久组合计算的构件裂缝截面处纵向受拉钢筋的应力；

η——裂缝截面处内力臂系数，与配筋率及截面形状有关，可以通过试验确定，对常用的混凝土强度等级及配筋率，可以近似取 η 为 0.87；

γ'_f——受压翼缘截面面积与腹板有效面积的比值，$\gamma'_f=\dfrac{(b'_f-b)h'_f}{bh_0}$，$b'_f$、$h'_f$ 为受压翼缘的宽度和高度，$h'_f>0.2h_0$ 时取 $h'_f=0.2h_0$；

α_E——钢筋与混凝土的弹性模量比；

ρ——纵向受拉钢筋的配筋率。

M_c 可按图 10-5 的情形进行计算

$$M_c = [0.5bh + (b_f - b)h_f]\eta_2 hf_{tk} = A_{te}\eta_2 hf_{tk} \tag{10-7}$$

式中　f_{tk}——混凝土的轴心抗拉强度标准值；

η_2——内力臂系数；

A_{te}——有效受拉混凝土截面面积，对轴心受拉构件，A_{te} 取构件截面面积，对受弯、偏心受压和偏心受拉构件，A_{te} 按下式计算

$$A_{te}=[0.5bh+(b_f-b)h_f] \tag{10-8}$$

受拉区的混凝土和钢筋之间是相互制约和影响的。但参与作用的混凝土，只包括在钢筋周围一定距离范围内受拉区的混凝土的有效面积，而对那些离钢筋较远的受拉区混凝土则认为与钢筋相互间基本上不起作用。

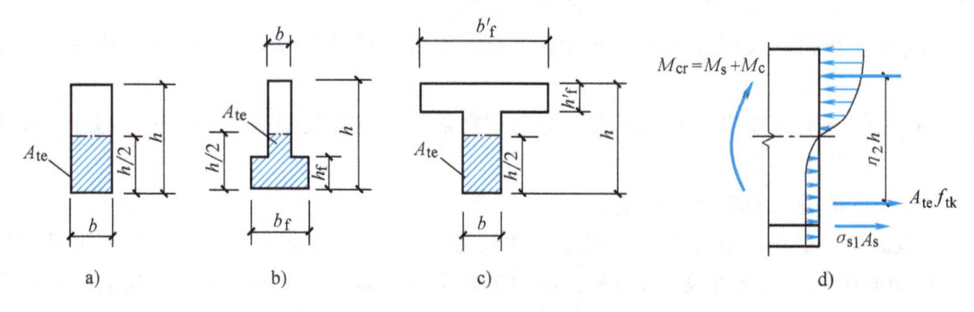

图 10-5　有效受拉混凝土面积及抗裂弯矩计算

将式（10-4）和式（10-7）代入式（10-3）中，取 $\eta_2/\eta=0.67$，$h/h_0=1.1$，可得 ψ 的计算式为

$$\psi=1.1-\frac{0.65f_{tk}}{\rho_{te}\sigma_{sq}} \tag{10-9}$$

$$\rho_{te}=\frac{A_s}{A_{te}} \tag{10-10}$$

式中　ρ_{te}——按有效受拉混凝土截面面积计算的纵向受拉钢筋的配筋率，在最大裂缝宽度计算中，$\rho_{te}<0.01$ 时取 $\rho_{te}=0.01$。

当 $\psi<0.2$ 时，取 $\psi=0.2$；当 $\psi>1$ 时，取 $\psi=1$；对直接承受重复荷载的构件，取 $\psi=1$。

10.1.3　截面弯曲刚度的计算公式

1. 按裂缝控制等级要求的荷载组合作用下受弯构件的短期刚度 B_s 的计算

为建立均质弹性体梁的变形计算公式，应用了以下三个关系：应力与应变成线性关系的胡克定律——物理关系；平截面假定——几何关系；静力平衡关系。钢筋混凝土构件中钢筋屈服前变形的计算方法，以上述三个关系为基础，并在物理关系上，考虑 σ-ε 的非线性关系，在几何关系上考虑某些截面上开裂的影响。

（1）截面的平均曲率　由图 10-2 有

$$\phi=\frac{1}{r_{cm}}=\frac{\varepsilon_{sm}+\varepsilon_{cm}}{h_0} \tag{10-11}$$

式中　r_{cm}——与平均中和轴相应的平均曲率半径；

ε_{sm}——受拉区钢筋的平均应变；

ε_{cm}——受压区边缘混凝土的平均压应变。

截面弯曲短期刚度

$$B_s = \frac{M_q}{\phi} = \frac{M_q h_0}{\varepsilon_{sm} + \varepsilon_{cm}} \tag{10-12}$$

（2）ε_{sm} 及 ε_{cm} 的计算　设受压区边缘混凝土应变不均匀系数为 ψ_c，考虑混凝土的塑性变形，则

$$\varepsilon_{sm} = \psi \frac{\sigma_{sq}}{E_s} = \psi \frac{M_q}{A_s \eta h_0 E_s} \tag{10-13}$$

$$\varepsilon_{cm} = \psi_c \varepsilon_{cq} = \psi_c \frac{\sigma_{cq}}{\nu E_c} \tag{10-14}$$

式中　E_s、E_c——纵向受拉钢筋、混凝土的弹性模量；

ε_{cq}——按荷载效应准永久组合计算的钢筋混凝土构件裂缝截面处受压区边缘混凝土的压应变；

σ_{cq}——按荷载效应准永久组合计算的钢筋混凝土构件裂缝截面处受压区边缘混凝土的压应力；

ν——混凝土的弹性特征值。

在裂缝截面上，受压区混凝土应力图形为曲线形（边缘应力为 σ_{cq}），可简化为矩形图形进行计算，如图 10-6 所示。其折算高度为 ξh_0，应力丰满系数为 ω。对 T 形截面，混凝土的计算受压区的面积为 $(b'_f-b)h'_f+b\xi h_0$，而受压区合力为 $\omega\sigma_{cq}(\gamma'_f+\xi)bh_0$，其中 $\gamma'_f=\dfrac{(b'_f-b)h'_f}{bh_0}$，则边缘应力为

$$\sigma_{cq} = \frac{M_q}{\omega(\gamma'_f + \xi) b h_0^2 \eta} \tag{10-15}$$

混凝土压区边缘的平均应变为

$$\varepsilon_{cm} = \psi_c \frac{M_q}{\omega(\gamma'_f + \xi) b h_0^2 \eta \nu E_c}$$

令 $\zeta = \omega\nu(\gamma'_f + \xi)\eta/\psi_c$，则

$$\varepsilon_{cm} = \frac{M_q}{\zeta b h_0^2 E_c} \tag{10-16}$$

式中　ζ——受压区边缘混凝土平均应变综合系数。

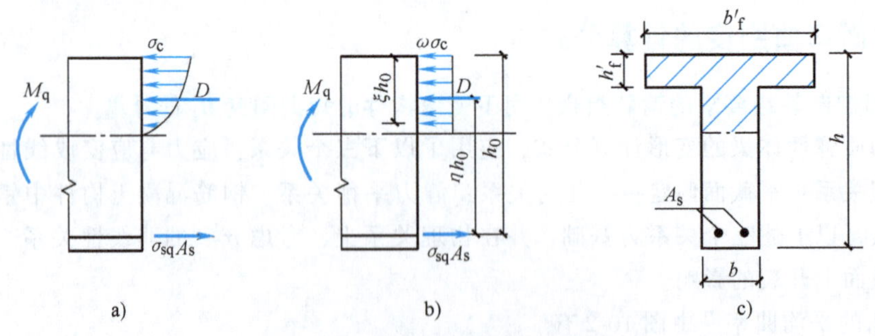

图 10-6　裂缝截面处的计算应力

（3）短期刚度 B_s 的一般表达式　将式（10-13）、式（10-16）代入式（10-12）并简化后，可得出在荷载准永久组合作用下钢筋混凝土受弯构件短期刚度计算公式的基本形式为

$$B_s = \frac{E_s A_s h_0^2}{\dfrac{\psi}{\eta} + \dfrac{\alpha_E \rho}{\zeta}} \tag{10-17}$$

式中　α_E——钢筋与混凝土的弹性模量比；

ρ——纵向受拉钢筋配筋率，$\rho = A_s / bh_0$。

根据试验资料回归分析，$\dfrac{\alpha_E \rho}{\zeta}$可按下式计算

$$\frac{\alpha_E \rho}{\zeta} = 0.2 + \frac{6\alpha_E \rho}{1 + 3.5\gamma'_f} \tag{10-18}$$

这样，可得《混凝土结构设计规范》中规定的按裂缝控制等级要求的荷载组合作用下受弯构件短期刚度 B_s 的计算公式为

$$B_s = \frac{E_s A_s h_0^2}{1.15\psi + 0.2 + \dfrac{6\alpha_E \rho}{1 + 3.5\gamma'_f}} \tag{10-19}$$

2. 考虑荷载长期作用影响时受弯构件刚度 B 的计算

计算荷载长期作用对梁挠度影响的方法有多种：第一类方法为用不同方式及在不同程度上考虑混凝土徐变及收缩的影响以计算长期刚度，或者直接计算由于荷载长期作用而产生的挠度增长和由收缩而引起的翘曲；第二类方法是根据试验结果确定的挠度增大系数来计算长期刚度。《混凝土结构设计规范》采用第二类方法。《混凝土结构设计规范》规定，受弯构件考虑长期作用影响的矩形、T 形、倒 T 形和 I 形截面受弯构件的刚度按以下方法计算：

采用荷载标准组合时

$$B = \frac{M_k}{M_q(\theta - 1) + M_k} B_s \tag{10-20}$$

采用荷载准永久组合时

$$B = \frac{B_s}{\theta} \tag{10-21}$$

式中　M_q——按荷载的准永久组合计算的弯矩值，取计算区段内的最大弯矩值；

θ——考虑荷载长期作用对挠度增大的影响系数。

对 θ 的取值可根据纵向受压钢筋配筋率 ρ'（$\rho' = A'_s / bh_0$）与纵向受拉钢筋配筋率 ρ（$\rho = A_s / bh_0$）值的关系确定。对钢筋混凝土受弯构件，根据按下列规定取用：$\rho' = 0$ 时 $\theta = 2.0$；$\rho' = \rho$ 时 $\theta = 1.6$；为中间值时，按线性内插法确定。

对翼缘在受拉区的倒 T 形截面，θ 值应增加 20%。但应注意，按这种 θ 值算得的长期挠度如大于相应矩形截面（不考虑受拉翼缘作用时）的长期挠度时，应按矩形截面的计算结果取值。

对于 T 形梁，在有的试验中看不出 θ 值减小的现象，但在个别梁的试验中则出现 θ 试验值有随受压翼缘的加强系数 γ'_f 的增大而减小的趋势，但减小得不多，由于试件数量小，为简单及安全起见，θ 值仍然按矩形截面取用。

当建筑物所处的环境很干燥时，θ 值应酌情增加 15%～20%。

10.1.4　影响截面受弯刚度的主要因素

1. 影响短期刚度 B_s 的因素

通过对试验梁 M-ϕ 的曲线、短期刚度 B_s 计算表达式建立过程的分析，影响短期刚度 B_s 的外在因素主要是截面上的弯矩大小，内在因素主要是截面有效高度 h_0、混凝土强度等级、截面受拉钢筋的配筋率 ρ 及截面的形式。

由 M-ϕ 曲线可以看出，随着截面上弯矩的增加，在受拉区混凝土开裂以后，截面曲率增长的

幅度很大，说明截面的受弯刚度在下降，这主要是由于受拉区混凝土开裂引起有效工作截面减小及混凝土塑性发展。

通过对短期刚度 B_s 计算表达式参量的进一步分析可以得到，当混凝土强度、钢筋种类及受拉钢筋截面确定时，矩形截面受弯构件的 B_s 与梁截面宽度 b 成正比、与梁截面有效高度 h_0 的三次方成正比，增加截面有效高度 h_0 是提高刚度的最有效措施。当钢筋种类、截面尺寸给定，在常用配筋率 $\rho=1\%\sim2\%$ 的情况下，提高混凝土强度等级对构件的 B_s 提高作用不大，但当为低配筋率（$\rho=0.5\%$ 左右）时，提高混凝土强度等级会使构件的 B_s 有所增大。当有受拉翼缘或受压翼缘时，都会使构件的 B_s 有所增长。

2. 影响长期刚度 B 的因素

在荷载长期作用下，受拉区混凝土将发生徐变，使受压区混凝土的应力松弛，受拉区混凝土与钢筋间的滑移使受拉区混凝土不断地退出工作，因而钢筋的平均应变随时间而增大。此外，由于纵向受拉钢筋周围混凝土的收缩受到钢筋的抑制，当受压区纵向钢筋用量较小时，受压区混凝土可较自由地产生收缩变形，这些因素均将导致梁的长期刚度降低。

试验表明，加载初期梁的挠度增长较快，随后在荷载长期作用下，其增长趋势逐渐减缓，后期挠度虽然继续增长，但增幅不大。国内的试验表明，受压钢筋对荷载短期作用下的短期刚度影响较小，但对荷载长期作用下受压区混凝土的徐变及梁的长期刚度下降起着抑制作用。抑制程度随受压钢筋和受拉钢筋相对数量的增大而增大，但到一定程度后抑制作用不再加强。

10.1.5 最小刚度原则与挠度验算

求得钢筋混凝土构件的短期刚度 B_s 或长期刚度 B 后，挠度值可按一般材料力学公式计算，用上述刚度值代替材料力学公式中的弹性刚度即可。

由于沿构件长度方向的配筋量及弯矩均为变值，因此，沿构件长度方向的刚度也是变化的。例如，承受对称集中荷载作用的简支梁，除纯弯区段外，在剪跨段各截面上的弯矩是不相等的，越靠近支座弯矩越小。靠近支座的截面弯曲刚度要比纯弯段内的大，但在剪跨段内存在剪切变形，甚至可能出现少量斜裂缝，会使梁的挠度增大。为了简化计算，对等截面构件，可假定同号弯矩的每一区段内各截面的刚度是相等的，并按该区段内最大弯矩处的刚度（最小刚度）来计算，这就是最小刚度计算原则。例如，对于均布荷载作用下的单跨简支梁的跨中挠度，即按跨中截面最大弯矩 M_{max} 处的刚度 B（$B=B_{min}$）计算而得

$$f=\frac{5}{48}\frac{M_{max}l_0^2}{B_{min}} \tag{10-22}$$

又如，对承受均布荷载的单跨外伸梁（见图 10-7），AE 段采用 D 截面的弯曲刚度；EF 段采用 C 截面的弯曲刚度。

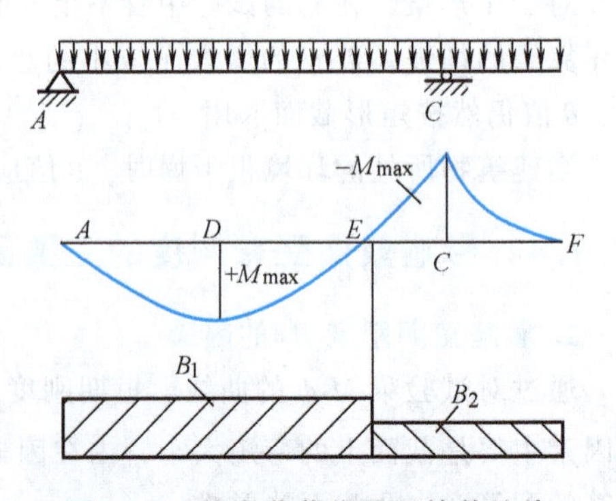

图 10-7　均布荷载作用下的单跨外伸梁的弯矩及刚度

【例 10-1】 已知矩形截面简支梁的截面尺寸 $b\times h=200\text{mm}\times500\text{mm}$，计算跨度 $l_0=6\text{m}$，环境类别为一类，设计使用年限 50 年，梁承受均布荷载，跨中按荷载效应标准组合计算的弯矩 $M_k=110\text{kN}\cdot\text{m}$，按荷载效应准永久组合计算的弯矩 $M_q=55\text{kN}\cdot\text{m}$。混凝土强度等级为 C25，混凝土保护层厚度为 25mm；在受拉区配置 HRB400 钢筋，共 2⌀18+2⌀16（$A_s=911\text{mm}^2$），箍筋直径 6mm；梁的允许挠度为 $l_0/200$。试验算挠度

是否符合要求。

【解】 $f_{tk}=1.78\text{N/mm}^2$，$E_s=2.0\times10^5\text{N/mm}^2$，$E_c=2.80\times10^4\text{N/mm}^4$，$\alpha_E=\dfrac{E_s}{E_c}=7.14$

$$h_0=\left[500-\left(25+6+\frac{18+16}{2}\right)\right]\text{mm}=452\text{mm}$$

$$\rho=\frac{A_s}{bh_0}=\frac{911}{200\times452}=0.01$$

$$\rho_{te}=\frac{A_s}{0.5bh}=\frac{911}{0.5\times200\times500}=0.018$$

$$\sigma_{sq}=\frac{M_q}{0.87A_sh_0}=\frac{55\times10^6}{0.87\times911\times452}\text{N/mm}^2=154\text{N/mm}^2$$

$$\psi=1.1-\frac{0.65f_{tk}}{\rho_{te}\sigma_{sq}}=1.1-\frac{0.65\times1.78}{0.018\times154}=0.68$$

$$B_s=\frac{E_sA_sh_0^2}{1.15\psi+0.2+\dfrac{6\alpha_E\rho}{1+3.5\gamma_f'}}$$

$$=\frac{2\times10^5\times911\times452^2}{1.15\times0.68+0.2+6\times7.14\times0.01}\text{N}\cdot\text{mm}^2=2.64\times10^{13}\text{N}\cdot\text{mm}^2$$

又 $\rho'=0$ 时，$\theta=2.0$，所以

$$B=\frac{B_s}{\theta}=\frac{2.64\times10^{13}}{2}\text{N}\cdot\text{mm}^2=1.32\times10^{13}\text{N}\cdot\text{mm}^2$$

$$f=\frac{5}{48}\frac{M_ql_0^2}{B}=\frac{5}{48}\times\frac{55\times10^6\times6000^2}{1.32\times10^{13}}\text{mm}=15.63\text{mm}$$

$$\frac{f}{l_0}=\frac{15.63}{6000}=\frac{1}{384}<\frac{1}{200}\quad（满足要求）$$

【例 10-2】 钢筋混凝土空心楼板截面尺寸为 120mm×860mm（见图 10-8a），计算跨度 $l_0=3.04\text{m}$，板承受自重、抹灰面重力及楼面均布活荷载，跨中按荷载效应标准组合计算的弯矩值 $M_k=5348.8\text{N}\cdot\text{m}$，按荷载效应准永久组合计算的弯矩值 $M_q=3343\text{N}\cdot\text{m}$。混凝土强度等级为 C25，配置 HRB400 钢筋 8 Φ 8（$A_s=402\text{mm}^2$），混凝土保护层厚度为 20mm。混凝土配置板允许挠度为 $l_0/200$ 试验算该板的挠度。

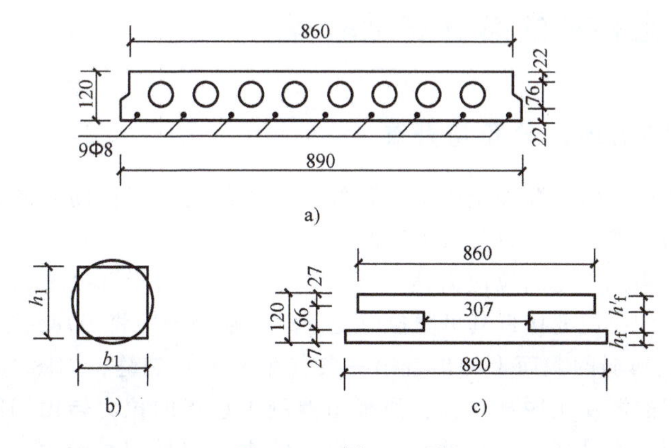

图 10-8 例 10-2 图

【解】 将圆孔按等面积、同形心轴位置和对形心轴惯性矩不变的原则折算成矩形孔，如图 10-8b 所示，即$\frac{\pi d^2}{4}=b_1h_1$，$\frac{\pi d^4}{64}=\frac{b_1h_1^3}{12}$，可以求得 $b_1=0.91d=0.91\times76\text{mm}=69.16\text{mm}$，$h_1=0.87d=66\text{mm}$。折算后的 I 形截面尺寸如图 10-8c 所示。

$$h_0=[120-(20+4)]\text{mm}=96\text{mm}$$

$$\alpha_E=\frac{E_s}{E_c}=\frac{2.0\times10^5}{2.80\times10^4}=7.14$$

$$\rho=\frac{A_s}{bh_0}=\frac{402}{307\times96}=0.014$$

$$\rho_{te}=\frac{A_s}{0.5bh+(b_f-b)h_f}=\frac{402}{0.5\times307\times120+(890-307)\times27}=0.012$$

$$\sigma_{sq}=\frac{M_q}{0.87A_sh_0}=\frac{3343\times10^3}{0.87\times402\times96}\text{N/mm}^2=99.57\text{N/mm}^2$$

$$\psi=1.1-\frac{0.65f_{tk}}{\rho_{te}\sigma_{sq}}=1.1-\frac{0.65\times1.78}{0.012\times99.57}=0.13<0.2\text{，取 }0.2$$

$$\gamma_f'=\frac{(b_f'-b)h_f'}{bh_0}=\frac{(860-307)\times27}{307\times96}=0.507$$

$$B_s=\frac{E_sA_sh_0^2}{1.15\psi+0.2+\frac{6\alpha_E\rho}{1+3.5\gamma_f'}}$$

$$=\frac{2\times10^5\times402\times96^2}{1.15\times0.2+0.2+\frac{6\times7.14\times0.014}{1+3.5\times0.507}}\text{N}\cdot\text{mm}^2=1.146\times10^{12}\text{N}\cdot\text{mm}^2$$

$$B=\frac{B_s}{\theta}=\frac{1.146\times10^{12}}{2}\text{N}\cdot\text{mm}^2=5.73\times10^{11}\text{N}\cdot\text{mm}^2$$

$$f=\frac{5}{48}\frac{M_ql_0^2}{B}=\frac{5}{48}\times\frac{3343\times10^3\times3040^2}{5.73\times10^{11}}\text{mm}=5.61\text{mm}$$

$$\frac{f}{l_0}=\frac{5.61}{3040}=\frac{1}{542}<\frac{1}{200}\quad\text{（满足要求）}$$

10.2 钢筋混凝土构件的裂缝宽度验算

10.2.1 垂直裂缝的出现、分布与开展

在混凝土未开裂之前，钢筋混凝土受弯构件纯弯段内的受拉区钢筋与混凝土共同受力，沿构件长度方向，钢筋应力与混凝土应力各自大致保持相等。

随着荷载的增加，当混凝土的拉应力达到其抗拉强度时，由于混凝土的塑性发展，并没有立刻出现裂缝；当混凝土的拉应变接近其极限拉应变值时，则处于即将出现新裂缝的状态，如图 10-9a 所示。这时在构件最薄弱的截面上将出现第一条（第一批）裂缝，如图 10-9b 所示。裂缝出现以后，裂缝截面上开裂的混凝土脱离工作，原来由混凝土承担的拉力转由钢筋承担，因此，裂缝截面处钢筋的应变与应力突然增高。配筋率低，钢筋的应力增量相对较大。混凝土一旦开裂，裂

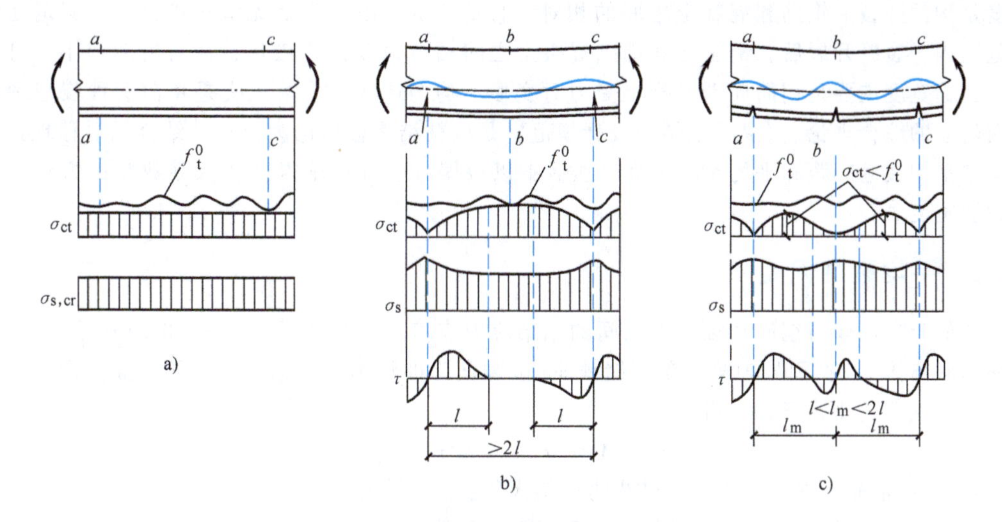

图 10-9　裂缝的出现、分布和开展

a）裂缝即将出现　b）第一批裂缝出现　c）裂缝的分布及开展

缝两边原来紧张受拉的混凝土立即回缩，裂缝一出现就有一定的宽度。在纯弯段内的裂缝主要是由弯曲内力引起的，拉区应力单元体的主拉应力方向垂直正截面，所以在纯弯段拉区产生的裂缝是垂直杆轴的裂缝。

随着裂缝截面钢筋应力的增大，裂缝两侧钢筋与混凝土之间产生粘结应力，钢筋将阻止混凝土的回缩，使混凝土不能回缩到完全放松的无应力状态。这种粘结应力将钢筋的应力向混凝土传递，使混凝土参与工作。随着离裂缝截面的距离增加，钢筋应力逐渐减小，混凝土拉应力增加。当达到一定距离 $l_{cr,min}$ 后，粘结应力消失，钢筋与周围的混凝土间又具有相同的应变。随着荷载的增加，此截面处的混凝土拉应力达到抗拉强度时，即将出现新的（第二条或第二批）裂缝，如图 10-9c 所示。

新的裂缝出现以后，该截面裂开的混凝土又退出工作，拉应力为零，钢筋的应力突增。沿构件长度方向，钢筋与混凝土应力随着离开裂缝面的距离而变化，距离越远，混凝土应力越大，钢筋应力越小，中和轴的位置也沿纵向呈波浪形变化。

试验表明，由于混凝土质量的不均匀性，裂缝间距也疏密不等，存在着较大的离散性。在同一纯弯区段内，最大裂缝间距可为平均裂缝间距的 1.3~2.0 倍，但在原有裂缝两侧的范围内，或当已有裂缝间距小于 $2l_{cr,min}$ 时，其间不可能出现新的裂缝。因为这时通过累计粘结力传递的混凝土拉力不足以使混凝土开裂。一般在荷载超过抗裂荷载的 50%以上时，裂缝间距渐趋稳定。再增加荷载，裂缝宽度不断增大，并继续延伸，构件中不出现新的裂缝，当钢筋应力接近屈服强度时，粘结应力几乎完全消失，裂缝间混凝土基本退出工作，钢筋应力渐趋相等。

可见，裂缝的开展是由于混凝土的回缩、钢筋的伸长而导致混凝土与钢筋之间不断产生相对滑移的结果。《混凝土结构设计规范》定义的裂缝开展宽度是指受拉钢筋重心水平处构件侧面混凝土的裂缝宽度。试验表明，沿裂缝的深度方向，裂缝的宽度是不相等的，构件表面处裂缝的宽度比钢筋表面处的裂缝宽度大。

由于影响裂缝宽度的因素很多，如混凝土的徐变和拉应力的松弛会使裂缝变宽，混凝土的收缩会使裂缝加宽。由于材料的不均匀性及截面尺寸的偏差等因素的影响，裂缝的出现具有某种程度的偶然性，因而裂缝的分布和宽度也是不均匀的。对荷载裂缝的机理，不少学者具有不同的观点。第一类是粘结滑移理论，认为裂缝间距是由通过粘结力从钢筋传递到混凝土上所决定的，裂缝宽度是构件开裂后钢筋和混凝土之间的相对滑移造成的。第二类是无滑移理论，它假定在使用阶段范围内，裂缝开展后，钢筋与其周围混凝土之间粘结强度并未破坏，相对滑动很小，可忽略不计，裂缝宽度主要是钢筋周围混凝土受力时变形不均匀造成的。第三类是将前两种裂缝理论相结合而建立的综合理论。《混凝土结构设计规范》是以粘结滑移理论为依托，结合无滑移理论，采用先确定平均裂缝间距和平均裂缝宽度，然后乘以根据试验统计求得“扩大系数”的方法来确定最大裂缝宽度。

10.2.2 平均裂缝间距

裂缝的分布规律与钢筋和混凝土之间的粘结应力有着密切的关系。如图 10-10 所示，取 ab 段的钢筋为脱离体，a 截面处为第一条裂缝截面；b 截面为即将出现的第二条裂缝截面。设平均裂缝间距为 l_{cr}，按内力平衡条件，有

$$\sigma_{s1}A_s - \sigma_{s2}A_s = \omega'\tau_{max}ul_{cr} \tag{10-23}$$

式中 τ_{max}——钢筋与混凝土之间粘结应力的最大值；

ω'——钢筋与混凝土之间粘结应力图形丰满系数；

u——受拉钢筋截面周长总和。

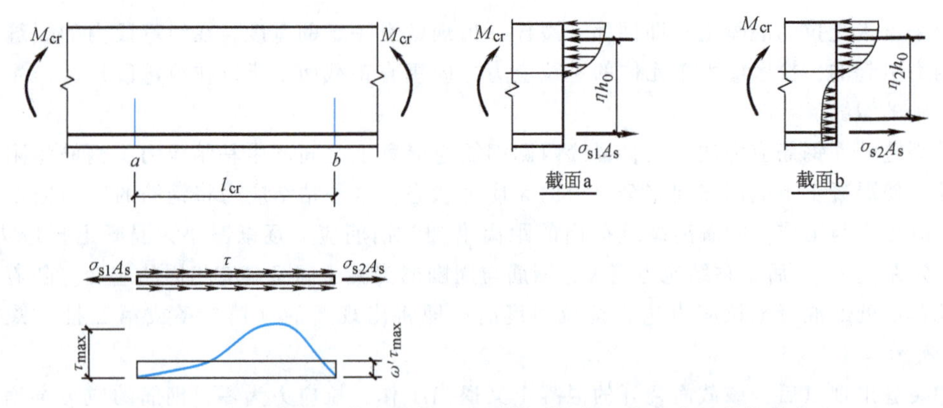

图 10-10 受弯构件即将出现第二条裂缝时钢筋、混凝土及其粘结应力

在截面 a、b 处承担的弯矩均为 M_{cr}。截面 a 上，钢筋的应力为 $\sigma_{s1}=\dfrac{M_{cr}}{A_s\eta h_0}$。截面 b 上的 M_{cr} 由两部分组成，一部分是由混凝土承担的 M_c，另一部分是由钢筋承担的 M_s，即 $M_{cr}=M_c+M_s$。钢筋的应力为 $\sigma_{s2}=\dfrac{M_s}{A_s\eta_1 h_0}=\dfrac{M_{cr}-M_c}{A_s\eta_1 h_0}$。

忽略截面 a、b 上的钢筋所承担内力臂的差异，取 $\eta\approx\eta_1$，将 σ_{s1}、σ_{s2} 代入式（10-23）整理得

$$\frac{M_c}{\eta h_0}=\omega'\tau_{max}ul_{cr}$$

即

$$l_{cr}=\frac{M_c}{\omega'\tau_{max}u\eta h_0} \tag{10-24}$$

M_c 按式（10-7）计算，则

$$l_{cr}=\frac{\eta_2 h}{4\eta h_0}\frac{f_{tk}}{\omega'\tau_{max}}\frac{d}{\rho_{te}} \tag{10-25}$$

式中 d——受拉钢筋直径。

受拉区混凝土和钢筋之间是相互制约和影响的，参与作用的混凝土只包括钢筋周围一定距离范围内受拉区混凝土的有效面积，离钢筋较远的受拉区混凝土对钢筋基本不起作用。受拉混凝土有效面积越大，所需传递粘结力的长度就越长，裂缝间距就越大。试验表明，混凝土和钢筋之间的粘结强度大约与混凝土的抗拉强度成正比，将$\frac{\omega'\tau_{max}}{f_{tk}}$取为常数，同时$\frac{\eta_2 h}{\eta h_0}$也可近似取为常数，并考虑钢筋表面粗糙情况对粘结力的影响，可得

$$l_{cr}=k_1\frac{d}{\nu\rho_{te}} \tag{10-26}$$

式中 k_1——经验系数（常数）；

ν——纵向受拉钢筋相对粘结特征系数。

式（10-26）表明，l_{cr}与d/ρ_{te}成正比，这与试验结果不能很好地符合，当ρ_{te}很大时，实际的裂缝间距并不是趋近于零。因此，需要对式（10-26）做进一步修正。

由于混凝土和钢筋的粘结，钢筋对受拉张紧的混凝土的回缩有约束作用，随着最外层纵向受拉钢筋外边缘至受拉区底边距离c_s的增大，表面混凝土较靠近钢筋内芯混凝土受到的约束作用小，所以当出现第一条裂缝后，只有离该裂缝较远处的外表混凝土才有可能达到其抗拉强度，在此处才会出现第二条裂缝。试验证明，c_s从30mm降到15mm时，平均裂缝间距减小30%。因此，在确定平均裂缝间距时，适当考虑混凝土厚度c_s的影响，对式（10-26）进行修正是必要的、合理的。

在式（10-26）中引入k_2c_s以考虑混凝土厚度的影响，则平均裂缝间距l_{cr}可按下式计算

$$l_{cr}=k_2c_s+k_1\frac{d}{\nu\rho_{te}} \tag{10-27}$$

式中 c_s——最外层纵向受拉钢筋外边缘至受拉区底边的距离（mm），$c_s<20$mm时取$c_s=20$mm，$c_s>65$mm时取$c_s=65$mm；

k_2——经验系数（常数）。

根据试验资料的分析并参考以往的工程经验，取$k_1=0.08$，$k_2=1.9$。将式（10-26）中的$\frac{d}{\nu}$值以纵向受拉钢筋的等效直径d_{eq}代入，则有l_{cr}的计算公式为

$$l_{cr}=1.9c_s+0.08\frac{d_{eq}}{\rho_{te}} \tag{10-28}$$

$$d_{eq}=\frac{\sum n_i d_i^2}{\sum n_i \nu_i d_i} \tag{10-29}$$

式中 d_{eq}——受拉区纵向钢筋的等效直径（mm）；

n_i——受拉区第i种纵向钢筋的根数；

d_i——受拉区第i种纵向钢筋的公称直径（mm）；

ν_i——受拉区第i种纵向钢筋的相对粘结特征系数，带肋钢筋$\nu_i=1.0$，光圆钢筋$\nu_i=0.7$。

式（10-28）包含了粘结滑移理论中重要的变量d_{eq}/ρ_{te}及无滑移理论中的重要变量c_s的影响，实质上是把两种理论结合在一起计算裂缝间距的公式。

粘结应力传递长度短，则裂缝分布密些。裂缝间距与粘结强度及钢筋表面面积大小有关，粘结强度高，裂缝间距小；钢筋面积相同，使用小直径钢筋时，裂缝间距小。裂缝间距也与配筋率有关，低配筋率情况下裂缝间距较长。

10.2.3 平均裂缝宽度

1. 受弯构件平均裂缝宽度

裂缝宽度的离散性比裂缝间距更大，平均裂缝宽度的计算必须以平均裂缝间距为基础。平均裂缝宽度等于两条相邻裂缝之间（计算取平均裂缝间距 l_{cr}）钢筋的平均伸长与相同水平处受拉混凝土平均伸长的差值，如图10-11所示，即

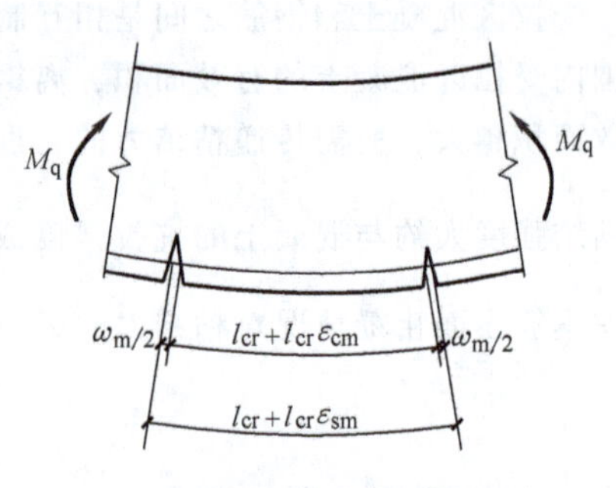

图 10-11 受弯构件开裂后的裂缝宽度

$$\omega_m = \varepsilon_{sm} l_{cr} - \varepsilon_{cm} l_{cr} = \varepsilon_{sm} l_{cr}\left(1 - \frac{\varepsilon_{cm}}{\varepsilon_{sm}}\right) \tag{10-30}$$

式中 ω_m——平均裂缝宽度；

ε_{sm}——纵向受拉钢筋的平均拉应变；

ε_{cm}——与纵向受拉钢筋相同水平处受拉混凝土的平均应变。

令 $\alpha_c = 1 - \dfrac{\varepsilon_{cm}}{\varepsilon_{sm}}$，又 $\varepsilon_{sm} = \psi\dfrac{\sigma_{sq}}{E_s}$，则平均裂缝宽度为

$$\omega_m = \alpha_c \psi \frac{\sigma_{sq}}{E_s} l_{cr} \tag{10-31}$$

α_c 为考虑裂缝间混凝土自身伸长对裂缝宽度的影响系数。其值与配筋率、截面形状及混凝土保护层厚度有关，但其变化幅度较小。通过对试验资料分析，对受弯、偏心受压构件，取 $\alpha_c = 0.77$；对其他构件，取 $\alpha_c = 0.85$。

2. 轴心受拉构件的平均裂缝宽度

轴心受拉构件的裂缝机理与受弯构件基本相同。根据试验资料，平均裂缝间距公式为

$$l_{cr} = 1.1\left(1.9c_s + 0.08\frac{d_{eq}}{\rho_{te}}\right) \tag{10-32}$$

平均裂缝宽度的计算按式（10-31）计算（取 $\alpha_c = 0.85$），其中荷载效应准永久组合计算的混凝土构件裂缝截面处纵向受拉钢筋应力 σ_{sq} 为

$$\sigma_{sq} = \frac{N_q}{A_s} \tag{10-33}$$

3. 偏心受力构件的平均裂缝宽度

偏心受力构件平均裂缝间距的计算公式和平均裂缝宽度计算公式分别按受弯构件的 $l_{cr} = 1.9c_s + 0.08\dfrac{d_{eq}}{\rho_{te}}$、$\omega_m = \alpha_c \psi \dfrac{\sigma_{sq}}{E_s} l_{cr}$ 计算，钢筋应变不均匀系数 ψ 按式（10-9）计算。但偏心受力构件在轴向压（拉）力作用下裂缝截面的钢筋应力需分别按下列公式计算。

（1）偏心受压构件 裂缝截面的应力图如图10-12所示。

对受压区合力点取矩，得

$$\sigma_{sq} = \frac{N_q(e - z)}{zA_s} \tag{10-34}$$

$$e = \eta_s e_0 + y_s \tag{10-35}$$

$$\eta_s = 1 + \frac{1}{4000e_0/h_0}\left(\frac{l_0}{h}\right)^2 \tag{10-36}$$

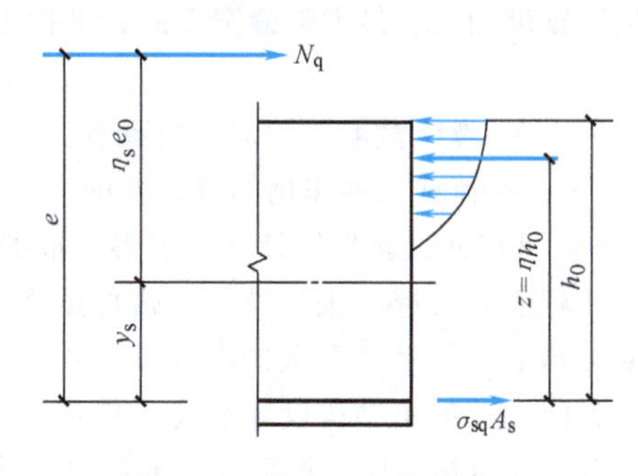

图 10-12　偏心受压构件的受力

式中　N_q——按荷载效应准永久组合计算的轴向力值；

e——轴向压力 N_q 作用点至纵向受拉钢筋合力点的距离；

y_s——截面重心至纵向受拉钢筋合力点的距离；

η_s——使用阶段的轴向压力偏心距增大系数，$\frac{l_0}{h} \leq 14$ 时 $\eta_s = 1.0$；

e_0——轴向压力 N_q 作用点至截面重心的距离；

z——纵向受拉钢筋合力点至受压区合力点之间的距离，$z = \eta h_0 \leq 0.87$，η 是内力臂系数。

对于偏心受压构件，η 的计算较麻烦，为简便起见，近似取为

$$\eta = 0.87 - 0.12(1 - \gamma'_f)\left(\frac{h_0}{e}\right)^2 \tag{10-37}$$

和受弯构件一样，$\gamma'_f = \frac{(b'_f - b)h'_f}{bh_0}$，如果 $h'_f > 0.2h_0$，按 $h'_f = 0.2h_0$ 计算。

（2）偏心受拉构件　裂缝截面的应力如图 10-13 所示。

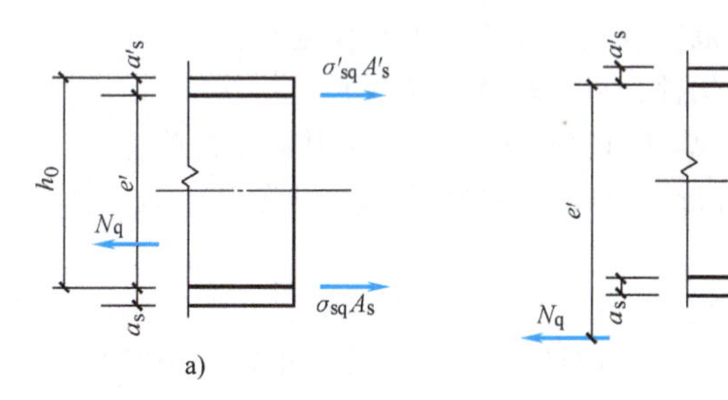

图 10-13　偏心受拉构件裂缝截面处的应力

a）N_q 作用在 A_s 与 A'_s 之间　b）N_q 作用在 A_s 与 A'_s 之外

按荷载效应准永久组合计算的轴向力拉力 N_q，无论其作用在纵向钢筋 A_s 及 A'_s 之间、还是作用在纵向钢筋 A_s 及 A'_s 之外时，认为都存在有受压区，受压区合力点近似位于受压钢筋合力点处。轴向拉力 N_q 对受压区合力点取矩，可得

$$\sigma_{sq} = \frac{N_q e'}{A_s(h_0 - a'_s)} \tag{10-38}$$

式中　e'——轴向拉力作用点至受压区或受拉较小边纵向钢筋合力点的距离，$e' = e_0 + y_c - a'_s$，y_c 为截面重心至受压或较小受拉边缘的距离。

10.2.4　最大裂缝宽度及其验算

最大裂缝宽度由平均裂缝宽度乘以“扩大系数”得到。“扩大系数”主要考虑以下两种情况：一是考虑在荷载标准组合下裂缝的不均匀性；二是考虑在荷载长期作用下的混凝土进一步收缩、受拉混凝土的应力松弛及混凝土和钢筋之间的滑移徐变等因素，裂缝间受拉混凝土不断退出工作，

使裂缝宽度加大。最大裂缝宽度的计算按下式计算

$$\omega_{max}=\tau\tau_l\omega_m \tag{10-39}$$

式中　τ——裂缝宽度不均匀扩大系数；

τ_l——荷载长期作用的对裂缝的影响系数。

τ 值可根据试验按统计方法求得。根据我国的短期荷载作用下的试验，得出：受弯、偏压构件的 τ 计算值为 1.66；轴心受拉、偏心受拉构件的 τ 计算值为 1.9。根据试验观测结果，τ_l 的平均值可取 1.66，同时考虑荷载的组合系数 0.9，则取 τ_l 的计算值为 1.5。

我国《混凝土结构设计规范》规定，在矩形、T 形、倒 T 形和 I 形截面的钢筋混凝土受拉、受弯和偏心受压构件中，按荷载标准组合或准永久组合并考虑长期作用影响的最大裂缝宽度可按下式计算

$$\omega_{max}=\alpha_{cr}\psi\frac{\sigma_{sq}}{E_s}\left(1.9c_s+0.08\frac{d_{eq}}{\rho_{te}}\right) \tag{10-40}$$

式中　α_{cr}——构件受力特征系数，钢筋混凝土构件中的轴心受拉构件 $\alpha_{cr}=2.7$，偏心受拉构件 $\alpha_{cr}=2.4$，受弯和偏心受压构件 $\alpha_{cr}=1.9$。

直接承受起重机的受弯构件主要承受短期荷载，卸载后裂缝可部分闭合，同时起重机满载的可能性也不大，最大裂缝宽度可按 $\psi=1.0$ 来计算。《混凝土结构设计规范》规定，对承受起重机荷载但不需要做疲劳验算的受弯构件，可将计算求得的最大裂缝宽度乘以系数 0.85。

构件在正常使用状态下，裂缝宽度应满足

$$\omega_{max}\leqslant\omega_{lim} \tag{10-41}$$

式中　ω_{lim}——《混凝土结构设计规范》规定的允许最大裂缝宽度。

对于 $e_0/h_0\leqslant 0.55$ 的小偏心受压构件，可不验算裂缝宽度。

由裂缝宽度的计算公式可知，影响荷载裂缝宽度的主要因素是钢筋应力，裂缝宽度与钢筋应力近似呈线性关系。钢筋的直径、外形，混凝土保护层厚度及配筋率等也是比较重要的影响因素，混凝土强度对裂缝宽度并无显著影响。

由于钢筋应力是影响裂缝宽度的主要因素，为了控制裂缝，在普通钢筋混凝土结构中不宜采用高强度钢筋。带肋钢筋的粘结强度比光圆钢筋大得多，故采用带肋钢筋是减少裂缝宽度的一种有力措施。采用细而密的钢筋，因表面积大而使粘结力增大，可使裂缝间距及裂缝宽度减小，只要不给施工造成较大困难，应尽可能选用较细直径的钢筋，这种方法是行之有效而且最为方便的。但对于带肋钢筋而言，因粘结强度很高，钢筋直径 d 已不再是影响裂缝宽度的重要因素了。

混凝土保护层越厚，裂缝宽度越大，但混凝土碳化区扩展到钢筋表面所需的时间就越长，从防止钢筋锈蚀的角度出发，混凝土保护层宜适当加厚。

解决荷载裂缝问题的最有效办法是采用预应力混凝土结构，它能使结构不发生荷载裂缝或减少裂缝宽度。

【例 10-3】 已知矩形截面简支梁的截面尺寸 $b\times h=200\text{mm}\times500\text{mm}$，计算跨度 $l_0=6\text{m}$，承受均布荷载，跨中按荷载准永久组合计算的弯矩 $M_q=55\text{kN}\cdot\text{m}$。混凝土强度等级为 C25，在受拉区配置 HRB400 钢筋，共 2 ⌀18+2 ⌀16（$A_s=911\text{mm}^2$），箍筋直径 6mm，混凝土保护层厚度 $c=25\text{mm}$，梁允许出现的最大裂缝宽度 $\omega_{lim}=0.3\text{mm}$。试验算最大裂缝宽度是否符合要求。

【解】 $f_{tk}=1.78\text{N/mm}^2$，$E_s=2.0\times10^5\text{N/mm}^2$，$h_0=\left[500-\left(25+6+\frac{18+16}{2}\right)\right]\text{mm}=452\text{mm}$

$c_s=c+d_v=(25+6)\text{mm}=31\text{mm}$

$$\sigma_{sq}=\frac{M_q}{0.87A_sh_0}=\frac{55\times10^6}{0.87\times911\times452}\text{N/mm}^2=154\text{N/mm}^2$$

$$\rho_{te}=\frac{A_s}{0.5bh}=\frac{911}{0.5\times200\times500}=0.018$$

$$\psi=1.1-\frac{0.65f_{tk}}{\rho_{te}\sigma_{sq}}=1.1-\frac{0.65\times1.78}{0.018\times154}=0.68$$

$$d_{eq}=\frac{\sum n_i d_i^2}{\sum n_i\nu_i d_i}=\frac{2\times18^2+2\times16^2}{2\times1\times18+2\times1\times16}\text{mm}=17.06\text{mm}$$

$$\begin{aligned}\omega_{max}&=\alpha_{cr}\psi\frac{\sigma_{sq}}{E_s}\left(1.9c_s+0.08\frac{d_{eq}}{\rho_{te}}\right)\\&=1.9\times0.68\times\frac{154}{2.0\times10^5}\times\left(1.9\times31+0.08\times\frac{17.06}{0.018}\right)\text{mm}\\&=0.13\text{mm}<0.3\text{mm}\quad（满足要求）\end{aligned}$$

【例 10-4】 矩形截面轴心受拉构件，截面尺寸为 $b\times h=160\text{mm}\times400\text{mm}$，按荷载准永久组合计算的轴向拉力 $N_q=150\text{kN}$，混凝土强度等级为 C25，在受拉区配置 HRB400 钢筋，共 4 Φ 18（$A_s=1017\text{mm}^2$），钢筋布置在截面的四角。混凝土保护层厚度 $c=25\text{mm}$，$c_s=31\text{mm}$，允许出现的最大裂缝宽度 $\omega_{lim}=0.2\text{mm}$。试验算最大裂缝宽度是否符合要求。

【解】

$$\sigma_{sq}=\frac{N_q}{A_s}=\frac{150000}{1017}\text{N/mm}^2=147.5\text{N/mm}^2$$

$$\rho_{te}=\frac{A_s}{A_{te}}=\frac{1017}{160\times400}=0.016$$

$$\psi=1.1-\frac{0.65f_{tk}}{\rho_{te}\sigma_{sq}}=1.1-\frac{0.65\times1.78}{0.016\times147.5}=0.61$$

$$d_{eq}=18\text{mm}$$

$$\begin{aligned}\omega_{max}&=\alpha_{cr}\psi\frac{\sigma_{sq}}{E_s}\left(1.9c_s+0.08\frac{d_{eq}}{\rho_{te}}\right)\\&=2.7\times0.61\times\frac{147.5}{2.0\times10^5}\times\left(1.9\times31+0.08\times\frac{18}{0.016}\right)\text{mm}\\&=0.18\text{mm}<0.2\text{mm}\quad（满足要求）\end{aligned}$$

【例 10-5】 矩形截面偏心受压柱的截面尺寸为 $b\times h=400\text{mm}\times600\text{mm}$，按荷载准永久组合计算的轴向拉力 $N_q=370\text{kN}$、弯矩 $M_q=170\text{kN}\cdot\text{m}$，混凝土强度等级为 C30，配置 HRB400 钢筋，4 Φ 20（$A_s=A_s'=1256\text{mm}^2$），箍筋直径 8mm。混凝土保护层厚度 $c=20\text{mm}$，柱子的计算长度 $l_0=4.2\text{m}$，允许出现的最大裂缝宽度 $\omega_{lim}=0.2\text{mm}$。试验算最大裂缝宽度是否符合要求。

【解】 $f_{tk}=2.01\text{N/mm}^2$，$h_0=\left[600-\left(20+8+\frac{20}{2}\right)\right]\text{mm}=562\text{mm}$，则 $\frac{l_0}{h}=\frac{4200}{600}=7<14$，取 $\eta_s=1.0$。$y_s=\left[\frac{600}{2}-\left(20+8+\frac{20}{2}\right)\right]\text{mm}=262\text{mm}$，$c_s=(20+8)\text{mm}=28\text{mm}$

$$e_0=\frac{M_q}{N_q}=\frac{170\times10^6}{370\times10^3}\text{mm}=459\text{mm}$$

$$e=\eta_s e_0+y_s=(1\times459+262)\text{mm}=721\text{mm}$$

$$\begin{aligned}z&=\eta h_0=\left[0.87-0.12\left(\frac{h_0}{e}\right)^2\right]h_0=\left[0.87-0.12\times\left(\frac{562}{721}\right)^2\right]\times562\text{mm}\\&=448\text{mm}\end{aligned}$$

$$\sigma_{sq}=\frac{N_q(e-z)}{zA_s}=\frac{370000\times(721-448)}{448\times1256}\text{N/mm}^2=180\text{N/mm}^2$$

$$\rho_{te}=\frac{A_s}{0.5bh}=\frac{1256}{0.5\times400\times600}=0.0105$$

$$\psi=1.1-\frac{0.65f_{tk}}{\rho_{te}\sigma_{sq}}=1.1-\frac{0.65\times2.01}{0.0105\times180}=0.409$$

$$\omega_{max}=\alpha_{cr}\psi\frac{\sigma_{sq}}{E_s}\left(1.9c_s+0.08\frac{d_{eq}}{\rho_{te}}\right)$$

$$=1.9\times0.409\times\frac{180}{2.0\times10^5}\times\left(1.9\times28+0.08\times\frac{20}{0.0105}\right)\text{mm}$$

$$=0.14\text{mm}<0.2\text{mm}\quad（满足要求）$$

10.3 钢筋混凝土构件的截面延性

10.3.1 延性的概念

在设计钢筋混凝土结构构件时，不仅要满足承载力、刚度及稳定性的要求，而且应具有一定的延性。

结构、构件或截面的延性是指进入屈服阶段，达到最大承载力及以后，在承载力没有显著下降的情况下承受变形的能力，是反映它们承受后期变形的能力。“后期”是指从钢筋开始屈服进入破坏阶段直到最大承载力（或下降到最大承载力的85%）的整个过程。构件或结构的破坏可以归结为脆性破坏和延性破坏两类。两类破坏的典型力-变形曲线如图10-14所示。

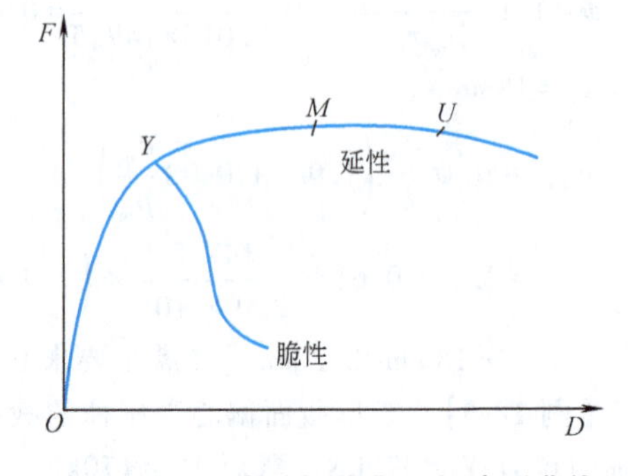

图10-14 两类破坏的典型力-变形曲线

从图10-14上可以看出，延性较好，当达到最大承载力后，发生较大的后期变形才破坏，破坏时有一定的安全感；反之，延性差，达到承载力后容易产生突然的脆性破坏，破坏时缺乏明显的预兆。

设计时，要求结构构件具有一定的延性，其目的在于：

1）破坏前有明显的预兆，破坏过程缓慢，因而可采用偏小的计算可靠度，相对经济。

2）对出现非预计荷载，如偶然超载、温度升高、基础沉降等引起附加内力、荷载反向等情况时，有较强的承受力和抗衡力。

3）有利于实现超静定结构的内力充分重分布，节约钢材。

4）承受动力作用（如振动、地震、爆炸等）情况下，减小惯性力，吸收更大的动能，减轻破坏程度，有利于修复。

10.3.2 受弯构件的截面曲率延性系数

为了度量和比较结构或构件的延性，一般用延性系数来表达。延性系数 β_d 的表达式为

$$\beta_d = \frac{D_u}{D_y} \tag{10-42}$$

式中 D_u——构件或结构保持承载力情况下的极限变形；

D_y——构件或结构初始屈服变形。

可见，延性系数 β_d 反映了构件或结构截面在破坏阶段的变形能力。

构件或结构存在多种力-变形曲线。受弯构件梁的力-变形曲线可为荷载-跨中挠度曲线、荷载-支座转角曲线、截面弯矩-曲率曲线等，相对应的 β_d 可为梁构件的挠度延性系数、构件转角延性系数、梁构件的截面曲率延性系数。

受弯构件的截面曲率延性系数 β_ϕ 表示为

$$\beta_\phi = \frac{\phi_u}{\phi_y} \tag{10-43}$$

式中 ϕ_u——截面最大承载力时的截面曲率；

ϕ_y——截面上纵向受拉钢筋开始屈服时的截面曲率。

图 10-15 给出适筋梁截面受拉钢筋开始屈服和截面最大承载力时的截面应力及应变。采用平截面假定，截面曲率可为

$$\phi_y = \frac{\varepsilon_y}{(1-k)h_0} \tag{10-44}$$

$$\phi_u = \frac{\varepsilon_{cu}}{x_u} \tag{10-45}$$

截面曲率延性系数

$$\beta_\phi = \frac{\phi_u}{\phi_y} = \frac{\varepsilon_{cu}}{\varepsilon_y} \cdot \frac{(1-k)h_0}{x_u} \tag{10-46}$$

式中 ε_{cu}——受压区边缘混凝土极限压应变；

ε_y——钢筋开始屈服时的钢筋应变，$\varepsilon_y = f_y/E_s$；

k——钢筋开始屈服时的截面受压区混凝土相对高度；

x_u——达到截面最大承载力时混凝土受压区高度。

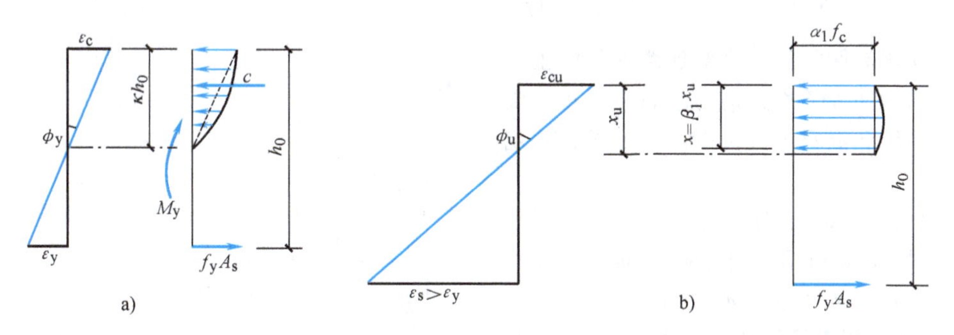

图 10-15 适筋梁截面受拉钢筋开始屈服和截面最大承载力时的截面应力及应变

a）开始屈服时 b）最大承载力时

计算 k 可以采用简化的方法，将图 10-15a 中的混凝土压应力分布简化成直线分布，如虚线所示。根据平衡条件有：

对于单筋截面梁

$$f_yA_s=\frac{1}{2}\varepsilon_cE_ckh_0b \tag{10-47}$$

式中　E_c——混凝土的弹性模量；

b——截面的宽度。

将 $f_y=\varepsilon_yE_s$，$\varepsilon_y=\phi_y(1-k)h_0$，$\varepsilon_c=\phi_ykh_0$ 代入式（10-48），同时考虑 $\alpha_E=\frac{E_s}{E_c}$，$\rho=\frac{A_s}{bh_0}$，整理得到关于 k 的一元二次方程，解方程得

$$k=\sqrt{(\rho\alpha_E)^2+2\rho\alpha_E}-\rho\alpha_E \tag{10-48}$$

式中　ρ——受拉钢筋的配筋率；

α_E——钢筋与混凝土的弹性模量之比。

同理可以得到双筋截面梁

$$k=\sqrt{(\rho+\rho')^2\alpha_E^2+2\left(\rho+\frac{\rho'a'_s}{h_0}\right)\alpha_E}-(\rho+\rho')\alpha_E \tag{10-49}$$

式中　ρ'——受压钢筋的配筋率，$\rho'=\frac{A'_s}{bh_0}$。

达到截面最大承载力时的混凝土受压区高度 x_u 可用承载力计算中采用的混凝土受压区高度 x 来表示，见下式

$$x_u=\frac{x}{\beta_1}=\frac{(\rho-\rho')f_yh_0}{\beta_1\alpha_1f_c} \tag{10-50}$$

将式（10-50）代入式（10-45）得

$$\phi_u=\frac{\beta_1\alpha_1\varepsilon_{cu}f_c}{(\rho-\rho')f_yh_0} \tag{10-51}$$

将式（10-49）和式（10-51）代入式（10-46）可得截面曲率延性系数为

$$\beta_\phi=\frac{\phi_u}{\phi_y}=\frac{1-\sqrt{(\rho-\rho')^2\alpha_E^2+2\left(\rho+\frac{\rho'a'_s}{h_0}\right)\alpha_E}+(\rho+\rho')\alpha_E}{(\rho-\rho')}\cdot\frac{\alpha_1\beta_1\varepsilon_{cu}E_sf_c}{f_y^2} \tag{10-52}$$

影响受弯构件的截面曲率延性系数的主要因素是纵向钢筋配筋率、钢筋的屈服强度、混凝土强度等级和混凝土的极限压应变等，其规律如下：

1）纵向受拉钢筋配筋率 ρ 增大，延性系数减小。如图 10-16 所示，由于高配筋率时 k 和 x_u 均增大，致使 ϕ_y 增大、ϕ_u 减小。

2）纵向受压钢筋配筋率 ρ' 增大，延性系数可增大。这时 k 和 x_u 均减小，使 ϕ_y 减小，由于受压区混凝土的塑性发展，受压钢筋与受压区的混凝土进行内力重分布，同时受压区混凝土自身进行的内力重分布深度发展，使 ϕ_u 增大。

3）混凝土极限压应变 ε_{cu} 增大，延性系数

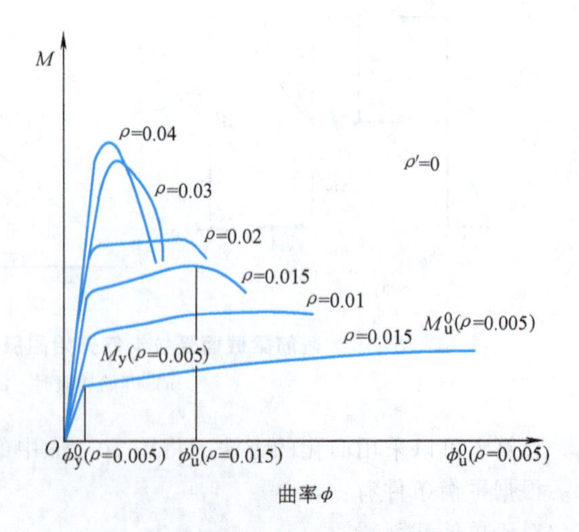

图 10-16　不同配筋率的矩形截面 M-ϕ 关系曲线

提高。试验表明，采用密置箍筋可以加强对受压混凝土的约束，使混凝土的极限压应变值增大，提高延性系数。

4）提高混凝土强度等级，适当降低钢筋屈服强度，也可以提高延性系数。

影响截面曲率延性系数的综合因素实质上是混凝土的极限压应变 ε_{cu} 和钢筋屈服时受压区高度 kh_0。在实际应用中，采用双筋截面梁，往往在受压区配置受压钢筋以提高延性系数的效果要好于箍筋加密的效果；双筋截面梁的曲率延性系数比单筋 T 形截面梁大，这是因为 T 形截面梁的翼缘延性不好所致。

在结构设计中采用的手段通常有：

1）限制纵向受拉钢筋的配筋率，一般不大于 2.5%。

2）限制纵向受压钢筋和受拉钢筋的最小比例，根据抗震设计要求，一般保持 A'_s/A_s 在 0.3~0.5。

3）受压区高度 $x \leqslant (0.25 \sim 0.35)h_0$。

4）在弯矩较大的区段内适当加密箍筋，来提高混凝土的极限压应变。

增强结构的延性，在一定程度上意味着增加了结构的使用年限，这在结构抗震设计中，显得更为重要。

10.3.3 偏心受压构件截面曲率延性的分析

影响偏心受压构件截面曲率延性系数的综合因素与受弯构件相同，但偏心受压构件存在轴向压力，会使截面受压区的高度增大，截面曲率延性系数降低很大。

试验研究表明，轴压比 N/f_cA 是影响偏心受压构件截面曲率延性系数的主要因素之一。在相同混凝土极限压应变值的情况下，轴压比越大，截面受压区高度越大，截面曲率延性系数越小。为了防止出现小偏心受压破坏形态，保证偏心受压构件截面具有一定的延性，应限制轴压比，《混凝土结构设计规范》规定，考虑地震作用组合的框架柱，根据不同的抗震等级，轴压比限值为 0.65~0.9。

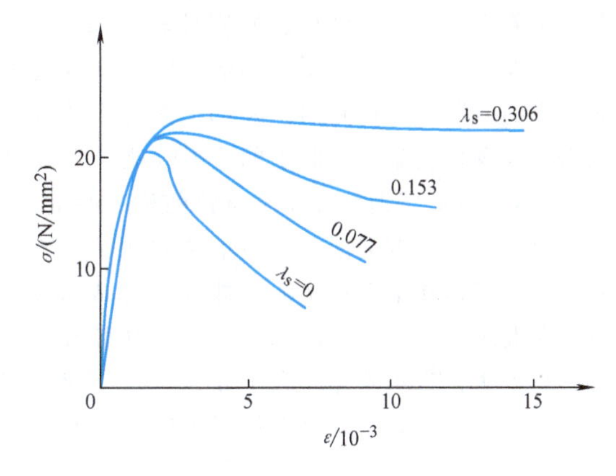

图 10-17 配箍率对棱柱体试件 σ-ε 曲线的影响

偏心受压构件配箍率的大小，对截面曲率延性系数的影响较大。图 10-17 所示为一组配箍率不同的混凝土棱柱体应力-应变曲线。在图中，配箍率以含箍特征值 $\lambda_s=\rho_s f_y/f_c$ 表示，可见 λ_s 对于 f_c 的提高作用不是十分明显，但对破坏阶段的应变影响较大。当 λ_s 较高时，下降段平缓，混凝土极限压应变值增大，使截面曲率延性系数提高。

试验还表明，如采用密置的封闭箍筋或在矩形、方形箍内附加其他形式的箍筋（如螺旋形、井字形等构成复合箍筋），都能有效地提高受压区混凝土的极限压应变值，增大截面曲率延性系数。

在实际工程中，常采用一些抗震构造措施来保证地震区的框架柱等具有一定的延性。这些措施中最主要的是应综合考虑不同抗震等级对结构构件延性的要求，确定轴压比限值，规定加密箍筋的要求及区段等。

10.4 混凝土结构的耐久性

10.4.1 耐久性的概念与主要影响因素

1. 混凝土结构的耐久性

混凝土结构应满足安全性、适用性和耐久性的要求。混凝土结构的耐久性是指在设计使用年限内，在正常维护条件下应能保持其使用功能而不需进行大修加固。设计使用年限按GB 50068—2001《建筑结构可靠度设计统一标准》确定，临时性结构是5年，易于替换的结构构件为25年，普通房屋和构筑物为50年，纪念性建筑和特别重要的建筑结构为100年及以上。若建设单位提出更高要求，也可按建设单位的要求确定。

混凝土结构的耐久性可以归结为混凝土材料和钢筋材料的耐久性。材料的耐久性是指其暴露在使用环境下抵抗各种物理和化学作用的能力。混凝土表面暴露在大气中，特别是在恶劣的环境中时，由于长期受有害物质的侵蚀及外界温度、湿度等不良气候环境往复循环的影响，随着使用时间的增长而出现混凝土质量劣化，钢筋锈蚀，从而致使结构物承载能力降低。

混凝土结构的耐久性极限状态表现为钢筋混凝土构件表面出现锈胀裂缝，预应力筋开始锈蚀，结构表面混凝土出现可见的耐久性损伤（酥裂、粉化等）。材料劣化进一步发展还可能引起构件承载力问题，甚至发生破坏。因此，建筑物在进行承载能力设计时，应根据其所处环境、重要程度和设计使用年限进行必要耐久性设计，这是保证结构安全，延长使用年限的重要条件。

2. 影响材料耐久性的因素

钢筋混凝土结构长期暴露在使用环境中，材料的耐久性降低。影响材料耐久性的因素较多。内部因素主要有混凝土的强度、密实性和抗渗性、水胶比、氯离子及碱含量、外加剂用量、混凝土保护层厚度；外部因素主要是环境条件，包括温度、湿度、CO_2的含量、侵蚀性介质等。出现耐久性能下降的问题，往往是内、外部因素综合作用的结果。此外，设计不周、施工质量差或在使用中维修不当等也会影响混凝土的耐久性能。综合内外因素有以下几个具体方面：

1）材料的质量。钢筋混凝土材料的耐久性主要取决于混凝土的耐久性。试验研究表明，混凝土的水胶比大小是影响混凝土质量的主要因素。当混凝土浇筑成型后，由于未参加水化反应的多余水分蒸发，容易在集料和水泥浆体界面处或水泥浆体内产生微裂缝，水胶比越大，微裂缝增加也越多，在混凝土内所形成的毛细孔率、孔径和畅通程度也大大增加，因此对材料的耐久性影响越大。试验表明，当水胶比不大于0.55时，其影响明显减少。混凝土的强度等级过低，则材料的孔隙率增加，密实性差，对材料的耐久性影响也大。

2）混凝土的碳化。

3）钢筋的锈蚀。

4）碱-集料反应。碱-集料反应就是指混凝土中所含有的碱（Na_2O+K_2O）与其活性集料之间发生化学反应，引起混凝土膨胀、开裂，表面渗出白色浆液，严重时会造成结构的破坏。

混凝土中的碱是从水泥和外加剂中来的。水泥中的碱主要由其原料黏土和含有钾、钠的燃料煤引入。研究表明，水泥的碱含量（指质量分数）在0.6%~1.0%范围或碱含量低于0.6%时的低碱水泥，不会引起碱-集料反应破坏。外加剂中如最常用的萘系高效减水剂含有Na_2SO_4成分，当高效减水剂掺量高时，会发生碱-集料反应，当高效减水剂掺量为水泥用量的1%时，折合成碱含量为0.045%，一般不会发生碱-集料反应。

活性集料有两种：一种是含有活性氧化硅的矿物集料，如硅质石灰岩等；一种是碳酸盐集料中的活性矿物岩，如白云质石灰岩等。

混凝土孔隙中的碱溶液与集料中活性物质反应，生成的碱-硅酸盐凝胶吸水而体积膨胀，体积可增大 3~4 倍；生成的碱-碳酸盐体积不能膨胀，但活性碳酸盐晶体中包着黏土，当晶体破坏后黏土吸取水分体积膨胀。

混凝土结构碱-集料反应引起的开裂和破坏，必须同时具备以下三个条件：混凝土含碱量超标；集料是碱活性的；混凝土暴露在潮湿环境中。缺少其中任何一个，其破坏可能性减弱。因此，对潮湿环境下的重要结构及部位，应采用一定的措施。如集料是碱活性的，则应尽量选用低碱水泥，在混凝土拌和时，适当掺加较好的掺合料或引气剂，降低水胶比等措施都是有利的。

5）混凝土的抗渗性及抗冻性。混凝土的抗渗性是指混凝土在潮湿环境下抵抗干湿交替作用的能力。由于混凝土拌合料的离析泌水，在集料和水泥浆体界面富集的水分蒸发，容易产生贯通的微裂缝而形成较大的渗透性，并随着水的含量的增加而增大，对混凝土的耐久性有较大的影响。粗集料粒径不宜太大、太粗，细集料表面应保持清洁；尽量减少水胶比；在混凝土拌合料中掺加适量掺合料，以增加密实度；掺加适量引气剂，减小毛细孔道的贯通性；使用合适的外加剂，如防水剂、减水剂、膨胀剂及憎水剂等；加强养护，避免施工时产生干湿交替的作用。

混凝土的抗冻性是指混凝土在寒热变迁环境下，抵抗冻融交替作用的能力。混凝土的冻结破坏，主要由于其孔隙内饱和状态的水冻结成冰后，体积膨胀（膨胀率 9%）而产生的。混凝土大孔隙中的水温度降低到-1.0~-1.5℃时即开始冻结，而细孔隙中的水为结合水，一般最低可达到-12℃才冻结，同时冰的蒸汽压小于水的蒸汽压，周围未冻结的水向大孔隙方向转移，并随之而冻结，增加了冻结破坏力。混凝土在压力的作用下，经过多次冻融循环，所形成的微裂缝逐渐积累并不断扩大，导致冻结破坏。粗集料应选择质量密实、粒径较小的材料，粗、细集料表面应保持清洁，严格控制含泥量；应采用硅酸盐水泥和普通硅酸盐水泥，控制水胶比，适量掺入减水剂、防冻剂、引气剂等措施来提高混凝土的抗冻性。

10.4.2　混凝土的碳化

混凝土的碳化是指大气中的 CO_2 不断向混凝土孔隙中渗透，并与孔隙中碱性物质 $Ca(OH)_2$ 溶液发生中和反应，生成碳酸钙（$CaCO_3$）使混凝土孔隙内碱度（pH 值）降低的现象。二氧化硫（SO_2）、硫化氢（H_2S）也能与混凝土中的碱性物质发生类似的反应，使碱度下降。碳化对混凝土本身是无害的，使混凝土变得坚硬，但对钢筋是不利的，会引起钢筋锈蚀。

混凝土孔隙中存在碱性溶液，钢筋在这种碱性介质条件下，生成一层厚度很薄的氧化膜 $Fe_2O_3 \cdot nH_2O$，牢固吸附在钢筋表面。氧化膜是稳定的，它保护钢筋不锈蚀。然而由于混凝土的碳化，使钢筋表面的介质转变为呈弱酸性状态，氧化膜遭到破坏。钢筋表面在混凝土孔隙中的水和氧共同作用下发生化学反应，生成水化氧化膜 $mFe_2O_3 \cdot nH_2O$，这种氧化物生成后体积增大（最大可达 5 倍），使其周围混凝土产生拉应力直到引起混凝土的开裂和破坏；同时会加剧混凝土的收缩，导致混凝土开裂。

影响混凝土碳化的因素很多，归结为外部环境因素和材料本身的性质。

（1）材料自身的影响　混凝土胶结料中所含的能与 CO_2 反应的 CaO 总量越高，碳化速度越慢；混凝土强度等级越高，内部结构越密实，孔隙率越低，孔径也越小，碳化速度越慢。施工中水胶比越大、混凝土孔隙率越大，孔隙中游离水增多，使碳化速度加快；混凝土振捣不密实，出现蜂窝、裂纹等缺陷，使碳化速度加快。

（2）外部环境的影响　当混凝土经常处于饱和水状态下，CO_2 气体在孔隙中没有通道，碳化不易进行；当混凝土处于干燥条件下，CO_2 虽能经毛细孔道进入混凝土，但缺少足够的液相进行碳化反应。一般，混凝土在相对湿度 70%~85%时最容易碳化。温度交替变化有利于 CO_2 的扩散，可加速混凝土的碳化。

研究分析表明，混凝土的碳化深度 d_c（单位：mm）与暴露在大气中结构表面碳化时间 t（单位：年）的$\frac{1}{2}$次幂大致成正比。混凝土的保护层厚度越大，碳化至钢筋表面的时间越长，混凝土表面设有覆盖层，可以提高抗碳化的能力。

解决混凝土碳化的问题，实质就是解决混凝土的密实度的问题，具体措施有：

1）设计合理的混凝土配合比，合理采用掺合料。

2）保证混凝土保护层的最小厚度。

3）施工时保证混凝土的施工质量，以提高混凝土的密实性、抗渗性。

4）使用覆盖面层（水泥砂浆或涂料等），隔离混凝土表面与大气环境的直接接触等。

10.4.3 钢筋的锈蚀

在自然状态下，钢筋的表面从空气中吸收溶有 CO_2、O_2 或 SO_2 的水分，形成一种电解质的水膜时，会在钢筋表面层的晶体界面或组成钢筋的成分之间构成无数微电池。阴极与阳极反应，形成电化学腐蚀，生成的 $Fe(OH)_2$ 在空气中进一步氧化成 $Fe(OH)_3$（铁锈）。铁锈是疏松、多孔、非共格结构，极易透气和渗水。

混凝土中钢筋的锈蚀是一个相当长的过程。混凝土对钢筋具有保护作用，同时钢筋表面有层稳定的氧化膜，若氧化膜不遭到破坏，则钢筋不会锈蚀。

钢筋混凝土结构构件在正常使用的过程中一般都是带裂缝工作的，在个别裂缝处，氧化膜遭到破坏后，在此处的钢筋就会锈蚀；进而向着钢筋的环向、纵向发展。这种状况不断进行下去，严重时会导致沿钢筋长度的混凝土出现纵向裂缝。根据钢筋的锈蚀机理，一旦锈蚀开始，与横向裂缝及裂缝的宽度没有多大关系。

当混凝土不密实或保护层过薄时，容易使钢筋在顺筋方向发生锈蚀引起体积膨胀而导致产生顺筋纵向裂缝，并使锈蚀进一步恶性发展，甚至造成混凝土保护层的剥落，截面承载力下降，结构构件失效。

由于混凝土的碳化，破坏了钢筋表面的氧化膜，致使钢筋锈蚀。

当钢筋表面的混凝土孔隙溶液中氯离子含量超过某一定值时，也能破坏钢筋表面氧化膜，使钢筋锈蚀。混凝土中氯离子来源于混凝土所用的拌和水和外加剂，此外，不良环境中的氯离子通过扩散和渗透进入了混凝土的内部。

防止钢筋锈蚀的主要措施有：

1）降低水胶比，增加水泥用量，加强混凝土的密实性、抗渗性；要有足够的混凝土保护层厚度；要严格控制氯离子的含量。

2）使用覆盖层，防止 CO_2、O_2 和 Cl^-的渗入。

3）使用防腐蚀钢筋或对钢筋采用阴极防护等。

10.4.4 耐久性设计

由于影响混凝土结构耐久性的因素及规律研究尚欠深入，难以达到进行定量设计的程度。《混凝土结构设计规范》规定，混凝土结构的耐久性按正常使用极限状态控制，根据环境类别和设计使用年限对结构混凝土进行耐久性设计，基本上能保证在结构规定的设计使用年限内应有的使用性能和安全储备。临时性混凝土结构可不考虑混凝土耐久性的要求。

耐久性设计包括下列内容：确定结构所处的环境类别；提出对混凝土材料的耐久性基本要求；确定构件中钢筋的混凝土保护层厚度；满足不同环境条件下的耐久性技术措施；提出结构使用阶段的检测与维护要求。

《混凝土结构设计规范》对混凝土耐久性要求的具体规定：

1）使用环境的分类。混凝土结构的耐久性应根据附表 1-16 的环境类别和设计使用年限进行设计。

2）当处于一类、二类和三类环境中时，设计使用年限为 50 年的结构混凝土耐久性，应符合附表 1-20 的规定。

3）当处于一类环境时，设计使用年限为 100 年的结构混凝土耐久性符合下列规定：

① 钢筋混凝土结构的最低混凝土强度等级为 C30，预应力混凝土结构最低混凝土强度等级为 C40。

② 混凝土中的最大氯离子含量为 0.06%。

③ 宜使用非碱活性集料；当使用碱活性集料后，混凝土中的最大碱含量为 3.0kg/m^3。

④ 混凝土保护层厚度应按附表 1-18 的规定；当采取有效的表面防护措施时，混凝土保护层厚度可适当减少。

4）当处于二类、三类环境时，对于设计使用年限为 100 年的混凝土结构，应采取专门有效措施。

混凝土结构在设计使用年限内尚应遵守下列规定：

1）建立定期检测、维修制度。

2）设计中可更换的混凝土构件应按规定更换。

3）构件表面的防护层，应按规定维护或更换。

4）结构出现可见的耐久性缺陷时，应及时进行处理。

思考题

10-1 为什么要进行钢筋混凝土结构构件的变形、裂缝宽度验算以及耐久性设计？

10-2 《混凝土结构设计规范》关于配筋混凝土结构的裂缝控制、变形控制是如何规定的？

10-3 简述最小刚度计算原则。

10-4 如何计算混凝土构件的最大裂缝宽度？

10-5 什么是钢筋混凝土结构的延性？如何确定延性系数？研究延性有何实际意义？

10-6 什么是混凝土结构的耐久性？混凝土结构耐久性的影响因素有哪些？

10-7 《混凝土结构设计规范》为什么要规定最小混凝土保护层厚度？

习题

10-1 某矩形截面简支梁，截面尺寸为 $b\times h=250\text{mm}\times500\text{mm}$，计算跨度 $l_0=6.0\text{m}$。承受均布荷载，永久荷载 $g_k=8\text{kN/m}$、活荷载 $q_k=10\text{kN/m}$，活荷载的准永久值系数 $\psi_q=0.5$。混凝土强度等级为 C25，钢筋全部采用 HRB400 钢筋，受拉区配置钢筋 2 ⏀ 20+1 ⏀ 18，箍筋直径 6mm。一类环境，梁的允许挠度为 $l_0/200$、允许的最大裂缝宽度的限值 $\omega_{\lim}=0.3\text{mm}$。验算梁的挠度和最大裂缝宽度。

10-2 某 I 形截面简支梁，截面尺寸为 $b\times h=80\text{mm}\times1200\text{mm}$、$b_f'\times h_f'=b_f\times h_f=200\text{mm}\times150\text{mm}$，计算跨度为 $l_0=9.0\text{m}$。承受均布荷载，跨中按荷载标准组合计算的弯矩 $M_k=490\text{kN}\cdot\text{m}$，按荷载准永久组合计算的弯矩值 $M_q=400\text{kN}\cdot\text{m}$。二 a 类环境混凝土强度等级为 C30，在受拉区配置 HRB400 钢筋 6 ⏀ 20，在受压区配置 HRB400 钢筋 6 ⏀ 14，箍筋直径 10mm，梁的允许挠度为 $l_0/250$、允许的最大裂缝宽度的限值 $\omega_{\lim}=0.3\text{mm}$。验算梁的挠度和最大裂缝宽度。

10-3 矩形截面轴心受拉构件，一类环境，截面尺寸 $b\times h=200\text{mm}\times160\text{mm}$，配置 HRB400 钢筋 4 ⏀ 16，混凝土强度等级为 C25，箍筋直径 6mm，按荷载准永久组合计算的轴向拉力 $N_q=150\text{kN}$，允许的最

大裂缝宽度的限值 $\omega_{lim}=0.2mm$，验算最大裂缝宽度是否满足要求。若不满足，应采取什么措施使满足要求。

10-4　矩形截面偏心受拉构件的截面尺寸为 $b\times h=160mm\times200mm$，按荷载准永久组合计算的轴向拉力 $N_q=135kN$，偏心距 $e_0=30mm$，混凝土强度等级为 C25，配置 HRB400 钢筋，共 4 Φ 16（$A_s=A'_s=402mm^2$），一类环境，箍筋直径 6mm。允许出现的最大裂缝宽度 $\omega_{lim}=0.3mm$。试验算最大裂缝宽度是否符合要求。

10-5　矩形截面偏心受压柱的截面尺寸为 $b\times h=400mm\times700mm$，二 a 类环境，按荷载准永久组合计算的轴向拉力 $N_q=580kN$、弯矩 $M_q=300kN\cdot m$，混凝土强度等级为 C30，配置 HRB400 钢筋，2 Φ 20+3 Φ 18，箍筋直径 8mm，柱子的计算长度 $l_0=4.5m$。允许出现的最大裂缝宽度 $\omega_{lim}=0.3mm$。试验算最大裂缝宽度是否符合要求。

预应力混凝土结构构件设计 第11章

11.1 概述

11.1.1 预应力混凝土的原理

钢筋混凝土受拉与受弯等构件，由于混凝土抗拉强度及极限拉应变值都很低，其极限拉应变为（0.1~0.15）$\times10^{-3}$，即每米只能拉长0.1~0.15mm，所以在使用荷载作用下，通常是带裂缝工作的。因而在使用上不允许开裂的构件，受拉钢筋的应力只能用到20~30N/mm^2，此时的裂缝宽已达到0.2~0.3mm，构件耐久性有所降低，故不宜用于高湿度或侵蚀性环境中。为了满足变形和裂缝控制的要求，则需增大构件的截面尺寸和用钢量，这将导致自重过大，使钢筋混凝土结构用于大跨度或承受动力荷载的结构成为不可能或很不经济。如果采用高强度钢筋，在使用荷载作用下，其应力可达500~1000N/mm^2，此时的裂缝宽度将很大，无法满足使用要求。因而，钢筋混凝土结构中采用高强度钢筋是不能充分发挥其作用的。

为了避免钢筋混凝土结构的裂缝过早出现，充分利用高强度钢筋及高强度混凝土，可以在结构构件受荷载前用预压的办法来减小或抵消荷载所引起的混凝土拉应力，甚至使其处于受压状态。在构件承受荷载以前预先对混凝土施加压应力的方法有多种，有配置预应力筋，再通过张拉或其他方法建立预应力的；也有在离心制管中采用膨胀混凝土生产的自应力混凝土等。本章所讨论的预应力混凝土构件是指常用的张拉预应力筋的预应力混凝土构件。

现以图11-1所示预应力混凝土简支梁为例，说明预应力混凝土的概念。

在荷载作用之前，预先在梁的受拉区施加偏心压力N，使梁下边缘混凝土产生预压应力为σ_c，梁上边缘产生预拉应力σ_{ct}，如图11-1a所示。当荷载q（包括梁自重）作用时，如果梁跨中截面下边缘产生拉应力σ_{ct}，梁上边缘产生压应力σ_c，如图11-1b所示。这样，在预压力N和荷载q共同作用下，梁的下边缘拉应力将减至$\sigma_{ct}-\sigma_c$，梁上边缘应力一般为压应力，但也有可能为拉应力，如图11-1c所示。如果增大预压力N，则在荷载作用下梁的下边缘的拉应力还可减小，甚至变成压应力。

由此可见，预应力混凝土构件可延缓混凝土构件的开裂，提高构件的抗裂度和刚度，并取得节约钢筋、减轻自重的效果，克服了钢筋混凝土的主要缺点。

预应力混凝土具有很多的优点，其缺点是构造、施工和计算均较钢筋混凝土构件复杂，且延性也差些。

下列结构物宜优先采用预应力混凝土：

1）要求裂缝控制等级较高的结构。

2）大跨度或受力很大的构件。

3）对构件的刚度和变形控制要求较高的结构构件，如工业厂房中的吊车梁、码头和桥梁中的

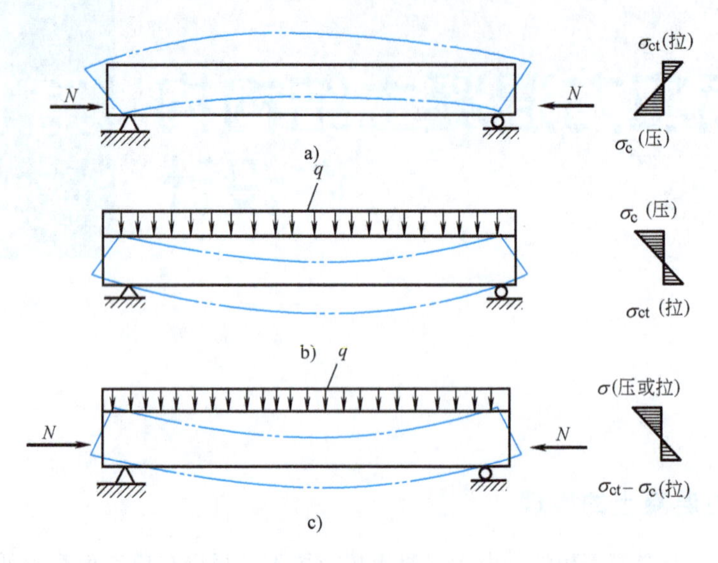

图 11-1 预应力混凝土简支梁

a）预压力作用下 b）外荷载作用下 c）预压力和外荷载共同作用下

大跨度梁式构件等。

11.1.2 预应力混凝土的分类

根据预应力值大小对构件截面裂缝控制程度的不同，预应力混凝土构件分为全预应力的与部分预应力两类。

在使用荷载作用下，不允许截面上混凝土出现拉应力的构件称为全预应力混凝土，大致相当于《混凝土结构设计规范》中裂缝控制等级为一级，即严格要求不出现裂缝的构件。

在使用荷载作用下，允许出现裂缝，但最大裂缝宽度不超过允许值的构件则称为部分预应力混凝土，大致相当于《混凝土结构设计规范》中裂缝控制等级为三级，即允许出现裂缝的构件。

在使用荷载作用下，根据荷载效应组合情况，不同程度地保证混凝土不开裂的构件，则称为限值预应力混凝土，大致相当于《混凝土结构设计规范》中裂缝控制等级为二级，即一般要求不出现裂缝的构件。限值预应力混凝土也属部分预应力混凝土。

由中国土木工程学会等编写的《部分预应力混凝土结构设计建议》（以下简称《建议》）中提出将预应力度分成全预应力、部分预应力和钢筋混凝土三类。预应力度 λ 定义为：

$$\lambda = M_0/M \quad 受弯构件$$

$$\lambda = N_0/N \quad 轴心受拉构件$$

式中 M_0——消压弯矩，即使构件控制截面受拉边缘应力抵消到零时的弯矩；

M——使用荷载（不包括预加力）短期组合作用下控制截面的弯矩；

N_0——消压轴向力，即使构件截面应力抵消到零时的轴向力；

N——使用荷载（不包括预加力）短期组合作用下截面上的轴向拉力。

$\lambda \geqslant 1$ 时为全预应力混凝土；$0<\lambda<1$ 时为部分预应力混凝土；$\lambda=0$ 时为钢筋混凝土。可见，部分预应力混凝土介于全预应力混凝土和钢筋混凝土两者之间。

为设计方便，按照使用荷载标准组合作用下正截面的应力状态，《建议》又将部分预应力混凝土分为以下两类：

A 类：正截面混凝土的拉应力不超过表 11-1 的规定限值。

B 类：正截面中混凝土的拉应力虽已超过表 11-1 的规定值，但裂缝宽度不超过表 11-2 的规定值。

表 11-1　A 类构件混凝土拉应力限值表

构件类型	受弯构件	受拉构件
拉应力限值	$0.8f_t$	$0.5f_t$

表 11-2　房屋建筑结构裂缝限值表　（单位：mm）

环境条件	荷载组合	钢丝、钢绞线、V 级钢筋	冷拉Ⅱ、Ⅲ、Ⅳ级钢筋
轻度	短期	0.15	0.3
	长期	0.05	（不验算）
中度	短期	0.10	0.2
	长期	（不得消压）	（不验算）
严重	短期	（不得采用 B 类）	0.10
	长期	（不得消压）	（不验算）

11.1.3　张拉预应力筋的方法

张拉预应力筋的方法主要有先张法和后张法两种。

1. 先张法

在台座上张拉预应力筋后浇筑混凝土，并通过放张预应力筋，由粘结传递而建立预应力的混凝土结构。制作先张法预应力构件一般都需要台座、拉伸机、传力架和夹具等设备，其工序如图 11-2 所示。当构件尺寸不大时，可不用台座，而在钢模上直接进行张拉。先张法预应力混凝土构件，预应力是靠钢筋与混凝土之间的粘结力来传递的。

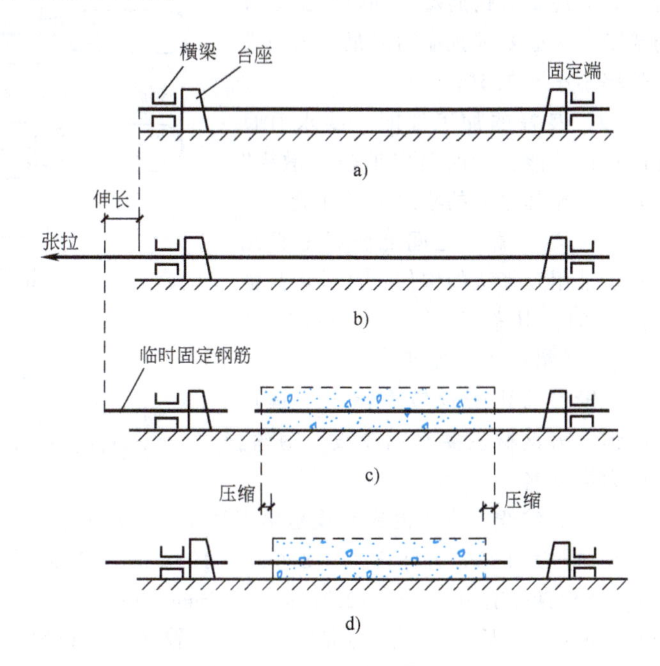

图 11-2　先张法的主要工序

a）钢筋就位　b）张拉钢筋　c）临时固定钢筋，浇筑混凝土并养护　d）放松钢筋，钢筋回缩，混凝土受预压

2. 后张法

浇筑混凝土并达到规定强度后，通过张拉预应力筋并在结构上锚固而建立预应力的混凝土结构。其工序如图 11-3 所示。通过张拉钢筋后，在孔道内灌浆，使预应力筋与混凝土形成整体，如图 11-3d 所示；也可不用灌浆，完全通过锚具传递预压力，形成无粘结的预应力构件。后张法预应力构件的预应力是依靠钢筋端部的锚具来传递的。

11.1.4　预应力混凝土的材料

1. 混凝土

预应力混凝土结构构件所用的混凝土，需满足下列要求：

(1) 强度高　与钢筋混凝土不同，预应力混凝土必须采用强度等级高的混凝土。因为对采用先张法的构件，强度等级高的混凝土可提高钢筋与混凝土之间的粘结力；对采用后张法的构件，强度等级高的混凝土可提高锚固端的局部承压承载力。

(2) 收缩、徐变小　可以减少因收缩、徐变引起的预应力损失。

(3) 快硬、早强　可尽早施加预应力，加快台座、锚具、夹具的周转率，以利加快施工进度。

因此，《混凝土结构设计规范》规定，预应力混凝土构件的混凝土强度等级不应低于C30。对采用钢绞线、钢丝、预应力螺纹钢筋作预应力筋的构件，特别是大跨度结构，混凝土强度等级不宜低于C40。

2. 钢材

预应力混凝土的构件所用的钢筋（或钢丝），需满足下列要求：

(1) 强度高　混凝土预压力的大小取决于预应力筋张拉应力的大小。考虑到构件在制作过程中会出现各种应力损失，因此需要采用较高的张拉应力，这就要求预应力筋具有较高的抗拉强度。

(2) 具有一定的塑性　为了避免预应力混凝土构件发生脆性破坏，要求预应力筋在拉断前，具有一定的伸长率。当构件处于低温或受冲击荷载作用时，更应注意对钢筋塑性和抗冲击韧性的要求。一般要求预应力筋最大力下总伸长率不小于3.5%。

(3) 良好的加工性能　要求有良好的焊接性能，同时要求钢筋“镦粗”后并不影响其原来的物理力学性能。

(4) 与混凝土之间能较好地粘结　对于采用先张法的构件，当采用高强度钢丝时，其表面经过“刻痕”或“压波”等措施进行处理。

我国目前用于预应力混凝土构件中的预应力钢材主要有钢绞线、钢丝、预应力螺纹钢筋三大类。

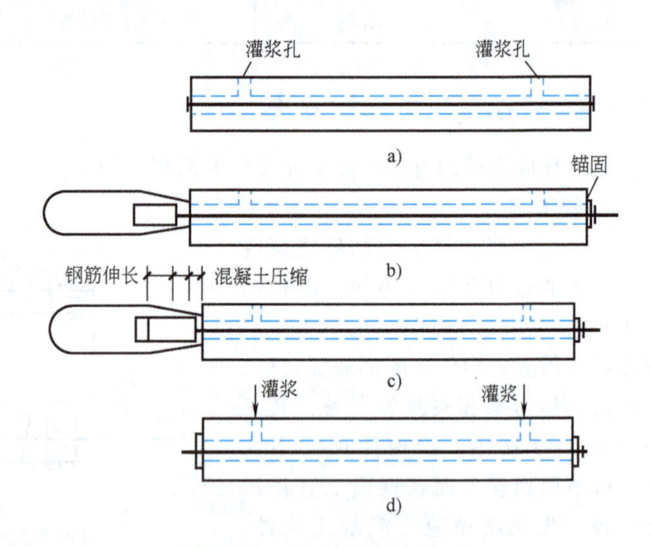

图 11-3　后张法的主要工序

a) 制作构件，预留孔道，穿入预应力筋　b) 安装千斤顶
c) 张拉钢筋　d) 锚固钢筋，拆除千斤顶，孔道压力灌浆

(1) 钢绞线　常用的钢绞线是由直径5~6mm的高强度钢丝捻制成的。用三根钢丝捻制的钢绞线，其结构为1×3，公称直径有8.6mm、10.8mm、12.9mm。用七根钢丝捻制的钢绞线，其结构为1×7，公称直径有9.5mm、12.7mm、15.2mm、17.8mm、21.6mm。钢绞线的抗拉强度标准值可达1960N/mm^2，在后张法预应力混凝土中采用较多。钢绞线经最终热处理后以盘或卷供应，每盘钢绞线应由一整根组成，如无特殊要求，每盘钢绞线长度≥200m。成品的钢绞线表面不得带有润滑剂、油渍等，以免降低钢绞线与混凝土之间的粘结力。钢绞线表面允许有轻微的浮锈，但不得锈蚀成目视可见的麻坑。

(2) 钢丝　预应力混凝土所用钢丝可分为中强度预应力钢丝与消除应力钢丝两种。按外形分有光圆钢丝、螺旋肋钢丝；按应力松弛性能分则有普通松弛（Ⅰ级松弛）及低松弛（Ⅱ级松弛）两种。钢丝的公称直径有5mm、7mm、9mm，其抗拉强度标准值可达1860N/mm^2，要求钢丝表面不得有裂纹、小刺、机械损伤、氧化铁皮和油污。

(3) 预应力螺纹钢筋　又称精轧螺纹钢筋，是用于预应力混凝土结构的大直径高强钢筋，常用的直径有18mm、25mm、32mm、40mm、50mm，其抗拉强度标准值可达1230N/mm^2。这种钢筋沿纵向全部轧有规律性的螺纹肋条。

11.1.5　锚、夹具与预应力设备概述

锚具和夹具是在制作预应力构件时锚固预应力钢筋的工具。一般认为，当预应力构件制成后能够取下重复使用的称夹具。而留在构件上不再取下的称锚具。夹具和锚具主要依靠摩阻、握裹和承压锚固来夹住或锚住钢筋。因此，必须对锚具要求和特点有所了解。

1. 对锚具的要求

1）安全可靠，锚具本身具有足够的强度和刚度。

2）应使预应力钢筋在锚具内尽可能不产生滑移，以减少预应力的损失。

3）构造简单，便于机械加工制作。

4）使用方便，省材料，价格低。

2. 建筑工程中常用的锚具

（1）螺纹端杆锚具（见图 11-4）　在单根预应力钢筋的两端各焊上一短段螺纹端杆，套以螺母和垫板，形成一种最简单的锚具。预应力钢筋通过螺纹端杆纹斜面上的承压力将预拉力传到螺母，再经过垫板传至预留孔道口四周的混凝土构件上。这种锚具的优点是操作比较简单，且锚固后在液压千斤顶回油时，预应力钢筋基本不发生滑动。如有需要，可便于再次张拉。其缺点是对预应力钢筋长度的精确度要求高，不能太长或太短，以避免发生螺纹长度不够等情况。

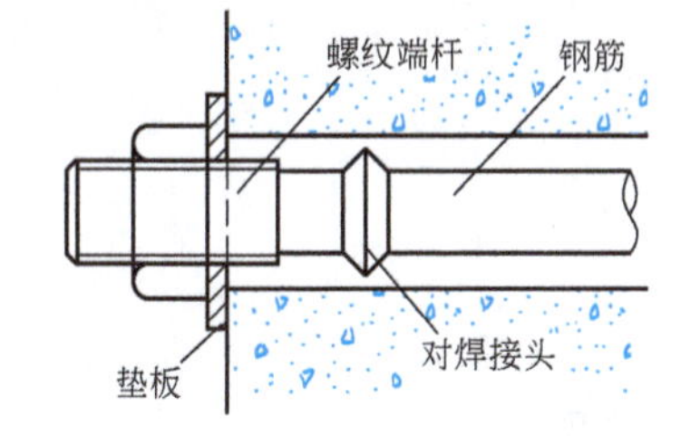

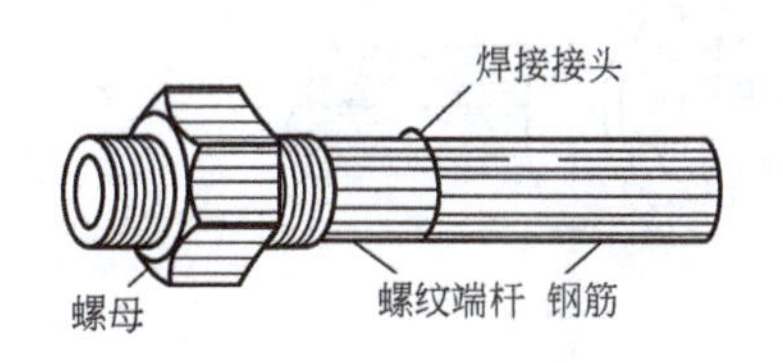

图 11-4　**螺纹端杆锚具**

（2）锥形锚具（见图 11-5）　锥形锚具是用于锚固多根直径为 5~12mm 的平行钢丝束，或者锚固多根直径为 13~15mm 的平行钢绞线束。预应力钢筋依靠摩擦力将预拉力传到锚环，再由锚环通过承压力和粘结力将预拉力传到混凝土构件上。这种锚具的缺点是滑移大，而且不易保证每根钢筋或钢丝中的应力均匀。

（3）镦头锚具（见图 11-6）　镦头锚具用于锚固多根直径 10~18mm 的平行钢丝束或者锚固 18

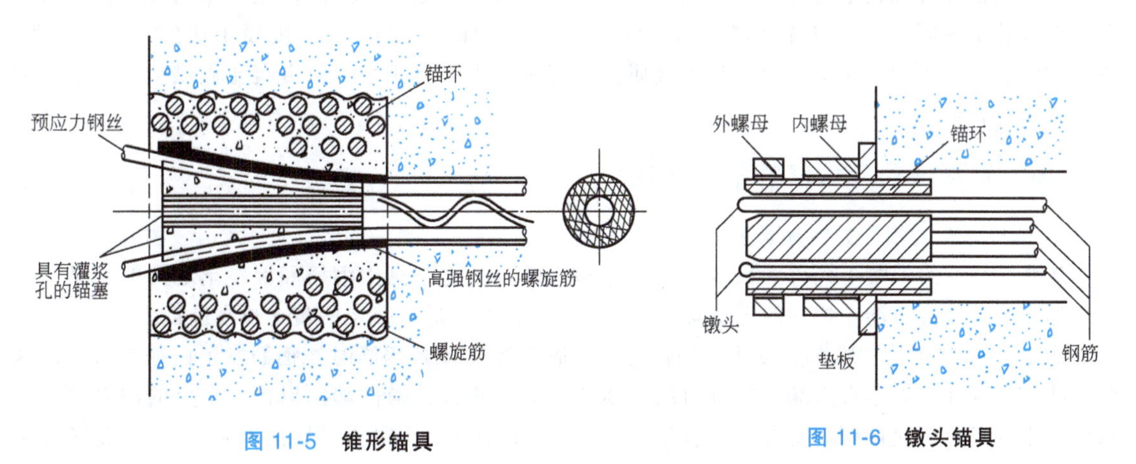

图 11-5　**锥形锚具**

图 11-6　**镦头锚具**

根以下直径 5mm 的平行钢丝束。预应力钢筋的预拉力依靠镦头的承压力传到锚环，再依靠螺纹上的承压力传到螺母，再经过垫板传到混凝土构件上。这种锚具的锚固性能可靠，锚固力大，张拉操作方便。但要求钢筋或钢丝束的长度有较高的精度。

(4) 夹具式锚具　这种锚具由锚环和夹片组成，可锚固钢绞线或钢丝束。夹片的块数与预应力钢筋或钢绞线的根数相同，每根钢绞线可分开锚固，各自独立地放置在夹片的一个锥形孔内，任何一组夹具滑移、碎裂或钢绞线拉断，都不会影响同束中其他钢绞线的锚固。

预应力钢筋依靠摩擦力将预拉力传给夹片，夹片依靠其斜面上的承压力将预拉力传给锚环，再由锚环依靠承压力将预拉力传给混凝土构件。

夹具式锚具主要有 JM12 型（见图 11-7a）、OVM 型（见图 11-7b）、QM 型、XM 型等。JM12 型锚具的主要缺点是钢筋内缩量较大。其余几种锚具有锚固较可靠、互换性好、自锚性能强、张拉钢筋的根数多、施工操作也较简便等优点。

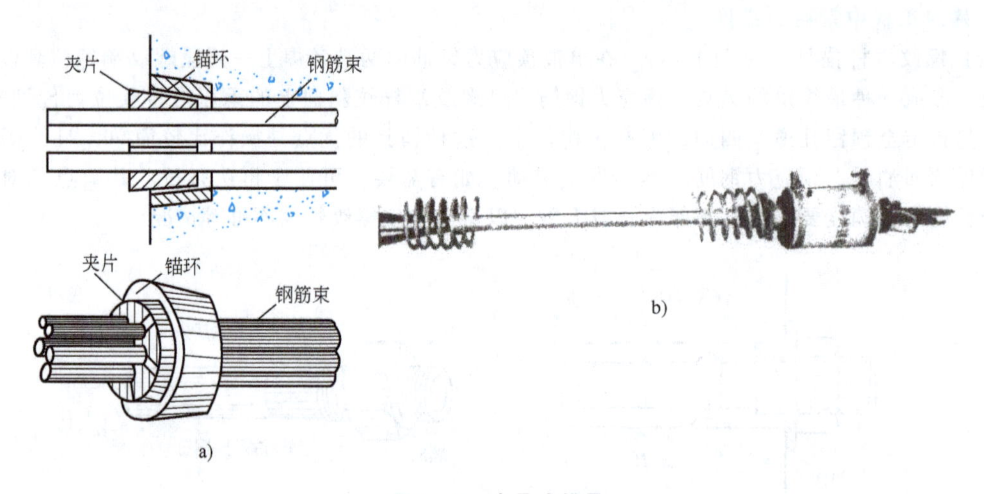

图 11-7　夹具式锚具

a) JM12 锚具　b) OVM 型锚具

除了上述锚具外，近年来，我国对预应力混凝土构件的锚具进行了大量试验研制工作，如 JM、SF、YM、VLM 型等，主要是对夹片等进行了改进和调整，进一步提高了锚固性能。

张拉预应力钢筋一般采用液压千斤顶。但应注意每种锚具都有各种适用的千斤顶，可根据锚具或千斤顶厂家的说明书选用。

后张法预应力混凝土构件必须预先留好预应力钢筋的孔道。目前国内主要采用抽拔橡胶管和金属波纹管来做制孔器。前者是将带钢丝网的橡胶管预埋在混凝土中，混凝土达到一定强度后，拔出橡胶管，形成预留孔道。后者是将金属波纹管预埋入混凝土中，待混凝土硬结后，该波纹管就成为预留孔道。

11.1.6　先张法预应力筋的锚固长度

1. 预应力筋的预应力传递长度 l_{tr}

先张法预应力混凝土构件的预压应力是靠构件两端一定距离内钢筋和混凝土之间的粘结力来传递的。其传递并不能在构件的端部集中一点完成，而必须通过一定的传递长度进行。

图 11-8 示出了构件端部长度为 x 的预应力筋脱离体在放张钢筋时，钢筋发生内缩或滑移的情况。此时，端部 a 处是自由端，预应力筋的预拉应力为零，在构件端面以内，钢筋的内缩受到周围混凝土的阻止，使得钢筋受拉（即预拉应力 σ_p），周围混凝土受压（即预压应力 σ_c）。随离端部

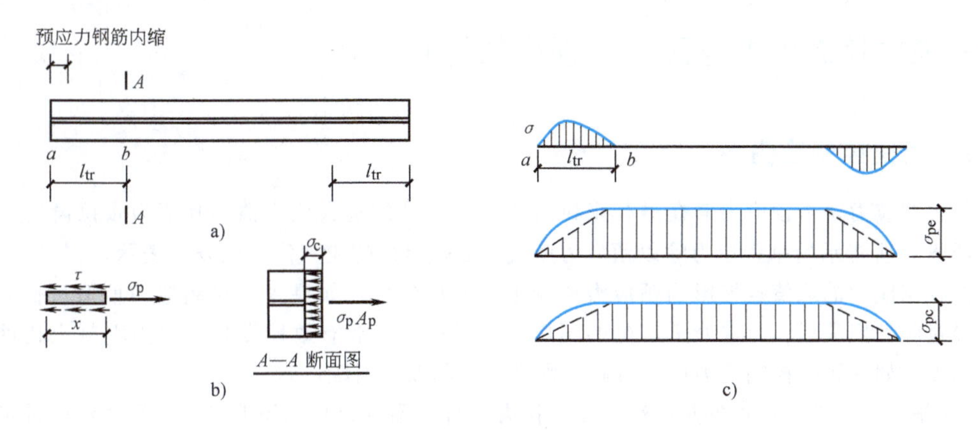

图 11-8　预应力的传递

a）放松钢筋时预应力筋的回缩　b）钢筋表面的粘结应力 τ 及截面 A—A 的应力分布

c）粘结应力、钢筋拉应力及混凝土预压应力沿构件长度之分布

距离 x 的增大，由于粘结力的积累，预应力筋的预拉应力 σ_p 及周围混凝土中的预压应力 σ_c 将增大，当 x 达到一定长度 l_{tr}（图 11-8a 中 a 截面与 b 截面之间的距离）时，在 l_{tr} 长度内的粘结力与预拉力 $\sigma_p A_p$ 平衡，自 l_{tr} 长度以外，即自 b 截面起，预应力筋才建立起稳定的预拉应力 σ_{pe}，周围混凝土也建立起有效的预压应力 σ_{pc}（见图 11-8c）。l_{tr} 称为先张法构件预应力筋的传递长度，ab 段称为先张法构件的自锚区。由于自锚区的预应力值较小，所以先张法预应力混凝土构件端部进行斜截面受剪承载力计算及正截面、斜截面抗裂验算时，应考虑预应力筋在其传递长度 l_{tr} 范围内实际应力值的变化。在计算时，把预应力筋的实际预应力都简化为按线性规律增大，如图 11-8c 虚线所示，即在构件端部为零，在其预应力传递长度的末端取有效预应力值 σ_{pe}。预应力筋的预应力传递长度 l_{tr} 可按下式计算

$$l_{tr}=\alpha\frac{\sigma_{pe}}{f'_{tk}}d \tag{11-1}$$

式中　σ_{pe}——放张时预应力筋的有效预应力值；

d——预应力筋的公称直径，见附表 1-22；

α——预应力筋的外形系数，按表 2-3 取用；

f'_{tk}——与放张时混凝土立方体抗压强度 f'_{cu} 相应的轴心抗拉强度标准值，可按附录 1 附表 1-9 以线性内插法确定。

2. 预应力筋的锚固长度 l_a

当构件在外荷载作用下达到承载能力极限状态时，预应力筋的应力达到抗拉强度设计值 f_{py}，为了使预应力筋不致被拔出，预应力筋应力从端部的零到 f_{py} 的这一段长度 l_a 称为预应力筋的锚固长度。

预应力筋的锚固长度 l_a 较其传递长度 l_{tr} 大，预应力筋的锚固长度 l_a 可按下式计算

$$l_a=\alpha\frac{f_{py}}{f_t}d \tag{11-2}$$

式中　f_{py}——预应力筋的抗拉强度设计值；

f_t——混凝土轴心抗拉强度设计值，当混凝土强度等级高于 C60 时，按 C60 取值；

其余符号同式（11-1）。

11.2 张拉控制应力与预应力损失值计算

11.2.1 张拉控制应力

张拉控制应力是指预应力筋在进行张拉时所控制达到的最大应力值。其值为张拉设备（如千斤顶油压表）所指示的总张拉力除以预应力筋截面面积而得的应力值，以 σ_{con} 表示。

张拉控制应力的取值直接影响预应力混凝土的使用效果，如果张拉控制应力取值过低，则预应力筋经过各种损失后，对混凝土产生的预压应力过小，不能有效地提高预应力混凝土构件的抗裂度和刚度。如果张拉控制应力取值过高，则可能引起以下问题：

1）在施工阶段会使构件的某些部位受到拉力（称为预拉力）甚至开裂，对后张法构件可能造成端部混凝土局部受压破坏。

2）构件出现裂缝时的荷载值与极限荷载值很接近，使构件在破坏前无明显的预兆，构件的延性较差。

3）为了减少预应力损失，有时需进行超张拉，有可能在超张拉过程中使个别钢筋的应力超过它的实际屈服强度，使钢筋产生较大塑性变形或脆断。

张拉控制应力值的大小与施加预应力的方法有关，对于相同的钢种，先张法取值高于后张法。这是由于先张法和后张法建立预应力的方式是不同的。先张法是在浇筑混凝土之前在台座上张拉钢筋，故在预应力筋中建立的拉应力就是张拉控制应力 σ_{con}。后张法是在混凝土构件上张拉钢筋，在张拉的同时，混凝土被压缩，张拉设备千斤顶所指示的张拉控制应力已扣除混凝土弹性压缩后的钢筋应力。为此，后张法构件的 σ_{con} 值应适当低于先张法。

张拉控制应力值大小的确定还与预应力筋的种类有关。由于预应力混凝土采用的都为高强度钢筋，其塑性较差，故控制应力不能取得太高。

根据长期积累的设计和施工经验，《混凝土结构设计规范》规定，在一般情况下，张拉控制应力不宜超过11-3的限值。

表 11-3 张拉控制应力限值

预应力筋种类	张拉控制应力限值
消除应力钢丝、钢绞线	$0.75f_{ptk}$
中强度预应力钢丝	$0.70f_{ptk}$
预应力螺纹钢筋	$0.85f_{pyk}$

注：1. 表中 f_{ptk} 为预应力筋极限强度标准值；f_{pyk} 为预应力螺纹钢筋屈服强度标准值。
2. 消除应力钢丝、钢绞线、中强度预应力钢丝的张拉控制应力值不应小于 $0.4f_{ptk}$；预应力螺纹钢筋的张拉应力控制值不宜小于 $0.5f_{pyk}$。

符合下列情况之一时，表11-3中的张拉控制应力限值可提高 $0.05f_{ptk}$ 或 $0.05f_{pyk}$：

1）要求提高构件在施工阶段的抗裂性能，而在使用阶段受压区内设置的预应力筋。

2）要求部分抵消由于应力松弛、摩擦、钢筋分批张拉及预应力筋与张拉台座之间的温差等因素产生的预应力损失。

11.2.2 各种预应力损失

在预应力混凝土构件施工及使用过程中，预应力筋的张拉应力是不断降低的，称为预应力损失。引起预应力损失的因素很多，一般认为，预应力混凝土构件的总预应力损失可由各种因素产生的预应力损失叠加求得。下面将讲述六项预应力损失，包括产生的原因、损失值的计算方法及减少预应力损失的措施。

1. 直线预应力筋由于锚具变形和预应力筋内缩引起的预应力损失 σ_{l1}

直线预应力筋当张拉到 σ_{con} 后，锚固在台座或构件上时，由于锚具、垫板与构件之间的缝隙被挤紧，以及由于钢筋和楔块在锚具内的滑移，使得被拉紧的钢筋内缩所引起的预应力损失 σ_{l1} 按下列计算

$$\sigma_{l1}=\frac{a}{l}E_s \tag{11-3}$$

式中　a——张拉端锚具变形和预应力筋内缩值（mm），按表 11-4 采用；

l——张拉端至锚固端之间的距离（mm）；

E_s——预应力筋的弹性模量（N/mm^2），按附录 1 附表 1-5 采用。

表 11-4　锚具变形和预应力筋内缩值 a

锚具类别		a/mm
支承式锚具（钢丝束镦头锚具等）	螺母缝隙	1
	每块后加垫板的缝隙	1
夹片锚具	有顶压时	5
	无顶压时	6~8

注：1. 表中的锚具变形和预应力筋内缩值也可根据实测数值确定。
2. 其他类型的锚具变形和预应力筋内缩值应根据实测数据确定。

锚具损失只考虑张拉端，锚固端因在张拉过程中已被挤紧，故不考虑其所引起的应力损失。

块体拼成的结构的预应力损失尚应考虑块体间填缝的预压变形。当采用混凝土或砂浆填缝材料时，每条填缝的预压变形值应取 1mm。

减少 σ_{l1} 损失的措施

1）选择锚具变形小或使预应力筋内缩小的锚具、夹具，并尽量少用垫板，因每增加一块垫板，a 值就增加 1mm。

2）增加台座长度。因 σ_{l1} 值与台座长度成反比，采用先张法生产的构件，当台座长度为 100m 以上时，σ_{l1} 可忽略不计。

2. 预应力筋与孔道壁之间的摩擦引起的预应力损失 σ_{l2}

采用后张法张拉直线预应力筋时，由于预应力筋的表面形状、孔道成型质量情况、预应力筋的焊接外形质量情况、预应力筋与孔道接触程度（孔道的尺寸、预应力筋与孔道壁之间的间隙大小、预应力筋在孔道中的偏心距数值）等原因使钢筋在张拉过程中与孔壁接触而产生摩擦阻力。这种摩擦阻力距离预应力张拉端越远，影响越大，使构件各截面上的实际预应力有所减少，如图 11-9 所示，称为摩擦损失，以 σ_{l2} 表示。

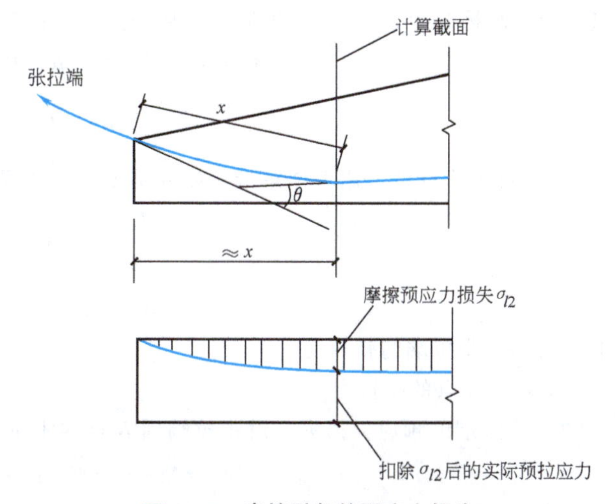

图 11-9　摩擦引起的预应力损失

（1）引起摩擦阻力的两个因素

1）张拉曲线钢筋时，由预应力筋和孔道壁之间的法向正压力引起摩擦阻力，

如图 11-10b 所示。

设 dx 段上两端的拉力分别为 N 和 $N-dN'$，则 dx 两端的预拉力对孔壁产生的法向正压力为

$$F=N\sin\frac{1}{2}d\theta+(N-dN')\sin\frac{1}{2}d\theta$$

$$=2N\sin\frac{1}{2}d\theta-dN'\sin\frac{1}{2}d\theta$$

令 $\sin\frac{1}{2}d\theta\approx\frac{1}{2}d\theta$，忽略数值较小的 $dN'\sin\frac{1}{2}d\theta$，则得

$$F\approx 2N\frac{1}{2}d\theta=Nd\theta$$

设预应力筋与孔道间的摩擦系数为 μ，则 dx 段所产生的摩擦阻力 dN_1 为

$$dN_1=-\mu Nd\theta$$

2）预留孔道因施工中某些原因发生凹凸，偏离设计位置，张拉预应力筋时，预应力筋和孔道壁之间将产生法向正压力而引起的摩擦阻力，如图 11-10c 所示。

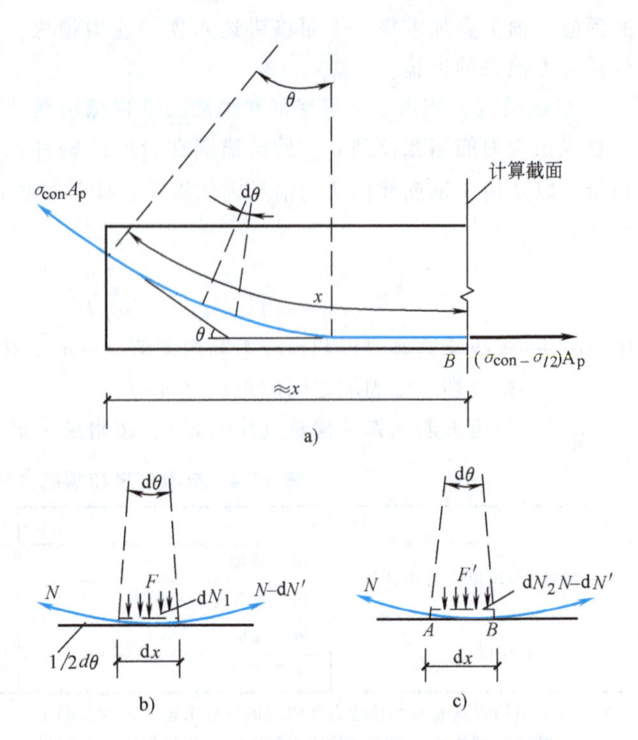

图 11-10 预留孔道中张拉钢筋与孔道壁的摩擦阻力

令孔道位置与设计位置不符的程度以偏离系数平均值 κ'表示，κ'为单位长度上的偏离值（以弧度计）。设 B 端偏离 A 端的角度为 $\kappa' dx$，dx 段中预应力筋对孔壁所产生的法向正压力为

$$F'=N\sin\frac{1}{2}\kappa' dx+(N-dN')\sin\frac{1}{2}\kappa' dx$$

$$\approx N\kappa' dx$$

同理，dx 段所产生的摩擦阻力 dN_2 为

$$dN_2=-\mu N\kappa' dx$$

将以上两个摩擦阻力 dN_1、dN_2 相加，并从张拉端到计算截面点 B 积分，得

$$dN=dN_1+dN_2=-[\mu Nd\theta+\mu N\kappa' dx]$$

$$\int_{N_0}^{N_B}\frac{dN}{N}=-\mu\int_0^{\theta}d\theta-\mu\kappa'\int_0^{x}dx$$

式中 μ、κ'都为实验值，用考虑每米长度局部偏差对摩擦影响系数 κ 代替 $\mu\kappa'$，则得

$$\ln\frac{N_B}{N_0}=-(\kappa x+\mu\theta)$$

$$N_B=N_0e^{-(\kappa x+\mu\theta)}$$

式中 N_0——张拉端的张拉力；

N_B——B 点的张拉力。

（2）张拉端的预应力损失　设张拉端到 B 点的张拉力损失为 N_{l2}，则

$$N_{l2}=N_0-N_B=N_0[1-e^{-(\kappa x+\mu\theta)}]$$

除以预应力钢筋截面面积，即得

$$\sigma_{l2}=\sigma_{con}\left[1-e^{-(\kappa x+\mu\theta)}\right]=\sigma_{con}\left(1-\frac{1}{e^{\kappa x+\mu\theta}}\right) \tag{11-4}$$

式中　κ——考虑孔道每米长度局部偏差的摩擦系数，按表 11-5 取用；

x——张拉端至计算截面的孔道长度（m），也可近似取该段孔道在轴上的投影长度（见图 11-10）；

μ——预应力筋与孔道壁之间的摩擦系数，按表 11-5 取用；

θ——从张拉端至计算截面曲线孔道部分切线的夹角之和（rad）。

表 11-5　摩擦系数 κ 及 μ 值

孔道成型方式	κ	μ	
		钢丝束、钢绞线	预应力螺纹钢筋
预埋金属波纹管	0.0015	0.25	0.50
预埋塑料波纹管	0.0015	0.15	—
预埋钢管	0.0010	0.30	—
抽芯成型	0.0014	0.55	0.60
无粘结预应力筋	0.0040	0.09	—

注：摩擦系数值可根据实测数据确定。

（3）减少 σ_{l2} 损失的措施

1）对于较长的构件可在两端进行张拉，则计算中孔道长度可按构件的一半长度计算。比较图 11-11a 及图 11-11b 两端张拉可减少摩擦损失是显而易见的。但这个措施将引起 σ_{l1} 的增加，应用时需加以注意。

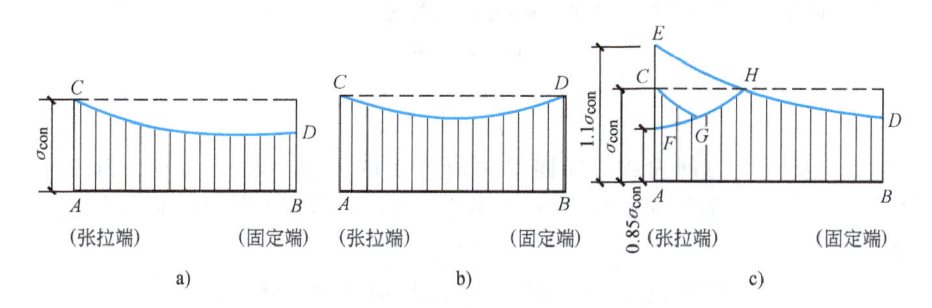

图 11-11　一端张拉、两端张拉及超张拉对减少摩擦损失的影响

a）一端张拉　b）两端张拉　c）超张拉

2）采用超张拉，如图 11-11c 所示，若张拉程序为

$$1.1\sigma_{con}\xrightarrow{\text{持荷 2min}}0.85\sigma_{con}\xrightarrow{\text{持荷 2min}}\sigma_{con}$$

当张拉端 A 超张拉 10% 时，钢筋中的预拉应力将沿 EHD 分布。当张拉端的张拉应力降低至 $0.85\sigma_{con}$ 时，由于孔道与钢筋之间产生反向摩擦，预应力将沿 $FGHD$ 分布。当张拉端 A 再次张拉至 σ_{con} 时，则钢筋中的应力将沿 $CGHD$ 分布，显然比图 11-11a 所建立的预拉应力要均匀些，预应力损失要小一些。

后张拉法构件曲线预应力筋或折线预应力筋由于锚具变形和预应力筋内缩引起的预应力损失值 σ_{l1}，应根据曲线预应力筋或折线预应力筋与孔道壁之间反向摩擦影响长度 l_f 范围内的预应力筋变形值等于锚具变形和预应力筋内缩值的条件确定。

当预应力筋为抛物线形时，可近似按圆弧形曲线考虑，如图 11-12a 所示。如其对应的圆心角不大于 30°时，张拉时预应力筋与孔道之间摩擦引起的预应力损失的变化近似如图 11-12b 中 *ABC* 所示。张拉结束，由于预应力筋因锚具变形和钢筋内缩受到钢筋与孔道壁之间反摩擦力的影响，张拉力将有所下降，离张拉端越远，其值越小，离张拉端某一距离 l_f 处，锚具变形和内缩值等于反摩擦力引起的钢筋变形值。l_f 称为反向摩擦影响长度。在 l_f 范围内的预应力筋的应力变化如图 11-12b 直线 $A'B$ 所示。

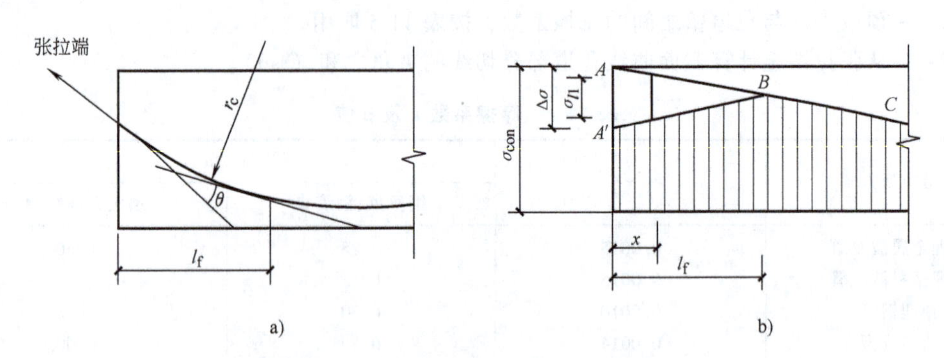

图 11-12　圆弧曲线预应力筋因锚具变形和钢筋内缩引起的损失值

a）圆弧曲线预应力筋　b）预应力损失值 σ_{l1} 分布

现在来计算反向摩擦影响长度 l_f 及在 l_f 范围内由于锚具变形和钢筋内缩引起的预应力损失值 σ_{l1}。

对于式（11-4），当 $\kappa x+\mu\theta \leqslant 0.3$ 时，σ_{l2} 也可按下列近似公式计算

$$\sigma_{l2}=\sigma_{con}(\kappa x+\mu\theta)$$

由于 θ 随 x 的增大而增大，可视为 x 的线性函数。因此可取

$$\lambda x=\kappa x+\mu\theta$$

$$\lambda=\frac{\kappa x+\mu\theta}{x}=\kappa+\mu\frac{\theta}{x}$$

由于锚具变形及预应力筋内缩，锚固端预应力筋的张拉力将由 *A* 点下降到 *A'* 点（见图 11-12b），其差值为 $\Delta\sigma$，则直线 *AB* 上任意点的预应力筋的应力可由张拉控制应力 σ_{con} 扣除孔道摩擦损失值得到，即

$$\sigma=\sigma_{con}[1-(\kappa x+\mu\theta)]=\sigma_{con}(1-\lambda x)=\sigma_{con}-\lambda x\sigma_{con}$$

取上述正反两个方向的摩擦系数近似相等，且具有对称性，则直线 $A'B$ 上任意点的预应力筋的应力可由 A'的应力值（$\sigma_{con}-\Delta\sigma$）再增加与上述孔道摩擦损失相等的值而得到，即

$$\sigma=\sigma_{con}-\Delta\sigma+\lambda x\sigma_{con}$$

在 *B* 点，上两式所得的预应力筋的应力值相等，且 $x=l_f$，故得

$$\sigma_{con}-\lambda l_f\sigma_{con}=\sigma_{con}-\Delta\sigma+\lambda l_f\sigma_{con}$$

$$l_f=\frac{\Delta\sigma}{2\lambda\sigma_{con}}$$

$\Delta\sigma$ 可由下述方法求得：由于锚具变形和预应力筋内缩，使预应力筋在 l_f 区段内产生的平均内缩应变为$\frac{a}{l_f}$（a 为锚具变形和钢筋内缩值），则平均预应力损失值为$\frac{a}{l_f}E_s$。预应力筋损失值在锚固端为最大，而在 *B* 点处为零，在两者之间的中点处即为平均应力损失，即$\frac{a}{l_f}E_s$。由此可见 $\Delta\sigma=2\frac{a}{l_f}E_s$，则

$$l_{\mathrm{f}}=\frac{\Delta\sigma}{2\lambda\sigma_{\mathrm{con}}}=\frac{2\dfrac{a}{l_{\mathrm{f}}}E_{\mathrm{s}}}{2\lambda\sigma_{\mathrm{con}}}$$

所以

$$l_{\mathrm{f}}=\sqrt{\frac{aE_{\mathrm{s}}}{\lambda\sigma_{\mathrm{con}}}}=\sqrt{\frac{aE_{\mathrm{s}}}{\sigma_{\mathrm{con}}\left(\kappa+\dfrac{\mu\theta}{x}\right)}} \tag{11-5}$$

抛物线形预应力筋可近似按圆弧形曲线考虑，且其对应的圆心角 $\theta\leqslant30°$时，有

$$\frac{\theta}{x}=\frac{1}{r_{\mathrm{c}}}$$

式中　r_{c}——圆弧形曲线预应力筋的曲率半径（m）；

　　x——张拉端至计算截面的距离（m），且应符合 $x\leqslant l_{\mathrm{f}}$ 的规定。

将 r_{c} 代入式（11-5），并将长度单位均转化为 m 计算，则

$$l_{\mathrm{f}}=\sqrt{\frac{aE_{\mathrm{s}}}{1000\sigma_{\mathrm{con}}\left(\dfrac{\mu}{r_{\mathrm{c}}}+\kappa\right)}} \tag{11-6}$$

再由

$$l_{\mathrm{f}}=\frac{\Delta\sigma}{2\lambda\sigma_{\mathrm{con}}}$$

可得

$$\Delta\sigma=2\sigma_{\mathrm{con}}\lambda l_{\mathrm{f}}=2\sigma_{\mathrm{con}}l_{\mathrm{f}}\left(\frac{\mu}{r_{\mathrm{c}}}+\kappa\right)$$

距锚固端的距离为 x 的任意截面处因锚具变形和预应力筋内缩而引起的预应力损失值 σ_{l1}，可按线性关系求出，即

$$\sigma_{l1}=2\sigma_{\mathrm{con}}l_{\mathrm{f}}\left(\frac{\mu}{r_{\mathrm{c}}}+\kappa\right)\left(1-\frac{x}{l_{\mathrm{f}}}\right) \tag{11-7}$$

式中　x——张拉端至计算截面的距离（m），且应符合 $x\leqslant l_{\mathrm{f}}$ 的规定。

对于常用束形的后张预应力筋在反向摩擦影响长度 l_{f} 范围内的预应力损失值 σ_{l1} 的计算方法见《混凝土结构设计规范》附录 J。

3. 混凝土加热养护时受张拉的预应力筋与承受拉力的设备之间温差引起的预应力损失 σ_{l3}

为了缩短先张法构件的生产周期，浇筑混凝土后常采用蒸汽养护的办法加速混凝土的硬结。升温时，钢筋受热自由膨胀，产生了预应力损失。

设混凝土加热养护时，受张拉的预应力筋与承受拉力的设备（台座）之间的温差为 Δt，钢筋的线膨胀系数为 $\alpha=0.00001/℃$，则 σ_{l3}（单位：$\mathrm{N/mm^2}$）可按下式计算

$$\begin{aligned}\sigma_{l3}&=\varepsilon_{\mathrm{s}}E_{\mathrm{s}}=\frac{\Delta l}{l}E_{\mathrm{s}}=\frac{\alpha l\Delta t}{l}E_{\mathrm{s}}=\alpha E_{\mathrm{s}}\Delta t\\&=0.00001\times2.0\times10^{5}\times\Delta t=2\Delta t\end{aligned} \tag{11-8}$$

减少 σ_{l3} 损失的措施有：

1）用两次升温养护。先在常温下养护，待混凝土强度达到一定强度等级，如 C7.5～C10 时，再逐渐升温到规定的养护温度，这时可认为钢筋与混凝土已结成整体，能够一起胀缩而不引起应力损失。

2）钢模上张拉预应力筋。由于预应力筋是锚固在钢模上的，升温时两者温度相同，可以不考虑此项损失。

4. 预应力筋应力松弛引起的预应力损失 σ_{l4}

钢筋在高应力作用下，其塑性变形具有随时间而增长的性质。在钢筋长度保持不变的条件下，

钢筋的应力会随时间的增长而逐渐降低，这种现象称为钢筋的应力松弛。另一方面在钢筋应力保持不变的条件下，其应变会随时间的增长而逐渐增大，这种现象称为钢筋的徐变。钢筋的松弛和徐变均将引起预应力筋中的应力损失，这种损失统称为预应力筋应力松弛损失 σ_{l4}。

《混凝土结构设计规范》根据试验结果，σ_{l4} 按如下方式计算：

(1) 对消除应力钢丝、钢绞线

1) 普通松弛

$$\sigma_{l4}=0.4\left(\frac{\sigma_{con}}{f_{ptk}}-0.5\right)\sigma_{con} \tag{11-9}$$

2) 低松弛

当 $\sigma_{con}\leqslant 0.7f_{ptk}$ 时
$$\sigma_{l4}=0.125\left(\frac{\sigma_{con}}{f_{ptk}}-0.5\right)\sigma_{con} \tag{11-10}$$

当 $0.7f_{ptk}<\sigma_{con}\leqslant 0.8f_{ptk}$ 时
$$\sigma_{l4}=0.2\left(\frac{\sigma_{con}}{f_{ptk}}-0.575\right)\sigma_{con} \tag{11-11}$$

(2) 对中强度预应力钢丝
$$\sigma_{l4}=0.08\sigma_{con} \tag{11-12}$$

(3) 对预应力螺纹钢筋
$$\sigma_{l4}=0.03\sigma_{con} \tag{11-13}$$

当取用上述超张拉的应力松弛损失值时，张拉程序要符合 GB 50204—2002《混凝土结构工程施工质量验收规范》(2011 版) 的要求。

当 $\sigma_{con}/f_{ptk}\leqslant 0.5$ 时，预应力筋的应力松弛损失值应取等于零。

试验表明，钢筋应力松弛与下列因素有关：

1) 应力松弛与时间有关，开始阶段发展较快，第一小时松弛损失可达全部松弛损失的 50%左右，24h 后达 80%左右，以后发展缓慢。

2) 应力松弛损失与钢材品种有关。预应力螺纹钢筋的应力松弛值比钢丝、钢绞线的小。

3) 张拉控制应力值高，应力松弛大，反之，则小。

减少 σ_{l4} 损失的措施有：进行超张拉，先控制张拉应力达 (1.05~1.1) σ_{con}，持荷 2~5min，然后卸荷再施加张拉应力至 σ_{con}，这样可以减少松弛引起的预应力损失。因为在高应力短时间所产生的松弛损失可达到在低应力下需经过较长时间才能完成的松弛数值，所以，经过超张拉，部分松弛损失已完成。钢筋松弛与初应力有关：当初应力小于 $0.7f_{ptk}$ 时，松弛与初应力呈线性关系；当初应力高于 $0.7f_{ptk}$ 时，松弛显著增大。

5. 混凝土收缩、徐变的预应力损失 σ_{l5}、σ'_{l5}

混凝土在结硬时会发生体积收缩，而在预应力作用下，沿压力方向混凝土发生徐变。两者均使构件的长度缩短，预应力筋也随之内缩，造成预应力损失。收缩与徐变虽是两种性质完全不同的现象，但它们的影响因素、变化规律较为相似，故《混凝土结构设计规范》将这两项预应力损失合在一起考虑。

混凝土收缩、徐变引起受拉区纵向预应力筋的预应力损失 σ_{l5} 和受压区纵向预应力筋的预应力损失 σ'_{l5} 可按下列公式计算：

(1) 对一般情况

先张法构件

$$\sigma_{l5}=\frac{60+340\dfrac{\sigma_{pc}}{f'_{cu}}}{1+15\rho} \tag{11-14}$$

$$\sigma'_{l5}=\frac{60+340\dfrac{\sigma'_{pc}}{f'_{cu}}}{1+15\rho'} \tag{11-15}$$

后张法构件

$$\sigma_{l5}=\frac{55+300\dfrac{\sigma_{pc}}{f'_{cu}}}{1+15\rho} \tag{11-16}$$

$$\sigma'_{l5}=\frac{55+300\dfrac{\sigma'_{pc}}{f'_{cu}}}{1+15\rho'} \tag{11-17}$$

式中 σ_{pc}、σ'_{pc}——受拉区、受压区预应力筋在各自合力点处的混凝土法向压应力，此时，预应力损失值仅考虑混凝土预压前（第一批）的损失，其非预应力筋中的应力 σ_{l5}、σ'_{l5}值应取等于零，σ_{pc}、σ'_{pc}值不得大于 $0.5f'_{cu}$，当 σ'_{pc}为拉应力时，则式（11-15）、式（11-17）中的 σ'_{pc}应取为零，计算混凝土法向应力 σ_{pc}、σ'_{pc}时可根据构件制作情况考虑自重的影响；

f'_{cu}——施加预应力时的混凝土立方体抗压强度；

ρ、ρ'——受拉区、受压区预应力筋和非预应力筋的配筋率。

对先张法构件

$$\rho=\frac{A_p+A_s}{A_0},\ \rho'=\frac{A'_p+A'_s}{A_0} \tag{11-18}$$

对后张法构件

$$\rho=\frac{A_p+A_s}{A_n},\ \rho'=\frac{A'_p+A'_s}{A_n} \tag{11-19}$$

此处，A_0 为混凝土换算截面面积，A_n 为混凝土净截面面积。

对于对称配置预应力筋和普通钢筋的构件，配筋率 ρ、ρ'应按钢筋总截面面积的一半进行计算。

由式（11-14）~式（11-17）可以看出：

1）σ_{l5} 与相对初应力 σ_{pc}/f'_{cu}为线性关系，公式所给出的是线性徐变条件下的应力损失，因此要求符合 $\sigma_{pc}<0.5f'_{cu}$ 的条件。否则，导致预应力损失值显著增大。因此，过大的预加应力以及放张时过低的混凝土抗压强度均是不妥的。

2）后张法构件 σ_{l5} 的取值比先张法构件为低。因为后张法构件在施加预应力时，混凝土的收缩已经完成了一部分。

当结构处于年平均相对湿度低于 40% 的环境下，σ_{l5} 和 σ'_{l5}应增加 30%。

减少 σ_{l5} 的措施有：①采用高强度等级水泥，减少水泥用量，降低水胶比，采用干硬性混凝土；②采用级配较好的骨料，加强振捣，提高混凝土的密实性；③加强养护，以减少混凝土的收缩。

（2）对重要的结构构件 当需要考虑与时间相关的混凝土收缩、徐变及预应力筋应力松弛预应力损失值时，可按《混凝土结构设计规范》附录 K 进行计算。

6. 用螺旋式预应力筋作配筋的环形构件，由于混凝土的局部挤压引起的预应力损失 σ_{l6}

采用螺旋式预应力筋作配筋的环形构件，由于预应力筋对混凝土的挤压，使环形构件的直径有所减小，预应力筋中的拉应力就会降低，从而引起预应力筋的应力损失 σ_{l6}。

σ_{l6} 的大小与环形构件的直径 d 成反比。直径越小，损失越大，故《混凝土结构设计规范》规定：

当 $d\leqslant 3\text{m}$ 时 $$\sigma_{l6}=30\text{N/mm}^2 \tag{11-20}$$

当 $d>3\text{m}$ 时 $$\sigma_{l6}=0 \tag{11-21}$$

11.2.3 预应力损失值的组合

上述的六项预应力损失，有的只发生在先张法构件中，有的只发生在后张法构件中，有的两种构件均有，而且是分批产生的。为了便于分析和计算，《混凝土结构设计规范》规定，预应力构件在各阶段的预应力损失值宜按表 11-6 的规定进行组合。

表 11-6 各阶段预应力损失值的组合

预应力损失值的组合	先张法构件	后张法构件
混凝土预压前(第一批)损失 $\sigma_{l\mathrm{I}}$	$\sigma_{l1}+\sigma_{l2}+\sigma_{l3}+\sigma_{l4}$	$\sigma_{l1}+\sigma_{l2}$
混凝土预压后(第二批)损失 $\sigma_{l\mathrm{II}}$	σ_{l5}	$\sigma_{l4}+\sigma_{l5}+\sigma_{l6}$

注：先张法构件由于钢筋应力松弛引起的损失值 σ_{l4} 在第一批和第二批损失中所占的比例，如需区分，可根据实际情况确定。

考虑到各项预应力损失的离散性，并为了保证预应力混凝土构件具有足够的抗裂能力，应对预应力总损失值的最低限值进行规定。所以当求得的预应力总损失值 σ_l 小于下列数值时，则按下列数值取用：对先张法构件，取 100N/mm^2；对后张法构件，取 80N/mm^2。

11.3 后张法构件端部锚固区的局部承压验算

后张法构件的预压力是通过锚具经垫板传递给混凝土的。由于预压力很大，而锚具下的垫板与混凝土的压力接触面积往往很小，锚具下的混凝土将承受较大的局部压力。在局部压力的作用下，当混凝土强度或变形的能力不足时，构件端部会产生裂缝，甚至会发生局部受压破坏。

构件端部锚具下的应力状态是很复杂的，构件端部混凝土局部受压时的内力分布如图 11-13 所示。由弹性力学中的圣维南原理可知，锚具下的局部压应力是要经过一段距离才能扩散到整个截面上。因此，要把图 11-13a、b 中示出的作用在截面 AB 的面积 A_l 上的总预压应力 N_p 逐渐扩散到一个较大截面上，使得在这个截面是全截面均匀受压的，就需要有一定的距离。设此距离为 h，从端部局部受压过渡到全截面均匀受压的这个区段，称为预应力混凝土构件的锚固区，即图 11-13c 中的区段 $ABCD$。

在局部压应力 p_1 和均匀压应力 p 作用下，锚固区内的混凝土实际处于较复杂的三向应力状态，国内外曾进行过许多理论和试验研究，在理论分析方面，从把它作为平面应力问题求解发展到空间问题求解。

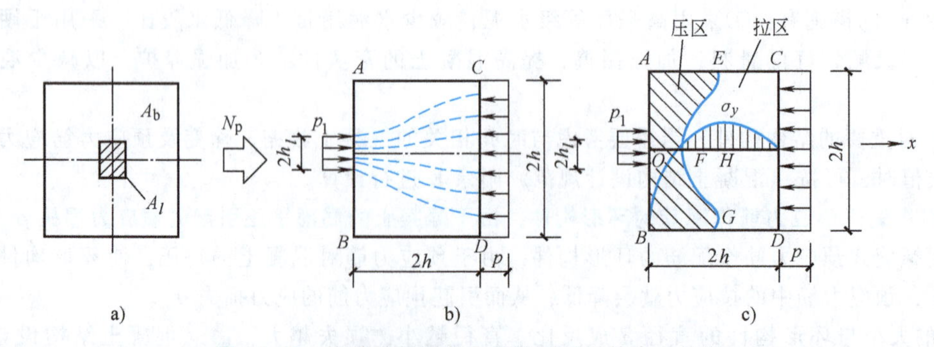

图 11-13 构件端部混凝土局部受压时的内力分布

由平面应力问题分析得知，在锚固区中任何一点将产生 σ_x、σ_y 和 τ 三种应力。σ_x 为沿 x 方向（即纵向）的正应力，在块体 $ABCD$ 中的绝大部分 σ_x 都是压应力，在纵轴 Ox 上其数值较大，其中

以 O 点为最大，即等于 p_1。σ_y 为沿 y 方向（即横向）的正应力，在块体的 $AOBGFE$ 部分，σ_y 是压应力；在 $EFGDC$ 部分，σ_y 是拉应力，最大横向拉应力发生在 H 点（见图 11-13c）。当荷载 N_p 逐渐增大，以致 H 点的拉应变超过混凝土的极限拉应变值时，混凝土出现纵向裂缝，如承载力不足，则会导致局部受压破坏。为此，《混凝土结构设计规范》规定，设计时既要保证在张拉钢筋时锚具下锚固区的混凝土不开裂和不产生过大的变形，又要计算锚具下所需配置的间接钢筋以满足局部受压承载力的要求。

1. 构件局部受压区截面尺寸

为了满足构件端部局部受压区的抗裂要求，防止该区段混凝土由于施加预应力而出现沿构件长度方向的裂缝，对配置间接钢筋的混凝土结构构件，其局部受压区的截面尺寸应符合下列要求

$$F_l \leqslant 1.35\beta_c\beta_l f_c A_{ln} \tag{11-22}$$

$$\beta_l = \sqrt{\frac{A_b}{A_l}} \tag{11-23}$$

式中 F_l——局部受压面上作用的局部荷载或局部压力设计值，后张法预应力混凝土构件中的锚头局压区应取 $F_l = 1.2\sigma_{con}A_p$；

f_c——混凝土轴心抗压强度设计值，在后张法预应力混凝土构件的张拉阶段验算中，可根据相应阶段的混凝土立方体抗压强度 f'_{cu} 值按附录 1 附表 1-10 线性内插法取用；

β_c——混凝土强度影响系数，混凝土强度等级不超过 C50 时取 $\beta_c = 1.0$，混凝土强度等级等于 C80 时取 $\beta_c = 0.8$，其间按线性内插法取用；

β_l——混凝土局部受压时的强度提高系数；

A_{ln}——混凝土局部受压净面积，后张法构件应在混凝土局部受压面积中扣除孔道、凹槽部分的面积；

A_l——混凝土的局部受压面积，有垫板时可考虑预应力沿锚具垫圈边缘在垫板中按 45°扩散后传至混凝土的受压面积，如图 11-14 所示；

A_b——局部受压的计算底面积，可根据局部受压面积与计算底面积按同心、对称的原则确定，常用情况可按图 11-15 取用。

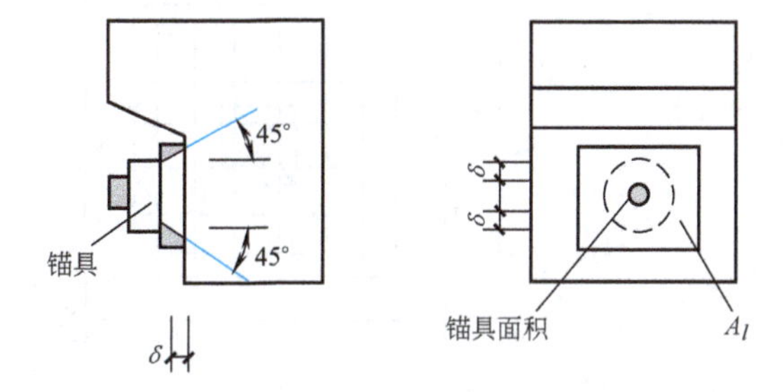

图 11-14 有垫板时预应力传至混凝土的受压面积

当不满足式（11-22）时，应加大端部锚固区的截面尺寸，调整锚具位置或提高混凝土强度等级。

2. 局部受压承载力计算

在锚固区段配置间接钢筋（焊接钢筋网或螺旋式钢筋）可以有效地提高锚固区段的局部受压强度，防止局部受压破坏。当配置方格网式或螺旋式间接钢筋，且其核心面积 $A_{cor} \geqslant A_l$ 时（见图 11-16），局部受压承载力应按下式计算

$$F_l \leqslant 0.9(\beta_c\beta_l f_c + 2\alpha\rho_v\beta_{cor} f_{yv})A_{ln} \tag{11-24}$$

式中 β_{cor}——配置间接钢筋的局部受压承载力提高系数，A_{cor} 不大于混凝土局部受压面积 A_l 的 1.25 倍时，$\beta_{cor} = 1$，

$$\beta_{cor} = \sqrt{\frac{A_{cor}}{A_l}} \tag{11-25}$$

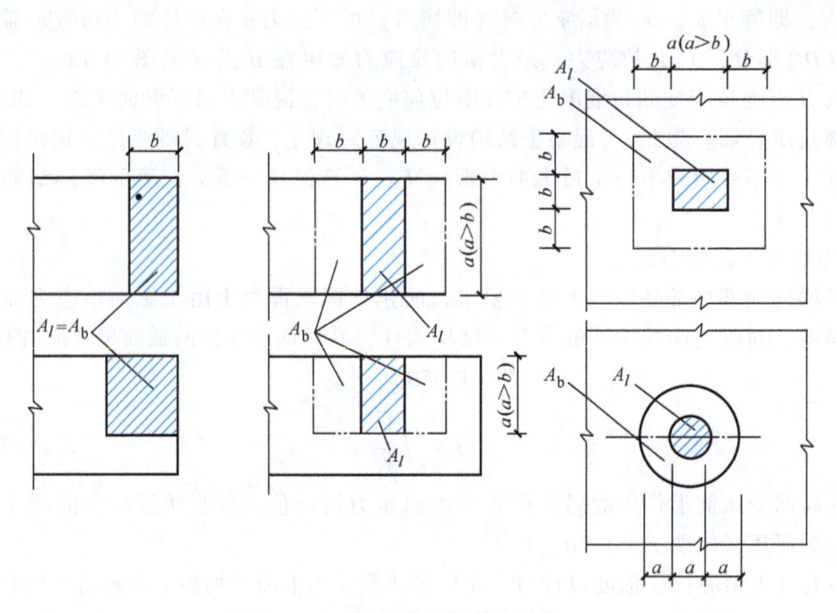

图 11-15 局部受压计算底面积 A_b

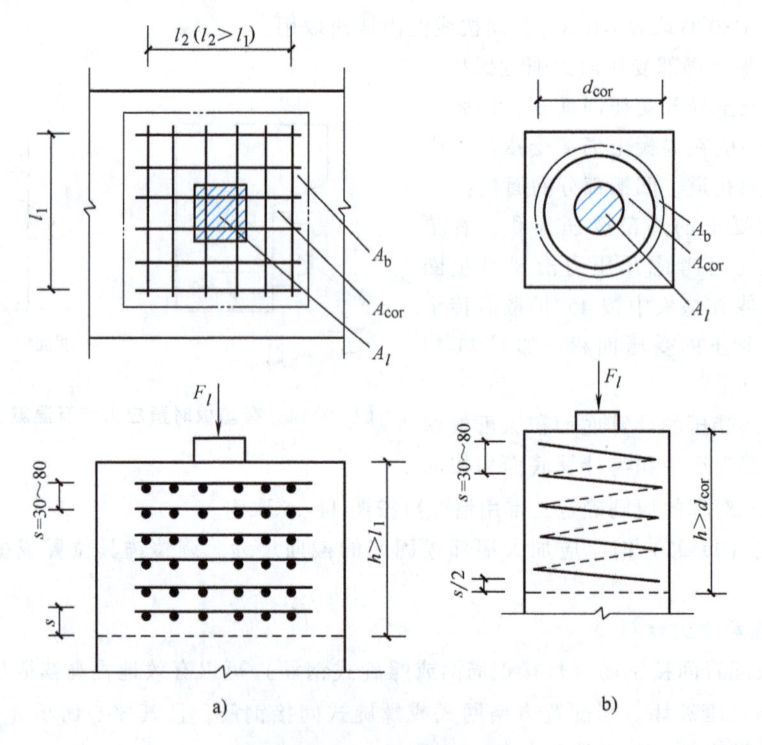

图 11-16 局部受压配筋

a）方格网钢筋 b）螺旋式钢筋

α——间接钢筋对混凝土约束的折减系数，当混凝土强度等级不超过 C50 时取 1.0，当混凝土强度等级等于 C80 时取 0.85，其间按线性内插法取用；

A_{cor}——配置方格网式或螺旋式间接钢筋内表面范围以内的混凝土核心面积（不扣除孔道面积），但不应大于 A_b，且其重心应与 A_l 的重心重合；

f_{yv}——间接钢筋的抗拉强度设计值；

ρ_v——间接钢筋的体积配筋率（核心面积 A_{cor} 范围内的单位混凝土体积所含间接钢筋体积），且要求 $\rho_v \geqslant 0.5\%$；

其余参数意义同式（11-22）。

当为方格网配筋时（见图 11-16a）

$$\rho_v = \frac{n_1 A_{s1} l_1 + n_2 A_{s2} l_2}{A_{cor} s} \tag{11-26}$$

此时，钢筋网两个方向上的单位长度内，其钢筋截面面积的比值不宜大于 1.5 倍。

当为螺旋式螺旋配筋时（见图 11-16b）

$$\rho_v = \frac{4A_{ss1}}{d_{cor} s} \tag{11-27}$$

式中　n_1、A_{s1}——方格网沿 l_1 方向的钢筋根数、单根钢筋的截面面积；

n_2、A_{s2}——方格网沿 l_2 方向的钢筋根数、单根钢筋的截面面积；

A_{ss1}——单根螺旋式间接钢筋的截面面积；

d_{cor}——螺旋式间接钢筋内表面范围内的混凝土截面直径；

s——方格网式或螺旋式间接钢筋的间距，宜取 30~80mm。

按式（11-24）计算的间接钢筋应配置在图 11-16 所规定的 h 范围内，方格网式钢筋不应少于 4 片，螺旋式钢筋不应少于 4 圈。

如验算不能满足式（11-24）时，对于方格式钢筋网，应增加钢筋根数，加大钢筋直径，减小钢筋网的间距；对于螺旋式钢筋，应加大直径，减小螺距。

11.4　预应力混凝土轴心受拉构件的计算

11.4.1　先张法轴心受拉构件各阶段的应力分析

预应力混凝土轴心受拉构件从张拉钢筋开始直到构件破坏，截面中混凝土和钢筋应力的变化可以分为施工阶段和使用阶段。每个阶段又包括若干个特征受力过程，因此，在设计预应力混凝土构件时，除应进行荷载作用下的承载力、抗裂度或裂缝宽度计算外，还要对各个特征受力过程的承载力和抗裂度进行验算。先张法预应力混凝土构件是在台座上张拉预应力筋至张拉控制应力 σ_{con} 后，经过锚固、浇筑混凝土、养护，混凝土达到预定强度后进行放张。先张法轴心受拉构件各阶段的应力状态见表 11-7。

1. 施工阶段

（1）张拉预应力钢筋（见表 11-7 中 a 项）　在台座上放置预应力筋，并张拉至张拉控制应力 σ_{con}，这时混凝土尚未浇筑，构件尚未形成，预应力筋的总拉力 $\sigma_{con} A_p$（A_p 为预应力筋的截面面积）由台座承受，非预应力筋不承担任何应力。

（2）完成第一批预应力损失 $\sigma_{l\text{I}}$（见表 11-7 中 b 项）　张拉钢筋完毕，将预应力筋锚固在台座上，因锚具变形和钢筋内缩将产生预应力损失 σ_{l1}。而后浇筑混凝土并进行养护，由于混凝土加热养护温差将产生预应力损失 σ_{l3}；由于钢筋应力松弛将产生预应力损失 σ_{l4}（严格地说，此时只完成 σ_{l4} 的一部分，而另一部分将在以后继续完成。为了简化分析，近似认为 σ_{l4} 已全部完成）。至此，预应力筋已完成第一批预应力损失 $\sigma_{l\text{I}}$。预应力筋的拉应力由 σ_{con} 降低到 $\sigma_{pe} = \sigma_{con} - \sigma_{l\text{I}}$。此时，由于预应力筋尚未放松，混凝土应力为零；非预应力筋应力也为零。

表 11-7 先张法轴心受拉构件各阶段的应力状态

	受力阶段	简图	预应力筋应力 σ_p	混凝土应力 σ_{pc}	非预应力筋应力 σ_s
施工阶段	a. 张拉预应力筋		σ_{con}	—	—
	b. 完成第一批预应力损失 $\sigma_{l\text{I}}$		$\sigma_{con}-\sigma_{l\text{I}}$	0	0
	c. 放松预应力筋，预压混凝土	$\sigma_{pc\text{I}}$(压) $\sigma_{pe\text{I}}A_p$	$\sigma_{pe\text{I}}=\sigma_{con}-\sigma_{l\text{I}}-\alpha_{Ep}\sigma_{pc\text{I}}$	$\sigma_{pc\text{I}}=(\sigma_{con}-\sigma_{l\text{I}})A_p/A_0$（压）	$\sigma_{s\text{I}}=\alpha_E\sigma_{pc\text{I}}$（压）
	d. 完成第二批预应力损失 $\sigma_{l\text{II}}$	$\sigma_{pc\text{II}}$(压) $\sigma_{pe\text{II}}A_p$	$\sigma_{pe\text{II}}=\sigma_{con}-\sigma_l-\alpha_{Ep}\sigma_{pc\text{II}}$	$\sigma_{pc\text{II}}=[(\sigma_{con}-\sigma_l)A_p-\sigma_{l5}A_s]/A_0$（压）	$\sigma_{s\text{II}}=\alpha_E\sigma_{pc\text{II}}+\sigma_{l5}$（压）
使用阶段	e. 加载至混凝土应力为零	N_0 0 N_0	$\sigma_{p0}=\sigma_{con}-\sigma_l$	0	$\sigma_{s0}=\sigma_{l5}$（压）
	f. 加载至混凝土即将开裂	N_{cr} f_{tk}(拉) N_{cr}	$\sigma_{pcr}=\sigma_{con}-\sigma_l+\alpha_{Ep}f_{tk}$	f_{tk}	$\sigma_{scr}=\alpha_E f_{tk}-\sigma_{l5}$（拉）
	g. 加载至破坏	N_u N_u	f_{py}	0	f_y

（3）放松预应力筋，预压混凝土（见表 11-7 中 c 项） 当混凝土达到规定的强度后，放松预应力筋，则预应力筋回缩。这时，由于钢筋与混凝土之间已有足够的粘结强度，组成构件的三部分（混凝土、非预应力筋和预应力筋）将共同变形，从而导致混凝土和非预应力筋受压。

设此时混凝土所获得的预压应力为 $\sigma_{pc\text{I}}$，由于钢筋与混凝土两者的变形协调，则预应力筋的拉应力相应减小了 $\alpha_{Ep}\sigma_{pc\text{I}}$，即

$$\sigma_{pe\text{I}}=\sigma_{con}-\sigma_{l\text{I}}-\alpha_{Ep}\sigma_{pc\text{I}} \tag{11-28}$$

同时，非预应力筋产生的压应力为

$$\sigma_{s\text{I}}=\alpha_E\sigma_{pc\text{I}}$$

式中 α_{Ep}——预应力筋的弹性模量与混凝土弹性模量之比，$\alpha_{Ep}=E_p/E_c$；

α_E——非预应力筋的弹性模量与混凝土弹性模量之比，$\alpha_E=E_s/E_c$。

混凝土的预压应力为 $\sigma_{pc\text{I}}$ 可根据截面力的平衡条件确定，即

$$\sigma_{pe\text{I}}A_p=\sigma_{pc\text{I}}A_c+\sigma_{s\text{I}}A_s$$

将 $\sigma_{\mathrm{pe\,I}}$ 和 $\sigma_{\mathrm{s\,I}}$ 的表达式代入上式，可得

$$\sigma_{\mathrm{pcI}}=\frac{(\sigma_{\mathrm{con}}-\sigma_{l\,\mathrm{I}})A_{\mathrm{p}}}{A_{\mathrm{c}}+\alpha_E A_{\mathrm{s}}+\alpha_{E\mathrm{p}}A_{\mathrm{p}}}=\frac{N_{\mathrm{pI}}}{A_{\mathrm{n}}+\alpha_{E\mathrm{p}}A_{\mathrm{p}}}=\frac{N_{\mathrm{pI}}}{A_0} \tag{11-29}$$

式中　A_{c}——扣除预应力筋和非预应力筋截面面积后的混凝土截面面积；

A_{s}——非预应力筋截面面积；

A_{p}——预应力筋截面面积；

A_0——换算截面面积（混凝土截面面积），$A_0=A_{\mathrm{c}}+\alpha_E A_{\mathrm{s}}+\alpha_{E\mathrm{p}}A_{\mathrm{p}}$，由不同混凝土强度等级组成的截面应根据混凝土弹性模量比值换算成同一混凝土等级的截面面积；

A_{n}——净截面面积（扣除孔道、凹槽等削弱部分以外的混凝土截面面积 A_{c} 加全部纵向非预应力筋截面面积换算成混凝土的截面面积之和）；

N_{pI}——完成第一批损失后预应力筋的总预拉力，$N_{\mathrm{pI}}=(\sigma_{\mathrm{con}}-\sigma_{l\,\mathrm{I}})A_{\mathrm{p}}$。

（4）完成第二批预应力损失 $\sigma_{l\mathrm{II}}$（见表 11-7 中 d 项）　混凝土预压后，随着时间的增长，由于混凝土的收缩、徐变将产生预应力损失 σ_{l5}，即预应力筋将完成第二批预应力损失 $\sigma_{l\mathrm{II}}$，构件进一步缩短，混凝土压应力由 $\sigma_{\mathrm{pc\,I}}$ 降低至 $\sigma_{\mathrm{pc\,II}}$，预应力筋的拉应力也由 $\sigma_{\mathrm{pe\,I}}$ 降低至 $\sigma_{\mathrm{pe\,II}}$，非预应力筋的压应力降至 $\sigma_{\mathrm{s\,II}}$，于是

$$\begin{aligned}\sigma_{\mathrm{pe\,II}}&=(\sigma_{\mathrm{con}}-\sigma_{l\,\mathrm{I}}-\alpha_{E\mathrm{p}}\sigma_{\mathrm{pc\,I}})-\sigma_{l\mathrm{II}}+\alpha_{E\mathrm{p}}(\sigma_{\mathrm{pc\,I}}-\sigma_{\mathrm{pc\,II}})\\&=\sigma_{\mathrm{con}}-\sigma_l-\alpha_{E\mathrm{p}}\sigma_{\mathrm{pc\,II}}\end{aligned} \tag{11-30}$$

式中　$\alpha_{E\mathrm{p}}(\sigma_{\mathrm{pc\,I}}-\sigma_{\mathrm{pc\,II}})$——由于混凝土压应力减少，构件的弹性压缩有所恢复，其差额值所引起的预应力筋中拉应力的增加值。

此时，非预应力筋所得到的压应力为 $\sigma_{\mathrm{s\,II}}$ 除有 $\alpha_E\sigma_{\mathrm{pc\,II}}$ 外，考虑到因混凝土收缩、徐变而在非预应力筋中产生的压应力 σ_{l5}，所以

$$\sigma_{\mathrm{s\,II}}=\alpha_E\sigma_{\mathrm{pc\,II}}+\sigma_{l5} \tag{11-31}$$

混凝土的预压应力为 $\sigma_{\mathrm{pc\,II}}$ 可根据截面力的平衡条件确定，即

$$\sigma_{\mathrm{pe\,II}}A_{\mathrm{p}}=\sigma_{\mathrm{pc\,II}}A_{\mathrm{c}}+\sigma_{\mathrm{s\,II}}A_{\mathrm{s}}$$

将 $\sigma_{\mathrm{pe\,II}}$ 和 $\sigma_{\mathrm{s\,II}}$ 的表达式代入上式，可得

$$\sigma_{\mathrm{pc\,II}}=\frac{(\sigma_{\mathrm{con}}-\sigma_l)A_{\mathrm{p}}-\sigma_{l5}A_{\mathrm{s}}}{A_{\mathrm{c}}+\alpha_E A_{\mathrm{s}}+\alpha_{E\mathrm{p}}A_{\mathrm{p}}}=\frac{N_{\mathrm{p\,II}}-\sigma_{l5}A_{\mathrm{s}}}{A_0} \tag{11-32}$$

式中　$\sigma_{\mathrm{pc\,II}}$——预应力混凝土中所建立的“有效预压应力”；

σ_{l5}——非预应力筋由于混凝土收缩、徐变引起的应力；

$N_{\mathrm{p\,II}}$——完成全部损失后，预应力筋的总预拉力，$N_{\mathrm{p\,II}}=(\sigma_{\mathrm{con}}-\sigma_l)A_{\mathrm{p}}$。

2. 使用阶段

（1）加载至混凝土应力为零（见表 11-7 中 e 项）　由轴向拉力 N_0 所产生的混凝土拉应力恰好全部抵消混凝土的有效预压应力 $\sigma_{\mathrm{pc\,II}}$，使截面处于消压状态，即 $\sigma_{\mathrm{pc}}=0$。这时，预应力筋的拉应力 σ_{p0} 是在 $\sigma_{\mathrm{pe\,II}}$ 的基础上增加了 $\alpha_{E\mathrm{p}}\sigma_{\mathrm{pc\,II}}$，即

$$\sigma_{\mathrm{p0}}=\sigma_{\mathrm{pe\,II}}+\alpha_{E\mathrm{p}}\sigma_{\mathrm{pc\,II}}$$

将式（11-30）代入上式，可得

$$\sigma_{\mathrm{p0}}=\sigma_{\mathrm{con}}-\sigma_l \tag{11-33}$$

非预应力筋的压应力 σ_{s0} 由原来压应力 $\sigma_{\mathrm{s\,II}}$ 的基础上，增加了一个拉应力 $\alpha_E\sigma_{\mathrm{pc\,II}}$，因此

$$\sigma_{\mathrm{s0}}=\sigma_{\mathrm{s\,II}}-\alpha_E\sigma_{\mathrm{pc\,II}}=\alpha_E\sigma_{\mathrm{pc\,II}}+\sigma_{l5}-\alpha_E\sigma_{\mathrm{pc\,II}}=\sigma_{l5}$$

由上式得知此阶段的非预应力筋仍为压应力，其值等于 σ_{l5}。

轴向拉力 N_0 可根据截面力的平衡条件求得

$$N_0=\sigma_{p0}A_p-\sigma_{s0}A_s$$

将 σ_{p0} 和 σ_{s0} 的表达式代入上式，可得

$$N_0=(\sigma_{con}-\sigma_l)A_p-\sigma_{l5}A_s$$

由式（11-32）知

$$(\sigma_{con}-\sigma_l)A_p-\sigma_{l5}A_s=\sigma_{pc\text{II}}A_0$$

所以

$$N_0=\sigma_{pc\text{II}}A_0 \tag{11-34}$$

式中　N_0——混凝土应力为零时的轴向拉力。

（2）加载至混凝土即将开裂（见表 11-7 中的 f 项）　当轴向拉力超过 N_0 后，混凝土开始受拉，随着荷载的增加，其拉应力也不断增长，当荷载加至 N_{cr}，即混凝土拉应力达到混凝土轴心抗拉强度标准值 f_{tk} 时，混凝土即将出现裂缝，这时预应力筋的拉应力是在 σ_{p0} 的基础上再增加 $\alpha_{Ep}f_{tk}$，即

$$\sigma_{pcr}=\sigma_{p0}+\alpha_{Ep}f_{tk}=\sigma_{con}-\sigma_l+\alpha_{Ep}f_{tk}$$

非预应力筋的应力 σ_{scr} 由压应力 σ_{l5} 转为拉应力，其值为

$$\sigma_{scr}=\alpha_E f_{tk}-\sigma_{l5}$$

轴向拉力 N_{cr} 可根据截面力的平衡条件求得

$$N_{cr}=\sigma_{pcr}A_p+\sigma_{scr}A_s+f_{tk}A_c$$

将 σ_{pcr} 和 σ_{scr} 的表达式代入上式，可得

$$\begin{aligned}N_{cr}&=(\sigma_{con}-\sigma_l+\alpha_{Ep}f_{tk})A_p+(\alpha_E f_{tk}-\sigma_{l5})A_s+f_{tk}A_c\\&=(\sigma_{con}-\sigma_l)A_p-\sigma_{l5}A_s+f_{tk}(A_c+\alpha_E A_s+\alpha_{Ep}A_p)\\&=(\sigma_{con}-\sigma_l)A_p-\sigma_{l5}A_s+f_{tk}A_0\end{aligned}$$

由式（11-32）知

$$(\sigma_{con}-\sigma_l)A_p-\sigma_{l5}A_s=\sigma_{pc\text{II}}A_0$$

所以

$$N_{cr}=\sigma_{pc\text{II}}A_0+f_{tk}A_0=(\sigma_{pc\text{II}}+f_{tk})A_0 \tag{11-35}$$

可见，由于预压力 $\sigma_{pc\text{II}}$ 的作用（$\sigma_{pc\text{II}}$ 比 f_{tk} 大得多），使预应力混凝土轴心受拉构件的 N_{cr} 值比钢筋混凝土轴心受拉构件大很多，这就是预应力混凝土构件抗裂度高的原因所在。

（3）加载至破坏（见表 11-7 中的 g 项）　当轴向拉力超过 N_{cr} 后，混凝土开裂，在裂缝截面上，混凝土不再承受拉力，拉力全部由预应力筋和非预应力筋承担，破坏时，预应力筋及非预应力筋的拉应力分别达到抗拉强度设计值 f_{py}、f_y。轴向拉力 N_u 可根据截面力的平衡条件求得

$$N_u=f_{py}A_p+f_yA_s \tag{11-36}$$

11.4.2　后张法轴心受拉构件各阶段的应力分析

后张法预应力混凝土构件是先制作钢筋混凝土构件（预留孔道），待混凝土强度达到规定的要求时，在构件上张拉预应力筋至张拉控制应力 σ_{con} 后，再把预应力筋锚固在构件上。后张法轴心受拉构件各阶段的应力状态如表 11-8 所示。

1. 施工阶段

（1）张拉预应力筋，预压混凝土（见表 11-8 中 b 项）　在钢筋混凝土构件上张拉预应力筋至张拉控制应力 σ_{con}，张拉钢筋的同时，千斤顶的反作用力通过传力架传给混凝土，使混凝土受到弹性压缩，并在张拉过程中产生摩擦损失 σ_{l2}，这时预应力筋的拉应力为 $\sigma_{pe}=\sigma_{con}-\sigma_{l2}$。非预应力筋中的压应力为 $\sigma_s=\alpha_E\sigma_{pc}$。

混凝土预压应力 σ_{pc} 可根据截面力的平衡条件求得

$$\sigma_{pe}A_p=\sigma_{pc}A_c+\sigma_sA_s$$

将 σ_{pe}、σ_s 的表达式代入上式，得

$$(\sigma_{con}-\sigma_{l2})A_p=\sigma_{pc}A_c+\alpha_E\sigma_{pc}A_s$$

$$\sigma_{pc}=\frac{(\sigma_{con}-\sigma_{l2})A_p}{A_c+\alpha_EA_s}=\frac{(\sigma_{con}-\sigma_{l2})A_p}{A_n}$$

式中 A_c——扣除非预应力筋截面面积以及预留孔道后的混凝土截面面积。

(2) 完成第一批预应力损失（见表 11-8 中的 c 项） 预应力筋张拉完成后，将预应力筋锚固在构件上，由于锚具变形和钢筋回缩将产生预应力损失 σ_{l1}。至此，预应力筋完成了第一批预应力损失 $\sigma_{l\,\mathrm{I}}=\sigma_{l1}+\sigma_{l2}$。此时预应力筋的拉应力由降低为

$$\sigma_{pe\,\mathrm{I}}=\sigma_{con}-\sigma_{l1}-\sigma_{l2}=\sigma_{con}-\sigma_{l\,\mathrm{I}} \tag{11-37}$$

表 11-8 后张法轴心受拉构件各阶段的应力状态

受力阶段		简图	预应力筋应力 σ_p	混凝土应力 σ_{pc}	非预应力筋应力 σ_s
施工阶段	a. 穿钢筋		0	0	0
	b. 张拉钢筋	σ_{pc}(压)　$\sigma_{pe}A_p$	$\sigma_{con}-\sigma_{l2}$	$\sigma_{pc}=(\sigma_{con}-\sigma_{l2})A_p/A_n$ (压)	$\sigma_s=\alpha_E\sigma_{pc}$ (压)
	c. 完成第一批预应力损失 $\sigma_{l\,\mathrm{I}}$	$\sigma_{pc\,\mathrm{I}}$(压)　$\sigma_{pe\,\mathrm{I}}A_p$	$\sigma_{pe\,\mathrm{I}}=\sigma_{con}-\sigma_{l\,\mathrm{I}}$	$\sigma_{pc\,\mathrm{I}}=(\sigma_{con}-\sigma_{l\,\mathrm{I}})A_p/A_n$ (压)	$\sigma_{s\,\mathrm{I}}=\alpha_E\sigma_{pc\,\mathrm{I}}$ (压)
	d. 完成第二批预应力损失 $\sigma_{l\,\mathrm{II}}$	$\sigma_{pc\,\mathrm{II}}$(压)　$\sigma_{pe\,\mathrm{II}}A_p$	$\sigma_{pe\,\mathrm{II}}=\sigma_{con}-\sigma_l$	$\sigma_{pc\,\mathrm{II}}=[(\sigma_{con}-\sigma_l)A_p-\sigma_{l5}A_s]/A_n$ (压)	$\sigma_{s\,\mathrm{II}}=\alpha_E\sigma_{pc\,\mathrm{II}}+\sigma_{l5}$ (压)
使用阶段	e. 加载至混凝土应力为零	N_0　0　N_0	$\sigma_{p0}=\sigma_{con}-\sigma_l+\alpha_{Ep}\sigma_{pc\,\mathrm{II}}$	0	$\sigma_{s0}=\sigma_{l5}$ (压)
	f. 加载至混凝土即将开裂	N_{cr}　f_{tk}(拉)　N_{cr}	$\sigma_{pcr}=\sigma_{con}-\sigma_l+\alpha_{Ep}f_{tk}+\alpha_{Ep}\sigma_{pc\,\mathrm{II}}$	f_{tk}	$\sigma_{scr}=\alpha_Ef_{tk}-\sigma_{l5}$ (拉)
	g. 加载至破坏	N_u　N_u	f_{py}	0	f_y

非预应力筋中的压应力为 $\sigma_{s\,\mathrm{I}}=\alpha_E\sigma_{pc\,\mathrm{I}}$。

混凝土的预压应力为 $\sigma_{pc\,\mathrm{I}}$ 可根据截面力的平衡条件确定，即

$$\sigma_{pe\,\mathrm{I}} A_p = \sigma_{pc\,\mathrm{I}} A_c + \sigma_{s\,\mathrm{I}} A_s$$

将 $\sigma_{pe\,\mathrm{I}}$ 和 $\sigma_{s\,\mathrm{I}}$ 的表达式代入上式，可得

$$\sigma_{pc\,\mathrm{I}} = \frac{(\sigma_{con} - \sigma_{l\,\mathrm{I}}) A_p}{A_c + \alpha_E A_s} = \frac{N_{p\,\mathrm{I}}}{A_n} \tag{11-38}$$

(3) 完成第二批预应力损失（见表 11-8 中的 d 项） 混凝土受到预压应力之后，由于预应力筋应力松弛将产生预应力损失 σ_{l4}，由于混凝土收缩和徐变将产生预应力损失 σ_{l5}。至此，预应力筋完成了第二批预应力损失 $\sigma_{l\mathrm{II}}$。

预应力筋的拉应力降低为 $\sigma_{pe\,\mathrm{II}} = \sigma_{con} - \sigma_{l\,\mathrm{I}} - \sigma_{l\,\mathrm{II}} = \sigma_{con} - \sigma_l$；非预应力筋中的压应力为 $\sigma_{s\,\mathrm{II}} = \alpha_E \sigma_{pc\,\mathrm{II}} + \sigma_{l5}$；混凝土的预压应力为 $\sigma_{pc\,\mathrm{II}}$ 可根据截面力的平衡条件确定，即

$$\sigma_{pe\,\mathrm{II}} A_p = \sigma_{pc\,\mathrm{II}} A_c + \sigma_{s\,\mathrm{II}} A_s$$

将 $\sigma_{pe\,\mathrm{II}}$ 和 $\sigma_{s\,\mathrm{II}}$ 的表达式代入上式，可得

$$\sigma_{pc\,\mathrm{II}} = \frac{(\sigma_{con} - \sigma_l) A_p - \sigma_{l5} A_s}{A_c + \alpha_E A_s} = \frac{(\sigma_{con} - \sigma_l) A_p - \sigma_{l5} A_s}{A_n} \tag{11-39}$$

2. 使用阶段

同先张法一样，从加载到破坏，后张法预应力混凝土轴心受拉构件在使用阶段也分三个应力状态。值得注意的是，在施工完成后，由于预应力筋在构件两端用锚具锚固，并在孔道内用水泥浆等材料灌实，在荷载作用下，预应力筋、非预应力筋和混凝土三者将共同变形。因此，在使用阶段，后张法构件与先张法构件的应力变化特点和计算方法完全相同，仅应力的初始值不同。

(1) 加载至混凝土应力为零（见表 11-8 中 e 项） 由轴向拉力 N_0 所产生的混凝土拉应力恰好全部抵消混凝土的有效预压应力 $\sigma_{pc\,\mathrm{II}}$，使截面处于消压状态，即 $\sigma_{pc}=0$。这时，预应力筋的拉应力 σ_{p0} 是在 $\sigma_{pe\,\mathrm{II}}$ 的基础上增加了 $\alpha_{Ep}\sigma_{pc\,\mathrm{II}}$，即

$$\sigma_{p0} = \sigma_{pe\,\mathrm{II}} + \alpha_{Ep}\sigma_{pc\,\mathrm{II}} = \sigma_{con} - \sigma_l + \alpha_{Ep}\sigma_{pc\,\mathrm{II}}$$

非预应力筋的压应力 σ_{s0} 则在原来压应力 $\sigma_{s\,\mathrm{II}} = \alpha_E \sigma_{pc\,\mathrm{II}} + \sigma_{l5}$ 的基础上增加了一个拉应力 $\alpha_E \sigma_{pc\,\mathrm{II}}$，因此

$$\sigma_{s0} = \sigma_{s\,\mathrm{II}} - \alpha_E \sigma_{pc\,\mathrm{II}} = \alpha_E \sigma_{pc\,\mathrm{II}} + \sigma_{l5} - \alpha_E \sigma_{pc\,\mathrm{II}} = \sigma_{l5}$$

由上式得知此阶段的非预应力筋仍为压应力，其值等于 σ_{l5}。

轴向拉力 N_0 可根据截面力的平衡条件求得

$$N_0 = \sigma_{p0} A_p - \sigma_{s0} A_s$$

将 σ_{p0} 和 σ_{s0} 的表达式代入上式，可得

$$N_0 = (\sigma_{con} - \sigma_l + \alpha_{Ep}\sigma_{pc\,\mathrm{II}}) A_p - \sigma_{l5} A_s$$

由式（11-31）知

$$(\sigma_{con} - \sigma_l) A_p - \sigma_{l5} A_s = \sigma_{pc\,\mathrm{II}} A_n$$

所以

$$N_0 = \sigma_{pc\,\mathrm{II}} A_n + \alpha_{Ep}\sigma_{pc\,\mathrm{II}} A_p = \sigma_{pc\,\mathrm{II}} A_0 \tag{11-40}$$

(2) 加载至混凝土即将开裂（见表 11-8 中的 f 项） 当轴向拉力超过 N_0 后，混凝土开始受拉，随着荷载的增加，其拉应力也不断增长，当荷载加至 N_{cr}，即混凝土拉应力达到混凝土轴心抗拉强度标准值 f_{tk} 时，混凝土即将出现裂缝，这时预应力筋的拉应力是在 σ_{p0} 的基础上再增加 $\alpha_{Ep} f_{tk}$，即

$$\sigma_{pcr} = \sigma_{p0} + \alpha_{Ep} f_{tk} = \sigma_{con} - \sigma_l + \alpha_{Ep}\sigma_{pc\,\mathrm{II}} + \alpha_{Ep} f_{tk}$$

非预应力筋的应力 σ_{scr} 由压应力 σ_{l5} 转为拉应力，其值为

$$\sigma_{scr} = \alpha_E f_{tk} - \sigma_{l5}$$

轴向拉力 N_{cr} 可根据截面力的平衡条件求得

$$N_{cr}=\sigma_{pcr}A_p+\sigma_{scr}A_s+f_{tk}A_c$$

将 σ_{pcr} 和 σ_{scr} 的表达式代入上式，可得

$$\begin{aligned}N_{cr}&=(\sigma_{con}-\sigma_l+\alpha_{Ep}\sigma_{pc\mathrm{II}}+\alpha_{Ep}f_{tk})A_p+(\alpha_E f_{tk}-\sigma_{l5})A_s+f_{tk}A_c\\&=(\sigma_{con}-\sigma_l)A_p-\sigma_{l5}A_s+\alpha_{Ep}\sigma_{pc\mathrm{II}}A_p+f_{tk}(A_c+\alpha_E A_s+\alpha_{Ep}A_p)\\&=(\sigma_{con}-\sigma_l)A_p-\sigma_{l5}A_s+\alpha_{Ep}\sigma_{pc\mathrm{II}}A_p+f_{tk}A_0\end{aligned}$$

由式（11-31）知

$$(\sigma_{con}-\sigma_l)A_p-\sigma_{l5}A_s=\sigma_{pc\mathrm{II}}A_n$$

所以

$$N_{cr}=\sigma_{pc\mathrm{II}}A_n+\alpha_{Ep}\sigma_{pc\mathrm{II}}A_p+f_{tk}A_0=(\sigma_{pc\mathrm{II}}+f_{tk})A_0 \tag{11-41}$$

（3）加载至破坏（见表 11-8 中的 g 项）　当轴向拉力超过 N_{cr} 后，混凝土开裂，在裂缝截面上，混凝土不再承受拉力，拉力全部由预应力筋和非预应力筋承担，破坏时，预应力筋及非预应力筋的拉应力分别达到抗拉强度设计值 f_{py}、f_y。

轴向拉力 N_u 可根据截面力的平衡条件求得

$$N_u=f_{py}A_p+f_yA_s \tag{11-42}$$

11.4.3　轴心受拉构件的承载力计算和抗裂度验算

预应力混凝土轴心受拉构件应进行使用阶段承载力计算、裂缝控制验算及施工阶段张拉（或放松）预应力筋时构件的承载力验算，后张法构件还要进行端部锚固区局部受压的验算。

1. 使用阶段承载力计算

如图 11-17a 所示，当预应力混凝土轴心受拉构件达到承载力极限状态时，全部轴向拉力由预应力筋和非预应力筋共同承担，此时，预应力筋和非预应力筋均已屈服。构件正截面受拉承载力按下式计算

$$N\leqslant N_u=f_{py}A_p+f_yA_s \tag{11-43}$$

式中　N——轴向拉力设计值；

f_{py}、f_y——预应力筋、非预应力筋的抗拉强度设计值；

A_p、A_s——预应力筋、非预应力筋的截面面积。

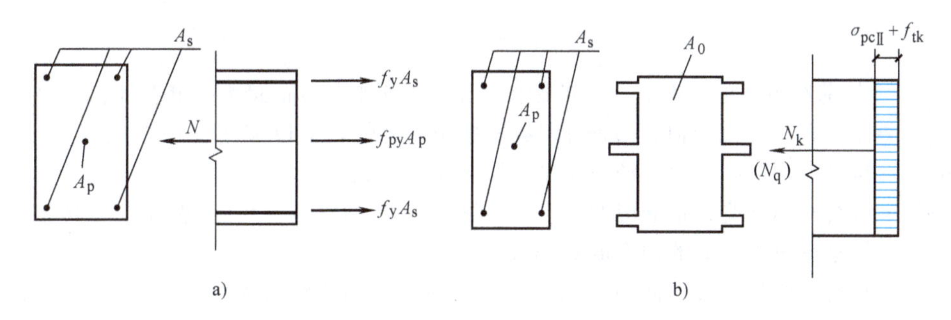

图 11-17　预应力混凝土轴心受拉构件使用阶段承载力和抗裂度计算

a）使用阶段承载力计算　b）使用阶段抗裂度计算

2. 使用阶段裂缝控制验算

根据结构的使用功能及其所处环境不同，对构件裂缝控制要求的严格程度也应不同。因此，对于预应力混凝土轴心受拉构件，应根据《混凝土结构设计规范》规定，采用不同的裂缝控制等级进行验算。

由式（11-34）、式（11-40）可看出，如果轴向拉力值 N 不超过 N_{cr}，则构件不会开裂（其计

算简图如图 11-17b 所示）

$$N \leqslant N_{cr} = (\sigma_{pc\,II} + f_{tk}) A_0 \tag{11-44}$$

设 $\sigma_{pc\,II} = \sigma_{pc}$，此式用应力形式表达，则可写成

$$\frac{N}{A_0} \leqslant \sigma_{pc} + f_{tk}$$

$$\sigma_c - \sigma_{pc} \leqslant f_{tk} \tag{11-45}$$

《混凝土结构设计规范》规定，预应力构件按所处环境类别和结构类别确定相应的裂缝控制等级及最大裂缝宽度限值，并按下列规定进行受拉边缘应力或正截面裂缝宽度验算。

（1）一级——严格要求不出现裂缝的构件　在荷载效应的标准组合下应符合下列规定

$$\sigma_{ck} - \sigma_{pc} \leqslant 0 \tag{11-46}$$

（2）二级——一般要求不出现裂缝的构件　在荷载效应的标准组合下应符合下列规定

$$\sigma_{ck} - \sigma_{pc} \leqslant f_{tk} \tag{11-47}$$

$$\sigma_{ck} = \frac{N_k}{A_0} \tag{11-48}$$

式中　σ_{ck}——荷载效应的标准组合下抗裂验算边缘混凝土的法向应力；

N_k——按荷载效应的标准组合计算的轴向力值；

σ_{pc}——扣除全部预应力损失后在抗裂验算边缘混凝土的预压应力，按式（11-32）和式（11-39）计算，等于各阶段应力分析中的 $\sigma_{pc\,II}$；

A_0——换算截面面积，$A_0 = A_c + \alpha_E A_s + \alpha_{Ep} A_p$。

（3）三级——允许出现裂缝的构件　按荷载效应的标准组合并考虑长期作用的影响计算的最大裂缝宽度，应符合下列规定

$$w_{max} \leqslant w_{lim}$$

$$w_{max} = \alpha_{cr} \psi \frac{\sigma_{sk}}{E_s}\left(1.9c_s + 0.08\frac{d_{eq}}{\rho_{te}}\right) \tag{11-49}$$

$$\psi = 1.1 - 0.65\frac{f_{tk}}{\rho_{te}\sigma_{sk}}$$

$$\rho_{te} = \frac{A_s + A_p}{A_{te}}$$

式中　w_{max}——按荷载效应的标准组合并考虑长期作用的影响计算的最大裂缝宽度；

w_{lim}——最大裂缝宽度限值，根据环境类别按附录 1 附表 1-17 采用；

α_{cr}——构件受力特征系数，轴心受拉构件取 $\alpha_{cr} = 2.2$；

ψ——裂缝间纵向受拉钢筋应变不均匀系数，$\psi < 0.2$ 时取 $\psi = 0.2$，$\psi > 1.0$ 时取 $\psi = 1.0$，直接承受重复荷载的构件取 $\psi = 1.0$；

ρ_{te}——按有效受拉混凝土截面面积计算的纵向受拉钢筋配筋率，在最大裂缝宽度计算中，$\rho_{te} < 0.01$ 时取 $\rho_{te} = 0.01$；

A_{te}——有效受拉混凝土截面面积，于轴心受拉构件 $A_{te} = bh$；

σ_{sk}——按荷载效应的标准组合计算的预应力混凝土构件纵向受拉钢筋的等效应力，轴心受拉构件 $\sigma_{sk} = \dfrac{N_k - N_{p0}}{A_p + A_s}$；

N_{p0}——计算截面上混凝土法向预应力等于零时的预加力；

c_s——最外层纵向受拉钢筋外边缘至受拉区底边的距离（mm），$c_s < 20$ 时取 $c_s = 20$，$c_s > 65$ 时取 $c_s = 65$；

A_p、A_s——受拉区纵向预应力、非预应力筋的截面面积；

d_{eq}——纵向受拉钢筋的等效直径（mm），无粘结后张构件仅为受拉区纵向受拉普通钢筋的等效直径；

$$d_{eq}=\frac{\sum n_i d_i^2}{\sum n_i \nu_i d_i} \tag{11-50}$$

式中　d_i——受拉区第 i 种纵向钢筋的公称直径（mm），有粘结预应力钢绞线束的直径取 $\sqrt{n_1}\,d_{p1}$，d_{p1} 为单根钢绞线的公称直径，n_1 为单束钢绞线根数；

n_i——受拉区第 i 种纵向钢筋的根数；

ν_i——受拉区第 i 种纵向钢筋的相对粘结特性系数，可按表 11-9 取用。

表 11-9　钢筋的相对粘结特性系数

钢筋类别	钢　筋		先张法预应力筋			后张法预应力筋		
	光圆钢筋	带肋钢筋	带肋钢筋	螺旋肋钢丝	钢绞线	带肋钢筋	钢绞线	光面钢丝
ν_i	0.7	1.0	1.0	0.8	0.6	0.8	0.5	0.4

注：环氧树脂涂层带肋钢筋的相对粘结特性系数应按表中系数的 0.8 倍取用。

11.4.4　轴心受拉构件施工阶段的验算

在预应力混凝土构件施工过程中，当放松预应力筋（先张法）或张拉预应力筋完毕（后张法）时，混凝土将受到最大的预压应力 σ_{cc}，而这时混凝土强度一般较低（一般仅达到设计强度的 75%），构件强度是否足够，应予验算。此外，对于后张法构件还需进行端部锚固区局部受压承载力的验算。

1. 放松（或张拉）预应力筋时，构件的受压承载力验算

为了保证在放松（或张拉）预应力筋时，混凝土不被压坏，混凝土的法向应力应符合下列条件

$$\sigma_{cc}\leqslant 0.8f'_{ck} \tag{11-51}$$

式中　f'_{ck}——与放松（或张拉）预应力筋时，混凝土立方体抗压强度 f'_{cu} 相应的轴心抗压强度标准值，可按附表 1 中的附表 1-9 以线性内插法取用；

σ_{cc}——预压时混凝土受到的预压应力。

对先张法构件，在放松（或切断）钢筋时，仅按第一批损失出现后计算 σ_{cc}，即

$$\sigma_{cc}=\frac{(\sigma_{con}-\sigma_{lI})A_p}{A_0} \tag{11-52}$$

对后张法构件，在张拉钢筋完毕至 σ_{con}，而又未锚固时，按不考虑预应力损失值计算 σ_{cc}，即

$$\sigma_{cc}=\frac{\sigma_{con}A_p}{A_n} \tag{11-53}$$

2. 后张法构件端部锚固区的局部受压承载力的验算

按式（11-22）、式（11-24）进行验算。

【例 11-1】　某 24m 预应力混凝土屋架下弦杆的计算（设计资料及条件见表 11-10）。

表 11-10 设计资料及条件

材　料	混　凝　土	预 应 力 筋	非预应力筋
品种和强度等级	C50	普通松弛钢绞线	HRB400
截面	280mm×180mm 孔道 $2\phi55$	$\Phi^{S}10.8$	按构造要求配置 4 Φ 12($A_s=452mm^2$)
材料强度 N/mm^2	$f_c=23.1, f_{ck}=32.4$ $f_t=1.89, f_{tk}=2.64$	$f_{ptk}=1860$ $f_{py}=1320$	$f_{yk}=400$ $f_y=360$
弹性模量 N/mm^2	$E_c=3.45\times10^4$	$E_p=1.95\times10^5$	$E_s=2.0\times10^5$
张拉控制应力	$\sigma_{con}=0.75f_{ptk}=0.75\times1860N/mm^2=1395N/mm^2$		
张拉时混凝土强度	$f'_{cu}=50N/mm^2, f'_{ck}=32.4N/mm^2$		
张拉工艺	后张法，一端张拉（超张拉），采用 OVM 锚具，孔道为预埋金属波纹管		
杆件内力	永久荷载标准值产生的轴向拉力 $N_{Gk}=520kN$ 可变荷载标准值产生的轴向拉力 $N_{Qk}=210kN$ 可变荷载的组合值系数为 0.7 可变荷载的准永久值系数为 0.5		
结构重要性系数	$\gamma_0=1.1$		
裂缝控制等级	二级		

【解】 (1) 使用阶段的承载力计算

由可变荷载效应控制的组合

$$N=1.2N_{Gk}+1.4N_{Qk}=(1.2\times520+1.4\times210)kN=918kN$$

由永久荷载效应控制的组合

$$N=1.35N_{Gk}+1.4\psi_c N_{Qk}=(1.35\times520+1.4\times0.7\times210)kN=907.8kN$$

所以 $N=918kN$。

由式（11-43）有

$$A_p=\frac{\gamma_0 N-f_y A_s}{f_{py}}=\frac{1.1\times918\times10^3-360\times452}{1320}mm^2\approx642mm^2$$

采用两束钢绞线，每束 6 $\Phi^{S}10.8$，$A_p=712mm^2$，如图 11-18c 所示。

(2) 使用阶段抗裂度验算

1）截面几何特征计算。

$$A_c=280\times180mm^2-2\times\frac{3.14}{4}\times55^2mm^2=45650.75mm^2$$

预应力筋弹性模量与混凝土弹性模量比为

$$\alpha_{Ep}=\frac{E_p}{E_c}=\frac{1.95\times10^5}{3.45\times10^4}\approx5.65$$

非预应力筋弹性模量与混凝土弹性模量比为

$$\alpha_E=\frac{E_s}{E_c}=\frac{2.0\times10^5}{3.45\times10^4}\approx5.80$$

净截面面积为

$$A_n=A_c+\alpha_E A_s=45650.75mm^2+5.80\times452mm^2\approx48272mm^2$$

换算截面面积为

$$A_0=A_c+\alpha_E A_s+\alpha_{Ep}A_p=A_n+\alpha_{Ep}A_p=48272\text{mm}^2+5.65\times712\text{mm}^2\approx52295\text{mm}^2$$

2）预应力损失值计算。

a）锚具变形损失。由表 11-4 夹片式锚具 OVM 得 $a=5\text{mm}$

$$\sigma_{l1}=\frac{a}{l}E_p=\frac{5}{24000}\times1.95\times10^5\text{N/mm}^2\approx40.63\text{N/mm}^2$$

b）孔道摩擦损失。按锚固端计算该项损失，所以 $l=24\text{m}$，直线配筋 $\theta=0$，$\kappa x+\mu\theta=0.0015\times24+0.25\times0=0.036$，则

$$\sigma_{l2}=\sigma_{con}\left(1-\frac{1}{e^{\kappa x+\mu\theta}}\right)=1395\times\left(1-\frac{1}{e^{0.036}}\right)\text{N/mm}^2\approx49.33\text{N/mm}^2$$

则第一批损失为

$$\sigma_{lI}=\sigma_{l1}+\sigma_{l2}=40.63\text{N/mm}^2+49.33\text{N/mm}^2=89.96\text{N/mm}^2$$

c）预应力筋应力松弛损失。采用普通松弛预应力筋，使用超张拉工艺，则

$$\sigma_{l4}=0.4\left(\frac{\sigma_{con}}{f_{ptk}}-0.5\right)\sigma_{con}$$
$$=0.4\times\left(\frac{1395}{1860}-0.5\right)\times1395\text{N/mm}^2\approx139.5\text{N/mm}^2$$

d）混凝土的收缩和徐变损失

$$\sigma_{pcI}=\frac{(\sigma_{con}-\sigma_{lI})A_p}{A_n}=\frac{(1395-89.96)\times712}{48272}\text{N/mm}^2\approx19.25\text{N/mm}^2$$

$$\frac{\sigma_{pcI}}{f'_{cu}}=\frac{19.25}{50}\approx0.39<0.5$$

$$\rho=\frac{0.5(A_p+A_s)}{A_n}=\frac{0.5\times(712+452)}{48272}\approx0.012$$

$$\sigma_{l5}=\frac{55+300\frac{\sigma_{pcI}}{f'_{cu}}}{1+15\rho}=\frac{55+300\times0.39}{1+15\times0.012}\text{N/mm}^2\approx145.76\text{N/mm}^2$$

则第二批预应力损失为

$$\sigma_{lII}=\sigma_{l4}+\sigma_{l5}=(139.5+145.76)\text{N/mm}^2=285.26\text{N/mm}^2$$

总预应力损失为

$$\sigma_l=\sigma_{lI}+\sigma_{lII}=(89.96+285.26)\text{N/mm}^2=375.22\text{N/mm}^2>80\text{N/mm}^2$$

3）验算抗裂度。计算混凝土有效预应力

$$\sigma_{pcII}=\frac{(\sigma_{con}-\sigma_l)A_p-\sigma_{l5}A_s}{A_n}$$
$$=\frac{(1395-375.22)\times712-145.76\times452}{48272}\text{N/mm}^2\approx13.68\text{N/mm}^2$$

在荷载效应的标准组合下

$$N_k=N_{Gk}+N_{Qk}=(520+210)\text{kN}=730\text{kN}$$

$$\sigma_{ck}=\frac{N_k}{A_0}=\frac{730\times10^3}{52295}\text{N/mm}^2\approx13.96\text{N/mm}^2$$

$$\sigma_{ck}-\sigma_{pcII}=(13.96-13.68)\text{N/mm}^2$$
$$=0.28\text{N/mm}^2<f_{tk}=2.64\text{N/mm}^2\text{（满足要求）}$$

（3）施工阶段混凝土压应力验算

$$\sigma_{cc}=\frac{\sigma_{con}A_p}{A_n}=\frac{1395\times712}{48272}\text{N/mm}^2\approx20.58\text{N/mm}^2$$

$$<0.8f'_{ck}=0.8\times32.4\text{N/mm}^2=25.92\text{N/mm}^2\text{（满足要求）}$$

（4）锚具下局部受压验算

1）端部受压区截面尺寸验算。OVM 锚具的直径为 120mm，锚具下垫板厚 20mm，局部受压面积可按压力 F_l 从锚具边缘在垫板中按 45°扩散的面积计算，在计算局部受压计算底面积时，近似地可按图 11-18a 两实线所围的矩形面积代替两个圆面积。

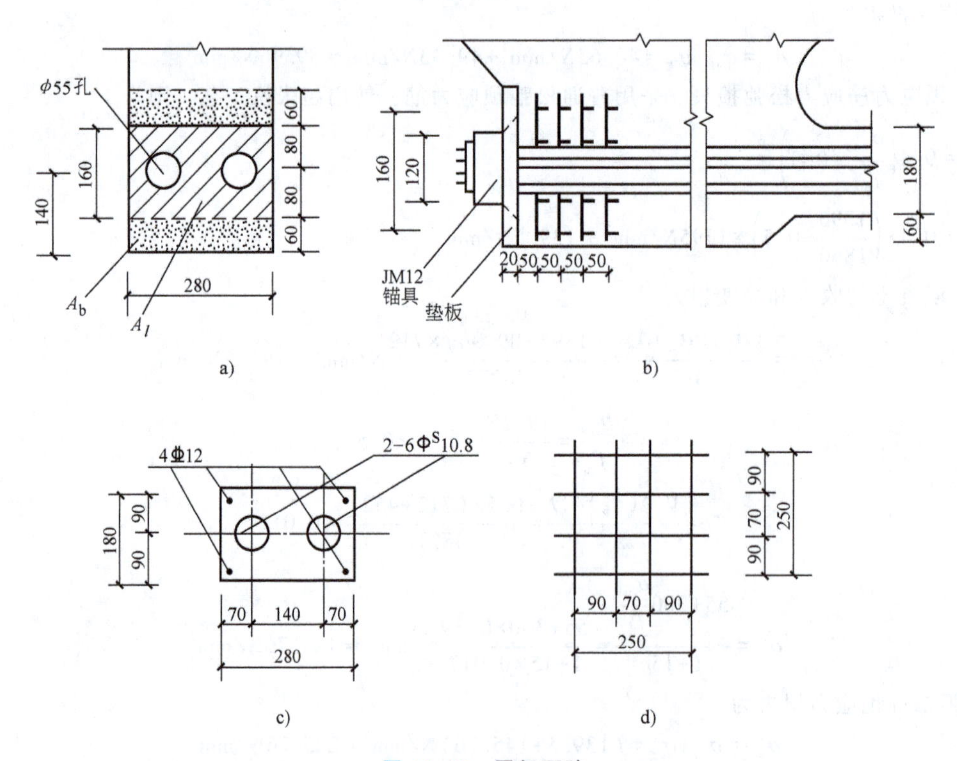

图 11-18　屋架下弦

a）受压面积图　b）下弦端节点　c）下弦截面配筋　d）钢筋网片

$$A_l=280\times(120+2\times20)\text{mm}^2=44800\text{mm}^2$$

锚具下局部受压计算底面积

$$A_b=280\times(160+2\times60)\text{mm}^2=78400\text{mm}^2$$

混凝土局部受压净面积

$$A_{ln}=\left(44800-2\times\frac{3.14}{4}\times55^2\right)\text{mm}^2\approx40051\text{mm}^2$$

$$\beta_l=\sqrt{\frac{A_b}{A_l}}=\sqrt{\frac{78400}{44800}}\approx1.323$$

因为混凝土确定等级不超过 C50，所以取 $\beta_c=1.0$。

$$F_l=1.2\sigma_{con}A_p=1.2\times1395\times712\text{N}=1191888\text{N}\approx1191.9\text{kN}$$

$$<1.35\beta_c\beta_l f_c A_{ln}=1.35\times1.0\times1.323\times23.1\times40051\text{N}$$

$$\approx 1652414\text{N}\approx 1652.4\text{kN}\ (\text{满足要求})$$

2）局部受压承载力计算。屋架端部配置 HPB300 级钢筋焊接间接方格网片，钢筋直径为 $\phi 8$，网片间距 $s=50\text{mm}$，共 4 片（见图 11-18b）；网片尺寸为 $l_1=l_2=250\text{mm}$（见图11-18d）；$n_1=n_2=4$，$A_{s1}=A_{s2}=50.3\text{mm}^2$。

$$A_{cor}=250\times 250\text{mm}^2=62500\text{mm}^2$$

间接钢筋的体积配筋率

$$\rho_v=\frac{n_1A_{s1}l_1+n_2A_{s2}l_2}{A_{cor}s}=\frac{4\times 50.3\times 250+4\times 50.3\times 250}{62500\times 50}\approx 0.032$$

$$\beta_{cor}=\sqrt{\frac{A_{cor}}{A_l}}=\sqrt{\frac{62500}{44800}}\approx 1.181$$

$$\begin{aligned}&0.9(\beta_c\beta_l f_c+2\alpha\rho_v\beta_{cor}f_y)A_{ln}\\&=0.9\times(1.0\times 1.323\times 23.1+2\times 1.0\times 0.032\times 1.181\times 360)\times 40051\text{N}\\&=2082427\text{N}\approx 2082.4\text{kN}>F_l=1028.7\text{kN}\quad(\text{满足要求})\end{aligned}$$

11.5　预应力混凝土受弯构件的计算

11.5.1　受弯构件的应力分析

与预应力轴心受拉构件类似，预应力混凝土受弯构件的受力过程也分为施工阶段和使用阶段，每个阶段又包括若干个不同的应力过程。

预应力混凝土受弯构件中，预应力筋 A_p 一般都放置在使用阶段的截面受拉区。但是对于梁底受拉区需配置较多预应力筋的大型构件，当梁自重在梁顶产生的压力不足以抵消偏心预压力在梁顶拉区所产生的预拉应力时，往往在梁顶部也需要配置预应力筋 A'_p。对在预压力作用下允许预拉区出现裂缝的中小型构件，可不配置 A'_p，但需控制其裂缝宽度。为了防止在制作、运输和吊装等施工阶段出现裂缝，在梁的受拉区和受压区通常也配置一些非预应力筋 A_s 和 A'_s。

在预应力轴心受拉构件中，预应力筋 A_p 和非预应力筋 A_s 在截面上的布置是对称的，预应力筋的总拉力 N_p 可认为作用在截面形心轴上，混凝土受到的预压应力是均匀的，即全截面均匀受压。在受弯构件中，如果截面只配置 A_p，则预应力筋的总拉力 N_p 对截面是偏心的压力，所以混凝土受到的预应力是不均匀的，上边缘的预应力和下边缘的预压应力分别用 σ'_{pc}和 σ_{pc} 表示（见图 11-19a）。如果同时配置 A_p 和 A'_p(一般 $A_p>A'_p$)，则预应力筋 A_p 和 A'_p张拉力的合力 N_p 位于 A_p 和A'_p 之间，此时混凝土的预应力图形有两种可能：如果 A'_p少，应力图形为两个三角形，σ'_{pc}为拉应力；如果 A'_p较多，应力图形为梯形，σ'_{pc}为压应力，其值小于 σ_{pc}（见图 11-19b）。

由于对混凝土施加了预应力，使构件在使用阶段截面不产生拉应力或不开裂，因此，不论哪种应力图形，都可以把预应力筋的合力视为作用在换算截面上的偏心压力，并把混凝土看作理想弹性体，按材料力学公式计算混凝土的预应力。

表 11-11、表 11-12 给出了仅在截面受拉区配置预应力筋的先张法和后张法预应力混凝土受弯构件在各个受力阶段的应力分析。

图 11-20 所示为配有预应力筋 A_p、A'_p和非预应力筋 A_s、A'_s的不对称截面受弯构件。对照 11.4.1-2 节预应力混凝土轴心受拉构件相应各受力阶段的截面应力分析，同理可得出预应力混凝土受弯构件截面上混凝土法向预应力 σ_{pc}、预应力筋的应力 σ_{pe}，预应力筋和非预应力筋的合力 N_{p0}（N_p）及其偏心距 e_{p0}（e_{pn}）等的计算公式。

表 11-11　先张法预应力混凝土受弯构件各阶段的应力状态

受力阶段		简　图	预应力筋应力 σ_p	混凝土应力 σ_{pc}（截面下边缘）	说　明
施工阶段	a. 张拉预应力筋		σ_{con}	—	钢筋被拉长，钢筋拉应力等于张拉控制应力
	b. 完成第一批预应力损失	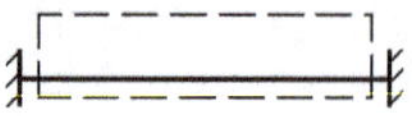	$\sigma_{con}-\sigma_{l\mathrm{I}}$	0	钢筋拉应力降低，减小了 $\sigma_{l\mathrm{I}}$，混凝土尚未受力
	c. 放松预应力筋，预压混凝土	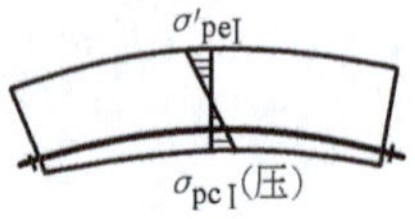 $\sigma'_{pe\mathrm{I}}$ $\sigma_{pc\mathrm{I}}$(压)	$\sigma_{pe\mathrm{I}}=\sigma_{con}-\sigma_{l\mathrm{I}}-\alpha_{Ep}\sigma_{pc\mathrm{I}}$	$\sigma_{pc\mathrm{I}}=\dfrac{N_{p0\mathrm{I}}}{A_0}+\dfrac{N_{p0\mathrm{I}}e_{p0\mathrm{I}}}{I_0}y_0$ $N_{p0\mathrm{I}}=(\sigma_{con}-\sigma_{l\mathrm{I}})A_p$	混凝土上边缘受拉伸长，下边缘受压缩短，构件产生反拱，混凝土下边缘压应力为 $\sigma_{pc\mathrm{I}}$，钢筋拉应力减小了 $\alpha_{Ep}\sigma_{pc\mathrm{I}}$
	d. 完成第二批预应力损失	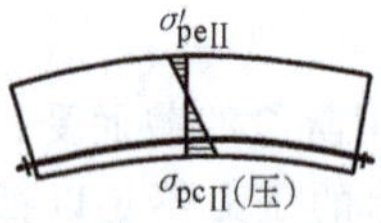 $\sigma'_{pe\mathrm{II}}$ $\sigma_{pc\mathrm{II}}$(压)	$\sigma_{pe\mathrm{II}}=\sigma_{con}-\sigma_l-\alpha_{Ep}\sigma_{pc\mathrm{II}}$	$\sigma_{pc\mathrm{II}}=\dfrac{N_{p0\mathrm{II}}}{A_0}+\dfrac{N_{p0\mathrm{II}}e_{p0\mathrm{II}}}{I_0}y_0$ $N_{p0\mathrm{II}}=(\sigma_{con}-\sigma_l)A_p-\sigma_{l5}A_s$	混凝土下边缘压应力降低到 $\sigma_{pc\mathrm{II}}$，钢筋拉应力继续减小
使用阶段	e. 加载至受拉区混凝土应力为零	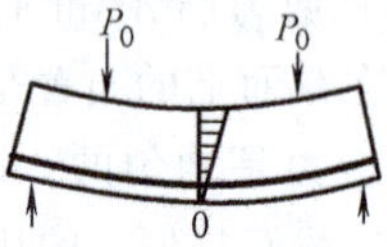 P_0　P_0 0	$\sigma_{p0}=\sigma_{con}-\sigma_l$	0	混凝土上边缘由拉变压，下边缘压应力减小到零，钢筋拉应力增加了 $\alpha_E\sigma_{pc\mathrm{II}}$，构件反拱减小，并略有挠度
	f. 加载至受拉区混凝土即将开裂	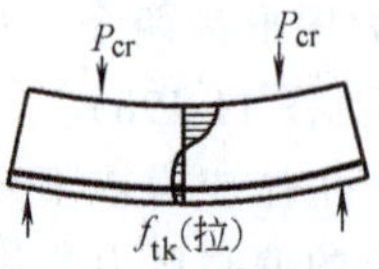 P_{cr}　P_{cr} f_{tk}(拉)	$\sigma_{pcr}=\sigma_{con}-\sigma_l+2\alpha_{Ep}f_{tk}$	f_{tk}	混凝土上边缘压应力增加，下边缘拉应力到达 f_{tk}，钢筋拉应力增加了 $2\alpha_{Ep}f_{tk}$，这里的 $2\alpha_{Ep}$ 是考虑到混凝土受拉开裂时，其弹性模量降低了 1/2，构件挠度增加
	g. 加载至破坏	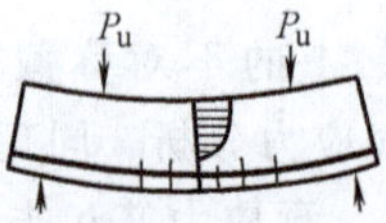 P_u　P_u	f_{py}	0	截面下部裂缝开展，构件挠度剧增，钢筋拉应力增加到 f_{py}，混凝土上边缘压应力增加到 $\alpha_1 f_c$

表 11-12　后张法预应力混凝土受弯构件各阶段的应力状态

受力阶段		简　图	预应力筋应力 σ_p	混凝土应力 σ_{pc}（截面下边缘）	说　明
施工阶段	a. 穿钢筋		0	0	—
	b. 张拉预应力筋	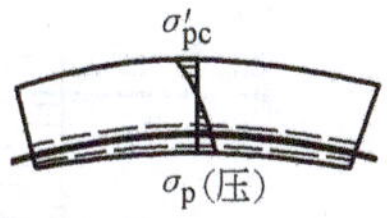 σ'_{pc} σ_p(压)	$\sigma_{con}-\sigma_{l2}$	$\sigma_{pc}=\frac{N_p}{A_n}+\frac{N_p e_{pn}}{I_n}y_n$ $N_p=(\sigma_{con}-\sigma_{l2})A_p$	钢筋被拉长，摩擦损失同时产生，钢筋拉应力比张拉控制应力减小了 σ_{l2}，混凝土上边缘受拉伸长，下边缘受压缩短，构件产生反拱
	c. 完成第一批预应力损失	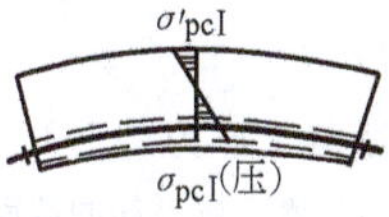 σ'_{pcI} σ_{pcI}(压)	$\sigma_{peI}=\sigma_{con}-\sigma_{lI}$	$\sigma_{pcI}=\frac{N_{pI}}{A_n}+\frac{N_{pI}e_{pnI}}{I_n}y_n$ $N_{pI}=(\sigma_{con}-\sigma_{lI})A_p$	混凝土下边缘压应力减小到 σ_{pcI}，钢筋拉应力减小了 σ_{lI}
	d. 完成第二批预应力损失	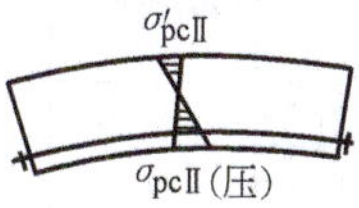 σ'_{pcII} σ_{pcII}(压)	$\sigma_{peII}=\sigma_{con}-\sigma_l$	$\sigma_{pcII}=\frac{N_{pII}}{A_n}+\frac{N_{pII}e_{pnII}}{I_n}y_n$ $N_{pII}=(\sigma_{con}-\sigma_l)A_p$	混凝土下边缘压应力降低到 σ_{pcII}，钢筋拉应力继续减小
使用阶段	e. 加载至受拉区混凝土应力为零	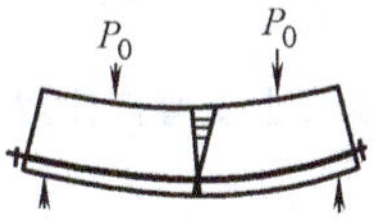 P_0　P_0	$\sigma_{p0}=\sigma_{con}-\sigma_l+\alpha_{Ep}\sigma_{pcII}$	0	混凝土上边缘由拉变压，下边缘压应力减小到零，钢筋拉应力增加了 $\alpha_{Ep}\sigma_{pcII}$，构件反拱减小，并略有挠度
	f. 加载至受拉区混凝土即将开裂	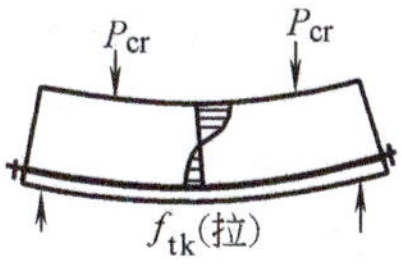 P_{cr}　P_{cr} f_{tk}(拉)	$\sigma_{con}-\sigma_l+\alpha_{Ep}\sigma_{pcII}+2\alpha_{Ep}f_{tk}$	f_{tk}	混凝土上边缘压应力增加，下边缘拉应力到达 f_{tk}，钢筋拉应力增加了 $2\alpha_{Ep}f_{tk}$，构件挠度增加
	g. 加载至破坏	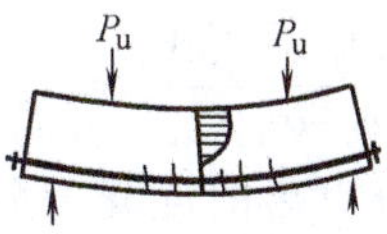 P_u　P_u	f_{py}	0	截面下部裂缝开展，构件挠度剧增，钢筋拉应力增加到 f_{py}，混凝土上边缘压应力增加到 $\alpha_1 f_c$

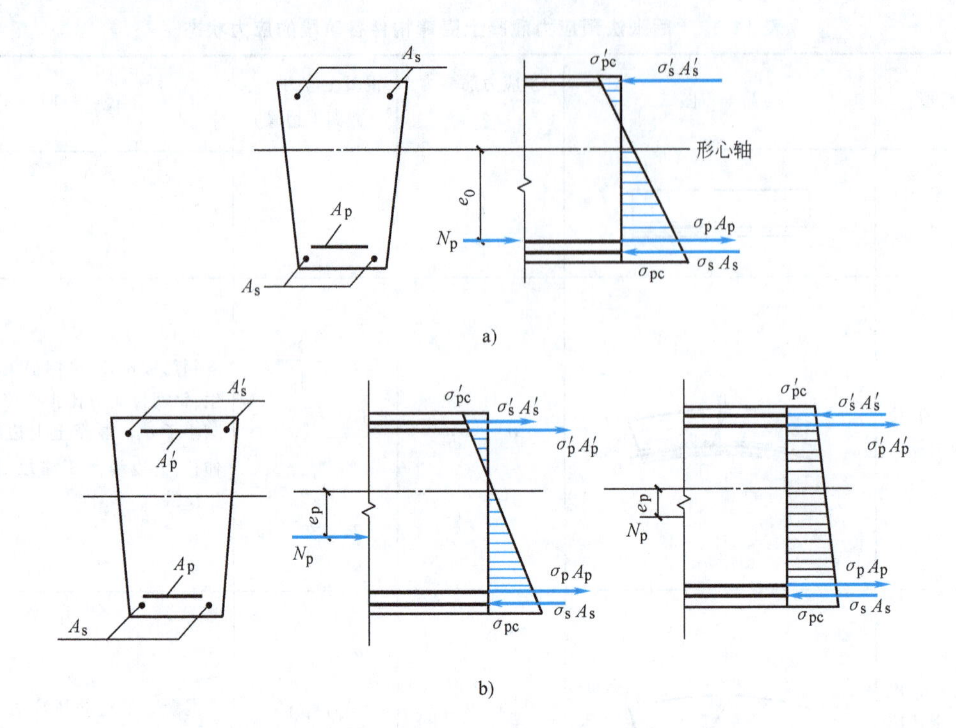

图 11-19　预应力混凝土受弯构件截面混凝土应力

a）受拉区配置预应力筋的截面应力　b）受拉区、受压区都配置预应力筋的截面应力

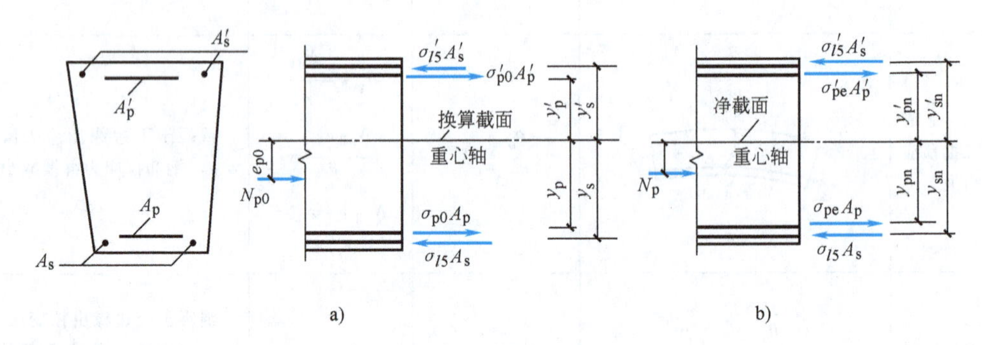

图 11-20　配有预应力筋和非预应力筋的预应力混凝土受弯构件截面

a）先张法构件　b）后张法构件

1. 施工阶段

（1）先张法构件（见图 11-20a）

$$\sigma_{pc}=\frac{N_{p0}}{A_0}\pm\frac{N_{p0}e_{p0}}{I_0}y_0 \tag{11-54}$$

$$\begin{aligned}N_{p0}&=\sigma_{p0}A_p+\sigma'_{p0}A'_p-\sigma_{l5}A_s-\sigma'_{l5}A'_s\\&=(\sigma_{con}-\sigma_l)A_p+(\sigma'_{con}-\sigma'_l)A'_p-\sigma_{l5}A_s-\sigma'_{l5}A'_s\end{aligned} \tag{11-55}$$

$$e_{p0}=\frac{(\sigma_{con}-\sigma_l)A_py_p-(\sigma'_{con}-\sigma'_l)A'_py'_p-\sigma_{l5}A_sy_s+\sigma'_{l5}A'_sy'_s}{(\sigma_{con}-\sigma_l)A_p+(\sigma'_{con}-\sigma'_l)A'_p-\sigma_{l5}A_s-\sigma'_{l5}A'_s} \tag{11-56}$$

式中　A_0——换算截面面积，包括扣除孔道、凹槽等削弱部分以后的混凝土全部截面面积及全部纵向预应力筋和非预应力筋截面面积换算成混凝土的截面面积和，对由不同混凝土

强度等级组成的截面，应根据混凝土弹性模量比值换算成同一混凝土强度等级的截面面积；

I_0——换算截面惯性矩；

y_0——换算截面重心至所计算纤维处的距离；

y_p、y'_p——受拉区、受压区的预应力合力点至换算截面重心的距离；

y_s、y'_s——受拉区、受压区的非预应力筋重心至换算截面重心的距离；

σ_{p0}、σ'_{p0}——受拉区、受压区的预应力筋合力点处混凝土法向应力等于零时的预应力筋应力。

相应阶段预应力筋及非预应力筋的应力分别为

$$\sigma_{pe}=\sigma_{con}-\sigma_l-\alpha_{Ep}\sigma_{pc},\sigma'_{pe}=\sigma'_{con}-\sigma'_l-\alpha_{Ep}\sigma'_{pc} \tag{11-57}$$

$$\sigma_s=\alpha_E\sigma_{pc}+\sigma_{l5},\sigma'_s=\alpha_E\sigma'_{pc}+\sigma'_{l5} \tag{11-58}$$

$$\sigma_{p0}=\sigma_{con}-\sigma_l,\sigma'_{p0}=\sigma'_{con}-\sigma'_l \tag{11-59}$$

按式（11-54）计算求得的 σ_{pc} 值，正号为压应力，负号为拉应力。

（2）后张法构件（见图 11-20b）

$$\sigma_{pc}=\frac{N_p}{A_n}\pm\frac{N_pe_{pn}}{I_n}y_n+\sigma_{p2} \tag{11-60}$$

$$N_p=\sigma_{pe}A_p+\sigma'_{pe}A'_p-\sigma_{l5}A_s-\sigma'_{l5}A'_s \tag{11-61}$$

$$e_{pn}=\frac{(\sigma_{con}-\sigma_l)A_py_{pn}-(\sigma'_{con}-\sigma'_l)A'_py'_{pn}-\sigma_{l5}A_sy_{sn}+\sigma'_{l5}A'_sy'_{sn}}{(\sigma_{con}-\sigma_l)A_p+(\sigma'_{con}-\sigma'_l)A'_p-\sigma_{l5}A_s-\sigma'_{l5}A'_s} \tag{11-62}$$

式中 A_n——混凝土净截面面积（换算截面面积减去全部纵向预应力筋截面换算成混凝土的截面面积），即 $A_n=A_0-\alpha_{Ep}A_p$ 或 $A_n=A_c+\alpha_EA_s$；

I_n——净截面惯性矩；

y_n——净截面重心至所计算纤维处的距离；

y_{pn}、y'_{pn}——受拉区、受压区预应力合力点至净截面重心的距离；

y_{sn}、y'_{sn}——受拉区、受压区的非预应力筋重心至净截面重心的距离；

σ_{pe}、σ'_{pe}——受拉区、受压区预应力筋有效预应力；

σ_{p2}——由预应力次内力引起的混凝土截面法向应力。

按式（11-60）计算求得的 σ_{pc} 值，正号为压应力，负号为拉应力。

相应预应力筋及非预应力筋的应力分别为

$$\sigma_{pe}=\sigma_{con}-\sigma_l,\sigma'_{pe}=\sigma'_{con}-\sigma'_l \tag{11-63}$$

$$\sigma_s=\alpha_E\sigma_{pc}+\sigma_{l5},\sigma'_s=\alpha_E\sigma'_{pc}+\sigma'_{l5} \tag{11-64}$$

如构件截面中的 $A'_p=0$,则式(11-55)~式(11-64)中取 $\sigma'_{l5}=0$。

需要说明的是在利用上列公式计算时,均需用施工阶段的有关数值。

2. 使用阶段

(1)加载至受拉边缘混凝土应力为零　设在荷载作用下,截面承受弯矩 M_0(见图11-21c),则截面下边缘混凝土的法向拉应力为

$\sigma=M_0/W_0$。欲使这一拉应力抵消混凝土的预压应力 $\sigma_{pc\text{Ⅱ}}$,即 $\sigma-\sigma_{pc\text{Ⅱ}}=0$,则有

$$M_0=\sigma_{pc\text{Ⅱ}}W_0 \tag{11-65}$$

式中 M_0——由外荷载引起的恰好使截面受拉边缘混凝土预压应力为零时的弯矩；

W_0——换算截面受拉边缘的弹性抵抗矩。

同理,预应力筋合力点处混凝土法向应力等于零时,受拉区及受压区的预应力筋的应力 σ_{p0}、σ'_{p0} 分别为

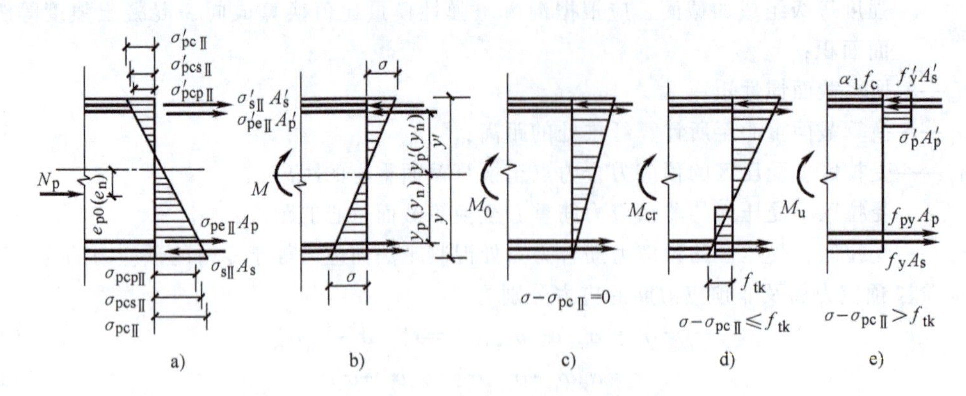

图 11-21　受弯构件截面的应力变化

a) 预应力作用下　b) 荷载作用下　c) 受拉区截面下边缘混凝土应力为零

d) 受拉区截面下边缘混凝土即将出现裂缝　e) 受拉区截面下边缘混凝土开裂

先张法

$$\sigma_{p0}=\sigma_{con}-\sigma_l-\alpha_{Ep}\sigma_{pcp\,II}+\alpha_{Ep}\frac{M_0}{W_0}\approx\sigma_{con}-\sigma_l \tag{11-66}$$

$$\sigma'_{p0}=\sigma'_{con}-\sigma'_l \tag{11-67}$$

后张法

$$\sigma_{p0}=\sigma_{con}-\sigma_l-\alpha_{Ep}\frac{M_0}{W_0}\approx\sigma_{con}-\sigma_l+\alpha_{Ep}\sigma_{pc\,II} \tag{11-68}$$

$$\sigma'_{p0}=\sigma'_{con}-\sigma'_l+\alpha_{Ep}\sigma_{pc\,II} \tag{11-69}$$

式中　$\sigma_{pcp\,II}$——在 M_0 作用下，受拉区预应力筋合力处的混凝土法向应力，可近似取等于混凝土截面下边缘的预压应力 $\sigma_{pc\,II}$。

（2）加载到受拉区裂缝即将出现　混凝土受拉区的拉应力达到混凝土抗拉强度标准值 f_{tk} 时，截面上受到的弯矩为 M_{cr}，相当于截面在承受弯矩 $M_0=\sigma_{pc\,II}W_0$ 以后，再增加了钢筋混凝土构件的开裂弯矩 $\overline{M}_{cr}$（$\overline{M}_{cr}=\gamma f_{tk}W_0$）。因此，预应力混凝土受弯构件的开裂弯矩为

$$M_{cr}=M_0+\overline{M}_{cr}=\sigma_{pc\,II}W_0+\gamma f_{tk}W_0=(\sigma_{pc\,II}+\gamma f_{tk})W_0$$

即

$$\sigma=\frac{M_{cr}}{W_0}=\sigma_{pc\,II}+\gamma f_{tk} \tag{11-70}$$

（3）加载至破坏　当受拉区出现垂直裂缝时，裂缝截面上受拉区混凝土退出工作，拉力全部由钢筋承受。当截面进入第Ⅲ阶段后，受拉钢筋屈服直至破坏，正截面上的应力状态与第 5 章讲述的钢筋混凝土受弯构件正截面承载力相似，计算方法也基本相同。

11.5.2　正截面受弯承载力计算

1. 计算简图

对仅在受拉区配置预应力筋的预应力混凝土受弯构件，当达到正截面承载力极限状态时，其截面应力状态和钢筋混凝土受弯构件相同。因此，其计算简图也相同。

当在受压区也配置预应力筋时，由于预拉应力（应变）的影响，受压区预应力筋的应力 σ'_{pe} 与钢筋混凝土受弯构件中的受压钢筋不同，其状态较复杂，随着荷载的不断增大，在预应力筋 A'_p 重心处的混凝土压应力和压应变都有所增加，预应力筋 A'_p 的拉应力随之减小，故截面到达破坏时，A'_p 的应力可能仍为拉应力，也可能变为压应力，但其应力值 σ'_{pe} 却达不到抗压强度设计值 f'_{py}，其值可以按平截面假定确定。可按下列公式计算

先张法构件　　$$\sigma'_{pe}=(\sigma'_{con}-\sigma'_l)-f'_{py}=\sigma'_{p0}-f'_{py} \tag{11-71}$$

后张法构件　　$$\sigma'_{pe}=(\sigma'_{con}-\sigma'_l)+\alpha_{Ep}\sigma_{pcp\,II}-f'_{py}=\sigma'_{p0}-f'_{py} \tag{11-72}$$

预应力混凝土受弯构件正截面受弯破坏时，受拉区预应力筋先达到屈服，然后受压区边缘混凝土达到极限压应变而破坏。如果在截面上还有非预应力筋 A_s、A'_s，破坏时，其应力也都能达到屈服强度。图 11-22 所示为矩形截面预应力混凝土受弯构件正截面受弯承载力计算简图。

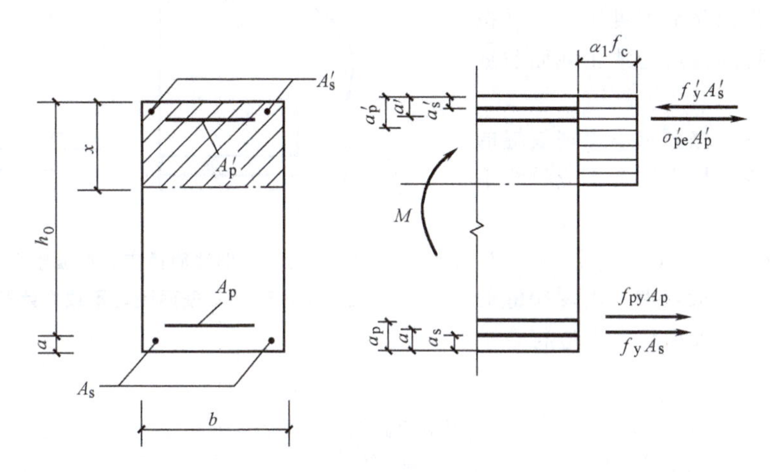

图 11-22　矩形截面预应力混凝土受弯构件正截面受弯承载力计算

2. 正截面受弯承载力计算

对于矩形截面或翼缘位于受拉边的倒 T 形截面预应力混凝土受弯构件，其正截面受弯承载力计算的基本公式为

$$\alpha_1 f_c bx=f_y A_s-f'_y A'_s+f_{py}A_p+(\sigma'_{p0}-f'_{py})A'_p \tag{11-73}$$

$$M\leqslant\alpha_1 f_c bx\left(h_0-\frac{x}{2}\right)+f'_y A'_s(h_0-a'_s)-(\sigma'_{p0}-f'_{py})A'_p(h_0-a'_p) \tag{11-74}$$

混凝土受压区高度应符合下列条件

$$x\leqslant\xi_b h_0 \tag{11-75}$$

$$x\geqslant 2a' \tag{11-76}$$

式中　M——弯矩设计值；

A_s、A'_s——受拉区、受压区纵向非预应力筋的截面面积；

A_p、A'_p——受拉区、受压区纵向预应力筋的截面面积；

h_0——截面的有效高度；

b——矩形截面的宽度或倒 T 形截面的腹板宽度；

α_1——系数，混凝土强度等级不超过 C50 时 $\alpha_1=1.0$，混凝土强度等级为 C80 时 $\alpha_1=0.94$，其间按线性内插法确定；

a'——受压区全部纵向钢筋合力点至截面受压边缘的距离，当受压区未配置纵向预应力筋或受压区纵向预应力筋应力（$\sigma'_{p0}-f'_{py}$）为拉应力时，式（11-76）中的 a'用 a'_s代替；

a'_s、a'_p——受压区纵向非预应力筋合力点、预应力筋合力点至截面受压边缘的距离；

σ'_{p0}——受压区纵向预应力筋合力点处混凝土法向应力等于零时的预应力筋应力。

当 $x<2a'$，σ'_{pe}为拉应力时，取 $x=2a'_s$(见图 11-23)，则

$$M\leqslant f_{py}A_p(h-a_p-a'_s)+f_y A_s(h-a_s-a'_s)+(\sigma'_{p0}-f'_{py})A'_p(a'_p-a'_s) \tag{11-77}$$

式中　a_s、a_p——受拉区纵向非预应力筋、预应力筋至受拉边缘的距离。

11.5.3 受弯构件使用阶段正截面裂缝控制验算

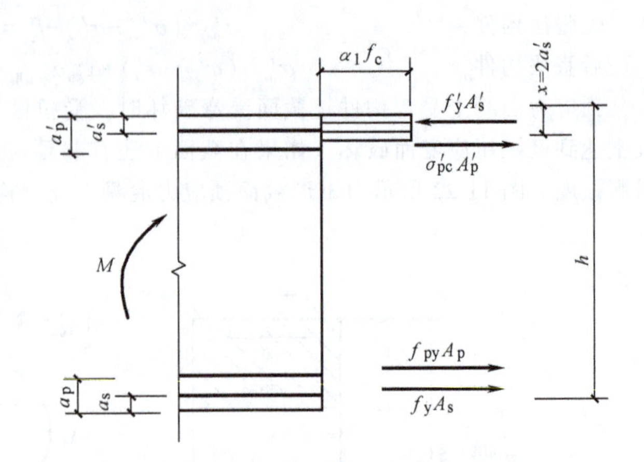

图 11-23 矩形截面预应力混凝土受弯构件当 $x<2a'$ 时的正截面受弯承载力计算简图

预应力混凝土受弯构件，在使用阶段按其所处环境类别和结构类别确定相应的裂缝控制等级及最大裂缝宽度限值，并按下列规定进行受拉边缘应力或正截面裂缝宽度验算。

(1) 一级——严格要求不出现裂缝的构件　在荷载效应的标准组合下应符合下列规定

$$\sigma_{ck}-\sigma_{pc}\leqslant 0 \tag{11-78}$$

(2) 二级——一般要求不出现裂缝的构件　在荷载效应的标准组合下应符合下列规定

$$\sigma_{ck}-\sigma_{pc}\leqslant f_{tk} \tag{11-79}$$

$$\sigma_{ck}=\frac{M_k}{W_0} \tag{11-80}$$

式中　σ_{pc}——扣除全部预应力损失后在抗裂验算边缘混凝土的预压应力，按式（11-54）和式（11-60）计算；

f_{tk}——混凝土轴心抗拉强度标准值；

σ_{ck}——荷载效应的标准组合下抗裂验算边缘的混凝土法向应力；

M_k——按荷载效应的标准组合计算的弯矩值；

W_0——换算截面受拉边缘的弹性抵抗矩。

(3) 三级——允许出现裂缝的构件　按荷载效应的标准组合并考虑长期作用影响计算的最大裂缝宽度应符合 $w_{max}\leqslant w_{lim}$，w_{max} 按式（11-49）计算，但此时应取 $\alpha_{cr}=1.5$，对环境类别为二 a 类的预应力混凝土构件，在荷载准永久组合下，受拉边缘应力尚应符合下列规定

$$\sigma_{cq}-\sigma_{pc}\leqslant f_{tk} \tag{11-81}$$

按荷载效应的标准组合计算的预应力混凝土构件纵向受拉钢筋的等效应力 σ_{sk} 按下式计算

$$\sigma_{sk}=\frac{M_k-N_{p0}(z-e_p)}{(\alpha_1 A_p+A_s)z} \tag{11-82}$$

式中　e_p——计算截面上混凝土法向预应力等于零时，全部纵向预应力和非预应力筋的合力 N_{p0} 的作用点至受拉区纵向预应力和非预应力受拉筋合力点的距离；

α_1——无粘结预应力筋的等效折减系数，取 $\alpha_1=0.3$，灌浆的后张预应力筋取 $\alpha_1=1.0$；

σ_{cq}——荷载准永久组合下抗裂验算边缘的混凝土法向应力；

z——受拉区纵向预应力筋和非预应力筋合力点至截面受压区合力点的距离（见图 11-24），按下式计算

$$z=\left[0.87-0.12(1-\gamma_f')\left(\frac{h_0}{e}\right)^2\right]h_0 \tag{11-83}$$

$$e=\frac{M_k}{N_{p0}}+e_p \tag{11-84}$$

式中　γ'_f——受压翼缘截面面积与腹板有效截面面积的比值，$\gamma'_f=\frac{(b'_f-b)h'_f}{bh_0}$，$b'_f$、$h'_f$为受压区翼缘的宽度、高度，$h'_f>0.2h_0$ 时取 $h'_f=0.2h_0$。

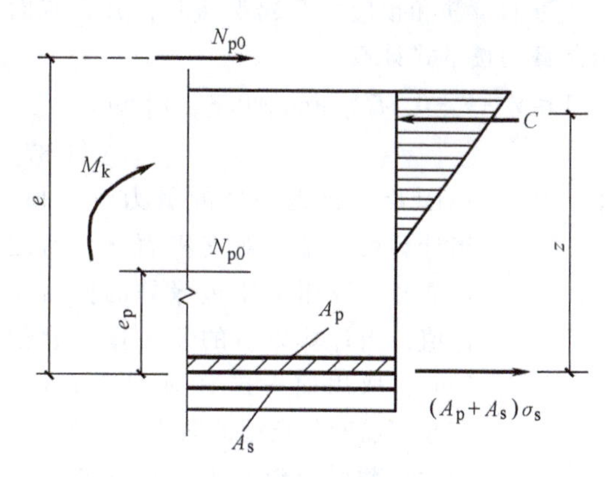

图 11-24　预应力筋和非预应力筋合力点至受压区压力合力点的距离

11.5.4　受弯构件斜截面受剪承载力计算

预应力混凝土梁的斜截面受剪承载力比钢筋混凝土梁的大些，主要是由于预应力抑制了斜裂缝的出现和发展，增加了混凝土剪压区的高度，从而提高了混凝土剪压区的受剪承载力。因此，计算预应力混凝土梁的斜截面受剪承载力可在钢筋混凝土梁计算公式的基础上增加一项由预应力而提高的斜截面受剪承载力设计值 V_p，根据矩形截面有箍筋预应力混凝土梁的试验结果，V_p 的计算公式为

$$V_p=0.05N_{p0} \tag{11-85}$$

为此，对矩形、T 形及 I 形截面的预应力混凝土受弯构件，当仅配置箍筋时，其斜截面的受剪承载力应符合下列规定

$$\begin{cases}V\leqslant V_{cs}+V_p\\ V_{cs}=\alpha_{cv}f_tbh_0+f_{yv}\dfrac{A_{sv}}{s}h_0\\ V_p=0.05N_{p0}\end{cases} \tag{11-86}$$

式中　A_{sv}——配置在同一截面内箍筋各肢的全部截面面积，$A_{sv}=nA_{sv1}$，n 为同一截面内箍筋的肢数，A_{sv1} 为单肢箍筋的截面面积；

α_{cv}——斜截面混凝土受剪承载力系数，对于一般受弯构件取 0.7，对集中荷载作用下（包括作用有多种荷载，其中集中荷载对支座截面或节点边缘所产生的剪力值占总剪力的 75%以上的情况）的独立梁，取 $\alpha_{cv}=\frac{1.75}{\lambda+1}$，$\lambda$ 为计算截面的剪跨比，可取 $\lambda=a/h_0$，$\lambda<1.5$ 时取 $\lambda=1.5$，$\lambda>3$ 时取 $\lambda=3$，a 为集中荷载作用点至支座截面或节点边缘的距离；

f_t——混凝土抗拉强度设计值；

N_{p0}——计算截面上混凝土法向应力等于零时的预应力筋及非预应力筋的合力，按式（11-55）、式（11-61）计算，$N_{p0}>0.3f_cA_0$ 时取 $N_{p0}=0.3f_cA_0$；

f_{yv}——箍筋抗拉强度设计值。

对于钢绞线配筋的先张法预应力混凝土构件，如果斜截面受拉区始端在预应力传递长度 l_{tr} 范围内，则预应力筋的合力取为 $\sigma_{p0}\frac{l_a}{l_{tr}}A_p$（见图 11-25），$l_{tr}$ 按式（11-1）计算，l_a 为斜裂缝与预应力筋交点至构件端部的距离。

当混凝土法向预应力等于零时，预应力筋及非预应力筋的合力 N_{p0} 引起的截面弯矩与由荷载产生的截面弯矩方向相同时，以及对于预应力混凝土连续梁和允许出现裂缝的预应力混凝土简支梁，均取 $V_p=0$。

当配有箍筋和预应力弯起钢筋时，其斜截面受剪承载力按下式计算

$$V \leqslant V_{cs} + V_p + 0.8 f_y A_{sb} \sin\alpha_s + 0.8 f_{py} A_{pb} \sin\alpha_p \tag{11-87}$$

式中 V——在配置弯起钢筋处的剪力设计值，当计算第一排（对支座而言）弯起钢筋时，取用支座边缘处的剪力设计值，当计算以后的每一排弯起钢筋时，取用前一排（对支座而言）弯起钢筋弯起点处的剪力设计值；

V_{cs}——构件斜截面上混凝土和箍筋的受剪承载力设计值，按式（11-86）计算；

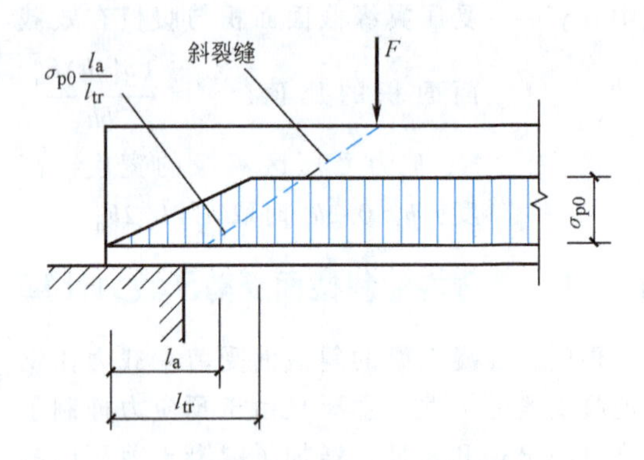

图 11-25 预应力筋的预应力传递长度范围内有效预应力值的变化

V_p——按式（11-85）计算的由于施加预应力所提高的截面的受剪承载力设计值，但在计算 N_{p0} 时不考虑预应力弯起钢筋的作用；

A_{sb}、A_{pb}——同一弯起平面内非预应力弯起钢筋、预应力弯起钢筋的截面面积；

α_s、α_p——斜截面上非预应力弯起钢筋及预应力弯起钢筋的切线与构件纵向轴线的夹角。

为了防止斜压破坏，受剪截面应符合下列条件：

当 $\frac{h_w}{b} \leqslant 4$ 时
$$V \leqslant 0.25\beta_c f_c b h_0 \tag{11-88}$$

当 $\frac{h_w}{b} \geqslant 6$ 时
$$V \leqslant 0.2\beta_c f_c b h_0 \tag{11-89}$$

当 $4 < \frac{h_w}{b} < 6$ 时 按线性内插法取用。

式中 V——剪力设计值；

β_c——混凝土强度影响系数，混凝土强度等级不超过 C50 时取 $\beta_c = 1.0$，混凝土强度等级为 C80 时取 $\beta_c = 0.8$，其间 β_c 按线性内插法取用；

b——矩形截面宽度、T 形截面或 I 形截面的腹板宽度；

h_w——截面的腹板高度，矩形截面取有效高度 h_0，T 形截面取有效高度扣除翼缘高度，I 形截面取腹板净高。

矩形、T 形、I 形截面的一般预应力混凝土受弯构件，满足下式要求时

$$V \leqslant 0.7 f_t b h_0 + 0.05 N_{p0} \tag{11-90}$$

或集中荷载作用下的独立梁，满足下式要求时

$$V \leqslant \frac{1.75}{\lambda + 1.0} f_t b h_0 + 0.05 N_{p0} \tag{11-91}$$

可不进行斜截面受剪承载力计算，仅需按构造要求配置箍筋。上述斜截面受剪承载力计算公式的适用范围和计算位置与钢筋混凝土受弯构件的相同。

11.5.5 受弯构件斜截面抗裂度验算

《混凝土结构设计规范》规定，预应力混凝土受弯构件斜截面的抗裂度验算，主要是验算截面上的主拉应力 σ_{tp} 和主压应力 σ_{cp} 不超过一定的限值。

1. 斜截面抗裂度验算的规定

(1) 混凝土主拉应力

一级裂缝控制等级构件　　$\sigma_{tp} \leqslant 0.85 f_{tk}$　　(11-92)

二级裂缝控制等级构件　　$\sigma_{tp} \leqslant 0.95 f_{tk}$　　(11-93)

(2) 混凝土主压应力

一、二级裂缝控制等级构件　　$\sigma_{cp} \leqslant 0.6 f_{ck}$　　(11-94)

式中　σ_{tp}、σ_{cp}——混凝土的主拉应力和主压应力；

2. 混凝土主拉应力 σ_{tp} 和主压应力 σ_{cp} 的计算

预应力混凝土构件在斜截面开裂前，基本上处于弹性工作状态，所以主应力可按材料力学方法计算。图 11-26 所示为一预应力混凝土简支梁，构件中各混凝土微元体除了承受由荷载产生的正应力和剪应力外，还承受由预应力筋所引起的预应力。

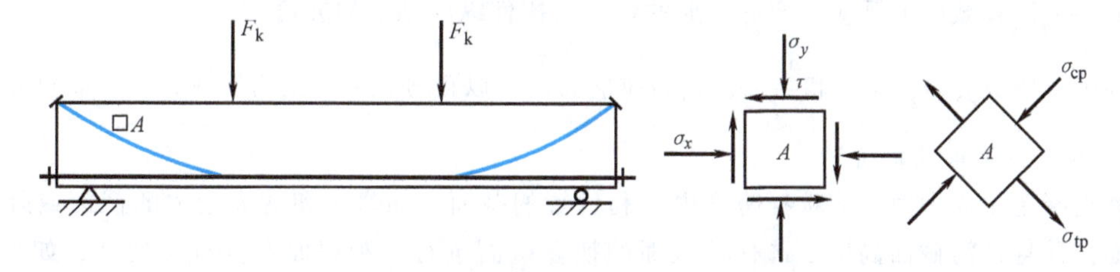

图 11-26　配置预应力弯起钢筋 A_{pb} 的受弯构件中微元件 A 的应力情况

荷载作用下截面上任一点的正应力和剪应力分别为

$$\sigma_q = \frac{M_k y_0}{I_0},\ \tau_q = \frac{V_k S_0}{b I_0} \tag{11-95}$$

如果梁中仅配置预应力纵向钢筋，则将产生预应力 $\sigma_{pc\text{II}}$，在预应力和荷载的联合作用下，计算纤维处产生沿 x 方向的混凝土法向应力为

$$\sigma_x = \sigma_{pc} + \sigma_q = \sigma_{pc} + \frac{M_k y_0}{I_0} \tag{11-96}$$

如果梁中还配有预应力弯起钢筋，则不仅产生平行于梁纵轴方向（x 方向）的预应力 $\sigma_{pc\text{II}}$，还要产生垂直于梁纵轴方向（y 方向）的预应力 σ_y 及预剪应力 τ_{pc}，其值分别按下式确定

$$\sigma_y = \frac{0.6F_k}{bh} \tag{11-97}$$

$$\tau_{pc} = \frac{(\sum \sigma_{pe} A_{pb} \sin\alpha_p) S_0}{b I_0} \tag{11-98}$$

所以，计算纤维处的剪应力为

$$\tau = \tau_q + \tau_{pc} = \frac{(V_k - \sum \sigma_{pe} A_{pb} \sin\alpha_p) S_0}{b I_0} \tag{11-99}$$

混凝土主拉应力 σ_{tp} 和主压应力 σ_{cp} 按下式计算

$$\left.\begin{matrix}\sigma_{tp}\\ \sigma_{cp}\end{matrix}\right\} = \frac{\sigma_x + \sigma_y}{2} \pm \sqrt{\left(\frac{\sigma_x - \sigma_y}{2}\right)^2 + \tau^2} \tag{11-100}$$

式中　σ_x——由预应力和弯矩值 M_k 在计算纤维处产生的混凝土法向应力；

σ_y——由集中荷载标准值 F_k 产生的混凝土竖向压应力；

τ——由剪力值 V_k 和预应力弯起钢筋的预加力在计算纤维处产生的混凝土剪应力，计算截面上有扭矩作用时尚应计入扭矩引起的剪应力，对超静定后张法预应力混凝土结构构件，计算剪应力时尚应计入预加力引起的次剪力；

F_k——集中荷载标准值；

M_k——按荷载标准组合计算的弯矩值；

V_k——按荷载标准组合计算的剪力值；

σ_{pe}——预应力弯起钢筋的有效预应力；

S_0——计算纤维以上部分的换算截面面积对构件换算截面重心的面积矩；

σ_{pc}——扣除全部预应力损失后，在计算纤维处由于预应力产生的混凝土法向应力，按式（11-54）、式（11-60）计算；

y_0、I_0——换算截面重心至计算纤维处的距离和换算截面惯性矩；

A_{pb}——计算截面上同一弯起平面内的预应力弯起钢筋的截面面积；

α_p——计算截面上预应力弯起钢筋的切线与构件纵向轴线的夹角。

上述公式中 σ_x、σ_y、σ_{pc} 和$\dfrac{M_k y_0}{I_0}$，当为拉应力时，以正号代入；当为压应力时，以负号代入。

3. 斜截面抗裂度验算位置

计算混凝土主应力时，应选择跨度内不利位置的截面，如弯矩和剪力较大的截面或外形有突变的截面，并且在沿截面高度上选择该截面的换算截面重心处和截面宽度有突变处，如I形截面上、下翼缘与腹板交接处等主应力较大的部位。

对先张法预应力混凝土构件端部进行斜截面受剪承载力计算以及正截面、斜截面抗裂验算时，应考虑预应力筋在其预应力传递长度 l_{tr} 范围内实际应力值的变化（见图 11-25）。预应力筋的实际应力可考虑为线性分布，在构件端部为零，在其传递长度的末端取有效预应力值 σ_{pe}。

11.5.6 受弯构件的挠度与反拱验算

预应力受弯构件的挠度由两部分叠加而成：一部分是由荷载产生的挠度 f_1，另一部分是预加应力产生的反拱 f_2。

1. 荷载作用下构件的挠度 f_1

挠度 f_1 可按一般材料力学的方法计算，即

$$f_1 = S\frac{Ml^2}{B} \tag{11-101}$$

其中截面弯曲刚度 B 应分别按下列情况计算：

（1）按荷载效应的标准组合下的短期刚度　对于使用阶段要求不出现裂缝的构件，其短期刚度按下式计算

$$B_s = 0.85E_cI_0 \tag{11-102}$$

式中　E_c——混凝土的弹性模量；

I_0——换算截面惯性矩；

0.85——刚度折减系数，考虑混凝土受拉区开裂前出现的塑性变形。

对于使用阶段允许出现裂缝的构件，其短期刚度按下式计算

$$B_s = \frac{0.85E_cI_0}{\kappa_{cr}+(1-\kappa_{cr})\omega} \tag{11-103}$$

$$\kappa_{cr} = \frac{M_{cr}}{M_k} \tag{11-104}$$

$$\omega=\left(1+\frac{0.21}{\alpha_E\rho}\right)(1+0.45\gamma_f)-0.7 \tag{11-105}$$

$$M_{cr}=(\sigma_{pc}+\gamma f_{tk})W_0 \tag{11-106}$$

式中　κ_{cr}——预应力混凝土受弯构件正截面的开裂弯矩 M_{cr} 与荷载标准组合弯矩 M_k 的比值，$\kappa_{cr}>1.0$ 时取 $\kappa_{cr}=1.0$；

γ——混凝土构件的截面抵抗矩塑性影响系数，$\gamma=\left(0.7+\frac{120}{h}\right)\gamma_m$，$\gamma_m$ 按附表 1-21 取用，矩形截面 $\gamma_m=1.55$；

σ_{pc}——扣除全部预应力损失后，由预加力在抗裂验算边缘的混凝土预压应力；

ρ——纵向受拉钢筋配筋率，$\rho=\frac{\alpha_1A_p+A_s}{bh_0}$，灌浆的后张预应力筋取 $\alpha_1=1.0$，无粘结后张预应力筋取 $\alpha_1=0.3$；

γ_f——受拉翼缘面积与腹板有效截面面积的比值，$\gamma_f=\frac{(b_f-b)h_f}{bh_0}$，$b_f$、$h_f$ 为受拉区翼缘的宽度、高度。

对预压时预拉区出现裂缝的构件，B_s 应降低 10%。

（2）长期刚度　按荷载效应标准组合并考虑预加应力长期作用影响的刚度，可按式（10-20）计算，$\theta=2$，其中 B_s 按式（11-102）或式（11-103）计算。

2. 预加应力产生的反拱 f_2

预应力混凝土构件在偏心距为 e_p 的总预压力 N_p 作用下将产生反拱 f_2，其值可按结构力学公式计算，即按两端有弯矩（等于 N_pe_p）作用的简支梁计算。设梁的跨度为 l，截面弯曲刚度为 B，则

$$f_2=2\frac{N_pe_pl^2}{8B} \tag{11-107}$$

式中的 N_p、e_p 及 B 等按下列不同的情况取用不同的数值，具体规定如下：

（1）荷载标准组合下的反拱值　荷载标准组合时的反拱值是由构件施加预应力引起的，按 $B=0.85E_cI_0$ 计算，此时的 N_p 及 e_p 均按扣除第一批预应力损失值后的情况计算，先张法构件为 $N_{p0\,\text{I}}$、$e_{p0\,\text{I}}$，后张法构件为 $N_{p\,\text{I}}$、$e_{pn\,\text{I}}$。

（2）考虑预加应力长期影响下的反拱值　预加应力长期影响下的反拱值是由于在使用阶段预应力的长期作用，预压区混凝土的徐变变形影响使梁的反拱值增大，故使用阶段的反拱值可按刚度 $B=0.425E_cI_0$ 计算，此时 N_p 及 e_p 应按扣除全部预应力损失后的情况计算，先张法构件为 $N_{p0\,\text{II}}$、$e_{p0\,\text{II}}$，后张法构件为 $N_{p\,\text{II}}$、$e_{pn\,\text{II}}$。

3. 挠度计算

由荷载标准组合下构件产生的挠度扣除预应力产生的反拱，即为预应力受弯构件的挠度，即

$$f=f_1-f_2\leqslant[f] \tag{11-108}$$

式中　$[f]$——允许挠度值，见附表 1-15。

当预应力长期反拱值小于按荷载标准组合计算的长期挠度时，则需要进行施工起拱，其值可取为荷载标准组合计算的长期挠度与预加力长期反拱值之差。对永久荷载较小的构件，当预应力产生的长期反拱值大于按荷载标准组合计算的长期挠度时，梁的上拱值将增大。因此，在设计阶段需要进行专项设计，并通过控制预应力度、选择预应力筋配筋数量，在施工上也可配合采取措施控制反拱。

11.5.7　受弯构件施工阶段的验算

预应力受弯构件在制作、运输及安装等施工阶段的受力状态，与使用阶段是不相同的。在制

作时，截面上受到了偏心压力，截面下边缘受压，上边缘受拉（见图 11-27a）。而在运输、安装时，搁置点或吊点通常离梁端有一段距离，两端悬臂部分因自重引起负弯矩，与偏心预压力引起的负弯矩是相叠加的（见图 11-27b）。

在截面上边缘（或称预拉区），或如果混凝土的拉应力超过了混凝土的抗拉强度时，预拉区将出现裂缝，并随时间的增长裂缝不断开展。在截面下边缘（预压区），如混凝土的压应力过大，也会产生纵向裂缝。试验表明，预拉区的裂缝虽可在使用荷载下闭合，对构件的影响不大，但会使构件在使用阶段的正截面抗裂度和刚度降低。因此，必须对构件制作阶段的抗裂度进行验算。《混凝土结构设计规范》是采用限制边缘纤维混凝土应力值的方法来满足预拉区不允许或允许出现裂缝的要求，同时保证预压区的抗压强度。

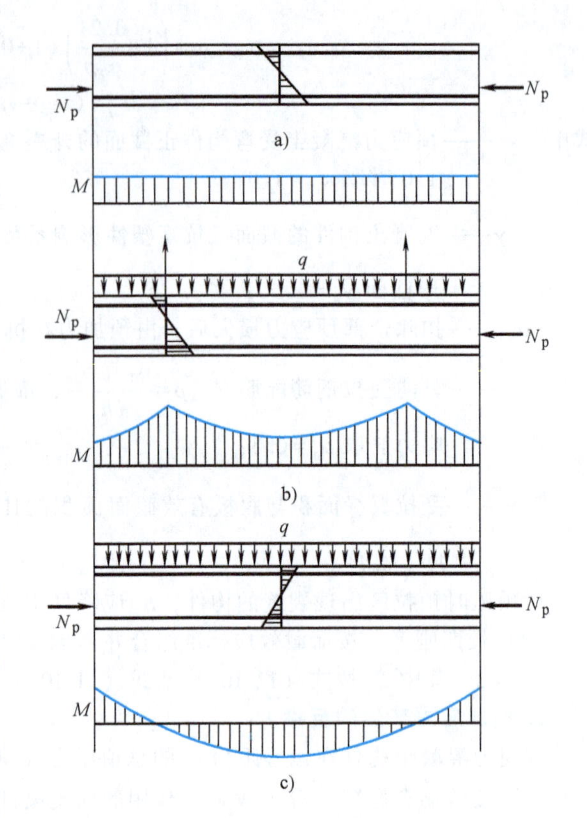

图 11-27　预应力混凝土受弯构件

a）制作阶段　b）吊装阶段　c）使用阶段

制作、运输及安装等施工阶段，预拉区允许出现拉应力的构件，或预压时全截面受压的构件，在预加力、自重及施工荷载作用下（必要时应考虑动力系数）截面边缘的混凝土法向应力宜符合下列规定（见图 11-28）

$$\sigma_{ct} \leqslant f'_{tk} \tag{11-109}$$

$$\sigma_{cc} \leqslant 0.8f'_{ck} \tag{11-110}$$

式中　σ_{ct}、σ_{cc}——相应施工阶段计算截面边缘纤维的混凝土拉应力和压应力；

f'_{tk}、f'_{ck}——与各施工阶段混凝土立方体抗压强度 f'_{cu} 相应的抗拉强度标准值、抗压强度标准值，按附表 1-9 用线性内插法取用。

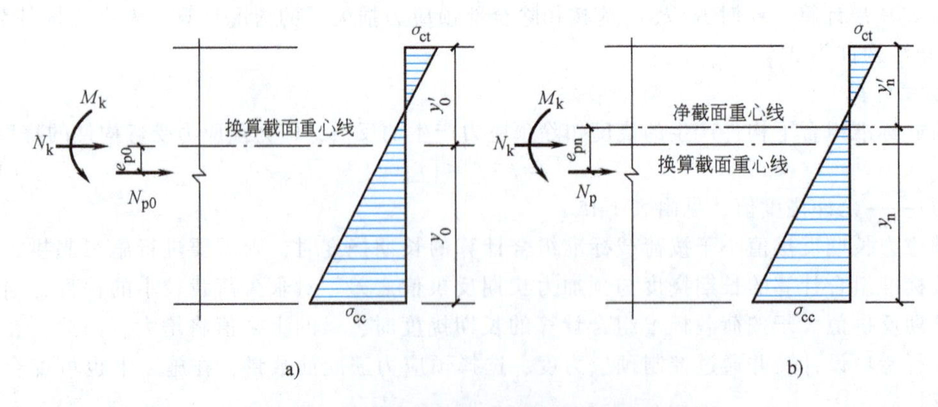

图 11-28　预应力混凝土受弯构件施工阶段验算

a）先张法构件　b）后张法构件

简支构件的端部区段截面预拉区边缘纤维的混凝土拉应力允许大于 f'_{tk}，但不应大于 $1.2f'_{tk}$。

截面边缘的混凝土法向应力 σ_{ct}、σ_{cc} 可按下式计算

$$\left.\begin{matrix}\sigma_{cc}\\ \sigma_{ct}\end{matrix}\right\} = \sigma_{pc} + \frac{N_k}{A_0} \pm \frac{M_k}{W_0} \tag{11-111}$$

式中 σ_{pc}——由预加应力产生的混凝土法向应力，σ_{pc} 为压应力时取正值，σ_{pc} 为拉应力时取负值；

N_k、M_k——构件自重及施工荷载的标准组合在计算截面产生的轴向力值、弯矩值，N_k 为轴向压力时取正值，N_k 为轴向拉力时取负值，对由 M_k 产生的边缘纤维应力，压应力取正号拉应力取负号；

W_0——验算边缘的换算截面弹性抵抗矩。

其余符号都按先张法或后张法构件的截面几何特征代入。

11.6 部分预应力混凝土及无粘结预应力混凝土结构简述

1. 部分预应力混凝土

(1) 全预应力混凝土和部分预应力混凝土结构　全预应力混凝土结构是指在全部荷载（按荷载效应的标准组合计算，下同）及预应力共同作用下受拉区不出现拉应力的预应力混凝土结构。部分预应力混凝土结构是指在全部使用荷载作用下受拉区已出现拉应力或裂缝的预应力混凝土结构。其中，在全部使用荷载作用下受拉区出现拉应力，但不出现裂缝的预应力混凝土结构，可称为有限预应力混凝土结构。

(2) 全预应力混凝土和部分预应力混凝土的特点

1) 全预应力混凝土的特点：

① 抗裂性能好。由于全预应力混凝土结构构件所施加的预应力值大，混凝土不开裂，因而构件的刚度大，常用于对抗裂或抗腐蚀性能要求较高的结构构件，如贮液罐、吊车梁、核电站安全壳等。

② 抗疲劳性能好。预应力筋从张拉完毕直至使用的整个过程中，其应力值的变化幅度小，因而在重复荷载作用下抗疲劳性能好。

③ 设计计算简单。由于截面不开裂，因而在荷载作用下，截面应力和构件挠度的计算可应用弹性理论，计算简易。

④ 反拱值往往过大。由于截面预加应力值高，尤其对永久荷载小、可变荷载大的情况，会使构件的反拱值过大，导致混凝土在垂直于张拉方向产生裂缝；并且混凝土的徐变会使反拱值随时间的增长而发展，影响上部结构构件的正常使用。

⑤ 张拉端的局部承压应力较高，需增设钢筋网片以加强混凝土的局部承压力。

⑥ 延性较差。由于全预应力混凝土构件的开裂荷载与破坏荷载较为接近，致使构件破坏时的变形能力较差，对结构抗震不利。

2) 部分预应力混凝土的特点：

① 可合理控制裂缝与变形，节约钢材。因可根据结构构件的不同使用要求、可变荷载的作用情况及环境条件等对裂缝和变形进行合理的控制，降低了预加应力值，从而减少了锚具的用量，适量降低了费用。

② 可控制反拱值不致过大。由于预加应力值相对较小，构件的初始反拱值小，徐变变形也减小。

③ 延性较好。在部分预应力混凝土构件中，通常配置非预应力筋，因而其正截面受弯的延性较好，有利于结构抗震，并可改善裂缝分布，减小裂缝宽度。

④ 与全预应力混凝土相比，可简化张拉、锚固等工艺，获得较好的综合经济效果。

⑤ 计算较为复杂。部分预应力混凝土构件需按开裂截面分析，计算较繁冗。又如部分预应力混凝土多层框架的内力分析中，除需计算由荷载及预应力作用引起的内力外，还需考虑框架在预加应力作用下的轴向压缩变形引起的内力。在超静定结构中还需考虑预应力次弯矩和次剪力的影响，并需计算及配置非预应力筋。

同此，对在使用荷载作用下不允许开裂的构件，应设计成全预应力的；对于允许开裂或不变荷载较小、可变荷载较大并且可变荷载的持续作用值较小的构件，应设计成部分预应力的。在工程实际中，可根据不同的荷载组合，对同一构件同时设计成全预应力的和部分预应力的。例如，设计时可使构件在荷载的准永久组合下不开裂，而在荷载的标准组合下允许混凝土出现一定的拉应力或产生不超过规范规定的裂缝宽度。

(3) 荷载-挠度曲线　对部分预应力混凝土，较多采用预应力高强钢材（钢丝、钢绞线）与非预应力筋（Ⅱ、Ⅲ级钢筋等）混合配筋的方式。图11-29所示为部分预应力混凝土梁的荷载-挠度曲线示意图。由图11-29可见，混合配筋梁（图11-29中曲线1）的荷载-挠度曲线呈三折线状，分别反映不开裂、开裂和塑性三个工作阶段；而仅采用预应力高强钢材配筋的梁（图11-29中曲线2），由于高强钢材没有屈服台阶，荷载-挠度曲线在梁开裂后没有明显的转折点；此外，混合配筋部分预应力混凝土梁的破坏荷载略高于仅采用高强钢材的梁。

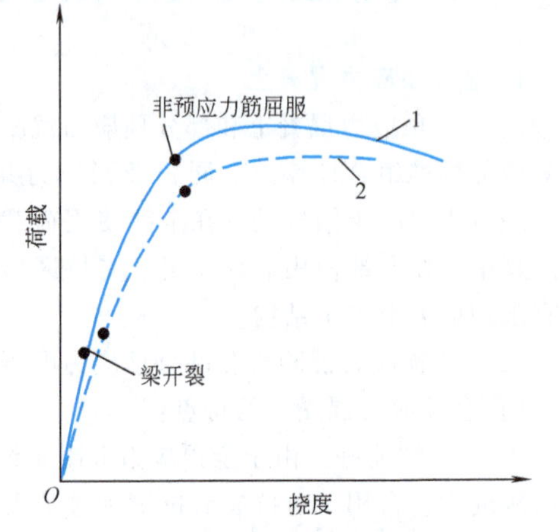

图 11-29　部分预应力混凝土梁的荷载-挠度曲线

1—混合配筋梁

2—全部采用高强钢材配筋的梁

2. 无粘结预应力混凝土

(1) 有粘结预应力混凝土和无粘结预应力混凝土　有粘结预应力混凝土是指通过灌浆或与混凝土直接接触使预应力筋与周围的混凝土之间相互粘结而建立预应力的混凝土结构。先张法预应力混凝土及后张法灌浆的预应力混凝土都是有粘结预应力混凝土结构。

无粘结预应力混凝土是指配置与混凝土之间可保持相对滑动的无粘结预应力筋的后张法预应力混凝土结构。对于现浇平板、密肋板和一些扁梁框架结构，后张法中孔道成型和灌浆工序较麻烦且质量难于控制，因而常采用无粘结预应力混凝土结构。

(2) 有粘结预应力束和无粘结预应力束后张法施工的预应力混凝土构件通常在构件中预留孔道，待混凝土结硬后穿入预应力束张拉至控制应力并锚固，最后用压力灌浆将预留孔道的孔隙填实。这种沿预应力束全长均与混凝土接触表面之间存在粘结作用、而不能发生纵向相对滑动的束称为有粘结预应力束，反之则称为无粘结预应力束。

无粘结预应力束的一般做法是，将预应力束的外表面涂以沥青、油脂或其他润滑防锈材料，以减小摩擦力并防止锈蚀，然后用纸带或塑料带包裹或套以塑料管，以防止在施工过程中碰坏涂料层，并使预应力束与混凝土相隔离，将预应力束按设计的部位放入构件模板中浇捣混凝土，待混凝土达到规定强度后即可进行张拉。

上述涂料应具有防腐蚀性能，要求在预期的使用温度范围内不致发脆开裂，也不致液化流淌，并应具有化学稳定性。

无粘结预应力束可在工厂预制，并且不需要在构件中留孔、穿束和灌浆，因而可大大简化现场施工工艺，但无粘结预应力束对锚具的质量和防腐蚀要求较高，锚具区应用混凝土或环氧树脂水泥浆进行封口处理，防止潮气入侵。

（3）无粘结预应力混凝土梁的受弯性能　当无粘结预应力混凝土梁的配筋率较低时，在荷载作用下，梁在最大弯矩截面附近只出现一条或少数受弯裂缝，随着荷载增大，裂缝迅速开展，最终发生脆性破坏，类似于带拉杆的拱。

试验结果表明，如果在无粘结预应力混凝土梁中配置了一定数量的非预应力筋，则能显著改善梁的使用性能及改变其破坏形态。

无粘结预应力混凝土结构构件的抗震性能是目前尚在研究的课题。因此，对有抗震设防要求的独立承重大梁及有较高抗震设防要求的结构构件，采用无粘结预应力混凝土应特别慎重。

3. 非预应力筋的作用

1）如果在无粘结预应力混凝土梁中配置了一定数量的非预应力筋，则可有效地提高无粘结预应力混凝土梁正截面受弯的延性。

2）在受压区边缘配置的非预应力筋可承担由于预加力偏心过大引起的拉应力，并控制裂缝的出现或开展。

3）可承担构件在运输、存放及吊装过程中可能产生的应力。

4）可分散梁的裂缝和限制裂缝的宽度，从而改善梁的使用性能并提高梁的正截面受弯承载力。

11.7　预应力混凝土构件的构造规定

预应力混凝土构件的构造要求，除应满足钢筋混凝土结构的有关规定外，还应根据预应力张拉工艺、锚固措施及预应力筋种类的不同，满足有关的构造要求。

11.7.1　一般要求

1. 截面形式和尺寸

预应力轴心受拉构件通常采用正方形或矩形截面。预应力受弯构件可采用 T 形、I 形及箱形等截面。

为了便于布置预应力筋及预压区在施工阶段有足够的抗压能力，可设计成上、下翼缘不对称的 I 形截面，其下部受拉翼缘的宽度可比上翼缘狭些，但高度比上翼缘大。

截面形式沿构件纵轴也可以变化，如跨中为 I 形，近支座处为了承受较大的剪力并能有足够位置布置锚具，在两端往往做成矩形。

由于预应力构件的抗裂度和刚度较大，其截面尺寸可比钢筋混凝土构件小些。对预应力混凝土受弯构件，其截面高度 $h=\left(\frac{1}{20}\sim\frac{1}{14}\right)l$，最小可为$\frac{l}{35}$（$l$ 为跨度），大致可取为普通钢筋混凝土梁高的 70%左右。翼缘宽度一般可取$\frac{h}{3}\sim\frac{h}{2}$，翼缘厚度一般可取$\frac{h}{10}\sim\frac{h}{6}$，腹板宽度尽可能小些，可取$\frac{h}{15}\sim\frac{h}{8}$。

2. 预应力纵向钢筋

（1）直线布置　当荷载和跨度不大时，直线布置最为简单，如图 11-30a 所示，施工时用先张法或后张法均可。

（2）曲线布置、折线布置　当荷载和跨度较大时，可布置成曲线形（见图 11-30b）或折线形（见图 11-30c），施工时一般用后张法，如预应力混凝土屋面梁、吊车梁等构件。为了承受支座附

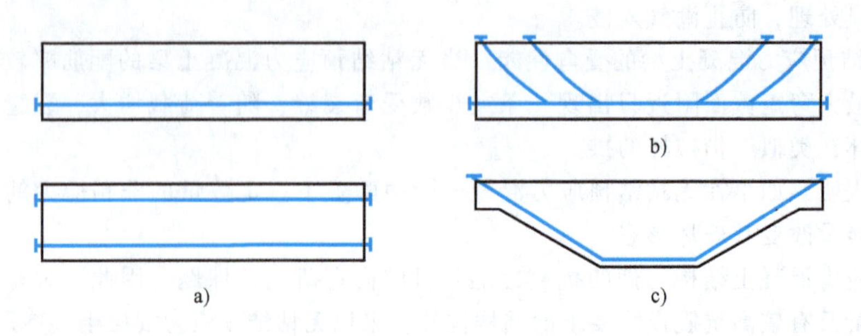

图 11-30 预应力筋的布置

a）直线形 b）曲线形 c）折线形

近区段的主拉应力及防止由于施加预应力而在预拉区产生裂缝和在构件端部产生沿截面中部的纵向水平裂缝，在靠近支座部位，宜将一部分预应力筋弯起，弯起的预应力筋沿构件端部均匀布置。

《混凝土结构设计规范》规定，预应力混凝土受弯构件中的纵向受拉钢筋最小配筋率应符合下列要求

$$M_u \geqslant M_{cr} \tag{11-112}$$

式中 M_u——构件的正截面受弯承载力设计值；

M_{cr}——构件的正截面开裂弯矩值。

3. 非预应力纵向钢筋的布置

预应力混凝土构件中，除配置预应力筋外，为了防止施工阶段因混凝土收缩和温差及施加预应力过程中引起预拉区裂缝，防止构件在制作、堆放、运输、吊装时出现裂缝或减小裂缝宽度，可在构件截面（即预拉区）设置足够的非预应力筋。

在后张法预应力混凝土构件的预拉区和预压区，应设置纵向非预应力构造钢筋。在预应力筋弯折处，应加密箍筋或沿弯折处内侧布置非预应力筋网片，以加强在钢筋弯折区段的混凝土。

预应力筋在构件端部全部弯起的受弯构件或直线配筋的先张法构件，当构件端部与下部支承结构焊接时，应考虑混凝土的收缩、徐变及温度变化所产生的不利影响，宜在构件端部可能产生裂缝的部位设置足够的非预应力纵向构造钢筋。

11.7.2 先张法构件的构造要求

1. 预应力筋的净间距

先张法预应力筋之间的净间距应根据浇筑混凝土、施加预应力及钢筋锚固等要求确定。预应力筋之间的净间距不宜小于其公称直径的 2.5 倍和混凝土粗骨料最大粒径的 1.25 倍，且应符合下列规定：预应力钢丝，不应小于 15mm；三股钢绞线，不应小于 20mm；七股钢绞线，不应小于 25mm。当混凝土振捣密实性具有可靠保证时，净间距可放宽为最大粗骨料粒径的 1.0 倍。

2. 构件端部加强措施

对先张法构件，在放松预应力筋时，端部有时会产生裂缝，为此，对端部预应力筋周围的混凝土应采取下列加强措施：

1）单根配置的预应力筋，其端部宜设置螺旋筋。

2）分散布置的多根预应力筋，在构件端部 $10d$（d 为预应力筋的公称直径）且不小于 100mm 长度范围内，宜设置 3~5 片与预应力筋垂直的钢筋网。

3）采用预应力钢丝配筋的薄板，在板端 100mm 长度范围内宜适当加密横向钢筋。

4）槽形板类构件，应在构件端部 100mm 长度范围内沿构件板面设置附加横向钢筋，其数量不应小于 2 根。

11.7.3　后张法构件的构造要求

1. 预留孔道

孔道的布置应考虑张拉设备、锚具的尺寸及端部混凝土局部受压承载力等要求。后张法预应力钢丝束、钢绞线束的预留孔道应符合下列规定：

1）对预制构件，预留孔道之间的水平净间距不宜小于 50mm，且不宜小于粗骨料粒径的 1.25 倍；孔道至构件边缘的净间距不宜小于 30mm，且不宜小于孔道直径的 50%。

2）在现浇混凝土梁中，预留孔道在竖直方向的净间距不应小于孔道外径，水平方向的净间距不宜小于 1.5 倍孔道外径，且不应小于粗骨料粒径的 1.25 倍；从孔道外壁至构件边缘的净间距，梁底不宜小于 50mm，梁侧不宜小于 40mm。裂缝控制等级为三级的梁，梁底、梁侧分别不宜小于 60mm 和 50mm。

3）预留孔道的内径宜比预应力束外径及需穿过孔道的连接器外径大 6~15mm，且孔道的截面积宜为穿入预应力束截面积的 3.0~4.0 倍。

4）当有可靠经验并能保证混凝土浇筑质量时，预留孔道可水平并列贴紧布置，但并排的数量不应超过 2 束。

5）在现浇楼板中采用扇形锚固体系时，穿过每个预留孔道的预应力筋数量宜为 3~5 根；在常用荷载情况下，孔道在水平方向的净间距不应超过 8 倍板厚及 1.5m 中的较大值。

6）板中单根无粘结预应力筋的间距不宜大于板厚的 6 倍，且不宜大于 1m；带状束的无粘结预应力筋根数不宜多于 5 根，带状束间距不宜大于板厚的 12 倍，且不宜大于 2.4m。

7）梁中集中布置的无粘结预应力筋，集束的水平净间距不宜小于 50mm，束至构件边缘的净距不宜小于 40mm。

2. 构件端部加强措施

（1）端部附加竖向钢筋　当构件端部的预应力筋需集中布置在截面下部或集中布置在上部和下部时，应在构件端部 $0.2h$（h 为构件端部的截面高度）范围内设置附加竖向防端面裂缝的构造钢筋。其截面面积应符合式（11-113）的要求。当 $e>0.2h$ 时，可根据实际情况适当配置构造钢筋。

$$A_{sv} \geqslant \frac{T_s}{f_{yv}} \tag{11-113}$$

$$T_s = \left(0.25 - \frac{e}{h}\right) P \tag{11-114}$$

式中　T_s——锚固端端面拉力；

P——作用在构件端部截面重心线上部或下部预应力筋的合力设计值，有粘结预应力混凝土构件取 $1.2\sigma_{con}$，无粘结预应力混凝土取 $1.2\sigma_{con}$ 和（$f_{ptk}A_p$）中的较大值；

e——截面重心线上部或下部预应力筋的合力点至截面近边缘的距离；

f_{yv}——附加竖向钢筋的抗拉强度设计值，按附录 1 附表 1-3 采用。

当端部截面上部和下部均有预应力筋时，附加竖向钢筋的总截面面积应按上部和下部的预应力合力 N_p 分别计算的较大值采用。

当构件在端部有局部凹进时，为防止在预加应力过程中，端部转折处产生裂缝，应增设折线构造钢筋（见图 11-31），或其他有效的构造钢筋。

（2）端部混凝土的局部加强

1）构件端部尺寸，应考虑锚具的布置、张拉设备的尺寸和局部受压的要求，必要时应适当加大。

2）在预应力筋锚具下及张拉设备的支承处，应设置预埋垫板及构造横向钢筋网片或螺旋式钢筋等局部加强措施。对外露金属锚具应采取可靠的防腐及防火措施。

3）后张法预应力混凝土构件的曲线预应力钢丝束、钢绞线束的曲率半径不宜小于 4m。对折线配筋的构件，在预应力束弯折处的曲率半径可适当减小。

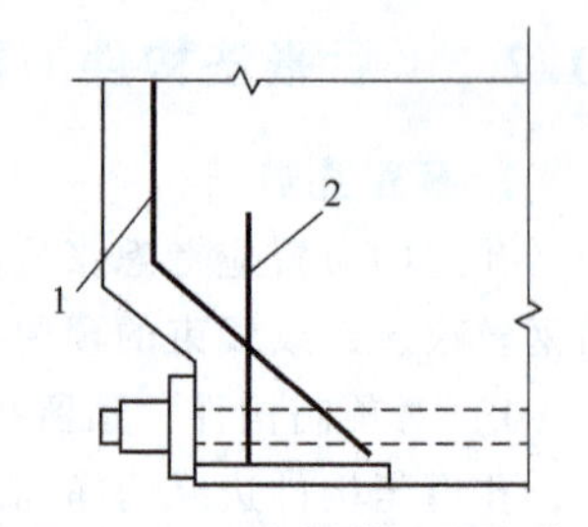

图 11-31 端部转折处构造

1—折线构造钢筋

2—竖向构造钢筋

4）在局部受压间接配筋配置区以外，在构件端部长度 l 不小于 $3e$（e 为截面重心线上部或下部预应力筋的合力点至邻近边缘的距离），但不大于 $1.2h$（h 为构件端部截面高度），高度为 $2e$ 的附加配筋区范围内，应均匀配置附加防劈裂箍筋或网片，其体积配筋率不应小于 0.5%，其配筋面积为

$$A_{sb} \geqslant 0.18\left(1-\frac{l_l}{l_b}\right)\frac{P}{f_{yv}} \tag{11-115}$$

式中 P——作用在构件端部截面重心线上部或下部预应力筋的合力设计值；

l_l、l_b——沿构件高度方向 A_l、A_b 的边长或直径（见图 11-32）；

f_{yv}——附加防劈裂钢筋的抗拉强度设计值。

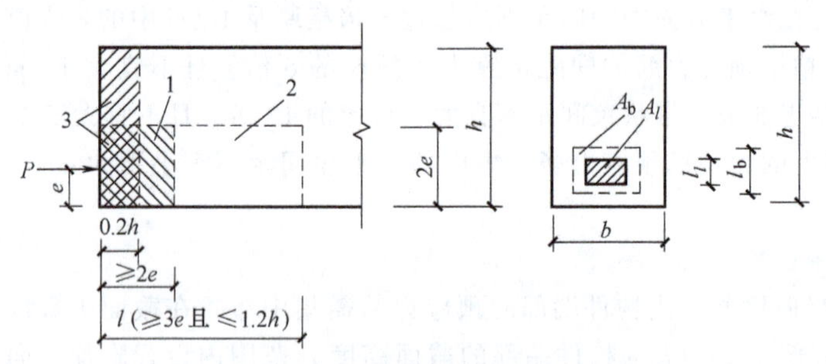

图 11-32 防止沿孔道劈裂的配筋范围

1—局部受压间接钢筋配置区 2—附加配筋区 3—构件端面

思 考 题

11-1 预应力混凝土结构构件分为哪几类？并简述之。对构件施加预应力的主要目的是什么？预应力混凝土结构的优缺点是什么？

11-2 预应力混凝土构件对钢材和混凝土的性能有何要求？为什么？

11-3 什么是张拉控制应力？为何不能取得太高，也不能取得太低？确定张拉控制应力值时，应考虑哪些因素？为何先张法的张拉控制应力略高于后张法？

11-4 预应力损失有哪些？是由什么原因产生的？如何减少各项预应力的损失值？

11-5 预应力损失值为什么要分第一批和第二批损失？先张法和后张法各项预应力损失是怎样组合的？

11-6 试述先张法、后张法预应力轴心受拉构件在施工阶段、使用阶段各自的应力变化过程及相应应力值的计算公式。

11-7 预应力轴心受拉构件，在施工阶段计算预加应力产生的混凝土法向应力 σ_{pc} 时，为什么先张法构件用 A_0，后张法构件用 A_n，而在使用阶段时都采用 A_0？先张法、后张法的 A_0、A_n 如何进行计算？

11-8 如采用相同的控制应力 σ_{con}，预应力损失值也相同，当加载至混凝土预压应力 $\sigma_{pc}=0$ 时，先张法和后张法两种构件中预应力筋的应力 σ_p 是否相同？哪个大？

11-9 预应力混凝土轴心受拉构件在计算裂缝宽度时的应力状态如何？在其他条件相同的情况下，预应力混凝土轴心受拉构件的裂缝宽度比钢筋混凝土轴心受拉构件小，为什么？

11-10　什么是预应力筋的预应力传递长度 l_{tr}？为什么要分析预应力的传递长度？如何进行计算？

11-11　后张法预应力混凝土构件，为什么要控制局部受压区的截面尺寸，并需在锚具处配置间接钢筋？在确定 β_l 时，为什么 A_b 及 A_l 不扣除孔道面积？

11-12　对受弯构件的纵向受拉钢筋施加预应力后，是否能提高正截面受弯承载力、斜截面受剪承载力？为什么？

11-13　预应力混凝土受弯构件正截面的界限相对受压区高度 ξ_b 与钢筋混凝土受弯构件正截面的界限相对受压区高度 ξ_b 是否相同？为什么？

11-14　预应力混凝土受弯构件的受压预应力筋 A_p'有什么作用？它对正截面受弯承载力有什么影响？

11-15　预应力混凝土受弯构件正截面抗裂验算和斜截面抗裂验算如何进行？集中荷载对斜截面抗裂性能有何影响？

11-16　预应力混凝土构件为什么要进行施工阶段的验算？预应力混凝土轴心受拉构件在施工阶段的正截面承载力验算、抗裂度验算与预应力受弯构件相比较，有什么不同？

11-17　预应力混凝土受弯构件的变形是如何进行计算的？与钢筋混凝土受弯构件的变形相比有何异同？

11-18　预应力混凝土构件主要的构造要求有哪些？

习　　题

11-1　某 18m 预应力混凝土屋架下弦杆（见图 11-33），截面尺寸为 $b \times h = 200\text{mm} \times 150\text{mm}$。采用后张法一端张拉（超张拉）。孔道为预埋金属波纹管，直径为 55mm。预应力筋为 1 束 5 Φ^S10.8 钢绞线（$A_p = 297\text{mm}^2$，$f_{ptk} = 1860\text{N/mm}^2$）；非预应力筋为 4 Φ 10；混凝土为 C40。到达 100%设计强度后张拉预应力筋，张拉控制应力 $\sigma_{con} = 0.75f_{ptk}$。试计算各项预应力损失值。

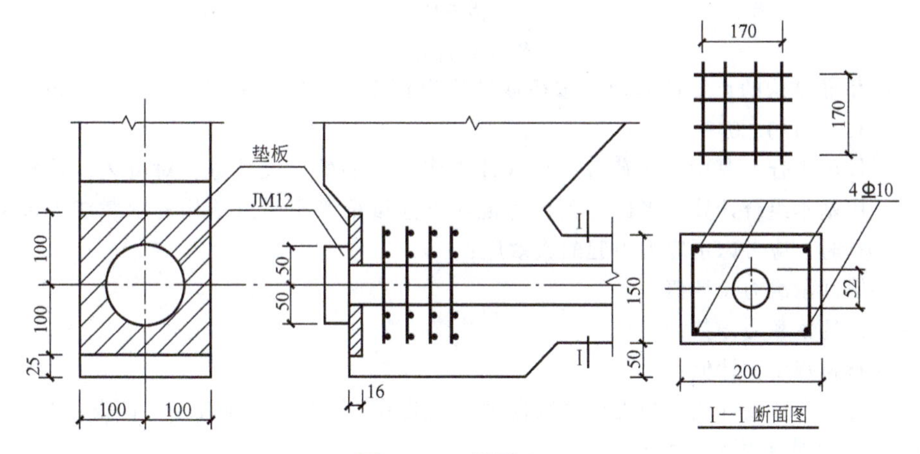

图 11-33　习题 11-1

11-2　题目条件同习题 11-1。该下弦杆承受轴心拉力设计值为 $N = 470\text{kN}$，按荷载效应的标准组合计算的轴心拉力 $N_k = 360\text{kN}$，按荷载效应的准永久组合计算的轴心拉力 $N_q = 324\text{kN}$。

1）进行使用阶段的受拉承载力计算。

2）进行使用阶段的抗裂验算。

3）进行施工阶段的受压承载力验算。

4）进行构件端部局部受压承载力验算（横向钢筋采用 4 Φ 6 焊接网片）。

第12章 混凝土结构按《公路钢筋混凝土及预应力混凝土桥涵设计规范》的设计原理

12.1 概率极限状态设计法及其在《公路钢筋混凝土及预应力混凝土桥涵设计规范》中的应用

JTG 3362—2018《公路钢筋混凝土及预应力混凝土桥涵设计规范》（简称《公路桥规》）采用以概率理论为基础的极限状态设计法，按分项系数的设计表达式进行设计，并将公路桥涵设计分为承载能力和正常使用两类极限状态。

12.1.1 极限状态表达式

公路桥涵结构的极限状态设计表达式如下：

1. 持久状况承载能力极限状态

桥涵构件的承载能力极限状态计算，采用下列表达式

$$\gamma_0 S \leqslant R \tag{12-1}$$

$$R = R(f_d, a_d) \tag{12-2}$$

式中 γ_0——桥涵结构的重要性系数，按桥涵结构设计安全等级为一级、二级、三级时，分别取1.1、1.0、0.9；

S——作用组合（其中汽车荷载应计入冲击作用）的效应设计值，对持久设计状况应按作用基本组合计算，当进行预应力混凝土连续梁等超静定结构的承载能力极限状态计算时，应考虑预应力引起的次效应；

R——构件承载力设计值；

$R(\cdot)$——构件承载力函数；

f_d——材料强度设计值；

a_d——几何参数设计值，当无可靠数据时，可采用几何参数标准值 a_k，即设计文件规定值。

2. 持久状况正常使用极限状态

公路桥涵的持久状况设计应按正常使用极限状态的要求，采用作用频遇组合、作用准永久组合或作用频遇组合并考虑作用长期效应的影响，对构件的抗裂、裂缝宽度和挠度进行验算，并使各项计算值不超过规范规定的各相应限值。在上述各种组合中，汽车荷载不计冲击作用。

预应力混凝土构件可根据桥梁使用和所处环境的要求，进行构件设计。

12.1.2 材料

1. 混凝土

混凝土强度等级应按边长为150mm立方体试件的抗压强度标准值确定。抗压强度标准值是指试件用标准方法制作、养护至28d龄期（由于粉煤灰等矿物掺合料在水泥及混凝土中大量应用，可根据

具体情况适当延长试验龄期)，以标准试验方法测得的具有95%保证率的抗压强度值（以MPa计）。

公路桥涵钢筋混凝土受力构件的混凝土强度等级不低于C25，当采用强度标准值400MPa及以上钢筋时，不低于C30；预应力混凝土受力构件不低于C40。

2. 钢筋

公路桥涵混凝土结构的钢筋应按下列规定采用：钢筋混凝土及预应力混凝土构件中的普通钢筋宜选用HPB300、HRB400、HRB500、HRBF400和RRB400钢筋，预应力混凝土构件中的箍筋应选用其中的带肋钢筋；按构造要求配置的钢筋网可采用冷轧带肋钢筋。预应力混凝土构件中的预应力筋应选用钢绞线、钢丝；中、小型构件或竖、横向预应力筋可选用预应力螺纹钢筋。

12.1.3　材料的强度设计值

材料强度设计值等于材料强度标准值除以材料分项系数。

1. 钢筋的设计强度

（1）普通钢筋抗拉强度设计值　普通钢筋抗拉强度标准值取自现行国家标准的钢筋屈服点，具有不小于95%的保证率。普通钢筋抗拉强度设计值由普通钢筋抗拉强度标准值除以钢筋材料分项系数$\gamma_{fs}=1.2$得到。

（2）钢绞线和钢丝的抗拉强度设计值　钢绞线和钢丝的抗拉强度标准值取自现行国家标准规定的极限抗拉强度。按照最新国家标准的规定，钢绞线和钢丝的条件屈服点为其抗拉强度的0.85倍，考虑原规范钢绞线和钢丝的安全系数在设计强度的基础上再取1.25，因此现规范钢绞线和钢丝的抗拉强度设计值取为$f_{pd}=f_{pk}\times0.85/1.25=f_{pk}/1.47$，即将抗拉强度标准值除以材料分项系数$\gamma_{fs}=1.47$而得。

预应力螺纹钢筋的抗拉强度标准值，取自现行国家标准的钢筋屈服点，材料分项系数与普通钢筋的相同，$\gamma_{fs}=1.2$。

（3）钢筋抗压强度设计值f'_{sd}或f'_{pd}　按以下两个条件确定：

1）钢筋的受压应变ε'_s（或ε'_p）$=0.002$。

2）钢筋抗压强度设计值f'_{sd}（或f'_{pd}）$=E_s\varepsilon'_s$（或$E_p\varepsilon'_p$）必须不大于钢筋抗拉强度设计值f_{sd}（或f_{pd}）。

2. 混凝土的设计强度

（1）混凝土轴心抗压强度标准值和设计值　混凝土轴心抗压强度按棱柱体抗压强度取值。棱柱体试件抗压强度$f_{c,s}$与边长150mm立方体试件抗压强度f_{150}存在一定的关系，其平均值的关系为

$$\mu_{fc,s}=\alpha\mu_{f150} \tag{12-3}$$

式中　α——棱柱体试件与立方体试件强度的比值。

实际构件的混凝土与试件的混凝土因品质、制作工艺、受荷情况和环境条件等不同，有一定的差异，按《公路工程结构可靠性设计统一标准》条文说明建议，其抗压强度平均换算系数$\mu_{\Omega0}=0.88$，则混凝土轴心抗压强度标准值为

$$\begin{aligned}f_{ck}&=\mu_{fc}(1-1.645\delta_{fc})=0.88\alpha\mu_{f150}(1-1.645\delta_{f150})\\&=0.88\alpha\frac{f_{cu,k}}{(1-1.645\delta_{f150})}(1-1.645\delta_{f150})=0.88\alpha f_{cu,k}\end{aligned} \tag{12-4}$$

式中α按以往试验资料和《高强混凝土结构设计与施工指南》建议取值，C50及以下混凝土，$\alpha=0.76$；C55~C80混凝土，$\alpha=0.78\sim0.82$。另外，考虑C40以上混凝土具有脆性，C40~C80混凝土的折减系数取1.0~0.87，中间按直线插入。附表2-1中混凝土轴心抗压强度标准值就是按式(12-4)计算，并乘以脆性折减系数得到的。

构件混凝土轴心抗压强度设计值f_{cd}由混凝土轴心抗压强度标准值除以混凝土材料分项系数

$\gamma_{fc}=1.45$ 求得，见附表 2-2。

(2) 混凝土轴心抗拉强度标准值和设计值　根据试验数据分析，构件混凝土轴心抗拉强度 f_t 与边长 150mm 立方体试件抗压强度 f_{150} 之间的平均值关系为

$$\mu_{ft}=0.88\times0.395\mu_{f150}^{0.55} \tag{12-5}$$

构件混凝土轴心抗拉强度标准值（保证率为 95%）为

$$\begin{aligned} f_{tk} &=\mu_{ft}(1-1.645\delta_{ft})=0.88\times0.395\mu_{f150}^{0.55}(1-1.645\delta_{f150}) \\ &=0.88\times0.395\left(\frac{f_{cu,k}}{1-1.645\delta_{f150}}\right)^{0.55}(1-1.645\delta_{f150}) \\ &=0.88\times0.395f_{cu,k}^{0.55}(1-1.645\delta_{f150})^{0.45} \end{aligned} \tag{12-6}$$

按式（12-6）求得混凝土轴心抗拉强度标准值后，还应乘以与混凝土抗压强度相同的脆性折减系数，附表 2-1 中混凝土轴心抗拉强度标准值就是按式（12-6）计算，并乘以脆性折减系数得到的。

构件中混凝土轴心抗拉强度设计值 f_{td}，由混凝土轴心抗拉强度标准值除以与混凝土轴心抗压强度相同的材料分项系数，见附表 2-2。

混凝土受压或受拉时的弹性模量列于附表 2-3 中。混凝土受剪时的弹性模量按附表 2-3 中的数值乘 0.4 倍采用。

混凝土的泊松比（横向变形系数）ν_c 由试验确定，当无试验资料时，可取 $\nu_c=0.2$。

12.1.4 作用效应组合

1. 作用的分类

作用按随时间变化可分为永久作用、可变作用、偶然作用及地震作用，其中，地震作用是一种特殊的偶然作用。

(1) 永久作用　在设计基准期内量值不随时间变化，或其变化值与平均值相比可忽略不计的作用。

(2) 可变作用　在设计基准期内量值随时间变化，且其变化值与平均值相比不可忽略的作用。按其对桥涵结构的影响程度，又分为基本可变作用和其他可变作用。

(3) 偶然作用　在设计基准期内不一定出现，但一旦出现，其值很大且持续时间很短的作用。

《公路桥涵设计通用规范》（JTG D60—2015）中作用的分类见表 12-1。

表 12-1　作用分类

编号	作用分类	作用名称	编号	作用分类	作用名称
1	永久作用	结构重力（包括结构附加重力）	13	可变作用	人群荷载
2		预加力	14		疲劳荷载
3		土的重力	15		风荷载
4		土侧压力	16		流水压力
5		混凝土收缩及徐变作用	17		冰压力
6		基础变位作用	18		波浪力
7		水浮力	19		温度（均匀温度和梯度温度）作用
8	可变作用	汽车荷载	20		支座摩阻力
9		汽车冲击力	21	偶然作用	船舶的撞击作用
10		汽车离心力	22		漂流物的撞击作用
11		汽车引起的土侧压力	23		汽车撞击作用
12		汽车制动力	24	地震作用	地震作用

公路桥涵设计时，对不同的作用应采用不同的代表值。永久作用应采用标准值作为代表值。可变作用分别采用标准值、组合值、频遇值和准永久值作为其代表值。偶然作用取其设计值作为代表值。地震作用的代表值为标准值。

2. 作用效应组合

在进行承载能力极限状态设计时，对持久设计状况和短暂设计状况应采用作用的基本组合，对偶然设计状况应采用作用的偶然组合，对地震设计状况应采用作用的地震组合。

（1） 基本组合　永久作用设计值效应与可变作用设计值效应相组合，其效应设计值表达为

$$S_{ud}=\gamma_0 S\left(\sum_{i=1}^{m}\gamma_{Gi}G_{ik},\gamma_{L1}\gamma_{Q1}Q_{1k},\psi_c\sum_{j=2}^{n}\gamma_{Lj}\gamma_{Qj}Q_{jk}\right) \tag{12-7}$$

或

$$S_{ud}=\gamma_0 S\left(\sum_{i=1}^{m}G_{id},Q_{1d},\sum_{j=2}^{n}Q_{jd}\right) \tag{12-8}$$

式中　S_{ud}——承载能力极限状态下作用基本组合的效应设计值；

$S(\ )$——作用组合的效应函数；

γ_0——结构重要性系数，对于公路桥涵，安全等级为一级、二级、三级时，分别取 1.1、1.0、0.9；

γ_{Gi}——第 i 个永久作用的分项系数，按表 12-2 的规定采用；

γ_{Qj}——在作用组合中，除汽车荷载效应（含汽车冲击力、离心力）、风荷载外的其他第 j 个可变作用的分项系数，取 $\gamma_{Qj}=1.4$，但风荷载的分项系数取 $\gamma_{Qj}=1.1$；

G_{ik}、G_{id}——第 i 个永久作用的标准值和设计值；

Q_{1k}、Q_{1d}——汽车荷载（含汽车冲击力、离心力）的标准值和设计值；

Q_{jk}、Q_{jd}——在作用组合中，除汽车荷载（含汽车冲击力、离心力）外的其他第 j 个可变作用的标准值和设计值；

ψ_c——在作用组合中，除汽车荷载（含汽车冲击力、离心力）外的其他可变作用的组合值系数，取 $\psi_c=0.75$；

γ_{Q1}——汽车荷载（含汽车冲击力、离心力）的分项系数，采用车道荷载计算时取 $\gamma_{Q1}=1.4$，采用车辆荷载计算时取 $\gamma_{Q1}=1.8$，当某个可变作用在组合中其效应值超过汽车荷载效应时，则该作用取代汽车荷载，其分项系数取 $\gamma_{Q1}=1.4$，对专为承受某作用而设置的结构或装置，设计时该作用的分项系数取 $\gamma_{Q1}=1.4$，计算人行道板和人行道栏杆的局部荷载，其分项系数也取 $\gamma_{Q1}=1.4$；

$\psi_c Q_{jk}$——在作用组合中除汽车荷载（含汽车冲击力、离心力）外的第 j 个可变作用的组合值；

γ_{Lj}——第 j 个可变作用的结构设计使用年限荷载调整系数，公路桥涵结构的设计使用年限按现行《公路工程技术标准》（JTG B01）取值时，可变作用的设计使用年限荷载调整系数取 $\gamma_{Lj}=1.0$，否则，γ_{Lj} 取值应按专题研究确定。

当作用与作用效应可按线性关系考虑时，作用基本组合的效应设计值 S_{ud} 可通过作用效应代数相加计算。

表 12-2　永久作用的分项系数

编号	作用类别	永久作用的分项系数	
		对结构的承载力不利时	对结构的承载力有利时
1	混凝土和圬工结构重力（包括结构附加重力）	1.2	1.0
	钢结构重力（包括结构附加重力）	1.1 或 1.2	
2	预加力	1.2	1.0

（续）

编号	作用类别		永久作用的分项系数	
			对结构的承载力不利时	对结构的承载力有利时
3	土的重力		1.2	1.0
4	混凝土收缩及徐变作用		1.0	1.0
5	土侧压力		1.4	1.0
6	水的浮力		1.0	1.0
7	基础变位作用	混凝土和圬工结构	0.5	0.5
		钢结构	1.0	1.0

注：本表编号1中，当钢桥采用钢桥面板时，永久作用分项系数取1.1；当采用混凝土桥面板时，取1.2。

设计弯桥时，当离心力与制动力同时参与组合时，制动力标准值或设计值按70%取用。

（2）偶然组合　永久作用标准值与可变作用某种代表值、一种偶然作用设计值相组合；与偶然作用同时出现的可变作用，可根据观测资料和工程经验取用频遇值或准永久值。

$$S_{ad}=S\left(\sum_{i=1}^{m}G_{ik},A_d,(\psi_{f1}\text{或}\psi_{q1})Q_{1k},\sum_{j=2}^{n}\psi_{qj}Q_{jk}\right)$$

式中　S_{ad}——承载能力极限状态下作用偶然组合的效应设计值；

A_d——偶然作用的设计值；

ψ_{f1}——汽车荷载（含汽车冲击力、离心力）的频遇值系数，取$\psi_{f1}=0.7$，当某个可变作用在组合中其效应值超过汽车荷载效应时，则该作用取代汽车荷载，人群荷载$\psi_{f1}=1.0$，风荷载$\psi_{f1}=0.75$，温度梯度作用$\psi_{f1}=0.8$，其他作用$\psi_{f1}=1.0$；

$\psi_{f1}Q_{1k}$——汽车荷载的频遇值；

ψ_{q1}、ψ_{qj}——第1个和第j个可变作用的准永久值系数，汽车荷载（含汽车冲击力、离心力）$\psi_q=0.4$，人群荷载$\psi_q=0.4$，风荷载$\psi_q=0.75$，温度梯度作用$\psi_q=0.8$，其他作用$\psi_q=1.0$；

$\psi_{q1}Q_{1k}$、$\psi_{qj}Q_{jk}$——第1个和第j个可变作用的准永久值。

当作用与作用效应可按线性关系考虑时，作用偶然组合的效应设计值S_{ad}可通过作用效应代数相加计算。

作用地震组合的效应设计值应按现行《公路工程抗震规范》（JTG B02）的有关规定计算。

公路桥涵结构按正常使用极限状态设计时，根据不同的设计要求，应采用以下两种组合，即频遇组合和准永久组合。

（1）频遇组合　永久作用标准值与汽车荷载频遇值、其他可变作用准永久值相组合，其效应设计值可按下式计算

$$S_{fd}=S\left(\sum_{i=1}^{m}G_{ik},\psi_{f1}Q_{1k},\sum_{j=2}^{n}\psi_{qj}Q_{jk}\right) \tag{12-9}$$

式中　S_{fd}——作用频遇组合的效应设计值；

ψ_{f1}——汽车荷载（不计冲击力）频遇值系数$\psi_1=0.7$，当某个可变作用在组合中的效应值超过汽车荷载效应时，则该作用取代汽车荷载，人群荷载$\psi_1=1.0$，风荷载$\psi_1=0.75$，温度梯度作用$\psi_1=0.8$，其他作用$\psi_1=1.0$；

（2）准永久组合　永久作用标准值与可变作用准永久值相组合，其表达式为

$$S_{qd}=S\left(\sum_{i=1}^{m}G_{ik},\sum_{j=1}^{n}\psi_{qj}Q_{jk}\right) \tag{12-10}$$

式中　S_{qd}——作用准永久组合效应设计值；

ψ_{qj}——第 j 个可变作用的准永久值系数，汽车荷载（不计冲击力）$\psi_q=0.4$，人群荷载 $\psi_q=0.4$，风荷载 $\psi_q=0.75$，温度梯度作用 $\psi_q=0.8$，其他作用 $\psi_q=1.0$；

当作用与作用效应可按线性关系考虑时，作用准永久组合的效应设计值 S_{qd} 可通过作用效应代数相加计算。

12.2　受弯构件正截面与斜截面承载力计算

12.2.1　正截面受弯承载力计算

1. 正截面受弯承载力计算的基本假定

《公路桥规》在进行正截面受弯承载力计算中采用以下基本假定：

1）构件弯曲后，其截面仍保持为平面。

2）截面受拉混凝土的抗拉强度不予考虑。

3）纵向体内钢筋应力等于钢筋应变与其弹性模量的乘积，但其值应符合下列要求：

$$\begin{cases}-f'_{sd}\leqslant\sigma_{si}\leqslant f_{sd}\\-(f'_{pd}-\sigma_{poi})\leqslant\sigma_{pi}\leqslant f_{pd}\end{cases}\tag{12-11}$$

式中　σ_{si}、σ_{pi}——第 i 层纵向普通钢筋、预应力筋的应力；

f_{sd}、f'_{sd}——纵向普通钢筋的抗拉强度设计值、抗压强度设计值；

f'_{pd}、f_{pd}——纵向预应力筋的抗拉强度设计值、抗压强度设计值；

σ_{poi}——第 i 层纵向预应力筋截面重心处混凝土法向应力为零时预应力筋中的应力。

2. 单筋矩形截面正截面承载力计算

（1）基本计算公式　根据上述基本假定，单筋矩形截面正截面承载力的计算简图如图 12-1 所示，由平衡条件可得

$$f_{cd}bx=f_{sd}A_s\tag{12-12}$$

$$\gamma_0M_d\leqslant f_{cd}bx(h_0-x/2)\tag{12-13}$$

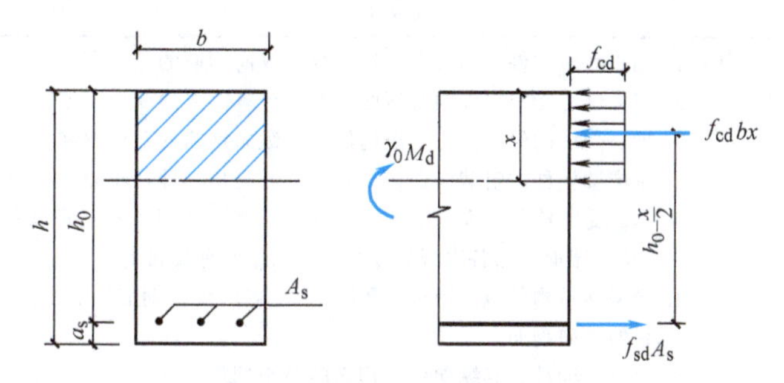

图 12-1　单筋矩形截面梁强度计算

式中　γ_0——桥涵结构的重要性系数，对安全等级为一级的桥（特大桥、重要大桥），$\gamma_0=1.1$，对安全等级为二级的桥（大桥、中桥、重要小桥），$\gamma_0=1.0$，对安全等级为三级的桥（小桥、涵洞），$\gamma_0=0.9$；

M_d——弯矩设计值；

f_{cd}——混凝土轴心抗压强度设计值，见附表 2-2；

f_{sd}——纵向普通钢筋的抗拉强度设计值，见附表 2-6；

A_s——受拉区纵向普通钢筋截面面积；

b——矩形截面宽度；

h_0——截面有效高度，$h_0=h-a_s$，h 为截面全高，a_s 为从截面受拉边缘至纵向受力钢筋合力点的距离；

x——截面受压区高度。

（2）基本计算公式的适用条件

1）为了防止出现超筋梁情况，要求相对受压区高度 ξ 不超过相对界限受压区高度 ξ_b，即 $\xi \leqslant \xi_b$，ξ_b 的值按表 12-3 采用。

表 12-3 《公路桥规》规定受弯构件相对界限受压区高度 ξ_b 值

钢筋种类	混凝土强度等级			
	C50 及以下	C55,C60	C65,C70	C75,C80
HPB300	0.58	0.56	0.54	—
HRB400、HRBF400、RRB400	0.53	0.51	0.49	—
HRB500	0.49	0.47	0.46	—
钢绞线、钢丝	0.40	0.38	0.36	0.35
预应力螺纹钢筋	0.40	0.38	0.36	—

注：1. 截面受拉区配置不同种类钢筋的受弯构件，其 ξ_b 值应选用相应于各种钢筋的较小者。

2. $\xi_b = x_b/h_0$，x_b 为纵向受拉钢筋和受压区混凝土同时达到各自强度设计值时的受压区矩形应力图高度。

2）为了防止出现少筋梁情况，计算的配筋率 ρ 不得小于最小配筋率 ρ_{min}，即 $\rho \geqslant \rho_{min}$，$\rho_{min}$ 的值按表 12-4 采用。

表 12-4 钢筋混凝土构件中纵向受力钢筋的最小配筋率 （单位：%）

受力类型		最小配筋百分率
受压构件	全部纵向钢筋	0.5
	一侧纵向钢筋	0.2
受弯构件、偏心受拉构件及轴心受拉构件的一侧受拉钢筋		0.2 和 $45f_{td}/f_{sd}$ 中较大值
受扭构件		$0.08f_{cd}/f_{sd}$(纯扭)，$0.08(2\beta_t-1)f_{cd}/f_{sd}$(剪扭)

注：1. 轴心受压构件、偏心受压构件全部纵向钢筋的最小配筋率，当混凝土强度等级 C50 及以上时不应小于 0.6%。

2. 当大偏心受拉构件的受压区配置按计算需要的受压钢筋时，其配筋率不应小于 0.2%。

3. 轴心受压构件、偏心受压构件全部纵向钢筋的配筋率和一侧纵向钢筋（包括大偏心受拉构件受压钢筋）的配筋率应按构件的毛截面面积计算。轴心受拉构件及小偏心受拉构件一侧受拉钢筋的配筋率应按构件毛截面面积计算。受弯构件、大偏心受拉构件的一侧受拉钢筋的配筋率为 $A_s/(bh_0)$，A_s 为受拉钢筋截面面积，b 为腹板宽度（箱形截面梁为各腹板宽度之和），h_0 为有效高度。

4. 当钢筋沿构件截面周边布置时，“一侧的受压钢筋”或“一侧的受拉钢筋”是指受力方向两个对边中的一边布置的纵向钢筋。

5. 对受扭构件，其纵向受力钢筋的最小配筋率 $A_{st,min}/(bh)$，$A_{st,min}$ 为纯扭构件全部纵向钢筋最小截面面积，h 为矩形截面基本单元长边长度，b 为短边长度，f_{sd} 为纵向钢筋抗拉强度设计值。

按照单筋矩形截面受弯构件的正截面受弯承载力计算方法，可得桥涵工程单筋矩形截面受弯构件的计算流程如图 12-2 所示。

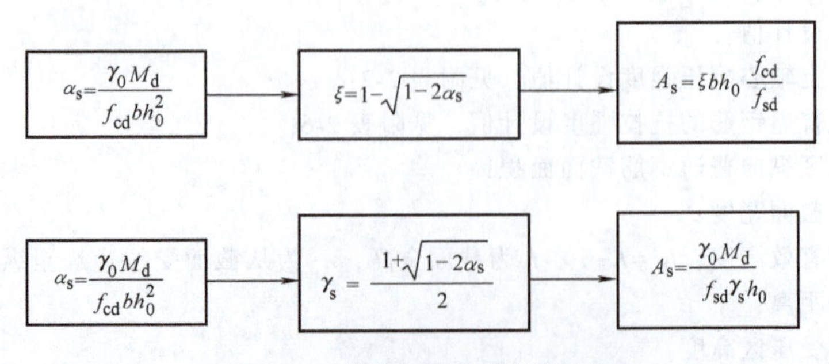

图 12-2 单筋矩形截面计算流程

3. 计算实例

【例 12-1】 某矩形截面梁 $b\times h=200\text{mm}\times500\text{mm}$，跨中最大弯矩设计值 $M_d=1.2\times10^8\text{N}\cdot\text{mm}$，采用强度等级 C30 的混凝土和 HRB400 钢筋，试进行配筋计算并进行钢筋布置。

【解】 方法一。根据已给的材料，由附表 2-2 和附表 2-6 查得 $f_{cd}=13.8\text{MPa}$，$f_{sd}=330\text{MPa}$。由表 12-3 查得 $\xi_b=0.53$，取 $\gamma_0=1.0$。假设 $a_s=40\text{mm}$，则有效高度 $h_0=(500-40)\ \text{mm}=460\text{mm}$。

（1）由式（12-13）计算受压区高度 x

$$x=h_0-\sqrt{h_0^2-\frac{2\gamma_0 M_d}{f_{cd}b}}=460\text{mm}-\sqrt{460^2-\frac{2\times1.0\times1.2\times10^8}{13.8\times200}}\text{mm}$$

$$=107\text{mm}<\xi_b h_0=0.53\times460\text{mm}=244\text{mm}$$

（2）计算钢筋数量 A_s　由式（12-12）得

$$A_s=\frac{f_{cd}bx}{f_{sd}}=\frac{13.8\times200\times107}{330}\text{mm}^2=895\text{mm}^2$$

（3）选择并布置钢筋　选用 3 ⌀ 20（$A_s=942\text{mm}^2$），钢筋布置如图 12-3 所示。

（4）验算配筋率　实际配筋率

$$\rho=\frac{A_s}{bh_0}=\frac{942}{200\times460}=1.02\%>\rho_{min}=0.16\%$$

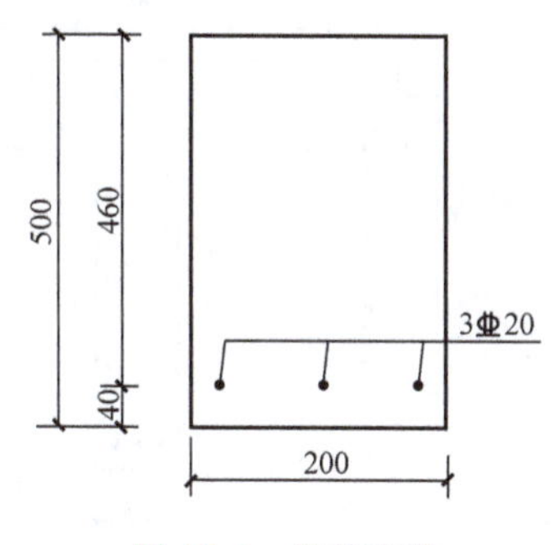

图 12-3　钢筋布置

方法二。用查表法求解：假设 $a_s=40\text{mm}$，则有效高度 $h_0=(500-40)\text{mm}=460\text{mm}$。

（1）计算 α_s

$$\alpha_s=\frac{\gamma_0 M_d}{f_{cd}bh_0^2}=\frac{1.0\times1.2\times10^8}{13.8\times200\times460^2}=0.205$$

$$\xi=1-\sqrt{1-2\alpha_s}$$

$$=1-\sqrt{1-2\times0.2055}=0.232<\xi_b=0.53$$

（2）计算 A_s

$$A_s=\frac{f_{cd}b\xi h_0}{f_{sd}}=\frac{13.8\times200\times0.232\times460}{330}\text{mm}^2=893\text{mm}^2$$

与解方程式计算结果相同。选用 3 ⌀ 20（$A_s=942\text{mm}^2$）

4. 双筋矩形截面正截面承载力计算

（1）基本计算公式　根据基本假定，双筋矩形截面正截面承载力的计算简图如图 12-4 所示，由静力平衡条件可得

$$f_{cd}bx+f'_{sd}A'_s=f_{sd}A_s \tag{12-14}$$

$$\gamma_0 M_d\leqslant f_{cd}bx(h_0-x/2)+f'_{sd}A'_s(h_0-a'_s) \tag{12-15}$$

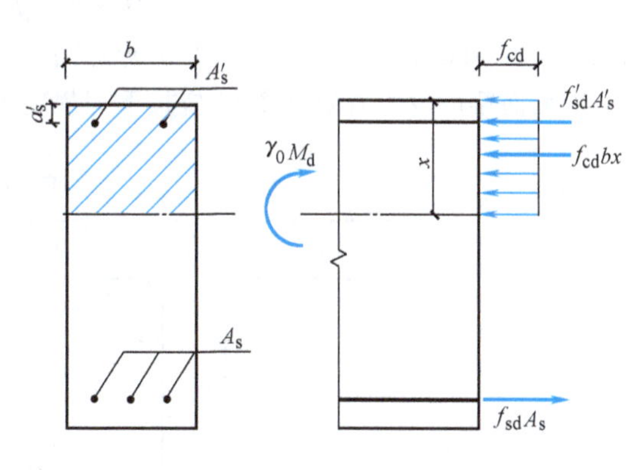

图 12-4　双筋矩形截面梁正截面承载力计算

式中　f'_{sd}——纵向普通钢筋的抗压强度设计值；

A'_s——受压区纵向普通钢筋的截面面积；

a'_s——受压区普通钢筋合力点至受压边缘的距离；

其他符号意义同单筋矩形截面。

(2) 基本计算公式的适用条件

1) 为防止超筋破坏，应满足 $\xi \leqslant \xi_b$。

2) 为保证受压钢筋达到抗压设计强度，应满足 $x \geqslant 2a'_s$。若 $x<2a'_s$，则说明受压钢筋 A'_s 不能达到其抗压设计强度。《公路桥规》规定这时取 $x=2a'_s$，即假设受压区混凝土合力作用点与受压钢筋 A'_s 合力作用点重合。对受压钢筋合力作用点取矩，可得

$$M_u = f_{sd}A_s(h_0 - a'_s) \tag{12-16}$$

同时，还应按单筋矩形截面计算其承载力，若按单筋截面计算的承载力比按式（12-16）计算的承载力大，则取其较大者。

5. T形截面正截面承载力计算

(1) 两类T形截面及判别方法　按受压区高度的不同分为两类：①第一类T形截面，受压区高度在翼板内，即 $x \leqslant h'_f$（见图12-5a）；②第二类T形截面，受压区高度进入梁肋内，即 $x > h'_f$（见图12-5b）。

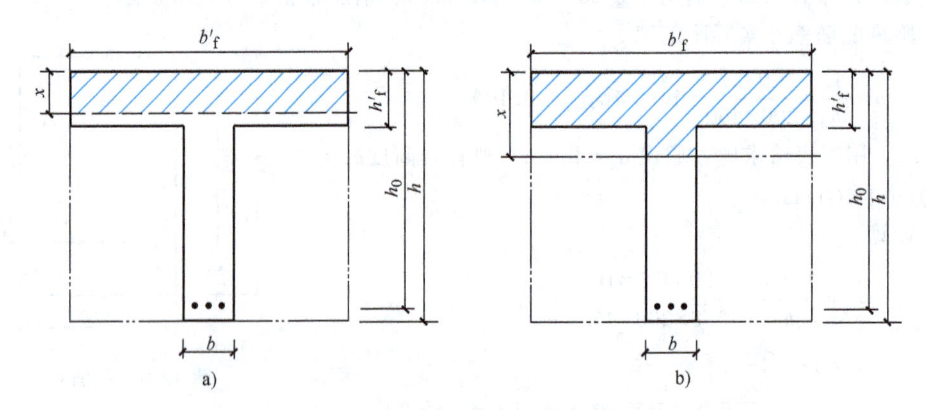

图12-5　两类T形截面

参照建筑工程中T形截面类型判别方法，可得出公路桥涵工程中T形截面类型的判别方法，即当

$$f_{sd}A_s \leqslant f_{cd}b'_f h'_f \tag{12-17}$$

或

$$\gamma_0 M_d \leqslant f_{cd}b'_f h'_f(h_0 - h'_f/2) \tag{12-18}$$

时为第一类T形截面；否则为第二类T形截面。

T形截面梁的翼缘有效宽度 b'_f 应按下列规定采用：

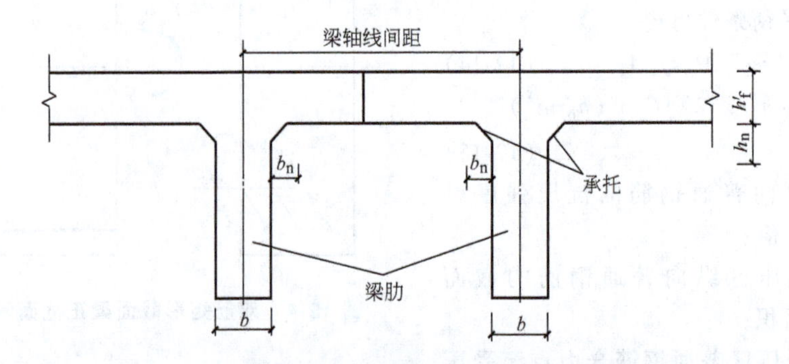

图12-6　T形截面和I形截面梁的翼缘有效宽度

1）内梁的翼缘有效宽度（见图 12-6）取下列三者中的最小值：①简支梁计算跨径的 1/3；对于连续梁，各中间跨正弯矩区段，取该计算跨径的 0.2 倍；边跨正弯矩区段，取该跨计算跨径的 0.27 倍，各中间支点负弯矩区段，取该支点相邻两跨计算跨径之和的 0.07 倍。②相邻两梁的平均间距。③取 $b'_f=b+2b_n+12h'_f$，此处 b 为梁腹板宽度，b_n 为承托长度，h'_f 为受压区翼缘悬出板的厚度。当 $h_n/b_n<1/3$ 时，上式 b_n 应以 $3h_n$ 代替，此处 h_n 为承托根部厚度。

2）外梁翼缘的有效宽度取相邻内梁翼缘有效宽度的 1/2，加上腹板宽度的 1/2，再加上外侧悬臂板平均厚度的 6 倍或外侧悬臂板实际宽度两者中的较小者。

（2）基本计算公式及适用条件

1）第一类 T 形截面。第一类 T 形截面的中性轴在翼板内，即 $x\leqslant h'_f$，受压区为矩形，如图 12-7 所示，截面可按 $b'_f\times h$ 的矩形截面计算。

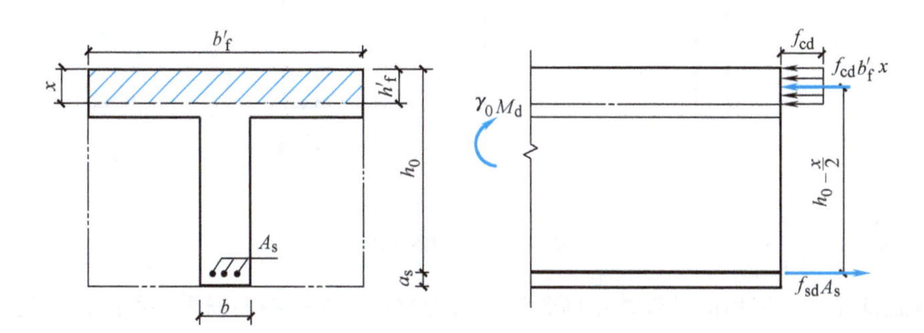

图 12-7　第一类 T 形截面

由平衡条件得基本计算公式

$$f_{cd}b'_fx=f_{sd}A_s \tag{12-19}$$

$$\gamma_0M_d\leqslant f_{cd}b'_fx(h_0-x/2) \tag{12-20}$$

基本公式的适用条件为：①$\xi\leqslant\xi_b$（一般均能满足，可不验算）；②$\rho\geqslant\rho_{min}$，注意，这里的 $\rho=\dfrac{A_s}{bh_0}$，b 为 T 形截面的肋宽。

2）第二类 T 形截面。第二类 T 形截面的中性轴在梁肋内，即 $x>h'_f$，受压区为 T 形（见图 12-8）。

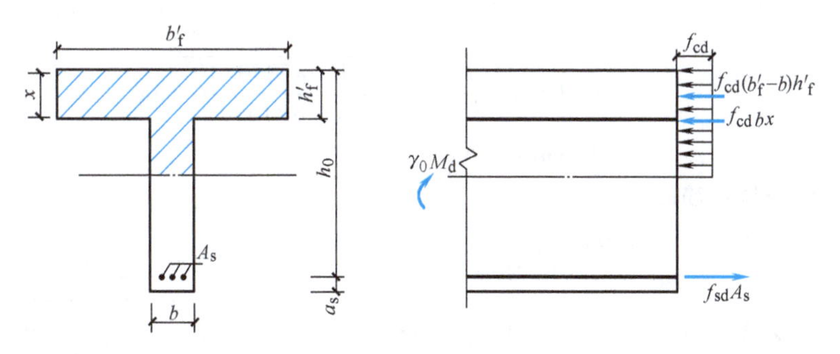

图 12-8　第二类 T 形截面

由平衡条件得基本计算公式

$$f_{cd}[(b'_f-b)h'_f+bx]=f_{sd}A_s \tag{12-21}$$

$$\gamma_0M_d\leqslant f_{cd}\left[(b'_f-b)h'_f\left(h_0-\frac{h'_f}{2}\right)+bx(h_0-x/2)\right] \tag{12-22}$$

基本公式的适用条件为：① $x \leq \xi_b h_0$，$\rho \leq \rho_{max}$；② $\rho \geq \rho_{min}$（一般均能满足，可不验算）。

【例 12-2】 某预制钢筋混凝土 T 形梁如图 12-9a 所示，截面高度 $h=1.3$m，翼板计算宽度 $b'_f=1.52$m（预制宽度为 1.58m），混凝土强度等级为 C30，钢筋为 HRB400，$\gamma_0=1.0$。跨中最大弯矩设计值 $M_d=2350$kN·m。试进行配筋计算（焊接钢筋骨架）。

【解】 由附表 2-2 和附表 2-6 查得 $f_{cd}=13.8$MPa，$f_{sd}=330$MPa，由表 12-3 查得 $\xi_b=0.53$。为便于计算，将图 12-9a 的实际 T 形截面换算成图 12-9b 所示的截面，$h'_f=\frac{80+140}{2}\text{mm}=110\text{mm}$。

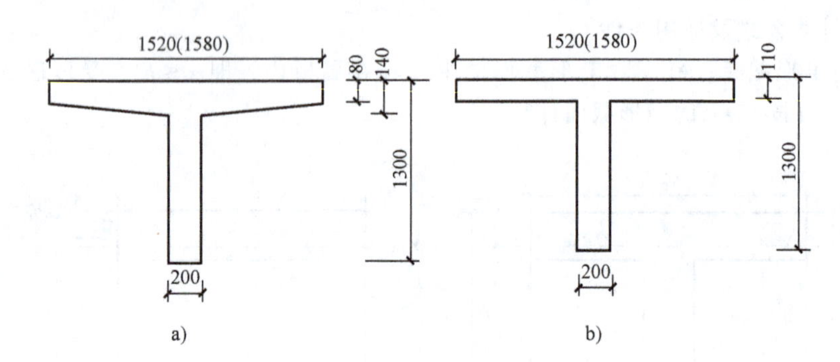

图 12-9　例 12-2 图

（1）截面设计　因采用的是焊接钢筋骨架，从受拉边缘至受拉钢筋重心的距离可近似取为 $a_s=30\text{mm}+(0.07\sim0.10)h$。本例取

$a_s=30\text{mm}+0.07h=30\text{mm}+0.07\times1300\text{mm}=121\text{mm}$

取 120mm，则截面有效高度 $h_0=(1300-120)\text{mm}=1180\text{mm}$。

（2）判别 T 形截面类型

$$f_{cd}b'_f h'_f\left(h_0-\frac{h'_f}{2}\right)=13.8\times1520\times110\times\left(1180-\frac{110}{2}\right)\text{N}\cdot\text{mm}$$

$$=25.96\times10^8\text{N}\cdot\text{mm}=2596\text{kN}\cdot\text{m}>\gamma_0 M_d=2350\text{kN}\cdot\text{m}$$

故属于第一类 T 形截面。

（3）求受压区高度 x

$$x=h_0-\sqrt{h_0^2-\frac{2\gamma_0 M_d}{f_{cd}b'_f}}$$

$$=1180\text{mm}-\sqrt{1180^2-\frac{2\times1.0\times2350\times10^6}{13.8\times1520}}\text{mm}$$

$$=99\text{mm}<h'_f=110\text{mm}$$

（4）求所需的受拉钢筋面积 A_s

$$A_s=\frac{f_{cd}b'_f x}{f_{sd}}=\frac{13.8\times1520\times99}{330}\text{mm}^2=6293\text{mm}^2$$

选择钢筋为 8 Φ 28+4 Φ 22，截面面积 $A_s=6446\text{mm}^2$。钢筋布置如图 12-10 所示。

混凝土保护层厚度 $c=30$mm，钢筋净距 $S_n=200\text{mm}-2\times30\text{mm}-2\times31.6\text{mm}=76.8\text{mm}>40\text{mm}$ 及 $1.25d=1.25\times31.6\text{mm}=39.5\text{mm}$。钢筋叠高为 $4\times31.6\text{mm}+2\times25.1\text{mm}=176.6\text{mm}<0.15h=195\text{mm}$，故满足构造要求。

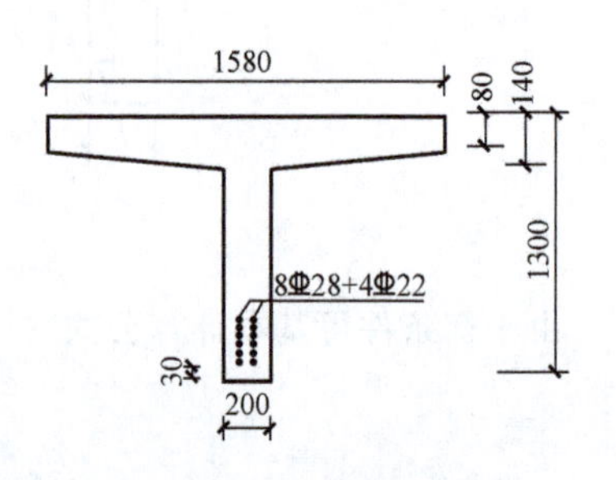

图 12-10　截面配筋

【例 12-3】　预制的钢筋混凝土简支空心板，计算截面尺寸如图 12-11a 所示。计算宽度 $b'_f=1m$，截面高度 $h=450mm$。混凝土强度等级为 C30，钢筋为 HRB400，$\gamma_0=1.0$。跨中最大弯矩设计值$M_d=600kN\cdot m$。试进行配筋计算。

【解】　由附表 2-2 和附表 2-6 查得 $f_{cd}=13.8MPa$，$f_{sd}=330MPa$；由表 12-3 查得 $\xi_b=0.53$。为便于计算，先将空心板截面换算成等效的 I 形截面，根据面积、惯性矩和形心位置不变的原则，将空心板的圆孔（直径为 D）换算成 $b_k\times h_k$ 的矩形孔，可按下式计算

按面积相等
$$b_k h_k=\frac{\pi}{4}D^2$$

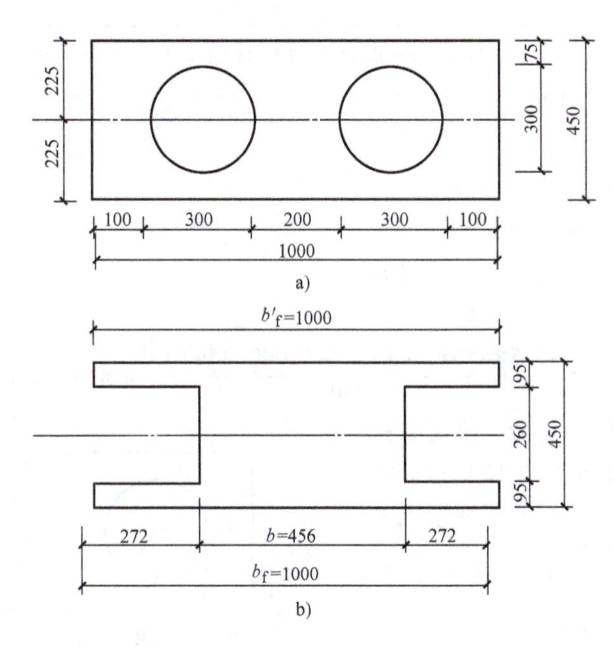

图 12-11　例 12-3 图

按惯性矩相等
$$\frac{1}{12}b_k h_k^3=\frac{\pi}{64}D^4$$

联立求解上述两式，可得

$$h_k=\frac{\sqrt{3}}{2}D,\quad b_k=\frac{\sqrt{3}}{6}\pi D$$

这样，在空心板截面宽度、高度以及圆孔的形心位置都不变的条件下，等效 I 形截面尺寸（见图 12-11b）为：

上翼板厚度
$$h'_f=y_1-\frac{1}{2}h_k=\left(225-\frac{\sqrt{3}}{4}\times300\right)mm=95mm$$

下翼板厚度
$$h_f=y_2-\frac{1}{2}h_k=\left(225-\frac{\sqrt{3}}{4}\times300\right)mm=95mm$$

腹板厚度
$$b=b_f-2b_k=\left(1000-\frac{\sqrt{3}}{3}\times\pi\times300\right)mm=456mm$$

（1）截面设计　空心板采用绑扎钢筋骨架，故假设 $a=40mm$，则截面有效高度$h_0=410mm$。

（2）判别 T 形截面类型

$$f_{cd}b'_f h'_f\left(h_0-\frac{h'_f}{2}\right)=13.8\times1000\times95\times\left(410-\frac{95}{2}\right)\text{N}\cdot\text{mm}$$

$$=475\times10^6\text{N}\cdot\text{mm}=475\text{kN}\cdot\text{m}<\gamma_0 M_d=600\text{kN}\cdot\text{m}$$

故属于第二类 T 形截面。

（3）求受压区高度 x

$$x=h_0-\sqrt{h_0^2-\frac{2\left[\gamma_0 M_d-f_{cd}(b'_f-b)h'_f\left(h_0-\frac{h'_f}{2}\right)\right]}{f_{cd}b}}$$

$$=410\text{mm}-\sqrt{410^2-\frac{2\left[1.0\times600\times10^6-13.8\times(1000-456)\times95\times\left(410-\frac{95}{2}\right)\right]}{13.8\times456}}\text{mm}$$

$$=166\text{mm}$$

故 $h'_f<x<\xi_b h_0=0.53\times410\text{mm}=217\text{mm}$

（4）求所需的受拉钢筋面积 A_s

$$A_s=\frac{f_{cd}bx+f_{cd}(b'_f-b)h'_f}{f_{sd}}$$

$$=\frac{13.8\times456\times166+13.8\times(1000-456)\times95}{330}\text{mm}^2=5327\text{mm}^2$$

选择钢筋为 8 Φ 25+4 Φ 22，截面面积 $A_s=5447\text{mm}^2$。钢筋布置如图 12-12 所示。混凝土保护层厚度 $c=25\text{mm}$，钢筋间净距 $S_n=\frac{1000-2\times25-8\times28.4-4\times25.1}{11}\text{mm}=57\text{mm}$，大于 $d=28.4\text{mm}$，故满足构造要求。

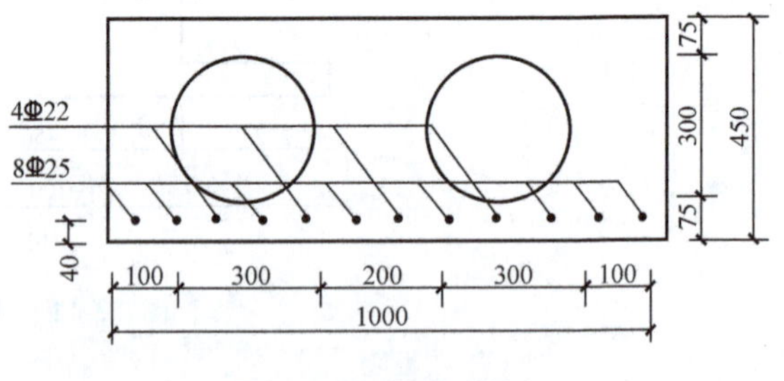

图 12-12 截面配筋

6. 构造要求

（1）混凝土保护层厚度　钢筋的最小混凝土保护层厚度（钢筋外缘至混凝土表面的距离）不应小于钢筋公称直径，除桩基外尚应符合附表 2-11 的规定。

（2）钢筋的配置　钢筋可采用单根钢筋，也可采用束筋；组成束筋的单根钢筋直径不应大于 36mm。组成束筋的单根钢筋根数，当其直径不大于 28mm 时不应多于 3 根，当其直径大于 28mm 时应为 2 根。束筋成束后的等代直径为 $d_e=\sqrt{n}d$，其中 n 为组成束筋的钢筋根数，d 为单根钢筋直径。当单根钢筋直径或束筋的等代直径大于 36mm 时，受拉区宜设表层钢筋网，在顺束筋长度方向，钢筋直径不应小于 10mm，其间距不应大于 100mm；在垂直于束筋长度方向，钢筋直径不应小于 6mm，其间距不应大于 100mm。上述钢筋网的布置范围，应超出束筋的设置范围，每边不小于 5 倍钢筋直径或束筋等代直径。

箍筋的末端应做成弯钩，弯钩角度可取 135°，弯钩的弯曲直径应大于被箍的受力主钢筋的直径，且 HPB300 钢筋不应小于箍筋直径的 2.5 倍，HRB400 钢筋不应小于箍筋直径的 5 倍。弯钩平直段长度，一般结构不应小于箍筋直径的 5 倍，抗震结构不应小于箍筋直径的 10 倍。

钢筋接头宜采用焊接接头和机械连接接头（套筒挤压接头、镦粗直螺纹接头），当施工或构造条件有困难时，除轴心受拉和小偏心受拉构件纵向受力钢筋外，也可采用绑扎接头。钢筋连接宜设在受力较小区段，并宜错开布置。绑扎接头的钢筋直径不宜大于 28mm，但轴心受压和偏心受压构件中的受压钢筋，可不大于 32mm。

受拉钢筋绑扎接头的搭接长度，应符合附表 2-14 的规定；受压钢筋绑扎接头的搭接长度，应取受拉钢筋绑扎接头搭接长度的 0.7 倍。

（3）板

1）空心板桥的顶板和底板厚度，均不应小于 80mm。空心板的空洞端部应予填封。人行道板的厚度，就地浇筑的混凝土板不应小于 80mm，预制混凝土板不应小于 60mm。

2）行车道板内主钢筋直径不应小于 10mm，人行道板内的主钢筋直径不应小于 8mm。在简支板跨中和连续板支点处，板内主钢筋间距不应大于 200mm。

3）行车道板内主钢筋可在沿板高中心纵轴线的 1/4～1/6 计算跨径处按 30°～45°弯起。通过支点的不弯起的主钢筋，每米板宽内不应少于 3 根，且不应少于主钢筋截面面积的 1/4。

4）行车道板内应设置垂直于主钢筋的分布钢筋。分布钢筋设在主钢筋的内侧，其直径不应小于 8mm，间距不应大于 200mm，截面面积不宜小于板的截面面积的 0.1%，在主钢筋的弯折处，应设置分布钢筋。人行道板内分布钢筋直径不应小于 6mm，间距不应大于 200mm。

5）布置四周支承双向板钢筋时，可将板沿纵向和横向各划分为三部分。靠边部分的宽度均为板短边宽度的 1/4。中间部分的钢筋按计算数量设置，靠边部分的钢筋按中间部分的半数设置，钢筋间距不应大于 250 mm，且不应大于板厚的 2 倍。

6）斜板的钢筋可按下列规定布置（见图 12-13）：

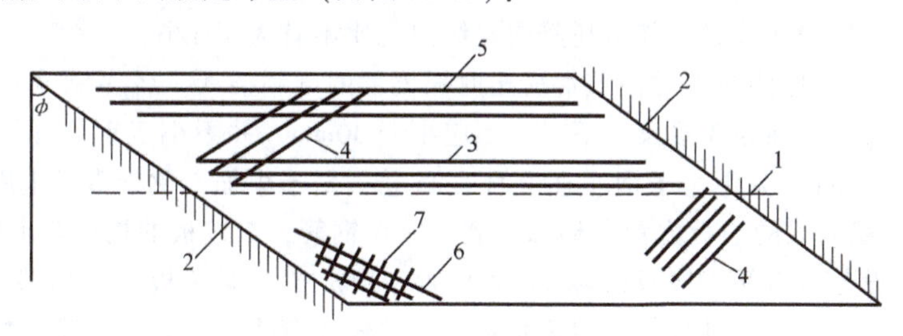

图 12-13　**斜板桥钢筋布置**

1—桥纵轴线　2—支承轴线　3—顺桥纵轴线钢筋　4—与支承轴线正交钢筋
5—自由边钢筋带　6—垂直于钝角平分线的钝角钢筋　7—平行于钝角平分线的钝角钢筋

① 当整体式斜板的斜交角（板的支承轴线的垂直线与桥纵轴线的夹角）不大于 15°时，主钢筋可平行于桥纵轴线方向布置。

② 当整体式斜板的斜交角大于 15°时，主钢筋宜垂直于板的支承轴线方向布置，此时，在板的自由边上下应各设一条不少于 3 根主钢筋的平行于自由边的钢筋带，并用箍筋箍牢。在钝角部位靠近板顶的上层，应布置垂直于钝角平分线的加强钢筋，在钝角部位靠近板底的下层，应布置平行于钝角平分线的加强钢筋，加强钢筋直径不宜小于 12mm，间距为 100～150mm，布置于以钝角两侧 1.0～1.5m 边长的扇形面积内。

③ 斜板的分布钢筋宜垂直于主钢筋方向布置，其直径、间距和数量可按第 5）条办理。在斜板的支座附近宜增设平行于支承轴线的分布钢筋；或将分布钢筋向支座方向呈扇形分布，过渡到平行于支承轴线。

④ 预制斜板的主钢筋可与桥纵轴线平行，其钝角部位加强钢筋及分布钢筋宜按②和③布置。

7）由预制板与现浇混凝土结合的组合板，预制板顶面应做成凹凸不小于 6mm 的粗糙面。如结合面配置竖向结合钢筋，钢筋应埋入预制板和现浇层内，其埋置深度不应小于 10 倍钢筋直径；钢筋纵向间距不应大于 500mm。

8）板内主钢筋的净距应符合本节梁的构造要求中的第 4）条规定。

（4）梁

1）在装配式T形梁桥中，应设跨端和跨间横隔梁。当梁横向刚性连接时，横隔梁间距不应大于10m。在装配式组合梁中，应设置跨端横隔梁，跨间横隔梁宜根据结构的具体情况设置，在箱形截面梁桥中，应设箱内端横隔板。内半径小于240m的弯箱梁应设跨间横隔板，其间距对于钢筋混凝土箱形截面梁不应大于10m；对于预应力箱形截面梁则应经结构分析确定。悬臂跨径50m及以上的箱形截面悬臂梁桥在悬臂中部尚应设跨间横隔板。条件许可时，箱形截面梁桥的横隔板应设检查用人孔。

2）预制T形截面梁或箱形截面梁翼缘悬臂端的厚度不应小于100mm；当预制T形截面梁之间采用横向整体现浇连接时或箱形截面梁设有桥面横向预应力钢筋时，其悬臂端厚度不应小于140mm。T形或I形截面梁，在与腹板相连处的翼缘厚度，不应小于梁高的1/10，当该处设有承托时，翼缘厚度可计入承托加厚部分厚度；当承托底坡$\tan\alpha$大于1/3时，取1/3。

箱形截面梁顶板与腹板相连处应设置承托；底板与腹板相连处应设置倒角，必要时也可设置承托。箱形截面梁顶、底板的中部厚度，不应小于板净跨径的1/30，且不应小于200mm。

T形、I形截面梁或箱形截面梁的腹板宽度不应小于160mm；其上下承托之间的腹板高度，当腹板内设有竖向预应力筋时，不应大于腹板宽度的20倍，当腹板内不设竖向预应力筋时，不应大于腹板宽度的15倍。当腹板宽度有变化时，其过渡段长度不宜小于12倍腹板宽度差。当T形、I形截面梁或箱形截面梁承受扭矩时，其腹板平均宽度尚应符合有关要求。

在纵桥向设有承托的连续梁，其承托竖向与纵向之比不宜大于1/6。

3）受弯构件的钢筋净距应考虑浇筑混凝土时振捣器的顺利插入。各主钢筋间横向净距和层与层之间的竖向净距，当钢筋为3层及以下时，不应小于30mm，并不小于钢筋直径；当钢筋为3层以上时，不应小于40mm，并不小于钢筋直径的1.25倍。对于束筋，此处直径采用等代直径。

4）T形或箱形截面梁的顶板内承受局部荷载的受拉钢筋，应按板的构造要求中第2）条办理。垂直于受拉钢筋应设分布钢筋，按板的第4）条设置。箱形截面梁顶板承受局部荷载的受拉钢筋，其部分应在近腹板处弯起，通过腹板直伸至悬臂端，并做成弯钩。不弯起钢筋根数不应少于每米3根，并应伸至翼缘悬臂端。

5）箱形截面梁底板的上、下层应分别设置平行于桥跨和垂直于桥跨的构造钢筋。钢筋截面面积为：对于钢筋混凝土桥，不应小于配置钢筋的底板截面面积的0.4%；对于预应力混凝土桥，不应小于配置钢筋的底板截面面积的0.3%。以上钢筋尚可充作受力钢筋。当底板厚度有变化时可分段设置。钢筋直径不宜小于10mm，其间距不宜大于300mm。

6）钢筋混凝土T形截面梁或箱形截面梁的受力主钢筋，宜设于翼缘有效宽度内；超出翼缘有效宽度分布范围，可设置不小于超出部分截面面积0.4%的构造钢筋。预应力混凝土T形截面梁或箱形截面梁的预应力钢筋宜大部分设于有效宽度内。

7）T形、I形截面梁或箱形截面梁的腹板两侧，应设置直径为6~8mm的纵向钢筋，腹板内钢筋截面面积宜为（0.001~0.002）bh，其中b为腹板宽度，h为梁的高度，其间距在受拉区不应大于腹板宽度，且不应大于200mm，在受压区不应大于300mm。在支点附近剪力较大区段和预应力混凝土梁锚固区段，腹板两侧纵向钢筋截面面积应予增加，纵向钢筋间距宜为100~150mm。

12.2.2 斜截面受剪承载力的计算

1. 计算截面位置的选取

《公路桥规》规定，在进行受弯构件斜截面抗剪承载力复核时，其复核位置应按照下列规定：

（1）简支梁和连续梁近边支点梁段

1）距支座中心$h/2$处截面（见图12-14 a中截面1-1）。

2）受拉区弯起钢筋弯起点处截面（见图12-14a中截面2-2、3-3）。

3）锚于受拉区的纵向钢筋开始不受力处的截面（见图12-14a中截面4-4）。

4）箍筋数量或间距改变处的截面（见图12-14a中截面5-5）。

5）构件腹板宽度变化处的截面。

（2）连续梁和悬臂梁近中间支点梁段

1）支点横隔梁边缘处截面（见图12-14b中截面6-6）。

2）变高度梁高度突变处截面（见图12-14b中截面7-7）。

3）参照简支梁的要求，需要进行验算的截面。

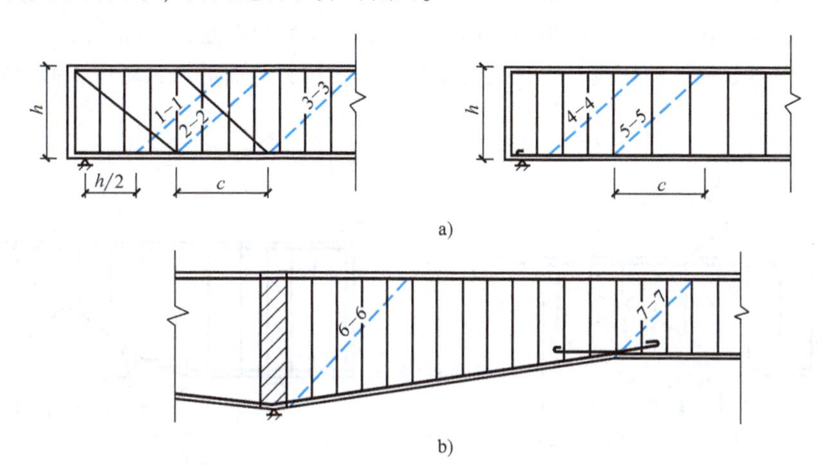

图12-14　斜截面抗剪承载力验算位置

a）简支梁和连续梁近边支点梁段　b）连续梁和悬臂梁近中间支点梁段

2. 斜截面抗剪承载力计算

（1）基本计算公式及适用条件　矩形、T形和I形截面的钢筋混凝土受弯构件，当配置箍筋和弯起钢筋时，其斜截面抗剪承载力应按下列公式进行验算（见图12-15）

$$\gamma_0 V_d \leqslant V_{cs} + V_{sb} \tag{12-23}$$

$$V_{cs} = \alpha_1 \alpha_2 \alpha_3 0.45 \times 10^{-3} b h_0 \sqrt{(2+0.6P)\ \rho_{sv}\ f_{sv} \sqrt{f_{cu,k}}}$$

$$V_{sb} = 0.75 \times 10^{-3} f_{sd} \sum A_{sb} \sin\theta_s$$

式中　V_d——剪力设计值（kN），按斜截面剪压区对应正截面处取值；

V_{cs}——斜截面内混凝土和箍筋共同的抗剪承载力设计值（kN）；

V_{sb}——与斜截面相交的普通弯起钢筋抗剪承载力设计值（kN）；

α_1——异号弯矩影响系数，计算简支梁和连续梁近边支点梁段的抗剪承载力时取$\alpha_1=1.0$，计算连续梁和悬臂梁近中间支点梁段的抗剪承载力时取$\alpha_1=0.9$；

α_2——预应力提高系数，钢筋混凝土受弯构件取$\alpha_2=1.0$，预应力混凝土受弯构件取$\alpha_2=1.25$；但当由钢筋合力引起的截面弯矩与外弯矩的方向相同时，或允许出现裂缝的预应力混凝土受弯构件，取$\alpha_2=1.0$；

α_3——受压翼缘的影响系数，矩形截面取$\alpha_3=1.0$，T形或I形截面取$\alpha_3=1.1$；

b——斜截面剪压区对应正截面处，矩形截面宽度（mm），或T形或I形截面腹板宽度（mm）；

h_0——截面的有效高度（mm），取斜截面剪压区对应正截面处自纵向受拉钢筋合力点至受压边缘的距离；

P——斜截面内纵向受拉钢筋的配筋百分率，$P=100\rho$，$\rho=\dfrac{A_s}{bh_0}$，当 $P>2.5$ 取 $P=2.5$；

$f_{cu,k}$——边长为 150mm 的混凝土立方体抗压强度标准值（MPa）；

ρ_{sv}——斜截面内箍筋配筋率，$\rho_{sv}=A_{sv}/s_v b$；

f_{sv}——箍筋抗拉强度设计值（MPa）；

A_{sv}——斜截面内配置在同一截面的箍筋的总截面面积（mm^2）；

s_v——斜截面内箍筋的间距（mm）；

A_{sb}——斜截面内在同一个弯起平面内的普通弯起钢筋的截面面积（mm^2）；

θ_s——普通弯起钢筋的切线与水平线的夹角（°），按斜截面剪压区对应正截面处取值。

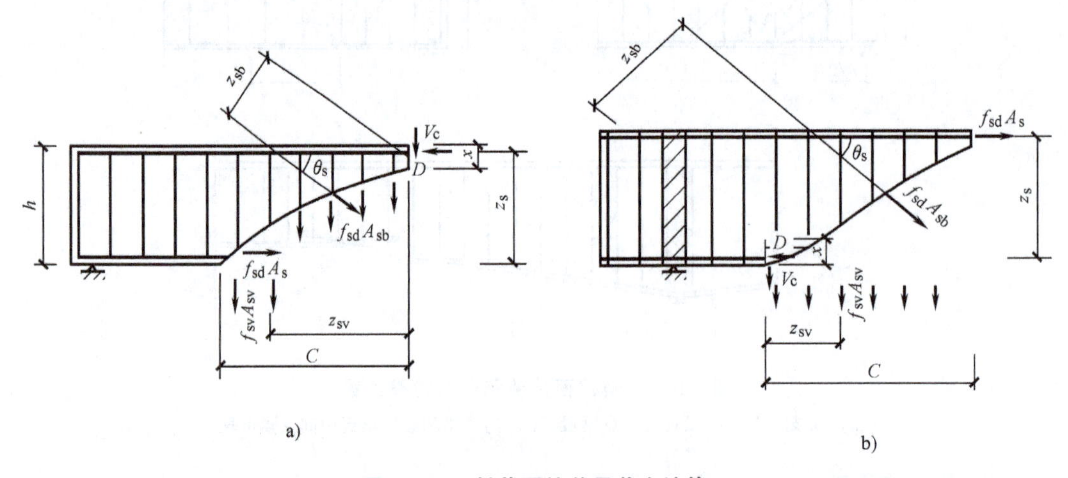

图 12-15　斜截面抗剪承载力计算

a）简支梁和连续梁近边支点梁段　b）连续梁和悬臂梁近中间支点梁段

箱形截面受弯构件的斜截面抗剪承载力的验算，可参照上述方法进行。

式（12-23）是根据剪压破坏发生时的受力特征和试验资料所制定的，它仅在一定的条件下才适用，因而必须限定公式的使用范围，也称为计算公式的上下限值。

1）上限值——截面最小尺寸。矩形、T 形和 I 形截面的钢筋混凝土受弯构件，当配置箍筋和弯起钢筋时，当梁的截面尺寸较小而剪力过大时，其斜截面就可能在梁的腹部产生过大的主压应力，使梁发生斜压破坏（或腹板压坏）。这时，梁的抗剪承载力取决于混凝土的抗压强度及梁的截面尺寸，不能用增加腹筋数量来提高抗剪承载力。《公路桥规》规定了截面尺寸的限制条件，即

$$\gamma_0 V_d \leqslant 0.51\times10^{-3}\sqrt{f_{cu,k}}\,bh_0 \tag{12-24}$$

式中　V_d——剪力设计值（kN），按验算斜截面的最不利值取用；

b——矩形截面宽度（mm），或 T 形或 I 字形截面腹板宽度（mm），取斜截面所在范围内的最小值；

h_0——自纵向受拉钢筋合力点至受压边缘的距离（mm），取斜截面所在范围内截面有效高度的最小值。

对变高度（承托）连续梁，除验算近边支点梁段的截面尺寸外，尚应验算急剧变化处的截面尺寸。

2）下限值——按构造要求配置箍筋。若箍筋数量过少或箍筋间距过大时，当斜裂缝一出现，箍筋应力很快达到其屈服强度，不能有效地抑制斜裂缝发展，从而导致斜拉破坏。当梁内配置一

定数量的箍筋，且其间距又不过大，能保证与斜裂缝相交时，即可防止发生斜拉破坏。《公路桥规》规定，矩形、T形和I形截面的受弯构件，若满足式（12-25），则不需进行斜截面抗剪承载力计算，而仅按构造要求配置箍筋。

$$\gamma_0 M_d \leqslant 0.50\times10^{-3}\alpha_2 f_{td} bh_0 \tag{12-25}$$

式中 f_{td}——混凝土抗拉强度设计值（MPa）。

对于不配置箍筋的板式受弯构件，式（12-25）右边计算值可乘以1.25提高系数，b、h_0的计量单位为mm。

（2）斜截面水平投影长度的计算　进行斜截面承载力验算时，斜截面水平投影长度按下列公式计算

$$C=0.6mh_0 \tag{12-26}$$

式中 m——广义剪跨比，按斜截面剪压区对应正截面的M_d和V_d计算，$m=\frac{M_d}{V_d h_0}$，M_d为相应于剪力设计值的弯矩设计值，当$m>3$时，取$m=3$。

（3）箍筋和弯起钢筋的计算和处理　钢筋混凝土矩形、T形和I形截面的受弯构件，当进行斜截面抗剪承载力配筋设计时，其箍筋和弯起钢筋应按下列规定进行计算和配置（见图12-16）：

1）绘出剪力设计值包络图。用作抗剪配筋设计的最不利剪力设计值V'_d按以下规定取值：简支梁和连续梁近边支点梁段取离支点$h/2$处的剪力设计值V'_d（见图12-16a）；等高度连续梁和悬臂梁近中间支点梁段取支点上横隔梁边缘处的剪力设计值V'_d（见图12-16b）；变高度（承托）连续梁和悬臂梁近中间支点梁段取变高度梁段与等高度梁段交接处的剪力设计值V_d^0（见图12-16c）。将V'_d或V_d^0分为两部分，其中不少于60%由混凝土和箍筋共同承担，不超过40%由弯起钢筋（按45°弯起）承担，并且用水平线将剪力设计值包络图分割。

2）预先选定箍筋种类和直径，按下式计算箍筋间距

$$s_v=\frac{\alpha_1^2\alpha_3^2 0.2\times10^{-6}(2+0.6P)\sqrt{f_{cu,k}}f_{sv}A_{sv}bh_0^2}{(\xi\gamma_0 V_d)^2} \tag{12-27}$$

式中 V_d——用于抗剪配筋设计的最不利剪力设计值（kN），计算简支梁、连续梁近边支点梁段和等高度连续梁和悬臂梁近中间支点梁段的箍筋间距时，令$V_d=V'_d$（见图12-16a、b），计算变高度（承托）连续梁和悬臂梁近中间支点梁段的箍筋间距时，令$V_d=V_d^0$（见图12-16c）；

ξ——用于抗剪配筋设计的最不利剪力设计值分配于混凝土和箍筋共同承担的分配系数，取$\xi\geqslant0.6$；

b——用于抗剪配筋设计的最不利剪力截面的梁腹宽度（mm）；当梁腹板厚度有变化时，取设计梁段最小腹板厚度；

h_0——用于抗剪配筋设计的最不利剪力截面的有效高度（mm）。

3）计算第一排（从支座向跨中计算）弯起钢筋的截面面积A_{sb1}时，对于简支梁、连续梁近边支点梁段，取距支点中心$h/2$处由弯起钢筋承担的那部分剪力值V_{sb1}（见图12-16a）；对于等高度连续梁和悬臂梁近中间支点梁段，取用支点上横隔梁边缘处由弯起钢筋承担的那部分剪力V_{sb1}（见图12-16b）。对于变高度（承托）连续梁和悬臂梁近中间支点的变高度梁段，取用第一排弯起钢筋下面弯起点处由弯起钢筋承担的那部分剪力V_{sb1}（见图12-16c）。

4）计算第一排弯起钢筋以后每一排弯起钢筋的截面面积A_{sb2}，…，A_{sbi}时，对于简支梁、连续梁近边支点梁段和等高度连续梁与悬臂梁近中间支点梁段，取前一排弯起钢筋下面弯起点处由弯起钢筋承担的那部分剪力V_{sb2}，…，V_{sbi}（见图12-16a、b）；对于变高度（承托）连续梁和悬臂梁

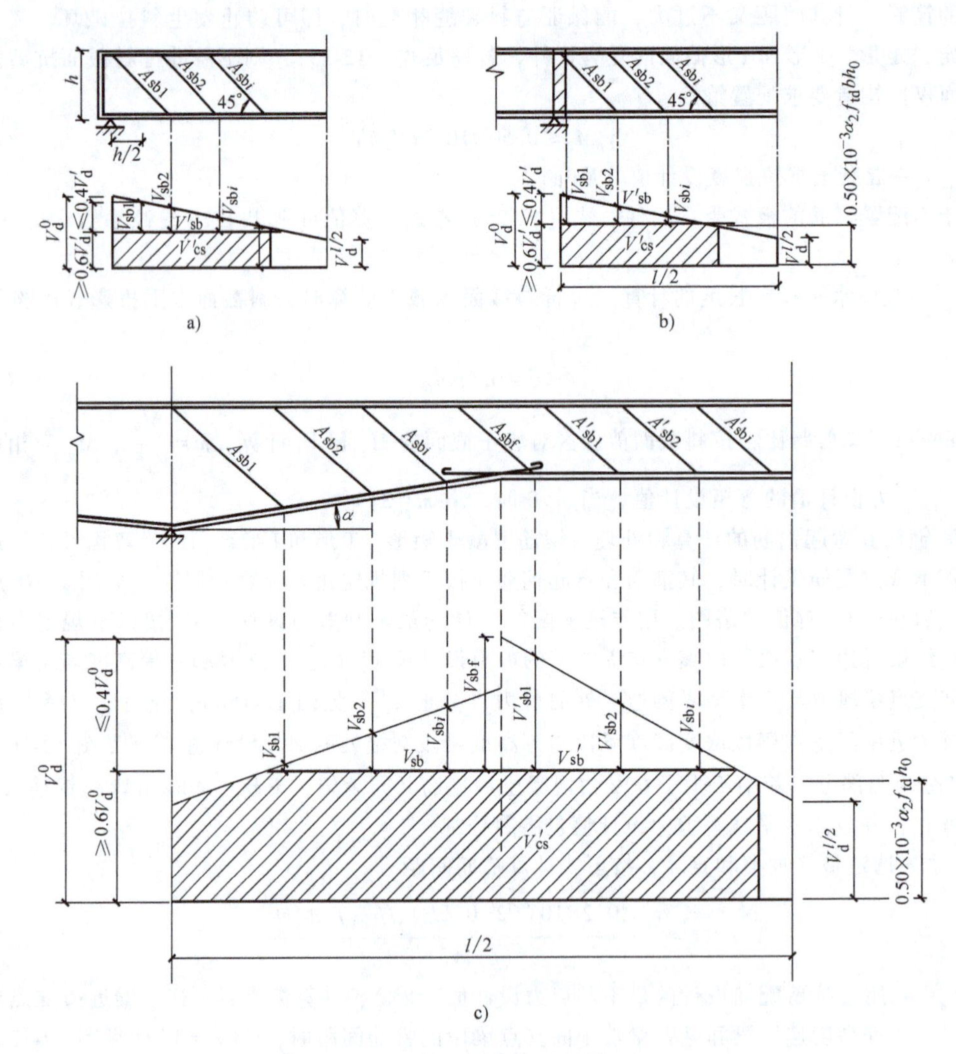

图 12-16　腹筋设计计算

a）简支梁和连续梁近边支点梁段　b）等高度连续梁和悬臂梁中间支点梁段

c）变高度连续梁和悬臂梁近中间支点梁段

近中间支点的变高度梁段，取用各该排弯起钢筋下面弯起点处由弯起钢筋承担的那部分剪力 V_{sb2}，…，V_{sbi}（见图 12-16c）。

5）计算变高度（承托）的连续梁和悬臂梁跨越变高段与等高段交接处的弯起钢筋的截面面积 A_{sbf} 时，取用交接截面剪力峰值由弯起钢筋承担的那部分剪力值 V_{sbf}（见图 12-16c）；计算等高度梁段各排弯起钢筋的截面面积 A'_{sb1}，A'_{sb2}，…，A'_{sbi} 时，取用各该排弯起钢筋上面弯点处由弯起钢筋承担的那部分剪力 V'_{sb1}，V'_{sb2}，…，V'_{sbi}（见图 12-16c）。

6）每排弯起钢筋的截面面积按下式计算

$$A_{sb}=\frac{\gamma_0 V_{sb}}{0.75\times10^{-3}f_{sd}\sin\theta_s} \tag{12-28}$$

图 12-16 中　V_d^0——由作用引起的最不利剪力设计值；

V'_d——用于配筋设计的最不利剪力设计值，对简支梁和连续梁近边支点梁段，取

距支点中心 $h/2$ 处的量值；对等高度连续梁和悬臂梁近中间支点梁段，取支点上横隔梁边缘处的量值；

$V_d^{l/2}$——跨中截面剪力设计值；

V'_{cs}——由混凝土和箍筋共同承担的总剪力设计值（图中阴影部分）；

V'_{sb}——由弯起钢筋承担的总剪力设计值；

V_{sbf}——变高度（承托）的连续梁和悬臂梁变高段与等高段交接处，由弯起钢筋承担的剪力设计值；

A_{sbf}——变高度（承托）的连续梁和悬臂梁中跨越变高段与等高度交接处的弯起钢筋截面面积；

h——等高度梁的梁高；

l——梁的计算跨径；

α——变高度梁段下缘线与水平线夹角；

V_{sb1}、V_{sb2}、…、V_{sbi}——简支梁、等高度连续梁和悬臂梁、变高度（承托）的连续梁和悬臂梁的变高度梁段，由弯起钢筋承担的剪力设计值；

V'_{sb1}、V'_{sb2}、…、V'_{sbi}——变高度（承托）的连续梁和悬臂梁的等高度梁段，由弯起钢筋承担的剪力设计值；

A_{sb1}、A_{sb2}、…、A_{sbi}——简支梁、等高度连续梁和悬臂梁、变高度（承托）的连续梁和悬臂梁的变高度梁段，从支点算起的第 1 排，第 2 排，…，第 i 排弯起钢筋截面面积；

A'_{sb1}、A'_{sb2}、…、A'_{sbi}——变高度（承托）的连续梁和悬臂梁的等高度梁段，从变高段与等高度段交接处算起的第 1 排，第 2 排，…，第 i 排弯起钢筋截面面积；

3. 斜截面抗弯承载力验算

（1）验算公式　矩形、T 形和 I 形截面的钢筋混凝土受弯构件，其斜截面抗弯承载力按下式验算（见图 12-15）

$$\gamma_0 M_d \leq f_{sd}A_sZ_s + \sum f_{sd}A_{sb}Z_{sb} + \sum f_{sv}A_{sv}Z_{sv} \tag{12-29}$$

此时，最不利的斜截面水平投影长度按下式确定

$$\gamma_0 V_d = \sum f_{sd}A_{sb}\sin\theta_s + \sum f_{sv}A_{sv} \tag{12-30}$$

式中　M_d——弯矩设计值，按斜截面剪压区对应正截面处取值；

V_d——与弯矩设计值对应的剪力设计值；

Z_s——纵向普通受拉钢筋合力点至受压区中心点 O 的距离；

Z_{sb}——与斜截面相交的同一弯起平面内普通弯起钢筋合力点至受压区中心点 O 的距离；

Z_{sv}——与斜截面相交的同一平面内箍筋合力点至斜截面受压端的水平距离。

斜截面受压端受压区高度 x，按斜截面内所有的力对构件纵向轴投影之和为零求得。

（2）构造要求

1）钢筋混凝土梁内纵向受拉钢筋不宜在受拉区截断。如需截断时，应从按正截面抗弯承载力计算充分利用该钢筋强度的截面至少延伸（l_a+h_0）长度，此处 l_a 为受拉钢筋最小锚固长度，h_0 为梁截面有效高度；同时应考虑从正截面抗弯承载力计算不需要该钢筋的截面至少延伸 $20d$（环氧树脂涂层钢筋 $25d$），d 为钢筋公称直径（见图 12-17）。纵向受压钢筋如在跨间截断时，应延伸至按计算不需要该钢筋的截面以外至少 $15d$（环氧树脂涂层钢筋 $20d$）。

2）钢筋混凝土梁端支点处，应至少有两根并且不少于总数 1/5 的下层受拉主钢筋通过。两外侧钢筋应延伸出端支点以外，并弯成直角顺梁高延伸至顶部，与顶层纵向架立钢筋相连。两侧之间的其他未弯起钢筋伸出支点截面以外的长度不应小于 $10d$（环氧树脂涂层钢筋 $12.5d$），HPB300 钢筋应带半圆钩。

3）钢筋混凝土梁设置弯起钢筋时，弯起角宜取45°。受拉区弯起钢筋的弯起点，应设在按正截面抗弯承载力计算充分利用该钢筋强度的截面以外不小于 $h_0/2$ 处，h_0 为梁有效高度；弯起钢筋可在按正截面受弯承载力计算不需要该钢筋截面面积之前弯起，但弯起钢筋与梁中心线的交点应位于按计算不需要该钢筋的截面以外（见图12-18）。弯起钢筋的末端应留有锚固长度：受拉区不应小于 $20d$，受压区不应小于 $10d$，环氧树脂涂层钢筋增加25%；HPB300钢筋尚应设置半圆弯钩。

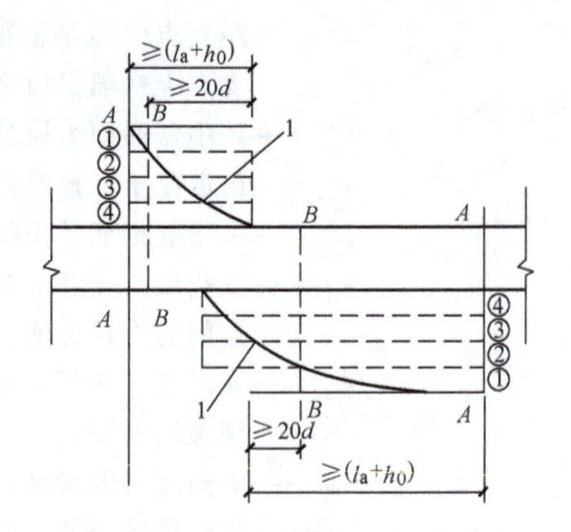

图12-17　纵向受拉钢筋截断时的延伸长度

A-A：钢筋①、②、③、④强度充分利用截面；B-B：按计算不需要钢筋①的截面。①、②、③、④—钢筋编号　1—弯矩

靠近支点的第一排弯起钢筋顶部的弯折点、简支梁或连续梁边支点应位于支座中心截面处，悬臂梁或连续梁中间支点应位于横隔梁（板）靠跨径一侧的边缘处，以后各排（跨中方向）弯起钢筋的梁顶部弯折点，应落在前一排（支点方向）弯起钢筋的梁底部弯折点处或弯折点以内。

弯起钢筋不得采用浮筋。

4）钢筋混凝土梁采用多层焊接钢筋时，可用侧面焊缝使之形成骨架。侧面焊缝设在弯起钢筋的弯折点处，并在中间直线部分适当设置短焊缝（见图12-19）。焊接钢筋骨架的弯起钢筋，除用纵向钢筋弯起外，也可用专设的弯起钢筋焊接。

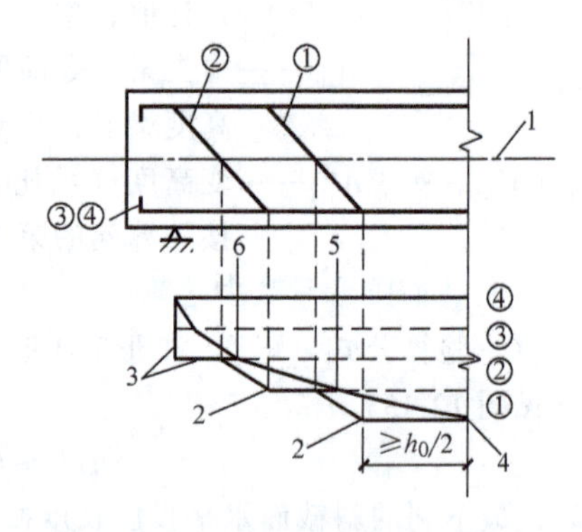

图12-18　弯起钢筋的弯起点位置

1—梁中心线　2—受拉区钢筋弯起点
3—正截面抗弯承载力图形
4—钢筋①~④强度充分利用的截面
5—按计算不需要钢筋①的截面
（钢筋②~④强度充分利用的截面）
6—按计算不需要钢筋②的截面
（钢筋③~④强度充分利用的截面）
①、②、③、④—钢筋编号

斜钢筋与纵向钢筋之间的焊接，宜用双面焊缝，其长度应为5倍钢筋直径，纵向钢筋之间的短焊缝应为2.5倍钢筋直径；当必须采用单面焊缝时，其长度应加倍。

焊接骨架的钢筋层数不应多于6层，单根钢筋直径不应大于32mm。

5）钢筋混凝土梁中应设置直径不小于8mm且不小于1/4主钢筋直径的箍筋，其配箍率：HPB300钢筋不应小于0.14%，HRB400钢筋不应小于0.11%。当梁中配有按受力计算需要的纵向受压钢筋，或在连续梁、悬臂梁近中间支点位于负弯矩区的梁段，应采用闭合式箍筋；同时，同排内任一纵向受压钢筋，离箍筋折角处的纵向钢筋的间距不应大于150mm或15倍箍筋直径两者中较大者，否则，应设复合箍筋和系筋。相邻箍筋的弯钩接头应沿纵向位置交替布置。

箍筋的间距不应大于梁高的1/2且不大于400mm；当所箍钢筋为按受力需要的纵向受压钢筋时，不应大于所箍钢筋直径的15倍，且不应大于400mm。在钢筋绑扎搭接接头范围内的箍筋间距，当绑扎搭接钢筋受拉时不应大于钢筋直径的5倍，且不大于100mm；当搭接钢筋受压时不应大于主钢筋直径的10倍，且不大于200mm。在支座中心向跨径方向长度不小于一倍梁高范围内，箍筋间距不宜大于100mm。

近梁端第一根箍筋应设在距端面一个混凝土保护层的距离处。梁与梁或梁与柱的交接范围内，靠近交接面的箍筋，其与交接面的距离不宜大于50mm。

6）具有曲线形的梁腹，近凹面的纵向受拉钢筋应用箍筋固定。箍筋间距不应大于所箍主钢筋直径的 10 倍，箍筋直径不应小于 8mm。每单肢箍筋截面面积 A_{sv1} 按下式计算

$$A_{sv1} \geqslant mA_s \frac{s_v}{2r} \tag{12-31}$$

$$r=\frac{l}{2}\left(\frac{1}{4\beta}+\beta\right) \tag{12-32}$$

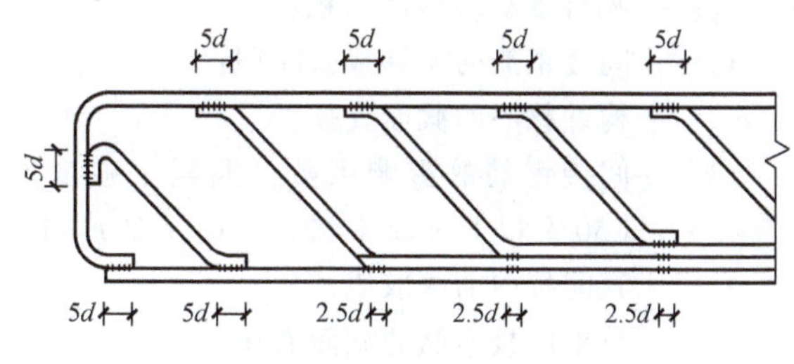

图 12-19　焊接骨架

式中　m——主钢筋抗拉强度设计值与箍筋抗拉强度设计值的比值；

A_s——一根箍筋（两肢）所箍的主钢筋截面面积；

r——凹面圆曲线半径，当为其他曲线时，可近似地按式（12-32）计算；

s_v——箍筋间距；

l——曲线弦长；

β——曲线矢高 f 与弦长 l 之比。

设于拐角处的交叉受力钢筋，自拐角处的交叉点起应各延伸一段锚固长度。其中纵向受拉钢筋应延伸至对边并锚固在受压区。受压区范围可按计算的实际受压区高度确定。

7）预制 T 形截面梁的桥面板横向连接，宜采用现浇混凝土整体连接，主钢筋可采用环形连接。预制 T 形截面梁的横隔梁连接，宜采用现浇混凝土整体连接。预制梁混凝土与用于整体连接的现浇混凝土龄期之差不应超过 3 个月。

12.3　受压构件正截面承载力计算

12.3.1　轴心受压构件正截面承载力的计算

1. 轴心受压普通箍筋柱的计算

钢筋混凝土轴心受压构件，当配有箍筋（或螺旋筋，或在纵向钢筋上焊有横向钢筋）时（见图 12-20a），其正截面抗压承载力按下式计算

$$\gamma_0 N_d \leqslant 0.9\varphi(f_{cd}A+f'_{sd}A'_s) \tag{12-33}$$

式中　N_d——轴向力设计值；

φ——轴压构件的稳定系数，按表 7-1 采用；

A——构件毛截面面积；

A'_s——全部纵向钢筋截面面积。

当纵向钢筋配筋率 $\rho'=\dfrac{A'_s}{A}>3\%$ 时，式（12-33）中 A 应改为 A_n，$A_n=A-A'_s$。

2. 轴心受压螺旋箍筋柱的计算

钢筋混凝土轴心受压构件，当配置螺旋式或焊接环式间接钢筋时（见图 12-20b），且间接钢筋的换算截面面积 A_{s0} 不小于全部纵向钢筋截面面积的 25%，间距不大于 80mm 或 $d_{cor}/5$，构件长细比 $l_0/i \leqslant 48$ 时，其正截面抗压承载力按下列公式计算

$$\gamma_0 N_d \leqslant 0.9(f_{cd}A_{cor}+f'_{sd}A'_s+kf_{sd}A_{s0}) \tag{12-34}$$

$$A_{s0}=\frac{\pi d_{cor}A_{s01}}{s} \tag{12-35}$$

式中 A_{cor}——构件的核心截面面积；

A_{s0}——间接钢筋的换算截面面积；

d_{cor}——构件核心的截面直径；

k——间接钢筋的影响系数，混凝土强度等级C50及以下时取 $k=2.0$，C80取 $k=1.70$，其间按内插法取值；

A_{so1}——单根间接钢筋的截面面积；

s——沿构件轴线方向间接钢筋的螺距或间距。

按式（12-34）计算的抗压承载力设计值不应大于按式（12-33）计算的抗压承载力设计值的1.5倍；当间接钢筋的换算截面面积、间距及构件长细比不符合本条要求，或按式（12-34）计算的抗压承载力小于按式（12-33）计算的抗压承载力时，不应考虑间接钢筋的套箍作用，正截面抗压承载力应按式（12-33）进行计算。

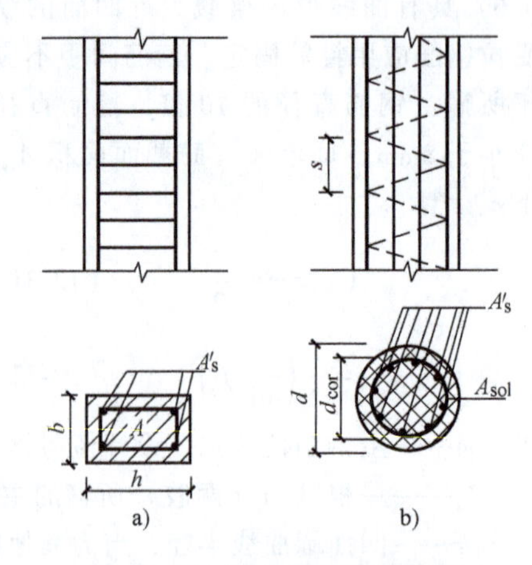

图12-20 轴心受压构件截面

12.3.2 矩形截面偏心受压构件正截面承载力的计算

1. 基本计算公式

矩形截面偏心受压构件的正截面抗压承载力按下列公式计算（见图12-21）

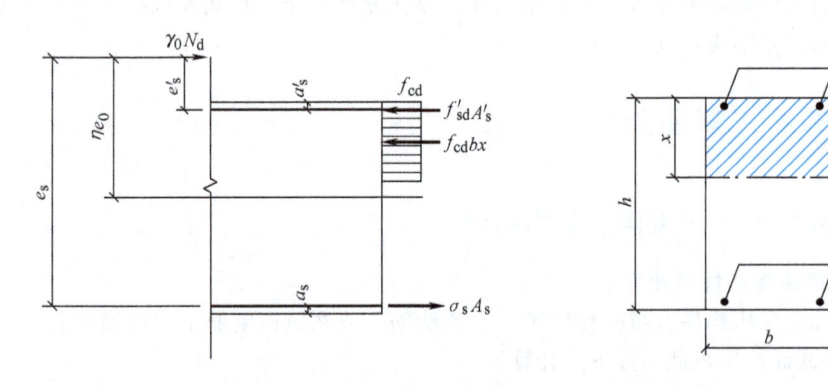

图12-21 矩形截面偏心受压构件抗压承载力计算

$$\gamma_0 N_d \leqslant f_{cd}bx+f'_{sd}A'_s-\sigma_s A_s \tag{12-36}$$

$$\gamma_0 N_d e_s \leqslant f_{cd}bx\left(h_0-\frac{x}{2}\right)+f'_{sd}A'_s(h_0-a'_s) \tag{12-37}$$

式中 e_s——轴向力作用点至截面受拉边或受压较小边纵向钢筋 A_s 合力点的距离，$e_s=\eta e_0+h/2-a_s$，e_0 为轴向力对截面重心轴的偏心距，$e_0=M_d/N_d$；

h_0——截面受压较大边边缘至受拉边或受压较小边纵向钢筋合力点的距离，$h_0=h-a_s$；

η——偏心受压构件轴向力偏心距增大系数，按下式计算

$$\eta=1+\frac{1}{1300e_0/h_0}\left(\frac{l_0}{h}\right)^2\zeta_1\zeta_2$$

$$\zeta_1=0.2+2.7\frac{e_0}{h_0}\leqslant 1.0$$

$$\zeta_2=1.15-0.01\frac{l_0}{h}\leqslant 1.0$$

对式（12-36）、式（12-37）的使用要求及有关说明如下：

1）钢筋 A_s 的应力 σ_s 取值。当 $\xi \leqslant \xi_b$ 时为大偏心受压构件，取 $\sigma_s = f_{sd}$；当 $\xi > \xi_b$ 时为小偏心受压构件，σ_s 按下式计算

$$\sigma_s = \varepsilon_{cu} E_s \left(\frac{\beta}{\xi} - 1 \right) \tag{12-38}$$

式中　β——截面受压区矩形应力图高度与实际受压区高度的比值，当混凝土强度等级为 C50 及以下时，$\beta = 0.8$，C80 时，$\beta = 0.74$，中间强度等级用内插法求得；

ε_{cu}——截面非均匀受压时混凝土的极限压应变，混凝土强度等级为 C50 及以下时 $\varepsilon_{cu} = 0.0033$，C80 时 $\varepsilon_{cu} = 0.003$，其间用内插法求得。

按式（12-38）算得的钢筋应力应满足 $-f'_{sd} \leqslant \sigma_s \leqslant f_{sd}$。

当 σ_s 为拉应力且其值大于普通钢筋抗拉强度设计值 f_{sd} 时，取 $\sigma_s = f_{sd}$；当 σ_s 为压应力且其绝对值大于普通钢筋抗压强度设计值 f'_{sd} 时，取 $\sigma_s = -f'_{sd}$。

2）为保证构件破坏时，大偏心受压构件截面上的受压钢筋能达到抗压设计强度需满足

$$x \geqslant 2a'_s \tag{12-39}$$

3）对小偏心受压情况时，当轴向力作用在纵向钢筋 A_s 与 A'_s 合力点之间时，为防止远离力一侧钢筋 A_s 太少而先屈服，其抗压承载力尚应按下式计算

$$\gamma_0 N_d e'_s \leqslant f_{cd} bh(h'_0 - h/2) + f'_{sd} A_s (h'_0 - a_s) \tag{12-40}$$

式中　e'_s——轴向力作用点至受压较大边纵向钢筋合力点的距离，$e'_s = h/2 - e_0 - a'_s$；

h'_0——截面受压较小边边缘至受压较大边纵向钢筋合力点的距离，$h'_0 = h - a'_s$。

2. 截面配筋计算

在进行偏心受压构件的截面设计时，一般是已知截面作用效应 M_d 或 N_d、偏心距 e_0、材料强度、截面尺寸及构件的计算长度，求截面纵筋数量。

（1）非对称配筋情况　在进行截面设计时首先应判定是大偏心、还是小偏心，但在进行配筋设计之前，由于 A_s 及 A'_s 是未知数，故不能用 ξ 与 ξ_b 的大小比较作出判断。

根据经验，在偏心受压构件截面设计时，当 $\eta e_0 \leqslant 0.3h_0$ 时，可按小偏心受压构件计算；当 $\eta e_0 > 0.3h_0$ 时，可按大偏心受压计算，但所得受拉钢筋截面面积必须大于最小配筋率。否则，按小偏心受压构件计算或钢筋截面面积取最小配筋值。

1）大偏心受压。此时受拉钢筋的应力 $\sigma_s = f_{sd}$。

第一种情况：A_s 及 A'_s 均未知。根据偏心受压构件计算的基本公式（12-36）、式（12-37），只有两个独立方程，但未知数却有三个，即 A_s、A'_s 和 x，不能求得唯一的解。从充分发挥混凝土的作用考虑，使用钢量 $A_s + A'_s$ 最小，需补充设计条件 $x = \xi_b h_0$。

于是由式（12-37）可得

$$A'_s = \frac{\gamma_0 N_d e_s - f_{cd} bh_0^2 \xi_b (1 - 0.5\xi_b)}{f'_{sd}(h_0 - a'_s)} \geqslant \rho'_{min} bh \tag{12-41}$$

将 A'_s 代入式（12-36），得

$$A_s = \frac{f_{cd} bh_0 \xi_b + f'_{sd} A'_s - \gamma_0 N_d}{f_{sd}} \geqslant \rho_{min} bh \tag{12-42}$$

第二种情况：已知 A'_s，求 A_s。当 A'_s 为已知时，只有钢筋 A_s 和 x 两个未知数，故可以用基本公式来直接求解。由式（12-37）得

$$x = h_0 - \sqrt{h_0^2 - \frac{2[\gamma_0 N_d e_s - f'_{sd} A'_s (h_0 - a'_s)]}{f_{cd} b}} \tag{12-43}$$

当计算的 x 满足 $2a'_s \leqslant x \leqslant \xi_b h_0$，则可由式（12-36）得到受拉区所需钢筋数量 A_s 为

$$A_s = \frac{f_{cd}bx + f'_{sd}A'_s - \gamma_0 N_d}{f_{sd}} \tag{12-44}$$

当计算的 x 满足 $x \leqslant \xi_b h_0$，但是 $x<2a'_s$，则按下述方法来求得所需的受拉钢筋数量 A_s：

a）令 $x=2a'_s$，对 A'_s 的合力点取矩得

$$A_{s1} = \frac{\gamma_0 N_d e'_s}{f_{sd}(h_0 - a'_s)} \tag{12-45}$$

式中，$e'_s = \eta e_0 - h/2 + a'_s$。

b）不考虑受压钢筋 A'_s 作用，取 $A'_s=0$，由式（12-37）重新求受压区高度 x，再由式（12-36）得

$$A_{s2} = \frac{f_{cd}bx - \gamma_0 N_d}{f_{sd}} \tag{12-46}$$

比较 A_{s1} 和 A_{s2}，取其中的较小值作为 A_s，并且满足 $A_s \geqslant \rho_{min} bh$ 的要求。

2）小偏心受压。

第一种情况：A_s 及 A'_s 均未知。利用基本计算公式求解依然面临两个独立方程，解三个未知数 A_s、A'_s 和 x 的问题，必须补充条件。

由于小偏心受压中，远离纵向压力一侧的纵向钢筋无论受拉还是受压，其应力一般均未达到屈服，故可取最小配筋量 $\rho'_{min}bh$ 和考虑远离纵向压力一侧钢筋太少可能先屈服的情况由式（12-40）所确定的 A_s 两者中的较大值作为 A_s。

首先计算出受压区高度值 x，由式（12-36）和式（12-37）及式（12-38），可得到以 x 为未知数的方程

$$Ax^3 + Bx^2 + Cx + D = 0 \tag{12-47}$$

式中

$$A = -0.5 f_{cd} b$$
$$B = f_{cd} b a'_s$$
$$C = \varepsilon_{cu} E_s A_s (a'_s - h_0) - \gamma_0 N_d e'_s$$
$$D = \varepsilon_{cu} \beta E_s A_s (h_0 - a'_s) h_0$$
$$e'_s = \eta e_0 - h/2 + a'_s$$

由式（12-47），用试算法或其他方法可求得 x 值或相对受压区高度 $\xi = x/h_0$ 值，那么

a）若 $h/h_0 > \xi > \xi_b$，截面为部分受压，部分受拉。将 ξ 代入式（12-38）求得钢筋 A_s 中的应力 σ_s 值。将 A_s、σ_s 以及 x 值代入式（12-36）中，即可求 A'_s，且应满足 $A'_s \geqslant \rho'_{min} bh_0$。

b）若 $\xi \geqslant h/h_0$，截面为全截面受压，取 $x=h$，则钢筋 A'_s 可直接由下式计算

$$A'_s = \frac{\gamma_0 N_d e_s - f_{cd} bh(h_0 - h/2)}{f'_{sd}(h_0 - a'_s)} \geqslant \rho'_{min} bh \tag{12-48}$$

第二种情况：已知 A'_s，求 A_s。当 A'_s 为已知时，只有钢筋 A_s 和 x 两个未知数，故可以用基本公式来直接求解。由式（12-37）求截面受压区高度 x 及相对受压区高度 $\xi = x/h_0$ 值，那么

a）若 $h/h_0 > \xi > \xi_b$，截面为部分受压、部分受拉。将 ξ 代入式（12-38）求得钢筋 A_s 中的应力 σ_s 值。将 A'_s、σ_s 以及 x 值代入式（12-36）中，即可求 A_s。

b）若 $\xi \geqslant h/h_0$，截面为全截面受压，以 $\xi = h/h_0$ 代入式（12-38），求得 A_s 的应力 σ_s，再由式（12-36）可求得 A_s，还应当满足式（12-40）的要求。

（2）对称配筋情况　对称配筋是指截面的两侧所用钢筋的等级和数量均相同的配筋，即 $A_s = A'_s$，$f_{sd} = f'_{sd}$，$a_s = a'_s$。

对称配筋截面设计首先仍应判定大、小偏心，由于对称配筋的上述特点，式（12-36）简化为

$$\gamma_0 N_d = f_{cd} b x \tag{12-49}$$

以 $x=\xi h_0$ 代入式（12-49），整理后得到

$$\xi = \frac{\gamma_0 N_d}{f_{cd} b h_0} \tag{12-50}$$

当按式（12-50）计算的 $\xi \leqslant \xi_b$ 时，按大偏心受压构件设计；当 $\xi > \xi_b$ 时，按小偏心受压构件设计。

1）大偏心受压构件（$\xi \leqslant \xi_b$）的计算。当 $\xi \leqslant \xi_b$ 且 $x \geqslant 2a'_s$ 时，由式（12-37）得

$$A_s = A'_s = \frac{\gamma_0 N_d e_s - f_{cd} b h_0^2 \xi (1-0.5\xi)}{f_{sd}(h_0 - a'_s)} \tag{12-51}$$

式中，$e_s = \eta e_0 + \frac{h}{2} - a_s$，当 $\xi \leqslant \xi_b$ 且 $x=\xi h_0 < 2a'_s$ 时，可按不对称配筋时的计算方法一样处理。

2）小偏心受压构件（$\xi > \xi_b$）的计算。引入条件 $A_s = A'_s$，由式（12-36）、式（12-37）、式（12-38）求 ξ 及 σ_s 值，但在计算中仍碰到解三次方程的问题，为简化可按下列近似公式计算钢筋截面面积

$$A_s = A'_s = \frac{\gamma_0 N_d e_s - f_{cd} b h_0^2 \xi (1-0.5\xi)}{f'_{sd}(h_0 - a'_s)} \tag{12-52}$$

式中相对受压区高度 ξ 按下列公式计算

$$\xi = \frac{\gamma_0 N_d - \xi_b f_{cd} b h_0}{\dfrac{\gamma_0 N_d e_s - 0.43 f_{cd} b h_0^2}{(\beta - \xi_b)(h_0 - a'_s)} + f_{cd} b h_0} + \xi_b \tag{12-53}$$

3. 截面承载力复核

截面承载力复核是在已知截面尺寸 $b \times h$，纵向钢筋面积 A_s 及 A'_s，构件的计算长度 l_0，混凝土强度及钢筋等级，荷载效应 M_d、N_d 的情况下，复核偏心受压截面承载力是否足够。

偏心受压构件需要对截面在两个方向上的强度进行复核，即弯矩作用平面内的截面复核和垂直于弯矩作用平面内的截面复核。

（1）弯矩作用平面内的截面复核　弯矩作用平面内截面复核时，由于 A_s 及 A'_s 为已知，可直接求解 x 或 ξ。当 $\xi \leqslant \xi_b$ 时按大偏心受压公式求解 N_u。当 $\xi > \xi_b$ 时按小偏心受压构件复核，因为 σ_s 为未知，联立式（12-36）、式（12-37）、式（12-38），消去 N 求 ξ。当 $h/h_0 > \xi > \xi_b$ 时，直接将 ξ 代入公式求 N_u；当 $\xi \geqslant h/h_0$，取 $\xi = h/h_0$ 代入公式求 N_u。

（2）垂直于弯矩作用平面内的截面复核　当偏心受压构件在两个方向的截面尺寸 b、h 及长细比值不同时，应对垂直于弯矩作用平面的截面进行强度复核。《公路桥规》规定，偏心受压构件除应计算弯矩作用平面内的强度外，还应按轴心受压构件复核垂直于弯矩作用平面内的强度。此时不考虑弯矩作用，而是按轴心受压构件考虑纵向弯曲系数 φ，并取短边尺寸 b 来计算相应的长细比。

【例 12-4】　已知钢筋混凝土偏心受压柱，截面尺寸 $b \times h = 400\text{mm} \times 500\text{mm}$，计算长度 $l_0 = 4.0\text{m}$，截面承受的弯矩设计值 $M_d = 420\text{kN} \cdot \text{m}$，轴向力设计值 $N_d = 700\text{kN}$，采用 C30 混凝土，HRB400 纵向钢筋。试对该柱按非对称配筋设计。

【解】　查表得 $f_{cd} = 13.8\text{MPa}$，$f_{sd} = f'_{sd} = 330\text{MPa}$，$\xi_b = 0.53$。设 $a_s = a'_s = 40\text{mm}$

（1）偏心距增大系数 η 的计算　因 $l_0/h = 4000/500 = 8$，故取 $\eta = 1.0$（短柱）。

（2）大小偏心初步判断　$h_0 = h - a_s = (500-40)\text{mm} = 460\text{mm}$，则

$$\eta e_0=\eta\frac{M_d}{N_d}=\frac{1.0\times420}{700}\text{m}=0.6\text{m}=600\text{mm}>0.3h_0=0.3\times460\text{mm}=138\text{mm}$$

故可按大偏心受压构件进行计算

$$e_s=\eta e_0+\frac{h}{2}-a_s=\left(600+\frac{500}{2}-40\right)\text{mm}=810\text{mm}$$

（3）计算 A_s、A'_s　取 $\xi=\xi_b=0.53$，由式（12-41）得

$$A'_s=\frac{\gamma_0N_de_s-f_{cd}bh_0^2\xi_b(1-0.5\xi_b)}{f'_{sd}(h_0-a'_s)}$$

$$=\frac{1.0\times700\times10^3\times810-13.8\times400\times460^2\times0.53\times(1-0.5\times0.53)}{330\times(460-40)}\text{mm}^2$$

$$=808\text{mm}^2>\rho'_{\min}bh=0.002\times400\times500=400\text{mm}^2$$

由式（12-42）得

$$A_s=\frac{f_{cd}bh_0\xi_b+f'_{sd}A'_s-\gamma_0N_d}{f_{sd}}\geqslant\rho_{\min}bh$$

$$=\frac{13.8\times400\times460\times0.53+330\times808-1.0\times700\times10^3}{330}\text{mm}^2$$

$$=2765\text{mm}^2>\rho_{\min}bh=0.002\times400\times500\text{mm}^2=400\text{mm}^2$$

受拉钢筋选用 5 Φ 28，$A_s=3079\text{mm}^2$；受压钢筋选用 4 Φ 16，$A'_s=804\text{mm}^2$。

将设计的纵向钢筋沿矩形截面短边 b 布置成一排，所需截面最小宽度为

$$b_{\min}=(2\times25+4\times40+5\times31.6)\text{mm}=368\text{mm}<b=400\text{mm}\quad（满足要求）$$

【例 12-5】 已知某矩形柱，截面尺寸 $b\times h=300\text{mm}\times500\text{mm}$，计算长度 $l_0=5.0\text{m}$，截面承受的弯矩设计值 $M_d=180\text{kN}\cdot\text{m}$，轴向力设计值 $N_d=1200\text{kN}$，采用 C30 混凝土，HRB400 纵向钢筋。试对该柱按对称配筋进行设计。

【解】 查表得 $f_{cd}=13.8\text{MPa}$，$f_{sd}=f'_{sd}=330\text{MPa}$，$\xi_b=0.53$。设 $a_s=a'_s=40\text{mm}$，则

$$h_0=h-a_s=(500-40)\text{mm}=460\text{mm}$$

$$e_0=M_d/N_d=180/1200\text{m}=0.15\text{m}=150\text{mm}$$

（1）偏心距增大系数 η 的计算　因 $l_0/h=5000/500=10$，故应考虑偏心距增大系数 η

$$\zeta_1=0.2+2.7\frac{e_0}{h_0}=0.2+2.7\times\frac{150}{460}=1.08>1.0，取\ \zeta_1=1.0。$$

$$\zeta_2=1.15-0.01\frac{l_0}{h}=1.15-0.01\times\frac{5000}{500}=1.05>1.0，取\ \zeta_2=1.0。$$

$$\eta=1+\frac{1}{1300e_0/h_0}\left(\frac{l_0}{h}\right)^2\zeta_1\zeta_2=1+\frac{1}{1300\times\frac{150}{460}}\left(\frac{5000}{500}\right)^2\times1.0\times1.0=1.236$$

（2）大小偏心判断

$$\eta e_0=(1.236\times150)\text{mm}=185\text{mm}>0.3h_0=(0.3\times460)\text{mm}=138\text{mm}$$

$$e_s=\eta e_0+\frac{h}{2}-a_s=\left(185+\frac{500}{2}-40\right)\text{mm}=395\text{mm}$$

由于是对称配筋，$A_s=A'_s$，$f_{sd}=f'_{sd}$，由式（12-50）得

$$\xi=\frac{\gamma_0 N_d}{f_{cd}bh_0}=\frac{1.0\times1200\times10^3}{13.8\times300\times460}=0.6>\xi_b=0.53$$

此题 $\eta e_0>0.3h_0$，但 $\xi>\xi_b$，应属于小偏心受压。由式（12-53）得

$$\xi=\frac{\gamma_0 N_d-\xi_b f_{cd}bh_0}{\dfrac{\gamma_0 N_d e_s-0.43f_{cd}bh_0^2}{(\beta-\xi_b)(h_0-a'_s)}+f_{cd}bh_0}+\xi_b$$

$$=\frac{1.0\times1200\times10^3-0.53\times13.8\times300\times460}{\dfrac{1.0\times1200\times10^3\times395-0.43\times13.8\times300\times460^2}{(0.8-0.53)(460-40)}+13.8\times300\times460}+0.53$$

$$=0.599$$

（3）计算 A_s、A'_s　由式（12-52）得

$$A_s=A'_s=\frac{\gamma_0 N_d e_s-f_{cd}bh_0^2\xi(1-0.5\xi)}{f'_{sd}(h_0-a'_s)}$$

$$=\frac{1.0\times1200\times10^3\times395-0.599\times(1-0.5\times0.599)\times13.8\times300\times460^2}{330\times(460-40)}\text{mm}^2$$

$$=768\text{mm}^2>\rho_{min}bh=0.002\times300\times500\text{mm}^2=300\text{mm}^2$$

纵向钢筋选用 3 Φ 18，$A_s=763\text{mm}^2$；箍筋选用Φ 8@ 200，截面配筋如图 12-22 所示。

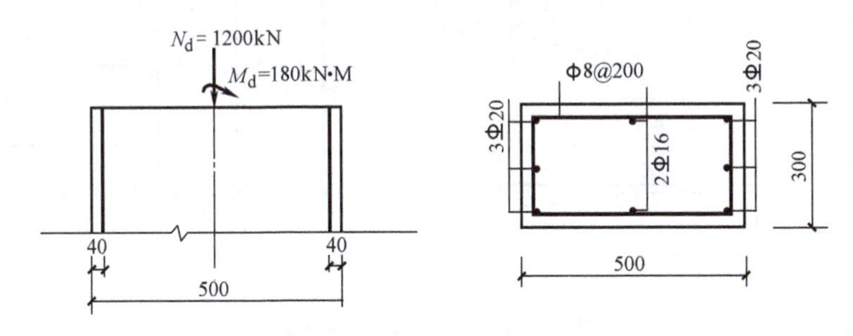

图 12-22　截面配筋

（4）垂直于弯矩作用平面的截面复核　由 $l_0/b=5000/300=16.67$ 查表 7-1 得 $\varphi=0.85$，故

$$N_u=0.9\varphi(f_{cd}A+2f'_{sd}A'_s)$$

$$=0.9\times0.85\times[13.8\times300\times500+330\times(763+763)]\text{kN}$$

$$=1769\text{kN}>N_d=1200\text{kN}$$

12.4　受拉构件正截面承载力计算

12.4.1　轴心受拉构件正截面承载力的计算

轴心受拉构件，其正截面抗拉承载力按下列公式计算

$$\gamma_0 N_d\leqslant f_{sd}A_s \tag{12-54}$$

式中　N_d——轴向拉力设计值；

f_{sd}——钢筋抗拉强度设计值；

A_s——普通钢筋的全部截面面积。

12.4.2 偏心受拉构件正截面强度的计算

偏心受拉构件的强度计算，按纵向拉力 N_d 的作用位置可分为两种情况（见图 12-23）：当 N_d 作用在钢筋 A_s 合力点与 A'_s 合力点之间 $\left(e_0 \leqslant \frac{h}{2}-a_s\right)$ 时，为小偏心受拉；当 N_d 作用在钢筋 A_s 合力点与 A'_s 合力点以外 $\left(e_0 > \frac{h}{2}-a_s\right)$ 时，为大偏心受拉。

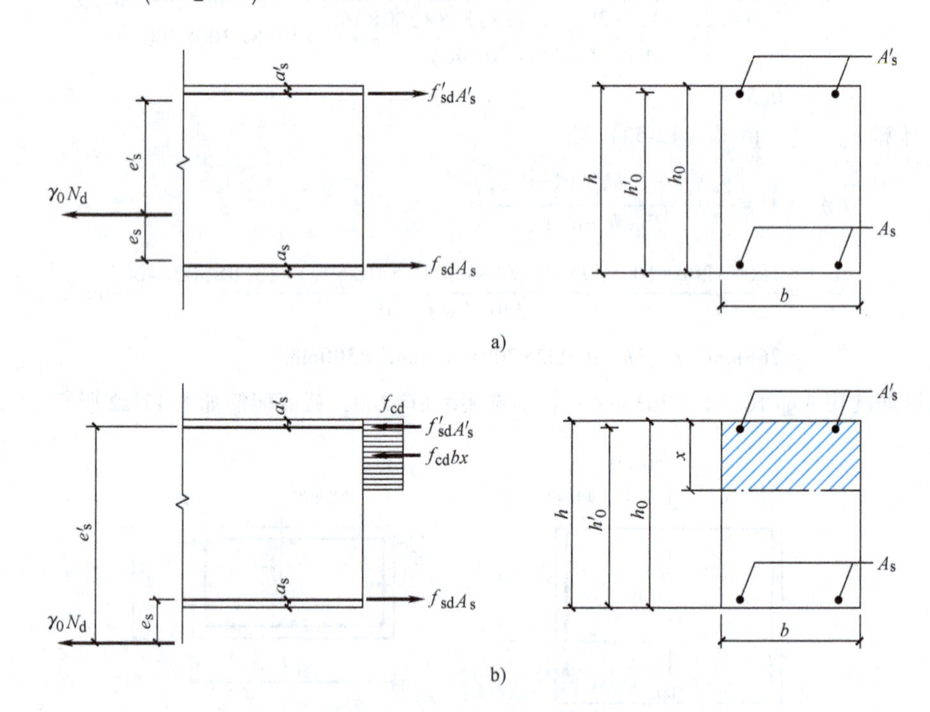

图 12-23 偏心受压构件计算

a）小偏心受拉构件 b）大偏心受拉构件

基本计算公式如下：

1. 小偏心受拉构件

当纵向力 N_d 作用在钢筋 A_s 合力点与 A'_s 合力点之间，如图 12-23a 所示，按下列公式计算

$$\gamma_0 N_d e_s \leqslant f_{sd} A'_s (h_0 - a'_s) \tag{12-55}$$

$$\gamma_0 N_d e'_s \leqslant f_{sd} A_s (h'_0 - a_s) \tag{12-56}$$

式中，$e_s = \frac{h}{2} - a_s - e_0$，$e'_s = \frac{h}{2} - a'_s + e_0$。

对于偏心拉力作用，可看成是轴向拉力和弯矩的共同作用，在设计中如有若干组不同的内力组合（M，N）时，应按最大 N 与最大 M 的内力组合计算 A_s，而按最大 N 与最小 M 的内力组合计算 A'_s。

2. 大偏心受拉构件

当纵向力 N_d 不作用在钢筋 A_s 合力点与 A'_s 合力点之间，如图 12-23b 所示，按下列公式计算

$$\gamma_0 N_d \leqslant f_{sd} A_s - f'_{sd} A'_s - f_{cd} bx \tag{12-57}$$

$$\gamma_0 N_d e_s \leqslant f_{cd} bx\left(h_0-\frac{x}{2}\right)+f'_{sd}A'_s(h_0-a'_s) \tag{12-58}$$

式中　$e_s=e_0-\dfrac{h}{2}+a_s$。

上述公式的适用条件为：

1）$x\leqslant\xi_b h_0$，ξ_b 的取值见表 12-3。

2）$x\geqslant 2a'_s$。当 $x<2a'_s$ 时，需按下式进行计算

$$\gamma_0 N_d e'_s \leqslant f_{sd} A_s(h_0-a'_s) \tag{12-59}$$

如果按式（12-59）所求得的构件强度比不考虑受压钢筋还小，则在计算中不考虑受压钢筋 A'_s 的作用。

在大偏心受拉构件截面设计时，为能充分发挥材料的强度，宜取 $x=\xi_b h_0$，由式（12-57）和式（12-58）可得

$$A'_s=\frac{\gamma_0 N_d e_s - f_{cd} b h_0^2 \xi_b(1-0.5\xi_b)}{f'_{sd}(h_0-a'_s)} \tag{12-60}$$

$$A_s=\frac{\gamma_0 N_d + f'_{sd}A'_s + f_d b h_0 \xi_b}{f_{sd}} \tag{12-61}$$

当为对称配筋的大偏心受拉构件时，由于 $A_s=A'_s$，$f_{sd}=f'_{sd}$，若将上述各值代入式（12-57）后，则 x 必为负值，即属于 $x<2a'_s$ 的情况。此时可对钢筋 A'_s 合力点取矩，以及令 $A'_s=0$ 两种计算方法分别求出所需的 A_s 值，然后取其较小值配筋。

12.5　受扭构件承载力计算

12.5.1　纯扭构件承载力计算

图 12-24 为矩形和箱形受扭构件截面。

矩形和箱形截面（壁厚应满足 $t_2\geqslant 0.1b$ 和 $t_1\geqslant 0.1h$）纯扭构件，其抗扭承载力应按下列规定计算

$$\gamma_0 T_d \leqslant 0.35\beta_a f_{td} W_t + 1.2\sqrt{\zeta}\frac{f_{sv}A_{sv1}A_{cor}}{s_v} \tag{12-62}$$

$$\zeta=\frac{f_{sd}A_{st}s_v}{f_{sv}A_{sv1}U_{cor}} \tag{12-63}$$

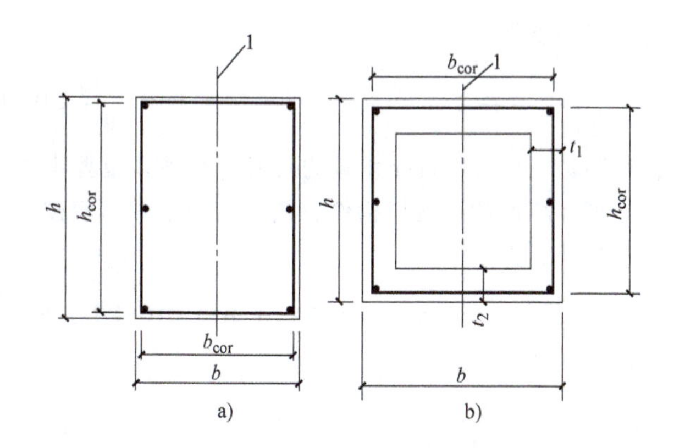

图 12-24　矩形和箱形受扭构件截面

a）矩形截面（$h>b$）　b）箱形截面（$h>b$）

1—弯矩作用平面

式中　T_d——扭矩设计值；

ζ——纯扭构件纵向钢筋与箍筋的配筋强度比，对于钢筋混凝土构件，ζ 应符合 $0.6\leqslant\zeta\leqslant 1.7$ 的要求，当 $\zeta>1.7$ 时，取 $\zeta=1.7$，当 $\zeta<0.6$ 时，取 $\zeta=0.6$；

β_a——箱形截面有效壁厚折减系数，当 $0.1b\leqslant t_2\leqslant 0.25b$ 或 $0.1h\leqslant t_1\leqslant 0.25h$ 时，取 $\beta_a=4t_2/$

b 或 $\beta_a = 4t_1/h$ 两者较小值，当 $t_2 > 0.25b$ 和 $t_1 > 0.25h$ 时，取 $\beta_a = 1.0$，对矩形截面 $\beta_a = 1.0$；

A_{sv1}——纯扭计算中箍筋的单肢截面面积；

A_{st}——纯扭计算中沿截面周边对称配置的全部普通纵向钢筋截面面积；

A_{cor}——由箍筋内表面包围的截面核心面积，$A_{cor} = b_{cor} h_{cor}$，此处 b_{cor} 和 h_{cor} 分别为核心面积的短边边长和长边边长；

U_{cor}——截面核心面积的周长，$U_{cor} = 2(b_{cor} + h_{cor})$；

s_v——纯扭计算中箍筋的间距；

W_t——矩形截面或箱形截面受扭塑性抵抗矩。

W_t 按下列公式计算

矩形截面

$$W_t = \frac{b^2}{6}(3h-b) \tag{12-64}$$

箱形截面

$$W_t = \frac{b^2}{6}(3h-b) - \frac{(b-2t_1)^2}{6}[3\times(h-2t_2)-(b-2t_1)] \tag{12-65}$$

式中 b——矩形截面或箱形截面宽度；

h——矩形截面或箱形截面高度；

t_1——箱形截面长边壁厚；

t_2——箱形截面短边壁厚；

12.5.2 弯剪扭构件承载力计算

矩形和箱形截面弯剪扭构件，其截面应符合下式要求

$$\frac{\gamma_0 V_d}{bh_0} + \frac{\gamma_0 T_d}{W_t} \leqslant 0.51\sqrt{f_{cu,k}} \tag{12-66}$$

当符合下列条件

$$\frac{\gamma_0 V_d}{bh_0} + \frac{\gamma_0 T_d}{W_t} \leqslant 0.50 f_{td} \tag{12-67}$$

时，可不进行构件的抗扭承载力计算，仅按规范要求配置构造钢筋。

矩形和箱形截面剪扭构件，其抗剪扭承载力应按下式计算

抗剪承载力

$$\gamma_0 V_d \leqslant 0.5\times10^{-4}\alpha_1\alpha_3(10-2\beta_1)bh_0\sqrt{(2+0.6P)\sqrt{f_{cu,k}}\rho_{sv} f_{sv}} \tag{12-68}$$

抗扭承载力

$$\gamma_0 T_d \leqslant \beta_t \cdot 0.35\beta_a f_{td} W_t + 1.2\sqrt{\zeta}\frac{f_{sv} A_{sv1} A_{cor}}{s_v} \tag{12-69}$$

$$\zeta = \frac{f_{sd} A_{st} s_v}{f_{sv} A_{sv1} U_{cor}} \tag{12-70}$$

$$\beta_t = \frac{1.5}{1+0.5\dfrac{V_d W_t}{T_d bh_0}} \tag{12-71}$$

式中 β_t——剪扭构件混凝土抗扭承载力降低系数，当 $\beta_t < 0.5$ 时，取 $\beta_t = 0.5$，当 $\beta_t > 1.0$ 时，取

$\beta_t = 1.0$；

式中其他参数意义同前。

对于 T 形、I 形和带翼缘箱形截面的受扭构件，可将其截面划分为矩形截面进行抗扭承载力计算。

1）腹板或矩形箱体、受压翼缘和受拉翼缘的扭矩设计值应按下列公式计算

$$T_{wd} = \frac{W_{tw}}{W_t} T_d \tag{12-72}$$

$$T'_{fd} = \frac{W'_{tf}}{W_t} T_d \tag{12-73}$$

$$T_{fd} = \frac{W_{tf}}{W_t} T_d \tag{12-74}$$

式中　T_d——T 形、I 形或带翼缘箱形截面构件承受的扭矩设计值；

W_t——T 形、I 形或带翼缘箱形截面总的受扭塑性抵抗矩；

T_{wd}——分配给腹板或矩形箱体承受的扭矩设计值；

T'_{fd}、T_{fd}——分配给受压翼缘、受拉翼缘承受的扭矩设计值；

W_{tw}、W'_{tf}、W_{tf}——腹板或矩形箱体、受压翼缘、受拉翼缘受扭塑性抵抗矩。

2）各种截面的受扭塑性抵抗矩：腹板和矩形箱体的受扭塑性抵抗矩按式（12-64）与式（12-65）计算；受压及受拉翼缘受扭塑性抵抗矩应按下式计算

$$W'_{tf} = \frac{h_f'^2}{2}(b'_f - b) \tag{12-75}$$

$$W_{tf} = \frac{h_f^2}{2}(b_f - b) \tag{12-76}$$

式中　b'_f、h'_f——T 形、I 形或带翼缘箱形截面受压翼缘的宽度和厚度（见图 12-25），并应符合 $b'_f \leqslant b + 6h'_f$；

b_f、h_f——I 形截面受拉翼缘的宽度和厚度，并应符合 $b_f \leqslant b + 6h_f$。

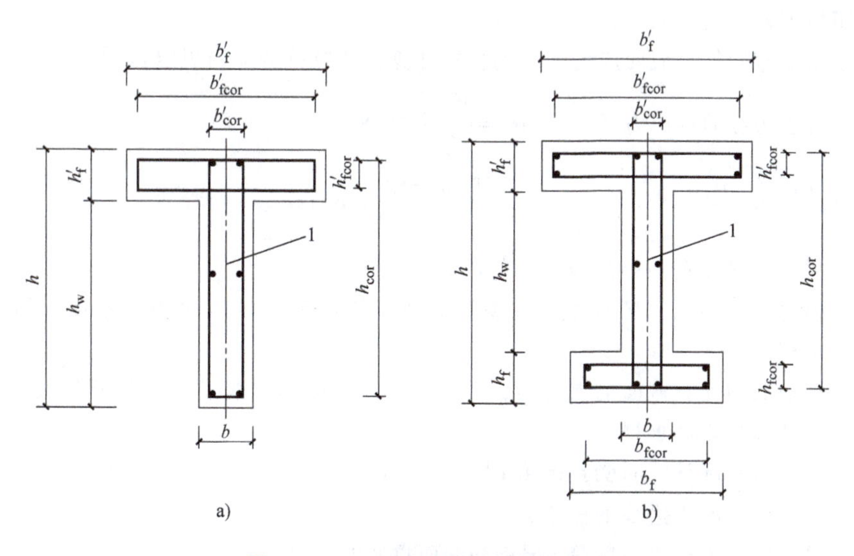

图 12-25　T 形和 I 形受扭构件截面

a）T 形截面　b）I 形截面

1—弯矩作用平面

3）各种截面总的受扭塑性抵抗矩，按下式计算

T形和带翼缘箱形截面 $$W_t = W_{tw} + W'_{tf} \quad (12\text{-}77)$$

I形截面 $$W_t = W_{tw} + W'_{tf} + W_{tf} \quad (12\text{-}78)$$

4）T形、I形截面的腹板和带翼缘箱形截面的矩形箱体作为剪扭构件，其承载力按式（12-68）、式（12-69）计算，翼缘按纯扭构件计算。

5）T形、I形和带翼缘箱形截面弯剪扭构件的截面应满足式（12-66）和式（12-67）的规定，同时腹板应符合 $b/h_w \geqslant 0.15$，b、h_w 分别为腹板宽度和净高。

6）矩形、T形、I形和带翼缘箱形截面的弯剪扭构件，其纵向钢筋和箍筋应按下列规定计算，并分别进行配置：按受弯构件正截面抗弯承载力计算所需的钢筋截面面积配置纵向钢筋；矩形截面、T形和I形截面的腹板、带翼缘箱形截面的矩形箱体，应按式（12-69）抗扭承载力计算所需的纵向钢筋截面面积，并沿周边均匀对称布置，按式（12-68）抗剪承载力和式（12-69）抗扭承载力计算所需的箍筋截面面积。T形、I形和带翼缘箱形截面的受压翼缘或受拉翼缘应按式（12-62）抗扭承载力计算所需纵向钢筋和箍筋截面面积，其中纵向钢筋应沿周边对称布置。

12.6 钢筋混凝土构件的应力、裂缝与变形验算

12.6.1 施工阶段的应力验算

桥梁构件按短暂状况设计时，应计算其在制作、运输及安装等施工阶段，由自重、施工荷载等引起的正截面和斜截面的应力，并不得超过《公路桥规》规定的限值。施工荷载除有特别规定外均采用标准值，当有组合时不考虑荷载组合系数。

当用吊车（机）行驶于桥梁进行安装时，应对已安装就位的构件进行验算，吊车（机）应乘以1.15的分项系数，但当由起重机产生的效应设计值小于按持久状况承载能力极限状态计算的作用效应设计值时，则可不必验算。

当进行构件运输和安装计算时，构件自重应乘以动力系数。动力系数按 JTG D60—2015《公路桥涵设计通用规范》的规定采用。

钢筋混凝土受弯构件正截面应力按下列公式计算，并应符合下列规定：

受压区混凝土边缘的压应力 $$\sigma^t_{cc} = \frac{M^t_k x_0}{I_{cr}} \leqslant 0.8 f'_{ck} \quad (12\text{-}79)$$

受拉钢筋的应力 $$\sigma^t_{si} = \alpha_{Es} \frac{M^t_k (h_{0i} - x_0)}{I_{cr}} \leqslant 0.75 f_{sk} \quad (12\text{-}80)$$

式中 M^t_k——由临时施工荷载标准值产生的弯矩值；

x_0——换算截面的受压区高度，按换算截面受压区和受拉区对中性轴面积矩相等的原则求得；

I_{cr}——开裂截面换算截面的惯性矩，根据已求得的受压区高度 x_0，按开裂换算截面对中性轴惯性矩之和求得；

σ^t_{si}——按短暂状况计算时受拉区第 i 层钢筋的应力；

σ^t_{cc}——受压区混凝土边缘的压应力；

h_{0i}——受压区边缘至受拉区第 i 层钢筋截面重心的距离；

f'_{ck}——施工阶段相应于混凝土立方体抗压强度 f'_{cu} 的混凝土轴心抗压强度标准值；

f_{sk}——普通钢筋抗拉强度标准值；

α_{Es}——普通钢筋弹性模量与混凝土弹性模量的比值。

式（12-79）、式（12-80）中换算截面的受压区高度 x_0 和惯性矩 I_{cr} 应按下列公式计算：

（1）矩形和翼缘位于受拉区的T形截面

$$\frac{bx_0^2}{2}+\alpha_{Es}A'_s(x_0-a'_s)-\alpha_{Es}A_s(h_0-x_0)=0 \tag{12-81}$$

$$I_{cr}=\frac{bx_0^3}{3}+\alpha_{Es}A'_s(x_0-a'_s)^2+\alpha_{Es}A_s(h_0-x_0)^2 \tag{12-82}$$

（2）I形和翼缘位于受压区的T形截面

1）当 $x_0>h'_f$ 时

$$\frac{b'_f x_0^2}{2}-\frac{(b'_f-b)(x_0-h'_f)^2}{2}+\alpha_{Es}A'_s(x_0-a'_s)-\alpha_{Es}A_s(h_0-x_0)=0 \tag{12-83}$$

$$I_{cr}=\frac{b'_f x_0^3}{3}-\frac{(b'_f-b)(x_0-h'_f)^3}{3}+\alpha_{Es}A'_s(x_0-a'_s)^2+\alpha_{Es}A_s(h_0-x_0)^2 \tag{12-84}$$

2）当 $x_0 \leqslant h'_f$ 时，按宽度为 b'_f 的矩形截面计算。

当配有多层受拉钢筋时，式（12-82）、式（12-84）中 $\alpha_{Es}A_s(h_0-x_0)^2$ 项可用 $\alpha_{Es}\sum_{i=1}^{n}A_{si}(h_{0i}-x_0)^2$ 代替，此处 n 为受拉钢筋层数，A_{si} 为第 i 层全部钢筋的截面面积。

12.6.2　裂缝宽度验算

钢筋混凝土构件在正常使用极限状态下的裂缝宽度，应按作用频遇组合并考虑长期效应的影响进行验算，并规定钢筋混凝土构件的最大裂缝宽度不应超过下列规定限值：Ⅰ类和Ⅱ类环境为0.2mm；Ⅲ类和Ⅳ类环境为0.15mm。在上述各验算中，汽车荷载应不计冲击作用。

矩形、T形和I形截面的钢筋混凝土构件，其最大裂缝宽度按下式计算

$$W_{cr}=C_1C_2C_3\frac{\sigma_{ss}}{E_s}\left(\frac{c+d}{0.36+1.7\rho_{te}}\right) \tag{12-85}$$

式中　C_1——钢筋表面形状系数，光面钢筋 $C_1=1.4$，带肋钢筋 $C_1=1.0$，环氧树脂涂层带肋钢筋 $C_1=1.15$；

C_2——长期效应影响系数，$C_2=1+0.5\frac{M_l}{M_s}$，M_l 和 M_s 分别为按作用准永久组合和作用频遇组合计算的弯矩设计值（或轴向力设计值）；

C_3——与构件受力性质有关的系数，钢筋混凝土板式受弯构件 $C_3=1.15$，其他受弯构件 $C_3=1.0$，轴心受拉构件 $C_3=1.2$，偏心受拉构件 $C_3=1.1$，圆形截面偏心受压构件 $C_3=0.75$，其他截面偏心受压构件时 $C_3=0.9$；

d——纵向受拉钢筋直径（mm），当用不同直径的钢筋时，d 改用换算直径 d_e，$d_e=\frac{\sum n_i d_i^2}{\sum n_i d_i}$，$n_i$ 为受拉区第 i 种钢筋的根数，d_i 为受拉区第 i 种钢筋的直径；对于焊接钢筋骨架，式（12-85）中的 d 或 d_e 应乘以系数1.3；

ρ_{te}——纵向受拉钢筋的有效配筋率，$\rho=\frac{A_s}{A_{te}}$［A_{te} 为有效受拉混凝土截面面积，轴心受拉构件取构件的截面面积，受弯、偏心受拉（压）取 $2a_sb$］，$\rho>0.1$ 时取 $\rho=0.1$，$\rho<0.01$ 时取 $\rho=0.01$；

c——最外排纵向受拉钢筋的混凝土保护层厚度（mm），c>50mm 时取 50mm；

σ_{ss}——钢筋应力（MPa）。

σ_{ss} 按下列公式进行计算：

轴心受拉构件
$$\sigma_{ss}=\frac{N_s}{A_s} \tag{12-86}$$

受弯构件
$$\sigma_{ss}=\frac{M_s}{0.87A_s h_0} \tag{12-87}$$

偏心受拉构件
$$\sigma_{ss}=\frac{N_s e_s'}{A_s(h_0-a_s')} \tag{12-88}$$

偏心受压构件
$$\sigma_{ss}=\frac{N_s(e_s-z)}{A_s z} \tag{12-89}$$

$$z=\left[0.87-0.12\ (1-\gamma_f')\left(\frac{h_0}{e_s}\right)^2\right]h_0 \tag{12-90}$$

$$e_s=\eta_s e_0+y_s \tag{12-91}$$

$$\gamma_f'=\frac{(b_f'-b)h_f'}{bh_0} \tag{12-92}$$

$$\eta_s=1+\frac{1}{4000e_0/h_0}\left(\frac{l_0}{h}\right)^2 \tag{12-93}$$

式中　A_s——受拉区纵向钢筋截面面积，轴心受拉构件取全部纵向钢筋截面面积，受弯、偏心受拉及大偏心受压构件取受拉区纵向钢筋截面面积，或受拉较大一侧的钢筋截面面积；

e_s'——轴向拉力作用点至受压区或受拉较小边纵向钢筋合力点的距离；

e_s——轴向压力作用点至纵向受拉钢筋合力点的距离；

z——纵向受拉钢筋合力点至截面受压区合力点的距离，且不大于 $0.87h_0$；

η_s——轴向压力的正常使用极限状态偏心距增大系数，当 $l_0/h\leqslant 14$ 时，取 $\eta_s=1.0$；

y_s——截面重心至纵向受拉钢筋合力点的距离；

γ_f'——受压翼缘截面面积与腹板有效截面面积的比值；

b_f'、h_f'——受压翼缘的宽度、厚度，当 $h_f'>0.2h_0$ 时，取 $h_f'=0.2h_0$；

N_s、M_s——按作用频遇组合计算的轴向力值、弯矩值。

箱形截面的最大裂缝宽度可参照上述方法计算。

12.6.3　受弯构件的挠度验算

1. 受弯构件的刚度和挠度

钢筋混凝土受弯构件在持久状况正常使用极限状态下的挠度，可根据给定的构件刚度用结构力学的方法计算。

钢筋混凝土受弯构件的刚度可按下列公式计算

$M_s\geqslant M_{cr}$ 时
$$B=\frac{B_0}{\left(\frac{M_{cr}}{M_s}\right)^2+\left[1-\left(\frac{M_{cr}}{M_s}\right)^2\right]\frac{B_0}{B_{cr}}} \tag{12-94}$$

$M_s<M_{cr}$ 时
$$B=B_0 \tag{12-95}$$

$$M_{cr}=\gamma f_{tk}W_0 \tag{12-96}$$

式中　B——开裂构件等效截面的抗弯刚度；

B_0——全截面的抗弯刚度，$B_0=0.95E_cI_0$，I_0 为全截面换算截面惯性矩，E_c 为混凝土的弹性模量；

B_{cr}——开裂截面的抗弯刚度，$B_{cr}=E_cI_{cr}$，I_{cr} 为开裂截面换算截面惯性矩；

M_{cr}——开裂弯矩；

γ——构件受拉区混凝土塑性影响系数，$\gamma=2S_0/W_0$，W_0 为换算截面抗裂边缘的弹性抵抗矩，S_0 为全截面换算截面重心轴以上（或以下）部分面积对重心轴的面积矩。

受弯构件在使用阶段的挠度应考虑荷载长期效应的影响，即按荷载频遇组合和式（12-94）规定的刚度计算的挠度值，乘以挠度长期增长系数 η_θ。挠度长期增长系数 η_θ 可按下列规定采用：采用 C40 以下混凝土时，$\eta_\theta=1.60$；采用 C40~C80 混凝土时，$\eta_\theta=1.45\sim1.35$；中间强度等级可按直线内插取值。

受弯构件按上述计算的长期挠度值，由汽车荷载（不计冲击力）和人群荷载频遇组合在梁式桥主梁产生的最大挠度不应超过计算跨径的 1/600；在梁式桥主梁悬臂端产生的最大挠度不应超过悬臂长度的 1/300。

2. 预拱度的设置

当由荷载频遇组合并考虑长期效应影响产生的长期挠度不超过计算跨径的 1/1600 时，可不设预拱度；否则应设预拱度。预拱度值为结构自重和 1/2 可变荷载频遇值计算的长期挠度值之和。

【例 12-6】 图 12-26 钢筋混凝土简支 T 形梁桥，计算跨径 $l=19.5$m。采用 C30 混凝土，受拉纵筋均为 HRB400，主筋为 8 Φ 32+2 Φ 16 [$A_s=(6434+402)\text{mm}^2=6836\text{mm}^2$]，8 Φ 32 钢筋重心至梁底距离为 99mm，2 Φ 16 钢筋重心至梁底距离为 177mm。梁自重在跨中截面引起的弯矩 $M_{gk}=750\text{kN}\cdot\text{m}$。汽车和人群荷载产生的弯矩为 $M_{qk}=650\text{kN}\cdot\text{m}$（不计冲击力），$I_0=64.35\times10^9\text{mm}^4$，$I_{cr}=58.05\times10^9\text{mm}^4$，$W_0=7.55\times10^7\text{mm}^3$。试进行挠度验算。

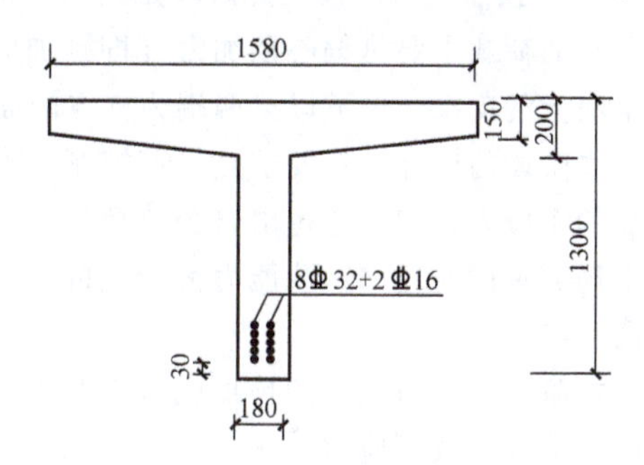

图 12-26　T 形梁桥截面

【解】（1）抗弯刚度计算

$$E_c=3.0\times10^4\text{MPa},\quad M_s=1400\text{kN}\cdot\text{m}$$

$$B_{cr}=E_cI_{cr}=3.0\times10^4\times58.05\times10^9\text{N}\cdot\text{mm}^2=1.742\times10^{15}\text{N}\cdot\text{mm}^2$$

$$B_0=0.95E_cI_0=0.95\times3.0\times10^4\times64.35\times10^9\text{N}\cdot\text{mm}^2=1.834\times10^{15}\text{N}\cdot\text{mm}^2$$

$$S_0=(852.4\times180\times852.4/2+50462.7\times753.4+3152.9\times675.4)\text{mm}^3=1.055\times10^8\text{mm}^3$$

$$\gamma=2\times1.055\times10^8/7.55\times10^7=2.795$$

$$M_{cr}=\gamma f_{tk}W_0=2.795\times2.01\times7.55\times10^7\text{N}\cdot\text{mm}=4.242\times10^8\text{N}\cdot\text{mm}$$

$$B=\frac{B_0}{\left(\frac{M_{cr}}{M_s}\right)^2+\left[1-\left(\frac{M_{cr}}{M_s}\right)^2\right]\frac{B_0}{B_{cr}}}$$

$$=\frac{1.834\times10^{15}}{\left(\frac{4.242\times10^8}{1400\times10^6}\right)^2+\left[1-\left(\frac{4.242\times10^8}{1400\times10^6}\right)^2\right]\times\frac{1.834\times10^{15}}{1.742\times10^{15}}}\text{N}\cdot\text{mm}^2$$

$$=1.75\times10^{15}\text{N}\cdot\text{mm}^2$$

（2）挠度计算

$$\alpha_f=\eta_\theta\times\frac{5}{48}\times\frac{M_s l^2}{B}=1.60\times\frac{5}{48}\times\frac{1400\times10^6\times19500^2}{1.75\times10^{15}}\text{mm}=50.7\text{mm}>\frac{l}{600}=32.5\text{mm}$$

不满足要求，需修改设计，另外需设置预拱度，预拱度计算略。

12.7 预应力混凝土受弯构件的设计与计算

12.7.1 概述

预应力混凝土受弯构件，从预加应力到承受外荷载，直至最后破坏，主要分为施工阶段和使用阶段。

1. 施工阶段

施工阶段是指从构件的制作至安装的过程。根据受力条件不同，施工阶段又可分为预加应力阶段和运输、安装阶段。该阶段构件一般处于弹性工作阶段，可采用材料力学的方法进行应力计算。但在计算中，应注意采用相应阶段的混凝土实际强度和相应的截面特性。如后张法构件，在灌浆前应按混凝土净截面计算；孔道灌浆并结硬后，则应按换算截面计算。

（1）预加应力阶段　此阶段是指从预加应力开始，至预加应力结束（即传力锚固）为止。它所承受的荷载主要是偏心预加力（即预加应力的合力）N_p；对于简支梁而言，偏心力 N_p 将使构件产生向上的反拱，形成以梁两端为支点的简支梁，因此梁的自重也和 N_p 一起同时参加作用。

本阶段的设计计算要求是：①控制受弯构件上、下缘混凝土的最大拉应力和压应力，以及梁腹板的主应力，均不应超出《公路桥规》的规定值；②控制钢筋的最大张拉应力；③保证锚下混凝土局部承压的允许承载能力大于实际承受的压力，并有足够的安全度，以保证梁体不出现水平纵向裂缝。

本阶段预应力筋中的预加应力将产生部分损失，通常把扣除应力损失后预应力筋中实际剩余的应力称为有效预应力。

（2）运输、安装阶段　此阶段构件所承受的荷载，仍是偏心预加力 N_p 和构件自重。但是本阶段由于预应力损失继续增加，使 N_p 要比预加应力阶段小；同时梁的自重应根据 JTG D60—2015《公路桥涵设计通用规范》的规定计入动力系数。此外，由于运输中构件的支点或安装时的吊点位置常与正常使用时支承点不同，故应按梁起吊时自身恒载作用下的计算图式进行验算，特别要注意验算构件支点或吊点处上缘混凝土的拉应力。

2. 使用阶段

此阶段是指桥梁建成通车后的整个使用阶段。该阶段，构件除了承受偏心预加力 N_p 和构件自重外，还要承受桥面铺装、人行道、栏杆等二期恒载和车辆、人群等活载。

本阶段各项预应力损失将相继全部发生，并全部完成，最后在预应力筋中建立相对不变的预拉应力（即扣除全部预应力损失后所存余的预应力）σ_{pe}，并将此称为永存预应力。显然，永存预应力要小于施工阶段的有效预应力值。

此阶段根据构件受力后可能出现的特征状态，又可分为如下几个受力状态：

（1）加载至受拉边缘混凝土预压应力为零　构件在永存预加力 N_p（即永存预应力 σ_{pe} 的合力）作用下，其下边缘混凝土的有效预压应力为 σ_{pc}。当构件加载至某一特定荷载，在控制截面所产生的弯矩为 M_0 时，恰好使下边缘混凝土的预压应力被抵消为零，即

$$\sigma_{pc}-M_0/W_0=0 \tag{12-97}$$

或写成

$$M_0=\sigma_{pc}W_0$$

式中 W_0——换算截面受拉边缘的弹性抵抗矩；

σ_{pc}——由永存预加力 N_p 产生在梁下边缘的混凝土有效预压应力；

M_0——消压弯矩，即由外荷载（恒载和活载）引起，恰好使受拉边缘混凝土应力为零的弯矩。

（2）加载至受拉区裂缝即将出现 当构件在消压状态后继续加载，并使受拉区混凝土应力达到混凝土的抗拉强度，此时荷载产生的弯矩称为抗裂弯矩 M_{cr}。如果把受拉区边缘混凝土应力从零增加到应力为 f_{tk} 所需的外弯矩用 M_{fc} 表示，则

$$M_{cr}=M_0+M_{fc} \tag{12-98}$$

式中 M_{fc}——相当于同截面同材料的钢筋混凝土梁的抗裂弯矩。

可以看出：在消压状态出现后，预应力混凝土梁的受力情况，就如同普通钢筋混凝土梁一样了。但是由于预应力混凝土梁的抗裂弯矩 M_{cr} 要比同截面、同材料的普通钢筋混凝土梁的抗裂弯矩 M_{fc} 多一个消压弯矩 M_0，这说明了预应力混凝土梁可大大推迟裂缝的出现。

（3）加载至构件破坏 预应力混凝土受弯构件在破坏时，预加应力损失殆尽，故其应力状态和普通钢筋混凝土构件相类似，其计算方法也基本相同。

试验表明：在正常配筋的范围内，预应力混凝土梁的破坏弯矩主要与构件的组成材料、受力性能有关，而与是否在受拉区钢筋中施加预拉应力的影响很小。其破坏弯矩值与同条件普通钢筋混凝土梁的破坏弯矩值几乎相同。这说明预应力混凝土结构并不能创造出超越其本身材料强度能力之外的奇迹，而只是大大改善了结构在正常使用阶段的工作性能。

12.7.2 预应力的计算与预应力损失的估算

预应力筋的有效预应力 σ_{pe} 值按下式计算

$$\sigma_{pe}=\sigma_{con}-\sigma_l \tag{12-99}$$

可见，要确定 σ_{pe} 值，需先确定张拉控制应力 σ_{con} 并估算出预应力损失 σ_l 值。

1. 张拉控制应力 σ_{con}

预应力筋的张拉控制应力 σ_{con} 是指预应力筋锚固前，张拉千斤顶所指示的总拉力除以预应力筋截面面积所得的应力值。σ_{con} 值应按下列规定采用：

钢丝、钢绞线 体内预应力 $\sigma_{con}\leqslant 0.75f_{pk}$；体外预应力 $\sigma_{con}\leqslant 0.70f_{pk}$ (12-100)

预应力螺纹钢筋

$$\sigma_{con}\leqslant 0.85f_{pk} \tag{12-101}$$

式中 f_{pk}——预应力筋的抗拉强度标准值。

当对构件进行超张拉或计入锚圈口摩擦损失时，预应力筋中最大控制应力值（千斤顶油泵上显示的值）可增加 $0.05f_{pk}$。

2. 预应力损失的估算

由于张拉工艺、材料性能及环境影响，使预应力筋产生应力损失，导致有效预应力减少，使构件的抗裂性能降低或者裂缝宽度增加，因此设计中必须考虑。

预应力损失的大小可根据试验确定，当无可靠试验数据时，按下面规定计算。

（1）预应力筋与管道壁间摩擦引起的预应力损失（σ_{l1}） 后张法构件的预应力筋一般由直线和曲线两部分组成。张拉时，预应力筋将沿管道壁滑移而产生摩擦力，使钢筋的应力在张拉端高，向跨中方向由于摩擦影响而使钢筋的应力逐渐减小。在任意两个截面间，钢筋的应力差即为此两截面间由摩擦引起的应力损失。从张拉端至计算截面因摩擦引起的应力损失值以 σ_{l1} 表示。σ_{l1} 主要由于管道的弯曲和管道位置偏差两部分影响所产生，可按下式计算

$$\sigma_{l1}=\sigma_{con}\left[1-e^{-(\mu\theta+\kappa x)}\right] \tag{12-102}$$

式中　σ_{con}——预应力筋锚下的张拉控制应力（MPa）；

θ——从张拉端至计算截面曲线管道部分切线的夹角之和（rad）；

x——从张拉端至计算截面的管道长度，可近似地取该段管道在构件纵轴上的投影长度（m）；

κ——管道每米局部偏差对摩擦的影响系数，可按表 12-5 采用；

μ——预应力筋与管道壁间的摩擦系数，可按表 12-5 采用。

表 12-5　系数 κ 和 μ 值

预应力筋类型	管道种类	κ	μ	
			钢绞线、钢丝束	预应力螺纹钢筋
体内预应力筋	预埋金属波纹管	0.0015	0.20~0.25	0.50
	预埋塑料波纹管	0.0015	0.15~0.20	—
	预埋铁皮管	0.0030	0.35	0.40
	预埋钢管	0.0010	0.25	—
	抽芯成型	0.0015	0.55	0.60
体外预应力筋	钢管	0	0.20~0.30 (0.08~0.10)	—
	高密度聚乙烯管	0	0.12~0.15 (0.08~0.10)	—

注：体外预应力钢绞线与管道壁之间摩擦引起的预应力损失仅计转向装置和锚固装置管道段，系数 κ 和 μ 宜根据实测数据确定；当无可靠实测数据时，系数 κ 和 μ 按表 12-5 取值。对于系数 μ，无粘结钢绞线取括号内数值，光面钢绞线取括号外数值。

为了减少因摩擦引起的预应力损失，可采用以下两种措施：

1）采用两端张拉，以减小 θ 值及管道长度 x 值。

2）采用超张拉，其工艺程序如下：

$$0 \rightarrow \text{初应力}(0.1\sigma_{con}\text{左右}) \rightarrow (1.05\sim1.10)\sigma_{con} \xrightarrow{\text{持荷2min}} 0.85\sigma_{con} \rightarrow \sigma_{con}$$

以简支梁为例，因为张拉端超张拉时应力为（1.05~1.10）σ_{con}，因此跨中截面处的钢筋预拉应力也相应较张拉应力为 σ_{con} 时大，而当端部钢筋拉应力由（1.05~1.10）σ_{con} 回降至 σ_{con} 时，由于钢筋要向跨中方向回缩，因而将受到反向摩擦力的作用，使这个回缩影响并不能传递到跨中截面（或者影响很小）。这样，钢筋在受力最大的跨中截面处的应力，也就因采用超张拉而获得了稳定的提高，即减小了因摩擦引起的预应力损失。

（2）由于锚具变形、钢筋回缩和接缝压缩引起的预应力损失（σ_{l2}）

1）预应力直线钢筋

$$\sigma_{l2} = \frac{\sum \Delta l}{l} E_p \tag{12-103}$$

式中　Δl——张拉端锚具变形、钢筋回缩和接缝压缩值（mm），按表 12-6 采用；

l——张拉端至锚固端之间的距离（mm）。

表 12-6　锚具变形、钢筋回缩和接缝压缩值

锚具、接缝类型		Δl/mm	锚具、接缝类型	Δl/mm
钢丝束的钢制锥形锚具		6	镦头锚具	1
夹片式锚具	有顶压时	4	每块后加垫板的缝隙	2
	无顶压时	6	水泥砂浆接缝	1
带螺母锚具的螺母缝隙		1~3	环氧树脂砂浆接缝	1

注：带螺母锚具采用一次张拉锚固时，Δl 宜取 2~3mm，采用二次张拉锚固时，Δl 可取 1mm。

2）后张法构件预应力曲线钢筋由锚具变形、钢筋回缩等引起反向摩擦后的预应力损失，简化计算方法如下（见图 12-27）：

以 l 表示张拉端至锚固端的距离，l_f 表示反向摩擦影响长度，$\Delta\sigma_d$ 为单位长度由管道摩擦引起的预应力损失，分别按下列公式计算

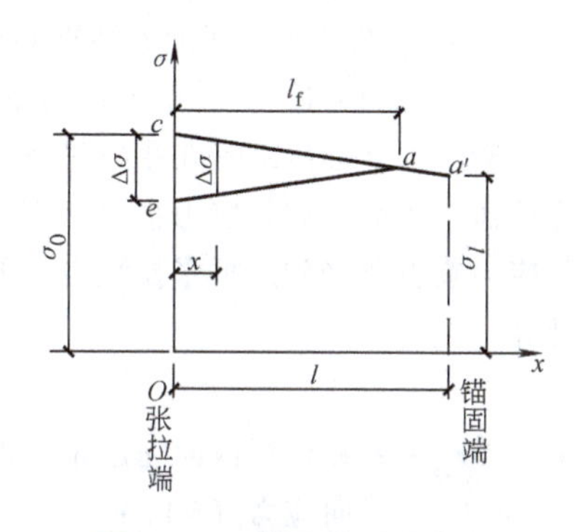

图 12-27　锚固前后预应力筋的应力变化

$$l_f=\sqrt{\frac{\sum \Delta l E_p}{\Delta\sigma_d}} \tag{12-104}$$

$$\Delta\sigma_d=\frac{\sigma_{con}-\sigma_l}{l} \tag{12-105}$$

式中　σ_{con}——张拉端锚下控制应力（MPa）；

σ_l——预应力筋扣除沿途摩擦损失后的锚固端应力（MPa）。

当 $l_f \leqslant l$ 时，预应力筋离张拉端 x 处考虑反向摩擦后的预拉力损失 $\Delta\sigma_x$（σ_{l2}），按下列公式计算

$$\Delta\sigma_x(\sigma_{l2})=\Delta\sigma\frac{l_f-x}{l_f} \tag{12-106}$$

$$\Delta\sigma=2\Delta\sigma_d l_f \tag{12-107}$$

式中　$\Delta\sigma$——当 $l_f \leqslant l$ 时，在 l_f 影响范围内，预应力筋考虑反向摩擦后在张拉端锚下的预应力损失值。

如 $x \geqslant l_f$，表示 x 处预应力筋不受反向摩擦的影响。

如 $l_f>l$ 时，预应力筋离张拉端 x'处考虑反向摩擦后的预拉力损失 $\Delta\sigma'_x$（σ'_{l2}），按下式计算

$$\Delta\sigma'_x(\sigma'_{l2})=\Delta\sigma'-2x'\Delta\sigma_d \tag{12-108}$$

式中　$\Delta\sigma'$——当 $l_f>l$ 时在 l 范围内，预应力筋考虑反向摩擦后在张拉端锚下的预应力损失值。

减小锚具变形等引起的预应力损失的措施有：①采用超张拉的方法；②选用变形（$\sum\Delta l$）小的锚具。

（3）预应力筋与台座间的温差引起的预应力损失（σ_{l3}）　先张法构件采用加热养护时，由预应力筋与台座之间的温差引起的预应力损失，按下式计算

$$\sigma_{l3}=E_p\varepsilon=E_p\alpha(t_2-t_1) \tag{12-109}$$

如取预应力筋弹性模量 $E_p=2.0\times10^5$MPa，钢筋的线膨胀系数 $\alpha=1\times10^{-5}$/℃，则

$$\sigma_{l3}=2(t_2-t_1) \tag{12-110}$$

式中　t_1——张拉钢筋时，制造场地的温度（℃）；

t_2——混凝土加热养护时，受拉钢筋的最高温度（℃）。

为了减小温差应力损失，可采用分阶段升温养护，即先在常温下养护，或初次升温与常温的温差控制在20℃以内，待混凝土强度达到 7.5~10MPa 时再逐渐升温，这时可以认为钢筋与混凝土已结成整体，能够一起胀缩而无预应力损失。

如台座与构件是共同受热、共同变形时，则不计算温差引起的预应力损失。

(4) 混凝土弹性压缩引起的预应力损失（σ_{l4}） 预应力混凝土构件在受到预压应力作用后，混凝土即产生弹性压缩变形，也使预应力筋产生同样的缩短，由此造成预应力筋的应力损失称为混凝土弹性压缩损失，以 σ_{l4} 表示。它与构件预加应力的方式有关。

1）先张法构件。在先张法预应力混凝土构件中，由于钢筋已与混凝土粘结，故放松钢筋时由于混凝土弹性压缩而引起的预应力损失，可按下式计算

$$\sigma_{l4}=\alpha_{E_p}\sigma_{pc} \tag{12-111}$$

式中 α_{E_p}——预应力筋的弹性模量 E_p 与混凝土弹性模量 E_c 之比；

σ_{pc}——在计算截面的钢筋重心处，由全部钢筋预加力产生的混凝土法向应力（MPa）。

2）后张法构件。后张法预应力混凝土构件施工中，由于千斤顶是支承在梁体上张拉钢筋的，因而混凝土的弹性压缩是在张拉过程中完成的。如果所有预应力筋是同时一次性张拉，则混凝土的弹性压缩不会引起预应力损失。但是受张拉设备的限制，往往需要分批张拉。这样，先批张拉的预应力筋就要受到后批张拉预应力筋所引起的混凝土弹性压缩变形而产生应力损失 σ_{l4}，可按下式计算

$$\sigma_{l4}=\alpha_{E_p}\sum\Delta\sigma_{pc} \tag{12-112}$$

式中 $\Delta\sigma_{pc}$——在计算截面完成张拉的预应力筋重心处，由后批张拉预应力筋所产生的混凝土法向应力（MPa）。

由于后张法多为曲线配筋，因而钢筋在各个截面的相对位置不同，所以，各截面的 $\sum\Delta\sigma_{pc}$ 也就不同，要详细计算很是麻烦。为使计算简便，可采用如下近似计算公式

$$\sigma_{l4}=\frac{m-1}{2}\alpha_{E_p}\Delta\sigma_{pc} \tag{12-113}$$

式中 m——预应力筋的束数；

$\Delta\sigma_{pc}$——在计算截面的全部预应力筋重心处，由张拉一束预应力筋产生的混凝土法向压应力（MPa），取各束的平均值。

(5) 预应力筋松弛引起的预应力损失（σ_{l5}） 预应力筋在持久不变的应力作用下，其应变会随时间的延长而逐渐增大，这种现象称为钢筋的徐变（又称蠕变）。如果钢筋受到一定张拉应力后，钢筋长度保持不变，钢筋的应力将会随着时间的延长而降低，这种现象称为钢筋的松弛。其值因钢筋的种类而异，并随钢筋张拉应力的增加及持荷时间的延长而增加。钢筋松弛量在承受初拉应力的初期发展较快，第一小时内最大，24h 内完成约 50%以上，以后逐渐稳定。由钢筋松弛引起的应力损失终极值，按下列公式计算。

1）预应力螺纹钢筋

一次张拉 $$\sigma_{l5}=0.05\sigma_{con} \tag{12-114}$$

超张拉 $$\sigma_{l5}=0.035\sigma_{con} \tag{12-115}$$

2）预应力钢丝、钢绞线

$$\sigma_{l5}=\Psi\zeta\left(0.52\frac{\sigma_{pe}}{f_{pk}}-0.26\right)\sigma_{pe} \tag{12-116}$$

式中 Ψ——张拉系数，一次张拉时 $\Psi=1.0$，超张拉时 $\Psi=0.9$；

ζ——钢筋松弛系数，Ⅰ级松弛（普通松弛）$\zeta=1.0$，Ⅱ级松弛（低松弛）$\zeta=0.3$；

σ_{pe}——传力锚固时的预应力筋应力，后张法构件 $\sigma_{pe}=\sigma_{con}-\sigma_{l1}-\sigma_{l2}-\sigma_{l4}$，先张法构件 $\sigma_{pe}=\sigma_{con}-\sigma_{l2}$。

预应力筋松弛损失需分阶段计算时，应根据构件不同受力阶段的持荷时间分段进行，这时中间值与最终值的比值按表 12-7 取用。

表 12-7　钢筋松弛损失中间值与最终值的比值

时间/d	2	10	20	30	40
比值	0.50	0.61	0.74	0.87	1.00

对于先张法构件，在预加应力阶段，持荷时间较短，一般按松弛损失终值的 1/2 计算，其余 1/2 则认为在随后的使用阶段中完成。对于后张法构件，其松弛损失值则认为全部在使用阶段内完成。

实践证明，采用超张拉，可使钢筋松弛引起的应力损失减少 40%~50%。近年来大量采用低松弛钢绞线，$\sigma_{l5} \leqslant 0.022\sigma_{con}$，且采用 OVM 夹片锚具等新工艺，故采用超张拉工艺已逐渐减少。

(6) 混凝土收缩和徐变引起的预应力损失（σ_{l6}）　由混凝土收缩和徐变引起的预应力损失，可按下列公式计算

$$\sigma_{l6}(t)=\frac{0.9[E_p\varepsilon_{cs}(t,t_0)+\alpha_{Ep}\sigma_{pc}\phi(t,t_0)]}{1+15\rho\rho_{ps}} \tag{12-117}$$

$$\sigma'_{l6}(t)=\frac{0.9[E_p\varepsilon_{cs}(t,t_0)+\alpha_{Ep}\sigma'_{pc}\phi(t,t_0)]}{1+15\rho'\rho'_{ps}} \tag{12-118}$$

$$\rho_{ps}=1+\frac{e_{ps}^2}{i^2},\rho'_{ps}=1+\frac{e'^2_{ps}}{i^2} \tag{12-119}$$

$$e_{ps}=\frac{A_pe_p+A_se_s}{A_p+A_s},e'_{ps}=\frac{A'_pe'_p+A'_se'_s}{A'_p+A'_s} \tag{12-120}$$

式中　$\sigma_{l6}(t)$、$\sigma'_{l6}(t)$——构件受拉区、受压区全部纵向钢筋截面重心处由混凝土收缩和徐变引起的预应力损失；

σ_{pc}、σ'_{pc}——构件受拉区、受压区全部纵向钢筋截面重心处由预应力产生的混凝土法向压应力；

ρ、ρ'——构件受拉区、受压区全部纵向钢筋配筋率，$\rho=(A_p+A_s)/A$，$\rho'=(A'_p+A'_s)/A$。

A——构件截面面积，先张法构件为换算截面面积，后张法构件为净截面面积；

e_p、e'_p——构件受拉区、受压区预应力筋截面重心至构件截面重心的距离；

e_s、e'_s——构件受拉区、受压区纵向普通钢筋截面重心至构件截面重心的距离；

e_{ps}、e'_{ps}——构件受拉区、受压区预应力筋和普通钢筋截面重心至构件截面重心轴的距离；

i——截面的回转半径：$i=\sqrt{I/A}$，I 为构件截面惯性矩，其计算规定与截面面积 A 的规定相同；

$\phi(t,t_0)$——加载龄期为 t_0，计算考虑的龄期为 t 时的混凝土徐变系数，可按表 12-8 采用；

$\varepsilon_{cs}(t,t_0)$——预应力筋传力锚固龄期为 t_0，计算考虑的龄期为 t 时的混凝土收缩应变，可按表 12-9 采用。

表 12-8 混凝土名义徐变系数 ϕ

加载龄期/d	40%≤RH<70%				70%≤RH<99%			
	理论厚度 h/mm				理论厚度 h/mm			
	100	200	300	≥600	100	200	300	≥600
3	3.90	3.50	3.31	3.03	2.83	2.65	2.56	2.44
7	3.33	3.00	2.82	2.59	2.41	2.26	2.19	2.08
14	2.92	2.62	2.48	2.27	2.12	1.99	1.92	1.83
28	2.56	2.30	2.17	1.99	1.86	1.74	1.69	1.60
60	2.21	1.99	1.88	1.72	1.61	1.51	1.46	1.39
90	2.05	1.84	1.74	1.59	1.49	1.39	1.35	1.28

注：1. 本表适用于一般硅酸盐类水泥或快硬水泥配制而成的混凝土。

2. 本表适用于季节性变化的平均温度-20～+40℃。

3. 对强度等级 C50 及以上混凝土，表列数值应乘以 $\sqrt{\dfrac{32.4}{f_{ck}}}$，$f_{ck}$ 为混凝土轴心抗压强度标准值（MPa）。

4. 构件的实际理论厚度和加载龄期为表列中间值时，混凝土名义徐变系数按直线内插法求得。

5. RH 代表环境年平均相对湿度。

表 12-9 混凝土名义收缩系数 $\varepsilon_{cs}/10^{-3}$

40%≤RH<70%	70%≤RH<99%
0.529	0.310

注：1. 本表适用于一般硅酸盐类水泥或快硬水泥配制而成的混凝土。

2. 本表适用于季节性变化的平均温度-20～+40℃。

3. 对强度等级 C50 及以上混凝土，表列数值应乘以 $\sqrt{\dfrac{32.4}{f_{ck}}}$。

3. 预应力损失组合

先张法及后张法预应力混凝土构件的各阶段预应力损失值按表 12-10 进行组合。

表 12-10 各阶段预应力损失值的组合

预应力损失值的组合	先张法	后张法体内预应力混凝土构件	后张法体内体外混合预应力混凝土构件	
			体内预应力钢筋	体外预应力钢筋
传力锚固时的预应力损失（第一批）$\sigma_{l\mathrm{I}}$	$\sigma_{l2}+\sigma_{l3}+\sigma_{l4}+0.5\sigma_{l5}$	$\sigma_{l1}+\sigma_{l2}+\sigma_{l4}$		
传力锚固后的预应力损失（第二批）$\sigma_{l\mathrm{II}}$	$0.5\sigma_{l5}+\sigma_{l6}$	$\sigma_{l5}+\sigma_{l6}$		

12.7.3 预应力混凝土受弯构件的承载力计算

预应力混凝土受弯构件的受力与普通钢筋混凝土受弯构件基本相同。为防止预应力混凝土构件发生破坏，必须对构件进行正截面及斜截面承载力的计算。

1. 正截面承载力计算

预应力混凝土受弯构件中的预应力筋主要布置在使用阶段的受拉区，但对于跨度较大的构件，为了满足运输、安装等需要，也可在受压区布置少量的预应力筋。此外，为了满足强度等要求，也可分别在构件的受拉及受压区布置一定数量的普通钢筋。

预应力混凝土受弯构件正截面破坏时的应力状态和普通钢筋混凝土受弯构件基本相同。在适筋梁破坏的情况下，受拉区混凝土开裂后将退出工作，预应力筋 A_p 和普通钢筋 A_s 分别达到其抗拉设计强度 f_{pd} 和 f_{sd}；受压区混凝土应力达到抗压设计强度 f_{cd}，并假定用等效的矩形应力分布图代替实际的曲线分布图，受压区普通钢筋 A'_s 可达到抗压设计强度 f'_{sd}，但是受压区预应力筋 A'_p 的应力可能受拉，也可能受压，可以计算出其应力值为 $f'_{pd}-\sigma'_{p0}$，这里 σ'_{p0} 为受压区预应力筋合力点处混凝土法向应力等于零时预应力筋的应力：对于先张法构件，$\sigma'_{p0}=\sigma'_{con}-\sigma'_l+\sigma'_{l4}$；对于后张法构件，$\sigma'_{p0}=\sigma'_{con}-\sigma'_l+\alpha_{Ep}\sigma'_{pc}$，$\sigma'_{pc}$ 为受压区预应力筋重心处由预加力产生的混凝土法向应力，即 $\sigma'_{pc}=\dfrac{N_p}{A_n}\pm\dfrac{N_p e_{pn}}{I_n}y_n\pm\dfrac{M_{p2}}{I_n}y_n$。

(1) 仅采用纵向体内钢筋的矩形截面或翼缘位于受拉边的 T 形截面　如图 12-28 所示，由静力平衡条件可得以下基本公式

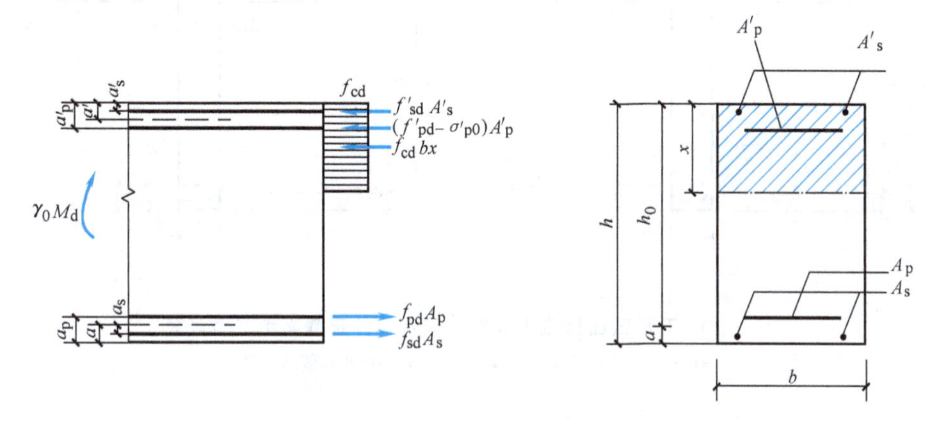

图 12-28　矩形截面预应力混凝土受弯构件截面承载力计算

$$f_{sd}A_s+f_{pd}A_p=f_{cd}bx+f'_{sd}A'_s+(f'_{pd}-\sigma'_{p0})A'_p \tag{12-121}$$

$$\gamma_0 M_d\leqslant f_{cd}bx(h_0-x/2)+f'_{sd}A'_s(h_0-a'_s)+(f'_{pd}-\sigma'_{p0})A'_p(h_0-a'_p) \tag{12-122}$$

式中　γ_0——桥涵结构的重要性系数；

M_d——弯矩设计值；

f_{cd}——混凝土轴心抗压设计强度设计值，见附录 2 附表 2-2；

f_{sd}、f'_{sd}——纵向普通钢筋的抗拉强度设计值和抗压强度设计值，见附录 2 附表 2-6；

A_s、A'_s——受拉区、受压区纵向普通钢筋的截面面积；

f_{pd}、f'_{pd}——纵向预应力筋的抗拉强度设计值和抗压强度设计值，见附录 2 附表 2-7；

A_p、A'_p——受拉区、受压区纵向预应力筋的截面面积；

b——矩形截面宽度或 T 形截面腹板宽度；

h_0——截面有效高度，$h_0=h-a$，此处 h 为截面全高，a 为受拉区普通钢筋和预应力筋的合力点至受拉边缘的距离，$a=\dfrac{f_{sd}A_s a_s+f_{pd}A_p a_p}{f_{sd}A_s+f_{pd}A_p}$，$a_s$、$a_p$ 为受拉区普通钢筋合力点、预应力筋合力点至受拉区边缘的距离；

a'_s、a'_p——受压区普通钢筋合力点、预应力筋合力点至受压区边缘的距离；

x——截面受压区高度。

式 (12-121)、式 (12-122) 的适用条件为

$$x<\xi_b h_0 \tag{12-123}$$

当受压区配有纵向普通钢筋和预应力筋，且预应力筋受压（即 $f'_{pd}-\sigma'_{p0}>0$）时，还应满足

$$x \geqslant 2a' \tag{12-124}$$

式中 a'——受压区普通钢筋和预应力筋的合力点至受压边缘的距离。

当受压区仅配纵向普通钢筋，或者配有普通钢筋和预应力筋，且预应力筋受拉（即 $f'_{pd}-\sigma'_{p0}<0$）时，还应满足

$$x \geqslant 2a'_s \tag{12-125}$$

（2）仅采用纵向体内钢筋的翼缘位于受压区的T形或I形截面　同普通钢筋混凝土受弯构件一样，在计算前应先判别属于哪一类T形截面（见图12-29）。

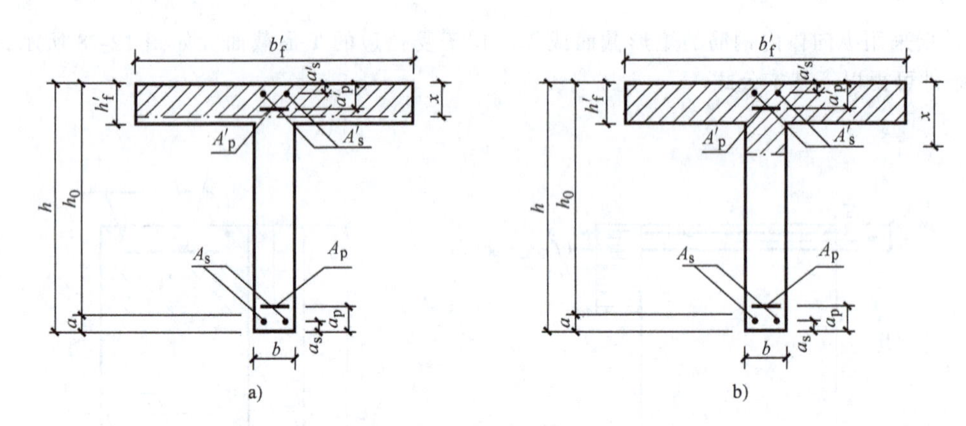

图 12-29　T形截面预应力混凝土受弯构件正截面承载力计算

a）$x\leqslant h_f$ 按矩形截面计算　b）$x>h_f$ 按T形截面计算

当符合以下条件时

$$f_{sd}A_s+f_{pd}A_p \leqslant f_{cd}b'_f h'_f+f'_{sd}A'_s+(f'_{pd}-\sigma'_{p0})A'_p \tag{12-126}$$

或

$$\gamma_0 M_d \leqslant f_{cd}b'_f h'_f(h_0-h'_f/2)+f'_{sd}A'_s(h_0-a'_s)+(f'_{pd}-\sigma'_{p0})A'_p(h_0-a'_p) \tag{12-127}$$

该截面为第一类T形截面（即 $x\leqslant h'_f$），按宽度为 b'_f 的矩形截面计算。

当不满足式（12-126）或式（12-127）时，则该截面为第二类T形截面（即 $x>h'_f$），其正截面强度计算公式为

$$f_{sd}A_s+f_{pd}A_p=f_{cd}[bx+(b'_f-b)h'_f]+f'_{sd}A'_s+(f'_{pd}-\sigma'_{p0})A'_p \tag{12-128}$$

$$\gamma_0 M_d \leqslant f_{cd}[bx(h_0-x/2)+(b'_f-b)h'_f(h_0-h'_f/2)]+f'_{sd}A'_s(h_0-a'_s)+(f'_{pd}-\sigma'_{p0})A'_p(h_0-a'_p) \tag{12-129}$$

式（12-128）、式（12-129）的适用条件与矩形截面的相同。

当计算中考虑受压区纵向钢筋，但不符合式（12-124）或式（12-125）的条件时，仅采用纵向体内钢筋的受弯构件正截面抗弯承载力的计算应符合下列规定（图12-28）：

1）当受压区配有纵向普通钢筋和预应力筋，且预应力筋受压时

$$\gamma_0 M_d \leqslant f_{pd}A_p(h-a_p-a')+f_{sd}A_s(h-a_s-a') \tag{12-130}$$

2）当受压区仅配纵向普通钢筋或配普通钢筋和预应力筋，且预应力筋受拉时

$$\gamma_0 M_d \leqslant f_{pd}A_p(h-a_p-a'_s)+f_{sd}A_s(h-a_s-a'_s)-(f'_{pd}-\sigma'_{p0})A'_p(a'_p-a'_s) \tag{12-131}$$

（3）采用纵向体外预应力筋的T形截面受弯构件，见图12-30，其正截面抗弯承载力计算应符合下列规定：

1）翼缘位于受拉区

$$\gamma_0 M_d \leqslant f_{cd} bx\left(h_0-\frac{x}{2}\right)+f'_{sd}A'_s(h_0-a'_s)+(f'_{pd}-\sigma'_{p0})A'_p(h_0-a'_p) \tag{12-132}$$

$$f_{sd}A_s+f_{pd}A_p+\sigma_{pe,ex}A_{ex}=f_{cd}bx+f'_{sd}A'_s+(f'_{pd}-\sigma'_{p0})A'_p \tag{12-133}$$

式中　$\sigma_{pe,ex}$——使用阶段体外预应力筋扣除预应力损失后的有效应力；

　　A_{ex}——体外预应力筋的截面面积。

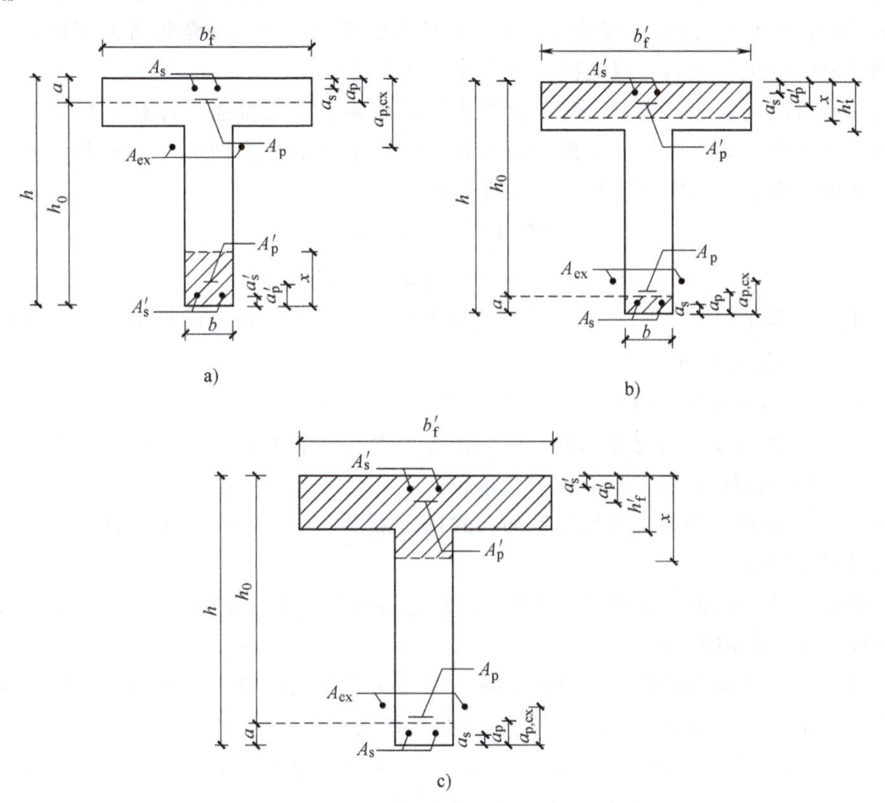

图 12-30　配置体外预应力的 T 形截面受弯构件正截面承载力计算

a）翼缘处于受拉边　b）翼缘处于受压边（$x\leqslant h'_f$）　c）翼缘处于受压边（$x>h'_f$）

2）翼缘位于受压区

当 $f_{sd}A_s+f_{pd}A_p+\sigma_{pe,ex}A_{ex}\leqslant f_{cd}b'_f h'_f+f'_{sd}A'_s+(f'_{pd}-\sigma'_{p0})A'_p$ 时：

$$\gamma_0 M_d \leqslant f_{cd} b'_f x\left(h_0-\frac{x}{2}\right)+f'_{sd}A'_s(h_0-a'_s)+(f'_{pd}-\sigma'_{p0})A'_p(h_0-a'_p) \tag{12-134}$$

$$f_{sd}A_s+f_{pd}A_p+\sigma_{pe,ex}A_{ex}=f_{cd}b'_f x+f'_{sd}A'_s+(f'_{pd}-\sigma'_{p0})A'_p \tag{12-135}$$

当 $f_{sd}A_s+f_{pd}A_p+\sigma_{pe,ex}A_{ex}>f_{cd}b'_f h'_f+f'_{sd}A'_s+(f'_{pd}-\sigma'_{p0})A'_p$ 时：

$$\gamma_0 M_d \leqslant f_{cd}\left[bx\left(h_0-\frac{x}{2}\right)+(b'_f-b)h'_f\left(h_0-\frac{h'_f}{2}\right)\right]+f'_{sd}A'_s(h_0-a'_s)+(f'_{pd}-\sigma'_{p0})A'_p(h_0-a'_p) \tag{12-136}$$

$$f_{sd}A_s+f_{pd}A_p+\sigma_{pe,ex}A_{ex}=f_{cd}[bx+(b'_f-b)h'_f]+f'_{sd}A'_s+(f'_{pd}-\sigma'_{p0})A'_p \tag{12-137}$$

受弯构件在进行正截面抗弯承载力计算时，如不满足式（12-123）的条件，可不考虑按正常使用极限状态计算可能增加的纵向受拉钢筋和按构造要求配置的纵向钢筋。

预应力混凝土受弯构件截面设计与强度复核的计算步骤与钢筋混凝土受弯构件相似，这里不再赘述。

I 形截面和箱形截面受弯构件的正截面承载力计算可按上述方法进行。

2. 斜截面承载力计算

（1）斜截面抗剪承载力计算（见图 12-31） 规范规定，只配箍筋的预应力混凝土矩形、T 形和 I 形截面受弯构件，其斜截面抗剪强度计算与普通钢筋混凝土构件相同，预应力的作用通过预应力提高系数 α_2 来反映（α_2 是考虑预应力能在一定程度上提高构件的抗剪能力），取 $\alpha_2=1.25$；但当由钢筋合力引起的截面弯矩与外弯矩的方向相同时，或允许出现裂缝的预应力混凝土受弯构件，取 $\alpha_2=1.0$，因为当预应力的合力在构件截面上所产生的弯矩与外荷载弯矩方向相同时，预应力并不能阻滞斜裂缝的发生和发展，因此构件的抗剪能力不能提高。

配置箍筋和弯起钢筋的预应力混凝土受弯构件，其斜截面抗剪强度计算原则与只配箍筋的构件相同，只需在计算公式中增加一项预应力弯起钢筋所承受的剪力即可。预应力弯起钢筋对提高梁斜截面抗剪能力有较大的作用，其所承受的剪力为

$$\left.\begin{aligned}V_{pb}&=0.75\times10^{-3}f_{pd}\sum A_{pb}\sin\theta_p\\V_{pb,ex}&=0.75\times10^{-3}\sum\sigma_{pe,ex}A_{ex}\sin\theta_{ex}\end{aligned}\right\}\tag{12-138}$$

式中 A_{pb}、A_{ex}——斜截面内在同一弯起平面的体内预应力弯起钢筋、体外预应力弯起钢筋的截面面积（mm^2）；

f_{pd}——预应力弯起钢筋的抗拉强度设计值（MPa）；

θ_p、θ_{ex}——体内预应力弯起钢筋、体外预应力弯起钢筋的切线与水平线的夹角（°），按斜截面剪压区对应正截面处取值。

$\sigma_{pe,ex}$——使用阶段体外预应力钢筋扣除预应力损失后的有效应力（MPa）；

其余符号意义同前。

预应力混凝土梁斜截面抗剪承载力计算公式的适用条件（上、下限）、计算步骤、验算位置都与普通钢筋混凝土受弯构件相同。

（2）斜截面抗弯承载力计算 预应力混凝土受弯构件斜截面抗弯承载力计算原理与普通钢筋混凝土受弯构件相同，只需加入预应力筋的各项抗弯能力即可，即

$$\begin{aligned}\gamma_0M_d\leqslant&f_{sd}A_sZ_s+f_{pd}A_pZ_p+\sum f_{sd}A_{sb}Z_{sb}+\sum f_{pd}A_{pb}Z_{pb}\\&+\sum f_{sv}A_{sv}Z_{sv}\end{aligned}\tag{12-139}$$

此时，最不利的斜截面水平投影长度按下列公式确定

$$\gamma_0V_d=\sum f_{sd}A_{sb}\sin\theta_s+\sum f_{pd}A_{pb}\sin\theta_p+\sum f_{sv}A_{sv}\tag{12-140}$$

式中符号意义如图 12-31 所示。

预应力混凝土受弯构件斜截面抗弯承载力计算较麻烦，因此，也可以同普通钢筋混凝土受弯构件一样，用构造措施来加以保证。具体参阅钢筋混凝土梁有关内容。

12.7.4 端部锚固区计算

1. 先张法构件预应力筋的传递长度和锚固长度

先张法构件预应力筋的两端，一般不设置永久性锚具，而是通过钢筋与混凝土之间的粘结力作用来达到锚固的要求。在预应力筋放张时，端部外露的钢筋将向构件内部回缩、滑移，但钢筋和混凝土之间的粘结力将阻止钢筋内缩。钢筋在各个截面处的内缩量将取决于粘结力的大小。当自端部起至某一截面长度范围内粘结力之和正好等于钢筋中的有效预拉力（$N_p=\sigma_{pe}A_p$）时，钢筋内缩将被完全阻止，并在此截面以后的各截面钢筋将保持其有效预应力 σ_{pe}。把钢筋从应力为零的端面到应力逐渐增加至 σ_{pe} 的截面的这段长度 l_{tr}，称为预应力筋的传递长度。同理，当构件达到承载能力极限状态时，预应力筋应力将达到其抗拉强度设计值 f_{pd}，此时钢筋将继续内缩（因 $f_{pd}>\sigma_{pe}$），直到内缩长度达到 l_a 时才会完全停止。通常把钢筋从应力为零的端面至钢筋应力为 f_{pd} 的截

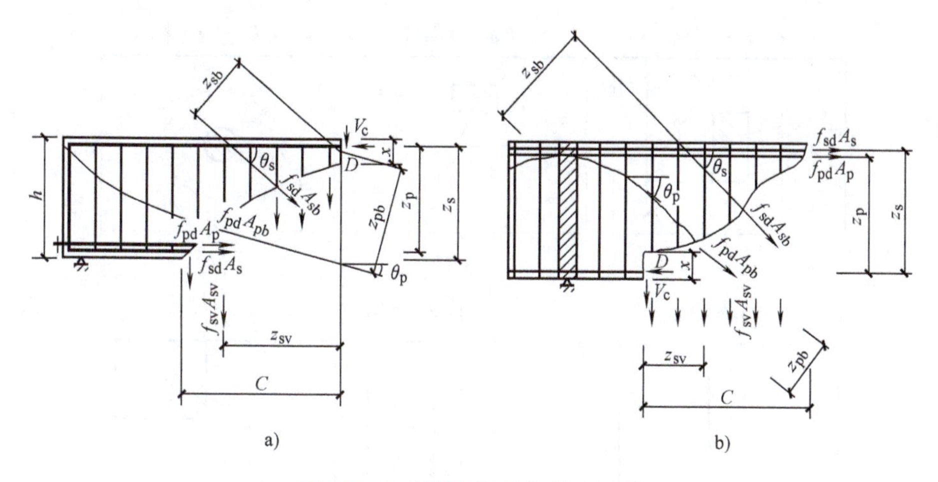

图 12-31　斜截面抗弯承载力计算

a）简支梁和连续梁近边支点梁段　b）连续梁和悬臂梁近中间支点梁段

面为止的这一长度 l_a，称为预应力筋的锚固长度。这一长度可保证钢筋在应力达到 f_{pd} 时不会被拔出。

预应力筋的传递长度 l_{tr} 和锚固长度 l_a 见附表 2-9、附表 2-10。传递长度和锚固长度范围内预应力筋的应力按直线变化计算。

2. 后张法锚下局部承压计算

局部承压是指构件受力表面仅有部分面积承受压力的受力状态。后张法构件，在端部或其他布置锚具的地方，巨大的预压力 N_p 将通过锚具及其下面的垫板传给混凝土。因此，锚下混凝土将承受着很大的局部应力，它可能使构件产生纵向裂缝，甚至破坏。所以，在设计时，需对锚下混凝土进行局部承压计算。

（1）构件端部截面尺寸验算　构件端部局部承压区的截面尺寸应符合下列要求

$$\gamma_0 F_{ld} \leqslant 1.3\eta_s \beta f_{cd} A_{ln} \tag{12-141}$$

式中　F_{ld}——局部受压面积上的局部压力设计值，对后张法构件锚头局压区，应取 1.2 倍张拉时的最大压力；

η_s——混凝土局部承压修正系数，按表 12-11 采用；

β——混凝土局部承压强度提高系数，$\beta=\sqrt{\dfrac{A_b}{A_l}}$；

A_{ln}、A_l——混凝土局部受压面积，当局部受压面有孔洞时，A_{ln} 为扣除孔洞后的面积，A_l 为不扣除孔洞的面积；当受压面设置钢垫板时，局部受压面积应计入在垫板中按 45°刚性角扩大的面积，对于具有喇叭管并与垫板连成整体的锚具，A_{ln} 可取垫板面积扣除喇叭管尾端内孔面积；

A_b——局部承压时的计算底面积，如图 12-32 所示。

表 12-11　混凝土局部承压修正系数 η_s

混凝土强度等级	C50 以下	C55	C60	C65	C70	C75	C80
η_s	1.0	0.96	0.92	0.88	0.84	0.80	0.76

（2）构件端部局部承压强度计算　如图 12-33 所示，配置间接钢筋的局部承压强度，按下式计算

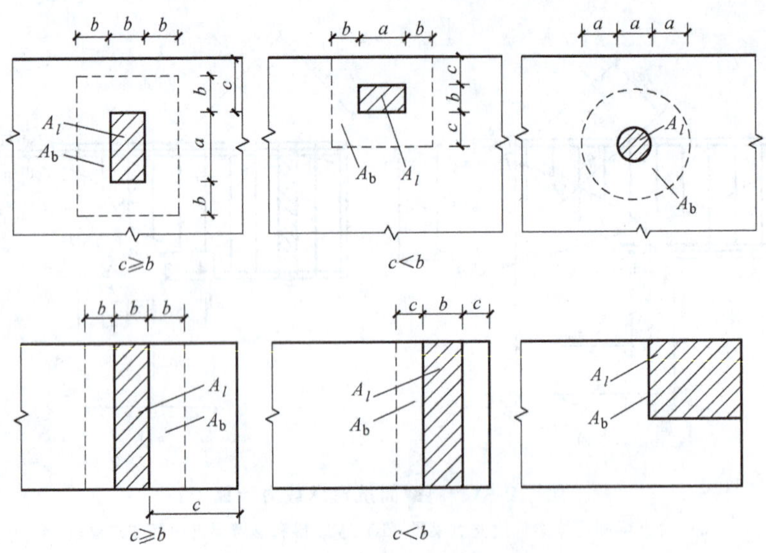

图 12-32 局部受压的计算底面积

$$\gamma_0 F_{ld} \leqslant 0.9(\eta_s \beta f_{cd} + k\rho_v \beta_{cor} f_{sd}) A_{ln} \tag{12-142}$$

式中 k——间接钢筋影响系数，混凝土强度等级为 C50 及以下时取 $k=2.0$，C80 时取 $k=1.7$，中间按直线插入取用；

β_{cor}——配置间接钢筋时局部抗压承载力提高系数，$\beta_{cor}=\sqrt{\dfrac{A_{cor}}{A_l}}\geqslant 1$，$A_{cor}$ 为间接钢筋内表面范围内的混凝土核心面积，其形心应与 A_l 的形心重合，计算时按同心、对称原则取值。

配置的间接钢筋为方格网时，也应不少于 4 层。两个方向钢筋截面面积相差不应大于 50%；其体积配筋率按下式计算

$$\rho_v = \frac{n_1 A_{s1} l_1 + n_2 A_{s2} l_2}{A_{cor} s} \tag{12-143}$$

配置的间接钢筋为螺旋网时，螺旋间接钢筋不少于 4 圈，体积配筋率按下式计算

$$\rho_v = \frac{4A_{ss1}}{d_{cor} s} \tag{12-144}$$

式中 s——方格网或螺旋形间接钢筋的层距；

n_1、A_{s1}——方格网沿 l_1 方向的钢筋根数、单根钢筋的截面面积；

n_2、A_{s2}——方格网沿 l_2 方向的钢筋根数、单根钢筋的截面面积；

A_{ss1}——单根螺旋形间接钢筋的截面面积；

d_{cor}——螺旋形间接钢筋内表面范围内混凝土核心面积的直径。

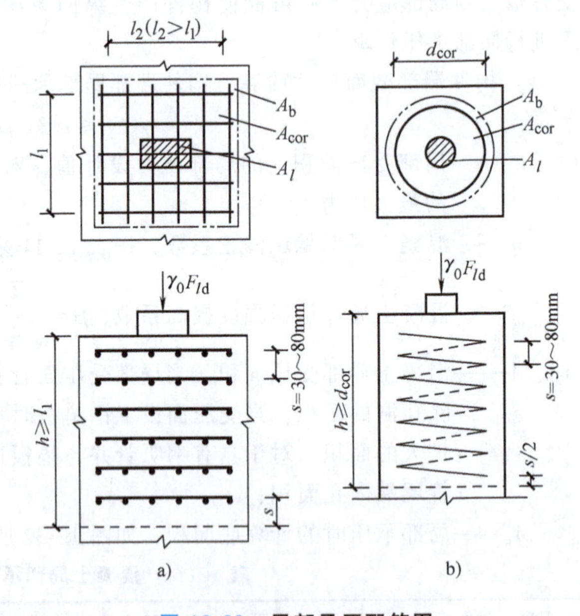

图 12-33 局部承压配筋图

a）方格网配筋 b）螺旋形配筋

式（12-143）当用于支座与梁、支座与墩台局部承压计算时，由上部结构传来的局部压力 F_{ld}

已考虑了结构重要性系数，应令式中 $\gamma_0=1$。

12.7.5　预应力混凝土结构持久状况正常使用极限状态计算

在预应力混凝土构件中，预应力应作为荷载考虑，荷载分项系数取为 1.0，对连续梁等超静定结构，尚应计入由预应力、温度作用等引起的次效应。

预应力混凝土构件可根据桥梁使用和所处环境的要求，进行下列构件设计：全预应力混凝土构件在作用频遇组合下控制的正截面受拉边缘不允许出现拉应力。部分预应力混凝土构件在作用频遇组合下控制的正截面受拉边缘可出现拉应力，当拉应力加以限制时，为 A 类预应力混凝土构件，当拉应力超过限值时，为 B 类预应力混凝土构件。在预应力混凝土构件的弹性阶段计算应力中，先张法构件采用换算截面；后张法构件，当计算由作用和体外预应力引起的应力时，体内预应力管道压浆前采用净截面，体内预应力筋与混凝土粘结后采用换算截面；当计算由体内预应力引起的应力时，除指明者外采用净截面；截面性质对计算应力或控制条件影响不大时，也可采用毛截面。

1. 由预加力产生的混凝土法向应力及相应阶段预应力筋的应力

预应力筋和普通钢筋合力及其偏心距如图 12-34 所示。

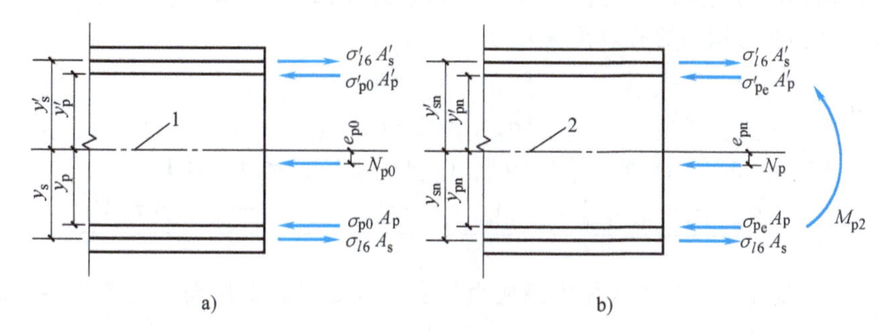

图 12-34　预应力筋和普通钢筋合力及其偏心距

a）先张法构件　b）后张法构件

1—换算截面重心轴　2—净截面重心轴

（1）先张法预应力混凝土构件　由预加力产生的混凝土法向压应力 σ_{pc} 和拉应力 σ_{pt} 为

$$\sigma_{pc}\text{ 或 }\sigma_{pt}=\frac{N_{p0}}{A_0}\pm\frac{N_{p0}e_{p0}}{I_0}y_0 \tag{12-145}$$

预应力筋合力点处混凝土法向应力等于零时的预应力筋应力为

$$\left.\begin{aligned}\sigma_{p0}&=\sigma_{con}-\sigma_l+\sigma_{l4}\\ \sigma'_{p0}&=\sigma'_{con}-\sigma'_l+\sigma'_{l4}\end{aligned}\right\} \tag{12-146}$$

相应阶段预应力筋的有效预应力为

$$\left.\begin{aligned}\sigma_{pe}&=\sigma_{con}-\sigma_l\\ \sigma'_{pe}&=\sigma'_{con}-\sigma'_l\end{aligned}\right\} \tag{12-147}$$

$$N_{p0}=\sigma_{p0}A_p+\sigma'_{p0}A'_p-\sigma_{l6}A_s-\sigma'_{l6}A'_s \tag{12-148}$$

$$e_{p0}=\frac{\sigma_{p0}A_py_p-\sigma'_{p0}A'_py'_p-\sigma_{l6}A_sy_s+\sigma'_{l6}A'_sy'_s}{N_{p0}} \tag{12-149}$$

（2）后张法体内预应力混凝土构件　由预加力产生的混凝土法向压应力 σ_{pc} 和拉应力 σ_{pt} 为

$$\sigma_{pc}\text{ 或 }\sigma_{pt}=\frac{N_p}{A_n}\pm\frac{N_pe_{pn}}{I_n}y_n\pm\frac{M_{p2}}{I_n}y_n \tag{12-150}$$

预应力筋合力点处混凝土法向应力等于零时的预应力筋应力为

$$\left.\begin{aligned}\sigma_{p0}&=\sigma_{con}-\sigma_l+\alpha_{E_p}\sigma_{pc}\\ \sigma'_{p0}&=\sigma'_{con}-\sigma'_l+\alpha_{E_p}\sigma'_{pc}\end{aligned}\right\}\tag{12-151}$$

相应阶段预应力筋的有效预应力为

$$\left.\begin{aligned}\sigma_{pe}&=\sigma_{con}-\sigma_l\\ \sigma'_{pe}&=\sigma'_{con}-\sigma'_l\end{aligned}\right\}\tag{12-152}$$

$$N_p=\sigma_{pe}A_p+\sigma'_{pe}A'_p-\sigma_{l6}A_s-\sigma'_{l6}A'_s\tag{12-153}$$

$$e_{pn}=\frac{\sigma_{pe}A_py_{pn}-\sigma'_{pe}A'_py'_{pn}-\sigma_{l6}A_sy_{sn}+\sigma'_{l6}A'_sy'_{sn}}{N_p}\tag{12-154}$$

(3) 后张法体内和体外混合预应力混凝土构件　由预加力产生的混凝土法向压应力 σ_{pc} 和拉应力 σ_{pt} 为

$$\sigma_{pc}\text{ 或 }\sigma_{pt}=\frac{N_{p,ex}}{A_{ex}}\pm\frac{N_{p,ex}e_{p,ex}}{I_{ex}}y_{ex}\pm\frac{M_{p2,ex}}{I_{ex}}y_{ex}\tag{12-155}$$

相应阶段体内预应力钢筋的应力按式（12-151）、式（12-152）计算。

相应阶段体外预应力钢筋的有效预应力为

$$\begin{cases}\sigma_{pe,ex}=\sigma_{con}-\sigma_l\\ \sigma'_{pe,ex}=\sigma'_{con}-\sigma'_l\end{cases}\tag{12-156}$$

$$N_{p,ex}=\sigma_{pe}A_p+\sigma'_{pe}A'_p+\sigma_{pe,ex}A_{p,ex}+\sigma'_{pe,ex}A'_{p,ex}-\sigma_{l6}A_s-\sigma'_{l6}A'_s\tag{12-157}$$

$$e_{p,ex}=\frac{\sigma_{pe}A_py_p-\sigma'_{pe}A'_py'_p+\sigma_{pe,ex}A_{p,ex}y_{p,ex}-\sigma'_{pe,ex}A'_{p,ex}y'_{p,ex}-\sigma_{l6}A_sy_s+\sigma'_{l6}A'_sy'_s}{N_{p,ex}}\tag{12-158}$$

式中　σ_{p0}、σ'_{p0}——受拉区、受压区体内预应力筋合力点处混凝土法向应力等于零时的预应力筋应力；

σ_{pe}、σ'_{pe}——受拉区、受压区体内预应力筋的有效预应力；

$\sigma_{pe,ex}$、$\sigma'_{pe,ex}$——受拉区、受压区体外预应力钢筋的有效预应力；

A_n——净截面面积，即为扣除管道等削弱部分后的混凝土全部截面面积与纵向普通钢筋截面面积换算成混凝土的截面面积之和，对由不同混凝土强度等级组成的截面，应按混凝土弹性模量比值换算成同一混凝土强度等级的截面面积；

A_0——换算截面面积，包括净截面面积 A_n 和全部纵向体内预应力筋截面面积换算成混凝土的截面面积；

A_{ex}——后张法体内和体外混合预应力混凝土构件的截面面积，考虑管道压浆的影响；

N_{p0}、N_p——先张法构件、后张法构件的预应力筋和普通钢筋的合力；

$N_{p,ex}$——后张法体内和体外混合预应力混凝土构件的体内预应力钢筋、体外预应力钢筋和普通钢筋的合力；

I_0、I_n——换算截面惯性矩、净截面惯性矩；

I_{ex}——后张法体内和体外混合预应力混凝土构件的截面惯性矩，考虑孔道压浆；

e_{p0}、e_{pn}——换算截面重心、净截面重心至体内预应力筋和普通钢筋合力点的距离；

$e_{p,ex}$——后张法体内和体外混合预应力混凝土构件的截面重心至体内预应力筋、体外预应力筋和普通钢筋合力点的距离；

y_0、y_n——换算截面重心、净截面重心至计算纤维处的距离；

y_{ex}——后张法体内和体外混合预应力混凝土构件的截面重心至计算纤维处距离；

σ_{con}、σ'_{con}——受拉区、受压区预应力筋的张拉控制应力；

σ_l、σ'_l——受拉区、受压区相应阶段的预应力损失值，使用阶段为全部预应力损失值；

σ_{l4}、σ'_{l4}——受拉区、受压区由混凝土弹性压缩引起的预应力损失值；

σ_{l6}、σ'_{l6}——受拉区、受压区预应力筋在各自合力点处由混凝土收缩和徐变引起的预应力损失值；

M_{p2}、$M_{p2,ex}$——由预加力 N_p、$N_{p,ex}$ 在预应力混凝土连续梁等超静定结构中产生的次弯矩；

A_p、A'_p——受拉区、受压区体内预应力筋的截面面积；

$A_{p,ex}$，$A'_{p,ex}$——受拉区、受压区体外预应力筋的截面面积；

A_s、A'_s——受拉区、受压区体内普通钢筋的截面面积；

y_p、y'_p——受拉区、受压区体内预应力筋合力点至换算截面重心轴的距离；

y_s、y'_s——受拉区、受压区体内普通钢筋重心至换算截面重心轴的距离；

y_{pn}、y'_{pn}——受拉区、受压区体内预应力筋合力点至净截面重心轴的距离；

y_{sn}、y'_{sn}——受拉区、受压区普通钢筋重心至净截面重心轴的距离；

$y_{p,ex}$，$y'_{p,ex}$——受拉区、受压区体外预应力筋重心至后张法体内和体外混合预应力混凝土构件截面重心轴的距离。

2. 抗裂性验算

预应力混凝土受弯构件应进行正截面和斜截面抗裂验算。

(1) 正截面抗裂验算　正截面抗裂验算应对构件正截面混凝土的拉应力进行控制，并应符合下列要求：

1) 全预应力混凝土构件

预制构件

$$\sigma_{st}-0.85\sigma_{pc}\leqslant 0 \tag{12-159}$$

分段浇筑或砂浆接缝的纵向分块构件

$$\sigma_{st}-0.80\sigma_{pc}\leqslant 0 \tag{12-160}$$

2) A类预应力混凝土构件

$$\sigma_{st}-\sigma_{pc}\leqslant 0.7f_{tk} \tag{12-161}$$

$$\sigma_{lt}-\sigma_{pc}\leqslant 0 \tag{12-162}$$

式中　σ_{st}——在作用频遇组合下，构件抗裂验算截面边缘混凝土的法向拉应力，先张法构件 $\sigma_{st}=\dfrac{M_s}{W_0}$，后张法构件 $\sigma_{st}=\dfrac{M_s}{W_n}$，$M_s$ 为按作用频遇组合计算的弯矩值，W_0 为构件换算截面抗裂验算边缘的弹性抵抗矩，W_n 为构件净截面抗裂验算边缘的弹性抵抗矩；

σ_{lt}——在作用准永久组合下，构件抗裂验算截面边缘混凝土的法向拉应力，先张法构件 $\sigma_{lt}=\dfrac{M_l}{W_0}$，后张法构件 $\sigma_{lt}=\dfrac{M_l}{W_n}$，$M_l$ 为结构自重和直接施加于结构上的汽车荷载、人群荷载、风荷载按作用准永久组合计算的弯矩值。

3) B类预应力混凝土受弯构件在结构自重作用下控制截面受拉边缘不得消压。

(2) 斜截面抗裂验算　斜截面抗裂验算应对构件斜截面混凝土的主拉应力进行控制，并应符合下列要求：

1) 全预应力混凝土构件

预制构件

$$\sigma_{tp}\leqslant 0.6f_{tk} \tag{12-163}$$

现场浇筑（包括预制拼装）构件

$$\sigma_{tp}\leqslant 0.4f_{tk} \tag{12-164}$$

2) A类和B类预应力混凝土构件

预制构件

$$\sigma_{tp}\leqslant 0.7f_{tk} \tag{12-165}$$

现场浇筑（包括预制拼装）构件

$$\sigma_{tp}\leqslant 0.5f_{tk} \tag{12-166}$$

$$\left.\begin{matrix}\sigma_{tp}\\ \sigma_{cp}\end{matrix}\right\} = \frac{\sigma_{cx}+\sigma_{cy}}{2} \mp \sqrt{\left(\frac{\sigma_{cx}-\sigma_{cy}}{2}\right)^2+\tau^2} \tag{12-167}$$

$$\sigma_{cx}=\sigma_{pc}+\frac{M_s y_0}{I_0};\sigma_{cy,pv}=0.6\frac{n\sigma'_{pe}A_{pv}}{bs_p} \tag{12-168}$$

$$\sigma_{cy}=\sigma_{cy,pv}+\sigma_{cy,ph}+\sigma_{cy,t}+\sigma_{cy,l} \tag{12-169}$$

$$\tau=\frac{V_s S_0}{bI_0}-\frac{\sum\sigma''_{pe}A_{pb}\sin\theta_p\cdot S_n}{bI_n} \tag{12-170}$$

式中 σ_{tp}、σ_{cp}——由作用频遇组合和预加力产生的混凝土主拉应力和主压应力；

σ_{cx}——在计算主应力点，由预加力和按作用频遇组合计算的弯矩 M_s 产生的混凝土法向应力；

σ_{cy}——混凝土竖向压应力；

$\sigma_{cy,pv}$、$\sigma_{cy,ph}$、$\sigma_{cy,t}$、$\sigma_{cy,l}$——由竖向预应力筋的预拉力、横向预应力筋的预加力、横向温度梯度和汽车荷载产生的混凝土竖向压应力频遇值；

τ——在计算主应力点，由预应力弯起钢筋的预加力和按作用频遇组合计算的剪力 V_s 产生的混凝土剪应力，当计算截面作用有扭矩时，尚应计入由扭矩引起的剪应力；

y_0——换算截面重心轴至计算主应力点的距离；

n——在同一截面上竖向预应力筋的肢数；

σ'_{pe}、σ''_{pe}——竖向预应力筋、纵向预应力弯起钢筋扣除全部预应力损失后的有效预应力；

A_{pv}——单肢竖向预应力筋的截面面积；

s_p——竖向预应力筋的间距；

b——计算主应力点处构件腹板的宽度；

A_{pb}——计算截面上同一弯起平面内预应力弯起钢筋的截面面积；

S_0、S_n——计算主应力点以上（或以下）部分换算截面面积对换算截面重心轴、净截面面积对净截面重心轴的面积矩；

θ_p——计算截面上预应力弯起钢筋的切线与构件纵轴线的夹角。

3. 裂缝宽度验算

B 类预应力混凝土构件，在正常使用极限状态下的裂缝宽度，应按作用频遇组合并考虑长期效应影响进行验算，其最大裂缝宽度不应超过表 12-12 的规定限值：

表 12-12 最大裂缝宽度限值

环境类别	最大裂缝宽度限值/mm	
	钢筋混凝土构件、采用预应力螺纹钢筋的 B 类预应力混凝土构件	采用钢丝或钢绞线的 B 类预应力混凝土构件
Ⅰ类：一般环境	0.20	0.10
Ⅱ类：冻融环境	0.20	0.10
Ⅲ类：近海或海洋氯化物环境	0.15	0.10
Ⅳ类：除冰盐等其他氯化物环境	0.15	0.10
Ⅴ类：盐结晶环境	0.10	禁止使用
Ⅵ类：化学腐蚀环境	0.15	0.10
Ⅶ类：磨蚀环境	0.20	0.10

B 类预应力混凝土受弯构件，其最大裂缝宽度按下列公式计算

$$W_{cr}=C_1C_2C_3\frac{\sigma_{ss}}{E_s}\left(\frac{c+d}{0.36+1.7\rho_{te}}\right) \tag{12-171}$$

$$\rho=\frac{A_s+A_p}{bh_0+(b_f-b)h_f} \tag{12-172}$$

$$\sigma_{ss}=\frac{M_s\pm M_{p2}-N_{p0}\ (z-e_p)}{(A_p+A_s)\ z} \tag{12-173}$$

$$z=\left[0.87-0.12(1-\gamma_f')\left(\frac{h_0}{e}\right)^2\right]h_0 \tag{12-174}$$

$$e=e_p+\frac{M_s\pm M_{p2}}{N_{p0}} \tag{12-175}$$

式中　z——受拉区纵向普通钢筋和预应力筋合力点至截面受压区合力点的距离；

e_p——混凝土法向应力等于零时，纵向预应力筋和普通钢筋的合力 N_{p0} 的作用点至受拉区纵向预应力筋和普通钢筋合力点的距离；

M_{p2}——由预加力 N_p 在后张法预应力混凝土连续梁等超静定结构中产生的次弯矩，当 M_{p2} 与 M_s 的作用方向相同时取正号，相反时取负号；

其余参数意义同前。

12.7.6　变形计算

预应力混凝土构件所使用的材料都是高强度材料，故其截面尺寸较普通钢筋混凝土构件小，而且预应力混凝土结构所适用的跨径范围一般也较大。因此，设计中应注意预应力混凝土梁的挠度验算，以避免因挠度过大而影响桥梁的正常使用。

在高等级公路中，尤须控制梁的上挠度，以保证桥面铺装的顺利进行。

预应力混凝土受弯构件的挠度是由预加力引起的上挠度（也称为反拱度）和外荷载（恒载与活载）产生的下挠度两部分所组成。

1. 预加力引起的上挠度

构件在偏心的预加力作用下将产生向上的挠度，与外荷载引起的挠度方向相反。对简支梁，其跨中最大的上挠度可采用材料力学的方法计算，以后张法为例，其值为

$$f_p=-\eta_\theta\int_0^L\frac{M_p\overline{M}_x}{E_cI_0}dx \tag{12-176}$$

式中　M_p——在扣除预应力损失后的有效预加力作用下构件的弯矩值；

$\overline{M}_x$——跨中作用单位力时，在任意截面 x 处所产生的弯矩值；

η_θ——长期刚度影响系数，取 $\eta_\theta=2.0$；

I_0——构件全截面的换算截面惯性矩。

2. 使用荷载作用下的挠度

在使用荷载作用下，预应力混凝土受弯构件的挠度也可近似地按材料力学的方法计算，但是构件的实际抗弯刚度随荷载的增加而降低。考虑到这一问题，构件在荷载频遇组合作用下，其挠度计算公式如下

$$f_M=\frac{\alpha l^2}{E_c}\left[\frac{M_{cr}}{0.95I_0}+\frac{(M_s-M_{cr})}{I_{cr}}\right] \tag{12-177}$$

$$M_{cr}=(\sigma_{pc}+\gamma f_{tk})W_0$$

式中 l——梁的计算跨径；

α——挠度系数，与弯矩图的形状及支座的约束条件有关；

M_{cr}——构件截面开裂弯矩；

σ_{pc}——扣除全部预应力损失，预应力筋和普通钢筋合力 N_{p0} 在构件抗裂边缘产生的混凝土预压应力；

γ——受拉区混凝土塑性系数，$\gamma=2S_0/W_0$，S_0 为全截面换算截面重心轴以下（或以上）部分面积对重心轴的面积矩，W_0 为换算截面抗裂边缘的弹性抵抗矩；

M_s——使用荷载作用下的弯矩；

I_0——全截面的换算截面惯性矩；

I_{cr}——开裂截面的换算截面惯性矩。

在使用阶段的挠度应考虑长期效应的影响，即按式（12-177）计算的挠度值乘以挠度长期增长系数 η_θ，采用C40以下混凝土时，$\eta_\theta=1.60$；采用C40~C80混凝土时，$\eta_\theta=1.45\sim1.35$，中间强度等级可按直线内插法取值。

3. 预应力混凝土受弯构件的挠度

预应力混凝土受弯构件的总挠度 f 等于永存预加力所产生的反拱与荷载所产生的挠度的代数和，即

$$f=f_p+f_M \tag{12-178}$$

式中 f_M——由构件自重弯矩 M_{G1k}、后加恒载弯矩 M_{G2k} 及活载（不计冲击影响）的弯矩 M_{Qk} 之和所引起的挠度。

4. 预拱度的设置

预加应力产生的长期反拱值大于按荷载频遇组合计算的长期挠度时，可以不设预拱度；预加应力产生的长期反拱值小于按荷载频遇组合计算的长期挠度时，应设预拱度，其值应按该项荷载的挠度值与预加应力长期反拱值之差采用。预拱度的设置应按最大的预拱值沿顺桥向做成平顺曲线。

对于自重相对于活载较小的预应力混凝土受弯构件，应考虑预加应力反拱值过大可能造成不利影响，必要时可以设置反预拱，或者设计和施工采用其他措施，以免桥面隆起甚至开裂破坏。

12.7.7 预应力混凝土简支梁设计

预应力混凝土简支梁的设计包括截面形式与尺寸的拟定，内力计算，钢筋数量的估算与布置以及强度、应力和变形计算等内容。其中，构件的强度、应力、变形等计算方法前面已介绍，有关构件内力的计算则在“结构力学”与“桥梁工程”课程中介绍，本节着重介绍结构计算方面的内容。

1. 设计计算步骤

以后张法为例，预应力混凝土受弯构件的设计计算步骤如下：

1）初步拟定截面形式及截面尺寸，选定材料规格。

2）根据结构可能出现的荷载组合，计算控制截面最大的设计弯矩和剪力。

3）根据控制截面的设计内力值和使用要求，估算预应力筋和普通钢筋数量，并进行合理地布置。

4）计算主梁截面几何特性。

5）进行正截面、斜截面的承载力复核。

6）确定预应力筋的张拉控制应力，估算各项预应力损失，并计算各阶段相应的有效预应力。

7）按短暂状况和持久状况进行构件的应力验算。

8）进行正截面与斜截面的抗裂验算。

9）主梁的变形计算。

10）锚固端局部承压计算与锚固区设计。

2. 预应力混凝土简支梁的截面形式

（1）预应力混凝土 T 形梁（见图 12-35a）　这是我国最常用的预应力混凝土简支梁截面形式。其标准设计跨径为 20～40m（每 5m 为一级差），一般采用后张法施工。在梁的下缘，为了布置预应力筋束和承受强大预压力的需要，常将腹板下缘加宽成“马蹄”形。T 形梁的腹板主要承受剪应力和主应力，按受力要求一般可做得较薄，但构造上要求应能满足布置预留孔道的需要，一般为 16～20cm，在梁端锚固区段（约等于梁高）内，为了布置锚具和满足局部承压的需要，常将腹板加厚至与“马蹄”同宽。T 形梁翼缘宽度一般为 1.6～2.1m，高跨比 h/l = 1/15～1/25。悬臂端的最小板厚不得小于 100mm，两腹板间的最小板厚不应小于 120mm。预制 T 形梁跨径往往受到吊装重量的限制，如 50m 跨径的 T 形梁，每片重达 140t。

（2）装配整体式预应力混凝土 T 形梁（见图 12-35b）　采用装配整体式预应力混凝土 T 形梁，可以克服预应力混凝土 T 形梁自重大的缺点。它是先预制上翼缘宽度较小的 T 形截面梁（因为有马蹄，也可以说是 I 形），安装定位以后，再现浇制作桥面横梁、部分上翼缘和桥面，现浇制作的部分与预制部分连成整体，使桥梁横向连接加强。这种桥梁的受力性能与 T 形截面梁相同，预制部分的截面形式、尺寸和施工工艺也相同，但是自重较小，易于吊装，比较适用于各种斜度的斜梁和大曲率半径的弯梁桥。

（3）预应力混凝土箱形截面梁（见图 12-35c）　箱形截面为闭口截面，其抗扭刚度比一般开口截面大得多，可使梁的荷载分布比较均匀，箱壁一般做得较薄，材料利用合理，自重较轻，跨越能力大，适用于大跨径梁桥。

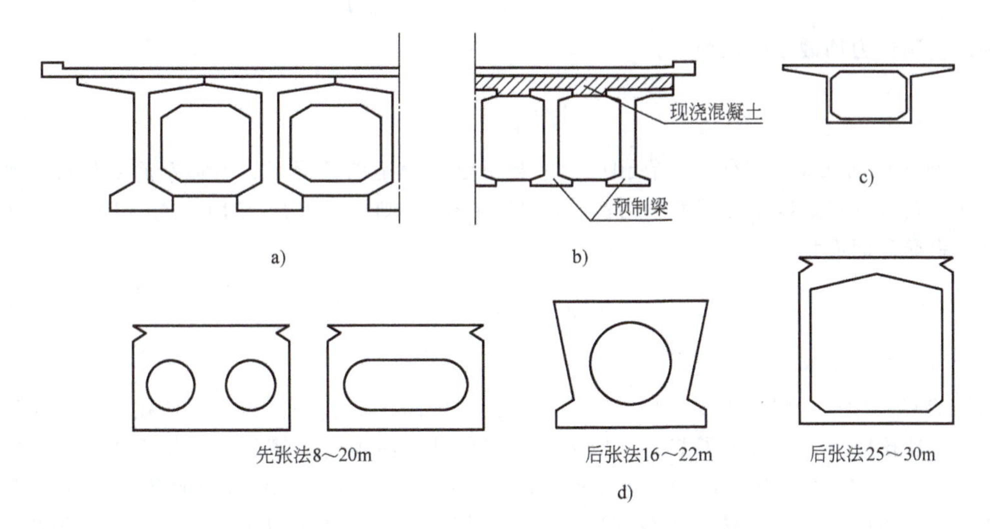

图 12-35　预应力混凝土简支梁的截面形式

（4）预应力混凝土空心板（见图 12-35d）　其芯模可采用圆形、圆端形或椭圆形等形式，跨径较大的后张法空心板则向薄壁箱形截面靠拢，仅在顶板做成拱形。施工方法一般采用场制直线配筋的先张法，适用于跨径 8～20m 的小跨径桥梁，后张法预应力混凝土空心板的适用跨径为 16～22m；采用箱梁形式时跨径可达 30m。简支板的高跨比 h/l = 1/15～1/20，板宽一般取 1.1～1.4m，顶板和底板的厚度均不宜小于 80mm。

3. 混凝土截面尺寸和预应力筋数量的选定

(1) 构件混凝土截面尺寸　构件混凝土截面尺寸的选择，一般都是根据设计要求，参照已有的设计图样与资料及桥梁设计中的具体要求拟定的，然后根据有关规范的要求进行配筋验算，若预估的截面尺寸不符合要求时，要对截面尺寸作必要的修改。

(2) 预应力筋截面面积估算　为估算预应力筋数量，首先应按正常使用状态正截面抗裂性或裂缝宽度限制要求，确定有效预加力 N_{pe}。

《公路桥规》规定，全预应力混凝土受弯构件在作用频遇组合下，正截面抗裂性以及混凝土法向拉应力应满足：

预制构件 $$\sigma_{st}-0.85\sigma_{pc}\leqslant 0 \tag{12-179}$$

分段浇筑或砂浆接缝的纵向分块构件 $$\sigma_{st}-0.80\sigma_{pc}\leqslant 0 \tag{12-180}$$

式中 σ_{st}——在作用频遇组合下构件控制截面边缘混凝土的法向拉应力；

σ_{pc}——混凝土的有效预压力。

在初步设计时，σ_{st} 和 σ_{pc} 可按下列公式计算

$$\sigma_{st}=\frac{M_s}{W} \tag{12-181}$$

$$\sigma_{pc}=\frac{N_{pe}}{A}+\frac{N_{pe}e_p}{W} \tag{12-182}$$

将式 (12-181) 和式 (12-182) 代入式 (12-179) 和式 (12-180)，即得满足全预应力混凝土受弯构件正截面抗裂性要求所需的有效预加力

$$N_{pe}\geqslant\frac{\dfrac{M_s}{W}}{0.85(\text{或}0.80)\left(\dfrac{1}{A}+\dfrac{e_p}{W}\right)} \tag{12-183}$$

则所需预应力筋截面面积为

$$A_p=\frac{N_{pe}}{\sigma_{con}-\sum\sigma_l} \tag{12-184}$$

(3) 普通钢筋截面面积估算　在预应力筋数量已经确定的情况下，普通钢筋数量可由承载能力极限状态要求确定。以矩形截面梁为例，设 $A_s'=A_p'\approx 0$，则由式 (12-121)、式 (12-122) 可直接求解普通钢筋截面面积，即

$$A_s=\frac{f_{cd}bx-f_{pd}A_p}{f_{sd}} \tag{12-185}$$

4. 预应力筋的布置

(1) 束界　预应力混凝土受弯构件，在弯矩最大的跨中截面处，为了不使在外荷载作用下构件混凝土出现拉应力，同时为了节约预应力筋，应尽可能使预应力筋的重心靠近受拉区边缘，以增大偏心距 e_p，使之产生较大的弯矩来平衡外荷载弯矩。但对于外荷载较小的其他截面，若 N_p 保持不变，则应相应地减小 e_p 值，以免因过大的 M_p 引起构件出现拉应力或拉应力过大。因此，对后张法预应力混凝土受弯构件通常采用曲线配筋。

对全预应力混凝土构件，按照最小外荷载（即构件一期恒荷载 G_1）、最不利荷载（即构件自重、后期恒载及活载）作用下，构件截面上下缘混凝土不出现拉应力的原则，由式 (12-183) 可求得偏心距 e_p 与设计弯矩的关系为

$$e_p\geqslant\frac{M_s}{0.85(\text{或}0.80)N_{pe}}-\frac{W}{A}=\frac{M_s}{0.85(\text{或}0.80)N_{pe}}-K_s \tag{12-186}$$

式中 K_s——混凝土截面重心至上核心点的距离，即 $K_s=\frac{W}{A}=\frac{I}{Ay_x}$，其中 y_x 为截面下边缘至混凝土截面重心轴的距离。

这样，预应力筋合力作用点至截面上核心点的距离 e_2 可写为

$$e_2=e_p+K_s\geqslant\frac{M_s}{0.85(\text{或}0.80)N_{pe}} \tag{12-187}$$

式（12-187）给出的是为满足全梁正截面抗裂要求所需的预应力钢束偏心距的下限值 e_2。

预应力钢束偏心距上限值 e_1，按照在最小外荷载下（即构件自重）预拉区不出现拉应力的条件来控制，即由施工阶段上边缘不出现拉应力的条件所对应的偏心距为

$$e_p\leqslant\frac{M_{G1}}{N_{p1}}+\frac{I}{Ay_s}=\frac{M_{G1}}{N_{p1}}+K_x \tag{12-188}$$

式中 K_x——混凝土截面重心至下核心点的距离，即 $K_x=\frac{W}{A}=\frac{I}{Ay_s}$，其中 y_s 为截面上边缘至混凝土截面重心轴的距离。

这样，预应力筋合力作用点至截面上核心点的距离 e_1 可写为

$$e_1=e_p-K_x\leqslant\frac{M_{G1}}{N_{pe}} \tag{12-189}$$

由此可见，只要 N_p 作用点的位置落在 E_1 及 E_2 所围成的区域内，就能保证构件在预加应力阶段和使用荷载阶段的荷载作用下，其上、下缘混凝土均不会出现拉应力。因此，把由 E_1 和 E_2 两条曲线所围成的钢束重心界限，称为束界（或索界），如图 12-36 所示。

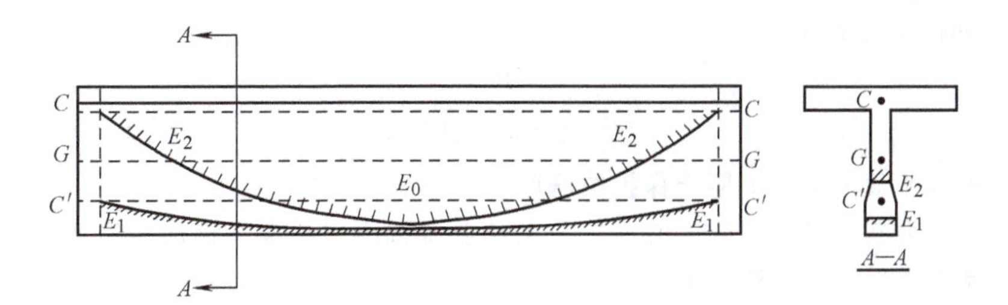

图 12-36 **束界**（索界）

对部分预应力混凝土构件，可根据构件上、下缘混凝土的拉应力限值，用类似的方法确定其束界。

(2) 预应力钢束的布置原则

1）钢束的布置应使其重心线不超出束界范围。因此，大部分钢束在靠近支点时，均须逐步弯起。只有这样，才能保证构件无论在施工阶段，还是在使用阶段，其任意截面上、下缘混凝土的法向应力都不致超过规定的限制值。同时，构件端部逐步弯起的钢束将产生预剪力，可有效地抵消支点附近较大的外荷载剪力；而且从构造上来说，钢束的弯起可使锚固点分散，有利于锚具的布置，使梁端部承受的集中力也随之分散，从而可改善锚固区局部承压的受力情况。

2）钢束的弯起不仅应保证正截面抗弯强度要求，而且应满足斜截面抗剪及抗弯强度的要求。

3）钢束的布置应符合构造要求。许多构造规定，一般虽未经详细计算，但却是根据长期设计、施工和使用的实践经验而确定的。这对保证构件的耐久性和满足设计、施工的具体要求，都是必不可少的。

(3) 预应力筋的构造要求

1）预应力混凝土梁当设置竖向预应力筋时，其纵向间距宜为500~1000mm。

2）部分预应力混凝土梁应采用混合配筋。位于受拉区边缘的普通钢筋宜采用直径较小的带肋钢筋，以较密的间距布置。

3）先张法构件预应力筋的构造要求如下：

a）在先张法预应力混凝土构件中，为保证钢筋和混凝土之间有可靠的粘结力，宜采用钢绞线、螺旋肋钢丝用作预应力筋。当采用光面钢丝作预应力筋时，应采取适当措施，保证钢丝在混凝土中可靠地锚固。

b）预应力钢绞线之间的净距不应小于其公称直径1.5倍，对1×7钢绞线不应小于25mm。预应力钢丝间净距不应小于15mm。

c）在先张法预应力混凝土构件中，对于单根预应力筋，其端部应当设置长度不小于150mm的螺旋筋；对于多根预应力筋，在构件端部10倍预应力筋直径范围内，应设置3~5片钢筋网。

4）后张法构件预应力筋构造要求如下：

a）弯起预应力钢束的弯起角、形状及曲率半径。钢束弯起的角度应与构件所承受的剪力变化规律相配合，理论上可按 $N_{pb}\sin\alpha=(Q_{g1}+Q_{g2}+Q_p/2)$ 的条件来控制钢束的弯起角度 α；另外，从减小曲线钢束张拉时摩阻应力损失考虑，弯起角 α 不宜大于20°，对于弯出梁顶锚固的钢束，则 α 往往超过20°，这时，α 在25°~30°选用。弯起钢束的形式可采用圆弧线、抛物线或悬链线三种。对施工来说，采用悬链线较方便。钢束弯起的曲率半径，《公路桥规》建议按下列规定采用：钢丝束、钢绞线束直径 $d\leqslant5$mm时，不宜小于4m；钢丝直径 $d>5$mm时，不宜小于6m。预应力螺纹钢筋的直径 $d\leqslant25$mm时，不宜小于12m；直径 $d>25$mm时，不宜小于15m。

b）对外呈曲线形且布置有曲线预应力筋的构件，其曲线平面内、外管道的最小保护层厚度应按下列公式计算：

① 曲线平面内向心方向

$$C_{in}\geqslant\frac{P_d}{0.266r\sqrt{f'_{cu}}}-\frac{d_s}{2} \tag{12-190}$$

式中 C_{in}——曲线平面内最小混凝土保护层厚度；

P_d——预应力筋的张拉力设计值（N），可取扣除锚圈口摩擦、钢筋回缩及计算截面处管道摩擦损失后的张拉力乘以1.2；

r——管道曲线半径（mm）；

f'_{cu}——预应力筋张拉时，边长为150mm立方体混凝土抗压强度（MPa）；

d_s——管道外缘直径。

当按式（12-190）计算的保护层厚度较大时，也可按直线管道设置最小保护层厚度，但应在管道曲线段弯曲平面内设置箍筋。箍筋单肢的截面面积按下式计算

$$A_{sv1}\geqslant\frac{P_d s_v}{2rf_{sv}} \tag{12-191}$$

式中 A_{sv1}——箍筋单肢的截面面积（mm^2）；

s_v——箍筋间距（mm）；

f_{sv}——箍筋抗拉强度设计值（MPa）。

② 曲线平面外

$$C_{out}\geqslant\frac{P_d}{0.266\pi r\sqrt{f'_{cu}}}-\frac{d_s}{2} \tag{12-192}$$

式中 C_{out}——曲线平面外最小混凝土保护层厚度。

③ 当按上述公式计算的保护层厚度小于附表 2-11 规定时，应按附表 2-11 的规定取相应环境条件的保护层厚度。

c）预应力筋的净距及预留管道布置要求：

① 直线管道的净距不应小于 40mm，且不宜小于管道直径的 0.6 倍；对于预埋的金属或塑料波纹管和铁皮管，在直线管道的竖直方向可将两管道叠置。

② 曲线形预应力筋管道在曲线平面内相邻管道间的最小净距应按 b）中①计算，其中 P_d 和 r 分别为相邻两管道曲线半径较大的一根预应力筋的张拉力设计值和曲线半径，C_{in} 为相邻两曲线管道外缘在曲线平面内净距。当上述计算结果小于其相应直线管道外缘间净距时，应取用直线管道最小外缘间净距。曲线预应力筋管道在曲线平面外相邻外缘间的最小净距，应按 b）中②计算，其中 C_{out} 为相邻两曲线管道外缘在曲线平面外净距。

③ 管道内径的截面面积不应小于预应力筋截面面积的 2 倍。

④ 凡需要设置预拱度的构件，预留孔道应随构件同时起拱。

(4) 普通钢筋的布置　在预应力混凝土受弯构件中，除了预应力筋外，还需要配置各种形式的普通钢筋。

1）箍筋与弯起钢束同为预应力混凝土梁的腹筋，与混凝土一起共同承担着荷载剪力，故应按抗剪要求来确定箍筋数量（包括直径和间距的大小）。在剪力较小的梁段，按计算确定的箍筋数量往往较少，但为了防止混凝土受剪时的意外脆性破坏，《公路桥规》规定，按下列要求配置构造箍筋：

a）预应力混凝土 T 形、I 形截面梁和箱形截面梁腹板内应分别设置直径不小于 10mm 和 12mm 的箍筋，且应采用带肋钢筋，间距不应大于 250mm；自支座中心起长度不小于一倍梁高范围内，应采用闭合式箍筋，间距不应大于 100mm。

b）在 T 形、I 形截面梁下部的马蹄内，应另设置直径不小于 8mm 的闭合式箍筋，间距不应大于 200mm。此外，马蹄内尚应设置直径不小于 12mm 的定位钢筋。

2）辅助钢筋按以下原则布置：

a）水平纵向钢筋。为了抵抗混凝土收缩和温度变化引起的应力，应在腹板内设置水平纵向钢筋，宜用小直径钢筋沿腹板两侧紧贴箍筋布置。

b）架立钢筋。该筋是用于固定箍筋位置的，一般采用 $d=12\sim20$mm 的光圆钢筋。

c）定位钢筋。该筋是用于固定预留孔道制孔器位置的钢筋，通常做成网格式。

3）局部加强钢筋。在局部受力较大的部位应设置加强钢筋，如“马蹄”中的闭合箍筋和梁端锚固区的加强钢筋等，除此之外，在梁底支承处也应设置钢筋网予以加强。

(5) 锚具的防护　对于埋入梁体内的锚具，在预加应力完成后，宜及时地用环氧树脂砂浆封闭锚具，并在其周围设置钢筋网，然后浇筑封头混凝土，其标号不宜低于梁体混凝土的 80%。对于长期外露的金属锚具，应采取可靠的防锈措施，如涂刷油漆或用砂浆封闭等。

思　考　题

12-1　桥梁工程中常用的钢筋有哪些？其锚固长度如何确定？

12-2　桥涵混凝土结构所用材料的强度取值与建筑结构的是否一样？为什么？

12-3　桥涵钢筋混凝土结构的承载能力极限状态设计表达式如何？如何从承载能力极限状态设计表达式判别结构所处的状态？

12-4　桥涵钢筋混凝土受弯构件斜截面受剪承载力计算公式的建立、公式形式、斜截面受剪承载力计算方法、控制截面的位置等与建筑结构的有何差别？为什么会有这些差别？

12-5　计算桥涵钢筋混凝土受弯构件的箍筋和弯起钢筋用量时，如何确定箍筋和弯起钢筋所承受的剪力值？

12-6　桥涵钢筋混凝土偏心受压构件正截面受压承载力计算与建筑结构的有何差别？

12-7　桥涵钢筋混凝土受弯构件刚度计算公式的建立、形式及挠度的计算与建筑结构的有何差别？如何考虑荷载长期作用的影响？

12-8　如何验算受弯构件的挠度？挠度不满足要求时如何处理？

12-9　什么是钢筋混凝土受弯构件的预拱度？预拱度有何作用？如何确定预拱度的大小？是否任何情况下都要设置预拱度？

12-10　桥梁预应力混凝土结构预应力损失有哪些？如何组合？如何降低预应力损失？

12-11　桥涵预应力混凝土受弯构件正截面、斜截面承载力基本计算公式及适用条件与建筑结构的有何异同？

12-12　预应力混凝土简支梁设计的主要内容有哪些？基本步骤是什么？

12-13　预应力混凝土受弯构件常用的截面形式有哪些？各种截面有何特点？其适用跨径的范围分别是多少？

12-14　什么是束界？如何确定束界？

12-15　桥涵预应力筋的布置应满足哪些构造要求？

习　题

12-1　一行车道板每米宽自重弯矩 $M_{Gk}=1.27\text{kN}\cdot\text{m}$，汽车荷载弯矩 $M_{Qk}=11.9\text{kN}\cdot\text{m}$，采用 C25 混凝土，HRB400 钢筋，结构重要性系数 $\gamma_0=1.0\text{mm}$，板厚 $h=140\text{mm}$。求受拉钢筋面积并进行布置（设 $a_s=36\text{mm}$）。

12-2　已知单筋矩形截面梁，$b\times h=400\text{mm}\times900\text{mm}$，$M_d=800\text{kN}\cdot\text{m}$，采用 C35 混凝土，HRB400 钢筋，结构重要性系数 $\gamma_0=1.0$，$A_s=4926\text{mm}^2$（8 ⌀ 28），$a_s=75\text{mm}$。试验算该截面是否安全。

12-3　已知双筋矩形截面梁，$b\times h=250\text{mm}\times550\text{mm}$，$M_d=360\text{kN}\cdot\text{m}$，采用 C25 混凝土，HRB400 钢筋结构，重要性系数 $\gamma_0=1.0$，受压区已配有钢筋 3 ⌀ 22（$A_s=1140\text{mm}^2$），$a'_s=42\text{mm}$。求受拉钢筋截面积 A_s（设 $a_s=65\text{mm}$）。

12-4　已知双筋矩形截面梁，$b\times h=250\text{mm}\times550\text{mm}$，$M_d=350\text{kN}\cdot\text{m}$，采用 C35 混凝土，HRB400 钢筋，结构重要性系数 $\gamma_0=1.0$。求钢筋截面积 A_s 和 A'_s，按构造要求绘图布置，并进行截面复核（设 $a_s=40\text{mm}$，$a'_s=40\text{mm}$）。

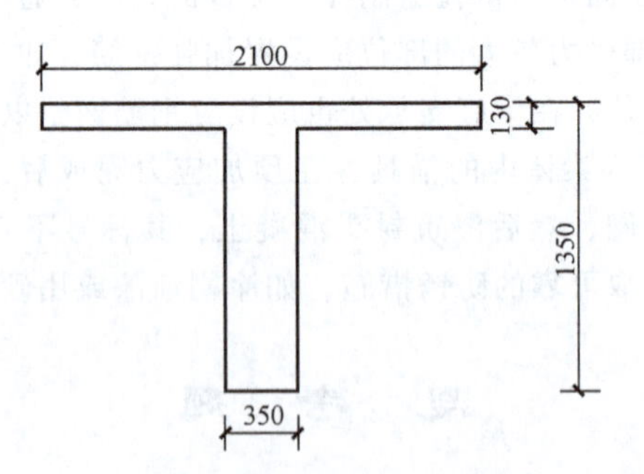

图 12-37　习题 12-5 图

12-5　某简支梁计算跨径 $l=12.6\text{m}$，两梁中心矩为 2.1m，其截面尺寸如图 12-37 所示，采用 C30 混凝土，HRB400 钢筋，结构重要性系数 $\gamma_0=1.0$。该截面弯矩为：永久荷载 $M_{Gk}=492.3\text{kN}\cdot\text{m}$，基本可变荷载 $M_{Qk}=401.2\text{kN}\cdot\text{m}$。试进行截面配筋和截面复核。

12-6　某现浇钢筋混凝土轴心受压柱截面尺寸 $b\times h=300\text{mm}\times300\text{mm}$，计算长度 $l_0=4.55\text{m}$，承受轴向压力 $N_d=828\text{kN}$，采用 C30 混凝土、HRB400 钢筋，结构重要性系数 $\gamma_0=1.0$。试求所需纵向钢筋截面面积，并配

置箍筋。

12-7　已知某圆形截面螺旋箍筋柱，直径 $d=400\text{mm}$，计算长度 $l_0=2.5\text{m}$，采用 C30 混凝土，结构重要性系数 $\gamma_0=1.0$，纵向钢筋用 HRB400 级钢筋（8 Φ 18），混凝土净保护层厚 25mm，螺旋箍筋用 HRB300 钢筋（Φ 10），间距 $s=60\text{mm}$。求该柱所能承受的最大计算纵向力。

12-8　某钢筋混凝土矩形截面受压柱，截面尺寸 $b\times h=450\text{mm}\times700\text{mm}$，计算长度 $l_0=5\text{m}$、计算纵向力 $N_d=677\text{kN}$，计算弯矩 $M_d=560\text{kN}\cdot\text{m}$，采用 C30 混凝土、HRB400 钢筋，结构重要性系数 $\gamma_0=1.0$。试求钢筋截面面积 A_s 和 A'_s。

12-9　已知某矩形截面偏心受压柱，截面尺寸 $b\times h=400\text{mm}\times400\text{mm}$，柱高 $l=4.5\text{m}$，一端固定，一端为不移动的铰，采用 C30 混凝土、HRB400 钢筋，结构重要性系数 $\gamma_0=1.0$，承受计算纵向力 $N_d=209.6\text{kN}$，$M_d=60.8\text{kN}$。求所需纵向钢筋面积 A_s 和 A'_s。

12-10　某矩形钢筋混凝土偏心受压构件截面尺寸 $b\times h=400\text{mm}\times600\text{mm}$、计算长度 $l_0=6\text{m}$，C30 混凝土，HRB400 钢筋，结构重要性系数 $\gamma_0=1.0$，$A_s=1256\text{mm}^2$（4 Φ 20），$A'_s=1520\text{mm}^2$（4 Φ 22），$a_s=a'_s=40\text{mm}$，承受计算纵向力 $N_d=1000\text{kN}$，弯矩 $M_d=303.4\text{kN}\cdot\text{m}$。求该构件是否满足承载力要求。

12-11　已知某拱桥的拱肋截面尺寸 $b\times h=600\text{mm}\times900\text{mm}$、计算长度 $l_0=16.58\text{m}$，采用 C25 混凝土、HRB400 钢筋，结构重要性系数 $\gamma_0=1.0$，计算纵向力 $N_d=3100\text{kN}$，相应 $M_d=1972.2\text{kN}\cdot\text{m}$。若采用对称配筋，试对截面进行配筋，并复核截面强度。

第13章 装配式混凝土结构简介

13.1 概述

装配式混凝土结构是由预制混凝土构件通过可靠的连接方式装配而成的混凝土结构，包括装配整体式混凝土结构、全装配式混凝土结构等。

装配整体式混凝土结构是由预制混凝土构件通过可靠的方式进行连接，现场后浇混凝土、水泥基灌浆料形成整体的装配式混凝土结构。

装配整体式混凝土框架结构是指全部或部分框架梁、柱采用预制构件构建成的装配整体式混凝土结构。

装配整体式混凝土剪力墙结构是指全部或部分剪力墙采用预制墙板构建成的装配整体式混凝土结构。

装配式混凝土结构设计应采取有效措施加强结构的整体性，节点和接缝应满足承载力、延性和耐久性等要求，材料宜选用高强混凝土和高强钢筋。装配式混凝土结构中的预制构件的混凝土强度等级不宜低于C30；预应力混凝土预制构件的混凝土强度等级不宜低于C40，且不应低于C30；现浇混凝土的强度等级不应低于C25。普通钢筋采用套筒灌浆连接和浆锚搭接连接时，钢筋应采用热轧带肋钢筋。预制构件的吊环应采用未经冷加工的HPB300级钢筋制作。

13.2 结构设计一般规定

装配式混凝土结构的平面形状宜简单、规则、对称，质量、刚度分布宜均匀；不应采用严重不规则的平面布置；平面长度不宜过长（见图13-1），长宽比（L/B）宜按表13-1采用；平面突出部分的长度 l 不宜过大、宽度 b 不宜过小（见图13-1），l/B_{max}、l/b 宜按表13-1采用；平面不宜采用角部重叠或细腰形平面布置。装配式混凝土结构竖向布置宜连续、均匀，应避免抗侧力结构的侧向刚度和承载力沿竖向突变。

表13-1 平面尺寸及突出部位尺寸的比值限制

抗震设防烈度	L/B	l/B_{max}	l/b
6、7度	≤6.0	≤0.35	≤2.0
8度	≤5.0	≤0.30	≤1.5

高层装配整体式混凝土结构宜设置地下室，地下室宜采用现浇混凝土；剪力墙结构底部加强部位的剪力墙宜采用现浇混凝土；框架结构首层柱宜采用现浇混凝土，顶层宜采用现浇楼盖结构。

带转换层的装配整体式混凝土结构，当采用部分框支剪力墙结构时，底部框支层不宜超过2层，且框支层及相邻上一层应采用现浇结构；部分框支剪力墙以外的结构中，转换梁、转换柱宜

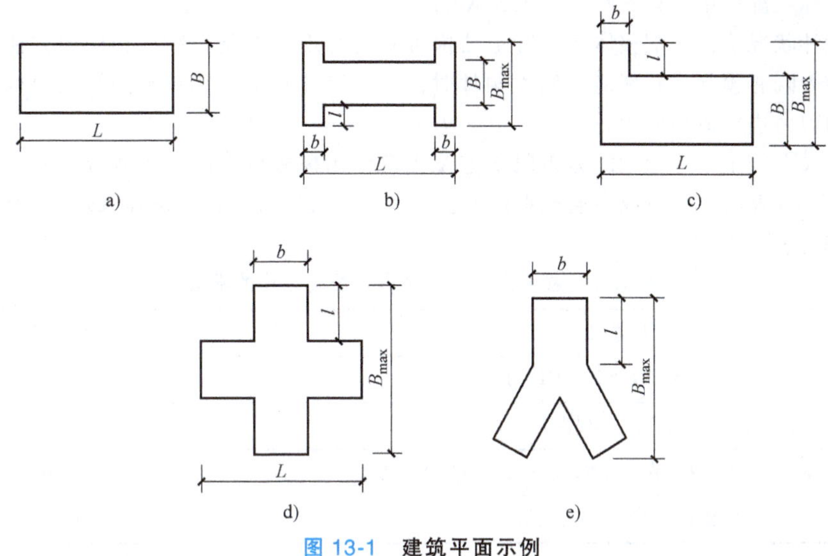

图 13-1　建筑平面示例

现浇。

抗震设计的高层装配整体式混凝土结构，当其房屋高度、规则性、结构类型等超过规定或抗震设防标准有特殊要求时，可按相关规定进行结构抗震性能设计。

装配式混凝土结构构件及节点应进行承载能力极限状态及正常使用极限状态设计，并符合相关规定。抗震设计时，构件及节点的承载力抗震调整系数 γ_{RE} 应按表 13-2 采用。当仅考虑竖向地震作用组合时，承载力抗震调整系数 γ_{RE} 应取 1.0。预埋件锚筋截面计算的承载力抗震调整系数 γ_{RE} 应取 1.0。

表 13-2　构件及节点承载力抗震调整系数 γ_{RE}

结构构件类别	正截面承载力计算					斜截面承载力计算	受冲切承载力计算、接缝受剪承载力计算
	受弯构件	偏心受压柱		偏心受拉构件	剪力墙	各类构件及框架节点	
		轴压比小于 0.15	轴压比不小于 0.15				
γ_{RE}	0.75	0.75	0.8	0.85	0.85	0.85	0.85

预制构件节点及接缝处后浇混凝土强度等级不应低于预制构件的混凝土强度等级；多层剪力墙结构中墙板水平接缝用坐浆材料的强度等级值应大于被连接构件的混凝土强度等级值。

预埋件和连接件等外露金属件应按不同环境类别进行封闭或防腐、防锈、防火处理，并应符合耐久性要求。

13.3　结构分析

预制构件在翻转、运输、吊运、安装等短暂设计状况下的施工验算，应将构件自重标准值乘以动力系数后作为等效静力荷载标准值。构件运输、吊运时，动力系数宜取 1.5；构件翻转及安装过程中就位、临时固定时，动力系数可取 1.2。

预制构件进行脱模验算时，等效静力荷载标准值应取构件自重标准值乘以动力系数后与脱模吸附力之和，且不宜小于构件自重标准值的 1.5 倍。动力系数不宜小于 1.2；脱模吸附力应根据构件和模具的实际状况取用，且不宜小于 1.5kN/m^2。

在各种设计状况下，装配整体式混凝土结构可采用与现浇混凝土结构相同的方法进行结构分析。当同一层内既有预制又有现浇抗侧力构件时，地震设计状况下宜对现浇抗侧力构件在地震作用下的弯矩和剪力进行适当放大。

装配整体式混凝土结构承载能力极限状态及正常使用极限状态的作用效应分析可采用弹性方法。按弹性方法计算的风荷载或多遇地震标准值作用下，楼层层间最大位移 Δu 与层高 h 之比的限值宜按表 13-3 采用。

表 13-3　楼层层间最大位移与层高之比的限值

结构类型	$\Delta u/h$ 限值
装配整体式混凝土框架结构	1/550
装配整体式混凝土框架-现浇剪力墙结构	1/800
装配整体式混凝土剪力墙结构、装配整体式混凝土部分框支剪力墙结构	1/1000
多层装配式混凝土剪力墙结构	1/1200

13.4　预制构件设计

预制构件在持久设计状况下，应进行承载力、变形、裂缝控制验算；在地震设计状况下，应进行承载力验算；在制作、运输和堆放、安装等短暂设计状况下，应符合有关规定。

当预制构件中钢筋的混凝土保护层厚度大于 50mm 时，宜对钢筋的混凝土保护层采取有效的构造措施。

预制板式楼梯的楼段板底应配置通长的纵向钢筋。板面宜配置通长的纵向钢筋；当楼梯两端均不能滑动时，板面应配置通长的纵向钢筋。

用于固定连接件的预埋件与预埋吊件、临时支撑用预埋件不宜兼用；当兼用时，应同时满足各种设计工况要求。预制构件中外露预埋件凹入构件表面的深度不宜小于 10mm。

13.5　连接设计

装配整体式混凝土结构中，接缝的正截面承载力应符合现行《混凝土结构设计规范》GB 50010 的规定。接缝的受剪承载力应符合下列规定：

（1）持久设计状况

$$\gamma_0 V_{jd} \leqslant V_u \tag{13-1}$$

（2）地震设计状况

$$V_{jdE} \leqslant V_{uE}/\gamma_{RE} \tag{13-2}$$

在梁、柱端部箍筋加密区及剪力墙底部加强部位，尚应符合下式要求

$$\eta_j V_{mua} \leqslant V_{uE} \tag{13-3}$$

式中　γ_0——结构重要性系数，安全等级为一级时不应小于 1.1，安全等级为二级时不应小于 1.0；

V_{jd}——持久设计状况下接缝剪力设计值；

V_{jdE}——地震设计状况下接缝剪力设计值；

V_u——持久设计状况下梁端、柱端、剪力墙底部接缝受剪承载力设计值；

V_{uE}——地震设计状况下梁端、柱端、剪力墙底部接缝受剪承载力设计值；

V_{mua}——被连接构件端部按实配钢筋面积计算的斜截面受剪承载力设计值；

η_j——接缝受剪承载力增大系数，抗震等级为一、二级取 1.2，抗震等级为三、四级取 1.1。

装配整体式混凝土结构中，节点及接缝处的纵向钢筋连接宜根据接头受力、施工工艺等要求选用机械连接、套筒灌浆连接、浆锚搭接连接、焊接连接、绑扎搭接连接等方式。

纵向钢筋采用套筒灌浆连接时，预制剪力墙中钢筋接头处套筒外侧钢筋的混凝土保护层厚度不应小于 15mm，预制柱中钢筋接头处套筒外侧箍筋的混凝土保护层厚度不应小于 20mm；套筒之间的净距不应小于 25mm。

纵向钢筋采用浆锚搭接连接时，对预留孔成孔工艺、孔道形状和长度、构造要求、灌浆料和被连接钢筋，应进行力学性能及适用性的试验验证。直径大于 20mm 的钢筋不宜采用浆锚搭接连接，直接承受动力荷载构件的纵向钢筋不应采用浆锚搭接连接。

预制板与后浇混凝土叠合层之间的结合面应设置粗糙面。预制梁与后浇混凝土叠合层之间的结合面应设置粗糙面，预制梁梁端应设置键槽（见图 13-2），且宜设置粗糙面。键槽的尺寸和数量应按计算确定；键槽深度 t 不宜小于 30mm，宽度 w 不宜小于深度的 3 倍且不宜大于深度的 10 倍；键槽可贯通截面，当不贯通时槽口距离截面边缘不宜小于 50mm；键槽间距宜等于键槽宽度；键槽端部斜面倾角不宜大于 30°。

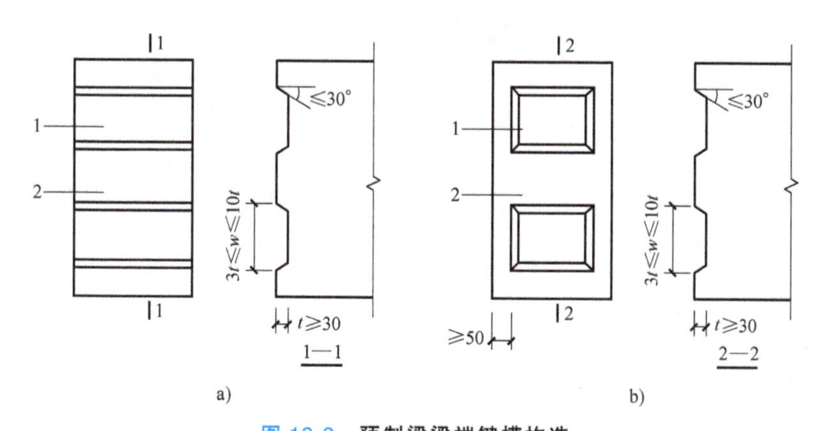

图 13-2　**预制梁梁端键槽构造**

1—键槽　2—梁端面

a）键槽贯通截面　b）键槽不贯通截面

预制剪力墙的顶部和底部与后浇混凝土的结合面应设置粗糙面；侧面与后浇混凝土的结合面应设置粗糙面，也可设置键槽；键槽深度 t 不宜小于 20mm，宽度 w 不宜小于深度的 3 倍且不宜大于深度的 10 倍；键槽间距宜等于键槽宽度；键槽端部斜面倾角不宜大于 30°。

预制柱的底部应设置键槽且宜设置粗糙面，键槽应均匀布置，键槽深度 t 不宜小于 30mm，键槽端部斜面倾角不宜大于 30°。柱顶应设置粗糙面。

粗糙面的面积不宜小于结合面的 80%，预制板的粗糙面凹凸深度不应小于 4mm，预制梁端、预制柱端、预制墙端的粗糙面凹凸深度不应小于 6mm。

预制构件纵向钢筋宜在后浇混凝土内直线锚固；当直线锚固长度不足时，可采用弯折、机械锚固方式。

预制楼梯与支承构件之间宜采用简支连接。简支连接时，预制楼梯宜一端设置固定铰，另一端设置滑动铰，其转动及滑动变形能力应满足结构层间位移的要求，且预制楼梯端部在支承构件上的最小搁置长度应符合表 13-4 的规定；预制楼梯设置滑动铰的端部应采取防止滑落的构造措施。

表 13-4 预制楼梯在支承构件上的最小搁置长度

抗震设防烈度	6 度	7 度	8 度
最小搁置长度/mm	75	75	100

思考题

13-1 什么是装配式混凝土结构？

13-2 装配式混凝土结构的一般规定有哪些？

13-3 装配式混凝土结构的预制构件如何进行设计？

13-4 装配整体式混凝土结构中，节点及接缝处的纵向钢筋的连接方式有哪些？

附录

附录 1 GB 50010—2010《混凝土结构设计规范》(2015 年版) 的有关规定

附表 1-1 普通钢筋强度标准值 （单位：N/mm²）

牌号	符号	公称直径 d/mm	屈服强度标准值 f_{yk}	极限强度标准值 f_{stk}
HPB300	Φ	6～14	300	420
HRB335	Φ	6～14	335	455
HRB400 HRBF400 RRB400	Φ $Φ^{F}$ $Φ^{R}$	6～50	400	540
HRB500 HRBF500	Φ $Φ^{F}$	6～50	500	630

附表 1-2 预应力筋强度标准值 （单位：N/mm²）

种类		符号	公称直径 d/mm	屈服强度标准值 f_{pyk}	极限强度标准值 f_{ptk}
中强度预应力钢丝	光面 螺旋肋	$Φ^{PM}$ $Φ^{HM}$	5、7、9	620	800
				780	970
				980	1270
预应力螺纹钢筋	螺纹	$Φ^{T}$	18、25、32、40、50	785	980
				930	1080
				1080	1230
消除应力钢丝	光面 螺旋肋	$Φ^{P}$ $Φ^{H}$	5	—	1570
				—	1860
			7	—	1570
			9	—	1470
				—	1570
钢绞线	1×3（三股）	$Φ^{S}$	8.6、10.8、12.9	—	1570
				—	1860
				—	1960
	1×7（七股）		9.5、12.7、15.2、17.8	—	1720
				—	1860
				—	1960
			21.6	—	1860

注：极限强度标准值为 1960N/mm² 的钢绞线作后张预应力配筋时，应有可靠的工程经验。

附表 1-3　普通钢筋强度设计值　（单位：N/mm^2）

牌　号	抗拉强度设计值 f_y	抗压强度设计值 f'_y	牌　号	抗拉强度设计值 f_y	抗压强度设计值 f'_y
HPB300	270	270	HRB400、HRBF400、RRB400	360	360
HRB335	300	300	HRB500、HRBF500	435	435

附表 1-4　预应力筋强度设计值　（单位：N/mm^2）

种　类	极限强度标准值 f_{ptk}	抗拉强度设计值 f_{py}	抗压强度设计值 f'_{py}
中强度预应力钢丝	800	510	410
	970	650	
	1270	810	
消除应力钢丝	1470	1040	410
	1570	1110	
	1860	1320	
钢绞线	1570	1110	390
	1720	1220	
	1860	1320	
	1960	1390	
预应力螺纹钢筋	980	650	400
	1080	770	
	1230	900	

注：当预应力筋的强度标准值不符合附表 1-4 的规定时，其强度设计值应进行相应的比例换算。

附表 1-5　钢筋的弹性模量　（单位：$10^5 N/mm^2$）

牌号或种类	弹性模量 E_s
HPB300	2.1
HRB335、HRB400、HRB500 HRBF400、HRBF500、RRB400 预应力螺纹钢筋	2.0
消除应力钢丝、中强度预应力钢丝	2.05
钢绞线	1.95

附表 1-6　普通钢筋及预应力筋在最大力下的总伸长率限值

钢 筋 品 种	普 通 钢 筋			预 应 力 筋
	HPB300	HRB335、HRB400、HRBF400、HRB500、HRBF500	RRB400	
δ_{gt}(%)	10.0	7.5	5.0	3.5

附表 1-7　普通钢筋疲劳应力幅限值　（单位：N/mm^2）

疲劳应力比值 ρ_s^f	疲劳应力幅限值 Δf_y^f		疲劳应力比值 ρ_s^f	疲劳应力幅限值 Δf_y^f	
	HRB335	HRB400		HRB335	HRB400
0	175	175	0.5	115	123
0.1	162	162	0.6	97	106
0.2	154	156	0.7	77	85
0.3	144	149	0.8	54	60
0.4	131	137	0.9	28	31

注：当纵向受拉钢筋采用闪光接触对焊连接时，其接头处的钢筋疲劳应力幅限值应按表中数值乘以 0.8 取用。

附表 1-8 预应力筋疲劳应力幅限值 (单位：N/mm^2)

疲劳应力比值 ρ_p^f	钢绞线 $f_{ptk}=1570$	消除应力钢丝 $f_{ptk}=1570$	疲劳应力比值 ρ_p^f	钢绞线 $f_{ptk}=1570$	消除应力钢丝 $f_{ptk}=1570$
0.7	144	240	0.9	70	88
0.8	118	168			

注：1. 当 ρ_p^f 不小于 0.9 时，可不作预应力筋疲劳验算。
2. 当有充分依据时，可对表中规定的疲劳应力幅限值作适当调整。

附表 1-9 混凝土强度标准值 (单位：N/mm^2)

强度种类	混凝土强度等级													
	C15	C20	C25	C30	C35	C40	C45	C50	C55	C60	C65	C70	C75	C80
f_{ck}	10.0	13.4	16.7	20.1	23.4	26.8	29.6	32.4	35.5	38.5	41.5	44.5	47.4	50.2
f_{tk}	1.27	1.54	1.78	2.01	2.20	2.39	2.51	2.64	2.74	2.85	2.93	2.99	3.05	3.11

附表 1-10 混凝土强度设计值 (单位：N/mm^2)

强度种类	混凝土强度等级													
	C15	C20	C25	C30	C35	C40	C45	C50	C55	C60	C65	C70	C75	C80
f_c	7.2	9.6	11.9	14.3	16.7	19.1	21.1	23.1	25.3	27.5	29.7	31.8	33.8	35.9
f_t	0.91	1.10	1.27	1.43	1.57	1.71	1.80	1.89	1.96	2.04	2.09	2.14	2.18	2.22

附表 1-11 混凝土的弹性模量 (单位：$10^4N/mm^2$)

混凝土强度等级	C15	C20	C25	C30	C35	C40	C45	C50	C55	C60	C65	C70	C75	C80
E_c	2.20	2.55	2.80	3.00	3.15	3.25	3.35	3.45	3.55	3.60	3.65	3.70	3.75	3.80

注：1. 当有可靠试验依据时，弹性模量可根据实测数据确定。
2. 当混凝土中掺有大量矿物掺合料时，弹性模量可按规定龄期根据实测数据确定。

附表 1-12 混凝土受压疲劳强度修正系数 γ_ρ

ρ_c^f	$0\leq\rho_c^f<0.1$	$0.1\leq\rho_c^f<0.2$	$0.2\leq\rho_c^f<0.3$	$0.3\leq\rho_c^f<0.4$	$0.4\leq\rho_c^f<0.5$	$\rho_c^f\geq0.5$
γ_ρ	0.68	0.74	0.80	0.86	0.93	1.00

附表 1-13 混凝土受拉疲劳强度修正系数 γ_ρ

ρ_c^f	$0<\rho_c^f<0.1$	$0.1\leq\rho_c^f<0.2$	$0.2\leq\rho_c^f<0.3$	$0.3\leq\rho_c^f<0.4$	$0.4\leq\rho_c^f<0.5$
γ_ρ	0.63	0.66	0.69	0.72	0.74
ρ_c^f	$0.5\leq\rho_c^f<0.6$	$0.6\leq\rho_c^f<0.7$	$0.7\leq\rho_c^f<0.8$	$\rho_c^f\geq0.8$	—
γ_ρ	0.76	0.80	0.90	1.00	—

注：直接承受疲劳荷载的混凝土构件，当采用蒸汽养护时，养护温度不宜高于 60℃。

附表 1-14 混凝土的疲劳变形模量 (单位：$10^4N/mm^2$)

强度等级	C30	C35	C40	C45	C50	C55	C60	C65	C70	C75	C80
E_c^f	1.30	1.40	1.50	1.55	1.60	1.65	1.70	1.75	1.80	1.85	1.90

附表 1-15　受弯构件的挠度限值

构件类型		挠度限值
吊车梁	手动吊车	$l_0/500$
	电动吊车	$l_0/600$
屋盖、楼盖及楼梯构件	当 $l_0<7\text{m}$ 时	$l_0/200(l_0/250)$
	当 $7\text{m}\leqslant l_0\leqslant 9\text{m}$ 时	$l_0/250(l_0/300)$
	当 $l_0>9\text{m}$ 时	$l_0/300(l_0/400)$

注：1. 表中 l_0 为构件的计算跨度；计算悬臂构件的挠度限值时，其计算跨度 l_0 按实际悬臂长度的 2 倍取用。

2. 表中括号内的数值适用于使用上对挠度有较高要求的构件。

3. 如果构件制作时预先起拱，且使用上也允许，则在验算挠度时，可将计算所得的挠度值减去起拱值；对预应力混凝土构件，尚可减去预加力所产生的反拱值。

4. 构件制作时的起拱值和预加力所产生的反拱值，不宜超过构件在相应荷载组合作用下的计算挠度值。

附表 1-16　混凝土结构的环境类别

环境类别	条件
一	室内干燥环境； 无侵蚀性静水浸没环境
二 a	室内潮湿环境； 非严寒和非寒冷地区的露天环境； 非严寒和非寒冷地区与无侵蚀性的水或土壤直接接触的环境； 严寒和寒冷地区的冰冻线以下与无侵蚀性的水或土壤直接接触的环境
二 b	干湿交替环境； 水位频繁变动环境； 严寒和寒冷地区的露天环境； 严寒和寒冷地区冰冻线以上与无侵蚀性的水或土壤直接接触的环境
三 a	严寒和寒冷地区冬季水位变动区环境； 受除冰盐影响环境； 海风环境
三 b	盐渍土环境； 受除冰盐作用环境； 海岸环境
四	海水环境
五	受人为或自然的侵蚀性物质影响的环境

注：1. 室内潮湿环境是指构件表面经常处于结露或湿润状态的环境。

2. 严寒和寒冷地区的划分应符合现行国家标准 GB 50176《民用建筑热工设计规范》的有关规定。

3. 海岸环境和海风环境宜根据当地情况，考虑主导风向及结构所处迎风、背风部位等因素的影响，由调查研究和工程经验确定。

4. 受除冰盐影响环境是指受到除冰盐盐雾影响的环境；受除冰盐作用环境是指被除冰盐溶液溅射的环境以及使用除冰盐地区的洗车房、停车楼等建筑。

5. 暴露的环境是指混凝土结构表面所处的环境。

附表 1-17　结构构件的裂缝控制等级及最大裂缝宽度的限值　　（单位：mm）

环境类别	钢筋混凝土结构		预应力混凝土结构	
	裂缝控制等级	w_{lim}	裂缝控制等级	w_{lim}
一	三级	0.30(0.40)	三级	0.20
二 a		0.20		0.10
二 b			二级	—
三 a、三 b			一级	—

注：1. 对处于年平均相对湿度小于 60%地区一类环境下的受弯构件，其最大裂缝宽度限值可采用括号内的数值。

2. 在一类环境下，对钢筋混凝土屋架、托架及需作疲劳验算的吊车梁，其最大裂缝宽度限值应取为 0.20mm；对钢筋混凝土屋面梁和托梁，其最大裂缝宽度限值应取为 0.30mm。

3. 在一类环境下，对预应力混凝土屋架、托架及双向板体系，应按二级裂缝控制等级进行验算；对一类环境下的预应力混凝土屋面梁、托梁、单向板，应按表中二 a 级环境的要求进行验算；在一类和二 a 类环境下需作疲劳验算的预应力混凝土吊车梁，应按裂缝控制等级不低于二级的构件进行验算。

4. 表中规定的预应力混凝土构件的裂缝控制等级和最大裂缝宽度限值仅适用于正截面的验算；预应力混凝土构件的斜截面裂缝控制验算应符合本书第 9 章的要求。

5. 对于烟囱、筒仓和处于液体压力下的结构，其裂缝控制要求应符合专门标准的有关规定。

6. 对于处于四、五类环境下的结构构件，其裂缝控制要求应符合专门标准的有关规定。

7. 表中的最大裂缝宽度限值为用于验算荷载作用引起的最大裂缝宽度。

附表 1-18　混凝土保护层最小厚度　　（单位：mm）

环境类别	板、墙、壳	梁、柱、杆	环境类别	板、墙、壳	梁、柱、杆
一	15	20	三 a	30	40
二 a	20	25	三 b	40	50
二 b	25	35			

注：1. 混凝土强度等级不大于 C25 时，表中保护层厚度数值应增加 5mm。

2. 钢筋混凝土基础应设置混凝土垫层，基础中钢筋的混凝土保护层厚度应从垫层顶面算起，且不应小于 40mm。

附表 1-19　纵向受力钢筋的最小配筋百分率 ρ_{min}

受力类型			最小配筋百分率(%)
受压构件	全部纵向钢筋	强度等级 500MPa	0.50
		强度等级 400MPa	0.55
		强度等级 300MPa、335 MPa	0.60
	一侧纵向钢筋		0.20
受弯构件、偏心受拉、轴心受拉构件一侧的受拉钢筋			0.20 和 $45f_t/f_y$ 中的较大值

注：1. 受压构件全部纵向钢筋最小配筋百分率，当采用 C60 以上强度等级的混凝土时，应按表中规定增加 0.10。

2. 板类受弯构件（不包括悬臂板）的受拉钢筋，当采用强度等级 400MPa、500MPa 的钢筋时，其最小配筋百分率应允许采用 0.15 和 $45f_t/f_y$ 中的较大值。

3. 偏心受拉构件中的受压钢筋，应按受压构件一侧纵向钢筋考虑。

4. 受压构件的全部纵向钢筋和一侧纵向钢筋的配筋率以及轴心受拉构件和小偏心受拉构件一侧受拉钢筋的配筋率均应按构件的全截面面积计算。

5. 受弯构件、大偏心受拉构件一侧受拉钢筋的配筋率应按全截面面积扣除受压翼缘面积 $(b_f'-b)h_f'$ 后的截面面积计算。

6. 当钢筋沿构件截面周边布置时，“一侧纵向钢筋”系指沿受力方向两个对边中一边布置的纵向钢筋。

附表 1-20　结构混凝土材料的耐久性基本要求

环境等级	最大水胶比	最低强度等级	最大氯离子含量(%)	最大碱含量/(kg/m³)
一	0.60	C20	0.30	不限制
二 a	0.55	C25	0.20	3.0
二 b	0.50 (0.55)	C30 (C25)	0.15	
三 a	0.45 (0.50)	C35 (C30)	0.15	
三 b	0.40	C40	0.10	

注：1. 氯离子含量是指其占胶凝材料总量的百分比。
2. 预应力构件混凝土中的最大氯离子含量为 0.06%；其最低混凝土强度等级宜按表中的规定提高两个等级。
3. 素混凝土构件的水胶比及最低强度等级的要求可适当放松。
4. 有可靠工程经验时，二类环境中的最低混凝土强度等级可降低一个等级。
5. 处于严寒和寒冷地区二 b、三 a 类环境中的混凝土应使用引气剂，并可采用括号中的有关参数。
6. 当使用非碱活性骨料时，对混凝土中的碱含量可不做限制。

附表 1-21　截面抵抗矩塑性影响系数基本值 γ_m

项次	1	2	3		4		5
截面形状	矩形截面	翼缘位于受压区的T形截面	对称I形截面或箱形截面		翼缘位于受拉区的倒T形截面		圆形和环形截面
			$b_f/b \leq 2$、h_f/h 为任意值	$b_f/b>2$、$h_f/h<0.2$	$b_f/b \leq 2$、h_f/h 为任意值	$b_f/b>2$、$h_f/h<0.2$	
γ_m	1.55	1.50	1.45	1.35	1.50	1.40	$1.6-0.24r_1/r$

注：1. 对 $b_f'>b_f$ 的I形截面，可按项次2与项次3之间的数值采用；对 $b_f'<b_f$ 的I形截面，可按项次3与项次4之间的数值采用。
2. 对于箱形截面，b 是指各肋宽度的总和。
3. r_1 为环形截面的内环半径，对圆形截面取 r_1 为零。

附表 1-22　钢筋的公称直径、公称截面面积及理论质量

公称直径/mm	不同根数钢筋的公称截面面积/mm²									单根钢筋理论质量/(kg/m)
	1	2	3	4	5	6	7	8	9	
6	28.3	57	85	113	142	170	198	226	255	0.222
8	50.3	101	151	201	252	302	352	402	453	0.395
10	78.5	157	236	314	393	471	550	628	707	0.617
12	113.1	226	339	452	565	678	791	904	1017	0.888
14	153.9	308	461	615	769	923	1077	1231	1385	1.21
16	201.1	402	603	804	1005	1206	1407	1608	1809	1.58
18	254.5	509	763	1017	1272	1527	1781	2036	2290	2.00(2.11)
20	314.2	628	942	1256	1570	1884	2199	2513	2827	2.47
22	380.1	760	1140	1520	1900	2281	2661	3041	3421	2.98
25	490.9	982	1473	1964	2454	2945	3436	3927	4418	3.85(4.10)
28	615.8	1232	1847	2463	3079	3695	4310	4926	5542	4.83
32	804.2	1609	2413	3217	4021	4826	5630	6434	7238	6.31(6.65)
36	1017.9	2036	3054	4072	5089	6107	7125	8143	9161	7.99
40	1256.6	2513	3770	5027	6283	7540	8796	10053	11310	9.87(10.34)
50	1963.5	3928	5892	7856	9820	11784	13748	15712	17676	15.42(16.28)

注：括号内为预应力螺纹钢筋的数值。

附表 1-23　每米板宽内的钢筋截面面积

钢筋间距/mm	当钢筋直径(mm)为下列数值时的钢筋的截面面积/mm²										
	6	6/8	8	8/10	10	10/12	12	12/14	14	14/16	16
70	404	561	719	920	1121	1369	1616	1908	2199	2536	2872
75	377	524	671	859	1047	1277	1508	1780	2053	2367	2681
80	354	491	629	805	981	1198	1514	1669	1924	2218	2513
85	333	462	592	758	924	1127	1331	1571	1811	2088	2365
90	314	437	559	716	872	1064	1257	1484	1710	1972	2234
95	298	414	529	678	826	1008	1190	1405	1620	1868	2116
100	283	393	503	644	785	958	1131	1335	1539	1775	2011
110	257	357	457	585	714	871	1028	1214	1399	1614	1828
120	236	327	419	537	654	798	942	1112	1283	1480	1676
125	226	314	402	515	628	766	905	1068	1232	1420	1608
130	218	302	387	495	604	737	870	1027	1184	1366	1547
140	202	281	359	460	561	684	808	954	1100	1268	1436
150	189	262	335	429	523	639	754	890	1026	1183	1340
160	177	246	314	403	491	599	707	834	962	1110	1257
170	166	231	296	379	462	564	665	786	906	1044	1183
180	157	218	279	358	436	532	628	742	855	985	1117
190	149	207	265	339	413	504	595	702	810	934	1058
200	141	196	251	322	393	479	565	668	770	888	1005
220	129	178	228	292	357	436	514	607	700	807	914
240	118	164	209	268	327	399	471	556	641	740	838
250	113	157	201	258	314	383	452	534	616	710	804
260	109	151	193	248	302	368	435	514	592	682	773
280	101	140	180	230	281	342	404	477	550	634	718
300	94	131	168	215	262	320	377	445	513	592	670
320	88	123	157	201	245	299	353	417	481	554	628

注：表中钢筋直径中的 6/8，8/10 等是指两种直径的钢筋间隔放置。

附表 1-24　钢绞线的公称直径、公称截面面积及理论质量

种　类	公称直径/mm	公称截面面积/mm²	理论质量/(kg/m)
1×3	8.6	37.7	0.296
	10.8	58.9	0.462
	12.9	84.8	0.666
1×7 标准型	9.5	54.8	0.430
	12.7	98.7	0.775
	15.2	140	1.101
	17.8	191	1.500
	21.6	285	2.237

附表 1-25 钢丝的公称直径、公称截面面积及理论质量

公称直径/mm	公称截面面积/mm^2	理论质量/(kg/m)	公称直径/mm	公称截面面积/mm^2	理论质量/(kg/m)
5.0	19.63	0.154	9.0	63.62	0.499
7.0	38.48	0.302			

附录 2 JTG 3362—2018《公路钢筋混凝土及预应力混凝土桥涵设计规范》的有关规定

附表 2-1 混凝土强度标准值

强度等级	轴心抗压 f_{ck}/MPa	轴心抗拉 f_{tk}/MPa
C25	16.7	1.78
C30	20.1	2.01
C35	23.4	2.20
C40	26.8	2.40
C45	29.6	2.51
C50	32.4	2.65
C55	35.5	2.74
C60	38.5	2.85
C65	41.5	2.93
C70	44.5	3.00
C75	47.4	3.05
C80	50.2	3.10

附表 2-2 混凝土强度设计值

强度等级	轴心抗压 f_{cd}/MPa	轴心抗拉 f_{td}/MPa
C25	11.5	1.23
C30	13.8	1.39
C35	16.1	1.52
C40	18.4	1.65
C45	20.5	1.74
C50	22.4	1.83
C55	24.4	1.89
C60	26.5	1.96
C65	28.5	2.02
C70	30.5	2.07
C75	32.4	2.10
C80	34.6	2.14

附表 2-3 混凝土的弹性模量

强度等级	E_c/MPa	强度等级	E_c/MPa
C25	2.80×10^4	C55	3.55×10^4
C30	3.00×10^4	C60	3.60×10^4
C35	3.15×10^4	C65	3.65×10^4
C40	3.25×10^4	C70	3.70×10^4
C45	3.35×10^4	C75	3.75×10^4
C50	3.45×10^4	C80	3.80×10^4

注：当采用引气剂及较高砂率的泵送混凝土且无实测数据时，表中 C50~C80 的 E_c 值应乘以折减系数 0.95。

附表 2-4　普通钢筋抗拉强度标准值

钢筋种类	符号	公称直径 d/mm	f_{sk}/MPa
HPB300	Φ	6~22	300
HRB400 HRBF400 RRB400	Ф Ф^{F} Ф^{R}	6~50	400
HRB500	Φ̿	6~50	500

附表 2-5　预应力筋抗拉强度标准值

钢筋种类		符号	公称直径 d/mm	f_{pk}/MPa
钢绞线	1×7	Φ^{S}	9.5、12.7、15.2、17.8	1720、1860、1960
			21.6	1860
消除应力钢丝	光面 螺旋肋	Φ^{P} Φ^{H}	5	1570、1770、1860
			7	1570
			9	1470、1570
预应力螺纹钢筋		Φ^{T}	18、25、32、40、50	785、930、1080

注：抗拉强度标准值为 1960MPa 的钢绞线作为预应力钢筋使用时，应有可靠工程经验或充分试验验证。

附表 2-6　普通钢筋抗拉、抗压强度设计值

钢筋种类	f_{sd}/MPa	f'_{sd}/MPa
HPB300	250	250
HRB400、HRBF400、RRB400	330	330
HRB500	415	400

注：1. 钢筋混凝土轴心受拉和小偏心受拉构件的钢筋抗拉强度设计值大于 330MPa 时，应按 330MPa 取用；在斜截面抗剪承载力、受扭承载力和冲切承载力计算中垂直于纵向受力钢筋的箍筋或间接钢筋等横向钢筋的抗拉强度设计值大于 330MPa 时，应取 330MPa。

2. 构件中配有不同种类的钢筋时，每种钢筋应采用各自的强度设计值。

附表 2-7　预应力筋抗拉、抗压强度设计值

钢筋种类	f_{pk}/MPa	f_{pd}/MPa	f'_{pd}/MPa
钢绞线 1×7(七股)	1720	1170	390
	1860	1260	
	1960	1330	
消除应力钢丝	1470	1000	410
	1570	1070	
	1770	1200	
	1860	1260	
预应力螺纹钢筋	785	650	400
	930	770	
	1080	900	

附表 2-8　钢筋的弹性模量

钢筋种类	E_s/MPa	钢筋种类	E_p/MPa
HPB300	2.1×10^5	消除应力钢丝	2.05×10^5
		钢绞线	1.95×10^5
HRB400、HRB500、HRBF400、RRB400	2.0×10^5	预应力螺纹钢筋	2.00×10^5

附表 2-9　预应力筋的锚固长度 l_a

预应力筋种类	混凝土强度等级					
	C40	C45	C50	C55	C60	≥C65
1×7 钢绞线，f_{pd} = 1260MPa	130d	125d	120d	115d	110d	105d
螺旋肋钢丝，f_{pd} = 1200MPa	95d	90d	85d	83d	80d	80d

注：1. 当采用骤然放松预应力筋的施工工艺时，锚固长度应从离构件末端 $0.25l_{tr}$ 处开始，l_{tr} 为预应力筋的预应力传递长度，按附表 2-10 采用；
2. 当预应力筋的抗拉强度设计值 f_{pd} 与表值不同时，其锚固长度应根据表值按强度比例增减。
3. d 为预应力筋的公称直径。

附表 2-10　预应力筋的预应力传递长度 l_{tr}

预应力筋种类	混凝土强度等级			
	C40	C45	C50	≥C55
1×7 钢绞线，σ_{pe} = 1000MPa	67d	64d	60d	58d
螺旋肋钢丝，σ_{pe} = 1000MPa	58d	56d	53d	51d

注：1. 预应力传递长度应根据预应力筋放松时混凝土立方体抗压强度 f'_{cu} 确定，当 f'_{cu} 在表列混凝土强度等级之间时，预应力传递长度按直线内插取用。
2. 当预应力筋的有效预应力值 σ_{pe} 与表值不同时，其预应力传递长度应根据表值按比例增减。
3. 当采用骤然放松预应力筋的施工工艺时，l_{tr} 应从离构件末端 $0.25l_{tr}$ 处开始计算。
4. d 为预应力筋的公称直径。

附表 2-11　混凝土保护层最小厚度 c_{min}/mm

构件类别	梁、板、塔、拱圈、涵洞上部		墩台身、涵洞下部		承台、基础	
设计使用年限/年	100	50、30	100	50、30	100	50、30
Ⅰ类：一般环境	20	20	25	20	40	40
Ⅱ类：冻融环境	30	25	35	30	45	40
Ⅲ类：近海或海洋氯化物环境	35	30	45	40	65	60
Ⅳ类：除冰盐等其他氯化物环境	30	25	35	30	45	40
Ⅴ类：盐结晶环境	30	25	40	35	45	40
Ⅵ类：化学腐蚀环境	35	30	40	35	60	55
Ⅶ类：磨蚀环境	35	30	45	40	65	60

注：1. 表中数值是针对各环境类别的最低作用等级、按要求的最低混凝土强度等级，以及钢筋和混凝土无特殊防腐措施规定的。
2. 对工厂预制的混凝土构件，其保护层最小厚度可将表中相应数值减小 5mm，但不得小于 20mm。
3. 表中承台和基础的保护层最小厚度，是针对基坑底无垫层或侧面无模板的情况规定的；对于有垫层或有模板的情况，保护层最小厚度可将表中相应数值减少 20mm，但不得小于 30mm。

附表 2-12 钢筋的最小锚固长度 l_a

钢筋种类			HPB300				HRB400、HRBF400、RRB400			HRB500		
混凝土强度等级			C25	C30	C35	≥C40	C30	C35	≥C40	C30	C35	≥C40
l_a	受压钢筋(直端)		45d	40d	38d	35d	30d	28d	25d	35d	33d	30d
	受拉钢筋	直端	—	—	—	—	35d	33d	30d	45d	43d	40d
		弯钩端	40d	35d	33d	30d	30d	28d	25d	35d	33d	30d

注：1. d 为钢筋公称直径。

2. 对于受压束筋和等代直径 d_e≤28mm 的受拉束筋的锚固长度，应以等代直径按表值确定，束筋的各单根钢筋可在同一锚固终点截断；对于等代直径 d_e>28mm 的受拉束筋，束筋内各单根钢筋应自锚固起点开始，以表内规定的单根钢筋的锚固长度的 1.3 倍，呈阶梯形逐根延伸后截断，即自锚固起点开始，第一根延伸 1.3 倍单根钢筋的锚固长度，第二根延伸 2.6 倍单根钢筋的锚固长度，第三根延伸 3.9 倍单根钢筋的锚固长度。

3. 采用环氧树脂涂层钢筋时，受拉钢筋最小锚固长度应增加 25%。

4. 当混凝土在凝固过程中易受扰动时，锚固长度应增加 25%。

5. 当受拉钢筋末端采用弯钩时，锚固长度为包括弯钩在内的投影长度。

附表 2-13 受拉钢筋的末端弯钩和钢筋的弯折

弯曲部位	弯曲角度	形 状	钢 筋	弯曲直径 D	平直段长度
末端弯钩	180°		HPB300	≥2.5d	≥3d
	135°		HRB400 HRB500、 HRBF400、 RRB400	≥5d	≥5d
	90°		HRB400、 HRB500、 HRBF400、 RRB400	≥5d	≥10d
中间弯折	≤90°		各种钢筋	≥20d	—

注：采用环氧树脂涂层钢筋时，除应满足表内规定外，当钢筋直径 d≤20mm 时，弯钩内直径 D 不应小于 5d；当 d>20mm 时，弯钩内直径 D 不应小于 6d；直线段长度不应小于 5d。

附表 2-14 受拉钢筋绑扎接头搭接长度

钢筋种类	HPB300		HRB400、HRBF400、RRB400	HRB500
混凝土强度等级	C25	≥C30	≥C30	≥C30
搭接长度/mm	40*d*	35*d*	45*d*	50*d*

注：1. *d* 为钢筋的公称直径。当带肋钢筋直径 *d* 大于 25mm 时，其受拉钢筋的搭接长度应按表值增加 5*d* 采用；当带肋钢筋直径 *d* 小于 25mm 时，搭接长度可按表值减小 5d 采用。

2. 当混凝土在凝固过程中受力钢筋易受扰动时，其搭接长度应增加 5*d*。

3. 在任何情况下，受拉钢筋的搭接长度不应小于 300mm；受压钢筋的搭接长度不应小于 200mm。

4. 环氧树脂涂层钢筋的绑扎接头搭接长度，受拉钢筋按表值的 1.5 倍采用。

5. 受拉区段内，HPB300 钢筋绑扎接头的末端应做成弯钩，HRB400、HRB500、HRBF400、RRB400 钢筋的末端可不做成弯钩。

参考文献

[1] 中国大百科全书总编辑委员会《土木工程》编辑委员会. 中国大百科全书：土木工程卷［M］. 北京：中国大百科全书出版社，1992.

[2] 中华人民共和国住房和城乡建设部. 建筑结构可靠性设计统一标准：GB 50068—2018［S］. 北京：中国建筑工业出版社，2018.

[3] 中华人民共和国住房和城乡建设部. 建筑结构荷载规范：GB 50009—2012［S］. 北京：中国建筑工业出版社，2012.

[4] 中华人民共和国住房和城乡建设部. 混凝土结构设计规范（2015 年版）：GB 50010—2010［S］. 北京：中国建筑工业出版社，2015.

[5] 中华人民共和国住房和城乡建设部. 建筑结构检测技术标准：GB/T 50344—2004［S］. 北京：中国建筑工业出版社，2004.

[6] 中华人民共和国交通运输部. 公路钢筋混凝土及预应力混凝土桥涵设计规范：JTG 3362—2018［S］. 北京：人民交通出版社，2018.

[7] 高等学校土木工程专业指导委员会. 高等学校土木工程专业本科教育培养目标和培养方案及课程教学大纲［M］. 北京：中国建筑工业出版社，2002.

[8] 程文瀼，康谷贻，颜德姮. 混凝土结构：上册［M］. 2 版. 北京：中国建筑工业出版社，2002.

[9] 沈蒲生. 混凝土结构设计原理［M］. 4 版. 北京：高等教育出版社，2012.

[10] 梁兴文，王社良，李晓文. 混凝土结构设计原理［M］. 北京：科学出版社，2004.

[11] 叶列平. 混凝土结构：上册［M］. 2 版. 北京：中国建筑工业出版社，2014.

[12] 蓝宗建，朱万福. 混凝土结构与砌体结构［M］. 南京：东南大学出版社，2003.

[13] 徐有邻. 混凝土结构设计原理及修订规范的应用［M］. 北京：清华大学出版社，2012.

[14] 张树仁，郑绍珪，黄侨，等. 钢筋混凝土及预应力混凝土桥梁结构设计原理［M］. 北京：人民交通出版社，2004.

[15] 白国良，薛建阳，杨勇，等. 混凝土结构设计原理［M］. 北京：高等教育出版社，2017.

[16] 中华人民共和国交通运输部. 公路桥涵设计通用规范：JTG D60—2015［S］. 北京：人民交通出版社，2015.

[17] 中华人民共和国住房和城乡建设部. 装配式混凝土建筑技术标准：GB/T 51231—2016［S］. 北京：中国建筑工业出版社，2017.

[18] 中华人民共和国住房和城乡建设部. 装配式混凝土结构技术规程：GB/T JGJ 1—2014［S］. 北京：中国建筑工业出版社，2014.

参考文献

[1] [illegible]

[2] [illegible]

[3] [illegible]

[4] [illegible]

[5] [illegible]

[6] [illegible]

[7] [illegible]

[8] [illegible]

[9] [illegible]

[10] [illegible]

[11] [illegible]

[12] [illegible]

[13] [illegible]

[14] [illegible]

[15] [illegible]

[16] [illegible]

[17] [illegible]

[18] [illegible]